高等学校教材

# 电机设计

（第2版）

西安交通大学　陈世坤　主编

机械工业出版社

本书是在1982年出版的《电机设计》（上、下册）的基础上修订而成的。全书共分十四章。前九章主要阐述旋转电机设计的基本理论和计算方法，包括电磁计算、通风发热计算、机械计算以及噪声和振动计算等。第十、十一章分别介绍了感应电机的电磁设计和计算机在电机设计计算中的应用。第十二、十三、十四章主要阐述变压器的电磁设计和温升计算。为了满足教学的需要，书中还编入了感应电机及变压器设计的计算例题以及感应电机电磁设计的源程序。

本书是高等院校电机专业的教材，也可供有关工程技术人员及教学研究人员参考。

**图书在版编目（CIP）数据**

电机设计/陈世坤主编. —2版. —北京：机械工业出版社，2000（2026.1重印）

高等学校教材

ISBN 978-7-111-02061-5

Ⅰ. 电　Ⅱ. 陈…　Ⅲ. 电机-设计-高等学校-教材　Ⅳ. TM302

中国版本图书馆CIP数据核字（2000）第61750号

机械工业出版社（北京市百万庄大街22号　邮政编码100037）

责任编辑：王雅新　版式设计：冉晓华

责任校对：韩　晶　责任印制：张　博

北京机工印刷厂有限公司印刷

2026年1月第2版第37次印刷

184mm×260mm · 26.25印张 · 640千字

标准书号：ISBN 978-7-111-02061-5

定价：69.80元

电话服务　　　　　　　　网络服务

客服电话：010-88361066　机　工　官　网：www.cmpbook.com

010-88379833　机　工　官　博：weibo.com/cmp1952

010-68326294　金　书　网：www.golden-book.com

封底无防伪标均为盗版　机工教育服务网：www.cmpedu.com

# 前　言

本书是在1982年出版的高等学校试用教材《电机设计》（上、下册）的基础上，根据1983年5月在杭州召开的原国家机械委电工技术类教材编审委员会电机编审小组制订的教学大纲修订的。

全书共分两篇。第一篇为旋转电机设计，共十一章。前九章为基础理论部分，包括电机的电磁计算、冷却和发热计算、结构设计和机械计算以及噪声和振动。后两章分别叙述感应电动机电磁设计和电子计算机在电机设计中的应用。第二篇为变压器设计，共三章，主要阐述变压器的电磁设计和温升计算。

为了精简内容，这次修订时取消了第一版中的凸极同步电机、隐极汽轮发电机、直流电机的电磁设计以及全部附录。为了满足教学的要求，重新改写了“噪声和振动”和“电子计算机应用”两章，增加了感应电动机和变压器设计的计算例题，并对其余各章均进行了适当的增删和修改。

本书贯彻了国家标准GB3100～3102-86中有关量、单位和符号的规定。对计算公式的表达方式进行了适当的修改以符合国家标准中有关规定的要求。公式中各量的单位，除特别指出者外，均采用国际单位制。

本书是高等工业学校电机专业的教材，也可供从事有关电机设计与制造工作的工程技术人员参考。

这次修订主要由原来的编写人执笔。丁梵林同志修改第一、第二、第八章；陈世坤同志修改第三、第四、第五章；周希贤同志修改第六、第七章；李学婧同志修改第十章；黄士鹏同志改写了第十一章。另外由西安交通大学张燕鑫同志改写了第九章；华中理工大学李湘生同志编写了第十二、第十三、第十四章。最后由陈世坤同志对全部修订稿统一作了仔细的修改。参加本书第一版编写的还有何琏、宋文谦、邱贤锟和沈官秋同志。

本版承蒙华中理工大学林金铭教授进行了仔细审阅，在此表示深切谢意。

# 目　录

主要符号表

第一篇　旋转电机设计

第一章　电机设计概述 …… 1
§1-1　电机制造工业的近况与发展趋势 …… 1
§1-2　电机设计的任务与过程 …… 5
§1-3　国家标准 …… 6
§1-4　国际标准 …… 7
第二章　电机的主要参数之间的关系 …… 9
§2-1　电机的主要参数之间的关系式 …… 9
§2-2　电机中的几何相似定律概述 …… 12
§2-3　电磁负荷的选择 …… 13
§2-4　电机主要尺寸比的选择及确定主要尺寸的一般方法 …… 16
§2-5　系列电机及其设计特点 …… 19
复习思考题 …… 22
第三章　磁路计算 …… 23
§3-1　概述 …… 23
§3-2　空气隙磁压降的计算 …… 24
§3-3　齿部磁压降的计算 …… 31
§3-4　轭部磁压降的计算 …… 35
§3-5　磁极漏磁系数与磁极磁压降的计算 …… 38
§3-6　励磁电流和空载特性计算 …… 41
复习思考题 …… 43
第四章　参数计算 …… 44
§4-1　绕组电阻的计算 …… 44
§4-2　绕组电抗的一般计算方法 …… 47
§4-3　主电抗计算 …… 48
§4-4　漏电抗计算 …… 50
§4-5　漏抗标么值 …… 62
§4-6　集肤效应对电机参数的影响 …… 63
§4-7　饱和对电机参数的影响 …… 72
§4-8　斜槽漏抗计算 …… 73
复习思考题 …… 75
第五章　损耗与效率 …… 76
§5-1　概述 …… 76
§5-2　基本铁耗 …… 76
§5-3　空载时铁心中的附加损耗 …… 80
§5-4　电气损耗 …… 85
§5-5　负载时的附加损耗 …… 86
§5-6　机械损耗 …… 93
§5-7　效率 …… 96
复习思考题 …… 96
第六章　电机的冷却 …… 97
§6-1　电机的冷却方式 …… 97
§6-2　关于流体运动的基本知识 …… 99
§6-3　风扇 …… 106
§6-4　径向通风系统中转子上其他风压元件参数的近似计算法 …… 117
复习思考题 …… 117
第七章　发热计算 …… 118
§7-1　电机允许的温升限度 …… 118
§7-2　传热的基本定律 …… 121
§7-3　电机稳定温升的计算 …… 127
§7-4　电机不稳定温升的计算 …… 134
复习思考题 …… 139
第八章　结构设计和机械计算 …… 140
§8-1　电机的基本结构型式 …… 140
§8-2　结构设计的基本内容、原则和方法 …… 156
§8-3　机座的机械计算 …… 158
§8-4　转轴的机械计算 …… 161
§8-5　换向器的机械计算 …… 169
§8-6　厚壁圆筒的机械计算原理 …… 179
复习思考题 …… 184
第九章　噪声和振动 …… 185
§9-1　噪声的一般概念 …… 185
§9-2　感应电动机的电磁振动 …… 191
§9-3　同步电机的电磁振动 …… 200
§9-4　直流电机的电磁振动 …… 202
§9-5　电机定子的固有振动特性 …… 205
§9-6　电机转子的固有振动特性 …… 213
§9-7　电机的机械振动和噪声 …… 218

§9-8 电机的空气动力噪声 ……222
复习思考题 ……224
第十章 感应电机的电磁设计 ……225
§10-1 概述……225
§10-2 主要尺寸与气隙的确定……227
§10-3 定子绕组与铁心的设计……231
§10-4 转子绕组与铁心的设计……239
§10-5 工作性能的计算……250
§10-6 起动性能的计算……253
§10-7 深槽转子感应电动机的设计特点……258
§10-8 双笼转子感应电动机的设计特点……260
计算例题……263
复习思考题……280
第十一章 电子计算机在电机设计计算中的应用 ……281
§11-1 概述……281
§11-2 曲线和图表的数学处理方法之一——插值法……282
§11-3 曲线和图表的数学处理方法之二——公式化……285
§11-4 机辅设计中常用的数值计算方法……289
§11-5 设计分析程序……294
§11-6 设计综合程序……306
复习思考题 ……309

## 第二篇 变压器设计

第十二章 变压器设计概述 ……311
§12-1 变压器设计的任务……311
§12-2 变压器的主要技术参数……311
第十三章 变压器的电磁设计 ……315
§13-1 变压器铁心直径的确定……315
§13-2 变压器主要结构参数最佳值的解析计算……319
§13-3 变压器铁心结构型式及其应用范围……324
§13-4 变压器绕组型式及其应用范围……327
§13-5 变压器的主绝缘结构……329
§13-6 变压器的过电压与纵绝缘结构……332
§13-7 线圈的设计计算……339
§13-8 变压器的阻抗电压计算……342
§13-9 负载损耗的计算……352
§13-10 变压器的空载损耗及空载电流 ……359
§13-11 变压器的电磁力 ……360
复习思考题 ……364
第十四章 变压器的冷却方式与温升计算……366
§14-1 变压器的冷却方式……366
§14-2 变压器各部分的温升限值……367
§14-3 变压器各部分稳定温升计算……367
§14-4 变压器的热稳定计算……371
计算例题 ……372
附录 ……380
附录一 中小型三相感应电动机电磁计算程序 ……380
附录二 导线规格表 ……396
附录三 Y、Y-L系列三相感应电动机绝缘规范(B级绝缘) ……398
附录四 各种槽形比漏磁导计算 ……398
附录五 电工硅钢薄板(厚0.5mm)的磁化曲线 ……403
附录六 电工硅钢薄板(厚0.5mm)的损耗曲线 ……404
附录七 电工硅钢薄板(厚0.35mm)的磁化和损耗曲线 ……404
附录八 三相60°相带谐波比漏磁导系数$\Sigma s$ ……406
附录九 笼型转子谐波比漏磁导系数 $\Sigma R$ ……407
参考文献 ……407

# 主 要 符 号 表

$A$　线负荷，面积
$A_B$　笼型绕组导条的截面积
$A_c$　导体的截面积
$A_R$　端环截面积
$a_0$　变压器一次绕组与二次绕组间漏磁空道宽度
$a_1$　定子绕组并联支路数，变压器一次绕组的辐向宽度
$a_2$　转子绕组并联支路数，变压器二次绕组的辐向宽度
$a_z$　变压器心柱中心距

$B$　磁通密度(简称磁密)
$B_j$　轭部磁密
$B_m$　磁极极身磁密，变压器心柱磁密最大值
$B_0$　气隙磁密脉振的最大值
$B_t$　齿部磁密
$B_\delta$　气隙磁密最大值
$B_{\delta 1}$　气隙磁密基波幅值
$B_{\delta av}$　气隙磁密平均值
$B_\nu$　定子$\nu$次谐波磁密幅值
$B_\mu$　转子谐波磁密幅值
$b_B$　导条宽度
$b_m$　极身宽度
$b_o$　槽口宽度
$b_p$　极靴宽度
$\overset{\frown}{b_p}$　极弧长度
$b'_p$　极弧计算长度
$b_s$　槽宽
$b_{sk}$　斜槽的扭斜宽度
$b_t$　齿宽
$b_v$　径向通风道宽度

$C$　热容
$C_A$　电机常数
$C_j$　轭部磁压降校正系数
$c$　比热容

$D$　变压器心柱直径
$D_1$　定子外径，风扇叶轮内径
$D_2$　转子外径，风扇叶轮外径
$D_{av}$　变压器绕组的平均直径
$D_{i1}$　定子内径
$D_{i2}$　转子内径
$D_{jav}$　轭部平均直径
$D_R$　端环平均直径
$d$　轴的直径
$d_{12}$　变压器一次绕组与二次绕组漏磁空道的平均直径

$E$　电(动)势，弹性模量
$E_1$　额定负载时定子绕组的相电势
$E_{10}$　空载时定子绕组的相电势

$F$　作用力
$F_0$　空载励磁磁势
$F_1$　定子基波磁势幅值
$F_j$　轭部磁压降
$F_m$　磁极磁压降
$F_s$　波幅系数
$F_t$　齿部磁压降
$F_\delta$　气隙磁压降
$F_\nu$　定子谐波磁势幅值
$F_\mu$　转子谐波磁势幅值
$f$　频率，挠度
$f_0$　固有振动频率
$f_\nu$　$\nu$次谐波磁场在绕组中感应电势的频率
$G_j$　轭部重量
$G_t$　齿部重量
$g$　重力加速度

$H$　磁场强度，变压器绕组高度
$H_j$　轭部场强
$H_m$　磁极极身中的场强
$H_t$　齿部场强

$H_{x1}$　计算漏磁感应用变压器高低压绕组的轴向平均高度
$H_{x2}$　计算漏磁感应用变压器绕组的辐向高度
$h_0$　槽口高度
$h_B$　导条高度
$h_j$　轭部高度
$h_m$　极身高度
$h_p$　极靴中心线高度
$h_{pm}$　极靴的平均高度
$h_s$　槽高

$I$　相电流
$I_0$　空载电流
$I_B$　导条电流
$I_{f0}$　空载励磁电流
$I_{Kw}$　功电流
$I_m$　感应电机励磁(磁化)电流
$I_N$　额定电流
$I_R$　端环电流
$I_{st}$　起动电流

$J$　电流密度，惯性矩
$J_B$　导条电流密度
$J_R$　端环电流密度

$K$　轴的弯曲刚度，换向片数
$K_d$　绕组分布系数
$K_{dp}$　绕组系数
$K_{dp1}$　定子基波绕组系数
$K_{dp2}$　转子基波绕组系数
$K_E$　额定负载时感应电势与相电压的比值
$K_{Fe}$　铁心叠压系数
$K_s$　饱和系数
$K_{sk}$　斜槽系数
$K_{Nm}$　磁场波形系数
$K_\delta$　气隙系数
$k_s$　槽截面与齿截面之比

$L$　电感
$l_B$　导条长度
$l_c$　线圈平均半匝长度
$l_{ef}$　电枢计算长度
$l_m$　磁极极身长度
$l_p$　磁极极靴长度
$l_t$　铁心总长度

$M_b$　弯矩
$m$　相数，质量
$m_j$　轭部重量
$m_t$　齿部重量

$N$　每相绕组匝数，风扇的叶片数
$N_a$　电枢绕组总导体数
$N_s$　每槽串联导体数
$N_t$　线圈的并绕根数
$n$　转速
$n_1$　基波磁场转速
$n_\nu$　$\nu$次谐波磁场转速

$P$　有功功率
$P'$　计算功率
$P_N$　额定功率
$P_v$　风扇功率
$p$　基波磁场极对数，压力，声压
$p_{02}$　转子表面损耗
$p_{Cu}$　绕组铜耗
$p_{Al}$　绕组铝耗
$p_{p1}$　定子齿部脉振损耗
$p_{pt}$　短路时漏磁场在定子绕组端部附近金属部件中产生的附加损耗
$p_s$　额定负载时的附加损耗
$p_\nu$　$\nu$次谐波磁场的极对数

$Q$　无功功率
$q$　每极每相槽数，热流密度
$q_V$　冷却介质体积流量

$R$　电阻
$R_1$　定子绕组相电阻
$R_2$　转子绕组相电阻
$R_B$　导条电阻
$R_R$　端环电阻

$S_f$　槽满率
$S_N$　变压器额定容量
$S_Z$　变压器每柱容量

$s$　转差率
$T$　转矩，发热时间常数
$T_m$　最大转矩
$T_N$　额定转矩
$T_{st}$　起动转矩
$t$　齿距，时间

$U_N$　额定端电压
$U_{N\phi}$　额定相电压
$u_R$　变压器电阻电压与额定电压之比
$u_x$　变压器电抗电压与额定电压之比

$v_1$　基波磁势的线速度
$v_2$　转子线速度

$W$　轴的抗弯断面系数

$X$　电抗
$X_{12}$　变压器短路电抗
$X_E$　端部漏抗
$X_m$　主电抗，励磁电抗
$X_s$　槽漏抗
$X_{sk}$　斜槽漏抗
$X_\delta$　谐波漏抗
$X_\sigma$　漏抗

$Z$　风阻
$Z_1$　定子槽数
$Z_2$　转子槽数

$\Delta_{Cu}$　换向片厚度
$\Delta_i$　槽绝缘单边厚度
$\Delta U_b$　电刷接触压降
$\Delta\tau_a$　冷却介质通过电机后的温升
$\Delta\tau_{Cu}$　铜的平均温升
$\Delta\tau_{Fe}$　铁的平均温升

$\Lambda_m$　极身漏磁导
$\Lambda_p$　极靴漏磁导
$\lambda$　主要尺寸比，比漏磁导，热导率
$\lambda_E$　端部比漏磁导
$\lambda_s$　槽部比漏磁导
$\lambda_t$　齿顶比漏磁导
$\lambda_\delta$　谐波比漏磁导
$\Phi$　每极气隙磁通，热流量
$\Phi_m$　磁极磁通
$\Psi$　磁链

$\Omega$　机械角速度
$\Omega_2$　转子机械角速度
$\Omega_s$　同步角速度

$\alpha$　风叶的攻角，表面散热系数，导体电阻的温度系数
$\alpha_p$　极弧系数
$\alpha'_p$　计算极弧系数

$\beta$　绕组节距比，变压器尺寸比，变压器调压线圈与绕组总高度之比

$\delta$　单边气隙长度
$\delta_{ef}$　有效气隙长度
$\delta_{max}$　气隙最大值
$\eta$　效率
$\eta_N$　额定负载时的效率

$\theta$　温度，风叶的安装角

$\mu$　转子谐波磁场的次数，材料的磁导率
$\mu_0$　真空磁导率

$\nu$　定子谐波磁场次数

$\rho$　导体材料的电阻率，密度

$\sigma$　磁极漏磁系数，应力

$\tau$　极距

$\omega$　交变电流的角频率
$\omega_1$　主波合成磁势的角频率
$\omega_\mu$　$\mu$次谐波磁势相对定子的角频率

# 第一篇　旋转电机设计

## 第一章　电机设计概述

### §1-1　电机制造工业的近况与发展趋势

**一、我国电机制造工业的发展概况**

20世纪40年代以前，我国电机制造工业极端落后。中华人民共和国成立后，电机工业才获得了迅速发展，产品的品种、数量不断增加，技术水平逐步提高。50年代以仿制国外产品为主，60年代起即走上自行设计的道路；50年代初只能生产一般中小型电机，不久即能制造大型发电设备和特殊用途电机。与此同时，新技术、新材料、新结构和新工艺的应用日益广泛。下面对我国电机制造工业的发展概况作一简要介绍。

（一）产品品种、规格不断增加，单机容量迅速增大，技术经济指标逐步提高

在发电机方面，继第一台10MW空冷水轮发电机（1955年）、6MW空冷汽轮发电机(1956年）和12MW双水内冷汽轮发电机（1958年）诞生后，又制成100MW双水内冷和氢内冷、125MW与200MW双水内冷、200MW水氢冷和300MW双水内冷与水氢冷汽轮发电机，225MW空冷、300MW双水内冷与空冷水轮发电机和600MW水氢冷汽轮发电机。国产汽轮发电机在不长时间内，就从空冷、氢冷发展到双水内冷和水氢冷，从而掌握了大型汽轮发电机，除全氢冷以外的各种主要冷却方式的技术。其次，通过大小水电站的兴建，基本掌握了各种主要类型水电机组的设计和制造技术，其中产量较多、发展较快的是混流式机组，最大单机容量已达300MW；转桨式机组最大则达170MW。此外还生产了12.5MW冲击式、15MW斜流式、10MW贯流式和15MW蓄能机组等。

在大型交直流电机方面，已制成的重大产品有：6300kW、2极笼型转子感应电动机，4000kW、2极绕线型转子感应电动机，2000/1250kW、3kV、370/295r/min大型变速感应电动机；16000kW、16极同步电动机，6300kW、1500r/min整块（或称实心）磁极同步电动机，3000kW、40极立式同步电动机及250MVA双水内冷同步调相机；4600kW、70/120r/min、额定转矩为627.8kN·m的单枢可逆转直流轧钢电动机，5000kW、500r/min直流发电机，2×4000kW、40/60r/min双枢可逆转直流轧钢电动机，3300kW、500r/min矿井卷扬直流电动机，4600kW、80/160r/min、额定转矩为549.4kN·m的单枢非逆转直流轧钢电动机，2×3250kW、90/180r/min双枢非逆转直流轧钢电动机，600kW、12000A、50V真空电弧炉用低压直流发电机，480kW、330V、3000r/min高速直流电动机，以及25MW、460V、54300A、368r/min、3×0.3s定额大型冲击直流发电机。

在中小型电机方面，自从1953年进行第一次全国统一设计后，中小型电机的生产开始摆

脱过去的混乱局面，走上统一和系列化的道路。据统计，到目前为止，我国生产的中小型电机系列，除一般电机或基本系列外，还有防爆、船用、潜水、单绕组多速、力矩、起重冶金、高起动转矩、辊道、电磁调速、热带型、屏蔽电机、磁阻式同步电动机及永磁电机等派生系列和专用系列。此外，还研制了中小型无槽直流电机、晶闸管供电直流电动机、潜油电机、钻探电机、谐波励磁同步发电机等多种新产品。从目前情况看来，一般或基本系列中小型电机已能满足国民经济各部门的需要，其技术经济指标也在逐步提高。例如Y系列小型三相感应电动机和JO2系列相比，效率提高0.41%，堵转转矩平均提高33%，体积缩小15%，重量减轻12%，有效材料用量则二者相当。中型感应电动机新的JS2、JR2系列（低压部分）比老的JS、JR系列平均节省硅钢片23%、转子用铜量22%，相同功率电机可缩小一个机座号。小型同步发电机新的T2系列采用了晶闸管励磁装置，与原有的T2系列比较，效率（绝对值）平均提高1.18%，总重量降低约35%，有效材料节省10%以上。对于变型、派生及特殊品种电机，在数量、规格和质量方面还有待努力。

（二）积极采用新技术、新材料、新结构和新工艺

我国在发展电机工业时，十分注意新技术、新材料、新结构和新工艺的采用。

在采用新技术方面，首先是应用电子计算机来进行电机的电磁计算以及磁场、温度场计算和零部件机械计算。其他像感应电机的单绕组多速绕组和△-Y混合联接绕组，同步电机的无刷励磁、静止半导体励磁、谐波励磁和整块磁极，直流电动机的晶闸管供电和无槽电枢，以及双水内冷技术、直线电机等也都先后正式用于生产。

在绝缘材料方面，目前我国生产的电机中，主要采用E、B两级(其中E级约占2/3左右)，F、H级仅在少数要求较高或特殊用途的电机上应用，但前者正积极地分别向B、F级过渡。环氧玻璃粉云母带和无溶剂浸渍漆、聚酰亚胺、DMD复合绝缘（中间为涤纶薄膜，两面为涤纶纤维纸）、涂敷用环氧粉末和适形材料（由涤纶纤维毡涂上一定的胶粘剂制成，可用于汽轮发电机和水轮发电机端部及槽部固定）等新型绝缘材料中不少已在电机上大量应用。在导磁材料方面，除一般热轧与冷轧单取向硅钢片外，无硅低碳电工钢片和半冷轧无取向硅钢片已在部分电机中采用。此外，还在用玻璃钢（即高强度玻璃纤维增强塑料）制造汽轮发电机转子护环以代替价格昂贵的非磁性钢护环方面进行了一系列研究，并已在一台3MW电机上试用。在25、50和75MW汽轮发电机上采用玻璃钢定子端盖也获得较好效果。近年来，我国还在氢冷汽轮发电机上应用了液体塑料密封材料，以代替传统的橡胶皮条等固体密封材料，改善了密封性能。

在工艺水平和机械化、自动化程度方面，小型电机的机座与转轴加工、静电喷漆、总装试验等自动线均已正式采用；级进式冲模、大型压铸机、定子绕组自动下线机、插槽绝缘机、端部整形机、自动绕线机等新设备及真空压力浸渍、中型感应电机转子导条环氧粉末涂敷、机座射压造型等新工艺的应用，也都使工效大大提高，电机质量进一步改进。

（三）标准化、系列化和通用化程度不断提高

1953年以后多次组织了电机产品的改型设计和新系列统一设计，使我国从发电设备、大型交直流电机一直到种类繁多的中小型电机，大多数都有了自己的系列。不但建立了若干产量大、使用面广的基本系列，还建立了应用场合比较特殊的派生系列和专用系列。在电机零部件和安装尺寸、机座号等的标准化、系列化、通用化（简称“三化”）方面也进行了大量工作，已形成自己的体系，还制订了电机专业的许多国家标准，这些标准正逐步接近国际电

工委员会的标准。

（四）积极开展电机理论、测试技术和新型发电方式的研究

近年来，我国对电机绕组、附加损耗、附加转矩、电机冷却、大型电机的端部磁场、电机测试技术以及超导电技术在电机中的应用等方面开展了一系列研究，取得不少成果。此外，我国还对原子能、磁流体、地热、太阳能、风力和燃气轮机用于发电方面进行了一系列试验研究工作，已建成一座试验性的地热发电站及制成若干燃气轮发电机组。

建国以来，我国电机工业迅猛发展，取得了可喜的成绩。但是，由于我国工业基础比较薄弱，电机产品品种还不能完全满足国民经济的需要；在产品质量方面，除少数达到世界先进水平外，多数与国外先进水平相比还存在一定差距；在产量、单机容量、新材料供应和劳动生产率等方面，和国外先进水平的差距也较大。改变这一落后面貌，需要我们付出艰苦的努力。

## 二、国外电机制造工业的近况与发展趋势

### （一）发电设备

一个国家电机工业的发展水平，常以它能为电力工业提供多少和提供什么样的发电装备作为主要衡量标志。1960～1970年间，全世界电站的总装机容量增长了1.1倍，也就是十年间翻了一番以上，这不仅表现于发电设备的产量，还表现于单机容量。下面将国外发电设备的近况与发展趋势简介如下：

1．汽轮发电机

近年来，一些发达国家可开发的水力资源日趋枯竭，火电站一般又有建厂快、投资少的优点，因而大多数国家多以建设火电站为主；而石油资源日趋减少，有些国家又缺乏石油资源，因此迫使某些国家迅速发展原子能电站，这都促使汽轮发电机的生产蒸蒸日上。在产品方面：50年代，大型汽轮发电机的单机容量多在100～200MW，60年代增至300～600MW，70年代起，已先后制成800～1300MW的机组。

2．水轮发电机

60年代以前，水轮发电机的最大单机容量接近200MW，60年代增至200～500MW，70年代起开始制造600MW以上的机组。目前水轮发电机定子绕组大多采用水内冷技术，部分国家对转子绕组也用水内冷，但多数仍采用强迫空气冷却。

国外发电设备制造的主要趋势是：在巩固60～70年代已制大型机组及其采用的某些新材料、新结构的基础上，在充分保证可靠性和希望取得足够运行经验的前提下，稳步地发展更大机组；与此同时，努力寻求更好的绝缘材料和结构，以提高电机的电压等级；并采用更为合理的励磁系统与冷却系统，以提高运行稳定性和在可供应的转子锻件范围内提高单机容量等等。

近年来，原子能电站用的4极汽轮发电机、蓄能电站用的水轮发电机或变极变速发电-电动机、以及燃气轮发电机和燃气-蒸汽联合循环发电设备，得到了比以往更快的发展。

对于大型汽轮发电机采用超导电技术的可能性，目前许多国家都在进行研究，已制成容量达20MW的样机，并正在制造300～500MW的半超导汽轮发电机。

能源危机及环境污染的影响，使国外大力开展利用各种能源进行发电的研究。例如磁流体发电、太阳能发电、地热发电、潮汐发电、风力发电、波浪发电、海水温差发电与燃料电池等，其中有些已进入样机试验阶段，但除磁流体发电、燃料电池与传统电机根本不同外，其它发电方式所用发电机多数与传统电机大同小异。

（二）大型交、直流电机

1. 大型交流电机

大型交流电机在国外已成系列生产。目前生产的同步电动机最大容量已达70MW、2极（日本）；同步调相机已达345MVA、8极（瑞典）；柴油发电机已达31280kW、56极（西德）；绕线型感应电动机为6MW、2极（日本）；笼型感应电动机为12MW、2极。

国外大型同步电机采用与汽轮发电机或水轮发电机相似的结构。例如传动高炉鼓风机用的高速2极大容量同步电动机，其结构与汽轮发电机相似；70年代前后发展起来的单纯蓄水式水泵站中采用的立式同步电动机，结构与水轮发电机类似。

此外，近年来还先后出现和发展了带晶闸管变频装置的低速同步电机，户外电动机，低噪声电动机以及与中小型电机类似的大型电机等多种产品。

2. 大型直流电机

近年来，在一些先进的工业国家中，直流电动机已普遍使用晶闸管供电，直流发电机主要只用于那些不宜采用晶闸管供电的系统中。当前国外生产出的大型低速可逆转轧钢用直流电动机最大容量已达8840kW、65/90r/min、1304.7kN·m（苏联）；大型非逆转轧钢用直流电动机已达11200kW、62/180r/min（法国）。

此外，英国生产的8200kW、76r/min、额定转矩为1033kN·m的矿井卷扬用直流电动机，是目前世界上这类电机中最大的。日本也已生产出2250kW、1800r/min的大容量高速直流电动机。

国外还出现一些新型直流电机，例如用晶闸管和晶体管来代替换向器，并把电机和整流装置分开安装，使直流电机的极限容量提高数倍。

3. 中小型电机

60年代初以来，一些主要工业国家相继发展了中小型电机的新系列，或对原有系列进行了改型。它们的共同特点是：

（1）应用电子计算机进行设计，从而提高了计算精度，缩短了设计周期，并为获得最佳方案创造了有利条件。

（2）功率等级和安装尺寸尽量和国际电工委员会的标准接近。

（3）由一向注意“小型轻量化”（减轻重量、降低中心高）转为注意“省能化”和“无公害化”，提高效率和降低噪声等。

（4）积极采用新材料。例如绝缘材料方面，目前B级绝缘的电机所占比重日益增大，E级的逐渐减少，而且已呈现出向F级过渡的趋势。有些国家为了提高电机的使用寿命和可靠性，把F级当作B级，留有较大的温升裕度；有的国家在同一系列中，按电机温升高低或机座号大小，分别采用E、B、F级绝缘。磁性材料方面，无硅低碳冷轧电工钢片、半冷轧无取向硅钢片和磁性槽楔等已普遍采用。导电材料方面，有些国家也发展铝线电机新系列，例如瑞典的MK系列。美国在小功率电动机生产方面，铝线电机已多于铜线电机。

（5）扩大了原来的功率划分范围，例如小型感应电机的功率范围已扩大到原先属于中型感应电机的低压部分，有的甚至还包括一部分中型3kV级的功率；中型感应电机新系列中，6kV 4极的功率已做到3000kW以上。

（6）改进结构，提高通用化程度，注意维修使用方便。例如中小型同步电机和感应电机都大量采用箱型结构或通用定子。小型电机改用密封轴承，出厂前一次加油，使用过程中一般不再换油。中型电机采用不停机添加润滑脂的滚动轴承，并有甩油盘自动排除废油。其他像恒压刷握的采用（可不需调整弹簧压力），以及使用径向尺寸较大的电刷(可延长调换电刷的周期）等。

除基本系列外，近年来国外还发展了下列一些特殊用途的中小型电机：

1）中型防爆电动机；

2）交流变速电动机及调速机组；

3）机械-电机组合式机组；

4）无刷励磁同步电机；

5）磁阻式同步电动机；

6）低转动惯量直流电动机；

7）永磁直流电动机；

8）无换向器电动机；

9）潜水、潜油和钻探电动机。

## §1-2 电机设计的任务与过程

### 一、电机设计的任务及设计时给定的数据

#### (一) 电机设计的任务与对设计人员的要求

电机设计的任务是根据用户提出的产品规格（如功率、电压、转速等)、技术要求(如效率、参数、温升限度、机械可靠性要求等)，结合技术经济方面国家的方针政策和生产实际情况，运用有关的理论和计算方法，正确处理设计时遇到的各种矛盾，从而设计出性能好、体积小、结构简单、运行可靠、制造和使用维修方便的先进产品。

从事电机设计工作的人员要注意贯彻国家的技术经济政策，并注意所设计电机的经济性和可靠性。既要努力使产品满足用户要求，又要尽可能降低生产成本。

在设计前和设计过程中，设计人员还应认真进行调查研究，听取有关人员的意见和建议，注意理论与实际、设计与工艺相结合。例如深入现场、访问用户和查阅有关技术资料等等，以便对所设计电机的技术要求、现状、发展趋势、生产经验与现有加工条件等有所了解，从而为具体设计打下坚实的基础，减少设计差错。

电机设计是个复杂的过程，需要考虑的因素和确定的尺寸、数据很多，这就难免会遇到错综复杂的矛盾。因此设计人员必须全面地、综合地看问题，并能因时因地制宜，针对具体情况采取不同的解决方法。例如电机的各项性能之间以及技术指标和经济指标之间，经常存在矛盾。当采取措施改善某个性能时，常会使其他一些性能变差，因此必须全面照顾。又如在设计电机时，不能片面追求体积小和材料省，因为这样容易导致电机性能降低，特别是效率降低，加工工时增加，而使运行费用或制造成本上升，并造成能量浪费。

#### (二) 电机设计时给定的数据和对电机的主要技术要求

电机设计时通常给定下列数据：

(1) 额定功率：发电机为电枢线端输出的电功率；电动机为轴上输出的机械功率；同步调相机为线端超前电流下输出的无功功率。

(2) 额定电压：对交流电机指线电压，对直流电机指电枢端电压。

（3）相数及相间连接方式。

（4）额定频率。

（5）额定转速或同步转速。

（6）额定功率因数。

对感应电机通常给定（1）～（5），同步电机给定（1）～（6），直流电机给定（1）、（2）、（5）。

除上述一般额定数据外，有时还给定某些其他数据。例如：对水轮发电机、内燃机驱动的同步发电机或负载具有脉动转矩的同步电动机，常再给定惯性矩的数值；对水轮发电机，还需给定飞逸转速倍数$K_y$的数值；飞逸转速是指机组在最高水头运行，突然甩掉满负荷（例如与电网解列），而水轮机的调速系统及其他保护装置失灵、导水机构发生故障致使导叶开度在最大位置时，机组可能达到的最高转速。

对电机的技术要求通常在有关的国家标准或技术条件中规定，其内容视具体电机而异，读者可参看有关标准，详见 §1-3。

**二、电机设计的过程和内容简介**

（一）准备阶段

通常包括两方面内容：首先是熟悉国家标准，收集相近电机的产品样本（或样机）和技术资料（包括试验数据），并听取生产和使用单位的意见与要求；然后在国家标准有关规定及分析相应资料的基础上，编制技术任务书或技术建议书。

如果没有适当的国家标准，便需编制所设计产品的技术条件。技术条件在一定程度上可以看作是制造厂与用户间的一种技术协议，它是指导全部设计工作和产品验收时的技术依据。技术条件可按单个产品制订，也可根据整个系列或某种型式的电机来制订。

（二）电磁设计

本阶段的任务是根据技术条件或技术任务书（技术建议书）的规定，参照生产实践经验，通过计算和方案比较，来确定与所设计电机电磁性能有关的尺寸和数据，选定有关材料，并核算其电磁性能。

（三）结构设计

结构设计的任务是确定电机的机械结构、零部件尺寸、加工要求与材料的规格及性能要求，包括必要的机械计算及通风和温升计算。所需考虑的原则和设计方法详见 §8-2。

通常，首先根据技术条件或技术任务书（技术建议书）中规定的防护型式、安装方式与冷却方式，再考虑电磁计算中所选负荷的高低，来选取合适的通风冷却系统；然后安排产品的总体结构，绘制总装配草图。最后分别绘制部件的分装配图和零件图，并对总装配草图进行必要的修改。

结构设计通常在电磁设计后进行，但有时也和电磁设计平行交叉地进行，以便相互调整。对于新产品或重大产品，根据需要，设计过程还可再细分成若干小阶段，例如在准备阶段之后，增加初步设计或扩大初步设计阶段。

## §1-3 国家标准

电机的国家标准是国家有关部门在总结以往电机设计、制造和使用经验的基础上，从当前实际情况出发，并考虑今后发展需要而对电机提出一定要求的文件。它是电机生产的依据，也是评定电机质量优劣的准则。国家标准所规定的各项要求，是综合考虑了产品的实用性、技术上的先进性、经济上的合理性、使用上的可靠性和生产上的可能性而提出的。这些要求之间是密切相关、不可分割的。因此生产部门应力求使所设计、制造的电机全面满足国家标准规定的各项要求。

我国关于电机的国家标准有国家颁发（代号为GB）和中央各部颁发的(例如原机械工业部颁发的标准代号为JB）两种，后者也称为“部颁标准”。就内容讲，它们大体上可归为下列三类：

第一类是对电机的一般规定和技术要求。这一类如国家标准《GB755-87电机基本技术要求》，它规定了适用于各类电机的技术要求、试验项目与试验方法、铭牌及线端标志等；《GB997-81 电机结构形式及其代号》规定了适用于各类电机的安装尺寸和外形尺寸的代号。这类标准应用范围较广，是带基本性的标准。

第二类是一种或几种具体类型电机的技术条件。例如：原机械工业部标准《JB3074-82(IP-44) Y系列（IP44）三相异步电动机技术条件（1980-280)》、《JB1104-68Z2系列小型直流电动机技术条件》，它们分别对有关电机的额定数据、使用条件、性能指标及允许偏差(容差)、安装尺寸、试验方法、验收规则，以及标记、包装、保管等作了详细而明确的规定。性能指标之所以规定容差是考虑到大量生产时，由于材料性能和工艺参数等的允许波动，各种测量方法与仪表的允许误差以及各厂具体生产条件的不同，会使实际产品的性能指标不可能绝对准确地达到技术条件所规定的保证值。

第三类是各种电机的试验方法。在这一类标准中，对电动机型式试验和检查试验的方法、测量仪器选择等，在《GB755-87电机基本技术要求》的基础上进一步作了具体规定与说明。

国家标准通常是根据一定时期中国民经济发展的需要和生产技术水平制定的，因而在一定历史条件下是先进、合理的。但随着科学技术和生产的不断发展，对电机产品的要求会逐步提高或改变，于是国家标准也就需要随之修订，而提出更高或更适合新情况的要求。

## §1-4 国际标准

采用国际标准已成为世界各国的发展趋势。我国也已把积极采用国际标准和国外先进标准作为一项重要的技术经济政策。

我国采用国际标准和国外先进标准的方针是：认真研究、积极采用、区别对待。采用国际标准分为等效采用和参照采用两类。前者包括两种：（1）对国际标准不作编辑性修改；（2）对国际标准在技术上只作很少修改。参照采用是指根据我国自然资源和经济条件，必须作某些变动，但产品性能和质量指标要与国际标准相当，并在通用互换、安全等方面与国际标准协调一致。

电机行业的国际标准通常是指国际标准化组织（ISO）和国际电工委员会（IEC)所制订的有关标准。IEC是制订电工产品国际标准的组织，它成立于1906年，目前共设有76个技术委员会（TC)，128个分技术委员会（SC)，500多个工作组（WG)。IEC的第二技术委员会(简称TC2）是专门制订旋转电机标准的机构，它目前设有6个分技术委员会，分管汽轮发电机，尺寸和功率等级，电刷、刷握、换向器和集电环，试验方法和程序，外壳防护、冷却方法和安装方式以及电机绝缘结构分级等工作。它已制订的31项标准主要分基本技术要求和试验方法、安装尺寸和功率等级、零部件标准三部分。此外，还有两个产品标准和一项产品性能要求。

我国的标准体系是参照苏联而逐渐发展形成的。为了积极采用IEC标准，把电机行业的标准化工作和IEC工作密切结合起来，我国于1980年8月正式成立了"IEC/TC2国内对口技术委员会"，开展了大量工作。近几年来，电机行业也已制订或修订了大部分标准，但在标准的数量、技术性能、试验方法与测试精度、绝缘结构功能试验以及产品标准等方面，和IEC标准仍有一定差距。我们必须努力调整电机行业的标准体系，大力进行科学研究，积极落实各项措施，打好基础，缩小差距，在标准化工作方面赶超世界先进水平，促进我国电机工业的进一步发展。

# 第二章　电机的主要参数之间的关系

设计一台电机时，必须确定许多尺寸，但其中起主要与决定作用的是电机的主要尺寸。电机的主要尺寸是指电枢铁心的直径和长度。对于直流电机，电枢直径是指转子外径；对一般结构的感应电机和同步电机，则是指定子内径。

主要尺寸确定后，其他尺寸也就可以大体确定。电机的重量、价格、工作特性和运行可靠性等也都和主要尺寸以及它们的比值有密切关系。所以确定主要尺寸是电机设计的第一步。

本章阐述确定主要尺寸时所需依据的基本关系式、电磁负荷的选择原则和确定主要尺寸的一般方法，最后简要介绍系列电机及其设计特点。

## §2-1　电机的主要参数之间的关系式

电机在进行能量转换时，无论是从机械能变成电能（发电机），或是从电能变成机械能（电动机），能量都是以电磁能的形式通过定、转子之间的气隙进行传递的，与之对应的功率称为电磁功率。因此电机的主要尺寸应与电磁功率有密切关系，后者可用电机的计算功率表示。交流电机的计算功率为

$$P' = mEI \tag{2-1}$$

式中　$m$——电枢绕组的相数；

$E$——电枢绕组的相电动势，为简便计，以后电动势均简称为电势；

$I$——电枢绕组的相电流。

电枢绕组的相电势为

$$E = 4K_{Nm}fNK_{dp}\Phi \tag{2-2}$$

式中　$K_{Nm}$——气隙磁场的波形系数，当气隙磁场为正弦分布时等于1.11；

$f$——电流频率；

$N$——电枢绕组的每相串联匝数；

$K_{dp}$——电枢的绕组系数，由于其值与基波绕组系数$K_{dp1}$差别甚小，计算时，通常即以$K_{dp1}$代入；

$\Phi$——每极磁通。

电机中，电流频率$f$（单位为Hz）与转子转速$n$（单位为r/min）有以下数值关系：

$$f = \frac{pn}{60} \tag{2-3}$$

式中　$p$——极对数。

每极磁通

$$\Phi = B_{\delta av}\tau l_{ef} = B_\delta \alpha'_p \tau l_{ef} \tag{2-4}$$

式中　$B_\delta$——气隙磁通密度的最大值，通常简称为气隙磁密；

$\alpha'_p$——计算极弧系数，$\alpha'_p = \dfrac{B_{\delta av}}{B_\delta}$，其中$B_{\delta av}$为气隙平均磁密；

$l_{ef}$——电枢的计算长度；

$\tau$——极距，$\tau$与电枢直径$D$的关系为

$$\tau=\frac{\pi D}{2p} \tag{2-5}$$

通常将沿电枢圆周单位长度上的安培导体数称为线负荷$A$，即

$$A=\frac{2mNI}{\pi D} \tag{2-6}$$

将式（2-2）代入式（2-1）并考虑上述各关系式后可得

$$\frac{D^2 l_{ef} n}{P'}=\frac{6.1}{\alpha'_p K_{Nm} K_{dp} A B_\delta} \tag{2-7}$$

上式中，以及本章以下各数值方程中，$D$、$l_{ef}$的单位为m；$n$的单位为r/min；$P'$的单位为VA；$A$的单位为A/m；$B_\delta$的单位为T；$E_a$的单位为V；$\Phi$的单位为Wb。

对于直流电机，计算功率为

$$P'=E_a I_a \tag{2-8}$$

式中　$E_a$——电枢绕组的电势；

$I_a$——电枢绕组的电流。

电枢绕组的电势$E_a$可按以下数值方程计算：

$$E_a=\frac{pn}{60}\cdot\frac{N_a}{a}\Phi \tag{2-9}$$

式中　$N_a$——电枢绕组的总导体数；

$a$——电枢绕组的并联支路对数。

因线负荷

$$A=\frac{I_a N_a}{2a\pi D}$$

故

$$I_a=\frac{2a\pi DA}{N_a} \tag{2-10}$$

将式（2-9）、(2-10）代入式（2-8），并考虑式（2-4）、(2-5)后可得直流电机主要关系式为

$$\frac{D^2 l_{ef} n}{P'}=\frac{6.1}{\alpha'_p A B_\delta} \tag{2-11}$$

将式（2-11）和（2-7）比较后可知，对于交流电机与直流电机，其主要尺寸和计算功率、转速、电磁负荷间的关系是相似的，都可用式（2-7）表示，只是对于直流电机，$K_{Nm}K_{dp}=1$。

今将式（2-7）重写如下，并令其等于$C_A$，即

$$\frac{D^2 l_{ef} n}{P'}=\frac{6.1}{\alpha'_p K_{Nm} K_{dp} A B_\delta}=C_A \tag{2-12}$$

由于对一定功率和转速范围的电机，$B_\delta$、$A$的变动范围不大，而$\alpha'_p$、$K_{Nm}$、$K_{dp}$的变化范围更小，所以把$C_A$称为电机常数。上式即可写成

$$C_A=\frac{D^2 l_{ef}}{P'/n}=\frac{60D^2 l_{ef}}{2\pi T'} \tag{2-13}$$

式中　$T'$——计算转矩，单位为N·m；$T'=\frac{P'}{\Omega}=\frac{60P'}{2\pi n}$，$\Omega$为机械角速度，单位为rad/s。

$P'$、$n$的单位同式（2-12）。

$D^2l_{ef}$近似地表示转子有效部分的体积，定子有效部分的体积也与它有关。因而由式(2-13)可见，电机常数大体上反映了产生单位计算转矩所耗用的有效材料〔铜（铝）和电工钢〕的体积，并在一定程度上反映了结构材料的耗用量。

电机常数$C_A$的倒数为

$$K_A=\frac{1}{C_A}=\frac{2\pi T'}{60D^2l_{ef}}=\frac{P'}{D^2l_{ef}n} \tag{2-14}$$

由式（2-14）可见，$K_A$表示单位体积有效材料所能产生的计算转矩，因此，它的大小反映了电机有效材料的利用程度，通常称为利用系数。在进行设计方案比较时，$K_A$往往也是一项重要的比较指标。随着电机制造水平的提高，材料质量的改进，利用系数将不断增大。

由参考文献〔0-1〕可知，材料的利用还可按照作用于电枢圆周单位表面上的平均切向力(称为转切应力）$\tau_{rt}$来判断，同理可推导出以下数值关系（$\tau_{rt}$的单位为N/m²）：

$$\tau_{rt}=\frac{F}{\pi Dl_{ef}}=\frac{T'}{\frac{D}{2}\pi Dl_{ef}}=\frac{60}{\pi^2}\quad\frac{P'}{D^2l_{ef}n} \tag{2-15}$$

式中其他各量的单位同式（2-12）。

比较式（2-14）与式（2-15）可知，$\tau_{rt}\propto K_A$。

已制成的电机表明，$C_A$实际上并非总是常数，在转速一定时，它常随电机功率的增大而减小，利用系数$K_A$和转切应力$\tau_{rt}$则随电机功率的增加而增大。通常作出$C_A$或$K_A$与$P'$或$P'/n$之间的经验曲线，通过这些经验曲线可初步确定电机的主要尺寸$D^2l_{ef}$。

在无径向通风道的电机中，电枢的计算长度$l_{ef}$和铁心实际总长度$l_{ta}$相差很小；在有径向通风道的电机中，$l_{ef}$略小于$l_{ta}$；感应电机约小10～15%；直流电机和同步电机约小5～10%。计算极弧系数$\alpha'_i$一般在0.63～0.72之间（详见第三章）。

不同类型电机的计算功率可按给定的额定功率$P_N$来决定，方法如下：

对于感应电机
$$P'=\frac{K_EP_N}{\eta_N\cos\varphi_N} \tag{2-16}$$

式中 $K_E$——额定负载时感应电势与端电压的比值，详见第十章；

$\eta_N$及$\cos\varphi_N$——额定负载时的效率与功率因数，可由技术条件或技术任务书(技术建议书）查得，也可参考已生产的相近规格电机作初步估计。

对于同步发电机
$$P'=\frac{K_EP_N}{\cos\varphi_N} \tag{2-17}$$

对于同步电动机
$$P'=\frac{K_EP_N}{\eta_N\cos\varphi_N} \tag{2-18}$$

对于同步调相机
$$P'=K_EP_N \tag{2-19}$$

上列各式中$K_E$值与给定的$\cos\varphi_N$有关，详见〔0-22〕第十二章；$\eta_N$见式（2-16)说明。

对于具有并励绕组的直流发电机

$$P'=K_gP_N \tag{2-20}$$

式中 $K_g$——考虑发电机的电枢压降和并励绕组电流而引入的系数，详见〔0-22〕第十四章。

对于具有并励绕组的直流电动机

$$P'=\frac{K_mP_N}{\eta_N} \tag{2-21}$$

式中 $K_m$——考虑电动机的电枢压降和并励绕组电流而引入的系数，详见〔0-22〕第十四章；

$\eta_N$——额定负载时电动机的效率，见式（2-16）说明。

从式（2-12）和式（2-13）可得出下列重要结论：

（1）电机的主要尺寸由其计算功率$P'_i$和转速$n$之比$P'_i/n$或计算转矩$T'_i$所决定。因此在其他条件相同时，计算转矩相近的电机所耗用的有效材料也相近；功率较大、转速较高的电机有可能和功率较小、转速较低的电机体积接近，从而二者可能采用相同的电枢直径及某些其他尺寸，并通用机座、端盖等零部件。

（2）电磁负荷$A$和$B_\delta$不变时，相同功率的电机，转速较高的，尺寸较小；尺寸相同的电机，转速较高的，则功率较大。这表明提高转速可减小电机的体积和重量。但需指出，这种关系仅在一定的转速范围内才正确。因转速增高时，机械损耗随之增加，直流电机中，铁耗也将增加，于是电磁负荷只好降低。转速增高还会引起转动零部件所受的机械应力增加，这也会导致这种反比关系的破坏。

（3）转速一定时，若直径不变而采用不同长度，则可得到不同功率的电机。

（4）由于式（2-12）中，系数$\alpha'_p$、$K_{Nm}$与$K_{dp}$的数值一般变化不大，因此电机的主要尺寸在很大程度上和选用的电磁负荷$A$、$B_\delta$有关。电磁负荷选得越高，电机的尺寸就越小。关于如何适当选择电磁负荷以及它们对电机性能和经济性的影响，将在§2-3详加讨论。

最后还可指出，工厂中常常参考已生产过的电机，用所谓“类比法”（见§2-4）来确定主要尺寸，实际上“类比法”依据的仍是主要尺寸关系式。

## §2-2 电机中的几何相似定律概述

为了进一步认识电机的主要尺寸和功率、转速、电磁负荷间的某些规律性，现在来分析一系列功率递增而几何形状彼此相似的电机，它们具有相同的电流密度、磁通密度、转速和极数。所谓几何形状相似是指电机对应的尺寸间具有相同的比值，例如：若电机$A$、$B$几何形状相似，则$\frac{D_A}{D_B}=\frac{l_A}{l_B}=\frac{h_{sA}}{h_{sB}}=\frac{b_{sA}}{b_{sB}}=\cdots\cdots$，其中$h_s$和$b_s$分别为槽高和槽宽。

我们已知，电机的计算功率和电枢电势$E$与电流$I$的乘积成正比，即

$$P'_i \propto EI \tag{2-22}$$

在频率（或转速和极数）一定时，$E$和电枢绕组的串联匝数$N$及磁通$\Phi$成正比，即

$$E \propto N\Phi \tag{2-23}$$

以$\Phi=BA_{Fe}$代入上式，可得

$$E \propto NBA_{Fe} \tag{2-24}$$

式中 $B$——磁路中铁内的磁密；

$A_{Fe}$——磁路中铁的截面。

又因

$$I=JA_c$$

式中 $J$——电流密度；

$A_c$——导体的截面积。

故式（2-22）可改写为

$$P'_i \propto NBA_{Fe}JA_c=BJA_{Fe}A_{C} \tag{2-25}$$

式中 $$A_{Cu}=NA_c \tag{2-26}$$

是 $N$ 根导体的总截面。

面积 $A_{Fe}$ 与 $A_{Cu}$ 各与长度因次 $l$ 的平方成正比，因此

$$A_{Fe}A_{Cu}\propto l^2l^2=l^4 \tag{2-27}$$

按条件，$B$ 和 $J$ 一定，于是可得

$$P'\propto l^4 \tag{2-28}$$

或

$$l\propto P'^{1/4} \tag{2-29}$$

实际上，例如低速水轮发电机的极距及变压器的铁心直径（标称）确是与 $P'$ 呈 1/4 次方的关系。

又因有效材料的重量 $G$ 与它们的体积成正比，也即和长度因次 $l$ 的立方成正比，而有效材料的成本 $C_{ef}$ 和损耗 $\Sigma p$ 均与重量 $G$ 成正比，故有

$$G\propto P'^{3/4} \tag{2-30}$$

$$C_{ef}\propto G\propto P'^{3/4} \tag{2-31}$$

$$\Sigma p\propto G\propto P'^{3/4} \tag{2-32}$$

若换算到单位功率下的电机的重量、成本和损耗，则为

$$\frac{G}{P'}\propto\frac{C_{ef}}{P'}\propto\frac{\Sigma p}{P'}\propto\frac{P'^{3/4}}{P'}=\frac{1}{P'^{1/4}} \tag{2-33}$$

式（2-33）即通常所谓的几何相似定律。它表明，在 $B$ 和 $J$ 的数值保持不变时，对一系列功率递增、几何形状相似的电机，每单位功率所需有效材料的重量、成本及产生的损耗，均与功率的1/4次方成反比，也即随着单机容量的增大，其有效材料的利用率和电机的效率均将提高。这也说明了为什么在可能情况下，近代电气设备上有采用大功率电机来代替总功率相等的数台小功率电机的趋势。其次，这一定律可用来大体上估计与已制成电机几何形状相似，但功率不同的电机的重量、成本或损耗；也可用来分析通常是几何形状相似的系列中各规格电机之间的相应关系。

必须指出，上述几何相似定律和其他一些关系式都是十分近似的，在实际情况下，它们所反映出来的关系常会因其他条件限制而不得不放弃或被破坏。例如，电机的损耗是与长度因次的立方成正比，但冷却表面却正比于长度因次的平方。为了保证电机温升不超过允许值，随着电机功率的增加，就必须设法改变冷却系统或冷却方式等，从而放弃它们几何形状的相似。

## §2-3 电磁负荷的选择

现在来进一步研究式（2-12）。由于正常电机中系数 $\alpha_i'$、$K_{Nm}$ 与 $K_{dp}$ 实际上变化不大，因此在计算功率 $P'$ 与转速 $n$ 一定时，电机的主要尺寸决定于电磁负荷 $A$、$B_\delta$。电磁负荷越高，电机的尺寸将越小，重量就越轻，成本也越低。这就是在可能情况下，一般总希望选取较高的 $A$ 和 $B_\delta$ 值的原因。但电磁负荷值的选取与许多因素有关，不但影响电机有效材料的耗用量，而且对电机的参数、起动和运行性能、可靠性等都有重要影响。下面先讨论电磁负荷对电机性能和经济性的影响，然后简单介绍具体选择方法。

### 一、电磁负荷对电机性能和经济性的影响

(一) 线负荷$A$较高，气隙磁密$B_\delta$不变

(1) 电机的尺寸和体积将较小，可节省钢铁材料。

(2) $B_\delta$一定时，由于铁心重量减小，铁耗随之减小。

(3) 绕组用铜(铝)量将增加，这是由于电机的尺寸小了，在$B_\delta$不变的条件下，每极磁通将变小，为了产生一定的感应电势，绕组匝数必须增多。

(4) 增大了电枢单位表面上的铜(铝)耗，使绕组温升增高。这是因为绕组有效部分(即槽内部分)的铜(铝)耗

$$p_{Cut}=m2NR_{cef}I^2=m2N\rho\frac{l}{A_c}I^2=2mNIl\rho J \tag{2-34}$$

式中 $R_{cef}$——每根导体有效部分的电阻；

$\rho$——导体材料的电阻率；

$l$——导体有效部分的长度；

$A_c$——导体截面积；

$J$——导体电流密度。

电枢单位表面的铜(铝)耗为

$$q_a=\frac{p_{Cut}}{\pi Dl}=\frac{2mNIl\rho J}{\pi Dl}=\rho AJ \tag{2-35}$$

从上式可见，电枢单位表面上的铜(铝)耗在$\rho$与$J$一定时，随着线负荷$A$的增大而增加。

式(2-35)还表明，当绕组选用的材料一定(即$\rho$一定)时，$q_a$与$AJ$成正比。由于$q_a$直接影响到电机的发热和温升，因此，电机的温升也就与$AJ$的大小密切有关。在其他条件不变时，为了避免电机温升过高，$A$与$J$的乘积就不能超过一定限度。$A$若选择得较大，$J$就相应要选小些，但这会使绕组用料增加。

(5) 影响电机参数与电机特性。由后面§4-3可知，交流绕组电抗(互感电抗或漏电抗)的标么值可表示为

$$X^*=K\frac{A}{B_\delta} \tag{2-36}$$

式中 $K$——比例系数，近似为一常数。

可见，随着$A$增大，绕组电抗的标么值将增大，这会引起电机工作特性的改变。例如：将使感应电机的最大转矩、起动转矩和起动电流降低；同步电机的电压变化率增大，短路电流、短路比、静态和动态稳定度下降。在直流电机中，则会使换向恶化，这是因为换向元件中的电抗电势值为

$$e_x=2N_c v_a A l_{ef}\xi \tag{2-37}$$

式中 $N_c$——换向元件的匝数；

$v_a$——电枢的圆周速度；

$\xi$——换向元件的平均磁导系数。

即$e_x\propto ADl_{ef}$。但由式(2-12)知，其他条件不变时，随着线负荷$A$的增加，电枢体积($D^2l_{ef}$)以一次方的关系减小，故$Dl_{ef}$将以低于一次方的关系减小，也就是$A$值增加的速度大于由此而引起的$Dl_{ef}$值减小的速度。这样，$e_x$将随着$A$的增加而增大。而$A$的增加还会导致电枢反

应增大，在无补偿绕组的直流电机中，这将引起电压变化率和片间电压最大值增加，后者可能使换向进一步恶化。

（二）气隙磁密$B_\delta$较高，线负荷$A$不变

（1）电机的尺寸和体积将较小，可节省钢铁材料。

（2）使电枢基本铁耗增大。这是因为$B_\delta$提高后，在其他条件不变时，虽会使$D^2l_{ef}$与电枢铁心重量减小，但因电枢铁心中的磁密与$B_\delta$间有一定的比例关系，铁内磁密将相应增加，铁的比损耗（即单位重量铁心中的损耗）是与铁内磁密的平方成正比的。因此随着$B_\delta$的提高，比损耗增加的速度比电枢铁心重量减小的速度为快。而电枢的基本铁耗系等于其铁心重量和比损耗的乘积，因此$B_\delta$提高后，将导致电枢铁耗增加，效率降低，在冷却条件不变时，温升也将升高。

（3）气隙磁位降和磁路的饱和程度将增加。$B_\delta$提高后，一方面直接增大了气隙磁位降的数值；另一方面，由于铁内磁密增大而使磁路饱和程度增加。这样，对于直流电机和同步电机，会因励磁磁势增大而引起励磁绕组用铜量与励磁损耗增加，效率降低；在冷却条件不变时，使励磁绕组温升增高。有时还会因励磁绕组体积过大而使布置发生困难（内极式电机），或导致磁极与电机外形尺寸加大（外极式电机）。对于感应电机，会因励磁电流增加而使功率因数变坏。

（4）影响电气参数与电机特性。因为由式（2-36）可知，随着$B_\delta$的增大，绕组电抗的标么值将减小，从而影响电机的起动特性和运行特性。

## 二、线负荷$A$和气隙磁密$B_\delta$的选择

由上可见，应从电机综合技术经济指标出发来选取最合适的$A$和$B_\delta$值，以便使制造和运行的总费用最小，而且性能良好。

除了不应选择过高的$A$、$B_\delta$数值外，还应考虑它们的比值要适当。因为这一比值不仅影响电机的参数和特性，而且同铜（铝）耗与铁耗的分配密切有关，也即会影响电机效率曲线上出现最高效率的位置。正因为这样，对经常处于轻载运行的电机，通常宜选用较大的$A$值和较低的$B_\delta$值，以便在轻载时能得到较高的效率。

电机的冷却条件对电磁负荷的选用也有重要影响。例如防护式电机，由于冷却条件较好，选用的$A$、$B_\delta$可比相同规格封闭式电机的高，对一般小型感应电机，通常可高出15～20%左右。

电机所用的材料与绝缘结构的等级也直接影响电磁负荷的选择。所用绝缘结构的耐热等级越高，电机允许的温升也就越高，电磁负荷可选高些；导磁材料（包括兼起磁路作用的某些结构部件的材料）性能越好，允许选用的磁密也可越高。电枢绕组采用铝线时，由于其电阻率较大，为保证足够的安放空间以免电损耗过大，往往采用比铜线时较低的电磁负荷。

$A$、$B_\delta$的选择还和电机的功率及转速有关，确切地说是与电枢直径（或极距）及转子的圆周速度有关。圆周速度较高的电机，其转子与气隙中冷却介质的相对速度较大，因而冷却条件有所改善，$A$、$B_\delta$可选得大些。电枢直径（或极距）越小，所选取的$A$和$B_\delta$也应越小，这主要是空间是否充裕的问题，可解释如下：

在内电枢的电机（如直流电机）中，电枢直径越小，则在平行槽壁时，为保证一定的槽空间，齿根将越窄；在平行齿壁时，为保证一定的齿截面积，槽尺寸将受限制。因此，当电机功率较小时（通常直径也较小），若为平行槽壁，则$B_\delta$的数值将因受齿根磁密限制而不能

取得过高，因为通常齿部磁密最大值有一定限制，超过此值后，励磁电流和铁耗将迅速增加；同时，还因齿根磁密的限制而使槽不能太深，从而限制了槽空间的大小和线负荷$A$的数值。若为平行齿壁，则在齿距、齿宽和槽深一定的情况下，直径小的电机中，槽的空间比直径大的电机要小，$A$也就应选得较小。同样，在内极式电机（如凸极同步电机）中，电枢内径变小时，励磁绕组能够占用的空间也将变小，这就限制了励磁磁势的数值，使电枢反应磁势和与之密切有关的$A$及$B_\delta$都不能取得太高。不但如此，电枢直径较小的电机，通常导线较细（因为电流小），绝缘所占比重就较大，使槽的空间利用变差，这时为了尽可能增加槽的空间，必须将齿宽取得狭些，这就要求$B_\delta$不能取得太高。

电磁负荷选择时要考虑的因素很多，很难单纯从理论上来确定。通常主要参考电机工业长期积累的经验数据，并分析对比所设计电机与已有电机之间在使用材料、结构、技术要求等方面的异同后进行选取。电机工业的发展历史表明，随着材料，特别是电工材料性能、冷却条件和电机结构的不断改进，电机的利用系数和$A$、$B_\delta$的数值一直在逐步提高，从而使电机的体积和重量不断减小，而性能指标仍能得到保证。

## §2-4 电机主要尺寸比的选择及确定主要尺寸的一般方法

### 一、主要尺寸比的选择

在选定$A$和$B_\delta$后，由式（2-12）即可初步确定电机的$D^2l_{ef}$。但$D^2l_{ef}$相同的电机，可以设计得细长，也可以设计得粗短。为了反映电机这种几何形状关系，通常采用主要尺寸比$\lambda=\frac{l_{ef}}{\tau}$这一概念。$\lambda$的大小与电机运行性能、经济性、工艺性等均有密切关系，或对它们产生一定影响。现在分别说明不同类型电机的$\lambda$值的选择。

若$D^2l_{ef}$不变而$\lambda$较大：

（1）电机将较细长，即$l_{ef}$较大而$D$较小。这样，绕组端部变得较短，端部的用铜（铝）量相应减少，当$\lambda$仍在正常范围内时，可提高绕组铜（铝）的利用率。端盖、轴承、刷架、换向器和绕组支架等结构部件的尺寸较小，重量较轻。因此，单位功率的材料消耗较少、成本较低。

（2）今电机的体积未变，因而铁的重量不变，在同一磁密下基本铁耗也不变。但附加铁耗有所降低[0-20]，机械损耗则因直径变小而减小。再考虑到电流密度一定时，端部铜（铝）耗将减小，因此，电机中总损耗下降，效率提高。

（3）由于绕组端部较短，因此，端部漏抗减小。一般情况下，这将使总漏抗减小。

（4）由于电机细长，在采用气体作为冷却介质时，风路加长，冷却条件变差，从而导致轴向温度分布不均匀度增大。为此必须采取措施来加强冷却，例如采用较复杂的通风系统。但在主要依靠机座表面散热的封闭式电机中，热量主要通过定子铁心与机座向外发散，这时电机适当做得细长些可使铁心与机座的接触面积增大，对散热有利（对于无径向通风道的开启式或防护式电机，为了充分发挥绕组端部的散热效果，往往将$\lambda$取得较小）。

（5）由于电机细长，线圈数目常较粗短的电机为少，因而使线圈制造工时和绝缘材料的消耗减少。但电机冲片数目增多，冲片冲剪和铁心叠压的工时增加，冲模磨损加剧；同时机座加工工时增加，并因铁心直径较小，下线难度稍大，而可能使下线工时增多。此外，为了保证转子有足够的刚度，必须采用较粗的转轴。

（6）由于电机细长，转子的转动惯量与圆周速度较小，这对于转速较高或要求机电时间常数较小的电机是有利的。

选择λ值时，通常主要考虑：1）参数与温升；2）节约用铜（铝）；3）转子的机械强度；4）转动惯量等方面的限制或要求。

（一）感应电机

在中小型感应电机中，通常λ＝0.4～1.5，少数为λ＝1.5～4.5；大型感应电机则为λ＝1～3.5；极数多时取较大值。感应电机的过载能力与功率因数等性能都和漏抗有关，因而也就与λ有一定关系，计算经验表明，这方面较合适的λ＝1～1.3左右。当λ＝1.5～3时，可得到用铜（铝）量和铜（铝）耗方面较适宜的电机。

（二）同步电机

对于凸极同步电机，λ一般随极数的增加而增大。通常，中小型同步电机的λ＝0.6～2.5，其上限属于多极电机。对于高速或大型同步电机，由于转子材料机械强度的限制，极距不能太大，因而λ值较大，可达3～4。

内燃机驱动的同步发电机或负载具有脉动转矩的同步电动机，为了避免因电机的电磁固有振荡频率与来自内燃机（或压缩机）转矩的强迫振荡频率相近而引起共振，以及为限制负载时功率振荡的幅值，要求电机具有较大的转动惯量。通常这类同步电机的λ＝0.8～1.2。

对于一般同步电动机，λ的选择则应考虑异步起动和过载能力问题。由于其起动性能比感应电机的要差，而且需要牵入同步，故转动惯量不应太大，即λ一般宜取得大些。

水轮发电机的飞逸转速较高（1.6～2.6$n_N$），为了保证飞逸时转子构件的机械应力不超过允许值，最好选用较大的λ；但另一方面，由于在运行中发电机突然卸去全部负载时，水轮机导水机构不能立即关闭，为了控制机组转速上升值在一定范围内，并保证在所有运行情况下转速变化率不大，从而使电力系统运行的稳定性较高，又需要一定的转动惯量，也就是要求λ较小。这两个要求是互相矛盾的，但如根据具体情况正确选择λ，则矛盾是可以解决的。通常对于额定转速较高或容量特大的水轮发电机，转子机械强度问题比较突出，所以λ宜选大些；额定转速较低的水轮发电机，转子机械应力一般不大，这时转动惯量对尺寸的要求将起决定作用，所以λ宜选小些。

汽轮发电机通常为2极或4极，转速较高，转子外径增大时，离心力迅速增大。转子本体及护环材料目前可能达到的机械性能限制了它们外径的加大。为了使转子机械应力不超过允许值，功率的增长主要只能在加强冷却的情况下，通过增加电枢长度来达到，因此汽轮发电机的λ一般随功率增加而增大。根据〔0-20〕的分析，从用铜量的观点来看，λ＝1.91（2极电机）或3.82（4极电机）是其最佳数值；大于上述数值时，不会降低损耗和提高效率；小于上述数值，则会引起损耗显著增加和效率显著降低。实际上，由于容量、电压、使用材料和冷却方式等的不同，λ的数值范围仍旧相当大（例如2极电机约为1～4）。

（三）直流电机

λ越大，则电枢越长，换向器片间电压和换向元件的电抗电势均将增大，使换向条件变差。过大的λ还会导致磁极铁心的截面形状变得狭长，使励磁绕组金属的利用率下降。一般说，小型直流电机的换向问题不大，本来λ可以取大些，但为了在电枢上获得足够的槽数，仍常采用较低的λ值。频繁起动和可逆转的轧钢电动机，通常要求转动惯量较小，以减少起动和运行过程中的能量损耗，缩短过渡过程的时间，提高生产率，因此需选取较大的$\lambda$值。大型电机与高速电机，换向比较困难，而且为了避免因直径太大而使电枢圆周速度过高，机械应力超过允许值，$\lambda$也应取得大些。通常中小型直流电机的$\lambda=0.6\sim1.2$（或1.5），大型直流电机的$\lambda=1.25\sim2.5$。

实际设计时，$\lambda$值的选择往往需要通过若干计算方案的全面比较分析，才能作出正确判断。

**二、确定主要尺寸的一般方法**

这里只介绍确定电机主要尺寸的一般方法，某些电机可能根据其本身特点而采用不同的步骤，甚至将主要尺寸关系式写成其他形式。

首先根据电机的额定功率，利用式（2-16）～式（2-21）得出计算功率$P'_i$。然后根据$P'_i$与$n$（交流电机为同步转速，直流电机为额定转速），结合所设计电机的特点，利用推荐的数据或曲线选取电磁负荷$A$、$B_\delta$，代入式(2-12)即可算得$D^2l_{ef}$。计算时，交流电枢若采用单层整距绕组，可预取$K_{dp}=0.96$；若为双层短距绕组（线圈节距$y\approx\frac{5}{6}\tau$时)，则可预取$K_{dp}=0.92$。

然后参考推荐的数据选用适当的$\lambda$，即可由已算得的$D^2l_{ef}$分别求得主要尺寸$D$与$l_{ef}$。对于感应电机和同步电机，同时还要确定它们的定子外径$D_1$（初步可参照定子内外径的经验比值先作估计)。为了充分利用硅钢片，减少冲模等工艺装备的规格与数量，加强通用性和考虑系列电机功率等级递增的需要，我国目前规定了交流电机定子铁心的标准外径$D_1$（见表2-1)与直流电机的标准电枢外径$D_a$（见表2-2)，当$D_1$（或$D_a$）$>$99cm时，应采用扇形片。算得$D_1$（或$D_a$）后，需将其调整至表2-1（或表2-2）的标准直径，然后对定子内径$D_{i1}$（或转子内径$D_{i2}$）与铁心计算长度$l_{ef}$进行必要调整。

需要指出的是，表2-1和2-2的标准直径系根据我国当前生产水平规定的，并非一成不变。事实上，在一些新系列电机中也采用其他直径。

**表2-1　交流电机定子的标准外径$D_1$**　　单位：cm

| 机座号 | 1 | 2 | 3 | 4 | 5 | 6 | 7 | 8 | 9 | 10 | 11 | 12 | 13 | 14 | 15 | 16 | 17 | 18 | 19 | 20 | 21 | 22 |
|---|---|---|---|---|---|---|---|---|---|---|---|---|---|---|---|---|---|---|---|---|---|---|
| $D_1$ | 12 | 14.5 | 16.7 | 21 | 24.5 | 28 | 32.7 | 36.8 | 42.3 | 56 | 56 | 65 | 74 | 85 | 99 | 118 | 143 | 173 | 215 | 260 | 325 | 425 |

**表2-2　直流电机电枢的标准外径$D_a$**　　单位：cm

| 机座号 | 1 | 2 | 3 | 4 | 5 | 6 | 7 | 8 | 9 | 10 | 11 | 12 | 13 | 14 | 15 | 16 | 17 | 18 | 19 | 20 | 21 | 22 | 23 | 24 | 25 | 26 | 27 |
|---|---|---|---|---|---|---|---|---|---|---|---|---|---|---|---|---|---|---|---|---|---|---|---|---|---|---|---|
| $D_a$ | 8.3 | 10.6 | 12 | 13.8 | 16.2 | 19.5 | 21 | 24.5 | 29.4 | 32.7 | 36.8 | 42.3 | 49.3 | 56 | 65 | 74 | 85 | 99 | 120 | 150 | 180 | 215 | 250 | 285 | 315 | 350 | 380 |

电机主要尺寸关系式是确定电机主要尺寸的理论基础，它阐明了一些重要物理量和主要尺寸间的关系。但利用它来确定电机主要尺寸时不够简便。在实际生产中，根据实践经验，通常采用比较实用的“类比法”来确定主要尺寸。所谓“类比法”即根据所设计电机的具体条件（结构、材料、技术经济指标、工艺等)，参照已生产过的同类型相近规格电机的设计和试验数据，直接初选主要尺寸及某些其他数据。例如对于感应电机，通过“类比”，一般常直接选取定子外径（和相应的机座号或轴中心高)、内径、长度及气隙尺寸、转子内径、定转子槽数等。若所设计的电机Ⅰ和已生产过的同类型电机Ⅱ，极数相同而额定功率不同，则由式

（2-12）知，可近似认为$\frac{D_{i1\mathrm{I}}^2 l_{ef\mathrm{I}}}{D_{i1\mathrm{II}}^2 l_{ef\mathrm{II}}}=\frac{P_{N\mathrm{I}}}{P_{N\mathrm{II}}}$，一般选取$D_{i1\mathrm{I}}=D_{i1\mathrm{II}}$，于是$\frac{l_{ef\mathrm{I}}}{l_{ef\mathrm{II}}}=\frac{P_{N\mathrm{I}}}{P_{N\mathrm{II}}}$，由此即可确定$l_{ef\mathrm{I}}$。顺便指出，将电机Ⅱ的导体截面积乘以$\frac{P_{N\mathrm{I}}}{P_{N\mathrm{II}}}$，绕组匝数除以$\frac{P_{N\mathrm{I}}}{P_{N\mathrm{II}}}$，还可初步推算出所设计电机的导体截面积和匝数。

## §2-5　系列电机及其设计特点

电机制造厂的产品大多是系列电机。所谓系列电机，是指技术要求、应用范围、结构型式、冷却方式、生产工艺基本相同，功率及安装尺寸按一定规律递增，零部件通用性很高的一系列电机。因此电机制造厂进行的往往是系列电机设计，仅当用户提出的要求和系列产品在功率、技术要求和结构等方面差别较大时，才专门进行单个电机的设计。即使这时，也仍需尽量利用已有的工艺装备，以降低成本和缩短生产周期。

系列电机的额定功率具有一定范围，按一定比例递增，且为“硬性”等级。例如Y系列(IP44)与Y系列（IP23）三相感应电动机的额定功率从0.55kW～250kW共分23个等级。

系列电机的额定电压系按规定的标准电压等级选用其中一种或几种。例如Y系列(IP44)与Y系列（IP23）的额定电压均为380V。

系列电机有一定的转速范围或等级。例如Y系列（IP44）与Y系列（IP23）的同步转速有：3000、1500、1000、750r/min等四种。

根据功率递增情况和标准尺寸硅钢片的合理剪裁，规定了系列电机铁心的若干外径尺寸或轴中心高数值，通常外径与轴中心高之间有一定的对应关系，而且每一外径或轴中心高对应一个机座号。同一机座号可有几种铁心长度。例如JO2系列共分9个机座号，每个机座号包括2～5种极数，同一机座号中每种极数有1～3种铁心长度，分别对应于不同的功率等级。

系列电机具有的这些特点给设计、制造、使用和维修带来很多方便。例如零部件的通用性高，就便于成批生产和实现生产过程的机械化、自动化，也有利于提高产品的质量和产量，降低生产成本。

系列电机一般可分为下列数种：

（1）基本系列：通常，这是使用面广、生产量大的一般用途系列，如Y系列和JO2系列三相感应电动机、T2系列小型同步发电机与Z2系列小型直流电机等。

（2）派生系列：这是按不同使用要求，进行部分改动而由基本系列派生出来的系列，它和基本系列间有较多的通用性。例如JDO2系列三相多速感应电动机与JHO2系列三相高转差率感应电动机，都是在JO2系列的基础上派生出来的。前者是定子采用一套多速绕组；后者是转子笼采用了铝合金，使电阻增大，从而比普通电机有较高的转差率。但它们的基本结构和主要零部件都和JO2系列的完全相同。

（3）专用系列：这是适用于某种特殊条件但使用面很窄的系列。例如JG2系列辊道电动机，系专门用来驱动轧钢厂传送辊道和工作辊道的三相感应电动机，使用条件的特点是：环境温度高、金属粉尘多、频繁起动、经常正反转和反接制动，并需承受较大的振动和冲击等。

系列电机的设计特点：

1．功率按一定规律递增

同一系列中相邻两功率等级之比（大功率比小功率），称为功率递增系数或容量递增系数$K'_r$，其数值直接影响到整个系列功率等级数目的确定，而且对系列的经济性有重要影响。$K'_r$取得小，功率等级就多，易于满足不同用户的配套需要，选用方便，并可减少过安装容量、过安装费用与运行费用。但功率等级的增多，将使同一系列中电机的规格较多，制造时所需的工艺装备增加，生产管理复杂，从而使制造成本增高。因此选择系列电机的$K'_r$及功率等级时，必须进行细致的综合分析。我国系列电机的功率等级系从国家标准《GB321-64优先数和优先数系》中取用，取用时还参考国际上常用的功率等级标准。《GB321-64》规定有四个基本优先数系，它们的公比（相当于系列电机的$K'_r$）分别为：$R_5=\sqrt[5]{10}\approx1.6$，$R_{10}=\sqrt[10]{10}\approx1.25$，$R_{20}=\sqrt[20]{10}\approx1.12$，$R_{40}=\sqrt[40]{10}\approx1.06$，其中根号内数字表示功率比，根号外数字表示功率分段的数目。例如若把1～10kW这一功率范围（功率比为10）优先分为5、10、20或40个功率段时，其公比就可分别用上列四式表示。采用优先数系可以做到合理分段，以最少的规格品种满足国民经济各部门的需要。这时各级的过安装容量与电机本身功率间的比值大致相等，因而较为合理。考虑到同一系列中不同规格电机的实际需要量并不相同，功率小的电机一般需要量较多，功率大的电机则需要量相对较少，而且个别几种功率可能需要得特别多或特别少。因此整个系列若采用同一个功率递增系数，也即只用公比相同的一个基本优先数系就不一定合适。为此，标准规定，必要时允许采用复合优先数系，也就是不同功率范围内采用不同的优先数系，使小功率范围内间隔疏些，大功率范围内间隔密些，个别功率段还可根据具体情况，比相邻段疏些或密些。表2-3为国际电工委员会（IEC）规定的功率等级与我国生产的Y系列三相感应电动机的功率等级。

**表2-3 功率等级**

单位：kW

| IEC | | Y系列 | IEC | | Y系列 |
|---|---|---|---|---|---|
| 第一数系 | 第二数系 | (IP44<br>IP23) | 第一数系 | 第二数系 | (IP44<br>IP23) |
| 0.06<br>0.09<br>0.12<br>0.18<br>0.25<br>0.37 | | | 22 | 25 | 22 |
| | | | 30 | 33 | 30 |
| | | | 37 | 40 | 37 |
| | | | 45 | 50 | 45 |
| 0.55 | | 0.55 | 55 | 63 | 55 |
| 0.75 | | 0.75<br>1.1 | 75 | 80 | 75 |
| 1.5 | 1.8 | 1.5 | 90 | 100 | 90 |
| 2.2 | 3 | 2.2<br>3 | 110 | 125 | 110 |
| 3.7 | 4 | 4 | 132<br>150 | | 132 |
| 5.5 | 6.3 | 5.5 | 160<br>185 | | 160<br>185 |
| 7.5 | 10 | 7.5 | 200 | | 200 |
| | 13 | 11 | 220 | | 220 |
| 15 | 17 | 15 | 250 | | 250 |
| 18.5 | 20 | 18.5 | | | |

注：1. IP23和IP44为电机外壳防护等级的代号。

2. Y系列(IP44)的功率等级为0.55～160kW，Y系列(IP23)为5.5～250kW。

2. 安装尺寸和功率等级相适应

电机的安装尺寸是指电机与配套机械进行安装时的有关尺寸。如何合理地确定系列电机的安装尺寸及功率等级与安装尺寸的对应关系十分重要。系列电机的安装尺寸一般按轴中心高分级，它的确定必须综合考虑配套机械和电机本身的具体情况，原则上也应按优先数系递增。安装尺寸中主要是轴中心高，对端盖式轴承的电机，确定功率等级与安装尺寸的对应关系时主要是确定功率等级与轴中心高的对应关系。功率等级确定后，若选取的轴中心高等级太少，则电机制造时的工艺装备虽可减少，用户安装使用也较方便，但电磁设计将不够合理，材料得不到充分利用。因此确定这种对应关系时必须全面考虑，并进行多种方案的计算和比较。通常一个轴中心高对应两个功率等级；在个别功率范围内，也可对应三个功率等级。我国中、小型感应电机采用的轴中心高尺寸见表2-4与表2-5。

**表2-4　小型感应电机的轴中心高与定子外径的对应关系**　　单位：cm

| 系列名称 \ 定子外径 \ 轴中心高 | 8 | 9 | 10 | 11.2 | 13.2 | 16 | 18 | 20 | 22.5 | 25 | 28 |
|---|---|---|---|---|---|---|---|---|---|---|---|
| Y系列(IP23) | | | | | | 29 | 32.7 | 36.8 | 40 | 44.5 | 49.3 |
| Y系列(IP44) | 12 | 13 | 15.5 | 17.5 | 21 | 26 | 29 | 32.7 | 36.8 | 40 | 44.5 |
| J2、JO2 | | 12 | 14.5 | 16.7 | 21 | 24.5 | 28 | | 32.7 | 36.8 | 42.3 |

注：表中J2、JO2系列的定子外径数值与表2-1中所列是一致的，但Y系列已作了适当调整，其机座号的划分（不是按定子外径，而是按轴中心高）和命名方法也与J2、JO2系列的不同。例如80机座代表轴中心高为80mm的机座。

**表2-5　中型感应电机的轴中心高与定子外径的对应关系**　　单位：cm

| 系列名称 \ 定子外径 \ 轴中心高 | 35.5 | 37.5 | 40 | 45 | 50 | 56 | 63 |
|---|---|---|---|---|---|---|---|
| JS、JR | | 56 | | 65 | 74 | 85 | 99 |
| JS2、JR2(低压部分) | 56 | | 65 | | | | |

3. 电枢冲片外径的确定

（1）与规定的轴中心高数值的一致性。我国几个中小型感应电机基本系列的定子冲片外径和轴中心高的对应关系见表2-4与2-5。实践表明，轴中心高一定时，如果可能，宜适当放大感应电机定子冲片外径，这对电机的性能和工艺性均较有利。

（2）硅钢片利用的经济合理性。

（3）整个系列外形的匀称性。

在条件允许的情况下，还应尽可能充分利用已有的工艺装备。

4. 重视零部件的标准化、系列化和通用化

设计系列电机时，对于零部件的标准化、系列化和通用化应十分重视，也就是系列电机零部件应尽量采用标准件与标准尺寸、标准结构，并按整个系列的要求合理安排同类型零部件的尺寸，以提高通用性和互换性。只有这样，才能充分发挥系列电机的优越性，降低生产成本和方便使用维修。有时为了提高系列电机零部件的通用化程度，宁愿在电机性能方面适当

作出一些牺牲。例如，对于交流电机，极数相同、功率等级邻近的2～3个规格，应采用相同的定子冲片（此时铁心长度不同）；极数不同、功率等级邻近的电机，宜采用相同的定子冲片外径，但内径不同，铁心长度相同或略有不同。对于转速不同而功率邻近的直流电机，应选用相同的电枢外径和磁极冲片。这样，将大大减少冲模与铸造模的数量，并因可采用相同的轴径、轴承、换向器和绕组支架，而进一步减少夹具和量具等工艺装备的数量。为了使电机主要尺寸比都较合适，批量大的电机（例如100kW以下的小型感应电机），一个铁心外径在一种极数下一般配两种铁心长度，个别为一种或三种；批量较小的电机（如100～1000kW），则常取用2种以上长度，功率大的电机，当采用焊接机座时，长度的改变不会在工艺上引起较大的不便，因而铁心有时采用3～4种长度。

5．考虑派生的可能性

考虑有可能仅作少量改动即派生出某些产品，以满足特殊性能、特殊环境与特殊使用条件方面的要求。

系列电机设计，特别是基本系列电机的设计，是一项对国民经济有重大影响的工作。因此设计前，必须对国内外已有系列或相类似电机的情况进行充分调查研究和分析比较，按上述有关要求进行工作，并通过试制少数典型规格为全面设计提供实际依据。通常一个基本系列的设计，即使采用电子计算机，也常常需要几年时间才能完成。

## 复习思考题

1．什么是主要尺寸关系式？根据它可得出哪些重要结论？

2．电机常数$C_A$和利用系数$K_A$的物理意义是什么？

3．什么是电机中的几何相似定律？为何在可能情况下，总希望用大功率电机来代替总功率相等的数个小功率电机？为何冷却问题对大功率电机比对小功率电机更显得重要？

4．电磁负荷对电机性能和经济性有何影响？电磁负荷选用时要考虑哪些因素？

5．若有两台电机的规格、材料、结构、绝缘等级与冷却条件均相同，若电机1的线负荷选得比电机2的高，则两台电机的导体电流密度能否选得一样，为什么？

6．什么是电机的主要尺寸比？它对电机的性能和经济性有何影响？

7．电机的主要尺寸通常是怎样确定的？

8．何谓系列电机？为什么一般电机厂生产的大多是系列电机？系列电机设计有哪些特点？

# 第三章　磁路计算

## §3-1　概　　述

当绕组中通过电流，在电机的有效部分、端部及部分结构零件中就激发了磁场。为了简化物理图象及电磁计算，把电机中的磁场分为主磁场及漏磁场。磁路计算的目的在于确定产生主磁场所必需的磁化力或励磁磁动势（以后简称磁势），并进而计算励磁电流以及电机的空载特性。通过磁路计算还可以校核电机各部分磁通密度选择得是否合适。

### 一、磁路计算所依据的基本原理

可以把电机分成若干扇形段，每个扇形段包含一对磁极（见图3-1），所有扇形段的磁场分布图都是相同的。要确定建立磁场所必需的磁化力，只要计算一个扇形范围内的磁场就足够了。根据全电流定律，磁场强度沿闭合回路的线积分等于该回路所包围的全电流，即

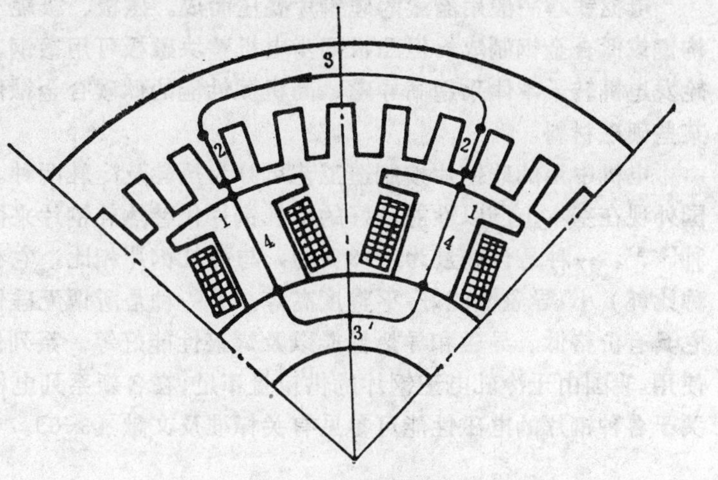


图3-1　电机的磁路

$$\oint_l \boldsymbol{H}\cdot \mathrm{d}\boldsymbol{l}=\Sigma i \tag{3-1a}$$

如果积分路径沿着磁场强度矢量取向（即沿着磁力线），则

$$\oint_l H\mathrm{d}l=\Sigma i \tag{3-1b}$$

等式左边为磁场强度$H$在$\mathrm{d}l$方向上的线积分；所选择的闭合回路一般通过磁极的中心线，等式右边为回路包围的全电流，即等于每对极的励磁磁势。

为了简化计算，通常把电机各部分的磁场化成等效的各段磁路。所谓等效的磁路是指各段磁路上的磁压降应等于磁场内对应点之间的磁压降，并认为在各段中磁通沿截面均匀分布，各该段中磁场强度保持为恒值（如果实际上与此有出入时，应作适当校正）。因此式(3-1b)中的线积分$\oint_l H\mathrm{d}l$可用求和$\sum_1^n H_xL_x$代替，式中$L_x$为第$x$段磁路的长度，$H_x$为第$x$段磁路中的磁场强度。式（3-1）可写成

$$H_1L_1+H_2L_2+\cdots\cdots H_nL_n=F_0 \tag{3-2}$$

上式左边表示一对极回路各段的磁压降，右边$F_0$表示每对极励磁磁势。由于一对极磁路中两个极的磁路情况是相似的，所以也可以只计算半条回路（如图3-1中粗线所示）上各段的磁压

降，它们的总和就等于每极励磁磁势。在以下的叙述中，磁压降或磁势均指每极的。

等式（3-2）也可写成下列形式：

$$F_1+F_2+\cdots\cdots F_n=F_0 \tag{3-3}$$

式中 $F_n=H_nL_n$ 表示第 $n$ 段磁路上的磁压降。因此励磁磁势的计算可归结为计算每极磁路上各段的磁压降。

各类电机的磁路可分为如下各段：1）空气隙；2）定子齿（或磁极）；3）转子齿（或磁极）；4）定子轭；5）转子轭。

每极磁路中，空气隙的磁压降通常占较大的比例（约60～85%或以上）。

**二、电机中常用的磁性材料**

电枢铁心一般用涂漆的硅钢片叠压而成。磁极、极轭（磁轭）可用一般的低碳钢板、结构钢或低合金钢制成，但凸极同步电机整块磁极可用锻钢、直流电机极轭可用铸钢制成。汽轮发电机转子本体采用高导磁、高机械性能的低碳合金锻件。此外，在永磁电机中，还采用某些硬磁材料。

电机中用的硅钢片按制造工艺可分为热轧及冷轧两种。为了改善电机的性能和节约能源，国外现在基本上已以性能较好的冷轧钢片代替热轧钢片来做电机的铁心。冷轧钢片一般分两种[3-6]。一种是含硅量为1～3%的，与热轧钢片相比，它有一系列的优点，如损耗系数（或称比耗）小，导磁性能好，平整度高等。另一种是所谓无硅钢片（含硅量在0.5%以下），由于它具有价格低、导磁和导热性能以及焊接性能好等一系列优点，国外已在中小型电机中广泛使用。我国由于冷轧电工钢片的供应量不足，在各新系列电机的统一设计中仍采用热轧钢片。关于各种钢片的电磁性能可参见有关标准及文献〔3-6〕。

## §3-2 空气隙磁压降的计算

在电机中，沿电枢圆周方向气隙磁场不是均匀分布的。为了计算方便，通常计算是最大气隙磁通密度$B_\delta$所在的磁极中心线处（与所取积分回路相对应）的气隙磁压降。它等于

$$F_\delta=K_\delta H_\delta \delta \tag{3-4}$$

式中 $\delta$——单边气隙的径向长度；

$H_\delta$——极中心线处的气隙场强；

$K_\delta$——气隙系数，考虑到因槽口影响使气隙磁阻增加而引入的系数。

又气隙场强

$$H_\delta=\frac{B_\delta}{\mu_0} \tag{3-5}$$

式中 $\mu_0$——空气磁导率，通常可认为它等于真空中的磁导率，即$\mu_0=0.4\pi\times10^{-6}$H/m；

将式（3-5）代入式（3-4），得

$$F_\delta=\frac{K_\delta B_\delta \delta}{\mu_0} \tag{3-6}$$

由式（2-4），气隙磁密的最大值

$$B_\delta=\frac{\Phi}{\alpha'_p \tau l_{ef}} \tag{3-7}$$

式中 每极磁通$\Phi$可根据给定的绕组感应电势确定。

对于直流电机，由式（2-9），每极磁通

$$\Phi=\frac{E_a}{\frac{pn}{60}\cdot\frac{N_a}{a}} \tag{3-8}$$

对于交流电机，由式（2-2），每极磁通

$$\Phi=\frac{E}{4K_{Nm}K_{dp}fN} \tag{3-9}$$

由式（3-6）及式（3-7）可知，在已知每极磁通$\Phi$及几何尺寸$\tau$、$\delta$的情况下，气隙磁压降的计算就在于如何确定计算极弧系数$\alpha'_p$、电枢的计算长度$l_{ef}$及气隙系数$K_\delta$。

## 一、计算极弧系数$\alpha'_p$的确定

如气隙磁通密度在一个极距范围内的分布$B(x)$如图3-2中实线所示，则每极磁通

$$\Phi=l_{ef}\int_{-\frac{\tau}{2}}^{\frac{\tau}{2}}B(x)\mathrm{d}x=B_\delta\alpha'_p\tau l_{ef} \tag{3-10}$$

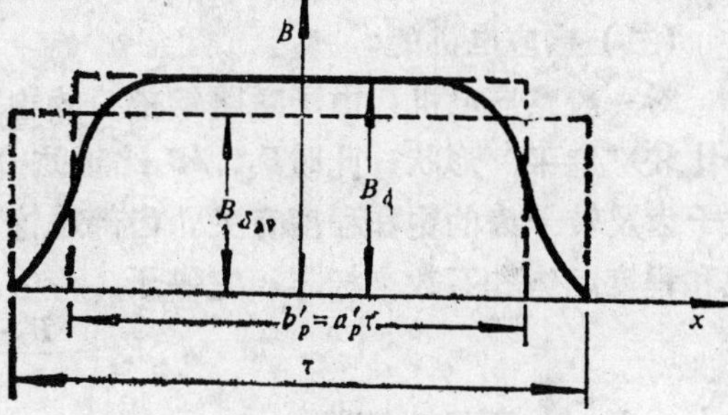


图3-2　直流电机沿电枢圆周方向的气隙磁密分布$B(x)$

因此

$$\alpha'_p=\frac{\frac{1}{\tau}\int_{-\frac{\tau}{2}}^{\frac{\tau}{2}}B(x)\mathrm{d}x}{B_\delta}=\frac{B_{\delta av}}{B_\delta} \tag{3-11}$$

表示气隙磁密平均值$B_{\delta av}$与最大值$B_\delta$之比。其倒数，即气隙磁密最大值与平均值之比称为波幅系数$F_s$。从另一角度来分析，可假想每极气隙磁通集中在极弧计算长度$b'_p$范围内，并认为在这个范围内气隙磁场均匀分布，其磁密等于最大值$B_\delta$。计算极弧系数即为极弧计算长度$b'_p$与极距$\tau$之比：

$$\alpha'_p=\frac{b'_p}{\tau} \tag{3-12}$$

计算极弧系数$\alpha'_p$的大小决定于气隙磁密分布曲线$B(x)$的形状，因而它决定于励磁磁势分布曲线的形状、空气隙的均匀程度以及磁路的饱和程度。当$B(x)$为正弦分布时，$\alpha'_p=\frac{2}{\pi}=0.637$。

### （一）直流电机的$\alpha'_p$

1．均匀气隙

具有补偿绕组的大中型直流电机和某些小型直流电机，其极弧部分的气隙常为均匀的。对于这类电机

$$b'_p\approx\widehat{b_p}+2\delta \tag{3-13}$$

式中　$\widehat{b_p}$——极弧长度；$2\delta$实质上是计及了极靴尖处的边缘效应。

以式（3-13）代入式（3-12）即可确定计算极弧系数$\alpha'_p$。

2．不均匀气隙

为了削弱电枢反应，无补偿绕组直流电机的磁极常做成图3-3所示的削角形状。这种磁极的极靴中部约占$\frac{2}{3}$极弧表面部分下的气隙$\delta$仍是均匀的；而在两侧逐渐增大到$2\delta$，这一部分极靴表面是个平面，以简化工艺。对于这种极靴，边缘效应被削弱，因此可取

$$b'_p=\widehat{b_p} \tag{3-14}$$

同理，也可采用偏心的圆弧形极靴，以使空气隙由$\delta$连续增大到$\delta_{max}$，如图3-4所示，其削弱电枢反应的效果更好。对此种偏心气隙，当$\frac{\delta_{max}}{\delta}<3$时，也可取$b'_p=\widehat{b_p}$。但在计算$F_\delta$时，要用$\delta_{eq}=0.75\delta+0.25\delta_{max}$作为等效气隙长度。

（二）感应电机的$\alpha'_p$

对一般感应电机，由于磁路钢部分的饱和，气隙磁场已不是正弦分布，而呈与图3-2类似的比较“扁平”形状，此时$B_{\delta av}/B_\delta$比正弦分布时为大，因此$\alpha'_p$大于0.637。$\alpha'_p$的数值主要与定子齿及转子齿的饱和程度有关。齿部越饱和，气隙磁场波形越平，$\alpha'_p$越大。计算时，齿的饱和程度以饱和系数来标志，它等于

$$K_s=\frac{F_\delta+F_{t1}+F_{t2}}{F_\delta} \tag{3-15}$$

式中　$F_\delta$——气隙磁压降；

$F_{t1}$——定子齿部磁压降；

$F_{t2}$——转子齿部磁压降。

图3-5给出了感应电机的$\alpha'_p$与$K_s$关系曲线，它系根据许多感应电机的磁场曲线（用作图法求得）确定的[0-6]。

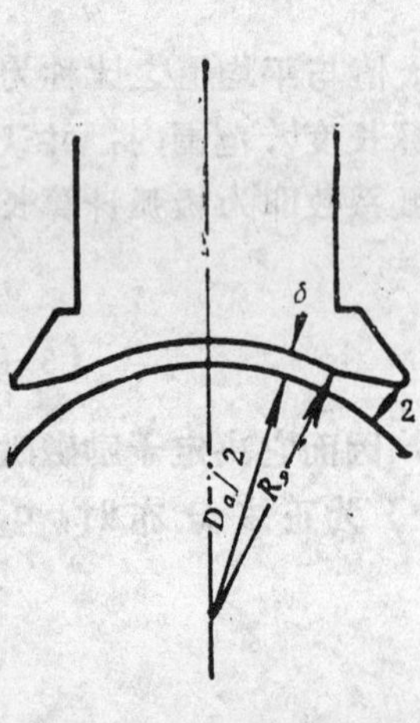


图3-3　直流电机的削角极弧

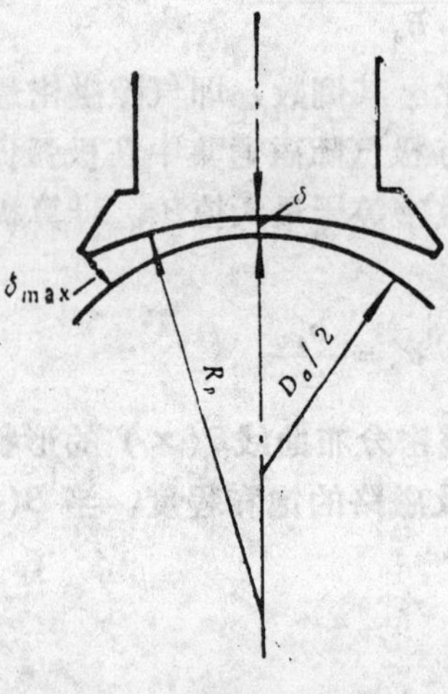


图3-4　直流电机的偏心气隙极弧

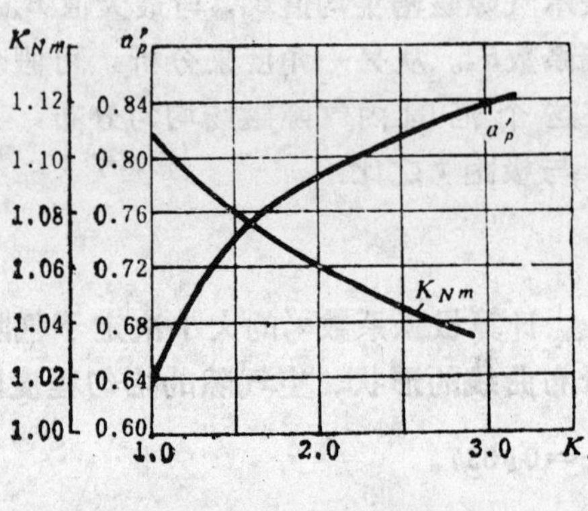


图3-5　感应电机的$\alpha'_p=f(K_s)$及$K_{Nm}=f(K_s)$曲线

在磁路计算开始时，$F_\delta$、$F_{t1}$、$F_{t2}$以及$K_s$均为未知数。这时可参考类似电机的数据，先假定一个饱和系数的预计值$K'_s$（对一般感应电机$K_s=1.15\sim1.45$）。据此从图3-5中查出$\alpha'_p$的预计值。然后用式（3-7）算出$B_\delta$值，并按§3-2，§3-3算出$F_\delta$、$F_{t1}$、$F_{t2}$及相应的$K_s$值。若$K_s$与原来预计的$K'_s$相差较大，则须重新假定$K'_s$并进行计算，直至$K_s$与$K'_s$接近到相差不超过±1%为止。

在图 3-5 中还画出了$K_{Nm}=f(K_s)$的关系曲线，以便在按式（3-9）确定每极$\Phi$时查取；当磁路不饱和时，气隙磁场分布为正弦形，因此$K_{Nm}=1.11$；随着$K_s$的增大，$B_{\delta av}$增大，因此$K_{Nm}$逐渐减小。

（三）凸极同步电机的$\alpha'_i$

凸极同步电机采用集中励磁绕组，励磁磁势的空间分布呈矩形。如略去钢中磁压降不计，则$F_\delta$的空间分布也为矩形。一般力图使气隙磁密按正弦分布，即

$$B(x)=B_{\delta 1}\cos\frac{\pi}{\tau}x=\mu_0 H(x)=\mu_0\frac{F_\delta}{\delta(x)}$$

而气隙磁密基波幅值（见图3-6）

$$B_{\delta 1}\approx B_\delta=\frac{\mu_0 F_\delta}{\delta}$$

代入前式可得

$$\delta(x)=\frac{\delta}{\cos\frac{\pi}{\tau}x}$$

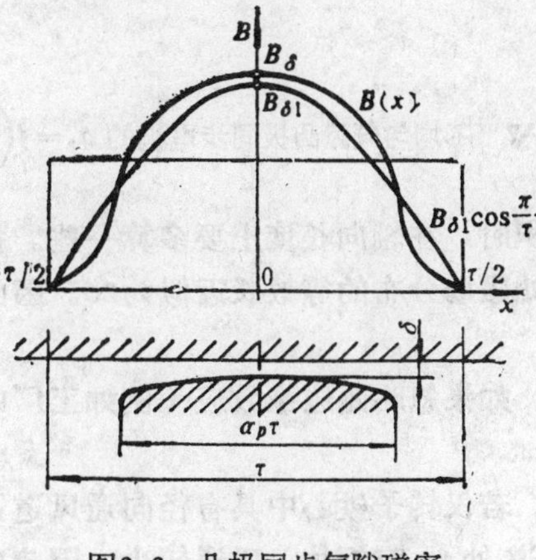

图3-6　凸极同步气隙磁密分布曲线$B(x)$

要空气隙按这样的规律变化在工艺上是十分困难的。通常把极靴外表面做成圆弧形，它和定子铁心内圆不同心，参见图 3-23。最大空气隙$\delta_{max}$应接近由上式计算所得之值，即

$$\delta_{max}=\frac{\delta}{\cos\frac{\pi\widehat{b_p}}{2\tau}} \qquad (3\text{-}16)$$

式中　$\widehat{b_p}$——极弧长度；

$\delta_{max}/\delta$一般在1.5左右。

对于利用气隙磁场 3 次谐波励磁的同步发电机，可以采用均匀气隙，使气隙磁场呈扁平分布。

极弧长度$\widehat{b_p}$一般选取等于$(0.55\sim0.75)\tau$。对直径不大，极数不多的电机选用较小的数值，以便在极间留有足够的空间安放励磁绕组。

在凸极同步电机里，由于空气隙比较大，气隙磁场波形主要与极靴外形、极弧长度有关，而与钢的饱和程度关系不大。极靴近似按式（3-16）设计的电机，其$\alpha'_i=f\left(\frac{\widehat{b_p}}{\tau}\right)$关系曲线示于图3-7，它是通过示波器摄得的磁场曲线再用分析计算确定的。对于均匀气隙的凸极同步电机，$\alpha'_i=f\left(\frac{\widehat{b_p}}{\tau}\right)$的关系曲线示于图3-8，它也是根据示波器摄得的磁场曲线得出的。比值$\frac{\widehat{b_p}}{\tau}$称为极弧系数。

## 二、电枢或气隙的轴向计算长度$l_{ef}$

在用式（3-7）计算空气隙磁密最大值$B_\delta$时，用的是电枢或气隙轴向计算长度，而不是用铁心总长度$l_t$，因为主磁通$\Phi$不仅在铁心总长$l_t$的范围内穿过空气隙，而且有一小部分从定转子端面越过，如图3-9所示（这种现象称为边缘效应）。因此在计算磁通穿越空气隙的截

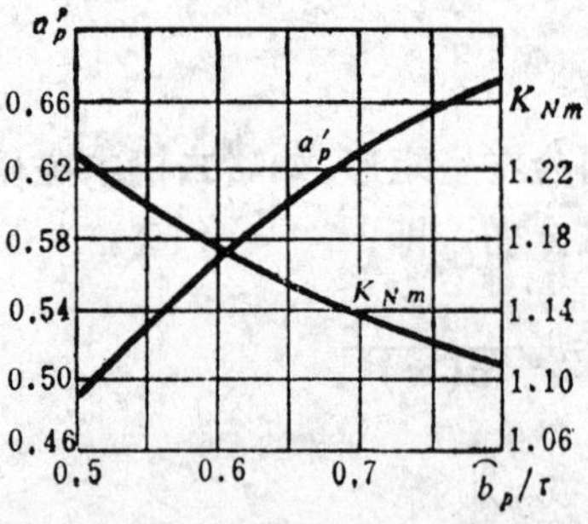


图3-7　不均匀气隙凸极同步电机的$a'_p=f\left(\frac{\widehat{b}_p}{\tau}\right)$曲线

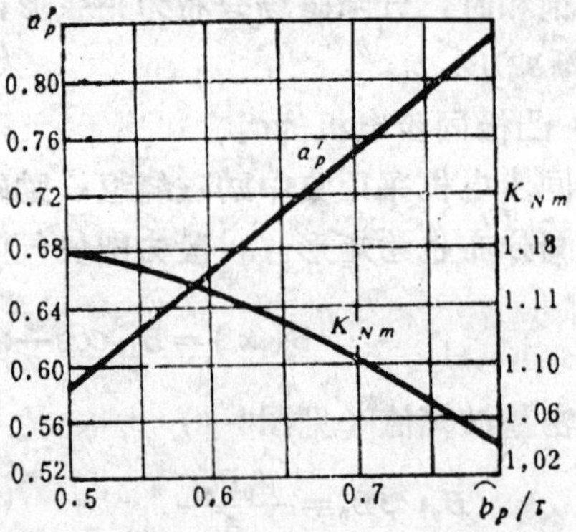


图3-8　均匀气隙凸极同步电机的$a'_p=f\left(\frac{\widehat{b}_p}{\tau}\right)$曲线

面积时，在轴向长度上要多算一些。描绘铁心端面磁场分布，并进行近似推导，可得到两端面处磁场分布的等效长近似为$2\delta$。因此，

$$l_{ef}=l_t+2\delta \tag{3-17}$$

如果忽略此边缘效应（例如工厂中使用的直流电机计算公式），则

$$l_{ef}=l_t$$

若仅转子铁心中具有径向通风道，则气隙磁场的轴向分布如图3-10所示。由于在径向通风道处没有钢片，磁通较少，因此电枢计算长度比铁心总长$l_t$（连通风道尺寸在内）要短些。通风道处的磁通分布与后面图3-12的十分相似，因此可以利用后面关于气隙系数$K_\delta$（开口槽）的式（3-21）的概念来求得因存在通风道而损失的电枢轴向计算长度$b'_v$：

$$b'_v=\frac{b_v^2}{b_v+5\delta} \tag{3-18}$$

如果定、转子都具有径向通风道，且相互对齐，则通风道处的磁场分布可以认为等同于气隙为$\frac{\delta}{2}$时的上述情况，此时

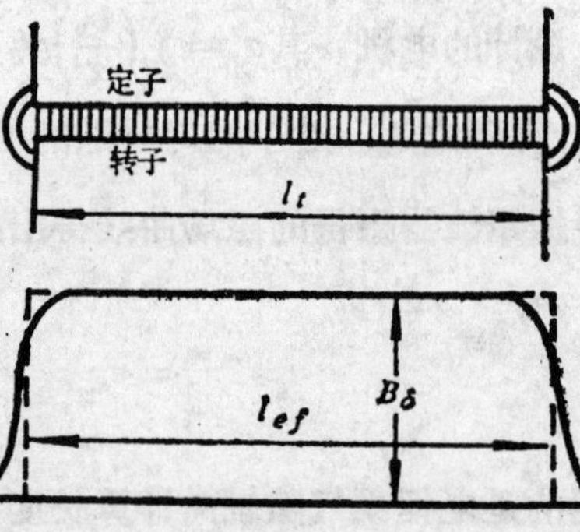


图3-9　无径向通风道电机的气隙磁场的轴向分布

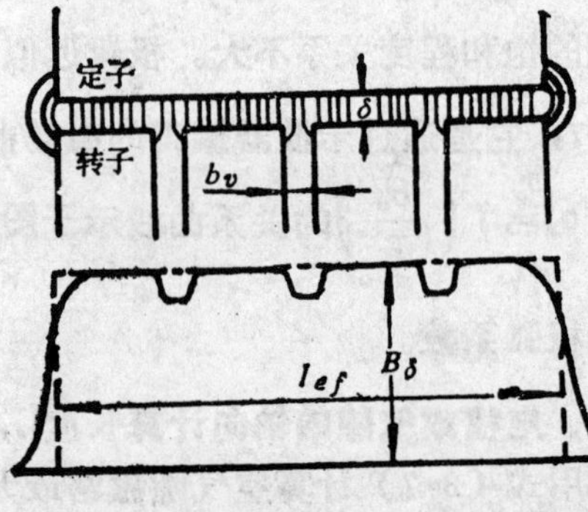


图3-10　有径向通风道电机的气隙磁场的轴向分布

$$b'_v=\frac{b_v^2}{b_v+\frac{5\delta}{2}}$$

于是电枢计算长度$l_{ef}$可用下式算出：

$$l_{ef}=l_t-N_v b'_v \tag{3-19}$$

式中 $N_v$——铁心中的径向通风道数；

$b'_v$——沿铁心轴向长度因一个径向通风道所损失的长度。

对于大型电机定子铁心端部采用阶梯形结构（可削弱边缘效应，但增加工艺复杂性）以及定、转子采用不同轴向长度时的$l_{ef}$的实际计算都并不困难，这里不予详述。此外，在工厂水轮及汽轮发电机计算中，有时把通风道对气隙磁势$F_\delta$的影响用气隙系数来考虑，而不计入在轴向计算长度$l_{ef}$内，这在效果上是一致的。

**三、气隙系数$K_\delta$**

式（3-4）中提到因槽开口影响而引入了气隙系数$K_\delta$，现在来讨论这个系数。

若先假定转子铁心表面有齿、槽，而定子内圆表面光滑，则槽口的存在将使空气隙磁阻增加和槽口处的磁通量减少，因而气隙磁通减小。为维持主磁通$\Phi$为既定值，则齿顶处气隙最大磁密必须由无槽时的$B_\delta$增加到$B_{\delta\max}$。以直流机为例，实际的磁密分布曲线如图3-11粗线所示（细线为无槽电机的）。

所以开槽后，最大的气隙磁压降$F_\delta$为

$$F_\delta=H_{\delta\max}\delta=\frac{B_{\delta\max}\delta}{\mu_0}=\frac{B_\delta K_\delta\delta}{\mu_0}$$

上式中定义了气隙系数$K_\delta$为

$$K_\delta=\frac{B_{\delta\max}}{B_\delta}$$

它是略大于1的系数，它表示了由于齿槽存在而使气隙磁密增大的倍数。

通常把$K_\delta\delta$称为有效气隙长，即$\delta_{ef}=K_\delta\delta$。这意味着从计算气隙磁势的角度上看，有槽电机可以用一台无槽电机来代替，但后者的气隙长度为$K_\delta\delta$，而气隙磁密最大值仍当作等于$B_\delta$。

图3-12为一个齿距内磁通的分布图，画斜线的阴影面积代表铁心一边开槽后在一个齿距$t$内减少的磁通。此阴影面积可近似取作等于底边为$s_1$，高为$2B_0$的三角形面积。如取单位轴向长度，即可认为减少的磁通是

$$B_{\delta\max}t-B_0s_1$$

它应当等于未开槽时一个齿距$t$内的磁通$B_\delta t$以保持主磁通为原值不变，即

$$B_{\delta\max}t-B_0s_1=B_\delta t$$

从而得到

$$K_\delta=\frac{B_{\delta\max}}{B_\delta}=\frac{t}{t-\frac{B_0}{B_{\delta\max}}s_1}=\frac{t}{t-\beta_0s_1}$$

式中

$$\beta_0=\frac{B_0}{B_{\delta\max}}$$

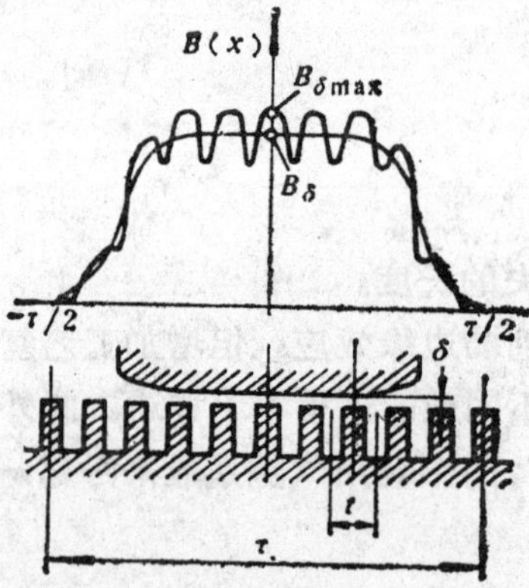


图3-11 直流电机转子有槽而定子表面光滑时气隙磁密的分布

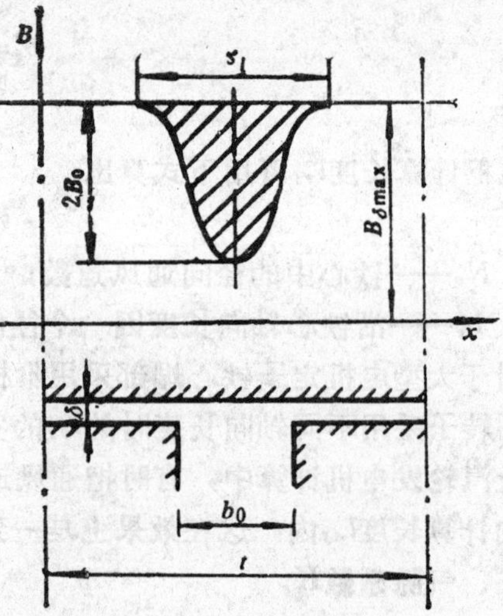


图3-12 一个齿距内的气隙磁通密度分布

显然，$\beta_0$和$s_1$均与$\delta$及槽口宽$b_0$有关，因而$K_\delta$也可表示为

$$K_\delta=\frac{t}{t-\gamma\delta}$$

卡特（Carter）假设槽为无限深，利用许瓦兹-克利斯多菲尔变换，证明

$$\gamma=\frac{4}{\pi}\left[\left(\frac{b_0}{2\delta}\right)\tan^{-1}\left(\frac{b_0}{2\delta}\right)-\ln\sqrt{1+\left(\frac{b_0}{2\delta}\right)^2}\,\right]$$

当已知$t$、$b_0$、$\delta$时，就可求出$\gamma$及$K_\delta$。

但在$1<\frac{b_0}{\delta}<\infty$的大多数实际情形中，工程上采用下列近似公式，已足够准确。

对半闭口槽和半开口槽

$$K_\delta=\frac{t(4.4\delta+0.75b_0)}{t(4.4\delta+0.75b_0)-b_0^2} \tag{3-20}$$

对开口槽

$$K_\delta=\frac{t(5\delta+b_0)}{t(5\delta+b_0)-b_0^2} \tag{3-21}$$

计算时，代入式中的槽口宽$b_0$的单位应与$\delta$及$t$的一致。

当定、转子两边都开槽时（例如感应电机的情形），$K_\delta$与二者的相对位置有关。当定、转子槽口的中心线相互对准时，则有$K_\delta<K_{\delta1}K_{\delta2}$（$K_{\delta1}$是定子有槽，转子虚拟为光滑时的气隙系数；$K_{\delta2}$是转子有槽，定子虚拟为光滑时的气隙系数）；当转子槽口与定子齿的中心线对准时，$K_\delta>K_{\delta1}K_{\delta2}$。实际上转子是旋转的，$K_\delta$应取这两种极端情况的平均值，即可取

$$K_\delta\approx K_{\delta1}K_{\delta2}\quad 或\quad K_\delta\approx K_{\delta1}+(K_{\delta2}-1)$$

**四、极轭间残余气隙磁压降的计算**

由于工艺上的原因及旋转时的离心力作用，凸极同步电机转子磁极与磁轭的接触面间不可能处处密合，而在局部出现残隙。在磁路计算时可以把它看作是磁路中附加了一个均匀的等值气隙——残隙$\delta_j$。

根据工厂经验，对小型凸极同步机，残隙$\delta_j$（单位为m）与不包括压板的极身长度$l_m$（单位为m）有以下数值方程计算

$$\delta_j \approx \left(\frac{l_m \times 10^2}{3} + 0.8\right) \times 10^{-4} \tag{3-22}$$

穿过残隙的磁通密度

$$B_{\delta j} = \frac{\Phi_m}{l_m b_m} \tag{3-23}$$

式中　$\Phi_m$——磁极磁通（其算法见§3-5）；

$b_m$——极身宽度。

对小型凸极同步机，由残隙引起的磁压降$F_{\delta j}$

$$F_{\delta j} = \frac{B_{\delta j}\delta_j}{\mu_0} \tag{3-24}$$

对中大型凸极同步机，各工厂的计算习惯不同，也可用其他经验公式计算$F_{\delta j}$。例如有的选取$F_{\delta j} \approx 500B_m$，$B_m$见式（3-48），单位为T，$F_{\delta j}$的单位为A。对于直流电机，极轭间同样可能存在残隙$\delta_j$，但$\delta_j$的经验表达式与式（3-22）稍异。

## §3-3　齿部磁压降的计算

根据§3-1中关于简化计算的假定，每极齿部磁压降可用下式计算：

$$F_t = H_t L_t \tag{3-25}$$

式中　$H_t$——齿的磁场强度，对应于齿磁密$B_t$，可由所用硅钢片的磁化曲线查得；

$L_t$——齿的磁路计算长度。

### 一、齿磁密$B_t$的计算

（一）齿磁密$B_t$<1.8T的场合

当齿磁密不超过1.8T时，钢片的饱和程度不高，齿部（铁磁材料）的磁导率$\mu$比槽部（非磁性的铜或绝缘）的磁导率$\mu_0$大得多（例如D21硅钢片在$B=1.5$T时$\mu=882\times10^{-6}$H/m，而空气、铜的$\mu_0=1.257\times10^{-6}$H/m），因而齿部磁阻比槽部磁阻小得多。在一个齿距范围内的主磁通从空气隙进入铁心表面后，将几乎全部从齿内通过。

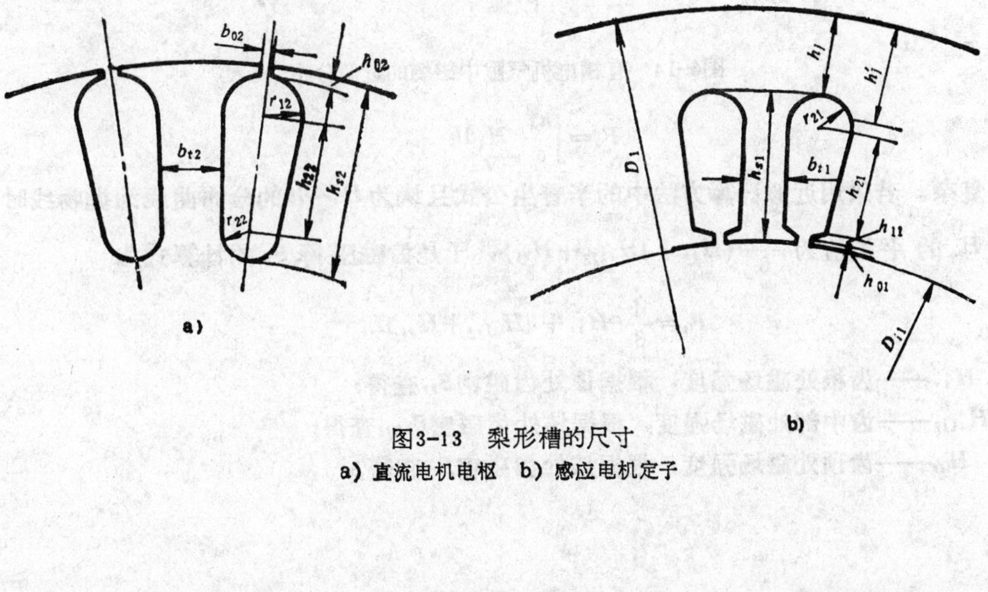


图3-13　梨形槽的尺寸

a）直流电机电枢　b）感应电机定子

§3-1中已述，我们选择的积分闭合回路通过磁极的中心线，因此要计算处于主极中心线上的那个齿内的磁密$B_t$，显然该处一个齿距范围内的气隙磁密平均值是$B_\delta$，气隙磁通为

$$\Phi_t = B_\delta l_{ef} t$$

若认为$\Phi_t$全部进入齿中，则齿中磁密为

$$B_t = \frac{\Phi_t}{A_t}$$

式中　$A_t$——齿的计算截面积。

一般说来，$A_t$的算式为

$$A_t = K_{Fe} l'_t b_t$$

式中　$l'_t$——铁心长度（不包括通风道）；

$K_{Fe}$——铁心叠压系数，对厚0.5mm的涂漆硅钢片，$K_{Fe}$约为0.92到0.93；

$b_t$——计算齿宽。

对采用圆线的小电机通常采用平行齿壁的梨形槽（见图3-13），在这种情况下，沿齿高度上的大部分齿截面中的磁密相等或基本上相等。$b_t$可取齿一半高度处的宽度，即齿磁密为

$$B_t = \frac{B_\delta l_{ef} t}{K_{Fe} l'_t b_t} \tag{3-26}$$

对于齿壁不平行的矩形槽（见图3-14），沿槽高$h_s$上各点齿的宽度是变化的，因此齿磁密$B_t$和相应的磁场强度$H_t$也是变化的。齿磁压降严格来说应该用如下的积分求出：

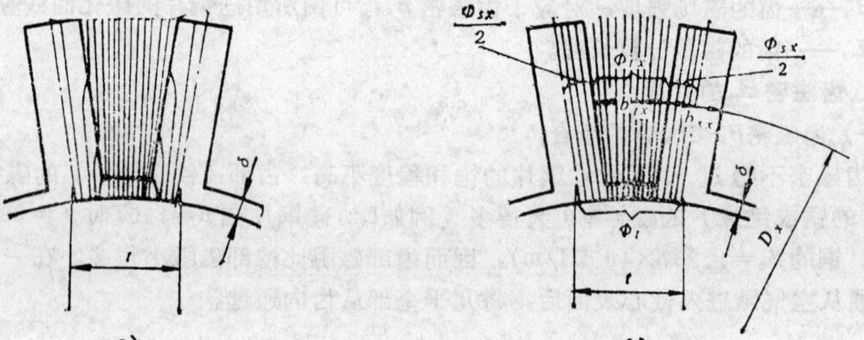


图3-14　有槽电机气隙中磁场的近似分布

$$F_t = \int_0^{h_s} H_t \mathrm{d}h$$

但这太复杂。若采用近似计算方法中的辛普生公式且认为$H_t \sim h$的分布曲线为抛物线时，则可证明$H_t$的平均值为$\frac{1}{6}(H_{tr} + 4H_{t1/2} + H_{tt})$，于是齿磁压降$F_t$的计算式为

$$F_t = \frac{1}{6}[H_{tr} + 4H_{t1/2} + H_{tt}]L_t$$

式中　$H_{tr}$——齿根处磁场强度，根据该处齿磁密$B_{tr}$查得；

$H_{t1/2}$——齿中部处磁场强度，根据该处齿磁密$B_{t1/2}$查得；

$H_{tt}$——齿顶处磁场强度，根据该处齿磁密$B_{tt}$查得。

在齿不太饱和以及齿宽沿其高度上的变化不大时，可采用更近似的简便公式来计算，即采用“离齿最狭部分$\frac{1}{3}$齿高处”的那个截面中的齿磁通密度$B_{t1/3}$作为计算用的齿磁密，查出相应的齿磁场强度$H_{t1/3}$，而

$$F_t=H_{t1/3}L_t$$

上面这两种近似方法实质上都是用一个均匀磁场强度来代替实际上沿齿高不是均匀分布的磁场强度来进行计算的。

（二）齿磁密$B_t>1.8$T的场合（对于热轧钢片）

当齿部磁密超过1.8T（例如在直流电机及同步电机中），此时齿部磁路比较饱和，铁的磁导率$\mu$比较低（如D11钢片，在$B=2.0$T时之$\mu$约为$B=1.5$T时的$\mu$的十分之一左右），使齿的磁阻与槽的磁阻相比差别不是很大。这样，磁通大部分将由齿中通过，小部分则经过槽部进入轭部，如图3-14a所示。因而齿中实际的磁通密度比用式（3-26）算得的要小，即实际的齿部磁场强度及磁压降也会小一些。下面研究如何来近似计算实际齿磁密。

当齿很饱和时，可近似假定进入槽部的磁通不进入齿中，如图3-14b所示，所以可取圆柱形表面为等磁位面（垂直于磁力线）。今考察离齿根某一高度处，直径为$D_x$的圆柱形表面。在此表面处，一个齿距范围内的磁通$\Phi_t$分为两部分，磁通$\Phi_{tx}$经过齿，磁通$\Phi_{sx}$经过槽，即

$$\Phi_t=\Phi_{tx}+\Phi_{sx}$$

将上式两边各除以该处齿的截面积$A_{tx}$，可得

$$\frac{\Phi_t}{A_{tx}}=\frac{\Phi_{tx}}{A_{tx}}+\frac{\Phi_{sx}}{A_{tx}}$$

或写成

$$B'_{tx}=B_{tx}+\frac{\Phi_{sx}}{A_{tx}}$$

式中 $B'_{tx}$——齿的视在磁密，即假想磁通$\Phi_t$全部进入齿时的齿磁密；

$B_{tx}$——齿的实际磁密。

现将上式右方的第二项变换为如下形式：

$$\frac{\Phi_{sx}}{A_{tx}}=\frac{\Phi_{sx}}{A_{sx}}\cdot\frac{A_{sx}}{A_{tx}}=B_{sx}k_s=\mu_0H_{sx}k_s$$

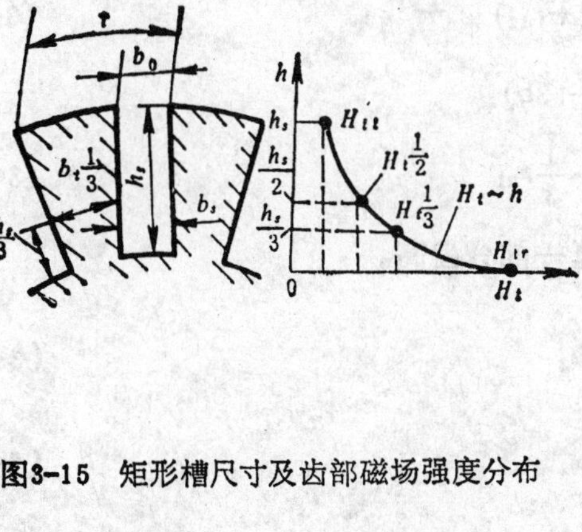


图3-15 矩形槽尺寸及齿部磁场强度分布

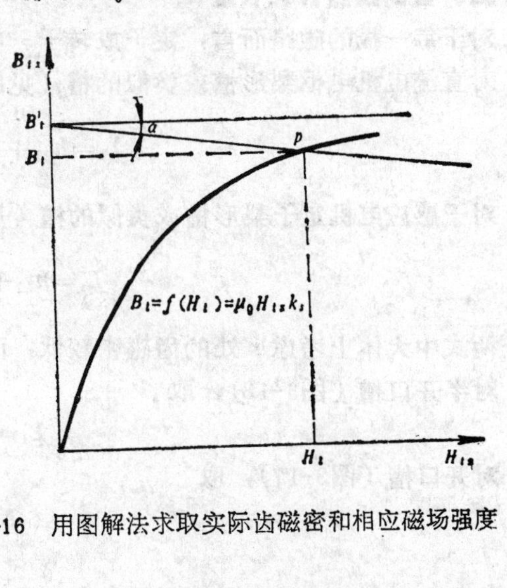


图3-16 用图解法求取实际齿磁密和相应磁场强度

式中 $A_{sx}$——该处槽的导磁截面积（垂直于半径的横截面积）。对于矩形槽，它是恒值，即槽宽$b_s \times l_{ef}$；对于梨形槽，它与所在地点$x$有关，计算时，可取齿壁平行部分的中部处的槽截面积$\frac{2r_{12}+2r_{22}}{2}l_{ef}$（见图3-13a）；

$A_{tx}$——该处齿的截面积，对于矩形槽，可取距齿最狭处1/3齿高的地方的齿截面积；对梨形槽可取1/2齿高处的齿截面积；

$k_s$——槽系数（磁分路系数），决定于齿、槽尺寸：

对梨形槽

$$k_s=\frac{A_{s1/2}}{A_{t1/2}}=\frac{(r_{12}+r_{22})l_{ef}}{K_{Fe}b_t l_t'}$$

对矩形槽

$$k_s=\frac{A_{s1/3}}{A_{t1/3}}=\frac{b_s l_{ef}}{K_{Fe}b_{t1/3}l_t'}$$

$B_{sx}$——在所取槽截面上的磁通密度；

$H_{sx}$——在所取槽截面上的磁场强度；

$\mu_0$——空气磁导率。

根据前述假定，圆柱形表面为等磁位面，故槽磁场强度$H_{sx}$即等于该处齿磁场强度$H_{tx}$。由以上各式可得 $B_{tx}'=B_{tx}+\mu_0 H_{tx}k_s$，简化得

$$B_t=B_t'-\mu_0 H_t k_s$$

从解析几何知识可知，上式代表一根下倾的直线，它在纵坐标上的截距为$B_t'$，它与水平线夹角$\alpha$正比于$\tan^{-1}\mu_0 k_s$。因此可在所用硅钢片的磁化曲线的纵坐标上查得相应于齿视在磁通密度$B_t'$〔利用式（3-26）算得〕的点，从这点向右下方作倾斜的直线，（见图3-16）与水平线的夹角等于$\alpha$，此直线与磁化曲线交点$P$的横坐标即为实际的磁场强度$H_t$，用它来计算$F_t$。

为计算方便起见，通常根据不同的$k_s$值，用上法绘出一族$B_t'=f(H_t)$曲线（见附录图附1-11）只要算出齿视在磁密$B_t'$及$k_s$，即可由此图直接查得$H_t$值。

**二、齿的磁路计算长度$L_t$**

对于每一极的磁路而言，定子或转子、电枢齿的磁路计算长度，按工厂习惯可计算如下：

对直流电机电枢梨形槽或类似的槽（见图3-13a）：

$$L_t=h_{22}+\frac{2}{3}(r_{22}+r_{12}) \tag{3-27}$$

对于感应电机定子梨形槽或类似的槽（见图3-13b）：

$$L_t=h_{11}+h_{21}+\frac{1}{3}r_{21} \tag{3-28}$$

以上两式中大体上考虑$r$处的齿磁密较低，而少算一部分齿高。

对半开口槽（图3-18），取

$$L_t=h_1+h_2 \tag{3-29}$$

对开口槽（图3-17），取

$$L_t=h_s \tag{3-30}$$

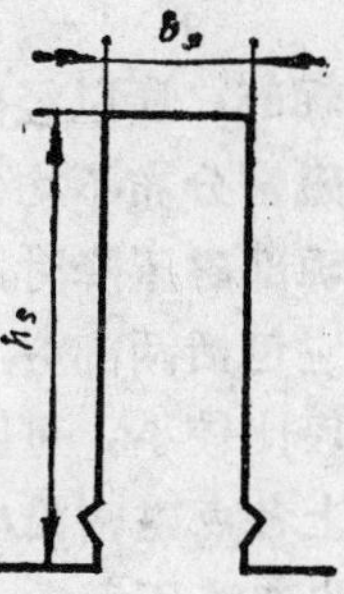


图3-17 开口槽

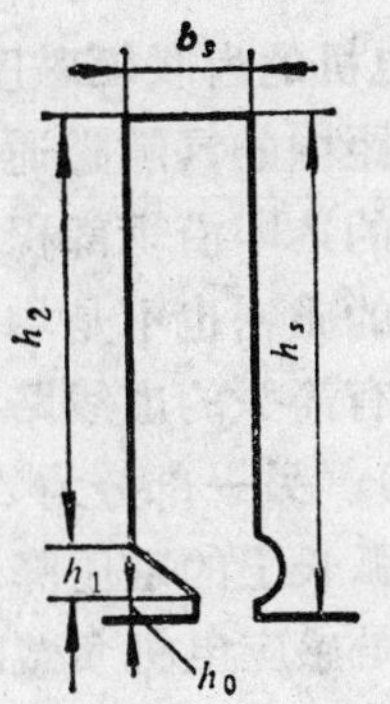


图3-18 半开口槽

## §3-4 轭部磁压降的计算

按所衔接的是齿或是磁极可把轭分为极联轭和齿联轭两种。对这两种情况，磁压降的计算方法是不同的。

在极数少的电机（特别是两极电机）中，由于轭的磁路长度较长，轭磁压降可能超过齿磁压降；而在多极电机中，轭磁压降通常只占磁路总磁压降的很小一部分，有时甚至可予忽略不计。

### 一、极联轭磁压降的计算

直流电机定子轭或转场式的凸极同步电机转子轭都是极联轭，通常也称磁轭。通过磁极中的磁通$\Phi_m$按磁通连续性定理应是气隙（主）磁通$\Phi$和相邻极间的漏磁通$\Phi_\sigma$之和（漏磁通的计算见§3-5）；$\Phi_m$经过磁极之后，分成两路，分别进入左右两边的轭，经过极联轭每个截面中之磁通认为都是$\Phi_m/2$。

极联轭按其截面大小可用钢管、厚钢板弯成的圆筒、铸（锻）钢或钢板冲叠制成。对于前三者，极联轭的轭部磁密为

$$B_j=\frac{\Phi_m/2}{h_j l_j} \tag{3-31}$$

式中，$h_j$为轭的高度，$l_j$为轭的轴向长度。

若用薄钢板冲叠，则上式分母中还应乘以叠压系数$K_{Fe}$。对于不涂漆的2～3mm钢板可取$K_{Fe}=0.98$。

根据$B_j$及轭钢材料的磁化曲线可查得相应的磁场强度$H_j$。

每极的轭磁路计算长度$L_j$为

$$L_j=\frac{1}{2}\cdot\frac{\pi D_{jav}}{2p} \tag{3-32}$$

式中 $D_{jav}$——轭的平均直径（即其最大直径与最小直径之平均值）。

极联轭的磁压降为

$$F_j=H_jL_j \tag{3-33}$$

### 二、齿联轭的磁压降计算

感应电机定、转子轭及同步电机或直流电机的电枢轭都是齿联轭，有时称为心轭。现按气隙磁场的不同分布情况，分两类进行讨论。

### （一）交流电机的齿联轭磁压降

由于一个极距内的气隙磁通$\Phi$“分散”地进入齿部及轭部，所以经由齿联轭各个截面穿过的磁通是不同的，即沿轭部积分路径上（见图3-19）的磁密分布不均匀，并且在每一处的截面中沿径向上的磁密也不是均匀分布的。这样，在计算轭部磁压降时，必须作适当简化。我们把图3-19中有箭头的虚线路径称为理想的积分路径。它包括两部分：一部分为轭部平均弧长（指每极的）；另一部分为$\Delta L$。$\Delta L$线段的磁压降一般比较小，可以忽略不计。所以只需计算轭部平均弧长上的磁压降。计算时假定在轭部截面上各点磁密沿半径方向均匀分布。此外，如计算的是感应电机负载时的磁路，槽漏磁的影响也忽略不考虑。

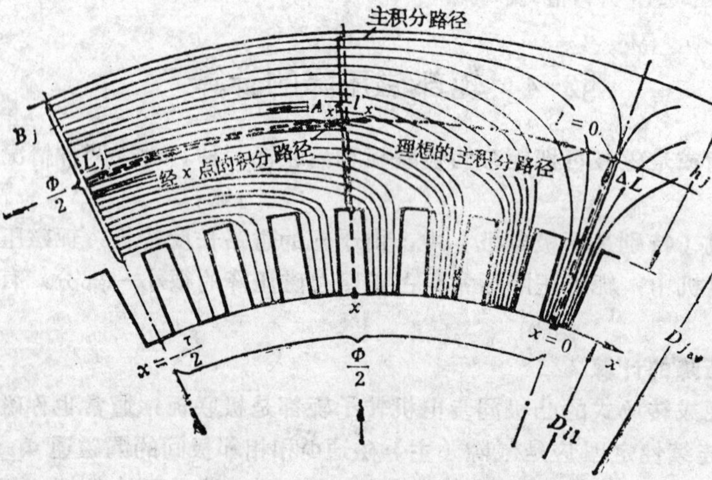


图3-19　齿联轭中的磁通分布

由图3-19可见，在相邻极之间的中性面处$\left(\text{即}\ x=-\dfrac{\tau}{2}\text{处}\right)$的轭截面中才汇集了$\Phi/2$的磁通，此截面中轭磁密为最大。在磁极中心线处（即$x=0$处）的轭截面中磁密为零。穿过任一轭截面$A_x$中的磁通为

$$\Phi_j(x)=l_{ef}\int_x^0 B(x)\mathrm{d}x \tag{3-34}$$

式中　$B(x)$——气隙磁密分布曲线。

轭部切向磁密（垂直于轭截面，即一般所称的轭磁密）也为$x$的函数，即

$$B_j(x)=\frac{\Phi_j(x)}{K_{Fe}h_j'l_j}=\frac{l_{ef}}{K_{Fe}h_j'l_j}\int_x^0 B(x)\mathrm{d}x \tag{3-35}$$

相应于$x=-\dfrac{\tau}{2}$处的轭截面中，切向磁密达到最大，等于

$$B_j=\frac{l_{ef}}{K_{Fe}h_j'l_j}\int_{-\frac{\tau}{2}}^0 B(x)\ \mathrm{d}x=\frac{\Phi}{2K_{Fe}h_j'l_j} \tag{3-36}$$

上两式中　$h_j'$——轭部计算高度；

$l_j$——轭部轴向长度（不包括径向通风道）。

对于采用矩形槽、轭中无轴向通风道的电机，$h_j'$等于实际齿联轭高度（沿径向测量）。

对于如图3-13b所示的定子圆底槽

$$h'_j=\frac{D_1-D_{i1}}{2}-h_{s1}+\frac{r_{21}}{3} \tag{3-37}$$

对于如图3-20所示的转子圆底槽

$$h'_j=\frac{D_2-D_{i2}}{2}-h_{s2}+\frac{r_{22}}{3}-\frac{2}{3}d_{v2} \tag{3-38}$$

式中 $d_{v2}$——转子轴向通风道直径，若无轴向通风道，则$d_{v2}=0$。如定子具有轴向通风道处理方式相同。

此外，对于转子铁心直接套轴的两极感应电机，由于转子中电流频率甚低，将有部分磁通进入转轴，因此式(3-38)中的$D_{i2}$可用$\frac{D_{i2}}{3}$代入计算。

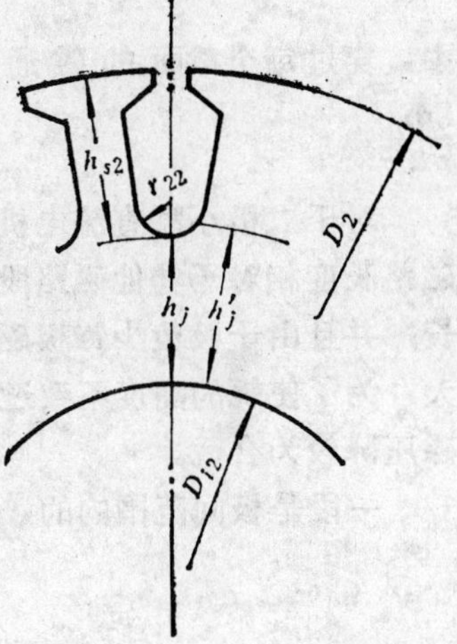

图3-20 转子圆底槽的齿联轭尺寸

由式(3-35)可知，轭部磁场的分布在很大程度上决定于气隙磁场的分布。当气隙磁密按余弦律分布时，轭部切向磁密按正弦律分布。

由于齿联轭中磁密分布不均匀，齿联轭磁路全长上的磁压降$F_j$应按下式计算：

$$F_j=\int_0^{L_j}\boldsymbol{H}\cdot d\boldsymbol{l} \tag{3-39}$$

式中 $L_j$——每极的齿联轭磁路计算长度，等于

$$L_j=\frac{\pi D_{jav}}{2p}\times\frac{1}{2} \tag{3-40}$$

式中 $D_{jav}$——齿联轭平均直径。

为了简化计算，可模仿齿部磁压降的计算方法，引用一个等效的均匀磁场来代替不均匀磁场。等效的磁场强度

$$H_{jav}=\frac{1}{L_j}\int_0^{L_j}\boldsymbol{H}\cdot d\boldsymbol{l}$$

因此

$$F_j=H_{jav}L_j \tag{3-41}$$

令 $H_{jav}=C_jH_j$并代入式(3-41)，得

$$F_j=C_jH_jL_j \tag{3-42}$$

式中 $H_j$——相应于最大切向磁密处的场强，按$B_j$〔由式(3-36)算出〕及材料的磁化曲线查取；

$C_j$——轭部磁压降校正系数，与轭尺寸、极对数及$B_j$有关，见附录图附1-3。

在有些计算方法中，认为轭切向磁密在一个极距内的分布为正弦波形，则对应于每一个$B_j$，可以找到轭内不同位置处轭磁密（其他位置处磁密$B_{jx}=B_j\sin\frac{\pi}{\tau}x$）所对应的场强$H_{jx}$，求得各$H_{jx}$的平均值$H_{jav}$。假定$B_j$对应的场强为$H_j$，则校正系数$C_j=\frac{H_{jav}}{H_j}$。计算若干个$B_j$、$C_j$也可绘得校正曲线，供设计时直接查用。显然，当$B_j$较低时，$H_{jx}$也将是一条正弦曲线，那么$C_j$将趋于$\frac{2}{\pi}$，而以$\frac{2}{\pi}$为极限。

### （二）直流电机的齿联轭磁压降

如前所述，直流电机气隙磁场近似于矩形分布，在极弧范围内气隙磁密变化不大，在极弧以外气隙磁密急剧下降，空载时在几何中性线处气隙磁密为零。

直流电机齿联轭中的磁通分布示意图如图3-21所示。与交流电机相同，也不是每处轭截面中穿过的磁通都是$\frac{\Phi}{2}$，只有在相邻两主极极尖之间的那段电枢轭中穿过了$\frac{\Phi}{2}$。在极弧下的那段电枢轭中，穿过每个截面的磁通均小于$\frac{\Phi}{2}$。

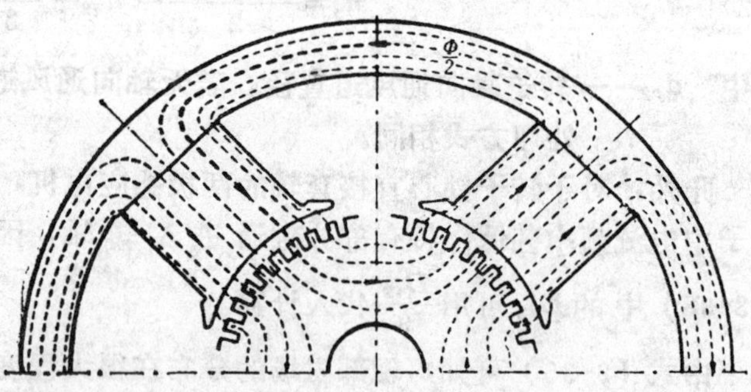


图3-21　直流电机电枢轭中磁通分布示意图

（换向极及励磁绕组未画出，磁极漏磁通未画出）

对于二极小型直流电机，轭部磁路长度相对于其他磁路段而言较长；并且由于极数少每极磁通量较大，为了使轭的高度不致过大，一般选用较高的轭部磁通密度。此时轭部常分二段来计算其磁压降较为合适。

一段是极间范围内的，该处电枢轭中的磁密$B_{j2}=B_j$，即

$$B_j=\frac{\frac{\Phi}{2}}{K_{Fe}l_jh_j'} \tag{3-43}$$

式中　$h_j'$——计算轭高，其求法同交流电机。

另一段是极弧范围内的，取该处磁密为$B_{j1}=\frac{2}{3}B_j$。然后在磁化曲线上分别按$B_{j1}B_{j2}$查得相应的磁场强度$H_{j1}$和$H_{j2}$，于是

$$\begin{aligned}F_j&=H_{j1}L_{j1}+H_{j2}L_{j2}\\&=H_{j1}a_p'L_j+H_{j2}(1-a_p')L_j\end{aligned} \tag{3-44}$$

式中，电枢轭磁路计算长度$L_j$，可参照交流机中的公式（3-40）计算。

对于4极及4极以上的直流电机，由于轭部磁压降在整个磁路磁压降中占的比例不大，可采用较粗略的算法，即按最大的轭磁密$B_j$查出$H_j$，而

$$F_j\approx H_jL_j \tag{3-45}$$

## §3-5　磁极漏磁系数与磁极磁压降的计算

### 一、磁极漏磁系数

前已述及，通过电机主极极身的磁通$\Phi_m$包括穿过空气隙的主磁通$\Phi$和不穿过空气隙而在极间空间闭合的漏磁通$\Phi_\sigma$两部分（见图3-22），如忽略磁极不同截面中通过的漏磁通的差别，则有：

$$\Phi_m=\Phi+\Phi_\sigma=\Phi\left(1+\frac{\Phi_\sigma}{\Phi}\right)=\sigma\Phi \tag{3-46}$$

式中 $\sigma=1+\dfrac{\Phi_\sigma}{\Phi}$，称为磁极漏磁系数。

$\sigma$值过大，设计就不够经济，且对电机的运行特性可能产生不良影响。一般说，在主极装于定子上的直流机，$\sigma$通常不大于1.2～1.25，主极装于转子上的凸极同步电机，$\sigma$通常不大于1.35左右。

(一) 凸极同步电机的磁极漏磁系数$\sigma$

凸极同步电机极间漏磁通存在于极靴间、极身间以及极身与极轭之间。根据磁路欧姆定律，为了求出漏磁通$\Phi_\sigma$，应先算出极靴漏磁导$\Lambda_p$及极身漏磁导$\Lambda_m$（见下面），再用下式近似求出$\Phi_\sigma$后，即可计算$\sigma$。

$$\Phi_\sigma\approx1.1(\Lambda_p+\Lambda_m)F_{\delta tj} \tag{3-47}$$

式中，$F_{\delta tj}=F_\delta+F_t+F_{j1}$为产生漏磁通的磁势（每极），它们与某一主磁通$\Phi$对应。

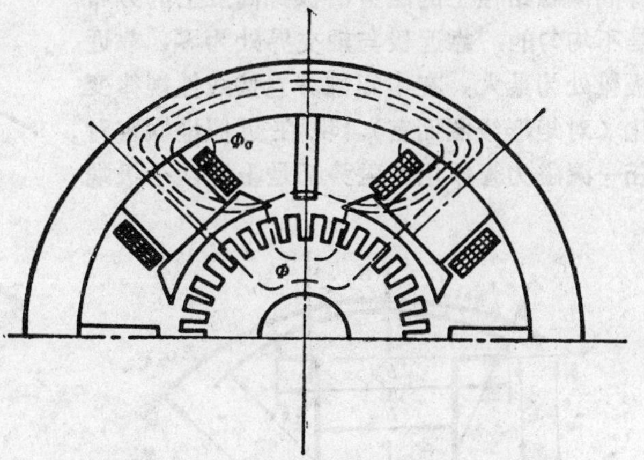

图3-22 直流电机主极磁通和漏磁通示意图

这里我们认为极靴表面是等位面，而产生极靴间漏磁通的磁势近似地等于作用于相邻一对极靴表面间的磁势，而且利用并联概念，认为它也就等于经过空气隙到定子齿、轭这一路径上的每极磁势。又式中前面系数1.1是考虑未计及的漏磁（例如极轭间）以及其他误差等而引入的。

磁极漏磁通的较精确确定可通过磁场作图法或电模拟法。此处仅讨论工厂中使用的小型凸极同步电机设计程序中的近似分析式。对于大型凸极同步电机设计使用的分析式可参看〔0-22〕第十二章。下面讨论中忽略铁中的磁阻，并把$\Lambda_p$和$\Lambda_m$分成两部分计算：

1. 相邻极靴内表面间的漏磁导$\Lambda_{p1}$

按磁导定义：

$$漏磁导=\frac{\mu_0\times 漏磁通穿过的截面积}{漏磁通在空气中的路径长度}$$

参考图3-23及图3-24可计算相邻极靴内表面的漏磁导

$$\Lambda_{p1}=\mu_0\frac{2l_ph_{pm}}{a_p/2}=\frac{4\mu_0l_ph_{pm}}{a_p}$$

式中 $l_p$——极靴轴向长度；

$h_{pm}$——极靴的平均高度，$h_{pm}=\frac{1}{3}(2h_p+h_p')$；

$a_p$见图3-24。

上式中分子2是考虑一个极的极靴与相邻左右两个极的极靴间的漏磁。

2. 极靴端面间的漏磁导$\Lambda_{p2}$

近似假定极靴端面间的漏磁力管由半径为$\rho$的两段圆弧和一段直线组成(见图3-24)，则漏磁导为

$$\Lambda_{p2} = 4 \times 2\int_0^{\frac{b_p}{2}} \mu_0 \frac{h_{pm}\mathrm{d}\rho}{(a_p+\pi\rho)} = 2.6\,\mu_0 h_{pm}\ln\left(1+\frac{\pi}{2}\ \frac{b_p}{a_p}\right)$$

极靴漏磁导 $\Lambda_p = \Lambda_{p1} + \Lambda_{p2}$

3．极身内表面间漏磁导 $\Lambda_{m1}$

极身上套有励磁绕组，作用于相邻极极身间漏磁路径上的磁势沿极身高度上的分布是不均匀的：靠近极与轭交界处为零，靠近极靴处为最大，在中间部分它按线性规律变化（对矩形线圈而言）。现在近似地假定对任一漏磁力管作用的磁势都是上述两个极端情况的平均值，故漏磁导的计算相似于 $\Lambda_{p1}$，但式中增加一乘数 $\frac{1}{2}$。

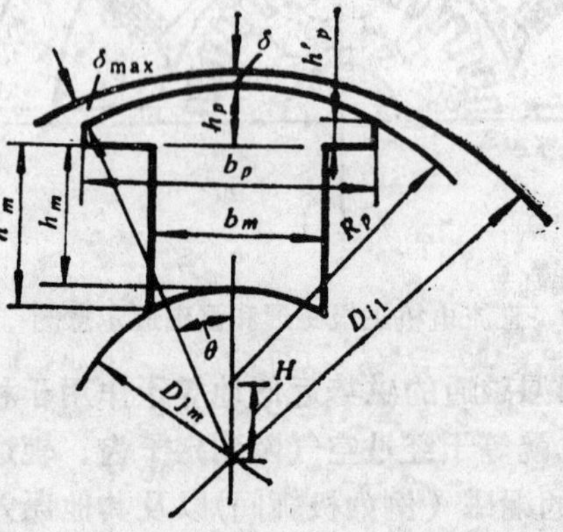

图3-23　凸极同步机磁极冲片尺寸

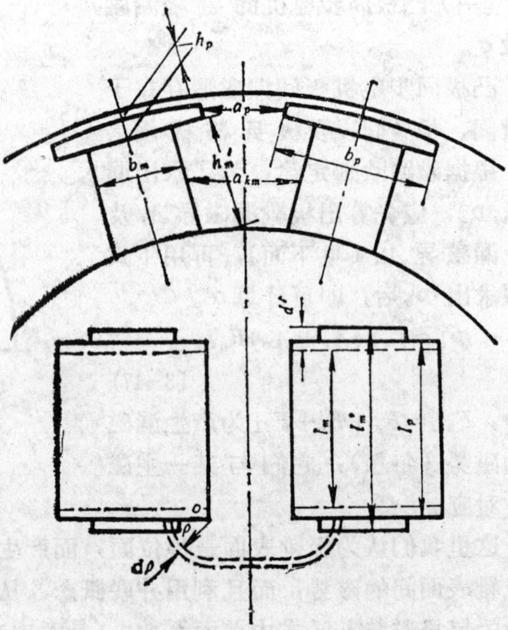

图3-24　计算极靴端面间漏磁用图

$$\Lambda_{m1} = \frac{1}{2} \times 4\mu_0\left(\frac{l'_m h'_m}{a_{km}}\right) \approx 2\mu_0 \frac{l'_m \times h'_m}{a_{km}}$$

式中　$l'_m$——极身计算长度，$l'_m = l_m + 2d'$。其中，$l_m$ 为磁极极身长度，$d'$ 为磁极极身处端压板厚度。

4．极身端面间漏磁导 $\Lambda_{m2}$

按类似于推导 $\Lambda_{p2}$ 的方法但加一乘数 $\frac{1}{2}$ 以考虑磁势的不均匀分布，可得到 $\Lambda_{m2}$

$$\Lambda_{m2} = \frac{1}{2} \times 4 \times 2\int_0^{\frac{b_m}{2}} \mu_0 \frac{h'_m\mathrm{d}\rho}{(a_{km}+\pi\rho)} = 1.3\,\mu_0 h'_m \ln\left(1+\frac{\pi}{2}\ \frac{b_m}{a_{km}}\right)$$

极身漏磁导 $\Lambda_m = \Lambda_{m1} + \Lambda_{m2}$。

（二）直流电机的主极漏磁系数 $\sigma$

直流电机主极漏磁系数 $\sigma$ 原则可按与凸极同步电机相类似的方法求得，但由于直流电机所用极数范围有限，因此对于正常设计的电机，常可在下列范围内取用：

对　$2p=2$，　$\sigma=1.1\sim1.15$ 至 $1.2$；

　　$2p=4$，　$\sigma=1.15\sim1.2$；

　　$2p>4$，　$\sigma=1.15\sim1.25$。

或用下述经验公式估算$\Phi_\sigma$（单位为Wb）：

$$\Phi_\sigma=(1.1\tau+0.7l_m)\times 2F_{\delta tj}\times 10^{-6}$$

式中，$\tau$，$l_m$的单位为m，磁势的单位为A。

$$F_{\delta tj}=F_\delta+F_t+F_{j2}$$

**二、磁极磁压降的计算**

先算出极身中的磁密$B_m$，并仍认为沿极身高度的不同截面中的磁密都是$B_m$

$$B_m=\frac{\Phi_m}{A_m}=\frac{\sigma\Phi}{A_m} \tag{3-48}$$

式中　$A_m$为一个磁极的导磁截面积。对于小型凸极同步电机

$$A_m=(K_{Fem}l_m b_m+2d'b') \tag{3-49}$$

式中　$d'$——磁极极身压板厚；

$b'$——磁极极身压板宽；

$K_{Fem}$——磁极钢片叠压系数，对厚1～1.5mm的钢板，可取$K_{Fe}=0.95$～$0.96$。

对于直流电机，一般极身不用压板，所以式（3-49）右边仅有第一项。

根据$B_m$从所用材料的磁化曲线查得相应的磁场强度$H_m$。

磁极的磁路长度就是磁极高度（$h_m+h_p$）（见图3-23），当极靴上不开槽时，极靴的磁压降比较小，一般可以忽略。于是每极的磁压降

$$F_m=H_m h_m \tag{3-50}$$

## §3-6　励磁电流和空载特性计算

各类电机励磁电流或空载特性的计算步骤为：

（1）根据感应电势$E$确定每极气隙磁通$\Phi$；

（2）计算磁路各部分的磁压降（见§3-2至§3-5各节），各部分磁压降的总和便是每极所需磁势；

（3）计算磁化电流或空载特性。

现分别说明如下：

**一、感应电势和气隙磁通**

（一）对于运行时励磁电流必须进行调节的直流机和同步机

因运行时要求感应电势有相当大的变动，需要计算并绘出空载特性曲线，即计算例如对应于一系列感应电势值（$0.3U_N$、$0.6U_N$、$0.8U_N$、$0.9U_N$、$1.05U_N$、$1.1U_N$、$1.15U_N$、$1.3U_N$）的磁路总磁压降$F_0$或相应的励磁电流。

（二）对于感应电动机

因为从空载到额定负载，感应电势变动不大，一般不必求出整条空载特性曲线，而只须求出额定负载和空载状态时的励磁电流。这时须先计算该两种工作状态时的定子感应电势$E_1$和$E_{10}$。

1．额定负载时定子绕组相电势$E_1$

进行磁路计算时，电机额定电流及参数的实际值尚未算出，因而仅能按经验对每相感应电势$E_1$作初步估计：

$$E_1 = K_E U_{N\phi} = (1 - \varepsilon_L') U_{N\phi} \tag{3-51}$$

式中 $U_{N\phi}$——定子绕组相电压额定值；

$K_E$——见式（2-16）说明；

$\varepsilon_L'$——定子绕组额定负载时阻抗压降与额定相电压之比的预估值。

一般中小型感应电机的（$1-\varepsilon_L'$）之值在0.85～0.95范围内，对功率大极数少的电机可取较大值（最好是参考已制同类电机的数据）。在完成磁路计算、参数计算等之后就可用所得数据复核所取（$1-\varepsilon_L'$）值是否正确；如果计算值与预估值相比，偏差较大（工厂一般规定偏差不得大于±0.5%），则须重行假设（$1-\varepsilon_L'$），全部返工重算。

2. 空载相电势$E_{10}$

计算$E_{10}$时可忽略$I_0R_1$，即

$$E_{10} \approx U_{N\phi} - I_0 X_{\sigma 1} \approx U_{N\phi} - I_{m0} X_{\sigma 1} \approx U_{N\phi} - I_m X_{\sigma 1} \tag{3-52}$$

其中 $I_0$——空载电流，与$E_{10}$有关；

$I_{m0}$——空载电流中的磁化电流分量，与$E_{10}$对应；

$I_m$——额定电流中的磁化电流分量，设已根据$E_1$先行算出；

$X_{\sigma 1}$——定子绕组漏电抗（每相）。

3. 气隙磁通$\Phi$

根据$E_1$及$E_{10}$及绕组数据就可求出每极气隙磁通$\Phi$（见§3-2）和进行磁路计算了。

**二、每极励磁磁势**

各类电机的每极磁势为

对直流电机

$$F_0 = F_\delta + F_t + F_{j1} + F_m + F_{j2} \tag{3-53}$$

式中 $F_{j2}$、$F_{j1}$——电枢轭（齿联轭）、机座（极联轭）的磁压降。

对感应电机

$$F_0 = F_\delta + F_{t1} + F_{t2} + F_{j1} + F_{j2} \tag{3-54}$$

式中 $F_{j1}$、$F_{j2}$——定、转子轭（均为齿联轭）的磁压降。

对凸极同步电机

$$F_0 = F_\delta + F_t + F_{j1} + F_m + F_{j2} + F_{\delta j} \tag{3-55}$$

式中 $F_{j1}$、$F_{j2}$——定子（齿联）轭、转子（极联）轭的磁压降。

**三、励磁电流和空载特性**

对于直流电机和凸极同步电机的集中励磁绕组，空载励磁电流为

$$I_{f0} = \frac{F_0}{N_f} \tag{3-56}$$

其中 $N_f$——励磁绕组每极匝数。

对于多相交流分布绕组，交流磁化电流（有效值）

$$I_m = \frac{2pF_0}{0.9mNK_{dp}} \tag{3-57}$$

式中 $m$——相数；

$N$——每相串联匝数。

若取不同的一系列电势值，按上法列表分别进行磁路计算，并分别求出相应的励磁电流

$I_{f0}$，就可得出一整条的空载特性曲线 $E=f(I_{f0})$。

## 复习思考题

1．为什么可以将电机内部比较复杂的磁场当作比较简单的磁路来进行计算？

2．磁路计算时为什么要选择通过磁极中心的一条磁力线路径来计算，选用其他路径是否也可得到同样的结果？

3．磁路计算的一般步骤是怎样的？

4．气隙系数 $K_\delta$ 的引入是考虑什么问题？假定其他条件相同，而把电枢槽由半闭口槽改为开口槽，则 $K_\delta$ 将增大还是减少？

5．空气隙在整个磁路中所占的长度很小，但它在整个磁路计算中却占有十分重要的地位，这是为什么？

6．当齿磁通密度超过1.8T时，对计算齿磁位降的方法为什么要作校正？

7．在不均匀磁场的计算中，为什么常把磁场看作均匀的，而将磁路长度（例如空气隙有效长度 $\delta_{ef}$、铁心轴向有效长度 $l_{ef}$ 和齿联轭磁路长度）加以校正？校正系数有的大于1，有的小于1，试说明其物理意义。

8．极联轭与齿联轭的磁势计算方法为什么不一样？

9．感应电机满载时及空载时的磁化电流是怎样计算的？它们与哪些因素有关？若它们的数值过大，可从哪些方面去调整效果较为显著？

10．若将一台感应电动机的额定频率由50Hz改为60Hz，并要求维持原设计的冲片及励磁磁势不变，有关设计数据应如何变化才好？不考虑饱和影响时，该数值变化值为多少？

11．若将一台额定电压为380V、Y接法的感应电动机改为△接法，要保证其冲片尺寸及磁化电流不变，应如何改变其设计数据？

# 第四章 参数计算

电阻、电抗是电机的重要参数。电阻的大小不仅影响电机的经济性，并且与电机的运行性能亦有极密切的关系。例如在设计绕组时，如果选取较高的电流密度，则所用的导体截面就较小，用铜量就较少而电阻就较大。电阻越大，电机运行时绕组中的电损耗就较大，绕组中的瞬变电流增长或衰减速度则较快。感应电机转子电阻的大小对其转矩特性影响特别突出。绕组电抗的大小亦对所设计电机的经济性及运行性能有很大的影响。一方面漏抗不能过小，否则同步发电机短路时或感应电动机起动时将产生不能允许的电流。另一方面漏抗又不宜过大，否则会引起同步发电机的电压变化率增大，感应电动机的功率因数、最大和起动转矩降低，直流电机的换向条件恶化等。此外，在同步电机里，瞬变电抗也与漏抗的大小密切相关，而瞬变电抗对电机的动态特性有很大的影响。因此正确选定及计算这些参数是极重要的。

本章仅限于计算稳态参数。

## §4-1 绕组电阻的计算

一般说来，绕组中通以直流或交流时，其电阻是不同的。前者称为直流电阻，后者称为交流电阻或有效电阻。

直流电阻可按照下式计算：

$$R=\rho\frac{l}{A_c} \tag{4-1}$$

式中 $l$——绕组导体的长度；

$A_c$——导体的截面；

$\rho$——导体材料的电阻率。

在温度15℃时铜的电阻率$\rho_{15}=0.0175\times10^{-6}\Omega\cdot\text{m}$。电阻率与温度的高低有关，在电机的通常运行温度范围内，温度为$t$时的电阻率$\rho_t$可按下式进行换算：

$$\rho_t=\rho_{15}[1+\alpha(t-t_{15})] \tag{4-2}$$

式中 $\alpha$——导体电阻的温度系数。对于铜，$\alpha\approx0.004℃^{-1}$；$t_{15}=15℃$。

按照国家标准GB755—81规定，用间接法测定效率时电机各绕组的电损耗要换算到相应绝缘等级的基准工作温度。对于A级、E级及B级绝缘，此温度定为75℃；对于F级和H级绝缘，此温度定为115℃。

中小型感应电机笼型转子常用铸铝绕组。某些感应电机的转子笼及同步电机的阻尼笼，由于工艺或电机性能上的需要，还可采用其它金属材料来制作。这些材料在15℃时的电阻率列于表4-1。

铝和青铜的电阻温度系数和铜的电阻温度系数极近似；对于黄铜，$\alpha=0.002℃^{-1}$。

绕组中通以交流时，由于集肤效应，使得其电阻值较通直流时增大。如用$K'_F$表示电阻增加系数，则交流电阻

$$R_e = K'_F R \tag{4-3}$$

式中　系数$K'_F$大于1，其计算方法将在§4-6详细叙述；$R$为直流电阻，见式（4-1）。

## 一、直流电机

由式（4-1），并考虑到具有并联支路$2a$，直流电机电枢绕组的电阻可按下式计算：

$$R_a = \rho_w \frac{N_a l_c}{A_c (2a)^2} \tag{4-4}$$

式中　$N_a$——绕组的导体总数；

$l_c$——线圈或元件的平均半匝长度；

$A_c$——导体截面积；

$2a$——并联支路数；

$\rho_w$——基准工作温度时导体的电阻率。

表4-1　电机中常用金属的电阻率（15°C）

| 金　属 | $\rho$/(Ω·m) |
|---|---|
| 铝 | 0.0279 |
| 铸　铝 | 0.035 |
| 硬紫铜杆 | 0.0224 |
| 黄　铜 | 0.07 |
| 磷青铜 | 0.14 |
| 含有铝铁锰的青铜 | 0.185 |

励磁绕组及换向极绕组的电阻以及补偿绕组的电阻均可根据其具体数据用类似方法计算。

## 二、感应电机

感应电机定子绕组每相电阻等于

$$R_1 = K'_F \rho_w \frac{2N_1 l_c}{A_{c1} a_1} \tag{4-5}$$

式中　$N_1$——每相串联的匝数；

$l_c$——线圈半匝平均长度；

$A_{c1}$——导体的截面积；

$a_1$——相绕组的并联支路数。

绕线转子感应电机的转子绕组每相电阻$R_2$可按类似于式（4-5）的关系式来计算，但系数$K'_F$取等于1，因为在正常运行时，转子绕组里电流的频率是很低的，集肤效应可忽略不计。

转子电阻折算到定子时，按电机学原理，应乘以折算系数如下：

$$K = \frac{m_1}{m_2}\left(\frac{N_1 K_{dp1}}{N_2 K_{dp2}}\right)^2 \tag{4-6}$$

式中　$m_1$、$m_2$——定子、转子相数；

$N_1$、$N_2$——定子、转子绕组每相串联匝数；

$K_{dp1}$、$K_{dp2}$——定子、转子基波绕组系数。

对于笼型转子绕组，可按照下述方法计算它的电阻。

图4-1a所示为笼型转子绕组的简单示意图。可以把笼型转子绕组当作一个对称多相绕组，其相数等于槽数，每相导体数等于1。

由于对称关系，各导条中电流的有效值是相等的，但其相位却不同。各导条电流之间的相位差等于相邻两槽间的电角度$\alpha$，

$$\alpha = \frac{2\pi p}{Z_2} \tag{4-7}$$

式中　$Z_2$——转子槽数。

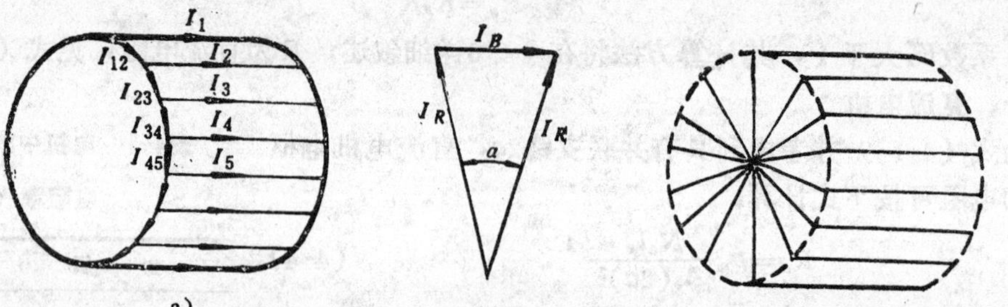


图4-1　笼型转子的等效绕组及电流相量图

同理，转子笼端环各段中电流的有效值也应相等，相邻两段中的电流相位差也等于 $\alpha$。如令各导条中电流有效值均等于$I_B$，端环各段中的电流有效值均等于$I_R$。由图4-1a可看出，导条电流等于相邻两段端环电流之差，它们之间的关系可用相量图表示如图4-1b，由图可得

$$I_R=\frac{I_B}{2\sin\frac{\alpha}{2}} \tag{4-8}$$

在计算每相电阻时，可用接成星形的电阻来代替接成多边形的端环电阻。这样便可获得如图4-1c所示的等效绕组。此等效绕组的相电阻可以看作为笼型转子绕组的相电阻$R_2$，等效绕组的电损耗应等于原来笼型转子绕组的电损耗，即，

$$Z_2 I_B^2 R_2=Z_2 I_B^2 R_B+2Z_2 I_R^2 R_R \tag{4-9}$$

式中　$R_B$——导条电阻；

$R_R$——相邻导条间的端环电阻。

由式（4-9）得

$$R_2=R_B+\frac{2R_R}{\Delta^2} \tag{4-10}$$

式中　$\Delta=I_B/I_R$，且由式（4-7）及式（4-8），

$$\Delta=\frac{I_B}{I_R}=2\sin\frac{\pi p}{Z_2}\approx\frac{2\pi p}{Z_2} \tag{4-11}$$

将式（4-11）代入式（4-10），得 $R_2\approx R_B+\frac{Z_2^2 R_R}{2\pi^2 p^2}$，如果端环与导条采用相同材料，则

$$R_2\approx\rho_w\left(\frac{l_B}{A_B}+\frac{Z_2 D_R}{2\pi p^2 A_R}\right) \tag{4-12}$$

式中　$l_B$，$A_B$——导条长度、截面积；

$D_R$，$A_R$——端环平均直径、截面积。

对于笼型转子绕组，相数$m_2$等于槽数$Z_2$，每相串联匝数$N_2=\frac{1}{2}$，绕组系数$K_{dp2}=1$。因此电阻的折算系数

$$K=\frac{m_1}{m_2}\left(\frac{N_1 K_{dp1}}{N_2 K_{dp2}}\right)^2=\frac{4m_1(N_1 K_{dp1})^2}{Z_2} \tag{4-13}$$

与绕线转子一样，笼型转子绕组的电阻增加系数$K'_F$在电机正常运行时可取等于1；但在起动时，转子电流的频率比较高，$K'_F$显著增大，见§4-6。

**三、同步电机**

同步电机电枢（一般是定子）绕组的每相电阻的计算式和感应电机定子绕组的一样。

励磁绕组电阻的原理计算式仍用式（4-1）。

## §4-2 绕组电抗的一般计算方法

在分析交流电机的运行原理时，常用等效电路来计算其运行性能。等效电路中除包含有上述的电阻参数外，还有电抗参数。绕组电抗大体可分为两大类：1）主电抗；2）漏电抗（或简称漏抗）。通常把它们表示成标么值的形式，这样既可较清晰和方便地表达出电机的某些性能，也便于对功率、电压、转速等的额定值不同的电机，进行其参数和有关性能的比较。

以标么值表示的绕组漏抗等于

$$X_\sigma^* = \frac{I_N X_\sigma}{U_{N\phi}} \tag{4-14}$$

式中 $U_{N\phi}$、$I_N$——电机的额定相电压、相电流。这里它们被作为基值；但感应电机设计中也有采用所谓功电流作为电流基值的，见第十章。

以标么值表示的主电抗等于

$$X_m^* = \frac{I_N X_m}{U_{N\phi}} \tag{4-15}$$

我们将在§4-3及§4-4中分别叙述这些电抗的具体计算方法。

一般说，电抗可以采用两种方法计算：1）磁链法；2）能量法。但以磁链法用得较多，现简述于后。

任何一个电路的电抗可写成

$$X = \omega L \tag{4-16}$$

式中 $\omega = 2\pi f$——交变电流的角频；

$L$——电路的电感。

因此，在一定的频率下，计算电抗的问题可归结为如何计算电路的电感 $L$。任何电路的电感等于交链该电路的磁链增量与电路里相应电流增量之比

$$L = \frac{\Delta\psi}{\Delta i} \tag{4-17}$$

如果电路所处媒质的磁导率与磁场强度大小无关，则磁链随电流正比变化，电感可以下式表示：

$$L = \frac{\psi}{i} \tag{4-18}$$

式中 $\psi$——电路中电流 $i$ 产生的与该电路交链的磁通链。

电感的计算又归结为磁通链的计算。如果电路处媒质的磁导率随磁场强度的变化而改变，则磁链不再随电流正比变化，$L$ 不再是常值，此时应是求电流变化一个周期内的电感平均值。

## §4-3 主电抗计算

在§4-2中我们把电抗区分为主电抗与漏电抗。多相交流电机电枢电流产生的气隙磁场中，有基波磁场，亦有谐波磁场。相应于基波磁场的电抗，属于主电抗。相应于谐波磁场的电抗，则是整个电机的漏抗的一部分，称为谐波漏抗或差别漏抗。

在感应电机中，习惯上称主电抗为励磁电抗。在同步电机里，则称为电枢反应电抗。

现在先讨论感应电机主电抗的计算方法。计算时假定：1）电枢槽部导体中电流集中在槽中心线上；2）铁磁物质磁导率$\mu=\infty$；3）槽开口的影响以气隙系数来计及。

在上述假定条件下，当多相电枢绕组中，通以多相对称电流后，由电枢电流所建立的气隙基波径向磁密的幅值为

$$B_{\delta 1}=\mu_0 F_1 \frac{1}{\delta_{ef}} \tag{4-19}$$

式中 $\delta_{ef}$——有效气隙长度；

$F_1$——每极电枢基波磁势幅值。

$$F_1=\frac{\sqrt{2}\, m}{\pi p} N K_{dp1} I \tag{4-20}$$

其中 $I$——电枢相电流的有效值。

每极基波磁通

$$\Phi_1=\frac{2}{\pi} l_{ef} \tau B_{\delta 1} \tag{4-21}$$

由基波磁场产生的磁链

$$\psi_{m1}=\Phi_1 K_{dp1} N \tag{4-22}$$

以式（4-19）～（4-21）代入式（4-22），得

$$\psi_{m1}=\mu_0 \frac{\sqrt{2}\, m}{\pi p}(N K_{dp1})^2 I \frac{2}{\pi} l_{ef} \frac{\tau}{\delta_{ef}} \tag{4-23}$$

由式（4-16）、(4-18)及(4-23)，可知绕组每相的主电抗(单位为Ω)为

$$X_m=\frac{2\pi f \psi_{m1}}{\sqrt{2}\, I}=4 f \mu_0 \frac{m}{\pi} \frac{(N K_{dp1})^2}{p} l_{ef} \frac{\tau}{\delta_{ef}} \tag{4-24}$$

式中，$\mu_0=0.4\pi\times10^{-6}$H/m。

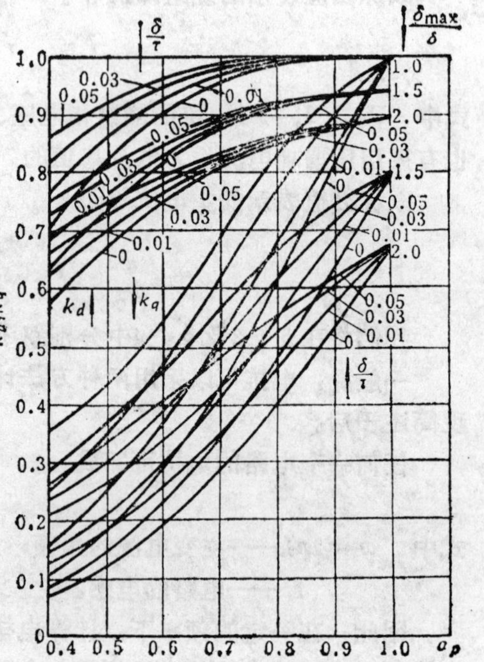


图4-2 系数$k_d$及$k_q$

由上式可知，在频率$f$、相数$m$、极数$2p$一定下，感应电机的主电抗主要与绕组每相匝数$N$、基波绕组系数$K_{dp1}$、电枢的轴向计算长度$l_{ef}$及极距与气隙之比$\tau/\delta$有关。

式（4-24）亦可写成

$$X_m=4\pi f \mu_0 \frac{N^2}{pq} l_{ef} \lambda_m \tag{4-25}$$

式中

$$\lambda_m=\frac{m}{\pi^2} K_{dp1}^2 \frac{q\tau}{\delta_{ef}} \tag{4-26}$$

可看作是主磁路的比磁导。

凸极同步电机中，采用了双反应理论，而把主电抗分为直轴电枢反应电抗$X_{ad}$与交轴电

枢反应电抗$X_{aq}$。前者等于

$$X_{ad}=k_dX_m \tag{4-27}$$

后者等于

$$X_{aq}=k_qX_m \tag{4-28}$$

式（4-27）、（4-28）中的系数$k_d=\dfrac{B_{ad1}}{B_{ad}}$、$k_q=\dfrac{B_{aq1}}{B_{aq}}$分别为电枢直轴磁场的基波振幅对其最大值之比，和电枢交轴磁场的基波振幅对其最大值之比，由图4-2确定，图中$\alpha_p$为极弧系数，该图系根据大量磁场作图法得出的。

隐极同步电机中，沿直轴和交轴的磁阻接近于相等，因此电枢反应电抗$X_a$不分成直轴与交轴，它等于主电抗，即，

$$X_a=X_m \tag{4-29}$$

表示成标么值的形式时，感应电机的主电抗为

$$X_m^*=\frac{I_{N1}X_m}{U_{N\phi}}=\frac{E_{N1}}{U_{N\phi}}=\frac{\Phi_{N1}}{\Phi_N}=\frac{F_{N1}}{F_N} \tag{4-30}$$

式中　$F_{N1}$、$\Phi_{N1}$、$E_{N1}$——由定子额定相电流$I_{N1}$产生的基波磁势、基波磁通、及所感生的电势；

$U_{N\phi}$、$\Phi_N$、$F_N$——额定电压、在定子绕组中感生电势$E=U_{N\phi}$所需的基波磁通、相应的气隙磁势。

其中

$$F_{N1}=\frac{m\sqrt{2}}{\pi p}I_{N1}NK_{dp1}=\frac{\sqrt{2}}{\pi}\left(\frac{2mNI_{N1}}{\pi D}\right)\frac{\pi D}{2p}K_{dp1}=\frac{\sqrt{2}}{\pi}A\tau K_{dp1} \tag{4-31}$$

$$F_N=\frac{B_{\delta1}\delta_{ef}}{\mu_0} \tag{4-32}$$

以式（4-31）、（4-32）代入式（4-30），得

$$X_m^*=\frac{\mu_0\sqrt{2}A\tau K_{dp1}}{\pi B_{\delta1}\delta_{ef}}=k_m\frac{A}{B_{\delta1}} \tag{4-33}$$

式中　$A$——线负荷；

$B_\delta$——相应于感应电势等于额定电压时的气隙基波磁通密度幅值；

$k_m$——系数。

$$k_m=\frac{\mu_0\sqrt{2}K_{dp1}\tau}{\pi\delta_{ef}} \tag{4-34}$$

由式(4-33)可知，在$\tau/\delta_{ef}$一定下，主电抗标么值与$A/B_{\delta1}$成正比。线负荷$A=\dfrac{2mNI_{N1}}{\pi D}\propto\dfrac{N}{D}$，$B_{\delta1}=\dfrac{\Phi_N}{\dfrac{2}{\pi}\tau l_{ef}}$，在电势及极数一定的情况下，$B_{\delta1}\propto\dfrac{1}{NDl_{ef}}$。因此$\dfrac{A}{B_{\delta1}}\propto N^2l_{ef}$。可见，$A$选用得较大，说明绕组匝数较多；$B_{\delta1}$选用得较小，感生一定电势所需的匝数也较多或电机尺寸较大。因而选用较大的$A$及较小$B_{\delta1}$或$A/B_{\delta1}$越大将使电机的主电抗变大。因此在设计电机时，电磁负荷的比值应选择恰当，以避免得出不合理的或不合技术要求的与主电抗有关的某些参数。

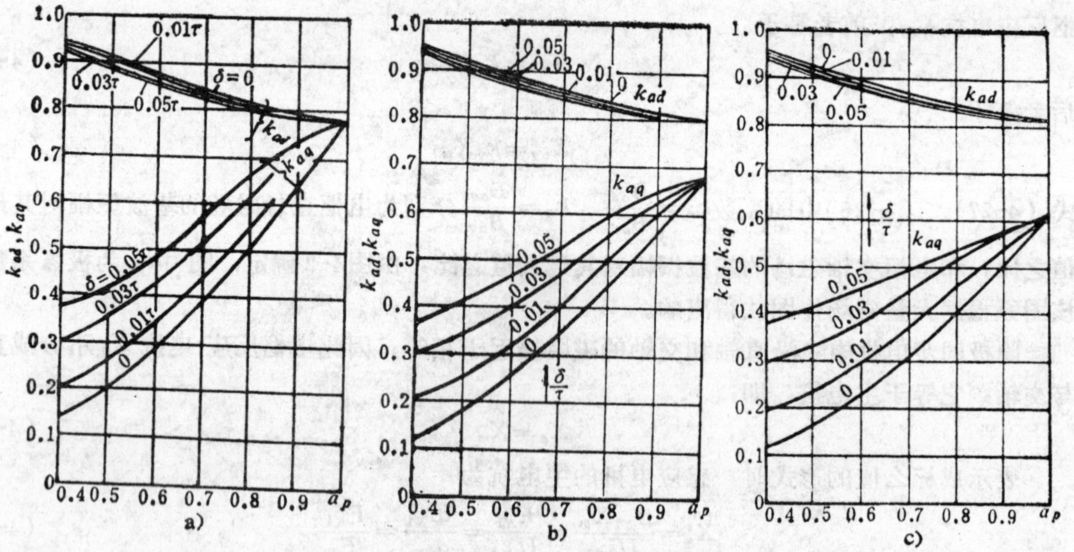


图4-3　不同条件下，$k_{ad}$，$k_{aq}$随$a_p$的变化曲线

a) $\frac{\delta_{max}}{\delta}=1$　b) $\frac{\delta_{max}}{\delta}=1.5$　c) $\frac{\delta_{max}}{\delta}=2.0$

对于凸极同步电机，直轴电枢反应电抗的标么值

$$X^*_{ad}=\frac{I_N X_{ad}}{U_{N\phi}}=\frac{I_d X_{ad}}{U_{N\phi}\sin\psi}=\frac{E_{ad}}{U_{N\phi}\sin\psi}=\frac{F_{ad}}{k_f F_N\sin\psi}=\frac{k_d F_a}{k_f F_N}=k_{ad}\frac{F_a}{F_N} \tag{4-35}$$

式中　$F_a$、$F_N$为电枢反应基波磁势及产生空载电势等于额定电压所需的气隙磁势；$k_{ad}=k_d/k_f$为直轴电枢反应系数，其值可由图4-3查得；$k_f$为转子磁场的基波幅值与其最大值之比；$F_{ad}$为直轴电枢反应磁势。式（4-35）中其余符号见图4-4。

与式（4-33）相仿，式（4-35）可写成

$$X^*_{ad}=k_d k_m\frac{A}{B_{\delta 1}} \tag{4-36}$$

同理，交轴电枢反应电抗的标么值

$$X^*_{aq}=\frac{k_q F_a}{k_f F_N}=k_{aq}\frac{F_a}{F_N}=k_q k_m\frac{A}{B_{\delta 1}} \tag{4-37}$$

式中　$k_{aq}=\frac{k_q}{k_f}$——交轴电枢反应系数，其值可由图4-3查得。

对于隐极同步电机，理论上应有$k_{ad}=k_{aq}\approx 1$。

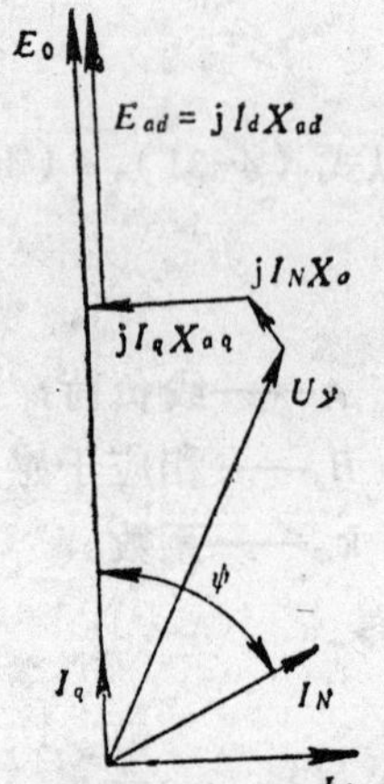


图4-4　凸极同步电机电势相量图

## §4-4　漏电抗计算

由于绕组电流在电机中不同位置所建立的漏磁场情况、因而其产生的磁链情况不同，绕组的漏抗通常分为：1）槽漏抗，2）谐波漏抗，3）齿顶漏抗和4）端部漏抗等四部分进行计算，然后相加得到总漏抗值。

与式（4-25）相仿，漏抗公式可以下式表示：

$$X_\sigma = 4\pi f\mu_0 \frac{N^2}{pq} l_{ef} \Sigma\lambda \qquad (4\text{-}38)$$

式中 $l_{ef}$——电枢轴向计算长度（严格说在存在通风道时，对应于漏磁通的这一尺寸与$l_{ef}$是有所不同的）；

$$\Sigma\lambda = \lambda_s + \lambda_\delta + \lambda_t + \lambda_E$$

其中 $\lambda_s$、$\lambda_\delta$、$\lambda_t$、$\lambda_E$——槽比漏磁导、谐波比漏磁导、齿顶比漏磁导、端部比漏磁导。

由上式可见，漏抗的计算问题可以归结为相应的比漏磁导的计算。这是不奇怪的，因为根据前面所述，漏抗的计算可归结为漏磁链的计算，对于一定的绕组，便只是漏磁通的计算，而这无非涉及作用于漏磁路的磁势和漏磁路的磁阻或磁导。还可指出，这与第三章在原理上也并没有什么本质不同，只是第三章是已知磁通求建立该磁通所需的磁势，且所计算的主要是主磁路，本节是已知磁势而求相应的漏磁通，以便计算磁链和电感，并且涉及的是漏磁路的计算而已。

## 一、槽漏抗计算

### （一）单层整距绕组的槽漏抗

图4-5a所示为一矩形开口槽。设槽内有$N_s$根串联导体，导体中通以随时间按正弦变化的电流，其有效值为$I$。槽漏磁通可分成两部分计算：通过$h_0$高度上的漏磁通和通过$h_1$高度上的漏磁通。前者和全部导体匝链，后者和部分导体匝链。先分别计算这两部分的漏磁链，计算时假定：1）电流在导体截面上均匀分布；2）忽略铁心磁阻不计；3）槽内漏磁力线与槽底平行。

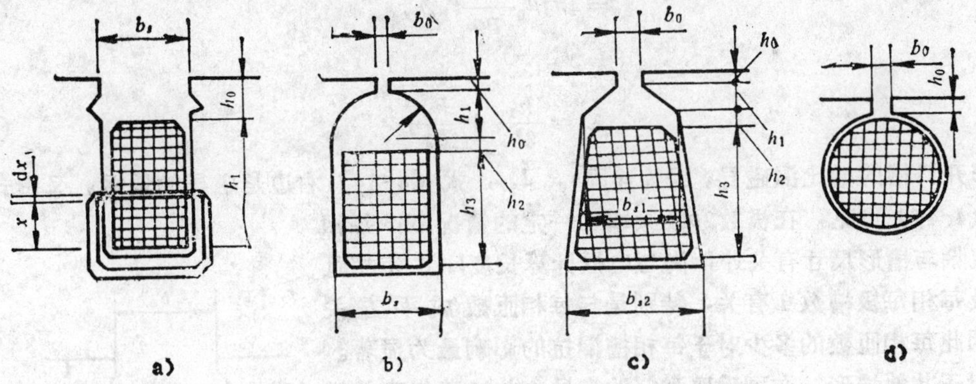


图4-5 单层和单笼绕组及其槽形尺寸

高度$h_0$范围内由全部槽中电流产生的漏磁链（指的是幅值，下同）

$$\Psi_{s1} = N_s(N_s\sqrt{2}I)\frac{\mu_0 h_0 l_{ef}}{b_s} = N_s^2\sqrt{2}I\frac{\mu_0 h_0 l_{ef}}{b_s}$$

对于$h_1$高度上的漏磁通，先取离开线圈底部$x$距离处的一根高度为$dx$的磁力管来看，其中的磁通 $d\Phi_x = \left(N_s\frac{x}{h_1}\sqrt{2}I\right)\frac{\mu_0 l_{ef} dx}{b_s}$，式中括号内数值为产生漏磁通的磁势，这些磁通与$N_s\frac{x}{h_1}$根导体匝链，因此

$$d\Psi_x=\left(N_s\frac{x}{h_1}\right)d\Phi_x=\left(N_s\frac{x}{h_1}\right)^2\sqrt{2}I\mu_0\frac{l_{ef}dx}{b_s}$$

高度$h_1$范围内由槽中电流产生的漏磁链

$$\Psi_{s2}=\int_0^{h_1}d\Psi_x=\frac{N_s^2\mu_0 l_{ef}}{h_1^2 b_s}\sqrt{2}I\int_0^{h_1}x^2dx=\frac{1}{3}N_s^2\sqrt{2}I\mu_0\frac{h_1 l_{ef}}{b_s}$$

槽漏磁链总和

$$\Psi_s=\Psi_{s1}+\Psi_{s2}=N_s^2\sqrt{2}I\mu_0 l_{ef}\left(\frac{h_0}{b_s}+\frac{h_1}{3b_s}\right) \tag{4-39}$$

每槽漏感

$$L_s'=\frac{\Psi}{\sqrt{2}I}=N_s^2\mu_0 l_{ef}\left(\frac{h_0}{b_s}+\frac{h_1}{3b_s}\right) \tag{4-40}$$

每槽漏抗

$$X_s'=2\pi f L_s'=2\pi f N_s^2\mu_0 l_{ef}\left(\frac{h_1}{3b_s}+\frac{h_0}{b_s}\right) \tag{4-41}$$

如果绕组每相并联支路数为$a$，则每一支路中有$\frac{2pq}{a}$个槽中的导体互相串联，故每一支路的槽漏抗等于$\frac{2pq}{a}X_s'$。每相中有$a$条支路并联，因此每相槽漏抗

$$X_s=\frac{2pq}{a^2}X_s' \tag{4-42}$$

以式（4-41）代入式（4-42），并考虑到$N_s=\frac{Na}{pq}$，得每相槽漏抗

$$X_s=4\pi f\mu_0\frac{N^2}{pq}l_{ef}\lambda_s \tag{4-43}$$

式中

$$\lambda_s=\frac{h_1}{3b_s}+\frac{h_0}{b_s} \tag{4-44}$$

为矩形开口槽的槽比漏磁导，因为连同$\mu_0$、$l_{ef}$，式（4-44）右边是磁导的量纲。又由式（4-43)和(4-44）可见，在极数$2p$及频率$f$一定的情况下，每相槽漏抗除与槽形尺寸有关外，尚与电枢计算长度$l_{ef}$、每相匝数$N$及每相每极槽数$q$有关，特别是与每相匝数成平方关系，因此每相匝数的多少对于每相槽漏抗的影响最为显著。

对于其他槽形，亦可采取类似的推导方法来获得有关槽比漏磁导计算公式。例如：对于如图4-5b所示的半闭口槽，槽比漏磁导可推得[0-21]

$$\lambda_s=\frac{h_3}{3b_s}+\frac{h_2}{b_s}+0.785+\frac{h_0}{b_0} \tag{4-45}$$

对于如图4-5c所示的槽形

$$\lambda_s=\frac{2h_3}{3(b_{s1}+b_{s2})}+\frac{h_2}{b_{s1}}+\frac{2h_1}{b_0+b_{s1}}+\frac{h_0}{b_0} \tag{4-46}$$

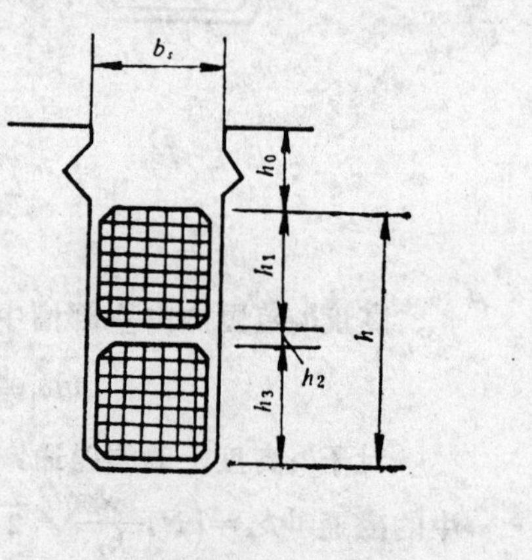

图4-6　双层绕组及其槽形尺寸

对于如图4-5d所示的圆形半闭槽[0-21]，

$$\lambda_s=0.62+\frac{h_0}{b_0} \tag{4-47}$$

（二）双层整距绕组的槽漏抗

以矩形开口槽为例，槽中安放有上下层两个线圈边，如图4-6所示。令上、下层线圈边中串联导体数各为$N_s/2$，则上层线圈边的自感$L_a$、下层线圈边的自感$L_b$、上下层线圈边的互感$M_{ab}(=M_{ba})$分别等于

$$\left.\begin{aligned}L_a&=\left(\frac{N_s}{2}\right)^2\mu_0 l_{ef}\lambda_a\\L_b&=\left(\frac{N_s}{2}\right)^2\mu_0 l_{ef}\lambda_b\\M_{ab}=M_{ba}&=\left(\frac{N_s}{2}\right)^2\mu_0 l_{ef}\lambda_{ab}\end{aligned}\right\} \tag{4-48}$$

式中 $\lambda_a$——相应于上层线圈边自感的比磁导；

$\lambda_b$——相应于下层线圈边自感的比磁导；

$\lambda_{ab}$——相应于上下层线圈边间互感的比磁导。

既是双层整距绕组，则槽上下层线圈边属于同一相，因此其电流属于同一相，即不会存在时间上的相位差，故每槽漏感

$$L_s'=L_a+L_b+2M_{ab}=\left(\frac{N_s}{2}\right)^2\mu_0 l_{ef}(\lambda_a+\lambda_b+2\lambda_{ab})$$

按式（4-42），每相槽漏抗$X_s=\dfrac{2pq}{a^2}\cdot 2\pi f L_s'$，并考虑到$N_s=\dfrac{Na}{pq}$，得

$$X_s=4\pi f\mu_0\frac{N^2}{pq}l_{ef}\cdot\frac{1}{4}(\lambda_a+\lambda_b+2\lambda_{ab})=4\pi f\mu_0\frac{N^2}{pq}l_{ef}\lambda_s \tag{4-49}$$

式中

$$\lambda_s=\frac{1}{4}(\lambda_a+\lambda_b+2\lambda_{ab}) \tag{4-50}$$

对于图4-6所示的开口槽，对比（一）中推导的结果，可以得出

$$\lambda_a=\frac{h_1}{3b_s}+\frac{h_0}{b_s} \tag{4-51}$$

$$\lambda_b=\frac{h_3}{3b_s}+\frac{h_0+h_1+h_2}{b_s} \tag{4-52}$$

至于$\lambda_{ab}$，可以如下推导：在离开上层线圈底部$x$距离处，由下层线圈中的电流$I$在$dx$高度内产生的磁通为$d\Phi_x=\dfrac{N_s}{2}\sqrt{2}\,I\dfrac{\mu_0 l_{ef}dx}{b_s}$，这些磁通所匝链的上层线圈边的导体数为$\dfrac{N_s}{2}\cdot\dfrac{x}{h_1}$，则在$h_1$范围内所有磁通对上层线圈边的磁链为

$$\begin{aligned}\Psi_{ab}'&=\int_0^{h_1}d\Psi_x=\int_0^{h_1}\frac{N_s}{2}\cdot\frac{x}{h_1}\cdot\frac{N_s}{2}\sqrt{2}I\cdot\frac{\mu_0 l_{ef}dx}{b_s}\\&=\left(\frac{N_s}{2}\right)^2\sqrt{2}I\mu_0 l_{ef}\frac{h_1}{2b_s}\end{aligned} \tag{4-53}$$

下层线圈边中的电流$I$在$h_0$范围内所产生的磁通对上层线圈边的磁链为

$$\Psi_{ab}''=\left(\frac{N_s}{2}\right)^2\sqrt{2}I\mu_0 l_{ef}\frac{h_0}{b_s} \tag{4-54}$$

因此总的互感磁链

$$\Psi_{ab}=\Psi'_{ab}+\Psi''_{ab}=\left(\frac{N_s}{2}\right)^2\sqrt{2}I\mu_0 l_{ef}\left(\frac{h_1}{2b_s}+\frac{h_0}{b_s}\right) \tag{4-55}$$

由此得出相应于上下层线圈边间互感的比磁导为

$$\lambda_{ab}=\frac{h_1}{2b_s}+\frac{h_0}{b_s} \tag{4-56}$$

以式（4-51）、（4-52）、（4-56）代入式（4-50），且一般有$h_3=h_1$，得

$$\lambda_s=\frac{2}{3}\cdot\frac{h_1}{b_s}+\frac{h_2}{4b_s}+\frac{h_0}{b_s}\approx\frac{h}{3b_s}+\frac{h_0}{b_s} \tag{4-57}$$

由此可知，对于双层整距绕组，由于其各槽上下层线圈边中的电流属于同一相，槽比漏磁导仍可用单层绕组槽比漏磁导的算式，只要将式(4-44)中线圈边高度$h_1$代以上下层线圈边（包括层间绝缘）在槽中所占的总高度$h$。

（三）双层短距绕组的槽漏抗

在交流电机中，时常采用双层短距绕组。在这种场合，有些槽中，上下层线圈边中的电流不属于同一相。设每极每相有$q$个槽，则每极每相共有$q$个上层线圈边和$q$个下层线圈边。如以$\beta$表示绕组节距比，则由图 4-7 可知，在$\frac{2}{3}<\beta<1$的情况下，以三相电机而论，在一个极距范围内，每相有（$1-\beta$）$3q$个上层线圈边中电流，和其同槽的下层线圈边中电流，不属于同一相。另外，有同样数量的下层线圈边中电流，和其同槽的上层线圈边中电流，亦不属于同一相。其余的$q-(1-\beta)3q=q(3\beta-2)$个上层线圈边中电流，与其同槽的下层线圈边中电流，属于同一相。因此，在一个极距范围内，一相（例如$A$相）绕组的总磁链（用符号法表示的复振幅）

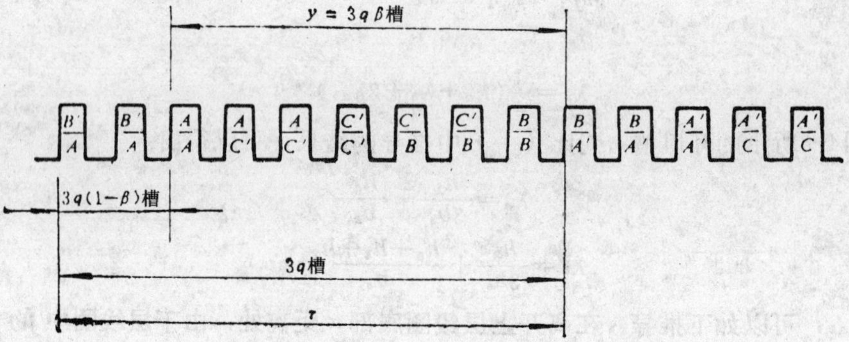


图4-7 双层短距绕组各相导体在槽中的分布情况

$$\begin{aligned}\dot\Psi=&\sqrt{2}\mu_0\left(\frac{N_s}{2}\right)^2 l_{ef}[3q(1-\beta)(\dot I_A\lambda_a+\dot I'_B\lambda_{ab})]\\&+\sqrt{2}\mu_0\left(\frac{N_s}{2}\right)^2 l_{ef}[3q(1-\beta)(\dot I_A\lambda_b+\dot I'_C\lambda_{ba})]\\&+\sqrt{2}\mu_0\left(\frac{N_s}{2}\right)^2 l_{ef}[q(3\beta-2)(\dot I_A\lambda_a+\dot I_A\lambda_{ab})]\\&+\sqrt{2}\mu_0\left(\frac{N_s}{2}\right)^2 l_{ef}[q(3\beta-2)(\dot I_A\lambda_b+\dot I_A\lambda_{ba})]\end{aligned} \tag{4-58}$$

式中　$\dot{I}_A$——$A$相线圈边中电流；

$\dot{I}'_B$——在图示的极距范围内，与$A$相线圈边处于同槽的$B$相线圈边中电流；

$\dot{I}'_C$——在图示的极距范围内，与$A$相线圈边处于同槽的$C$相线圈边中电流。

上式中的第一项、第二项分别为上、下层线圈边中电流异相的槽中上层线圈边的磁链及下层线圈边的磁链；第三项、第四项分别为上、下层线圈边中电流同相的槽中上层线圈边的磁链及下层线圈边的磁链。

在一般绕组为60°相带的三相电机中，$\dot{I}_A$、$\dot{I}'_B$、$\dot{I}'_C$之间的相位关系如图4-8所示。因此

$$\dot{I}'_B=\dot{I}_A e^{j\frac{\pi}{3}}=\dot{I}_A(\cos 60°+j\sin 60°) \tag{4-59}$$

$$\dot{I}'_C=\dot{I}_A e^{-j\frac{\pi}{3}}=\dot{I}_A(\cos 60°-j\sin 60°) \tag{4-60}$$

以式（4-59）、(4-60)代入式（4-58)，并考虑到$\lambda_{ab}=\lambda_{ba}$，得

$$\dot{\Psi}=\sqrt{2}\,\dot{I}_A\mu_0\left(\frac{N_s}{2}\right)^2 l_{ef}[q(\lambda_a+\lambda_b)+q(3\beta-1)\lambda_{ab}] \tag{4-61}$$

如果各极极距范围内的线圈互相串联，则$A$相绕组的槽漏磁电感$L_s=\dfrac{2p\Psi}{\sqrt{2}\,I_A}$。如果绕组有$a$条并联支路，则每支路的槽漏感应等于$\dfrac{2p\Psi}{\sqrt{2}\,I_A}\cdot\dfrac{1}{a}$，再除以$a$，即得绕组每相槽漏磁电感为

$$L_s=\frac{2p\Psi}{\sqrt{2}\,I_A}\cdot\frac{1}{a^2} \tag{4-62}$$

以式（4-61）代入式(4-62)，并考虑到$N_s=\dfrac{Na}{pq}$，得出

$$L_s=2\mu_0\frac{N^2}{pq}l_{ef}\frac{1}{4}[\lambda_a+\lambda_b+\lambda_{ab}(3\beta-1)] \tag{4-63}$$

每相槽漏抗

$$X_s=4\pi f\mu_0\frac{N^2}{pq}l_{ef}\frac{1}{4}[\lambda_a+\lambda_b+\lambda_{ab}(3\beta-1)] \tag{4-64}$$

由此双层短距绕组的槽比漏磁导为

$$\lambda_s=\frac{1}{4}[\lambda_a+\lambda_b+\lambda_{ab}(3\beta-1)] \tag{4-65}$$

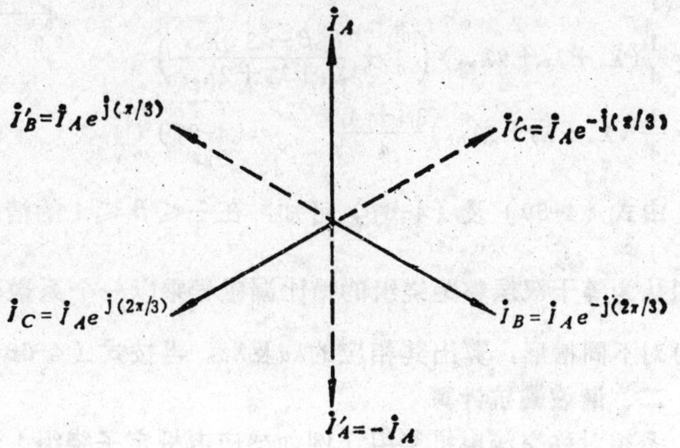


图4-8　$\dot{I}_A$、$\dot{I}'_B$、$\dot{I}'_C$之间的相位关系

将式（4-51)、（4-52）及（4-56）代入式（4-65)，并假定$h_2\approx 0$，和一般有$h_1=h_3=\dfrac{h}{2}$，可得

$$\lambda_s=\frac{h_0}{b_s}\left(\frac{3\beta+1}{4}\right)+\frac{h}{3b_s}\left(\frac{9\beta+7}{16}\right)=K_U\lambda_U+K_L\lambda_L \tag{4-66}$$

式中　$\lambda_U=\dfrac{h_0}{b_s}$——槽口比漏磁导；

$\lambda_L=\dfrac{h}{3b_s}$——安放导体的槽下部的比漏磁导；

$K_U=\frac{3\beta+1}{4}$——由于短距对槽口比漏磁导引入的节距漏抗系数；

$K_L=\frac{9\beta+7}{16}$——由于短距对槽下部比漏磁导引入的节距漏抗系数。

由式（4-57）及式（4-66）可知双层短距绕组的槽比漏磁导较双层整距绕组的槽比漏磁导为小，因其两个分量分别乘了小于1的系数$K_U$和$K_L$；这是由于有些槽中上下层线圈边电流不同相，而使产生槽漏磁的磁势减小所致。

当$\frac{2}{3}\leqslant\beta\leqslant 1$时，$K_U=\frac{3\beta+1}{4}$，$K_L=\frac{9\beta+7}{16}$。按照同理，可推导得出，当$\frac{1}{3}\leqslant\beta\leqslant\frac{2}{3}$时，$K_U=\frac{1}{4}(6\beta-1)$，$K_L=\frac{1}{16}(18\beta+1)$。当$0<\beta\leqslant\frac{1}{3}$时，$K_U=\frac{3}{4}\beta$，$K_L=\frac{1}{16}(9\beta+4)$。可以把系数$K_U$及$K_L$与$\beta$的关系作成曲线，如图4-9所示。

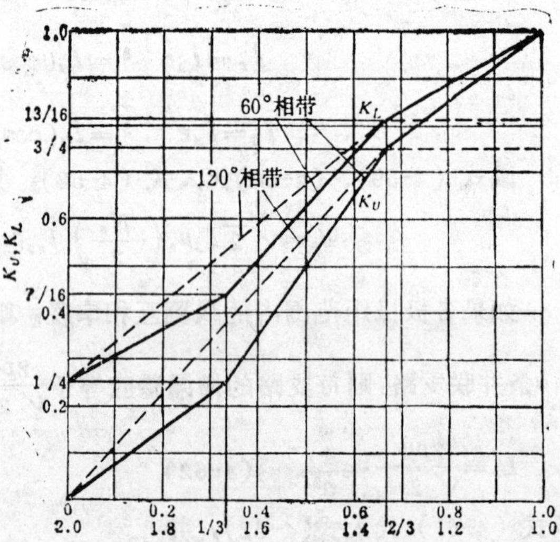


图4-9　$K_U$及$K_L$与$\beta$的关系曲线

有时为了简化计算，可近似假定$\lambda_a+\lambda_b=2\lambda_{ab}$，则式（4-65）可简化成

$$\lambda_s=\frac{1}{4}[\lambda_a+\lambda_b+2\lambda_{ab}+(3\beta-3)\lambda_{ab}]$$

$$=\frac{1}{4}(\lambda_a+\lambda_b+2\lambda_{ab})\left(1+\frac{(3\beta-3)\lambda_{ab}}{\lambda_a+\lambda_b+2\lambda_{ab}}\right)$$

$$=\frac{1}{4}(\lambda_a+\lambda_b+2\lambda_{ab})\frac{3\beta+1}{4} \qquad (4\text{-}67)$$

由式（4-50）及（4-67）可知，在$\frac{2}{3}\leqslant\beta\leqslant 1$的情况下，双层短距绕组的槽比漏磁导可近似认为等于双层整距绕组的槽比漏磁导乘以一个系数$k_\beta=\frac{3\beta+1}{4}$。如欲进行较准确的计算，则可对不同槽形，算出其相应的$\lambda_U$及$\lambda_L$，再按式（4-66）进行计算。

## 二、谐波漏抗计算

多相对称交流电机绕组（例如感应电机定子绕组）通以多相对称电流时，在气隙中产生的旋转磁场，除基波外，尚有各次谐波磁场，其极对数

$$p_\nu=\nu p \qquad (4\text{-}68)$$

式中　$\nu$——谐波次数。其相对于定子的转速

$$n_\nu=\frac{n_1}{\nu} \qquad (4\text{-}69)$$

其中　$n_1$——基波磁场转速。

因此各次谐波磁场在定子绕组中感应电势的频率

$$f_\nu=p_\nu n_\nu=pn_1=f_1 \qquad (4\text{-}70)$$

即等于基波电势频率，因此它们应反应在定子回路的电势平衡方程中。对于感应电机转子而言，这些定子谐波磁场，虽然大部分也与转子绕组匝链，但产生的不是有用转矩。故一般把由各次谐波磁场所感生的基频电势看作为漏抗压降，相应的电抗称之为谐波漏抗。由于这

些谐波磁场等于电枢电流产生的气隙总磁场与基波磁场之差，故有时把相应于这些谐波磁场的电抗称之为差别漏抗。

计算谐波漏抗时假定：1）各槽线圈边中电流集中在槽中心线上；2）铁磁物质的磁导率$\mu=\infty$；3）气隙是均匀的，并且比较小，气隙谐波磁场只有径向分量。槽开口对各次谐波磁场的影响均近似以气隙系数来计及；4）忽略各次谐波磁场在对方绕组中所感生的电流对它本身的削弱作用。

与式（4-19）、（4-20）、（4-21）相仿，谐波磁场的磁通密度幅值$B_\nu$、磁势幅值$F_\nu$、每极磁通$\Phi_\nu$分别等于

$$\left.\begin{aligned}&B_\nu=\mu_0 F_\nu\cdot\frac{1}{K_\delta\delta}=\mu_0 F_\nu\frac{1}{\delta_{ef}}\\&F_\nu=\frac{\sqrt{2}\,mNK_{dp\nu}I}{\pi p\nu}\\&\Phi_\nu=\frac{2}{\pi}l_{ef}\frac{\tau}{\nu}B_\nu\end{aligned}\right\}\tag{4-71}$$

式中 $I$——电枢电流有效值；

$K_{dp\nu}$——对$\nu$次谐波的绕组系数。

谐波磁场与绕组本身的磁链

$$\Psi_\nu=\Phi_\nu NK_{dp\nu}\tag{4-72}$$

以式（4-71）代入式（4-72），得

$$\Psi_\nu=\mu_0\frac{\sqrt{2}\,m}{\pi p}\left(\frac{NK_{dp\nu}}{\nu}\right)^2 I\frac{2}{\pi}l_{ef}\frac{\tau}{\delta_{ef}}\tag{4-73}$$

相应于$\nu$次谐波的谐波漏抗

$$X_\nu=\frac{2\pi f\Psi_\nu}{\sqrt{2}\,I}=2\pi f\mu_0\frac{m}{\pi p}\left(\frac{NK_{dp\nu}}{\nu}\right)^2\frac{2}{\pi}l_{ef}\frac{\tau}{\delta_{ef}}\tag{4-74}$$

谐波漏抗（对应于所有各次谐波磁场），

$$X_\delta=4\pi f\mu_0\frac{m}{\pi^2}\ \frac{N^2}{p}l_{ef}\frac{\tau}{\delta_{ef}}\Sigma\left(\frac{K_{dp\nu}}{\nu}\right)^2=4\pi f\mu_0\frac{N^2}{pq}l_{ef}\lambda_\delta\tag{4-75}$$

式中

$$\lambda_\delta=\frac{m}{\pi^2}\ \frac{q\tau}{\delta_{ef}}\Sigma s\tag{4-76}$$

称为谐波比漏磁导；其中$\Sigma s=\Sigma\left(\frac{K_{dp\nu}}{\nu}\right)^2$，对于60°相带三相绕组、不同的$q$及$\beta$值的$\Sigma s$已计算并绘制如图4-10所示。由图可见，在常见的$\frac{2}{3}\leqslant\beta\leqslant 1$范围内，$\beta\approx 0.8$时，$\Sigma s$最小，因此时5次、7次谐波被大大削弱；其次，一般说，由于分数$q$绕组所建立的气隙磁场中常含有许多分数次谐波，所以其$\Sigma s$较大。此外，如果不忽略齿部分磁阻时，式（4-76）中分母尚应乘以齿部饱和系数$K_s$〔见式(3-15)〕。

式（4-75）是谐波漏抗的一般表达式，它适用于感应电机及隐极同步电机的定子绕组和绕线转子感应电机的转子绕组。由于气隙不均匀，凸极同步电机的谐波漏抗的表达式中可近似地用式（4-75）但引入一个系数$k_d$，即凸极同步电机定子谐波漏抗

$$X_{\delta 1}=k_d 4\pi f\mu_0\frac{N^2}{pq}l_{ef}\lambda_\delta\tag{4-77}$$

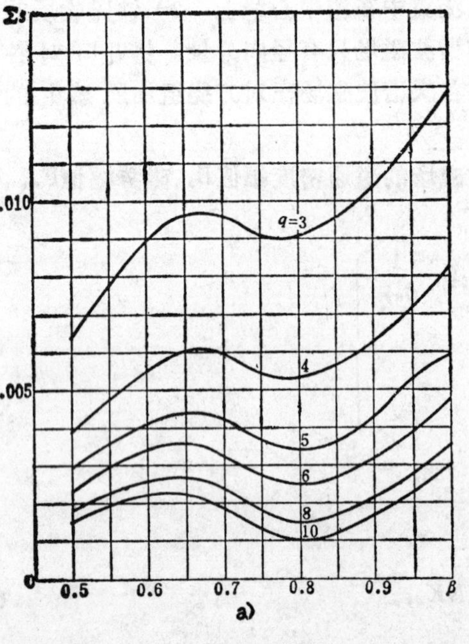


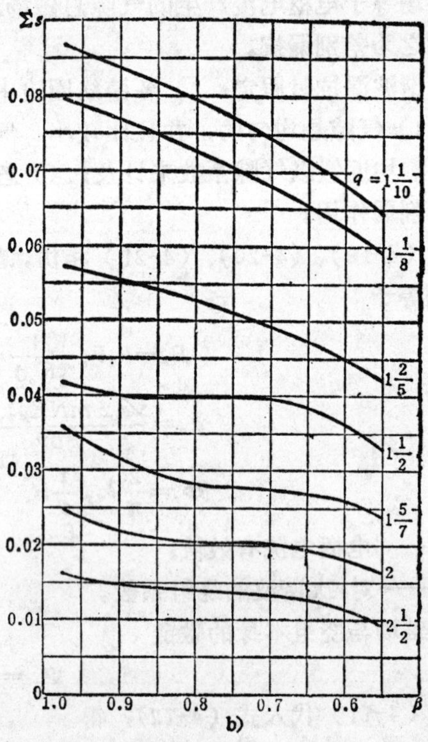


图4-10　三相60°相带谐波比漏磁导的系数Σs

式中　系数$k_d$可由图4-2查取。

感应电机笼型绕组产生的谐波磁场的次数$\mu=k_2\dfrac{Z_2}{p}\pm 1$（$k_2=1、2、3\cdots\cdots$），其绕组系数$K_{dp\mu}=1$，并且$N_2=\dfrac{1}{2}$，$pq=\dfrac{1}{2}$，由式（4-75）得出笼型绕组的谐波漏抗

$$X_{\delta 2}=2\pi f\mu_0 l_{ef}\lambda_{\delta 2} \tag{4-78}$$

式中

$$\lambda_{\delta 2}=\frac{m_2 q_2\tau}{\pi^2\delta_{ef}}\Sigma\left(\frac{1}{k_2\dfrac{Z_2}{p}\pm 1}\right)^2=\frac{Z_2}{2p\pi^2}\cdot\frac{\tau}{\delta_{ef}}\Sigma R \tag{4-79}$$

式中　$\Sigma R=\Sigma\left(\dfrac{1}{k_2\dfrac{Z_2}{p}\pm 1}\right)^2$，也已作详细计算并绘于图4-11。此系数也可把式（4-79）作如下近似后进行直接计算：

$$\Sigma\left(\frac{1}{k_2\dfrac{Z_2}{p}\pm 1}\right)^2=\left[\frac{1}{\left(\dfrac{Z_2}{p}+1\right)^2}+\frac{1}{\left(\dfrac{2Z_2}{p}+1\right)^2}+\frac{1}{\left(\dfrac{3Z_2}{p}+1\right)^2}+\cdots\cdots\right.$$
$$\left.+\frac{1}{\left(\dfrac{Z_2}{p}-1\right)^2}+\frac{1}{\left(\dfrac{2Z_2}{p}-1\right)^2}+\frac{1}{\left(\dfrac{3Z_2}{p}-1\right)^2}+\cdots\cdots\right] \tag{4-80}$$

由于一般$\dfrac{Z_2}{p}\gg 1$，可取$\dfrac{Z_2}{p}\pm 1\approx\dfrac{Z_2}{p}$，因而上式可写成

$$\Sigma\left(\frac{1}{k_2\frac{Z_2}{p}\pm 1}\right)^2=\frac{1}{2}\left(\frac{2p}{Z_2}\right)^2\left(1+\frac{1}{2^2}+\frac{1}{3^2}+\cdots\cdots\right)$$

$$=\frac{\pi^2}{12}\left(\frac{2p}{Z_2}\right)^2\approx\frac{5}{6}\left(\frac{2p}{Z_2}\right)^2 \tag{4-81}$$

式（4-79）～（4-81）中的$k_2=1，2，3，\cdots\cdots$。

把式（4-81）代入式（4-79），化简得

$$\lambda_{\delta 2}=\frac{t_2}{12\delta_{ef}} \tag{4-82}$$

## 三、齿顶漏抗计算

在同步电机里，由于气隙一般比较大，气隙磁场不是完全沿径向方向穿越气隙，其一部分磁力线经由一个齿顶进入另一个齿顶形成闭合回路，如图4-12所示。这些磁通称之为齿顶漏磁通，与之相应的漏抗即齿顶漏抗。但是有一部分谐波磁场也不是沿径向穿越气隙而经由齿顶之间闭合。另外，从图4-12中可看出，沿槽口的磁力线实际上不与槽底平行，但前面在推导槽漏抗计算公式时，假定槽漏磁力线均与槽底平行，因此由所得公式算出的结果将偏大。这些都在这里的齿顶漏抗计算中给予修正。

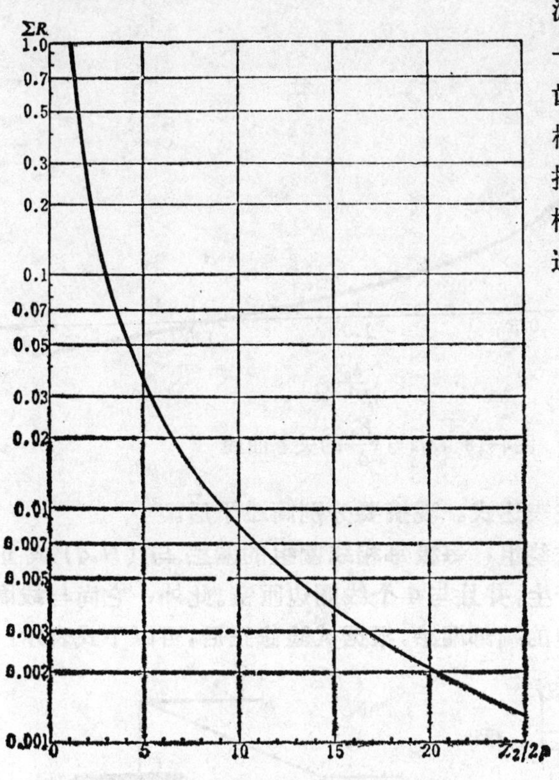


图4-11 笼型转子谐波比漏磁导的系数$\Sigma R$

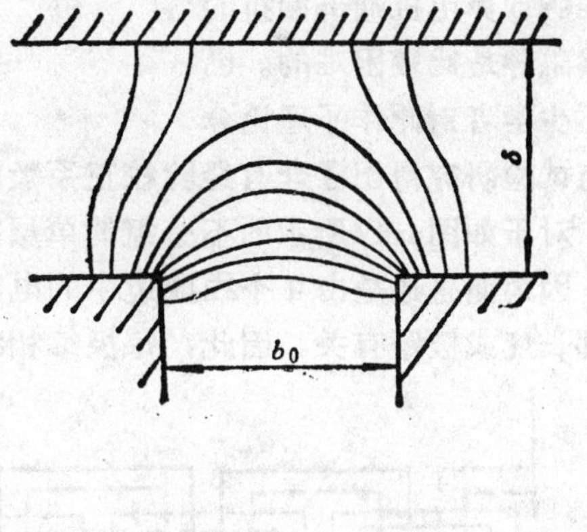


图4-12 齿顶漏磁

据此，文献〔4-1〕利用许瓦兹-克利斯多菲尔变换，得到了当槽口面对极靴时相应于齿顶漏磁场的比漏磁导为

$$\lambda_{td}=0.2284+0.0796\frac{\delta}{b_0}-0.25\frac{b_0}{\delta}(1-\sigma) \tag{4-83}$$

式中

$$\sigma=\frac{2}{\pi}\left[\tan^{-1}\frac{b_0}{2\delta}-\frac{\delta}{b_0}\ln\left(1+\frac{b_0^2}{4\delta^2}\right)\right] \tag{4-84}$$

为了便于应用，把式（4-83）作成曲线如图4-13所示。

当槽口面对极间区域时，齿顶比漏磁导计算式为

$$\lambda_{tq}=0.2164+0.3184\left(\frac{b_t'}{b_0}\right)^{0.5} \tag{4-85}$$

式中 $b_t'$——齿顶宽度。

因此齿顶总比漏磁导$\lambda_t$为

$$\lambda_t=\alpha_p\lambda_{td}+(1-\alpha_p)\lambda_{tq} \tag{4-86}$$

对于隐极同步电机，由于气隙是均匀的，可利用式（4-83）直接计算$\lambda_t$。

当使用短距绕组时，上述的齿顶比漏磁导公式中还须乘以系数$K_U$。

感应电机的气隙较小，一般不再计算齿顶漏抗。计算直流电机换向元件电抗电势时的$\lambda_t$式子见〔0-22〕第十四章。

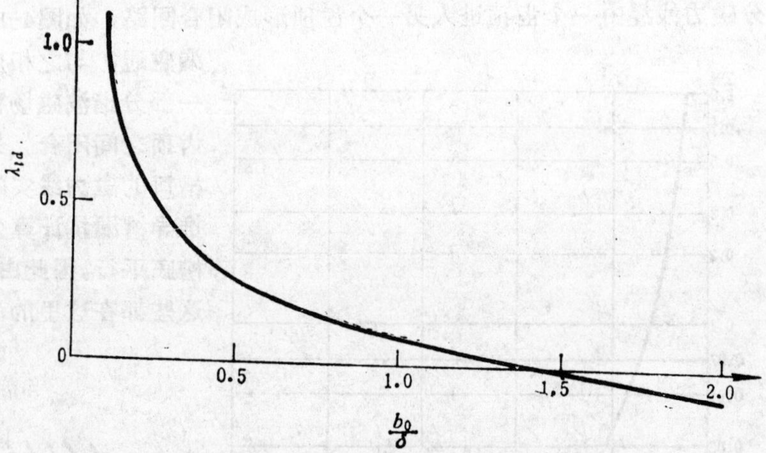


图4-13 $\lambda_{td}$与$\frac{b_0}{\delta}$的关系曲线

## 四、端部漏抗计算

绕组端部漏抗是相应于绕组端部匝链的漏磁场的电抗。电机绕组端部形状十分复杂，并且随着绕组型式不同而有较大的差异，其邻近金属构件又对漏磁场的分布影响颇大，但构件本身则随电机型式的不同而异，因此欲准确计算电机端部漏抗的比漏磁导是比较困难的。已有不少学者对此作了理论分析与试验研究得出了含有经验校正系数的一些表达式。现摘要分别简述于后。

对于如图4-14所示的不分组的单层同心式绕组，每极每相线圈组的漏感与$(N_sq)^2$成正比，因为漏磁通是由$q$个线圈边中的电流所产生，并且与$q$个线圈边匝链。此外，它尚与线圈端部长度或极距有关。因此，每极每相线圈组的端部漏感，根据试验修正后，可以下式表示：

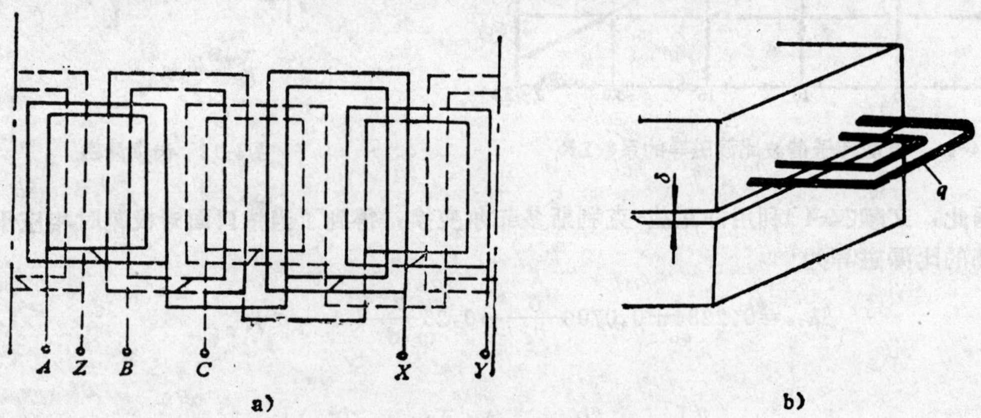


图4-14 不分组的单层同心式绕组及其端部

$$L_E=(N_s q)^2\mu_0(0.67l_E-0.43\tau) \tag{4-87}$$

式中 $l_E$——半匝线圈的端部长度。

假设电机每相所有的线圈组互相串联，则每相的端部漏抗

$$X_E=2\pi f2pL_E$$
$$=4\pi f\mu_0(N_s q)^2p\times0.67(l_E-0.64\tau) \tag{4-88}$$

考虑到$N=N_s pq$，

$$X_E=4\pi f\mu_0\frac{N^2}{p}0.67(l_E-0.64\tau) \tag{4-89}$$

式中，$\mu_0=0.4\pi\times10^{-6}$H/m。

为了便于计算，把式（4-89）化成与槽漏抗表达式具有相同的形式：

$$X_E=4\pi f\mu_0\frac{N^2}{pq}l_{ef}\lambda_E \tag{4-90}$$

式中 $\lambda_E$——端部比漏磁导。

对于不分组的单层同心式绕组：

$$\lambda_E=0.67\frac{q}{l_{ef}}(l_E-0.64\tau) \tag{4-91}$$

在分组的单层同心式绕组里，每极每相线圈组分成两组，如图4-15所示。每组的端部漏磁链主要与$\left(\frac{1}{2}qN_s\right)^2$成正比。因此每极每相线圈组的漏磁链与$2\times\left(\frac{1}{2}qN_s\right)^2=\frac{1}{2}(qN_s)^2$成正比。因此，分组的单层同心式绕组的端部比漏磁导比不分组的小，根据试验分析[0-6]，约小30%。故对于分组的单层同心式绕组，其端部比漏磁导

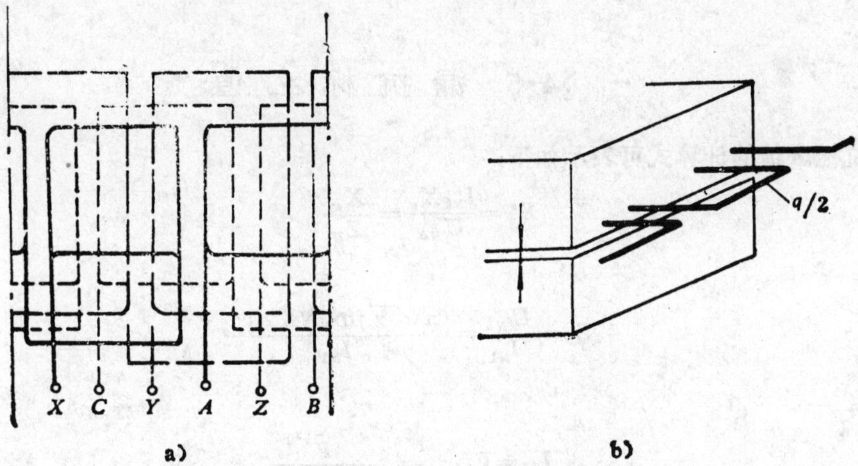


图4-15 分组的单层同心式绕组及其端部

$$\lambda_E=0.47\frac{q}{l_{ef}}(l_E-0.64\tau) \tag{4-92}$$

对于单层链形绕组，

$$\lambda_E=0.2\frac{q}{l_{ef}}l_E \tag{4-93}$$

对于双层叠绕组，端部比漏磁导[4-2]

$$\lambda_E=0.57q\frac{\tau}{l_{ef}}\left(\frac{3\beta-1}{2}\right) \tag{4-94}$$

对于双层波绕组，上式中的(3β－1)取2。

上列公式亦同样适用于绕线转子绕组。

对于笼型绕组，可用下式计算其端环的比漏磁导：

$$\lambda_E=\frac{0.2523Z_{2p}}{l_{ef}}\left(\frac{D_R}{2p}+\frac{l'}{1.13}\right) \tag{4-95}$$

式中　$Z_{2p}$——转子每极槽数；

$l'$——导条伸出铁心的长度(两端)。如果端环紧贴铁心，则$l'=0$。

如将比磁导归算到定子边，对三相感应电机，它等于

$$\lambda'_E=\frac{0.757q_1k^2_{dp1}}{l_{ef}}\left(\frac{D_R}{2p}+\frac{l'}{1.13}\right) \tag{4-96}$$

以上各$\lambda_E$式子中：式（4-94）是由阿尔泽（P.L.Alger）所提出的[4-2]，文献中将电机的两端部合而为一（即设想把铁心“移走”），再把整个端区电流代之以两个等效电流（轴向与周向），分别计算由该二电流激发的磁场和相应电抗——轴向电流分量激发了像有效部分气隙中的旋转磁场，感应了电抗电势；而把两端的两周向电流看做是二根平行的输电线，再根据电工基础中有关概念导出电抗，最后进行叠加和简化。其余各式大体上都是根据电工基础中关于直线段（包括自感、互感）的电感的计算方法得出的。以上各式的简化和近似中，如前所述，其系数都采用了某些实验的统计平均值。这些表达式的全部推导过程颇为复杂，但端部漏抗（除$2p=2$的电机外）一般所占比例不大，故这里仅将有关计算式摘要罗列。

## §4-5　漏抗标么值

漏抗标么值的计算式可表示如下：

$$X^*_\sigma=\frac{I_{N1}X_\sigma}{U_{N\phi}}=\frac{X_\sigma}{Z_N} \tag{4-97}$$

式中

$$Z_N=\frac{U_{N\phi}}{I_{N1}}=\frac{\pi\sqrt{2}f\Phi_N NK_{dp1}}{I_{N1}} \tag{4-98}$$

而

$$I_{N1}=F_{N1}\frac{\pi}{\sqrt{2}}\ \frac{p}{mNK_{dp1}} \tag{4-99}$$

以式(4-99)代入式(4-98)得

$$Z_N=\frac{2m(NK_{dp1})^2f\Phi_N}{pF_{N1}} \tag{4-100}$$

以式（4-38)、(4-100)代入式（4-97）得

$$X^*_\sigma=\frac{2\pi\mu_0F_{N1}l_{ef}}{\Phi_N K^2_{dp1}}\cdot\frac{\Sigma\lambda}{mq} \tag{4-101}$$

如以$F_{N1}=\frac{\sqrt{2}}{\pi}A\tau K_{dp1}$及$\Phi_N=\frac{2}{\pi}B_{\delta1}\tau l_{ef}$代入式（4-101），可得写成与$A/B_{\delta1}$成比例关系的漏抗标么值表达式：

$$X_{\sigma}^{*}=\frac{\sqrt{2}\pi\mu_0\Sigma\lambda}{K_{dp1}mq}\cdot\frac{A}{B_{\delta1}} \tag{4-102}$$

或

$$X_{\sigma}^{*}=k_{\sigma}\frac{A}{B_{\delta1}} \tag{4-103}$$

式中　$A$——当电枢电流$I=I_{N1}$时的线负荷；

$B_{\delta1}$——相应于感应电势$E=U_{N\phi}$的气隙基波磁通密度幅值。

系数

$$k_{\sigma}=\frac{\sqrt{2}\pi\mu_0\Sigma\lambda}{K_{dp1}mq} \tag{4-104}$$

由式（4-102）可知，漏抗标么值主要与$\frac{\Sigma\lambda}{q}\cdot\frac{A}{B_{\delta1}}$有关，在$q$及$\Sigma\lambda$一定的情况下，它也和主电抗一样地〔见式(4-33)〕与$\frac{A}{B_{\delta1}}$成正比关系，因此式（4-33）后面的有关讨论对漏抗同样适用。如果漏抗设计值与预计值不符但相差较小，则可适当改变$q$或与$\Sigma\lambda$有关的某些设计数据。如果相差较大，则应重新选取$A$、$B_{\delta1}$，或甚至改变主要尺寸，重新进行设计。

## §4-6　集肤效应对电机参数的影响

### 一、概述

在电机槽中如放置由整块导体组成的线棒，当导体中通以交流时，由于导体沿槽高上截面各部分的漏磁通匝链数不相同，因此感应电势也不一样。由此在导体内部形成涡流，使得电流在导体截面上的分布不均匀，导体中的电流密度由槽底逐渐向槽口增加，如图4-16b所示，使导体中的电流趋向表面，这种现象称之为集肤效应。这种效应相当于导体的有效截面减小了，如图4-16c所示。因之线棒的交流电阻要比直流电阻为大。此外，由于这种集肤作用，导体的槽漏抗变小。实际计算中，我们以系数$K_F$（称为费立德系数或电阻增加系数）来计及电阻的增加，以系数$K_x$来计及电抗的减小。

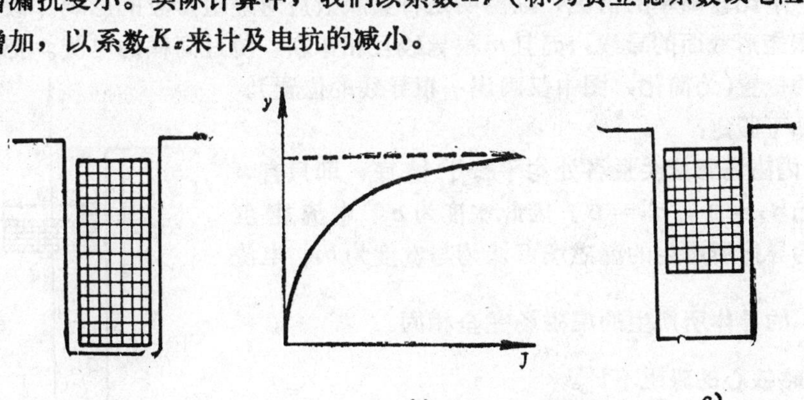


图4-16　槽内导体的集肤效应

a）槽内导体　b）电流密度的分布　c）计算交流电阻的等效导体

导体中形成的涡流将产生附加涡流损耗，导致效率降低、温升升高。因此在大型交流电机定子绕组，通常不用尺寸（特别是沿槽高方向的尺寸）较大的单根导体做成线棒，而用由很多股细导线组成线棒，使集肤作用只产生在高度比较小的细导线截面范围内，以降低涡流损耗。通常细导线的厚度（沿槽高上放置）小于3～5mm。但在这样做时，处在不同槽高度上的各根细导线仍处在不同的漏磁场作用之下，各根细导线中的漏磁感应电势不同，如果线棒在端部处整体焊接，则各根并联股线间将要有循环电流流通，产生所谓环流损耗。为了避免这种环流损耗，通常要把槽部的并联细导线分成两排进行编织换位，使得组成线棒的每根细导线轮流处于所有槽内不同位置，如图4-17所示。这种由单匝线棒组成的线圈称为条式线圈。在中型交流电机里，常采用圈式线圈，每个线圈由多匝串联导体组成。为了减少涡流损耗，每根导体通常也由数根并联导线组成。为了减少在这些并联导线里产生环流损耗，通常在其端部进行扭转换位，如图4-18所示。

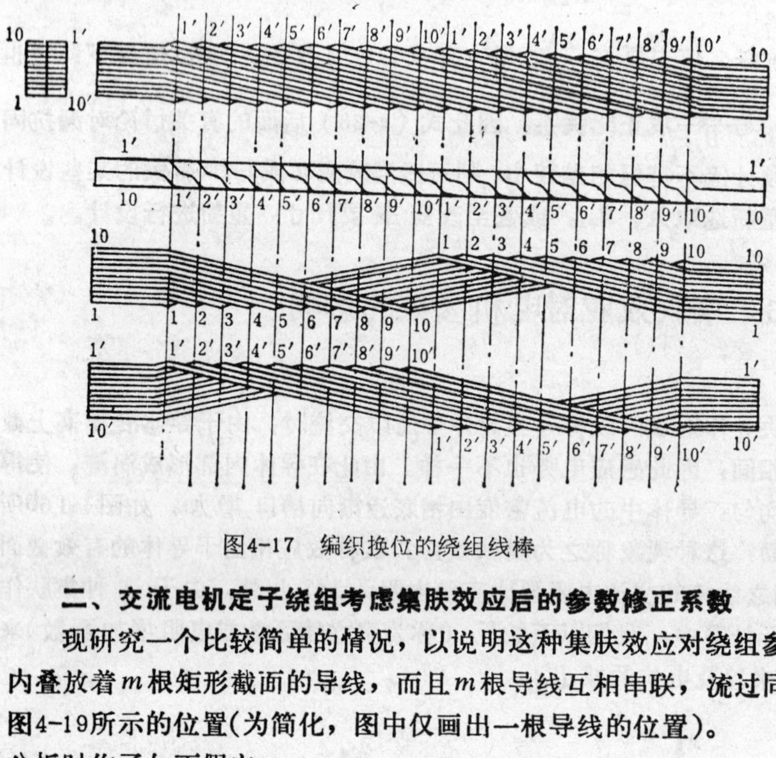


图4-17　编织换位的绕组线棒

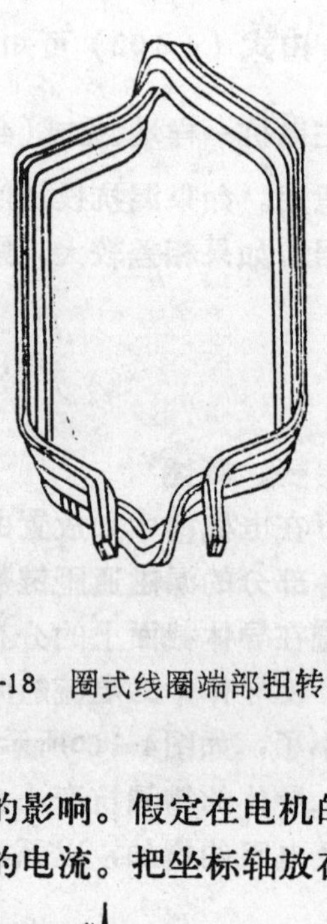

图4-18　圈式线圈端部扭转换位

## 二、交流电机定子绕组考虑集肤效应后的参数修正系数

现研究一个比较简单的情况，以说明这种集肤效应对绕组参数的影响。假定在电机的槽内叠放着$m$根矩形截面的导线，而且$m$根导线互相串联，流过同样的电流。把坐标轴放在如图4-19所示的位置(为简化，图中仅画出一根导线的位置)。

分析时作了如下假定：

（1）槽内磁场强度矢量各处均平行于槽底，即只有$x$方向分量，而$H_Y=0$，$H_z=0$。因此宽度为$b$、电流密度的幅值为$J_m$的导体所产生的漏磁场可认为与宽度为$b_s$、电流密度为$\frac{b}{b_s}J_m$的导体所产生的漏磁场完全相同。

（2）忽略铁心的磁阻不计。

（3）槽轴向无限长，忽略边端效应。

假定导线中的电流随时间按正弦变化，这样就可以采用符号法来进行计算。先研究第$p$根导线中的电流分布，此导

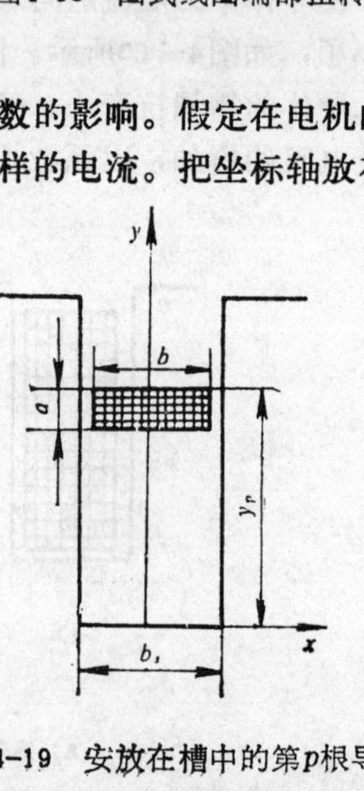


图4-19　安放在槽中的第$p$根导线

线的上表面离槽底的距离为$y_p$（图4-19）。

在上述条件下麦克斯韦电磁场方程组中的$\mathrm{rot}\boldsymbol{H}=\boldsymbol{J}$方程可用复数形式表示如下：

$$\frac{\mathrm{d}\dot{H}_m}{\mathrm{d}y}=-\frac{b}{b_s}\dot{J}_m \tag{4-105}$$

式中 $\dot{H}_m$——磁场强度的复振幅；

$\dot{J}_m$——电流密度的复振幅。

又

$$\dot{J}_m=\frac{\dot{E}_m}{\rho} \tag{4-106}$$

将式（4-106）代入式（4-105），得

$$\frac{\mathrm{d}\dot{H}_m}{\mathrm{d}y}=-\frac{b}{b_s}\cdot\frac{\dot{E}_m}{\rho} \tag{4-107}$$

式中 $\dot{E}_m$——电场强度的复振幅；

$\rho$——导线材料的电阻率。

麦克斯韦电磁场方程组中的$\mathrm{rot}\,\boldsymbol{E}=-\frac{\partial \boldsymbol{B}}{\partial t}$方程的复数形式可写为

$$\frac{\mathrm{d}\dot{E}_m}{\mathrm{d}y}=-\mathrm{j}\omega\mu_0\dot{H}_m \tag{4-108}$$

将式（4-107）对$y$取导数，并利用方程（4-108），得

$$\frac{\mathrm{d}^2\dot{H}_m}{\mathrm{d}y^2}=k^2\dot{H}_m \tag{4-109}$$

式中

$$k=\sqrt{\mathrm{j}\frac{b}{b_s}\ \frac{\omega\mu_0}{\rho}}=(1+\mathrm{j})\alpha,$$

$$\alpha=\sqrt{\frac{b\omega\mu_0}{b_s 2\rho}}=\sqrt{\frac{b}{b_s}\ \frac{\pi f\mu_0}{\rho}} \tag{4-110}$$

微分方程（4-109）的解为

$$\dot{H}_m=C_1e^{-ky}+C_2e^{ky} \tag{4-111}$$

令导线中电流的复振幅为$\dot{I}_m$，则当$y=y_p$时$\dot{H}_m b_s=\dot{I}_m p$。当$y=(y_p-\alpha)$时，$\dot{H}_m b_s=\dot{I}_m(p-1)$。将这两个边界条件代入式（4-111），可求出积分常数

$$C_1=\frac{\dot{I}_m}{2b_s\mathrm{sh}k\alpha}[(p-1)e^{ky_p}-pe^{k(y_p-\alpha)}] \tag{4-112}$$

$$C_2=\frac{\dot{I}_m}{2b_s\mathrm{sh}k\alpha}[-(p-1)e^{-ky_p}+pe^{-k(y_p-\alpha)}] \tag{4-113}$$

将此两积分常数代入式（4-111），得

$$\dot{H}_m=\frac{\dot{I}_m}{b_s\mathrm{sh}k\alpha}[(p-1)\mathrm{sh}k(y_p-y)-p\mathrm{sh}k(y_p-\alpha-y)] \tag{4-114}$$

以式（4-114）代入式（4-107），得

$$\dot{E}_m=\frac{-\dot{I}_m k\rho}{b\mathrm{sh}k\alpha}[p\mathrm{ch}k(y_p-\alpha-y)-(p-1)\mathrm{ch}k(y_p-y)] \tag{4-115}$$

$$\dot{J}_m=\frac{\dot{E}_m}{\rho}=\frac{-\dot{I}_m k}{b\mathrm{sh}k\alpha}[p\mathrm{ch}k(y_p-\alpha-y)-(p-1)\mathrm{ch}k(y_p-y)] \tag{4-116}$$

为了计算第 $p$ 根导线的电阻及电抗，应当先计算出穿过槽内两个平面间的复数电磁能量流的功率之差。这两个平面，一个与第 $p$ 根导线上表面齐平，另一个与其下表面齐平。所求之功率复量差为

$$\dot{S}=b_s l\left[\left(\frac{\dot{E}_m\dot{H}_m^*}{\sqrt{2}\sqrt{2}}\right)_{y=y_p-a}-\left(\frac{\dot{E}_m\dot{H}_m^*}{\sqrt{2}\sqrt{2}}\right)_{y=y_p}\right]$$

$$=I^2\frac{\rho lk}{b|\mathrm{sh}ka|^2}[(2p^2-2p+1)\mathrm{ch}ka\,\mathrm{sh}k^*a-2p(p-1)\mathrm{sh}k^*a] \qquad (4\text{-}117)$$

式中 $\dot{H}_m^*$——$\dot{H}_m$的共轭复量；

$k^*$——$k$ 的共轭复量；

$I$——导线中电流有效值。

所得$\dot{S}$为净流入第 $p$ 根导体的电磁能量流功率。

把式（4-117）分成实数及虚数两部分，得

$$\left.\begin{aligned}\mathrm{Re}\dot{S}&=I^2\frac{\rho l}{b}\left[\alpha\frac{\mathrm{sh}2\alpha a+\sin 2\alpha a}{\mathrm{ch}2\alpha a-\cos 2\alpha a}+p(p-1)\left(2\alpha\frac{\mathrm{sh}\alpha a-\sin\alpha a}{\mathrm{ch}\alpha a+\cos\alpha a}\right)\right]\\ \mathrm{Im}\dot{S}&=I^2\frac{\rho l\alpha}{b}\left[\frac{\mathrm{sh}2\alpha a-\sin 2\alpha a}{\mathrm{ch}2\alpha a-\cos 2\alpha a}+2p(p-1)\left(\frac{\mathrm{sh}\alpha a+\sin\alpha a}{\mathrm{ch}\alpha a+\cos\alpha a}\right)\right]\end{aligned}\right\} \qquad (4\text{-}118)$$

$\dot{S}$的实数部分为第 $p$ 根导线内的有功功率 $P$，虚数部分为其无功功率 $Q$，也就是说

$$\dot{S}=P+\mathrm{j}Q=I^2R_p+\mathrm{j}I^2X_p=I^2R_p+\mathrm{j}I^2\omega L_p \qquad (4\text{-}119)$$

式中 $R_p$——第 $p$ 根导线的有效电阻；

$X_p$——第 $p$ 根导线的漏电抗；

$L_p$——第 $p$ 根导线的漏电感。

令式（4-118）的实部和虚部分别等于式（4-119）的实部和虚部，可以求出第 $p$ 根导线的有效电阻$R_p$及电感$L_p$。

令第 $p$ 根导线的直流电阻$R_0=\dfrac{\rho l}{ba}$，则它的电阻增加系数

$$K_{Fp}=\frac{R_p}{R_0}=\varphi(\xi)+p(p-1)\psi(\xi) \qquad (4\text{-}120)$$

式中

$$\varphi(\xi)=\xi\frac{\mathrm{sh}2\xi+\sin 2\xi}{\mathrm{ch}2\xi-\cos 2\xi} \qquad (4\text{-}121)$$

$$\psi(\xi)=2\xi\frac{\mathrm{sh}\xi-\sin\xi}{\mathrm{ch}\xi+\cos\xi} \qquad (4\text{-}122)$$

其中，

$$\xi=\alpha a \qquad (4\text{-}123)$$

为导线的相对高度，即导线高度 $a$ 与电磁波透入深度$\dfrac{1}{\alpha}$之比，$\alpha$ 见式（4-110）。$\varphi(\xi)$与$\psi(\xi)$之值已画成曲线，见图4-20a。

由于槽内线圈边由$m$根导线串联组成，每个线圈边中每根导线槽部电阻的平均增加系数（也就是整个线棒槽部电阻的增加系数）为

$$K_F=\frac{1}{m}\sum_{p=1}^{p=m}K_{Fp}=\varphi(\xi)+\frac{m^2-1}{3}\psi(\xi) \qquad (4\text{-}124)$$

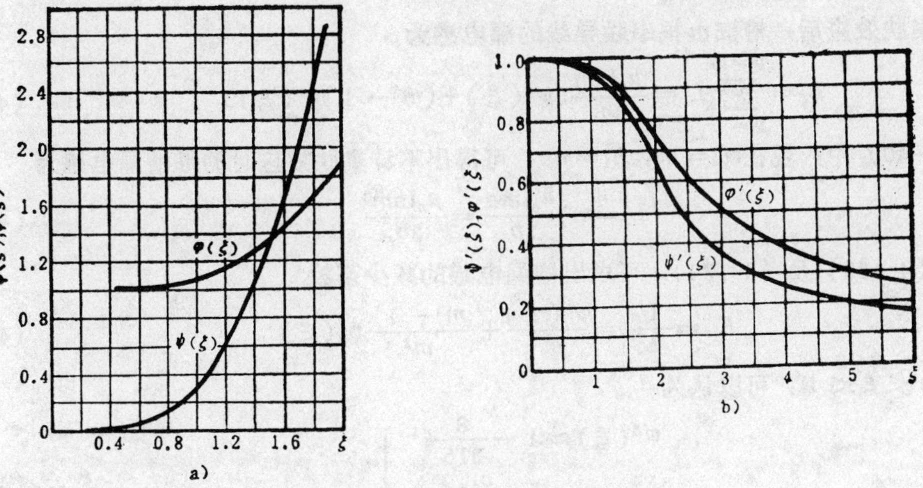


图 4-20

a) 曲线φ(ξ)及ψ(ξ) b) 曲线φ'(ξ)及ψ'(ξ)

通常为限制涡流损耗和便于编织工艺，导线高度$a$比较小，$0<\xi<1$，可以认为

$$\varphi(\xi)\approx 1+\frac{4}{45}\xi^4 \tag{4-125}$$

$$\psi(\xi)=\frac{1}{3}\xi^4 \tag{4-126}$$

将式（4-125）及（4-126）代入式（4-124），得

$$K_r=1+\frac{m^2-0.2}{9}\xi^4 \tag{4-127}$$

把式（4-123）代入式（4-127），并假定槽的宽度上有$n$根导线，则$K_r=1+\frac{m^2-0.2}{9}\times(\alpha a)^4$。再把式(4-110)代入，可得

$$K_r=1+\left(\frac{\mu_0\pi fmnb}{3\rho b_s}\right)^2 a^4 \tag{4-128}$$

如以$\rho\approx 0.02\times10^{-6}\Omega\cdot m$（铜导线），$\mu_0=0.4\pi\times10^{-6}H/m$代入，则得以下数值关系：

$$K_r=1+0.107m^2\left(\frac{nbf}{b_s 50}\right)^2 a^4\times10^8 \tag{4-129}$$

式中　$a$——导线高度；

$a$、$b$、$b_s$的单位为m，$f$的单位为Hz。

现在再分析集肤效应对绕组漏电抗的影响。

令式（4-118）的虚部等于式（4-119）的虚部，可求出第$p$根导线的漏电感

$$L_p=\frac{\mu_0 l}{3b_s}[\varphi'(\xi)+3p(p-1)\psi'(\xi)] \tag{4-130}$$

式中

$$\varphi'(\xi)=\frac{3}{2\xi}\ \frac{\mathrm{sh}2\xi-\sin 2\xi}{\mathrm{ch}2\xi-\cos 2\xi} \tag{4-131}$$

$$\psi'(\xi)=\frac{1}{\xi}\ \frac{\mathrm{sh}\xi+\sin\xi}{\mathrm{ch}\xi+\cos\xi} \tag{4-132}$$

把上两式作成曲线，见图4-20b。

考虑集肤效应后，槽部$m$根串联导线的漏电感为

$$L_{\xi}=\sum_{p=1}^{p=m}L_p=\frac{\mu_0 lam}{3b_s}[\varphi'(\xi)+(m^2-1)\psi'(\xi)] \tag{4-133}$$

式（4-40）中，现在$N_s=m$，$h_1=ma$，可得出不计集肤效应时的每槽漏电感为

$$L_s'=m^2\frac{\mu_0 lma}{3b_s}=\frac{\mu_0 lam^3}{3b_s} \tag{4-134}$$

由式（4-133）及（4-134），可求出槽漏电感的减少系数

$$K_x=\frac{L_{\xi}}{L_s'}=\frac{\varphi'(\xi)}{m^2}+\frac{m^2-1}{m^2}\psi'(\xi) \tag{4-135}$$

通常$0<\xi<1$，可以认为

$$\left.\begin{aligned}\varphi'(\xi)&\approx 1-\frac{8}{315}\xi^4\\ \psi'(\xi)&\approx 1-\frac{1}{30}\xi^4\end{aligned}\right\} \tag{4-136}$$

因此，

$$K_x\approx\frac{1}{m^2}\left(1-\frac{8}{315}\xi^4\right)+\frac{m^2-1}{m^2}\left(1-\frac{1}{30}\xi^4\right)\approx 1-\frac{1}{30}\xi^4 \tag{4-137}$$

由式（4-137）可见，$K_x$很接近等于1。所以对于交流电机的定子绕组，一般可不考虑集肤效应对其电抗的影响。

又由式（4-127）可知，电阻增加系数$K_r$与$\xi=\alpha a$有关，在$\alpha$及$m$一定的情况下，导线高度$a$越大，$K_r$也越大。但绕组的直流电阻是与$a$成反比的。因此，存在着一个所谓"临界高度"，此时交流电阻为最小。由此可见，导线的总损耗与$\frac{K_r}{\xi}$成正比。由式(4-127)，可得

$$\frac{K_r}{\xi}=\frac{1}{\xi}+\frac{m^2-0.2}{9}\xi^3$$

将上式对$\xi$取导数，并令其等于零，得总损耗最小的条件为

$$\xi=\sqrt[4]{\frac{3}{m^2-0.2}}\approx\frac{1.32}{\sqrt{m}}$$

相应的导线的临界高度为

$$a_{cr}=\frac{1.32}{\alpha\sqrt{m}}$$

将此临界高度值代入式（4-127），得$K_r\approx1.33$。故在设计绕组时，应注意不使导线高度超过临界高度值，此时绕组槽部导体的电阻增加系数$K_r$将不超过1.33。

下面分别讨论不同结构型式的交流电机定子绕组的电阻增加系数计算。

（一）圈式绕组

式（4-129）是按槽中导线互相串联，单层绕组的情况推导得出的。在中型交流电机里，一般采用双层圈式绕组，且每个线圈由数匝组成，每匝由几根并绕导线组成，这种绕组端部的集肤效应不太显著，可忽略不计。如只考虑槽部导线里的集肤效应，则绕组的电阻增加系数可按以下数值关系计算：

$$K_{Fs}=1+0.107m^2\left(\frac{nb}{b_s}\ \frac{f}{50}\right)^2 a^4\varepsilon\times10^8 \tag{4-138}$$

式中　各量的单位见式（4-129），且

$$\varepsilon=\frac{l_t}{l_t+l_E} \tag{4-139}$$

这里　$l_t$——铁心总长度；

$l_E$——绕组端部半匝长度。

在圈式绕组里，槽部导线一般不进行换位，线圈中每匝并绕导线如沿槽高方向上叠放且线圈接线时在端部处拼焊一起，也将如“概述”中所述产生环流损耗。线圈在焊接处形成节点，这就可利用电工基础中的节点电位法通过漏磁通在不同股线中的感应电势来计算不同股线间的环流和相应的附加损耗以及绕组的电阻增加系数。根据〔0-17〕，在$\xi\leqslant1$的情况下，此系数可按以下数值关系计算：

$$K_{Fc}=1+\frac{0.019}{N_s^2}\left(\frac{nb}{b_s}\ \frac{f}{50}\right)^2 h_{Cu}^4\varepsilon^2\times10^8 \tag{4-140}$$

式中　$h_{Cu}$——槽中导线铜的总高度，单位为m；

其它各量单位见式（4-129）。

为了减小环流损耗，可以在端部进行扭转换位，图4-18所示为其中一种方式。扭转换位后附加损耗将因环流的减小而减小。此时电阻增加系数的一般表达式为

$$K'_F=K_{Fs}+(K_{Fc}-1)m' \tag{4-141}$$

式中　$m'$——对不同的扭转换位方式引入的系数，可按图4-21查取；如果端部不进行扭转换位，$m'=1$。

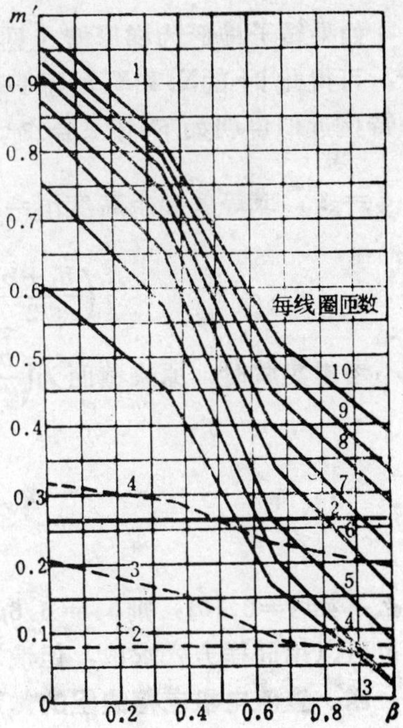


图4-21　计算循环电流损耗的系数$m'$

实线——最后一匝在接线端换位

虚线——当第一个半匝在接线相反的那一端换位

（二）条式绕组

在大型水轮和汽轮发电机里，通常采用双层条式绕组。每个线圈只有一匝，每根线圈边(线棒)由多股并联导线组成，并且槽部导线一般要进行换位。这时槽部电阻增加系数可按式(4-129）进行计算。此外，由于线棒载有较大的电流，尚须考虑端部的集肤效应和电阻增加系数，一般它仍可近似按式(4-129）进行计算，但式中$m$应以$\left(\frac{m}{2}\right)$代入，槽宽$b_s$应代以绕组端部等效宽度

$$b'_s=B+1.2H \tag{4-142}$$

式中　$B$——绕组端部每一极相组的总宽度；

$H$——端部的总高度。

如端部电阻增加系数以$K_E$表示，则整个绕组的电阻增加系数$K'_F$为

$$K'_F=\frac{K_F l_t+K_E l_E}{l_t+l_E} \tag{4-143}$$

## 三、感应电机笼型绕组的集肤效应

感应电机在起动时，转子电流的频率要比运行时高很多，此时转子笼导条内会产生明显

的集肤效应。

如果采用矩形槽，以$m=1$代入式（4-124）及式（4-135）后，再由式（4-121）和式（4-131）可得出转子笼导条的电阻增加系数$K_r$及电抗减小系数$K_x$的算式分别为

$$K_r=\varphi(\xi)=\xi\frac{\mathrm{sh}2\xi+\sin 2\xi}{\mathrm{ch}2\xi-\cos 2\xi} \tag{4-144}$$

$$K_x=\varphi'(\xi)=\frac{3}{2\xi}\ \frac{\mathrm{sh}2\xi-\sin 2\xi}{\mathrm{ch}2\xi-\cos 2\xi} \tag{4-145}$$

式中　$\xi=ah$，$h$为转子笼矩形导条高度。

$\varphi(\xi)$及$\varphi'(\xi)$可由图4-20查得。目前，为了获得较佳的起动性能，往往采用相对地深而狭的槽形，这样常有$\xi\geqslant 2.5$，此时由于$\mathrm{sh}2\xi\gg\sin 2\xi$，$\mathrm{ch}2\xi\gg\cos 2\xi$，且$\mathrm{sh}2\xi\approx\mathrm{ch}2\xi$，实际上$\varphi(\xi)\approx\xi$，$\varphi'(\xi)\approx\frac{3}{2\xi}$，这也可由图4-20中看出。

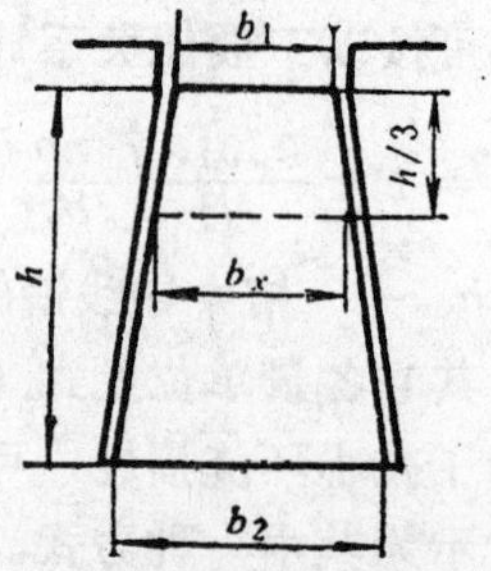

图4-22　梯形槽尺寸

如果转子槽形为梯形槽（见图4-22），据〔4-4〕的详细分析，可得此时的$K_r$和$K_x$如图4-23所示。图4-23中的$K_r$可举一特例近似说明如下：设$\xi=3$，则在矩形导条时$K_r=\varphi(\xi)=\xi=3$，或等效导条高度$h_r=\frac{h}{3}$，此时梯形导条截面为

$$\left(\frac{b_1+b_x}{2}\right)\frac{h}{3}$$

但不考虑集肤时，原来截面为$\left(\frac{b_1+b_2}{2}\right)h$，又$b_x=b_1+\frac{b_2-b_1}{3}$，可见电阻增大系数为

$$K_r=\frac{\left(\frac{b_1+b_2}{2}\right)h}{\left(\frac{b_1+b_2}{2}\right)\frac{h}{3}}=\frac{3(b_1+b_2)}{2b_1+\frac{b_2-b_1}{3}}$$

那么，如$b_1=0.1b_2$，则$K_r=6.6$；$b_1=0.2b_2$，则$K_r=5.4$；$b_1=0.5b_2$，则$K_r=3.86$等。$K_x$曲线也可以用同样方式求取，但演算过程较为复杂。

**四、直流电机电枢绕组的集肤效应**

假定直流电机换向过程中换向元件电流随时间按线性变化，则绕组元件中的电流波形呈梯形，如图4-24所示。由于换向周期$t_k$一般比较短，如近似假定$t_K\approx 0$，则电流波形变成矩形波。

以$I_a$表示电流波形的最大值（图4-24），则绕组元件中之矩形波电流可按傅里叶级数分解为

$$\begin{aligned}i&=I_a\frac{4}{\pi}\left(\sin\omega t+\frac{1}{3}\sin 3\omega t+\frac{1}{5}\sin 5\omega t+\cdots\cdots I_\nu\sin\nu\omega t\right)\\&=I_1\sin\omega t+I_3\sin 3\omega t+I_5\sin 5\omega t+\cdots\cdots I_\nu\sin\nu\omega t)\\&=\Sigma I_\nu\sin\nu\omega t\end{aligned}$$

式中　$\nu=1，3，5，\cdots$

每个谐波分量（包括基波）均在导体中产生涡流损耗，因此总附加损耗为

$$p_{Cuad}=\Sigma(K_{r\nu}-1)I_\nu^2R$$

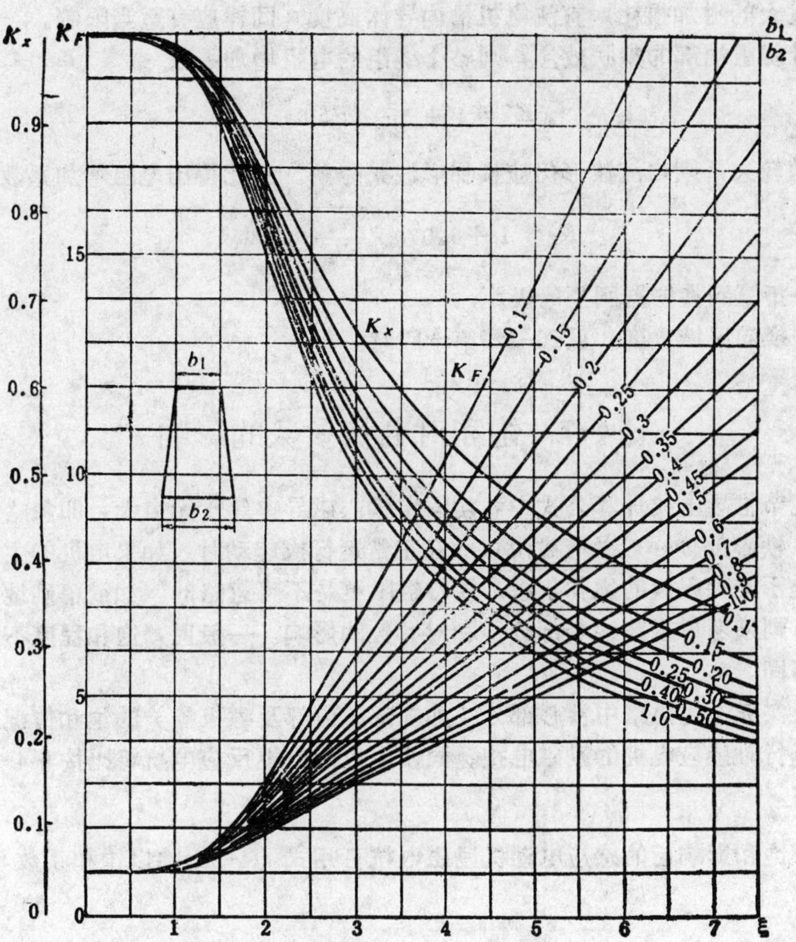


图4-23　梯形转子笼导条的$K_F$及$K_x$与ξ和$b_1/b_2$的关系曲线

式中　$\nu=1，3，5，\cdots$

$R$——绕组元件槽部电阻；

$K_{F\nu}$——由$\nu$次谐波引起的电阻增加系数。

槽部绕组总的电阻增加系数

$$K_F=\frac{I_a^2R+\Sigma(K_{F\nu}-1)I_\nu^2R}{I_a^2R}=1+\Sigma(K_{F\nu}-1)\left(\frac{I_\nu}{I_a}\right)^2 \qquad (4\text{-}146)$$

按〔0-1〕，式(4-146)可写成如下形式：

$$K_F=1+\frac{4}{3\pi}m^2\xi^2$$

式中　$m$——槽中沿高度方向上的导体数；

$\xi=\alpha a$——对于基波的导体相对高度，见式(4-123)。

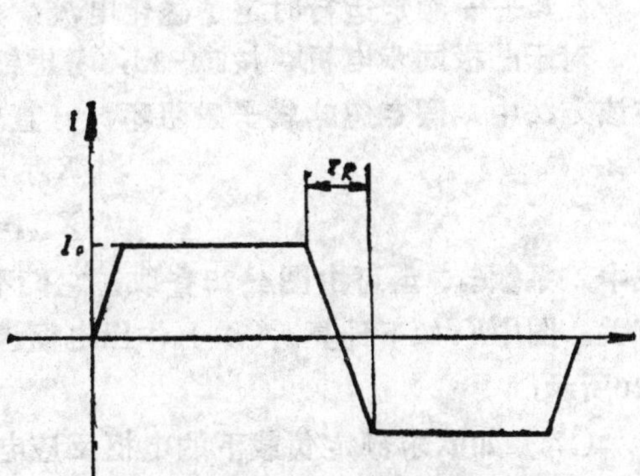


图4-24　直流电机电枢绕组元件中的电流波形

为避免过大的附加损耗，直流电机槽内导体高度 $a$ 同样应有适当限制。

如果不计绕组端部的集肤效应，则整个绕组的电阻增加系数

$$K_F' = 1 + \frac{4}{3\pi} m^2 \xi^2 \varepsilon \tag{4-147}$$

如果 $\xi$ 值较大，则电流波形仍应按梯形波来分解。由此得出电阻增加系数〔0-1〕

$$K_F' \approx 1 + 0.07\varepsilon \sqrt{\frac{\tau_k}{b_k}} m^2 \xi^3 \tag{4-148}$$

式中 $\tau_k$——折算到换向器圆周的极距；

$b_k$——换向区域宽度，见〔0-22〕第十四章。

## §4-7 饱和对电机参数的影响

在以上几节推导电抗计算公式中，均假定铁心磁导率等于无穷大，即忽略铁心的磁阻不计。实际上，铁心部分一般总有磁阻，而在正常运行或起动时，如果电机的主磁路或漏磁路的某些部分处于某种程度的饱和状态，铁心磁阻更是不可忽略的。如欲精确地计算电机的相应运行性能，则须考虑磁路铁心部分饱和对参数的影响。一般说，饱和程度不同，相应参数值也会有所不同。

如果计及实际上主磁路中铁心部分（如轭部、齿部及磁极等）的饱和情况，则磁阻相对增加，因此运行时感应电机的励磁电抗、同步电机的电枢反应电抗将比按§4-3的计算值为小。

考虑铁心饱和影响后的感应电动机励磁电抗可用式（4-24）除以饱和系数 $K_s\left(等于\frac{F_0}{F_\delta}\right)$，即

$$X_{ms} = 4f\mu_0 \frac{m}{\pi} \frac{(NK_{dp1})^2}{K_s p} l_{ef} \frac{\tau}{\delta_{ef}} \tag{4-149}$$

感应电动机励磁电抗的饱和值也可按下式计算：

$$X_{ms} = \frac{E_1}{I_m} \tag{4-150}$$

式中 $E_1$——额定运行时定子绕组中的相电势；

$I_m$——额定运行时定子磁化电流，见§3-6。

对于凸极同步电机，按〔4-3〕，考虑铁心饱和影响后的电枢反应电抗可用近似方法计算。在该方法中，假定忽略转子磁阻不计，直轴和交轴电枢反应电抗分别等于

$$X_{ads} = \xi_d X_{ad} \tag{4-151}$$

$$X_{aqs} = \xi_q X_{aq} \tag{4-152}$$

式中 系数 $\xi_d$、$\xi_q$ 可由图4-25查取，它们不仅与磁路饱和程度有关，且与气隙的尺寸 $\delta_m/\delta_{ef}$ 有关。图中 $K_s$ 如下计算：（1）作出电枢齿、轭及气隙的磁化特性 $\Phi = f(F_\delta + F_{j1} + F_t)$ 如图4-26所示；

（2）如欲求额定负载下的电枢反应电抗的饱和值，可先算出额定负载下，忽略电枢绕组的电阻时，电枢绕组中的感应电势

$$E_N = \sqrt{(U_{N\phi}\cos\varphi)^2 + (I_N X_\sigma + U_{N\phi}\sin\varphi)^2} \tag{4-153}$$

及相应的每极磁通$\phi_N$；

（3）按图4-26决定磁路饱和系数

$$K_s=\frac{F_\delta+F_{j1}+F_t}{F_\delta} \tag{4-154}$$

感应电动机在起动时，起动电流可高达额定电流的6～7倍，这时齿顶部分漏磁路将处于高度饱和状态，因此与齿顶磁阻有关的槽口比漏磁导及谐波比漏磁导将有相当幅度的减小，相应的槽漏抗及谐波漏抗均将减小，详见第十章。

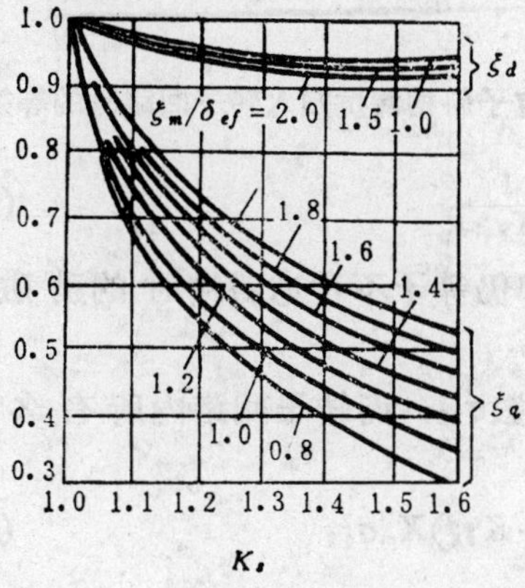


图4-25　$\xi_d=f(K_s)$及$\xi_q=f(K_s)$曲线

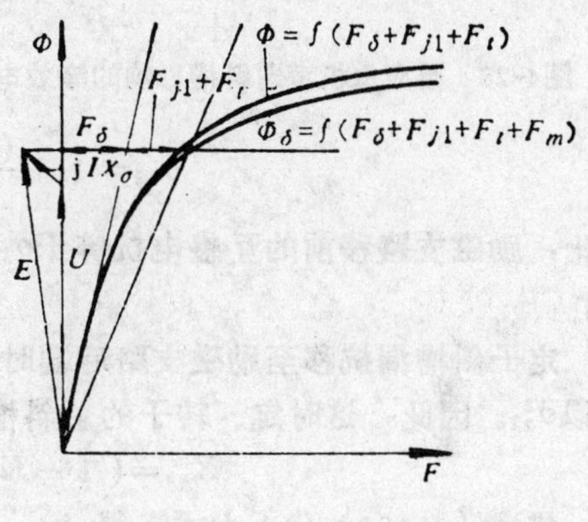


图4-26　$\Phi=f(F_\delta+F_{j1}+F_t)$曲线

## §4-8　斜槽漏抗计算

在感应电机里，为了削弱由齿谐波磁场引起的附加转矩及噪声，一般笼型转子（国外也曾在定子方面）常采用斜槽，即把转子槽相对定子槽沿轴向上扭斜一个角度。这样，定、转子绕组之间的电磁耦合系数减小了，即是说，由定子电流产生的基波磁场有一部分不与转子导条起耦合作用，反之也是。这相当于减小了定、转子间的互感电抗，而增加了定、转子的漏抗。这种使得定、转子互感电抗减小的因数，我们称之为斜槽系数$K_{sk}$，而由斜槽引起的附加漏抗称为斜槽漏抗。斜槽后，每根转子导条看作是由$q=\infty$的无数小导条组成的，因此斜槽系数可表为$q=\infty$时的绕组分布系数[3-3]，它等于

$$K_{sk}=\frac{\sin\left(\frac{b_{sk}}{t_2}\cdot\frac{p\pi}{Z_2}\right)}{\frac{b_{sk}}{t_2}\cdot\frac{p\pi}{Z_2}} \tag{4-155}$$

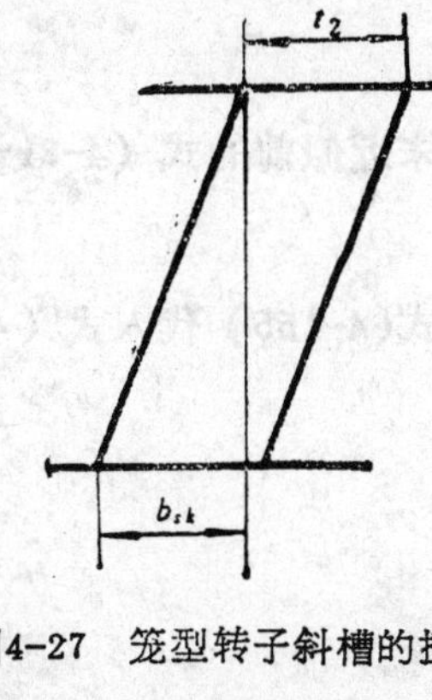


图4-27　笼型转子斜槽的扭斜宽度

式中　$b_{sk}$——斜槽的扭斜宽度，见图4-27；

$t_2$——转子齿距。

这样感应电机的互感电抗（即主电抗）将由$X_m$变为$K_{sk}X_m$；而定、转子漏抗里分别增加了一个斜槽漏抗，它等于$(1-K_{sk})X_m$，相应的等效电路如图4-28所示。实际计算斜槽影响时，通常把等效电路里的励磁支路移前，而把定子的斜槽漏抗都归入转子回路内，如图4-29所示。在这样变换时，励磁支路电抗应乘以系数[4-5]

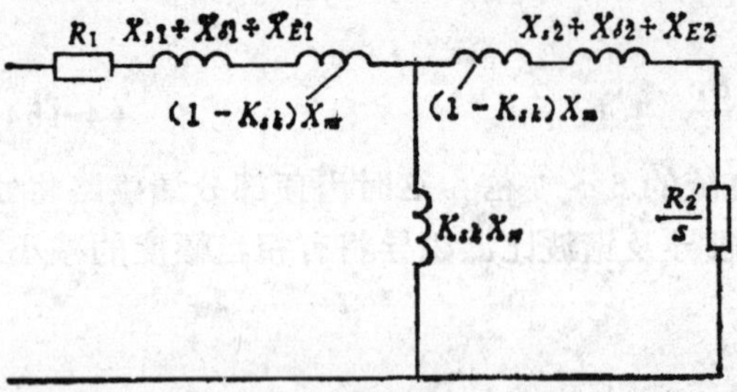


图4-28 感应电机考虑斜槽影响的等效电路

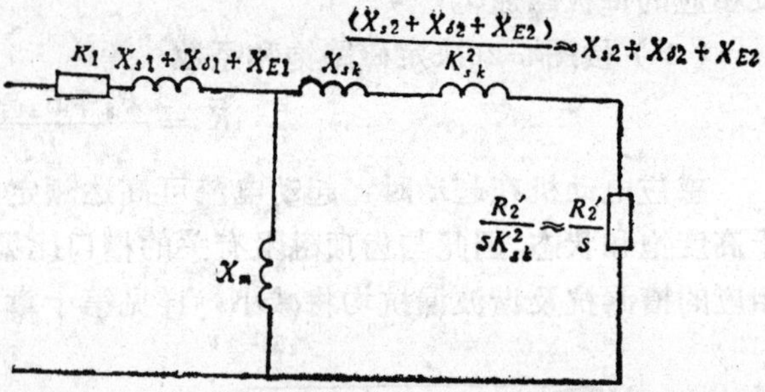


图4-29 把定子斜槽漏抗归入转子回路时的等效电路

$$\sigma_{12}=1+\frac{(1-K_{sk})X_m}{K_{sk}X_m}=\frac{1}{K_{sk}} \tag{4-156}$$

因此，励磁支路移前的互感电抗等于$\sigma_{12}K_{sk}X_m=X_m$，即仍等于不考虑斜槽时的励磁支路电抗。

定子斜槽漏抗移至励磁支路后端时[4-5]也须乘以系数$\sigma_{12}$，而转子回路内所有各参数须乘以$\sigma_{12}^2$。因此，这时定、转子的总斜槽漏抗等于

$$X_{sk}=(1-K_{sk})X_m\sigma_{12}+(1-K_{sk})X_m\sigma_{12}^2 \tag{4-157}$$

将式（4-156）代入上式，得

$$X_{sk}=\left(\frac{1}{K_{sk}^2}-1\right)X_m \tag{4-158}$$

转子回路直槽漏抗及等效电阻等也应乘以$\sigma_{12}^2$，即应除以$K_{sk}^2$。由于$K_{sk}^2$接近于1，并且转子回路的直槽参数本身也比较小，所以通常不计及这些影响。

可把式（4-158）进一步简化。由式（4-79）、（4-82）、（4-13）及（4-24），可得折算到定子边的谐波漏抗

$$X_{\delta2}'=X_m\sum\left(\frac{1}{k_2\frac{Z_2}{p}\pm1}\right)^2 \tag{4-159}$$

$$(k_2=1、2、3\cdots\cdots)$$

把未近似前的式（4-81）代入上式，得

$$X_{\delta2}'=\frac{1}{3}\left(\frac{p\pi}{Z_2}\right)^2X_m \tag{4-160}$$

将式(4-155）代入式（4-158)，得[3-3]：

$$X_{sk}=\left[\left(\frac{\frac{b_{sk}}{t_2}\cdot\frac{\pi p}{Z_2}}{\sin\frac{b_{sk}}{t_2}\cdot\frac{\pi p}{Z_2}}\right)^2-1\right]X_m$$

$$\approx\frac{1}{3}\left[\frac{p\pi}{Z_2}\cdot\frac{b_{sk}}{t_2}\right]^2X_m \tag{4-161}$$

由式（4-160）及（4-161），可得$X_{sk}=\left(\frac{b_{sk}}{t_2}\right)^2X_{\delta2}'$。考虑到斜槽后基波漏磁场沿轴向不是均匀分布的：两端大，中间小，两端的磁路较饱和，使斜槽漏抗有所减小。另外，由于转子导条与铁心间没有很好绝缘，斜槽后相邻导条间产生的横向电流也会使漏抗减小。根据

〔3-3〕，实际值约较上式计算值小一半左右。故实际上斜槽漏抗按下式计算：

$$X_{sk}=0.5\left(\frac{b_{sk}}{t_2}\right)^2 X'_{\delta 2} \tag{4-162}$$

## 复习思考题

1．从等式 $X^*=k_\sigma\frac{A}{B_{\delta 1}}$ 可知，$B_{\delta 1}$越大，漏抗标么值越小，试说明漏抗绝对值是否也变小？为什么？

2．漏抗的大小对于交流电机的性能有何影响？

3．槽数越多，为什么每相漏抗变小？试从物理概念上进行说明。

4．有些资料中把笼型绕组的相数取作等于$Z_2$，有些资料中又取作等于$\frac{Z_2}{p}$，究竟应该取作等于多少？为什么？

5．槽漏抗与谐波漏抗的大小主要与哪些因素有关？

6．感应电机励磁电抗的大小主要与哪些因素有关？它对电机的性能有何影响？

7．如设计的电机漏抗太大，欲使之下降，应改变哪些设计数据最为有效？

8．齿顶漏抗与谐波漏抗有何区别？在哪种电机里需计算齿顶漏抗？为什么？

9．在下表中填入“增大”、“减小”、“基本不变”字样，以正确反映感应电机设计数据与参数间的关系。

| 感应电机参数<br>设计数据 | 励磁电抗 | 定子槽漏抗 | 转子槽漏抗 | 定子谐波漏抗 | 转子谐波漏抗 | 定、转子端部漏抗 |
|---|---|---|---|---|---|---|
| 定子每槽导体数增加 | | | | | | |
| 气隙增大 | | | | | | |
| 槽口宽度减小 | | | | | | |
| 槽口高度增大 | | | | | | |
| 槽形变宽变矮 | | | | | | |
| 铁心长度增加 | | | | | | |
| 定子绕组由整距变为短距 | | | | | | |
| 定子槽数增加 | | | | | | |
| 频率由50Hz变为60Hz | | | | | | |
| 定子绕组由丫接改为△接 | | | | | | |

# 第五章 损耗与效率

## §5-1 概 述

效率是电机的一个重要性能指标，它的高低取决于运行时电机中所产生的损耗，损耗越大，效率就越低。从第二章我们知道，损耗的大小与所选择的电磁负荷有很大的关系。为了降低损耗，就得选取较低的电磁负荷以及电流密度等，但这样会增加电机的尺寸及材料的耗用量。此外，损耗的大小还与材料性能、绕组型式、电机结构等等有密切的关系。因此要设计出一台性能良好而又经济的电机，必须熟悉电机的损耗与这些因素的关系。可以指出，近来国外为了节约能源，设计时有降低损耗而多用材料的趋势。

电机的损耗一般可分为下列各类。

（1）定子和转子铁心中的基本铁耗，它主要是主磁场在铁心中发生变化时产生的。

（2）空载时铁心中的附加（或杂散）损耗，它主要指由定子和转子开槽而引起的气隙磁导谐波磁场在对方铁心表面产生的表面损耗和因开槽而使对方齿中磁通因电机旋转而变化所产生的脉振损耗。

（3）电气损耗，它指由工作电流在绕组铜（或铝）中产生的损耗，也包括电刷在换向器或集电环上的接触损耗。

（4）负载时的附加（或杂散）损耗，这是由于定子或转子的工作电流所产生的漏磁场(包括谐波磁场)在定、转子绕组里和铁心及结构件里引起的各种损耗。

（5）机械损耗，它包括通风损耗（由转子旋转引起的转子表面与冷却气体之间的摩擦损耗以及安装在电机转轴上的或由电机本身转轴驱动的风扇所需的功率）、轴承摩擦损耗和电刷与换向器或集电环间的摩擦损耗。

以上(1)(2)(5)项称为空载损耗，因为它们可在空载试验中测得。对于大多数运行时电枢端电压固定或转速变化率不大的电机，这些损耗从空载到额定负载变动很小。

其余两项是在负载情况下产生的，所以称为负载损耗。在同步电机里，这些损耗可由短路试验测得，故又称短路损耗，其中第(4)项相应地称为短路附加损耗。

## §5-2 基 本 铁 耗

如前所述，基本铁耗是由主磁场在铁心内发生变化时产生的；这种变化可以是所谓交变磁化性质的，例如变压器的铁心中及电机的定子或转子齿中所发生的；也可以是所谓旋转磁化性质的，例如电机的定子或转子铁轭中所发生的。

不论是交变磁化还是旋转磁化，它们均会在铁心中引起磁滞和涡流损耗。

**一、磁滞损耗**

根据试验，单位重量铁磁物质内由交变磁化引起的磁滞损耗$p_h$，即称为磁滞损耗系数的，

与交变磁化的频率 $f$ 和磁通密度振幅 $B$ 有关，它等于

$$p_h = \sigma'_h f B^a \tag{5-1}$$

式中 $\sigma'_h$——取决于材料性能的常数；

$a=1.6\sim2.2$。

按〔0-1〕，磁滞损耗系数可以更准确地用下式表示：

$$p_h = (aB + bB^2)f \tag{5-2}$$

式中 $a$，$b$——取决于材料性能的比例常数。

电机铁心内磁通密度范围通常在 $1.0\text{T}\leqslant B\leqslant1.6\text{T}$ 的情况下，系数 $a$ 接近于零，故可略去式（5-2）中的第一项，而得

$$p_h = \sigma_h f B^2 \tag{5-3}$$

由旋转磁化引起的磁滞损耗其大小不同于由交变磁化引起的。图5-1表示由试验得出的中含硅量钢片在两种性质磁化下，磁滞损耗与磁通密度的关系。由图可见，磁通密度在1.7T以下时，旋转磁化的磁滞损耗较之交变磁化的为大；当高于1.7T时，则相反。电机轭部磁通密度一般在1.0～1.5T范围内，相应的旋转磁化磁滞损耗较之交变磁化磁滞损耗约大45～65%〔0-2〕。

## 二、涡流损耗

铁心中的磁场发生变化时，在其中会感生电流，称为涡流，它引起的损耗称为涡流损耗。为了减小涡流损耗，电机铁心通常不能做成整块的，而由彼此绝缘的钢片沿轴向叠压起来，以阻碍涡流的流通。

通常采用厚为0.5mm或0.35mm的电工钢片作为铁心的材料。对于一般电机中遇到的频率范围，磁场在钢片截面上可以认为是均匀分布的，此时钢片的涡流损耗理论上可用下列方法准确计算。

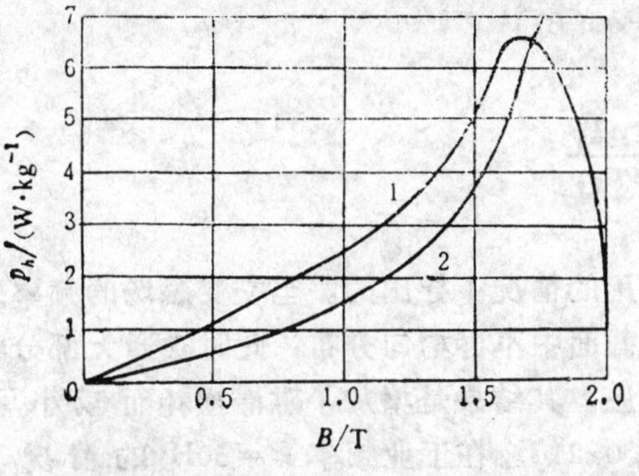


图5-1 中含硅量钢片（Si1.9%）的磁滞损耗

1—由旋转磁化引起 2—由交变磁化引起

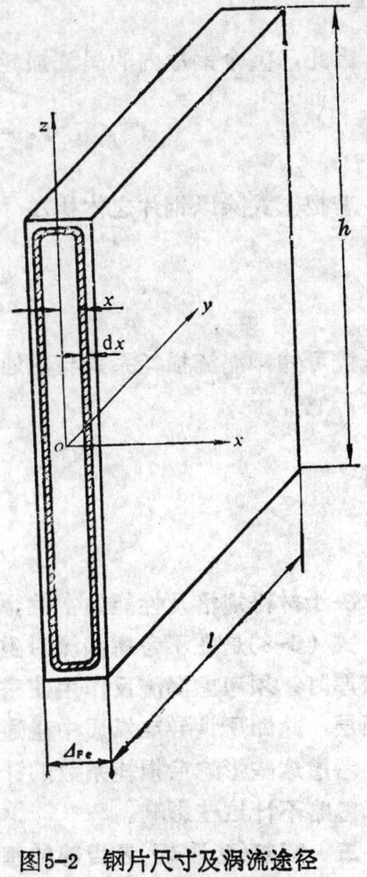


图5-2 钢片尺寸及涡流途径

如图5-2，厚为 $\Delta_{Fe}$、高为 $h$、长为 $l$ 且电阻率为 $\rho$ 的钢片被交变磁通所穿过，设磁通密度幅值 $B$ 的方向与薄片平面平行，并随时间作正弦变化。把坐标轴原点取在薄片横截面的中

间（见图5-2）。先研究钢片中离坐标原点 $x$ 处的某回路（如图中阴影线所示）中的损耗 $dp_x$。此回路的宽度为 $dx$，沿 $y$ 方向尺寸为 $l$。由于钢片较薄，可以忽略所取回路的两端路径上的涡流损耗。

应用电磁感应定律及欧姆定律于此回路，可得

$$dp_x=\frac{E_x^2}{R_x} \tag{5-4}$$

式中 $R_x$——此回路之电阻，$R_x\approx\rho\frac{2h}{l\mathrm{d}x}$； (5-5)

$E_x$——回路中之感应电势，$E_x=\pi\sqrt{2}f\Phi_{xm}$，$\Phi_{xm}$为回路所包围之磁通的最大值。 (5-6)

把式（5-5）及式（5-6）代入式（5-4），得

$$dp_x=\frac{\pi^2f^2\Phi_{xm}^2l\mathrm{d}x}{\rho h}$$

由于 $\Phi_{xm}=B2xh$，代入上式，得

$$dp_x=\frac{4\pi^2f^2B^2lhx^2}{\rho}\mathrm{d}x \tag{5-7}$$

因此，整个钢片内的涡流损耗为

$$p_e=\int_0^{\frac{\Delta_{Fe}}{2}}dp_x=\frac{\pi^2}{6\rho}(fB)^2\Delta^3_{Fe}lh$$

若把上式除以钢片之体积 $\Delta_{Fe}hl$，再除以钢片之密度 $\rho_{Fe}$，即可得单位重量内的涡流损耗 $p_e$ 为

$$p_e=\frac{\pi^2}{6\rho\rho_{Fe}}(\Delta_{Fe}Bf)^2 \tag{5-8}$$

由上式可知，涡流损耗系数与磁通密度、频率及材料的厚度的平方成正比。在厚度一定的情况下，它等于

$$p_e=\sigma_e(Bf)^2 \tag{5-9}$$

式中

$$\sigma_e=\frac{\pi^2\Delta_{Fe}^2}{6\rho\rho_{Fe}} \tag{5-10}$$

为取决于材料规格及性能的常数。

式（5-8）是在不考虑涡流对磁场的反作用的情况下导出的。当交变磁场的频率较高或钢片较厚时，须考虑涡流反作用使磁场在钢片截面中不再均匀分布，此时磁通大部分将集中在表面层，此即所谓导电媒质中磁通的集肤效应。其结果是增加了磁滞损耗而减小了涡流损耗。考虑这些影响后损耗系数的计算可参阅〔0-21〕。在工业频率 $f=50$Hz的情况下，一般可以忽略不计这些影响。

**三、轭部（齿联轭）及齿部的基本铁耗**

将式（5-3）及式（5-9）合并在一起，可得到钢的损耗系数（或称比耗，即单位重量的损耗）的计算公式：

$$p_{he}=\sigma_hfB^2+\sigma_e(fB)^2 \tag{5-11}$$

表5-1 常数$\sigma_h$和$\sigma_e$

| 钢的种类 | 钢片厚度/mm | $\sigma_h$ W/(kg·Hz·T²) | $\sigma_e$ W/(kg·Hz²·T²) | $p_{10/50}$ | 相当的国产钢号 |
|---|---|---|---|---|---|
| 低含硅量硅钢片 | 0.5 | 0.045 | 0.00022 | 2.80 | D12 |
| 中含硅量硅钢片 | 0.5 | 0.036 | 0.00016 | 2.2 | D22 |
| 较高含硅量硅钢片 | 0.5 | 0.029 | 0.00022 | 2.0 | D31 |

表中的常数$\sigma_h$和$\sigma_e$系对交变磁化而言，且没有计及由于加工以及磁通密度在钢片中的分布不均匀等等引起的影响。

为了计算方便，钢的损耗系数(单位为W·kg⁻¹)通常按以下数值方程计算：

$$p_{he} \approx p_{10/50} B^2 \left(\frac{f}{50}\right)^{1.3} \tag{5-12}$$

式中 $p_{10/50}$——当$B=1$T、$f=50$Hz时，钢单位重量内的损耗，其值可按硅钢片型号，从表5-1中查取；$B$、$f$的单位分别为T、Hz。

钢中基本铁耗的一般表达式为

$$p_{Fe} = k_a p_{he} G_{Fe} \tag{5-13}$$

式中 $G_{Fe}$——受交变磁化或旋转磁化作用的钢的重量；

$k_a$——经验系数，把由于钢片加工（钢片冲压和车削后片间的短接)、磁通密度分布的不均匀、磁通密度随时间不按正弦规律变化以及旋转磁化与交变磁化之间的损耗差异等而引起的损耗增加等都估计在内。

利用式（5-13）可计算电机轭中及齿中的基本铁耗。

1．定子或转子（齿联）轭中的基本铁耗

计算轭中的损耗系数时，$B$选用定子或转子轭中的最大磁通密度值$B_j$，仿式（5-12）有以下数值关系：

$$p_{hej} = p_{10/50} B_j^2 \left(\frac{f}{50}\right)^{1.3} \tag{5-14}$$

轭中的基本铁耗(单位为W)等于

$$p_{Fej} = k_a p_{hej} G_j \tag{5-15}$$

式中 $G_j$——轭的重量。

$k_a$具有下列统计平均值：

对于直流电机 $k_a=3.6$；

对于同步和感应电机，

当容量$P_N<100$kVA时，$k_a=1.5$，

当容量$P_N \geqslant 100$kVA时，$k_a=1.3$。

2．齿中的基本铁耗

计算齿中的损耗系数时，$B$采用齿磁路长度上磁通密度平均值，仿式(5-12)有以下数值关系：

$$p_{het} = p_{10/50} B_t^2 \left(\frac{f}{50}\right)^{1.3} \tag{5-16}$$

齿中的基本铁耗

$$p_{Fet}=k_a p_{het} G_t \tag{5-17}$$

式中 $G_t$——齿的重量；

$k_a$具有下列统计平均值：

对直流电机 $k_a=4.0$；

对感应电机 $k_a=1.8$；

对同步电机 当$P_N<100$kVA时，$k_a=2.0$，

当$P_N\geqslant 100$kVA时，$k_a=1.7$。

由上可知，铁心中的基本铁耗在频率为一定的情况下，主要与铁心中的磁通密度、材料的厚度及性能有关；此外，铁心冲叠工艺水平的高低及加工方法也往往对铁耗的大小有重大影响。

## §5-3 空载时铁心中的附加损耗

空载时铁心中的附加损耗主要是指铁心表面损耗和齿中脉振损耗，它是由气隙中的谐波磁场引起的。这些谐波磁场可由两种原因造成：1）电机铁心开槽导致气隙磁导不均匀；2）空载励磁磁势空间分布曲线中有谐波存在。谐波磁通的路径与气隙沿圆周方向边界凹凸面的间距有关。如果凹凸面的间距（例如凸极机的极距$\tau$）比谐波波长$\lambda$大得多，则谐波磁通集中在极弧表面一薄层内，如图5-3a所示。当谐波磁场相对磁极表面运动时，就会在极面感生涡流，产生涡流损耗。谐波磁场相对于极面运动，还会在其中引起磁滞损耗，但数值较小，一般不予计算。由于涡流集中在表面一薄层内，故称表面损耗。如果边界凹凸面的间距（例如齿距$t$）比谐波波长$\lambda$小得多，谐波磁通将深入齿部并经由轭部形成闭合回路，如图5-3b所示。当谐波磁场相对于齿运动时，就会导致在整个齿中涡流及磁滞损耗，称为脉振损耗。如果边界凹凸面的间距与谐波波长相比，介于前两种情况之间，则谐波磁通的一部分沿铁磁物质表面、另一部分深入齿部形成回路，如图5-3c所示。这时将产生表面损耗和脉振损耗两者。

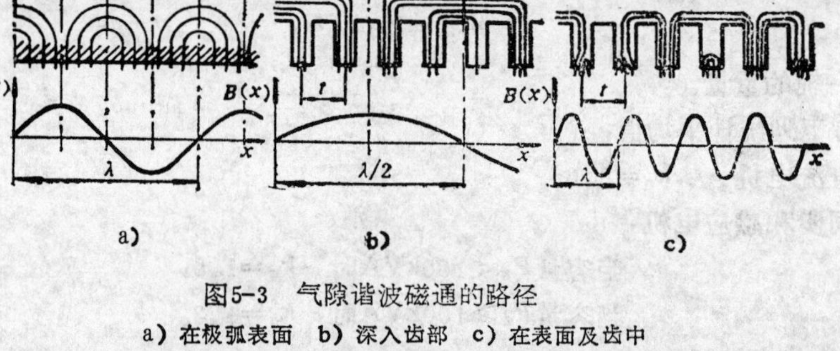


图5-3 气隙谐波磁通的路径

a）在极弧表面 b）深入齿部 c）在表面及齿中

本节仅叙述由铁心开槽引起的空载表面损耗及脉振损耗的计算方法。由空载励磁磁势谐波产生的这类损耗，一般在隐极同步电机里才需单独进行计算（见〔0-22〕第十三章）。

### 一、直流机及同步机整块（或实心）磁极的表面损耗

在直流机及同步机里，由于电枢开槽，使得气隙主磁场上叠加了一个气隙磁导齿谐波磁

场，如图3-11所示。电枢相对磁极运动时，此齿谐波磁场就与磁极表面有相对运动，在磁极表面引起涡流损耗。涡流的回路如图5-4所示。涡流的频率$f_z$(单位为Hz)与电枢相对磁极的转速$n$（单位为r/min）的数值关系为

$$f_z=\frac{Zn}{60} \tag{5-18}$$

式中　$Z$——电枢槽数。

齿谐波磁通密度最大值$B_0$可由下面任一公式计算（但气隙较小时，以后一式较为准确）：

$$B_0=B_{\delta\max}-B_\delta=(K_\delta-1)B_\delta \tag{5-19}$$

或

$$B_0=\beta_0 B_{\delta\max}=\beta_0 K_\delta B_\delta \tag{5-20}$$

式中　$K_\delta$、$\beta_0$及$B_{\delta\max}$见第三章；$\beta_0$为$(b_0/\delta)$之函数，见图5-5。

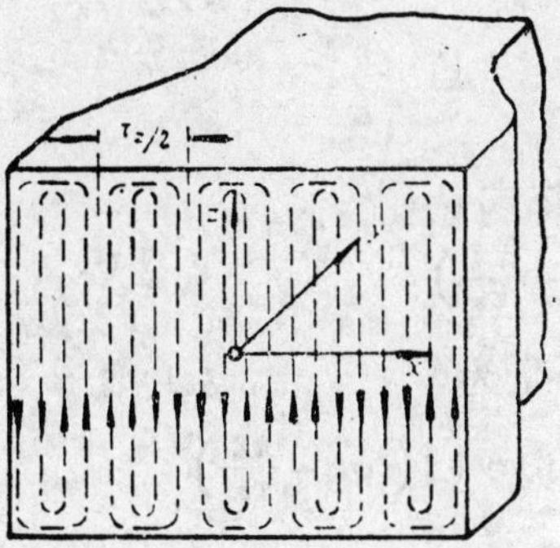


图5-4　磁极表面涡流回路

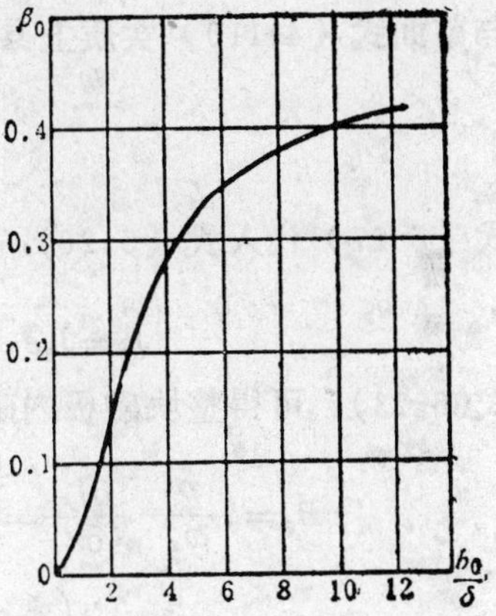


图5-5　$\beta_0$与$b_0/\delta$的关系曲线

现在研究由此齿谐波磁场在磁极表面引起的涡流损耗。把座标轴安放在如图5-4所示的位置，并假定：

（1）谐波磁通密度在空间按正弦律分布，其幅值为$B_0$，忽略极面涡流对$B_0$的削弱作用；

（2）磁极材料的磁导率$\mu$为常数；

（3）磁极的轴向长度较长，磁极表面仅有轴向电流。

磁极内电磁场的方程可表示为

$$\mathrm{rot}\boldsymbol{H}=\boldsymbol{J} \tag{5-21}$$

或

$$\mathrm{rot}\boldsymbol{E}=-\frac{\partial \boldsymbol{B}}{\partial t} \tag{5-22}$$

因为$\boldsymbol{E}=\rho\boldsymbol{J}$，代入式(5-22)，得

$$\mathrm{rot}\boldsymbol{J}=-\frac{\mu}{\rho}\frac{\partial \boldsymbol{H}}{\partial t} \tag{5-23}$$

对上式两边取旋度，并考虑到式(5-21)，可得

$$\mathrm{rotrot}\boldsymbol{J}=-\frac{\mu}{\rho}\frac{\partial \boldsymbol{J}}{\partial t} \tag{5-24}$$

根据假定，磁极表面仅有轴向电流，气隙齿磁导谐波磁场为具有单一频率的正弦分布磁场，故上式通过数学变换后，可写成复数形式如下：

$$\frac{\partial^2 J_z}{\partial x^2}+\frac{\partial^2 J_z}{\partial y^2}=\mathrm{j}\,\frac{\omega_z\mu}{\rho}J_z \tag{5-25}$$

式中 $\omega_z$——涡流的角频率。

求解此方程，可得

$$J_z=J_0e^{-\beta y+\mathrm{j}\left(\omega_z t-\frac{\pi x}{\tau_z}\right)} \tag{5-26}$$

式中 $J_0$——磁极表面边界上的电流密度幅值；

$\tau_z$——齿谐波磁场的极距。

将式（5-26）代入式（5-25）得$\beta^2=\frac{\pi^2}{\tau_z^2}+\mathrm{j}\frac{\omega_z\mu}{\rho}$；由于$\frac{\omega_z\mu}{2\rho}\gg\frac{\pi^2}{2\tau_z^2}$，因此

$$\beta=(1+\mathrm{j})\alpha \tag{5-27}$$

式中，$\alpha$与前面式（4-110）实质上具有相同的概念，但此处

$$\alpha=\sqrt{\frac{\omega_z\mu}{2\rho}} \tag{5-28}$$

再将式（5-27）代入式（5-26），得电流密度的表达式

$$J_z=J_0e^{-(1+\mathrm{j})\alpha y+\mathrm{j}\left(\omega_z t-\frac{\pi x}{\tau_z}\right)} \tag{5-29}$$

又由式(5-23)，可得整块磁极内磁通密度的$y$向分量为

$$B_y=\mathrm{j}\frac{\rho}{\omega_z}\frac{\partial J_z}{\partial x}=-\frac{\rho\pi}{\omega_z\tau_z}J_0e^{-(1+\mathrm{j})\alpha y+\mathrm{j}\left(\omega_z t-\frac{\pi x}{\tau_z}\right)} \tag{5-30}$$

当$y=0$时，$B_y$应等于$B_0e^{\mathrm{j}\left(\omega_z t-\frac{\pi x}{\tau_z}\right)}$，故有

$$J_0=-B_0\frac{\omega_z\tau_z}{\rho\pi} \tag{5-31}$$

由式(5-29)，可得电流密度的有效值

$$J_e=\frac{J_0}{\sqrt{2}}e^{-\alpha y} \tag{5-32}$$

它沿深度方向逐渐衰减。由此可求出磁极单位表面积的涡流损耗

$$p_A=\int_0^\infty J_e^2\rho\,\mathrm{d}y=\int_0^\infty\frac{J_0^2}{2}\rho e^{-2\alpha y}\mathrm{d}y=\frac{J_0^2\rho}{4\alpha} \tag{5-33}$$

将式（5-28）及式（5-31）代入式（5-33），且因$\omega_z=2\pi f_z=\frac{2\pi Zn}{60}$，$\tau_z=\frac{t}{2}$，可得以下数值方程：

$$p_A=k_0(B_0t)^2(Zn)^{1.5} \tag{5-34}$$

式中 及以下类似的数值方程中，$B_0$的单位为T，$t$的单位为m，$n$的单位r/min，$p_A$的单位为W/m²。

其中 $k_0$的数值计算公式为

$$k_0=\frac{1}{4\sqrt{\pi\mu\rho}}\cdot\left(\frac{1}{60}\right)^{1.5} \tag{5-35}$$

式中，$\mu$、$\rho$的单位分别为H/m、Ω·m。

由式（5-34）可见，表面损耗与产生该损耗的磁通密度幅值$B_0$的平方，此磁通密度在空间分布的波长λ（即等于齿距$t$）的平方及其频率的1.5次方成正比，并与整块磁极材料的导磁、导电性能有关。

将钢的磁导率$\mu=0.4\pi\times10^{-6}\times2000$H/m，电阻率$\rho=0.1\times10^{-6}\Omega\cdot$m代入式(5-35)，得$k_0\approx19.3$。但由于在推导式（5-34）时，曾作了一系列的简化假定，且也没有考虑谐波磁场引起的磁滞损耗，所以实际应用时，$k_0$值要给予试验修正[0-1][0-2]，其平均修正值列于表5-2。

**表5-2　计算表面损耗所用的系数$k_0$**

| 磁 极 材 料 | $k_0$ |
|---|---|
| 锻　钢 | 23.3 |
| 铸　钢 | 17.5 |
| 叠片磁极，钢片厚度2mm | 8.6 |
| 叠片磁极，钢片厚度1.5mm | 6.0 |
| 叠片磁极，钢片厚度1mm | 4.6 |

如气隙主磁场$B_\delta$在极距范围内作正弦分布，则气隙磁导齿谐波磁场的幅值也将随着作正弦变化，计算时式（5-34）中尚须乘以0.5，因为

$$\frac{1}{\tau}\int_0^\tau\left(B_0\sin\frac{x}{\tau}\pi\right)^2\mathrm{d}x=\frac{1}{2}B_0^2 \tag{5-36}$$

将式（5-34）乘以所有磁极的表面积$A_p$（在隐极汽轮发电机里，指转子大小齿的总表面积)，就可得出电机的表面损耗为

$$p_{Fep}=q_0A_p \tag{5-37}$$

## 二、叠片磁极及感应机中的表面损耗

为了减小磁极表面损耗(及工艺上的方便)，直流机及凸极同步电机的磁极常做成叠片式的，这样可以利用在冲片表面形成的天然氧化绝缘层来增加涡流回路的电阻。根据详细分析[5-2]，叠片式磁极表面损耗的计算式与式（5-34）略有不同；但习惯上仍按式（5-34）来计算，而采用相应的经验系数（见表5-2）给予修正。

此外，在装有阻尼笼的凸极同步电机里，空载附加损耗还可包括由气隙磁导齿谐波磁场在阻尼笼中产生的损耗[0-17]。

为了降低表面损耗，应不使$B_0$太大，也就是说，应不使$\frac{b_0}{\delta}$值太大，特别是采用整块磁极时。而采用叠片磁极时，最好不要在叠压后进行车削加工，以免在磁极表面造成低电阻的涡流通路。

在感应机里，定子和转子铁心均由硅钢片叠压而成，而且定子和转子都有槽。定子开槽引起的气隙磁导齿谐波磁场会在转子表面产生表面损耗，反之也是。转子表面损耗为

$$p_{02}=p_{A2}\pi D_2l'_{i2}\frac{t_2-b_{02}}{t_2} \tag{5-38}$$

式中　$t_2$、$b_{02}$——转子齿距、槽口宽；

$D_2$、$l'_{i2}$——转子铁心外径、长度；

$p_{A2}$——由定子槽开口引起的齿谐波磁场在转子单位表面中产生的损耗。

仿式（5-34）并考虑齿谐波磁场的幅值沿空间按正弦规律变化，计算时乘0.5，可得$p_{A2}$的数值计算公式为

$$p_{A2}=0.5k_0(Z_1n)^{1.5}(B_{01}t_1)^2 \tag{5-39}$$

$B_{01}$为由定子开槽引起的齿谐波磁密幅值，它等于

$$B_{01}=\beta_{01}K_{\delta1}B_\delta \tag{5-40}$$

其中，$\beta_{01}$为$\left(\frac{b_{01}}{\delta}\right)$之函数，由图5-5查取。在感应机中，气隙主磁场沿空间近似地按正弦分布，故在式（5-39）中引入了系数0.5。该式中的经验系数$k_0$主要与硅钢片的规格、性能以及铁心的加工质量有关。对于低含硅量硅钢片，它等于1.5，加工后可达3～5；对于高含硅量硅钢片约等于0.7，加工后可达1.5～3。

## 三、感应机齿中的脉振损耗

感应机里，由于定子和转子都有槽，运行时定、转子齿中将产生脉振损耗，其原理如下。

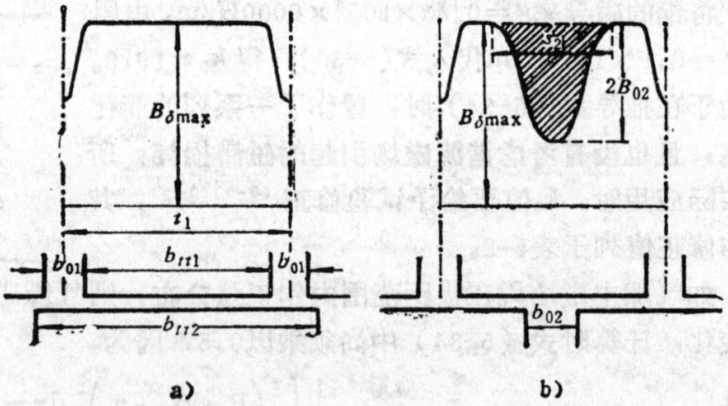


图5-6 定子齿中磁通的脉振

当转子旋转时，定、转子齿槽关系不断改变。图5-6a、b示出定、转子齿处于两个极端位置时的气隙磁场分布情况，其中图a为转子齿中心线正好对准定子齿中心线；图b为转子槽中心线正好对准定子齿中心线。很明显，在此两个不同位置，进入定子齿中的磁通量不同；其差额正比于图5-6b中示出的阴影面积。可见随着电机的旋转，定子齿中磁通将发生变化，因而导致附加铁损耗。

现在取电机单位轴向长度来看，上述磁通的变化等于$B_{02}s_2$。由此引起在定子齿里的磁通密度脉振振幅

$$B_{p1}=\frac{B_{02}s_2}{2K_{Fe}b_{t1}} \tag{5-41}$$

按文献〔0-1〕或第三章中关于气隙系数$K_\delta$的讨论中可知，

$$s_2=\sigma_2 b_{02} \tag{5-42}$$

$$B_{02}=\beta_{02}K_\delta B_\delta \tag{5-43}$$

上两式中，系数$\sigma_2$和$\beta_{02}$均与$\frac{b_{02}}{\delta}$有关，且

$$\sigma_2\beta_{02}\approx\frac{b_{02}}{\delta}\Big/\left(5+\frac{b_{02}}{\delta}\right) \tag{5-44}$$

将以上各式代入式（5-41），可得

$$B_{p1}=\frac{\gamma_2\delta K_\delta}{2t_1}B_{t1} \tag{5-45}$$

式中 $B_{t1}$——定子齿中平均磁通密度；

$\gamma_2$——系数；

$$\gamma_2=\sigma_2\beta_{02}\frac{b_{02}}{\delta}=\left(\frac{b_{02}}{\delta}\right)^2\Big/\left(5+\frac{b_{02}}{\delta}\right) \tag{5-46}$$

式（5-45）是根据定、转子齿、槽尺寸关系最不利的情况下得出的。如果还考虑这种附加损耗主要为涡流损耗，而频率较高，以及齿钢片磁导率变化的影响等，实际齿中磁密脉振振幅要小一些。计算时可取$K_\delta=1$作为近似补偿，于是

$$B_{p1}\approx\frac{\gamma_2\delta}{2t_1}B_{t1} \tag{5-47}$$

根据式（5-11）的第二项，可得出齿中脉振损耗为

$$p_{p1}=0.5k\sigma_e f_{z1}B_{p1}^2G_{t1} \tag{5-48}$$

式中，$k$是考虑由于加工影响和脉振磁通变化非正弦等而引入的损耗增加系数，一般约为2.5；由表5-1，取$\sigma_e=0.0002\text{W}/(\text{kg}\cdot\text{Hz}^2\cdot\text{T}^2)$又定子齿中脉振磁通的交变频率$f_{z1}$近似等于$\frac{Z_2n}{60}$，其中$n$取为气隙主磁场的转速。把这些都代入式(5-48)，不考虑其单位，可得齿中脉振损耗(单位为W）的数值计算公式：

$$p_{p1}\approx 0.07(Z_2n)^2B_{p1}^2G_{t1}\times 10^{-6} \tag{5-49}$$

式中　$G_{t1}$——定子齿重量；

$n$、$B_{p1}$的单位分别为r/min、T。

把式（5-41）～（5-49）中各符号的下标1及2互相对换，就可得出转子齿中脉振损耗的表达式。

工厂中常常不单独计算感应电机的空载附加铁心损耗，而是根据试验，对式（5-15）和（5-17）取用更高的$k_a$值。

## §5-4　电气损耗

如§5-1中所述，电气损耗包括各部分绕组里的电气损耗以及电刷与换向器或集电环间的接触损耗。

### 一、绕组中的电气损耗

根据焦耳-楞次定律，此损耗等于绕组中电流的平方与电阻的乘积。如电机具有多个绕组，则应分别计算各绕组的电气损耗，然后相加如下：

$$p_{Cu(Al)}=\Sigma(I_x^2R_x) \tag{5-50}$$

式中　$I_x$——绕组$x$中的电流；

$R_x$——换算到基准工作温度的绕组$x$的电阻；

对于交流$m$相绕组，如其中电流$I$一样，绕组电阻$R$相同，则电气损耗为

$$p_{Cu(Al)}=mI^2R \tag{5-51}$$

计算电气损耗时，假定电流在导线截面上均匀分布，故上列公式中的电阻均指直流电阻。

按电机的有关国家标准规定：供电机在正常工作时作调节用的变阻器、调压装置以及永久连接而不作调节用的电阻、阻抗线圈、辅助变压器和其他类似的辅助设备中的损耗也应计入电机损耗内。

如果用同轴的励磁机（或及副励磁机、旋转整流器等）来励磁，则应把它们的损耗也计入电机损耗内。

### 二、电刷接触损耗

电刷与集电环或换向器间的接触压降主要与所选用的电刷种类有关，而与电流的大小无关，因此一个极性下的电刷接触损耗

$$p_{cb}=\Delta U_bI \tag{5-52}$$

式中　$\Delta U_b$——电刷接触压降。

按国家标准GB755-81，每一极性（直流）或每一相（对交流）所有的电刷接触压降定为

碳-石墨、石墨及电化石墨电刷　　1V；

金属石墨电刷　　0.3V

## §5-5　负载时的附加损耗

负载时产生附加损耗的主要原因是由于环绕着绕组存在有漏磁场。这些漏磁场在绕组中以及在所有邻近的金属结构件中感生涡流损耗。定子和转子绕组在气隙中建立的谐波磁势所产生的谐波磁场以不同的速度相对转子和定子在运动，在铁心中和在鼠笼绕组中也会感生涡流，产生附加损耗。

负载时的附加损耗一般较难于准确计算。中小型电机里，这种附加损耗的绝对值比较小，通常不作详细计算，而规定为其额定输出（或输入）功率的一定百分数。

下面叙述凸极同步电机及笼型感应电机的负载时附加损耗。隐极汽轮发电机负载时的附加损耗见〔0-22〕第十三章。

### 一、凸极同步电机负载时的附加损耗

由额定负载电流引起的同步电机的附加损耗，约略等于短路试验（电枢电流为额定值）时的附加损耗，所以又称为短路附加损耗。现分别就其所包括的各分量进行讨论。

（一）短路时由于漏磁场在定子绕组中引起的附加损耗

在§4-6，我们已经叙述了交流电流的集肤效应，它使绕组的交流电阻大于直流电阻，对应于所增加的电阻的损耗即是由漏磁场在绕组中引起的附加损耗。因此它等于

$$p_{cuad}=(K_F'-1)p_{cu} \tag{5-53}$$

式中　$p_{cu}$——绕组的直流电阻损耗，可由式（5-51）计算得出；

$K_F'$——绕组的电阻增加系数，根据绕组型式的不同，可由式（4-143）或式（4-141）计算得出。

（二）短路时漏磁场在定子绕组端部附近的金属部件中产生的附加损耗

由于绕组端部电流的空间分布比较复杂，也由于邻近端部的部件如压板、压指、端盖等形状各异，距端部的距离也不等，要准确计算由端部电流漏磁场在这些部件里产生的损耗，比较困难。一般可采用文献〔0-4〕所给的经验公式进行计算。这部分附加损耗（单位为W）

$$p_{pl}=35\tau D_{i1}\left(\frac{f}{50}\right)^2 p_c'\times10^3 \tag{5-54}$$

式中　$\tau$——极距，单位为m；

$D_{i1}$——定子铁心内径，单位为m；

$f$——频率，单位为Hz；

$p_c'$——损耗系数。

损耗系数可按以下经验公式计算：

$$p_c'=1.15\left(\frac{A_1\tau}{10^5}\right)^{2.5}$$

式中　$A_1$、$\tau$的单位分别为A/m、m。

（三）定子绕组磁势谐波在转子磁极表面引起的表面损耗

第四章里，我们已经提到，当多相交流电机绕组中通以多相对称电流时，电机气隙中产生基波和谐波磁势。凸极电机进行短路试验时，也存在这种情况。这些谐波磁势与转子之间有相对运动，因此除会在磁极表面感生涡流，产生表面损耗外；还会在阻尼笼(如果有的话)中产生附加损耗。这里只分析前者。

在计算上述附加损耗时，为了方便，把气隙中的绕组磁势谐波分成两部分：即所谓相带谐波磁势及齿谐波磁势，如图5-7所示。其中图b为$A$相电流达最大值时的三相绕组合成气隙磁势分布曲线；图c、d分别为齿谐波和相带谐波磁势曲线。合成磁势中之所以有齿谐波分量，是因为导体不是均匀地分布在电枢表面，而集中在一个个槽中（作磁势图时假定电流集中在槽中心线上)，此曲线呈锯齿形；而之所以有相带谐波分量，是由于相带的存在，使得沿电枢周边分布的导体中电流因属于不同相而大小不一，以致磁势曲线在相带相邻处发生突变。即使是$q=\infty$，没有齿谐波磁势，气隙磁势仍不呈正弦形，而呈折线形（见图5-7b)，可把其中所含的相带谐波分量分解出来，如图5-7d所示。

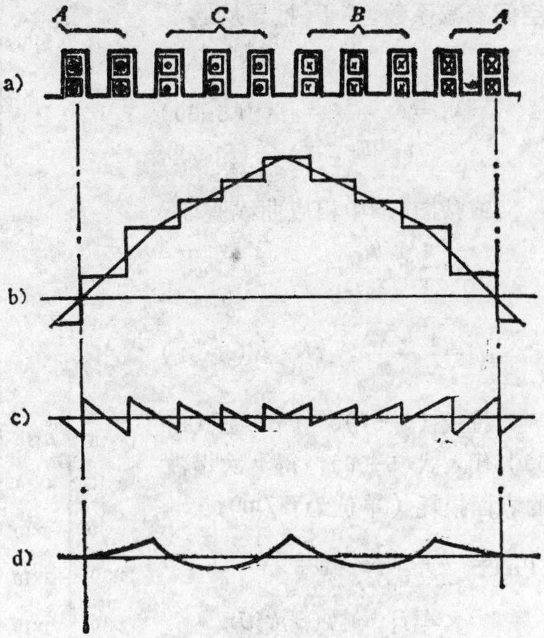

图5-7 三相绕组的磁势曲线

a）各相导体在槽中的分布情况 b）磁势曲线及其分解。其中阶梯形曲线表示当$A$相电流达最大值时的三相合成磁势曲线 c）齿谐波磁势曲线 d）相带谐波磁势曲线

1．定子相带谐波磁势在磁极表面产生的附加损耗

仿式(5-34)，磁极单位表面积的附加损耗的数值计算公式为

$$p_A=k_0(60f_z)^{1.5}(2\tau B_0)^2 \qquad (5\text{-}55)$$

因此，若将由定子各次相带谐波磁势产生的各次相带谐波磁场的磁密幅值、极距及频率代入式(5-55)，然后相加，即得由这些谐波在磁极表面产生的表面损耗$p_{2\nu k}$。对于三相电机的表面损耗（单位为W）为

$$p_{2\nu k}=\Sigma k_0'(B_{\nu b}2\tau_\nu)^2 f_\nu^{1.5} k_{r\nu}^2 A_p \qquad (5\text{-}56)$$

式中 $\nu=5$、7、11……；

$k_0'=k_0(60)^{1.5}$；

$A_p$——转子磁极表面积，单位为m²；其它各量单位见式(5-34)；

$k_{r\nu}$——考虑涡流反作用使原磁场削弱而引入的系数，可按图5-8中相应曲线查取；

$f_\nu$——定子$\nu$次相带谐波在磁极表面感应电势之频率，其数值计算公式为

$$f_\nu=\frac{p_\nu(n_1\pm n_\nu)}{60}=\frac{\nu p\left(n_1\pm\dfrac{n_1}{\nu}\right)}{60}=f_1(\nu\pm1) \qquad (5\text{-}57)$$

其中$f_1$为定子电流基波频率，$n_1$、$n_\nu$分别为磁势基波和谐波转速。

$\tau_\nu$——$\nu$次谐波之极距，等于

$$\tau_\nu = \frac{\tau}{\nu} \qquad (5\text{-}58)$$

$B_{\nu b}$——$\nu$ 次相带谐波磁势所产生的同次谐波磁密幅值，等于

$$B_{\nu b} = \mu_0 H_{\nu b}$$
$$= \mu_0 \frac{F_{\nu b}}{\delta_{ef}} k_\nu \qquad (5\text{-}59)$$

其中，$k_\nu$ 为 $\nu$ 次谐波磁通密度之空间衰减系数，等于(推导从略)

$$k_\nu = \frac{\pi \dfrac{\delta_{ef}}{\tau_\nu}}{\text{sh}\pi \dfrac{\delta_{ef}}{\tau_\nu}} \qquad (5\text{-}60)$$

或按图5-8中相应曲线查取。

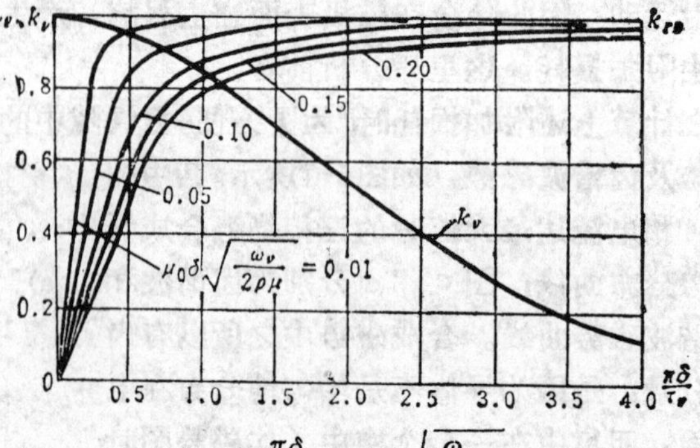


图5-8 $k_{r\nu}$及$k_\nu$与$\frac{\pi\delta}{\tau_\nu}$和$\mu_0\delta\sqrt{\frac{\omega_\nu}{2\rho\mu}}$之关系曲线

$\rho$、$\mu$——材料的电阻率、磁导率，$\omega_\nu = 2\pi f_\nu$

$$F_{\nu b} = \frac{1}{\nu} F_1 \frac{K_{dp\nu}}{K_{dp1}}$$
$$= \frac{1}{\nu} \frac{\sqrt{2}}{\pi} A_1 \tau K_{dp\nu} \qquad (5\text{-}61)$$

将式（5-57)、(5-58)及(5-59）代入式(5-56)，得 $\nu$ 次谐波的表面损耗（单位为W/m)：

$$p_{2\nu k} = \frac{8}{\pi^2} \frac{\tau^4}{\delta_{ef}^2} k_0' \mu_0^2 \times A_1^2 f_1^{1.5} A_p \varphi(\beta) k_{r\nu}^2 k_\nu^2 \qquad (5\text{-}62)$$

式中，$\tau$、$\delta_{ef}$的单位为m；$A_1$的单位为A/m；$f_1$的单位为Hz；$A_p$的单位为m²。

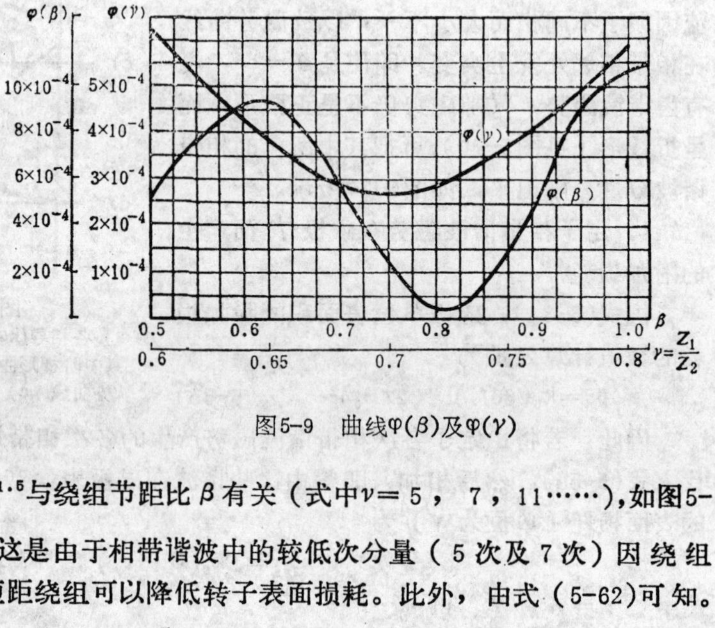


图5-9 曲线φ(β)及φ(γ)

$\varphi(\beta) = \sum\left(\frac{1}{\nu^2}K_{dp\nu}\right)^2(\nu\pm1)^{1.5}$与绕组节距比$\beta$有关（式中$\nu$= 5 ， 7 ，11……)，如图5-9所示。当$\beta\approx0.8$时，$\varphi(\beta)$很小。这是由于相带谐波中的较低次分量（ 5 次及 7 次）因绕组短距而被大大地削弱。因此采用短距绕组可以降低转子表面损耗。此外，由式（5-62)可知。表面损耗的大小还与选用的线负荷$A_1$及尺寸比$\frac{\tau}{\delta}$有密切的关系，这在物理意义上是不难理解的。

式（5-62）是在假定磁极表面磁导率等于恒值的情况下推导得出的。实用上通常须对式(5-62)进行试验修正。工厂中根据式（5-62）进一步推导、整理、化简并修正后的表面损耗经验计算公式如下：

$$p_{2\nu k} = \frac{2.1}{\sqrt[3]{q}}\left(\frac{k_\beta X_{ad}^*}{K_\delta - 1}\right)^2 p_{Fep} \qquad (5\text{-}63)$$

式中　$p_{Fep}$——空载磁极表面损耗；

$X^*_{ad}$——纵轴电枢反应电抗，以标么值计；

$k_\beta$——系数，由表5-3查取，表中$K_p$为绕组短距系数。

表5-3 系数$k_\beta$和$K_p$之关系

| $K_p$ | 1.0 | 0.98 | 0.96 | 0.94 | 0.92 | 0.90 | 0.88 | 0.85 | 0.80 | 0.75 |
|---|---|---|---|---|---|---|---|---|---|---|
| $k_\beta$ | 0.055 | 0.02 | 0.01 | 0.02 | 0.035 | 0.045 | 0.05 | 0.055 | 0.052 | 0.045 |

2. 定子齿谐波磁势在磁极表面产生的附加损耗

由定子齿谐波磁势在磁极表面引起的涡流，其频率为$\frac{Z_1 n}{60}$。此齿谐波磁通密度的空间分布极距为$\frac{t_1}{2}$，其幅值为

$$B_{\nu t}=\sqrt{2}\mu_0\frac{At_1}{2\delta_{ef}}k_{\nu t} \tag{5-64}$$

考虑到一阶齿谐波次数$\nu_t=\frac{Z_1}{p}$，因此上式中之空间衰减系数由式（5-60）为

$$k_{\nu t}=\frac{\pi\delta_{ef}Z_1}{p\tau\,\mathrm{sh}\frac{\pi\delta_{ef}Z_1}{p\tau}}=\frac{2\pi\delta_{ef}}{t_1\mathrm{sh}\frac{2\pi\delta_{ef}}{t_1}} \tag{5-65}$$

把定子齿谐波磁场的有关量代入式（5-56），并考虑到涡流对磁场的削弱作用，可得由齿谐波磁场在磁极表面产生的附加损耗的数值计算公式

$$p_{2tk}=0.5k_0A_p(B_{\nu t}t_1)^2(Z_1n)^{1.5}k^2_{r\nu} \tag{5-66}$$

式中 0.5是考虑到齿谐波磁密幅值沿极距作正弦分布而引入的系数。

将式（5-64）代入式（5-66），得以下数值计算公式

$$p_{2tk}=0.25k'_0A_p\mu_0^2A_1^2\frac{t_1^4}{\delta_{ef}^2}\left(\frac{Z_1n}{60}\right)^{1.5}k^2_{r\nu}k^2_{\nu t} \tag{5-67}$$

式中 $k'_0=k_0(60)^{1.5}$；$t_1$、$\delta_{ef}$的单位为m，$A_p$的单位为m²，$A_1$单位为A/m，$n$的单位为r/min，$\mu_0=4\pi\times10^{-7}$H/m。

由式（5-67）可知，当磁极采用整块结构，选用的定子齿距及线负荷较大、气隙$\delta$较小时，此附加损耗将大为增加。如同式（5-63）一样地工厂中对此表面损耗采用如下的整理、修正后的计算公式：

$$p_{2tk}=k'\left[\frac{2pX^*_{ad}}{Z_1(K_\delta-1)}\right]^2p_{Fep} \tag{5-68}$$

式中 $Z_1$——定子槽数；

$k'$——比例系数。$k'\approx0.3$，$(\delta_{max}/\delta=1.0)$；$k'\approx0.2(\delta_{max}/\delta=1.5)$；$k'\approx0.15$，$(\delta_{max}/\delta=2.0)$。其中$\delta$为极靴中心处的气隙，$\delta_{max}$为极尖处的气隙。

（四）短路电流为额定值时磁场的3次谐波在定子齿中产生的附加损耗

由于凸极同步电机气隙的不均匀，转子励磁势及电枢反应磁势的基波分量均会在气隙里产生3次谐波磁场。在短路时，定、转子3次谐波磁场互相叠加，见图5-10。对不同的磁极及气隙尺寸，可用作图法作出一系列的气隙磁场图，并作出一些曲线用以决定3次谐波磁场的幅值。由此可算出定子齿中此3次谐波磁场的磁密幅值：

$$B_{t\mathrm{III}}=(A_{3m}X_d^*+1.27A_{3d}X_{ad}^*)B_{t1} \tag{5-69}$$

式中　$B_{t1}$——空载额定电压时定子齿中平均磁密；

$A_{3m}$——磁极3次谐波磁场系数，按图5-11a中公式及曲线的相应数据计算；

$A_{3d}$——电枢反应3次谐波磁场系数，按图5-11b中公式及曲线的相应数据计算。

3次谐波磁场将在定子齿中产生附加损耗（单位为W），根据铁耗的一般公式，通过经验修正后，可用如下数值公式计算：

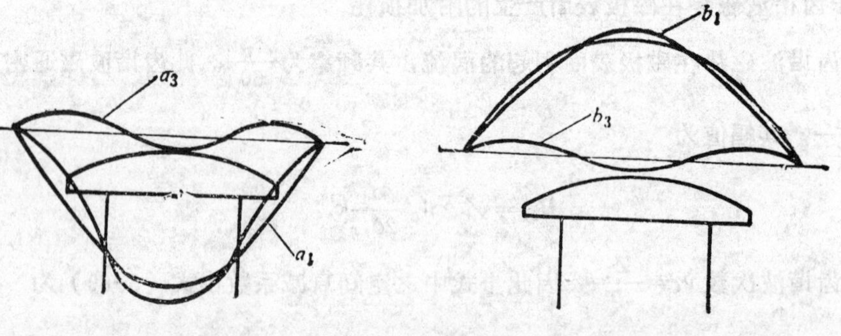


图5-10　凸极同步电机的三次谐波磁场

a）直轴电枢反应磁场曲线　$a_1$—电枢反应磁场基波　$a_3$—电枢反应磁场3次谐波

b）励磁磁场曲线　$b_1$—励磁磁场基波　$b_3$—励磁磁场3次谐波

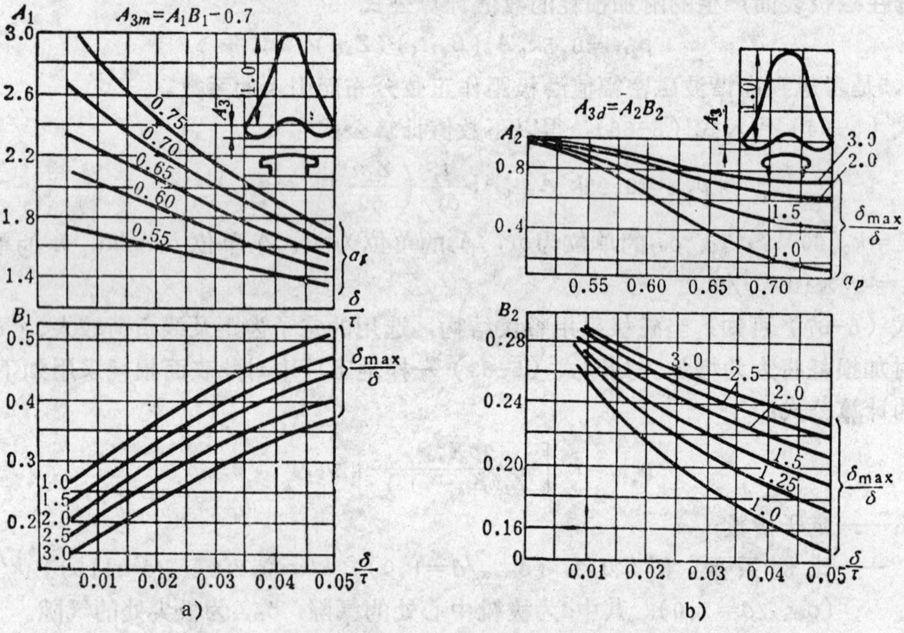


图5-11　磁极及电枢反应3次谐波磁场系数计算

$$p_{\mathrm{III}}=10.7p_{10/50}B_{t\mathrm{III}}^{5/4}G_{t1} \tag{5-70}$$

式中，$p_{\mathrm{III}}$的单位为W；$B_{t\mathrm{III}}$的单位为T；$G_{t1}$的单位为kg；$p_{10/50}$的取值见表5-1。

## 二、感应电机负载时的附加损耗

感应电机负载时的附加损耗通常不进行详细计算。许多国家的标准中一般规定负载时的附加损耗占电机输出（发电机）或输入（电动机）功率的0.5%。当然这个数值是非常粗略的。采用压力铸铝工艺的小型感应电动机里，负载时附加损耗一般约占输出功率的2～3%，个别甚至高达4～5%或以上。这不但严重影响电机的运行经济性及起动性能，并且也可能造成过高的绕组温升。因此多年来关于如何准确计算及降低笼型铸铝转子感应电机负载时的附加损耗一直受到人们的重视。

笼型转子感应电机负载时的附加损耗主要有下列几部分：

（1）定子绕组的漏磁场在绕组里及绕组端部附近的金属部件中产生的附加损耗。

（2）定子磁势谐波产生的磁场在笼型转子绕组中感生电流引起的附加损耗。

（3）定子磁势谐波产生的磁场在转子铁心表面引起的表面损耗。由于笼型转子绕组中感生电流的去磁效应，只有少量谐波磁场能深入转子齿部，故可忽略不计这些谐波在齿中产生的脉振损耗。由转子磁势谐波在定子铁心中产生的附加损耗比较小，通常可以忽略不计[5-1]。

（4）没有槽绝缘的铸铝转子中，由泄漏电流产生的损耗。

上列第（1）项损耗由基频电流产生，故又称基频附加（杂散）损耗。其余各项均由高频电流产生，故又称高频附加（杂散）损耗。

上列第（1）项及第（3）项附加损耗的理论分析及计算基本类似于同步电机的，这里不再赘述。现仅对第（2）项及第（4）项附加损耗作简单的分析和讨论。

（一）在直槽的情况下，由定子磁势谐波在笼型转子绕组里产生的附加损耗

如前已述，定子磁势谐波可分成相带谐波及齿谐波，它们在笼型绕组里产生相应的附加损耗。

1．定子相带谐波磁势在笼型转子绕组里产生的附加损耗

根据〔5-2〕，由 $\nu$ 次相带谐波产生的该项损耗为

$$p_{2\nu}=\frac{4m_1^2N_1^2K_{dp\nu}^2K_{2\nu}^4}{Z_2}R_{2\nu}I_1^2 \tag{5-71}$$

式中 $I_1$——定子相电流；

$R_{2\nu}$——转子导条交流电阻（对应于有关谐波的频率）；

$K_{dp\nu}$——对 $\nu$ 次谐波的定子绕组系数；

$K_{2\nu}$——假想的转子绕组对 $\nu$ 次谐波的绕组系数。

$$K_{2\nu}=\frac{\sin\frac{\pi\nu p}{Z_2}}{\frac{\pi\nu p}{Z_2}} \tag{5-72}$$

计算时只考虑 $\nu\leqslant0.8\frac{Z_2}{p}$ 的各次谐波，因此项损耗只占转子绕组基本损耗的0.25%左右，次数更高的可以忽略。

由式（5-71）可知，$p_{2\nu}$ 主要与 $(K_{dp\nu}K_{2\nu}^2)^2$ 有关。谐波次数越高，损耗越小。转子槽数越多，损耗越大，按文献〔0-1〕，如欲限制此项损耗在转子基本铜（铝）耗的10%以内，建议采用

$$\frac{Z_2}{p}\leqslant0.75\frac{Z_1}{p} \tag{5-73}$$

2. 定子齿谐波磁势在笼型转子绕组里产生的附加损耗

此项损耗的计算公式（只考虑一阶齿谐波的）

$$p_{2z}=C_m m_1 I_1^2 R'_{2z} \tag{5-74}$$

式中 $R'_{2z}$——折算到定子边的转子导条的交流电阻（对应于一阶齿谐波频率）；

$C_m$——损耗系数，与定、转子槽数比$Z_2/Z_1$有关，如图5-12所示。

由图5-12可知，附加损耗 $p_{2z}$ 的大小与定转子槽数比值$\frac{Z_2}{Z_1}$有密切的关系。当$\frac{Z_2}{Z_1}$比值接近于1，损耗最小。故在笼型转子感应电动机里，在直槽的情况下，一般宜于采用近槽配合，但不能取$\frac{Z_2}{Z_1}=1$，因为这会引起起动过程中的所谓锁住现象。

（二）在斜槽的情况下，如果导条未绝缘，由定子磁势谐波在转子笼型中产生的损耗

在斜槽的情况下，如果导条绝缘得比较好，则由定子相带谐波磁势在笼型绕组中产生的损耗，仍可近似按式（5-71）进行计算，但在式中须乘以$K^2_{sk\nu}$，这里$K_{sk\nu}$为笼型转子绕组对$\nu$次谐波的斜槽系数。假设转子槽扭斜一个定子齿距，这时在整个导条长度上由定子磁势齿谐波感生的合成电势接近等于零。

但在斜槽的情况下，如果导条与铁心间没有良好绝缘，定子磁势各次谐波在转子笼型绕组里感生的电势，会通过铁心硅钢片在相邻导条间形成"横向"电流，如图5-13所示。因此，就每一导条（$a_1c_1$、$a_2c_2$……）来说，虽然其齿谐波合成电势等于零，但在相邻"半根"导条间所形成的"横向"电流将产生附加损耗。这损耗的大小除与谐波磁场的频率、磁密幅值等有关外，主要决定于导条与铁心间的接触电阻$R_c$。但影响接触电阻$R_c$大小的加工工艺因素较难掌握，因之甚难确定一个计算$R_c$的通用公式，以致目前还没有一个比较成熟而简易的方法能用来计算此项损耗。

图5-12　损耗系数$C_m=f\left(\frac{Z_2}{Z_1}\right)$曲线

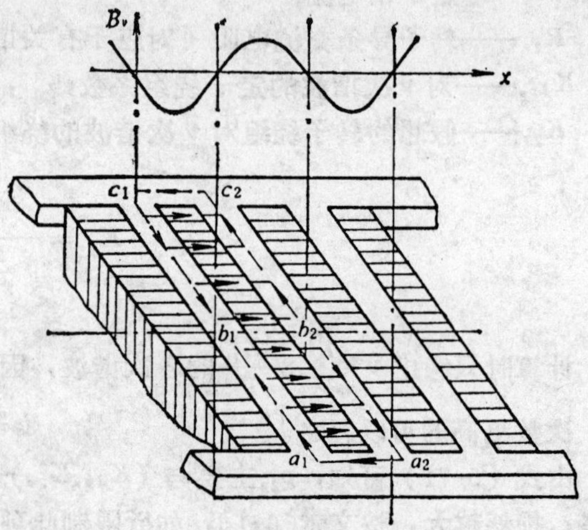


图5-13　笼型转子泄漏电流

有关感应电机负载时的附加损耗，文献〔5-3〕〔5-4〕也提出了一些计算方法，但都尚有待于实践的进一步验证。

（三）降低感应电动机负载时附加损耗的措施

虽然负载时的附加损耗只占每台感应电动机输入功率的很小一部分，但由于笼型转子感应电动机使用的范围广，数量大，此项损耗所消耗的总电能在数量上仍是十分可观的。所以近年来，国内外都在进行如何降低这些损耗的研究工作。

对中小型感应电机来讲，负载时的附加损耗中，占较大比例的是高频损耗，基频附加损耗一般所占比例不大。为降低高频附加损耗可以采取下列一些措施。

（1）采用谐波含量较少的各种定子绕组型式，例如：一般可采用双层短距分布绕组；在小型感应电动机中，有些可能以单双层绕组代替单层绕组；采用△-Y混合接法绕组（这种绕组的相带谐波含量少）。

（2）采用近槽配合。

（3）采用斜槽，同时注意改进转子铸铝工艺或采用其它工艺（如以低压铸造代替压力铸造，但前者生产率较低），以增大导条和铁心间的接触电阻。

**三、直流电机负载时的附加损耗**

直流电机负载时的附加损耗一般比较小，通常不进行详细计算。对没有补偿绕组的电机，一般取为输出（发电机）或输入（电动机）功率的1%；对有补偿绕组的电机，一般分别为0.5%。

## §5-6 机 械 损 耗

机械损耗包括轴承摩擦损耗、电刷摩擦损耗和通风损耗。

轴承摩擦损耗与摩擦面上的压强（或称压力）、摩擦系数以及摩擦表面间的相对运动速度有关。在大多数情况下，比较难于准确确定的是摩擦系数，因为它与多种因素有关，如摩擦面的质量（光滑程度）、润滑油的种类及其工作温度以及有关零件的加工质量和电机的总装质量等等。对于通风损耗，更是难于准确确定，因为它与电机的结构、风扇的型式、通风系统中的风阻等等很多难于用精确算式表达的因素有关。因此一般情况下，工厂总是根据已造电机的试验数据来近似计算或估取所设计电机的机械损耗。

但是，为便于发现这些损耗过大时或建立经验公式时进行必要的分析，或者在没有任何资料时进行初步估算，下面摘要给出一些计算公式或曲线，作为参考。

**一、轴承摩擦损耗**

滑动轴承的摩擦损耗和所用润滑油的粘度、品质、轴颈的圆周速度、工作表面的加工质量以及轴颈直径和长度之比等因素有关。大型卧式高速电机中的滑动轴承摩擦损耗（单位为W）可用以下数值方程计算：

$$p_f = 2.3 l_j \frac{50}{\theta} \sqrt{\mu_{50} p_j d_j \left(1 + \frac{d_j}{l_j}\right)} v_j^{1.5} \times 10^{-10} \tag{5-75}$$

式中 $p_j$——轴颈投影面上的压强（或称压力），单位为Pa；

$d_j$——轴颈的直径，单位为m；

$l_j$——轴颈的长度，单位为m；

$\theta$——工作油温，单位为℃；

$\mu_{50}$——50℃时油的粘度，约等于0.015～0.02N·s/m²；

$v_j$——轴颈的圆周速度，单位为m/s。

滚动轴承的摩擦损耗(单位为W)可用以下数值方程计算：

$$p_f=0.15\frac{F}{d}v\times10^{-5} \tag{5-76}$$

式中 $F$——轴承载荷，单位为N；

$d$——滚珠（或滚子）中心所处的直径，单位为m；

$v$——滚珠中心的圆周速度，单位为m/s。

## 二、通风损耗

在自通风的电机中通风损耗（单位为W）可用以下数值方程计算：

$$p_w=1.75q_Vv^2 \tag{5-77}$$

式中 $q_V$——通过电机的空气体积流量，单位为m³/s（参阅第六章）；

$v$——风扇外圆的圆周速度，单位为m/s。

上式中由于风量和速度 $v$ 成正比，因之$p_w$与电机转速的立方成正比。

## 三、轴承摩擦和通风损耗$p_{fw}$

在一般电机中，常把这两种损耗综合在一起计算。

（一）直流电机

1．对于电枢直径$D_a\geqslant0.5$m、轴上没有风扇的电机，则$p_{fw}$（单位为W），可按以下数值方程计算：

$$p_{fw}=K\left(\frac{v_a}{10}\right)^{1.6}p_N\times10^{-3} \tag{5-78}$$

式中，$K=0.9\sim1.3$；$v_a$为电枢圆周速度，单位为m/s；$P_N$，$p_{fw}$的单位为W。

2．对于电枢直径$D_a<0.5$m、采用滑动轴承的电机，则$p_{fw}$(单位为W)可按以下数值方程计算：

$$p_{fw}=\left(1.75v^2q_V+5G_av_j\sqrt{\frac{n_N\times10^4}{gp_j}}\right) \tag{5-79}$$

式中 $G_a$——电枢旋转部分重力，单位为N；

$v$——当电机无风扇时为电枢圆周速度，单位为m/s，当电机有风扇时为风扇外圆的圆周速度；

$q_V$——通过电机的空气体积流量，单位为m³/s；

$n_N$——额定转速，单位为r/min；

$v_j$——轴颈圆周速度，单位为m/s；

$p_j$——轴颈投影面上的压力，单位为Pa。

3．对于采用滚动轴承且轴上装有风扇的中小型电机，损耗 $p_{fw}$ 可按图5-14的曲线确定。

（二）感应电机

1．对于径向通风的大型电机，$p_{fw}$（单位为W）可按以下数值方程计算：

$$p_{fw}=2.4p\tau^3(N_v+11)\times10^3 \tag{5-80}$$

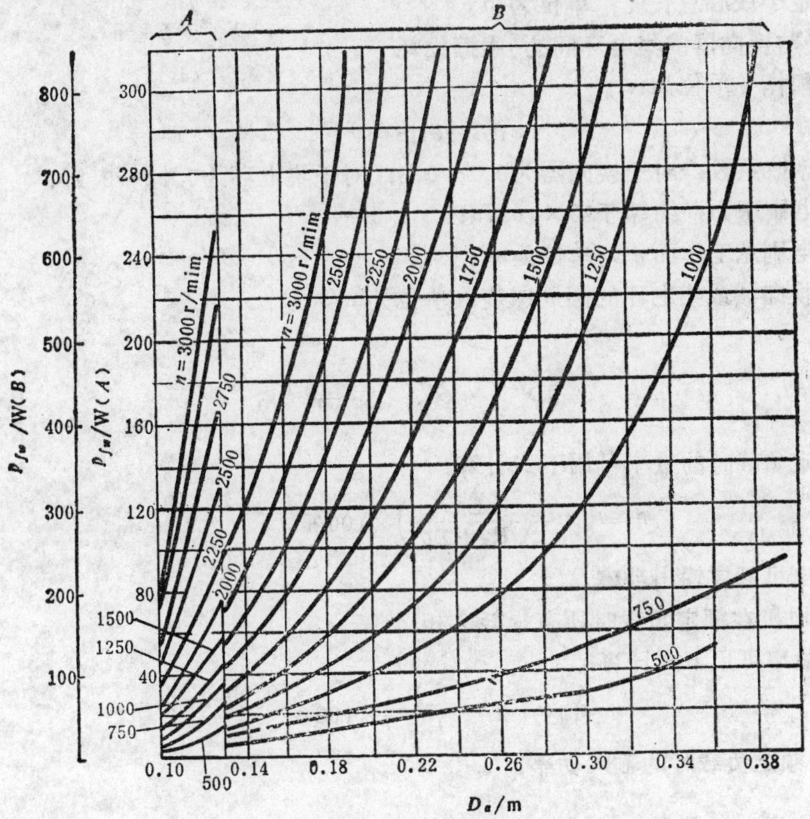


图5-14　中小型直流电机的轴承摩擦及通风损耗

式中　$\tau$ ——极距，单位为m；

$N_v$——通风道数；

$p$ ——极对数。

2．对于中小型电机，资料〔0-13〕建议按下列数值方程计算$p_{fw}$（单位为W）：

2 极防护式　$p_{fw}=5.5\left(\frac{3}{p}\right)^2(D_2)^3\times10^3$

4 极及以上，防护式　$p_{fw}=6.5\left(\frac{3}{p}\right)^2(D_2)^3\times10^3$　(5-81)

2 极封闭型自扇冷式　$p_{fw}=13(1-D_1)\left(\frac{3}{p}\right)^2(D_1)^4\times10^3$

4 极及以上封闭型自扇冷式　$p_{fw}=\left(\frac{3}{p}\right)^2(D_1)^4\times10^4$　(5-82)

上列公式中$D_1$、$D_2$的单位为m。

（三）凸极同步电机

径向通风的卧式同步电机的轴承摩擦和通风损耗（单位为W）可按以下数值关系式计算：

$$p_{fw}=16p\left(\frac{v}{40}\right)^3\sqrt{\frac{l_{t1}}{19}}\times10^3 \quad (5\text{-}83)$$

式中　$v$——转子圆周速度，单位为m/s；

$l_{t1}$——定子铁心总长度，单位为m。

**四、电刷(与换向器或集电环间的)摩擦损耗**

电刷摩擦损耗（单位为W）

$$p_{fb}=\mu_b p_b A_b v \tag{5-84}$$

式中　$\mu_b$——摩擦系数：对于换向器为0.2～0.3；对于集电环为0.15～0.20；

$p_b$——电刷压力，约等于$20\times10^3$Pa；

$A_b$——电刷总工作面积，单位为m²；

$v$——换向器或集电环的圆周速度，单位为m/s。

## §5-7　效　　率

发电机额定负载时的效率可用下式计算：

$$\eta_G=\left(1-\frac{\Sigma p}{P_N+\Sigma p}\right)\times100\% \tag{5-85}$$

式中　$P_N$——电机额定输出功率；

$\Sigma P$——电机在额定负载时所有损耗之和。

电动机的效率可用下式计算：

$$\eta_M=\left(1-\frac{\Sigma P}{P_{N1}}\right)\times100\% \tag{5-86}$$

式中　$P_{N1}$——额定负载时的输入功率。

### 复习思考题

1．空载铁心损耗的大小主要与哪些因素有关？

2．要减小负载时绕组铜中的附加损耗，一般采取哪些措施？

3．在凸极同步机中，空载表面损耗与负载时由绕组磁势齿谐波引起的磁极表面损耗有何区别？（指产生的原因，与哪些因素有关）

4．如把交流机定子绕组磁势波中第一阶齿谐波分解成左行波及右行波，其各个行波在转子表面感应电势的频率是多少？

5．隐极汽轮发电机负载时的附加损耗与凸极机的有何区别？（指附加损耗的种类及产生的原因）

6．凸极同步电机里为什么只算齿里3次谐波损耗，轭里有没有3次谐波引起的损耗？

7．大容量直流电机绕组导体中负载时会不会产生涡流损耗？为什么？齿饱和度较高的直流电机，绕组导体中还会产生沿槽宽方向的涡流损耗，为什么？

8．若将一台感应电机的额定频率由50Hz改为60Hz，要求保持励磁磁势基本不变，应改变什么数据为佳？采取该措施后，基本铁耗在不计饱和影响时会不会发生变化？

# 第六章 电机的冷却

## §6-1 电机的冷却方式

### 一、概述

近代电机都采用较高的电磁负荷，以提高材料的利用率，电机的单机容量也日益增大，因此必须改进电机的冷却系统，以提高其散热能力。

除个别小型或特种电机外，绝大部分电机都是采用风扇强迫空气流动来冷却电机的。早在1928年，用于改善电力网路功率因数的同步调相机采用氢气作为冷却介质获得成功。试验证明，由于减小了气体的机械摩擦损耗和提高了散热能力，同样尺寸的电机采用氢冷后可提高容量20～25%或更多，且效率也提高。此后20余年内，汽轮发电机采用氢冷技术被迅速推广。50年代以后，在大容量电机，特别是汽轮发电机中采用了内冷系统。所谓内冷就是使导体中产生的热量直接传递给冷却介质，而不通过绝缘。最初，在内冷系统中普遍采用氢气作为冷却介质，后来为了进一步提高冷却能力，又开始采用液体（水或油）作为冷却介质。1955年，英国茂伟电机公司首先完成一台容量为30MW定子水内冷，转子一般氢冷的汽轮发电机，效果良好，其线负荷比空气冷却时提高4～5倍而绕组温升还没超过允许值。对于定转子绕组都用水内冷的双水内冷汽轮发电机的研究和制造，我国广大的电机工作者作出了显著的成绩。目前世界各国除对已有的冷却方式进一步深入研究外，还在研究和发展包括利用低温超导技术在内的各种新的冷却方式。

根据冷却介质的不同来划分电机的冷却系统较为方便。目前在电机制造中最广泛采用的是以空气为冷却介质的空气冷却系统。本章主要叙述空气冷却系统。

### 二、空气冷却系统

采用空气冷却的电机结构简单，成本较低；其缺点是空气的冷却效果较差，在高速电机中引起的摩擦损耗较大。采用空气冷却的通风系统的结构类型非常繁多，现就其基本特点从下列四方面来说明：

（一）开路冷却（或自由循环）或闭路冷却（或封闭循环）

开路冷却的电机，其冷却空气由电机周围抽取，空气通过电机后，再回到周围环境中去，如图8-1所示。闭路冷却的电机如图8-12所示，其冷却介质（在这里为空气）通过电机，沿着闭合线路进行循环；冷却介质中的热量经结构件或冷却器传递给第二冷却介质（在这里为水）。

（二）径向、轴向和混合式通风系统

按照电机内冷却空气流动的方向，空气冷却系统可以分为径向、轴向和混合(径、轴向)式三种。

由于径向通风系统（参见图8-5）便于利用转子上能够产生风压的零部件（如风道片、磁极等）的鼓风作用，因而得到广泛的应用。

轴向通风系统便于安装直径较大的风扇，以加大通风量。主要缺点是沿轴的方向冷却不均匀，且不便于利用转子上部件的鼓风作用。轴向通风系统在国内一般仅用于中小型直流电机中，如图6-1所示。

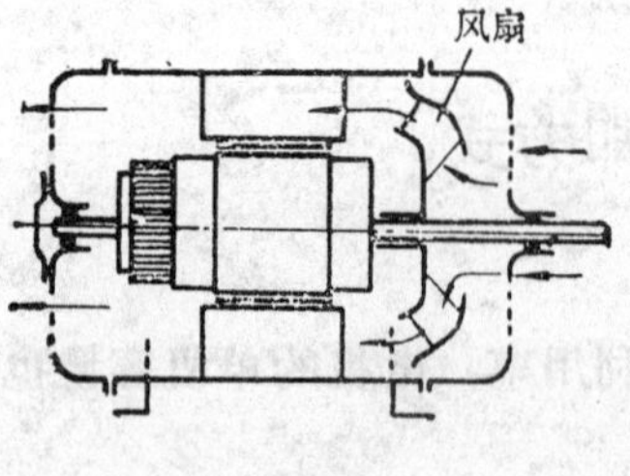


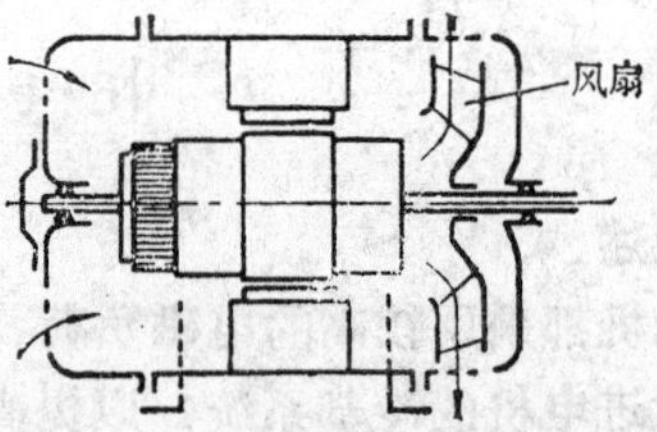


图6-1 轴向通风冷却系统

a) 鼓入式 b) 抽出式

实际上，所谓径向或轴向通风系统只是就冷却介质在电机内所起冷却作用的主要方面而言，纯粹的径向或轴向通风系统是较为少见的。

混合式通风系统兼有轴向和径向两种通道，但往往还是偏重一种，如图6-3所示的大型直流电机即是以轴向为主的混合式系统，而图6-2则是汽轮发电机中广泛应用的以径向为主的混合式系统。图6-2中转子每端装有一只轴流式风扇1，将空气鼓入扩散器2，圆环形的喇叭口3使空气进入风扇时较为平静和较小冲击损耗。气流由扩散器出来，其中一股吹拂过定子绕组端部后，进入电机的空气隙，然后经过铁心端头一部分径向通风道，进入热空气的出风口4；另一股经沟道5和定子铁心的径向通风道后，分左右两股进入空气隙，又回经铁心径向风道，进入出风口4。这种通风系统的特点是将气流分为多股，使冷空气尽可能地与电机的所有发热部分相接触，因此电机各部分都能均匀地得到冷却；这种冷却系统对轴向长度较长的汽轮发电机来说特别适宜。

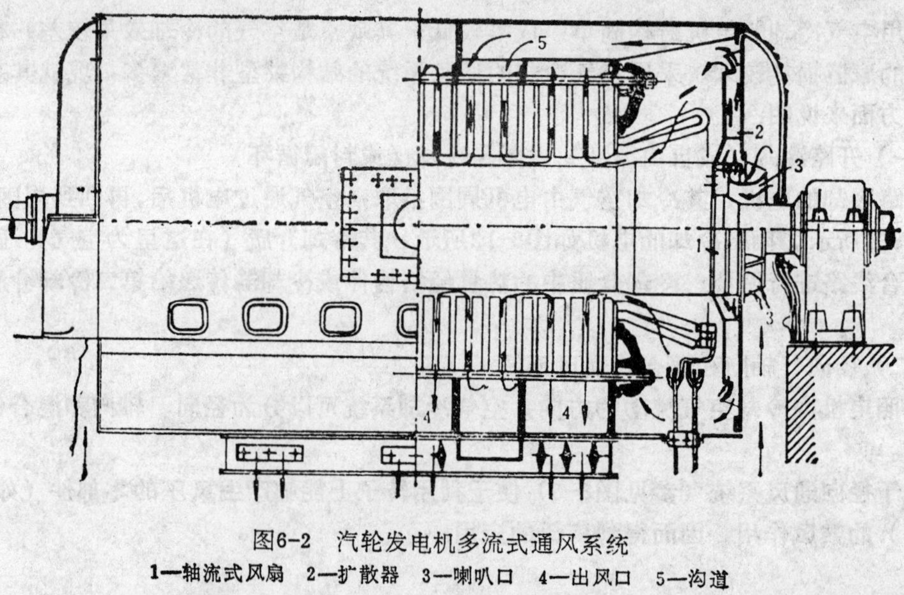


图6-2 汽轮发电机多流式通风系统

1—轴流式风扇 2—扩散器 3—喇叭口 4—出风口 5—沟道

（三）抽出式和鼓入式

根据冷却空气是首先通过电机的发热部分，再通过风扇，或是相反，采用空气冷却的系统可分为抽出式及鼓入式两种（图6-1）。由于抽出式的冷空气首先和电机的发热部分接触，且能采用直径较大的风扇，而鼓入式的冷却空气却先通过风扇，被风扇的损耗加热后，再和电机的发热部分接触（高速电机中，风扇损耗引起的空气温升可达5℃左右），因此抽出式的冷却能力较高。

直流电机中，风扇多装在非换向器端，如采用鼓入式冷却系统可避免电刷磨损的炭粉进入电机，但这时大部分风量经由定子极间空间吹过，而吹拂转子的风量较少，致使损耗较多的转子散热困难，这时要采取适当措施，如图6-3中即充分依靠电枢铁心的风道片和绕组端部的鼓风作用来散热。

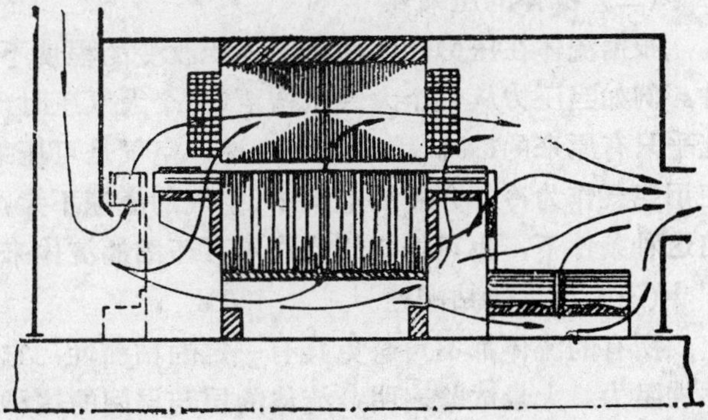

图6-3　混合式通风系统

（四）外冷与内冷

采用空气冷却的系统一般都采用外冷或所谓表面冷却方式，但为了提高冷却能力，也有采用内冷方式的，例如水轮发电机的励磁绕组，可采用空气内冷。国外在容量小于200MW的汽轮发电机转子绕组上也用空气内冷。内冷系统结构复杂，对冷却气体要求十分干净，因此目前还很少在其他采用空气作为冷却介质的电机中使用。

## §6-2　关于流体运动的基本知识

### 一、概述

电机在运行过程中所产生的热量，除轴承中的热量系由轴承的外表面自然导散或一般由通入轴承中的循环润滑油导散外，其他损耗全部依靠流体（空气、氢气或水等）带走。所需冷却介质总的体积流量（以下简称流量）可按能量守恒关系，由下式计算：

$$q_V=\frac{\Sigma p_h}{c_a\Delta\tau_a} \tag{6-1}$$

式中　$\Sigma p_h$——须由冷却介质带走的损耗；

$c_a$——冷却介质的比热容；对于空气，按一般情况，$c_a$可取为1100J/(m³·℃)；

$\Delta\tau_a$——冷却介质通过电机后的温升，一般可取为15～20℃。

必须注意，由式（6-1）计算所得的总流量，必须使之在数量上按适当比例沿定、转子的冷却通道分别流动，才能保证冷却介质和定、转子中各发热部件具有合适的温升。因此，在设计电机时，除了计算总的流量外，还必须初步估计流量在电机各部分的分配和流速。

为了理解并能计算流体在电机中的流动情况，下面将有关流体运动的若干基本知识，作一简要介绍。

### 二、流体运动中常用名词介绍

（一）流体的概念

流体是由相互间联系比较松弛的分子所组成，分子之间没有像刚体所具有的那种刚性联系，因此研究流体的运动比研究刚体的运动要复杂得多。

我们在研究流体运动时，一般都采用欧拉提出的连续性，即流体是一种连续介质的假设，认为流体的分子之间没有空隙。由于连续，才有可能使用数学工具。当然，这种宏观模型只能得到流体的平均力学特性，而且不能用来解决有限空间内的过程。

（二）流体的压缩性

根据流体在压力的作用下其体积改变的程度不同，流体可分为可压缩的和不可压缩的两种。例如当压力从1个大气压增至100个大气压时，水的体积只改变0.5%，而空气的体积却几乎只有原来的1%。因此相对来说，空气是可压缩的流体，而水是不可压缩的流体。但是在用空气作为冷却介质的电机中，空气的流速不大，压力的变化也不大，体积的变化约为5%，在这种条件下，也可把空气当作不可压缩的流体来处理。

（三）流体的粘滞性

所有的流体都不可避免具有一定的粘滞性，它表现为一种抗拒流体流动的内部摩擦力或粘滞阻力。大量试验表明，流体的层与层间的这种摩擦力的大小，正比于流体层滑动时的速度梯度，经验公式为

$$\tau=\eta\frac{dv}{dn} \tag{6-2}$$

式中 $\tau$——单位面积上的摩擦力；

$\frac{dv}{dn}$——速度梯度，即垂直于流动方向上每隔单位长度时的流体流速的变化；

$\eta$——动力粘度或粘滞系数，它表示流体的粘滞特性，其值取决于流体的性质及温度。一般说，水和空气是两种粘滞性十分小的流体。

（四）理想流体和真实流体

真实流体都是可压缩的，而且是有粘滞性的。既不考虑其可压缩性，也不考虑其粘滞性的流体，称为理想流体。在研究流体运动时，往往先从理想流体出发，得出运动的一般规律，然后按真实流体的情况加以补充和修正。

（五）层流及紊流

流体在管道内运动的状态可分为层流及紊流两种。作层流运动时，流体仅有平行于管道表面的流动。若将流体分为许多平行于管道壁的薄层，则各层作平行运动，它们之间没有流体的交换。作紊流运动时，流体中的大部分质点不再保持平行于壁的运动，而以平均流速向各方向作无规则扰动。通常用一个无量纲的量雷诺数来判断流体流动的状况

$$Re=\frac{vd}{\nu} \tag{6-3}$$

式中 $Re$——雷诺数；

$d$——决定于管道的几何形状及尺寸，一般指管道的直径(圆形管道)或等效直径（非圆形管道)；

$v$——流速；

$\nu$——运动粘度。

$$\nu=\frac{\eta}{\rho} \tag{6-4}$$

式中 $\rho$——密度。

实验结果表明，流体运动时，当$Re<2300$时为层流，$Re>2300$时为紊流；但$Re$达到2300以前，即已开始有部分紊流存在。

雷诺数除决定于流体的流速及管道的几何形状和尺寸外，还与流体本身的性质（密度和粘滞性）有关。密度大即惯性大，故雷诺数在一定程度上反映了流体本身的惯性与粘滞性的对比关系。在同样条件下，粘滞性小，密度大的流体比较容易产生紊流。

（六）流体的压力——静压力和动压力

静压力反映出流体受压缩的程度，其单位用Pa来表示。静压力也可看作是被压缩流体单位体积内所储存的位能。动压力则表示运动着的流体，即单位体积中所包含的动能。动压力可表示为

$$p_{\theta}=\rho\frac{v^2}{2} \tag{6-5}$$

静压力与动压力之和称为全压力，亦即单位体积的流体中所包含的总机械能。

**三、理想流体的运动方程**（柏努利方程）

流体力学理论中，证明了理想流体的稳态运动方程为

$$\rho gh+p+\frac{1}{2}\rho v^2=C \tag{6-6}$$

该方程又称为柏努利方程，它表示理想流体在稳态运动过程中，单位体积内所包含的总能量保持不变。式中$\rho gh$是对应于重力的位能；$p$为流体内部包含的压力能（也是一种位能）；$\frac{1}{2}\rho v^2$是流体的动能。将式（6-6）除以$\rho g$得

$$\Sigma h=h+\frac{p}{\rho g}+\frac{1}{2}\frac{v^2}{g}=C_1 \tag{6-7}$$

式（6-6）中的各项所代表的是流体单位体积内所包含的能量，写成以压力表示的形式，而式（6-7）中的各项所代表的是流体单位重量内所包含的能量，写成以所谓压头的形式。压头的量纲是长度，它的单位是m。压头与压力之间的关系可以这样来理解：即某一流体所具有的压力，可用产生同样压力的流体柱的高度来表示。在式（6-7）中，$h$为高程，$\frac{p}{\rho g}$为静压头，$\frac{1}{2}\frac{v^2}{g}$为动压头，$\Sigma h$为全压头。在电机冷却系统中流体在运动过程中其高度位置变化不大，即式（6-7）中与重力相应的位能或高程$h$可以略去不计，或该式可简化为

$$\Sigma h=\frac{p}{\rho g}+\frac{1}{2}\frac{v^2}{g}=C_1 \tag{6-8}$$

式（6-8）表示在运动过程中理想流体的全压头维持不变，但静压头与动压头之间是可以互相转化的。例如，高压静止的流体可以转化为低压高速的流体，反之亦然。

**四、实际流体在管道中运动时的损耗**

柏努利方程是对理想流体推导出来的，实际的流体总是存在着粘滞性，管道对于流体也存在着各种形式的阻力，因此当流体在管道中流动时，不可避免地要引起能量的损耗。根据产生的部位和原因不同，损耗一般可分为两类：一类称为摩擦损耗；另一类称为局部损耗。前者是由于在接近管道表面的流体边界层中，有较大的速度梯度$\frac{dv}{dn}$，所以由于粘滞性引起的摩擦力$\tau=\eta\frac{dv}{dn}$较大，摩擦把机械能转化为热能，向四周散发；后者发生在管道形状

有突变的地方，例如当管道截面突然扩大或缩小、流道的转弯等，会引起流体质点间的互相碰撞，产生涡流，导致额外的内部摩擦损耗。当然，涡流的形成也和该处边界层中的流体摩擦力有关，所以严格说是不能把这两类损耗截然分开的。

在用气体冷却的电机中，一般管道都不长而形状较为复杂多变，故在冷却系统中流体能量的损耗主要是局部损耗。

考虑到流体运动过程中能量的损耗，柏努利方程应写成

$$p_1+\frac{1}{2}\rho v_1^2=p_2+\frac{1}{2}\rho v_2^2+\Delta p \qquad (6\text{-}9)$$

即当流体从位置1运动到位置2时，由于总的能量中有一部分变成损耗，所以压力减少了$\Delta p$。

下面分别说明摩擦损耗和局部损耗的计算方法。

（一）摩擦损耗

如果流体在截面不变的直管内流动时，则液体在管道两端的速度$v_1$和$v_2$相等，即$v_1=v_2$，于是由式（6-9）可得

$$p_1-p_2=\Delta p \qquad (6\text{-}10)$$

$\Delta p$就是流体从位置1（管道始端）运动到位置2（管道终端）时，由于与管道摩擦所引起的压力损耗，所损耗的压力为流体的部分静压力。

无论在层流或紊流的情况下，对于圆形管道，由于磨损所引起的压力降落$\Delta p$可表达为

$$\Delta p=\mu\frac{l}{d}\rho\frac{v^2}{2}=\frac{1}{2}\zeta\rho v^2 \qquad (6\text{-}11)$$

式中　$\zeta=\mu\frac{l}{d}$为摩擦损耗系数；

$\mu$——摩擦系数；

$l$——管道长度；

$d$——管道直径或其等效直径。

即$\Delta p$是以流体的动压力的形式表示的，且若$\zeta=0.5$，就表示静压力的损耗为动压力的一半。因为式（6-11）中摩擦系数$\mu$并非常数，它是速度的函数，所以不能简单地认为摩擦损耗与流速的平方成正比。在层流及紊流的初期，$\mu$随速度的增高而减小，并和管壁的光滑程度有关；而在达到完全紊流后，$\mu$与流速无关，而只与管壁的光滑程度有关。在电机中，由于有旋转的部件，因此可认为其中的空气或其他流体总是处在紊流状态中，此时

$$\mu=0.02\sim0.065$$

对于管壁光滑的金属管道取下限，对于粗糙的管道，例如由叠片形成的管道取上限。当管道截面为矩形时，其等效直径$d$可按圆形管道和矩形管道两者的截面积和周长之比相等的概念来计算：

$$d=\frac{2ab}{a+b} \qquad (6\text{-}12)$$

式中　$a$、$b$——矩形二边的尺寸。

（二）局部损耗

电机冷却系统内，局部损耗占很大比例。和摩擦损耗相似，局部损耗也以流体的动压力为基值来表示：

$$\Delta p=\zeta\frac{1}{2}\rho v^2 \qquad (6\text{-}13)$$

这里$\zeta$为局部损耗系数，在几何形状相似的管道中，$\zeta$是一个常数。实验证明，局部损耗$\Delta p$确与$v^2$成正比，并且也表现为流体静压力的减小。以下是常遇到的几种局部损耗及其计算方法。

1. 管道截面突然扩大

在管道截面突然扩大的地方所形成的涡流如图6-4所示，这时

$$\zeta=\left(1-\frac{A_1}{A_2}\right)^2 \tag{6-14}$$

式中　$A_1$及$A_2$为Ⅰ及Ⅱ处的管道截面积。公式中的$\zeta$是对小截面处的流速而言，即式(6-13)中的$v$应用$v_1$代入。

管道截面突然缩小时（见图6-5），局部损耗系数一般用实验求得，可近似用下式计算：

$$\zeta\approx\frac{1}{2}\left(1-\frac{A_2}{A_1}\right) \tag{6-15}$$

式中　$A_1$及$A_2$为Ⅰ及Ⅱ处的管道截面积，$\zeta$值也是对应于小截面处的流速$v_2$。

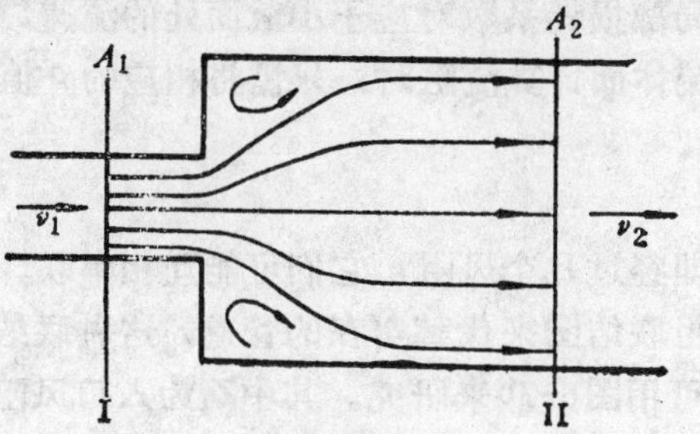


图6-4　管道截面突然扩大时所形成的涡流

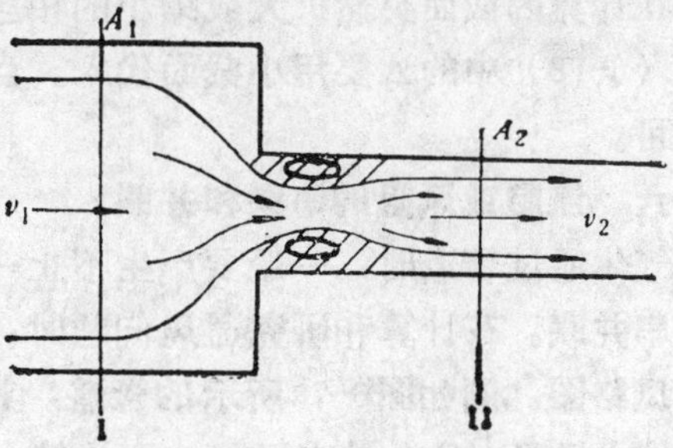


图6-5　管道截面突然缩小时所形成的涡流

2. 出口和入口

出口是截面突然扩大的特例，这时$A_2=\infty$，所以$\zeta=1$。这表示在出口处，流体将带走它包含的全部动能。为了减少出口损耗，可以采用扩散器以减小出口处流体的流速。

在入口处的局部损耗随入口的结构情况而不同。入口的情况大体可分为三类：一为有凸缘的入口；二为无凸缘的直角入口；三为带圆角的入口。各类入口的$\zeta$值如表6-1所示。

表6-1　各类入口的$\zeta$值

| 入口种类 | $\zeta$ |
|---|---|
| 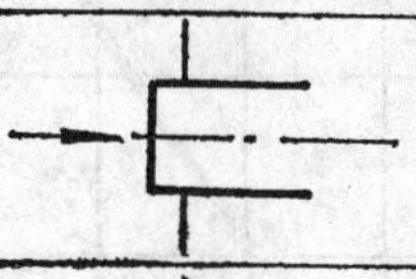 | 0.7~1 |
| 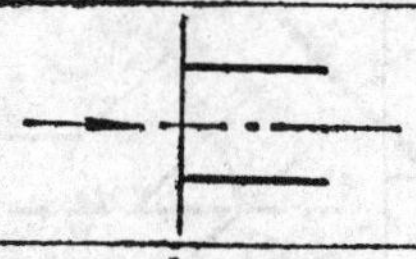 | 0.5 |
| 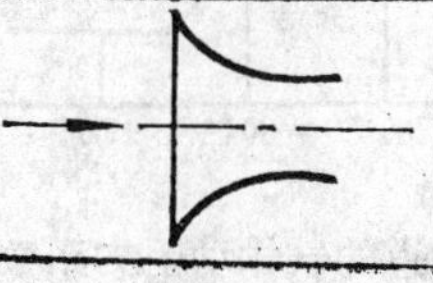 | 0.2~0 |

3. 管道改变方向

管道的方向改变时，在弯曲处所引起的局部损耗取决于弯曲的角度、管道的形状及尺寸等因素。在电机中由于气流方向的改变而引起的局部损耗，可用下式计算：

$$\Delta p=\xi_a v^2 \tag{6-16}$$

式中　$v$——管道中空气的速度；

$\xi_a$——空气的动阻力系数，当转角为$\alpha$时，可从图6-6查得。

## 五、管道的流阻和风阻

前已叙述，流体通过管道时，无论是摩擦损耗或局部损耗，所对应的压力降落可表为

$$\Delta p=\frac{1}{2}\zeta\rho v^2$$

为了计算方便，将上式写成

$$\Delta p=\frac{1}{2}\zeta\rho v^2=\zeta\frac{\rho}{2A^2}(Av)^2=\frac{\zeta\rho}{2A^2}q_V^2=Zq_V^2 \qquad (6\text{-}17)$$

式中　$Z=\frac{\zeta\rho}{2A^2}$——管道的流阻；若流体为气体时，称为风阻；对应于不同类别的损耗而分别简称摩擦风阻、扩大风阻、缩小风阻、转弯风阻、入口风阻和出口风阻等；

$A$——管道的截面积；

$q_V$——通过管道的体积流量（以下简称流量）。

通常将流阻写成

$$Z=\frac{\xi}{A^2} \qquad (6\text{-}18)$$

式中　$\xi=\rho\zeta/2$。在一个大气压，50℃时，空气的密度为1.22kg/m³。

在计算因截面突然扩大或缩小的相应风阻时，局部损耗系数对应于小截面处的流速，所以式（6-18）中的$A$要用小截面代入。当采用其他流体而计算流阻时，只需将相应的$\rho$值代入即可。

**六、流阻或风阻的串联和并联**

气体通过管道时，一般要产生不止一种损耗，即经过几个风阻，它们可能互相串联、并联或串并联。在计算和研究通风问题时，往往用风阻联结图来代替实在的管道，这种联结图称为风路图。例如图6-7a所示的管道，其通风问题可用图6-7b来研究。其中$Z_1$为入口风阻，$Z_2$为扩大风阻，$Z_3$为转弯风阻，$Z_4$为缩小风阻，$Z_5$为出口风阻。如果管道较长，还需要考虑与管壁的摩擦，即加上摩擦风阻$Z_6$（图中未画出）。流过上述风阻的流量相同，它们在风路中是串联的。气体通过整个管道或风路所需的全部压力等于各部分压力损耗的总和，所以

$$Z_d q_V^2=Z_1q_V^2+Z_2q_V^2+Z_3q_V^2+Z_4q_V^2+Z_5q_V^2 \qquad (6\text{-}19a)$$

$$Z_d=Z_1+Z_2+Z_3+Z_4+Z_5$$

或者一般来说

$$Z_d=\sum_{1}^{n}Z_n \qquad (6\text{-}19b)$$

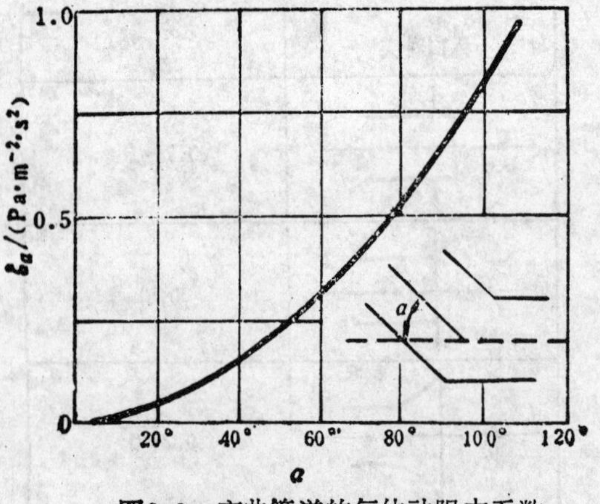


图6-6　弯曲管道的气体动阻力系数

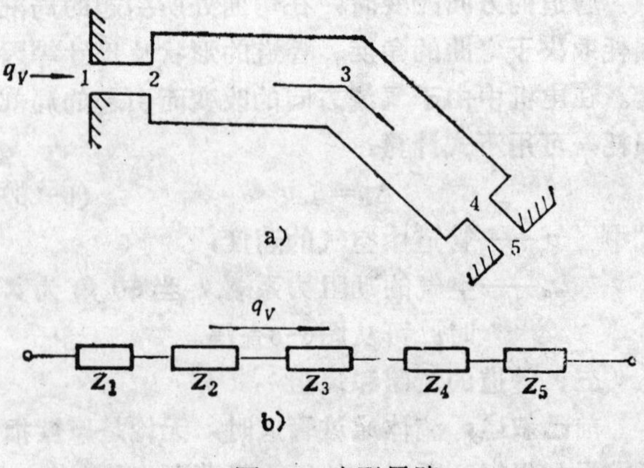


图6-7　串联风路

所以，风阻串联时的合成风阻为各部分风阻之和。

图6-8表示有串并联的管道及其风路图，此时支路Ⅰ中的压降为

$$\Delta p_{\mathrm{I}}=Z_{\mathrm{I}}q_{V\mathrm{I}}^{2}$$

式中 $Z_{\mathrm{I}}=Z_2+Z_3$;

支路Ⅱ中的压降为

$$\Delta p_{\mathrm{II}}=Z_{\mathrm{II}}q_{V\mathrm{II}}^{2}$$

式中 $Z_{\mathrm{II}}=Z_4+Z_5+Z_6$。

由于支路Ⅰ及Ⅱ具有公共的入口及出口，因此二支路的压降应该相等，即

$$\Delta p_{\mathrm{I}}=\Delta p_{\mathrm{II}}=\Delta p=Z_d q_V^2$$

$$Z_d=\frac{\Delta p}{q_V^2}=\frac{Z_{\mathrm{I}}q_{V\mathrm{I}}^2}{(q_{V\mathrm{I}}+q_{V\mathrm{II}})^2}=\frac{Z_{\mathrm{I}}}{\left(1+\frac{q_{V\mathrm{II}}}{q_{V\mathrm{I}}}\right)^2}=\frac{Z_{\mathrm{I}}}{\left(1+\sqrt{\frac{Z_{\mathrm{I}}}{Z_{\mathrm{II}}}}\right)^2}=\frac{1}{\left(\frac{1}{\sqrt{Z_{\mathrm{I}}}}+\frac{1}{\sqrt{Z_{\mathrm{II}}}}\right)^2}$$

如果有 $n$ 个风阻并联，其等值风阻为

$$Z_d=\frac{1}{\left(\sum_{1}^{n}\frac{1}{\sqrt{Z_n}}\right)^2} \tag{6-20}$$

于是图6-8风路的合成风阻 $Z=Z_1+Z_d+Z_7+Z_8$。

## 七、流体通过管道所需的功率

由于管道具有风阻Z，当流量为$q_V$的气体通过管道时，将引起压降$\Delta p=Zq_V^2$。因此，为了保证气体$q_V$能连续不断地通过风阻Z，就必须有能维持压降$\Delta p$的升压装置。一般采用风扇（如为液体冷却介质则为泵）作为升压装置。风扇或泵的作用是将机械能量转变为流体的能量，从而提高流体的压头，维持所需的流量。流体通过管道时需要由风扇或泵提供的功率

$$p_v=\Delta p q_V=Zq_V^3 \tag{6-21}$$

风路在某种程度上和电路相似（见图6-9），风阻相当于电阻，流量相当于电流，风压降相当于电压降。不过应该注意，电压降是电流与电阻的乘积，而风压降是风量平方与风阻的乘积。风路的计算比电路要复杂得多，因为风压与风量的关系不是线性的。

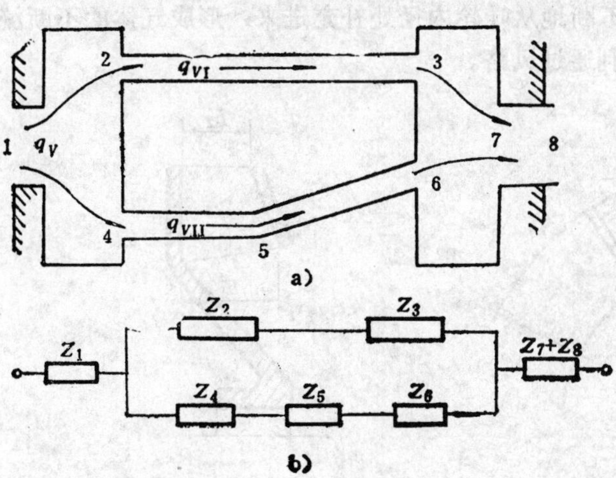


图6-8 串并联风路

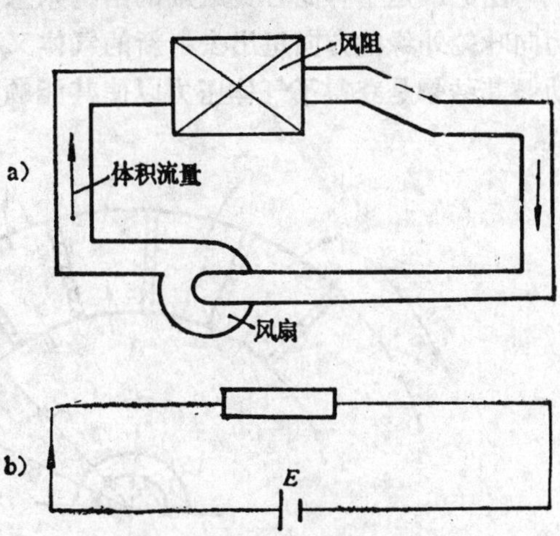


图6-9 风路与电路的比较

a）风路 b）电路

# §6-3 风 扇

## 一、概述

风扇的作用在于产生足够的压力，以驱送所需的气体通过电机。风扇的结构型式虽然多种多样，但就其原理来讲，不外乎离心式和轴流式两种（图6-10）。离心式风扇转动时，处于其叶片间的气体受离心力的作用向外飞逸，因而在风扇叶轮外缘出口处形成压力，气流进出离心式风扇时，一般要发生运动方向的改变。轴流式风扇转动时，气体受其叶片鼓动沿轴向运动，在风扇出口处形成压力。气流进出轴流式风扇时一般不改变运动方向。至于既有离心式风扇作用，又有轴流式风扇作用的复合式风扇（如某些同步机中使用的斗式风扇），其工作原理是建筑在上述两种基本型式的工作原理之上的。

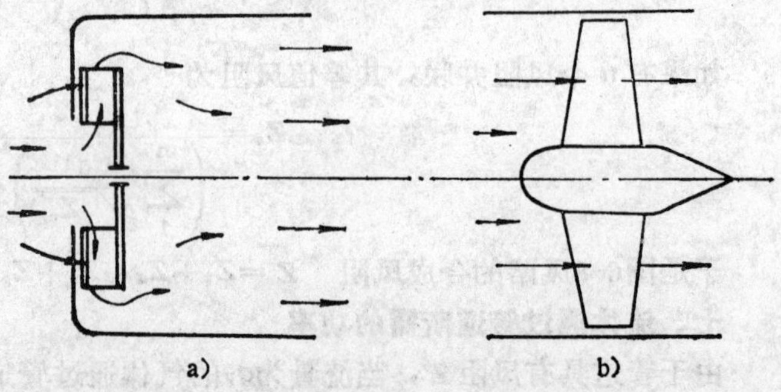


图6-10 电机中常用风扇
a）离心式 b）轴流式

电机中最常采用离心式风扇，因为它能产生的较高压力，最适宜于一般电机特别是中小型电机通风系统的需要。离心式风扇的主要缺点是效率较低，目前径向叶片离心式风扇的最高效率仅0.2左右。轴流式风扇的优点是效率较高（可达0.8），缺点是产生的压力较低，仅适宜于低压下供给大量气体，一般用在高速电机中。复合式风扇在中等压力下具有较高的效率，但由于制造比较复杂而较少应用。

本节主要阐述离心式风扇的工作原理、特性及计算要点，并扼要说明轴流式风扇的工作原理及其特性。

## 二、理想的离心式风扇所产生的压力

图6-11是一种离心式风扇的结构示意图。当叶轮旋转时，叶片间的空气被所产生的离心力向叶轮外缘的方向甩出去，新的气体又不断地从叶轮内径处补充进来，形成气体的不断流动，其结果是获得了气体压力以使其能顺利通过风路。

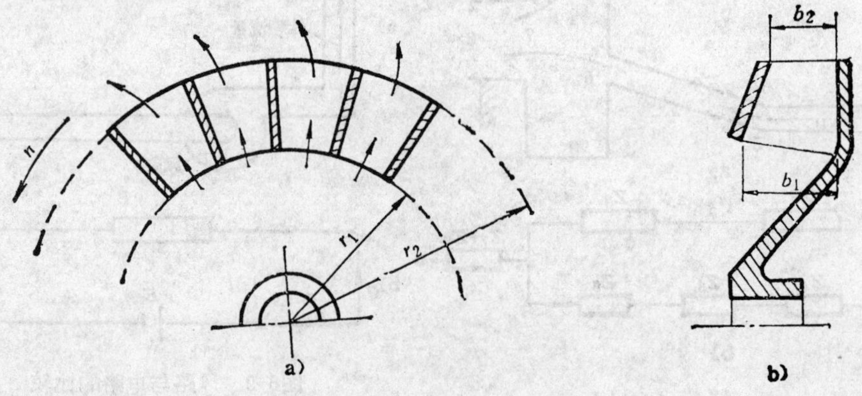


图6-11 离心式风扇

分析风扇的工作性能时，首先要知道的是一定转速下，一定尺寸的风扇能产生的压力是多少，它取决于哪些因素。

假定所讨论的离心风扇是理想的。就是说，假定风扇工作时没有任何损耗，和流过叶片的气流与叶片的外形平行（或者说假定叶片数无穷多而叶片的厚度无穷小）。

设风扇工作时所产生的压力为$p$，通过的流量为$q_V$。由于风扇没有损耗，则外界对风扇叶轮所作的有用机械功率应等于气体所获得的功率，即

$$T\Omega = pq_V \tag{6-22}$$

式中　$\Omega$——叶轮旋转的角速度；

$T$——作用在叶轮上的转矩，也就是叶片作用在通过的气体上的转矩。

根据动量矩定理，可推导出风扇产生压力的方程。

由动量矩定理得知：在稳定流动中，某一时间$t$内流体动量矩的变化，等于同一时间内所加入的冲量矩。

叶轮进口处的动量矩$V\rho r_1 v_{1t}$

叶轮出口处的动量矩$V\rho r_2 v_{2t}$

则，

$$Tt = V\rho(r_2 v_{2t} - r_1 v_{1t})$$

$$T = q_V \rho(v_{2t} r_2 - v_{1t} r_1) \tag{6-23}$$

式中　$V$——时间$t$内流过的气体体积；

$\rho$——气体密度；

$r_1$、$r_2$——叶轮的内、外半径；

$v_{1t}$、$v_{2t}$——风扇叶轮内、外径处气体绝对速度的切向分量。

将式（6-23）代入式（6-22），得风扇所产生的压力

$$p = \rho(v_{2t} u_2 - v_{1t} u_1) \tag{6-24}$$

式中　$u_1$、$u_2$——叶轮内径、外径处的线速度。

只要叶轮的转速和尺寸已知，$u_1$及$u_2$就能确定；而$v_{1t}$及$v_{2t}$的确定则需要利用速度三角形。

下面将气体的各速度分量之间的关系作一分析（图6-12）。当给定叶轮尺寸、转速和叶片形状后，则在任意半径$r$处，叶片的线速度$u$为已定。如气体没有其他速度分量，则气体与叶片之间没有相对运动，在同一半径上的气体，也将以同一线速度运动。当通过叶轮的流量为$q_V$时，叶片间的气体一定有一个径向速度分量$w_r$，其值由流量$q_V$除以叶轮在$r$处的相应圆柱形面积$A$，即

$$w_r = \frac{q_V}{A} \tag{6-25}$$

但是根据理想风扇的假定，叶片间的气体只能沿着与叶片外形平行的方向流动，所以当叶片在$r$处的夹角（叶片切线与圆外切线间的夹角）为$\beta$时，气体沿叶片的速度$w$和$w_r$之间的关系为

$$w = \frac{w_r}{\sin\beta} \tag{6-26}$$

式中的$w$就是气体对于叶片的相对速度。显然，相对速度$w$只取决于流量$q_V$、叶轮面积和叶片的形状，而与叶轮的转速无关。如果通过叶轮的流量为$q_V$，叶轮又以给定的转速旋转，则叶片间的气体对空间的绝对速度$v$，将等于气体对叶片的相对速度$w$和气体随叶片一起在空间旋转的线速度$u$的矢量和，即

$$v=w+u \tag{6-27}$$

因此$v$、$w$及$u$组成了速度三角形（见图6-12）。

若在叶轮的内径及外径处，叶片与内外圆切线的夹角各为$\beta_1$及$\beta_2$，则在入口及出口处的速度三角形如图6-13所示，由图可知

$$v_{1t}=u_1-w_1\cos\beta_1$$

$$v_{2t}=u_2-w_2\cos\beta_2$$

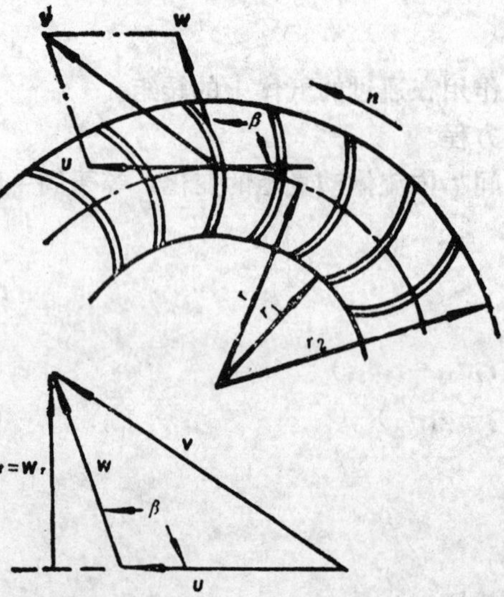


图6-12　在风扇叶片内的速度三角形

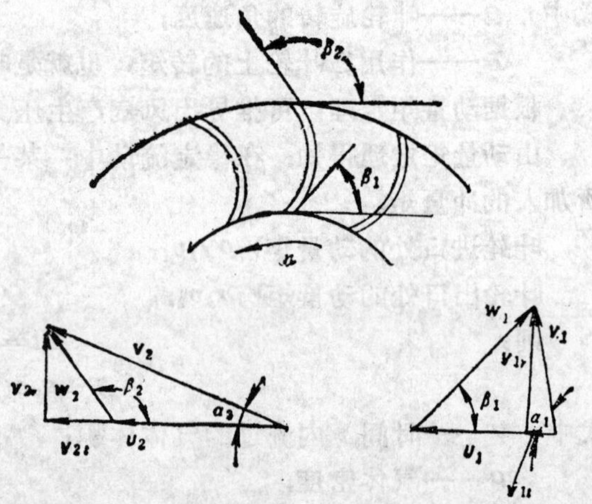


图6-13　在入口及出口处的速度三角形

由速度三角形，可得

$$w_1^2=u_1^2+v_1^2-2u_1v_1\cos\alpha_1=u_1^2+v_1^2-2u_1v_{1t}$$

$$w_2^2=u_2^2+v_2^2-2u_2v_2\cos\alpha_2=u_2^2+v_2^2-2u_2v_{2t}$$

可将上式写成

$$u_1v_{1t}=\frac{1}{2}(u_1^2+v_1^2-w_1^2)$$

$$u_2v_{2t}=\frac{1}{2}(u_2^2+v_2^2-w_2^2)$$

代入式（6-24）后，得

$$p=\frac{1}{2}\rho(u_2^2-u_1^2)+\frac{1}{2}\rho(w_1^2-w_2^2)+\frac{1}{2}\rho(v_2^2-v_1^2) \tag{6-28}$$

式中　右边第一项是叶片间的气体柱在旋转时，由于离心力的作用而产生的静压力；第二项是由于气体在出口处比在入口处的相对速度减少而转化得的静压力；第三项为气体获得的动压力。

风扇的空载运行点是指当风扇没有风量（$q_V=0$）时，所产生的静压力。如果将叶轮外径的所有孔口都加以封闭，便可得到这种运行状态。

因空载运行时，$q_V=0$，$w=0$，$v=u$，故空载运行时产生的压力

$$p_0=\frac{1}{2}\rho(u_2^2-u_1^2)+\frac{1}{2}\rho(u_2^2-u_1^2)=\rho(u_2^2-u_1^2) \tag{6-29}$$

即空载运行时，叶轮外径处气体的压力比其内径处气体的压力要高$\rho(u_2^2-u_1^2)$。由式（6-29）可知，空载运行时风扇所产生的压力与叶片的形状无关，不同风扇只要其叶轮的内外径相同，产生的压力就相同。

**三、理想的离心式风扇的外特性**

当$q_V\neq 0$，即风扇负载运行时，风扇所产生的压力$p_L$和流量$q_V$之间的关系就是风扇的外特性。

由图6-13，可得速度$v_2$的切向分量

$$v_{2t}=u_2-\frac{v_{2r}}{\tan\beta_2}$$

但

$$v_{2r}=\frac{q_V}{2\pi r_2 b_2}$$

式中　$b_2$——见图6-11。由上可得

$$v_{2t}=u_2-\frac{q_V}{2\pi r_2 b_2\tan\beta_2}$$

同理可得

$$v_{1t}=u_1-\frac{q_V}{2\pi r_1 b_1\tan\beta_1}$$

将$v_{1t}$及$v_{2t}$值代入式（6-24），得

$$p_L=\rho(u_2^2-u_1^2)-\frac{\rho}{2\pi}\left(\frac{u_2}{r_2 b_2\tan\beta_2}-\frac{u_1}{r_1 b_1\tan\beta_1}\right)q_V \tag{6-30}$$

由上式可见，对于任一确定的理想的离心式风扇，只要转速不变，其外特性是一直线。在一般情况下，叶片的宽度是不变的，即$b_1=b_2=b$，且因$u_2=\Omega r_2$及$u_1=\Omega r_1$（$\Omega$为叶轮的角速度），代入式（6-30），得

$$p_L=\rho(u_2^2-u_1^2)-\rho\frac{\Omega}{2\pi b}\left(\frac{1}{\tan\beta_2}-\frac{1}{\tan\beta_1}\right)q_V \tag{6-31}$$

从式（6-31）可以分析入口角$\beta_1$和出口角$\beta_2$对风扇外特性的影响。入口角$\beta_1$一般总是小于或等于90°，因为这样可以减少气体进入风扇时的损耗；但出口角$\beta_2$则可以等于、大于或小于$\beta_1$，按$\beta_1$和$\beta_2$之间的关系，离心式风扇可分为三类：

（一）$\beta_2=\beta_1$，这时外特性是一条平行于横轴的直线，即压力与流量无关。$\beta_1=\beta_2=90°$是一特例，称为径向式叶片，它的优点是可以逆转，但效率较低。

（二）$\beta_2>\beta_1$，$\beta_2>90°$称为前倾式叶片，它的外特性是向上倾斜的直线，用于低速单方向旋转的电机，效率较高。

（三）$\beta_2<\beta_1$，$\beta_2<90°$称为后倾式叶片，它的外特性是向下倾斜的直线，用于高速单方向旋转的电机，效率居于上二者之间。

图6-14为各类风扇的外特性曲线。

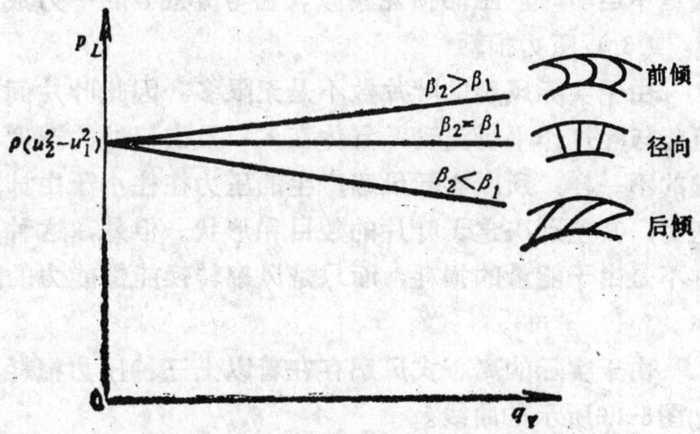


图6-14　各类理想离心式风扇的外特性

风扇叶片的倾角不但对外特性有影响，而且对全压力中静压力和动压力的分配也有影响。在电机的冷却系统中，动压力往往要先转化为静压力才能被充分利用，而这种转化总是要引起损失。尤其是对于没有装设使出口处风速逐渐降低以便得到动压力转化的和改善转化效率的扩散器的电机中，从风扇出来的动能大部分都损失掉了。因此，我们希望风扇所产生的全部压力中，静压力占较大的比例。前倾式风扇虽然能产生较高的压力，但其压力中动压力所占比例较大，因此一般除极少数低速情况以外，很少在电机中采用。

**四、实际离心式风扇的外特性和功率**

实际的离心式风扇，其叶片不会是像理想离心式风扇那样无限多，而且风扇运行时，气体不可能是平稳地、无冲击地进入叶片，并与叶片平行流动，最后与叶片相切地脱离，因此实际的离心式风扇具有下列一些损耗：

（1）冲击损耗

气体进入叶片时，由于冲击损耗而失去一部分压力。这种损耗的大小取决于气体在进入叶片时，对叶片相对速度的方向与叶片入口角的吻合程度。在互相吻合时，气体进入叶片时的损耗为最小，这时的入口角称为无冲击入口角，其估算方法如下：

假定风扇的额定流量为$q_V$，则在入口处的径向流速应为

$$v_{1r}=\frac{q_V}{K2\pi r_1 b_1} \tag{6-32}$$

式中的$K$为考虑叶片厚度所占空间使进风面积减少而引入的系数，一般可取为0.92。叶片在入口处的线速度为$u_1$，气体在进入叶片前，假定以$0.5u_1$的线速度旋转，则气体在入口前一瞬间对叶片的相对切线速度为$-0.5u_1$，所以气体在入口前的速度方向与切线方向的夹角的正切为

$$\tan\alpha=\frac{2v_{1r}}{u_1} \tag{6-33}$$

若叶片的入口角$\beta_1$做得正好等于$\alpha$（图6-15），则在额定流量$q_V$时，气体将无冲击地进入叶片，此时入口损耗为最小。显然，若流量大于或小于额定值时，都将引起入口冲击损耗的增大。

（2）摩擦损耗与局部损耗

气体在叶片间流动时，由于摩擦损耗与局部损耗而失去一部分压力，这种损耗与气体在管道中运动时产生的损耗相似。它与流量$q_V$的平方成正比。

（3）压力损耗

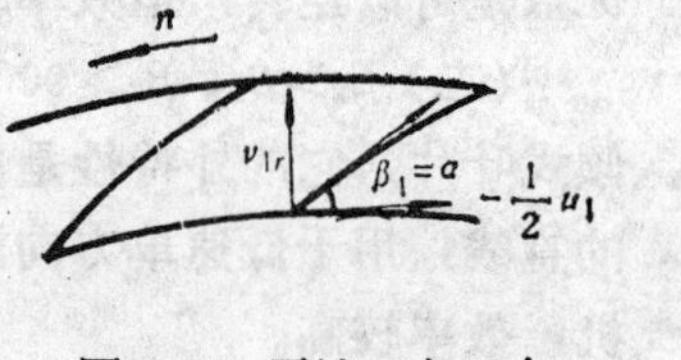

图6-15　无冲击入口角

由于实际风扇的叶片数不是无限多，因此叶片间的气体不可能与叶片作平行流动，气体在入口及出口处的速度与理想风扇的不一样，所以实际风扇产生的压力往往小于由计算所得的压力，其差别决定于叶片的数目和形状。但是，这种压力下降并不是由于能量的损耗，而只是风扇转换能量能力的降低，所以它并不影响到风扇的能量效率。

由于实际的离心式风扇存在着以上三种压力损耗，所以实际外特性并不是一直线，而是如图6-16所示的曲线。

离心式风扇在空载运行时所产生的静压力$p_0$可按下式计算：

$$p_0 = \eta_0 \rho (u_2^2 - u_1^2) \tag{6-34}$$

式中　$\eta_0$——风扇空载时的气体动效率。实践证明，$\eta_0$可取下列数值：

对前倾叶片　　$\eta_0 = 0.75$　　(6-35a)

对后倾叶片　　$\eta_0 = 0.5$　　(6-35b)

对径向叶片　　$\eta_0 = 0.6$　　(6-35c)

离心式风扇在"短路"运行时，其外部风阻为零。此时风扇所产生的外压力$p=0$，而经过风扇的流量将为最大值（$q_{Vm}$）。根据试验，不同叶片的离心式风扇的$q_{Vm}$（单位为$m^3/s$）与叶轮外径处通过气体的圆柱形表面积（有效值）$A_2$（单位为$m^2$）有以下数值关系：

对前倾叶片，当$\beta_1 \approx 25°$，$\beta_2 \approx 155°$时，

$$q_{Vm} \approx 0.5 u_2 A_2 \tag{6-36a}$$

对后倾叶片，当$\beta_1 = \beta_2 \approx 25°$时，

$$q_{Vm} \approx 0.35 u_2 A_2 \tag{6-36b}$$

对径向叶片，当$\beta_1 = \beta_2 = 90°$时，

$$q_{Vm} \approx 0.42 u_2 A_2 \tag{6-36c}$$

式中，$A_2$可按下式计算

$$A_2 = K \pi D_2 b \tag{6-37}$$

式中　$D_2$——叶轮外径；

$b$——叶片的轴向宽度；

$K$——系数，通常取$K=0.92$，即式（6-32）中的$K$。

对于径向叶片的离心式风扇，特性曲线$p=f(q_V)$用标么值表示时，可用下列简化形式表达：

$$\frac{p}{p_0} = 1 - \left(\frac{q_V}{q_{Vm}}\right)^2 \tag{6-38}$$

当已知风扇的外特性和通风系统的风阻特性时，我们就可用图解法求出通过该系统的流量，如图6-17所示。两条曲线的交点就代表风扇的工作点。由于风扇的最高效率一般发生在$q_V = \frac{1}{2} q_{Vm}$附近，因此风扇的额定工作点最好在$q_V = \frac{1}{2} q_{Vm}$附近。

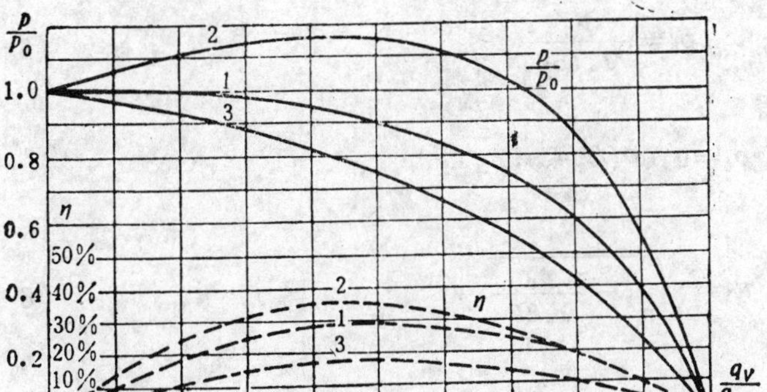


图6-16　实际离心式风扇的外特性

1—对向后倾斜的叶片（$\beta_1=\beta_2=25°$）　2—对向前倾斜的叶片（$\beta_1=25°, \beta_2=155°$）　3—对径向叶片（可逆转风扇）

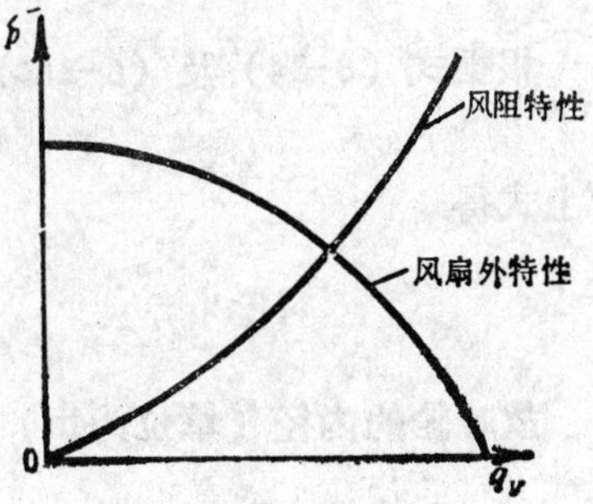


图6-17　图解法求风量

当风扇工作时的压力和流量确定之后，风扇所消耗的功率或其输入功率可用下式计算：

$$p_v = \frac{pq_V}{\eta} \tag{6-39}$$

式中　$\eta$——风扇的能量效率；对于前倾叶片，$\eta=0.3\sim0.4$；对于后倾叶片，$\eta=0.25\sim0.3$；对于径向叶片，$\eta=0.15\sim0.2$。

**五、离心式风扇的计算要点**

一般电机中的风扇都是与转子同轴旋转，因此设计计算风扇时，应依据预定的通风方式以及风扇的具体安装位置和电机整个结构综合考虑。设计风扇时还必须注意降低风扇引起的噪声（参阅§9-7）。

离心式风扇的计算主要是确定其内外径$D_1$和$D_2$、叶片的宽度$b$和倾角$\beta$。具有倾斜叶片的风扇在制造上较为复杂，且不适用于可逆转的情况，故在普通电机中，主要采用径向叶片的风扇，下面即介绍此种风扇的计算要点。

风扇叶轮的外径（$D_2$）根据通风系统或方式和电机的结构选定。对于轴向通风系统，$D_2$应尽量采用最大可能的数值，以便产生较高的风压。

按选定的外径$D_2$（单位为m），确定线速度$u_2$（单位为m/s）：

$$u_2 = \frac{\pi D_2 n}{60} \tag{6-40}$$

式中　$n$——风扇转速，单位为r/min。

按最大效率的条件，假定

$$q_{Vm} = 2q_V \tag{6-41}$$

从式（6-36c），风扇叶轮外径处的圆柱形表面积，

$$A_2 = \frac{q_{Vm}}{0.42u_2} \tag{6-42}$$

于是从式（6-37）可确定风扇叶片的宽度：

$$b = \frac{A_2}{K\pi D_2} \tag{6-43}$$

将最高效率的运行条件代入式（6-38），得$p=0.75p_0$，$p$是已知的风扇额定工作时的压力，它等于风路计算时所得的总压降，因而

$$p_0 = \frac{p}{0.75} \tag{6-44}$$

根据式（6-34）及（6-35c），得

$$p_0 = 0.6\rho(u_2^2 - u_1^2)$$

由上式得

$$u_1 = \sqrt{u_2^2 - \frac{p_0}{0.6\rho}} \tag{6-45}$$

故叶轮的内径（单位为m）为

$$D_1 = \frac{60u_1}{\pi n} \tag{6-46}$$

式中，$u_1$的单位为m/s。$n$的单位为r/min。

离心式风扇叶片数目的选择可以有相当大的自由度。选择时一般考虑使叶片构成的管道

长度和宽度有适当的比例，以减小损耗。为了保证叶轮有足够的刚度，在平均直径处叶片之间的距离应小于或等于叶片的高度，即叶片数

$$N \geqslant \frac{\pi(D_1+D_2)}{D_2-D_1} \tag{6-47}$$

### 六、理想的轴流式风扇所产生的压力

所谓理想的轴流式风扇，是假定风扇工作时没有任何损耗，两叶片间流体质点的运动轨迹与叶片形状一致，即在同一半径的圆周上，流体各质点均沿叶片的切线方向运动，其相对速度相等。

现研究理想轴流式风扇所产生的压力。在图6-10b上，以轴心半径为 $r$ 的圆筒，对叶轮作一截面，并将它展开成平面，则得平面叶栅，如图6-18a。所谓平面叶栅就是一系列相同叶型，彼此相距为 $t$ 。取其中一个叶型，并简化为$AB$曲线，$A$为叶轮在半径 $r$ 处的进口边，$B$为同一半径处的出口边此二点在同一半径上，所以它们的线速度是相等的，即$u_1=u_2=u$，因而可作出叶片在进口及出口处的速度三角形或平形四边形，如图6-18b所示。图中$w$为流体对叶片的相对速度，$v$为流体的绝对速度。

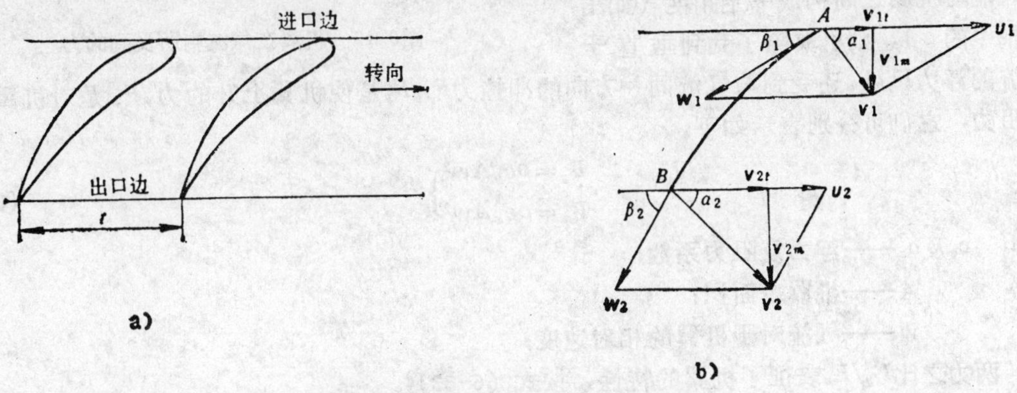


图6-18　平面叶栅及其速度三角形

和理想的离心式风扇相似，可根据动量矩定理，求得理想的轴流式风扇工作时所产生的压力为

$$p=\rho(u_2v_2\cos\alpha_2-u_1v_1\cos\alpha_1) \tag{6-48}$$

由于$u_2=u_1=u$，所以

$$\begin{aligned} p&=\rho u(v_2\cos\alpha_2-v_1\cos\alpha_1)\\ &=\rho u(v_{2t}-v_{1t}) \end{aligned} \tag{6-49}$$

式中　$v_{2t}$及$v_{1t}$为流体在出口边及进口边绝对速度的切向分量，从图6-18b得

$$\left.\begin{aligned} v_{2t}&=u_2-v_{2m}\cot\beta_2\\ v_{1t}&=u_1-v_{1m}\cot\beta_1 \end{aligned}\right\} \tag{6-50}$$

式中　$v_{2m}$及$v_{1m}$为流体在出口边及进口边绝对速度的轴向分量，根据连续流定律，它们应该相等，即

$$v_{1m}=v_{2m}=v_m \tag{6-51}$$

将式（6-50）、（6-51）代入（6-49）中，由于$u_2=u_1=u$，则得轴流式风扇在理想情况下产生风压的公式为

$$p = \rho u v_m(\cot\beta_1 - \cot\beta_2) \tag{6-52}$$

由上式可知，轴流式风扇只有当$\beta_2 > \beta_1$时才能产生风压。在风压一定的情况下，$\beta_1$与$\beta_2$越接近，则要求叶片的线速度越大，即当叶片的线速度增加时，叶片的弯曲度可相应地减小，即叶片可以较为平坦。

## 七、轴流式风扇压力的实用计算方法

实用上通常依据机翼原理来计算轴流式风扇所产生的压力，它并不是依靠离心力，而是由叶片截面的形状以及叶片在气流中所处的位置，使流过叶片的气流速度发生变化而形成的。

图6-19所示一放在气流之中的机翼，它与风扇叶片在气体中旋转的情况相似。由于机翼（或叶片）的特殊形状及其相对于气流的位置，使机翼周围气体的流速发生了变化，机翼上面的气体流速增高，而下面的减少。根据柏努利定理，机翼下面的气流的压力就会比上面的大，由于上下压力之差就产生了机翼的浮力（$F_y$），若气流与机翼之间构成一定角度（如图6-19中的$\alpha$），则机翼除了受到垂直于气流的浮力$F_y$外，还受到与气流同一方向的冲撞力$F_x$。$F_y$是使机翼上升的力，$F_x$是对机翼前进的阻力，它们可分别表示如下：

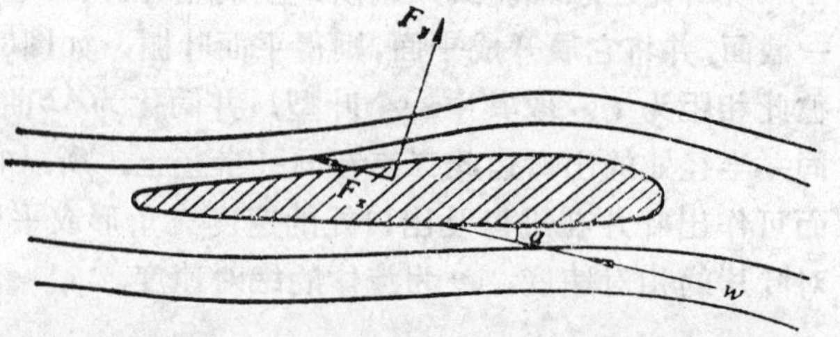

图6-19　机翼在气流中所受到的力

$$\left.\begin{aligned} F_y &= \rho c_y A w^2 \\ F_x &= \rho c_x A w^2 \end{aligned}\right\} \tag{6-53}$$

式中　$c_y$及$c_x$——浮力及阻力系数；

$A$——机翼表面积；

$w$——气流对于机翼的相对速度；

两力之比$F_y/F_x$表征了机翼的特性，按式（6-53），

$$\frac{F_y}{F_x} = \frac{c_y}{c_x} \tag{6-54}$$

比值$c_y/c_x$称为机翼的品质系数。对于近代机翼，比值$c_y/c_x = 10 \sim 15$，最大可达20。系数$c_y$、$c_x$及比值$c_y/c_x$与机翼截面的形状有关，但主要还是取决于攻角$\alpha$（见图6-19）。攻角$\alpha$是气流速度的方向与翼面间所构成的角度。当截面形状一定时，这些系数与$\alpha$之间的关系由试验求得。图6-20表示出在某一机翼截面形状下求得的试验曲线。

用机翼原理来说明轴流式风扇的工作原理时，认为叶轮上的叶片是各自独立工作相互间没有影响的。这样叶片在气体中旋转就相当于机翼处于气流之中。机翼在气流中产生的浮力，也就是轴流式风扇旋转时所产生的压力。为了使轴流式风扇产生的压力高、阻力小，应该注意叶片工作时的攻角$\alpha$，和使叶片截面的形状与有良好性能的机翼截面形状相似。这样的叶片截面形状复杂，制造比较困难，因此常用做成一侧呈圆弧的叶片来代替，这虽稍为有损风扇的性能，但在工艺上简便不少。

轴流式风扇当叶轮尺寸及叶片形状确定之后，在一定的转速时，它所产生的压力主要取决于攻角。但攻角是随流量而变化的。为了了解攻角如何随流量变化，必须画出气流在轴流式风扇内的速度多角形，以便求出气流对叶片的相对速度（见图6-21）。

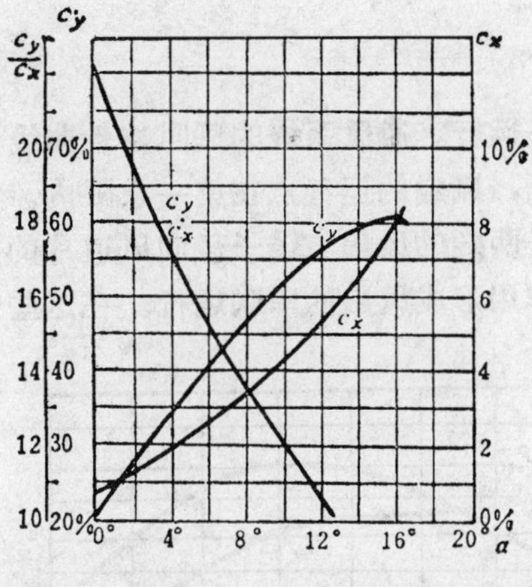


图6-20　系数$c_y$、$c_x$、$c_y/c_x$的试验曲线

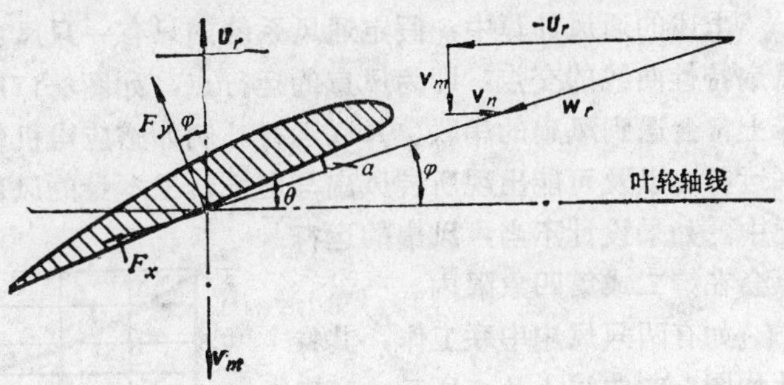


图6-21　轴流式风扇的速度多角形

在速度多角形中，有下列各速度分量：

（一）设叶片上某处距叶轮中心的半径为 $r$，则该处的线速度为$u_r = \Omega r$（$\Omega$为叶轮的角速度），这相当于叶片不动而气流以$u_r$（单位为m/s）的速度向相反的方向对叶片运动。

$$u_r = \frac{\pi D n}{60} \tag{6-55}$$

式中　$D$——所研究的叶片截面所处的直径，单位为m；

$n$——风扇的转速，单位为r/min。

（二）设通过风扇的流量为$q_V$，则气流的轴向速度$v_m$近似为

$$v_m \approx 1.2\frac{q_V}{\frac{\pi}{4}(D_2^2 - D_1^2)} \tag{6-56}$$

式中　$D_1$、$D_2$——叶轮的内外径；

1.2是考虑叶片占有的空间而引入的经验系数。

（三）气流在通过叶片时所获得的随叶片旋转的线速度$v_n$一般近似等于$0.1 \sim 0.2u_r$。

将上述各速度分量相加，即可获得气流在半径 $r$ 处对于叶片的相对速度$w_r$，$w_r$与叶片之间的夹角 $\alpha$ 就叫攻角，叶片与叶轮间的倾斜角是叶片安装角 $\theta$。显然，浮力$F_y$与风扇的旋转轴线之间的夹角为

$$\varphi = \theta - \alpha \tag{6-57}$$

而$F_y$与$F_x$在轴线上的投影值的代数和，即为风扇所产生的轴向力：

$$F = F_y \cos\varphi - F_x \sin\varphi \tag{6-58}$$

一般来说，电机中所使用的轴流式风扇，其安装角 $\theta$ 是不变的。当流量变化时，$v_m$随之变化，如果流量增大，则用图6-21所示的作图可知攻角 $\alpha$ 就要减小，甚至变成负值。反之流量减少时，攻角会增大，当流量为零时，攻角 $\alpha$ 即等于安装角 $\theta$。当攻角离开其合适值一定范围时，浮力系数$c_y$及品质系数$c_y/c_x$将迅速变坏。

此外，在轴流式风扇中也不可避免地要产生摩擦损耗和局部损耗，由这些损耗所引起的压力下降一般与流量的平方成正比。轴流式风扇的工作特性一般如图6-22所示。

在大中型电机中，为了改善轴流式风扇的性能，应该使叶片沿着半径方向逐步扭曲，以

便在不同半径处均获得较合适的攻角$\alpha$。

## 八、风扇的联合运行

上述的通风计算中，假定通风系统内只有一只风扇在运行。通风系统的风阻特性曲线与风扇特性曲线的交点，即为风扇的运行点，如图6-17所示，风扇的运行点在第一象限内。实际上常会遇到风扇的串联、并联运行。例如感应电机转子两端的风扇与转子径向风道片的并联运行；以及可能出现所装风扇与电机转子本身的风扇作用形成风扇的串联运行。在这些情况中，如果设计不当，风扇的运行点会在第二或第四象限内。

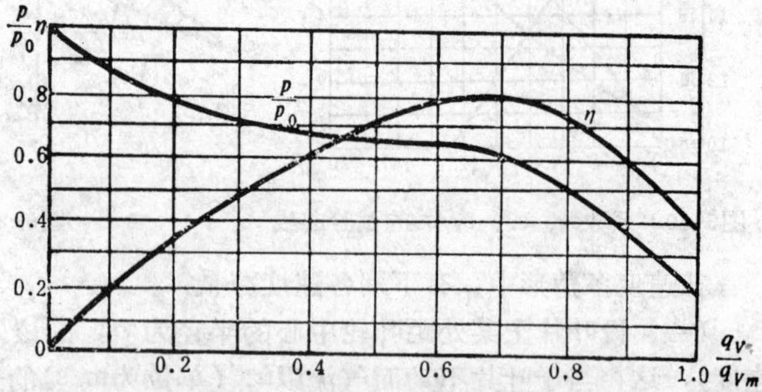


图6-22　轴流式风扇的工作特性

如有两只风扇串联工作，其特性如图6-23曲线1及2所示。在串联工作时，两只风扇中通过的流量是相同的，两风扇所产生的合成风压应为两者之和。由此得出曲线1及曲线2的合成曲线3。假如通风系统的风阻特性如图中曲线4所示，则曲线3与曲线4之交点($q_V$、$p$)即为此通风系统的运行点。由此点作一直线与纵轴平行，与曲线1相交于点($q_{V1}$、$p_1$)，与曲线2相交于点($q_{V2}$、$p_2$)。前者为风扇1的运行点，在第四象限内；后者为风扇2的运行点，在第一象限内。由图可见，这时风扇1产生的风压为负值，即是说如果通风系统的风阻较小，流量较大，且大于第一只风扇可能产生的最大流量，则第一只风扇将在负风压下工作，流量单独由第二只风扇供应，第一只风扇的存在反而增加了通风系统的风阻。

如有两只风扇并联工作，其特性曲线如图6-24曲线1及曲线2所示。在并联工作时，风压等于每只风扇的风压，总流量为两风扇的流量之和。由此得出合成的风扇特性曲线3。如果通风系统的风阻特性如图中曲线4所示，则曲线3与曲线4之交点($q_V$、$p$)即为此通风系统的运行点。由此点作一直线与横轴平行，与曲线1交于点($q_{V1}$、$p_1$)，与曲线2交于点($q_{V2}$、$p_2$)。前者为风扇1的运行点，后者为风扇2的运行点。由图可见，风扇1的运行点在第二象限内，这时风扇1所供应的流量为负值。即是说如果通风系统的风阻较大，由并

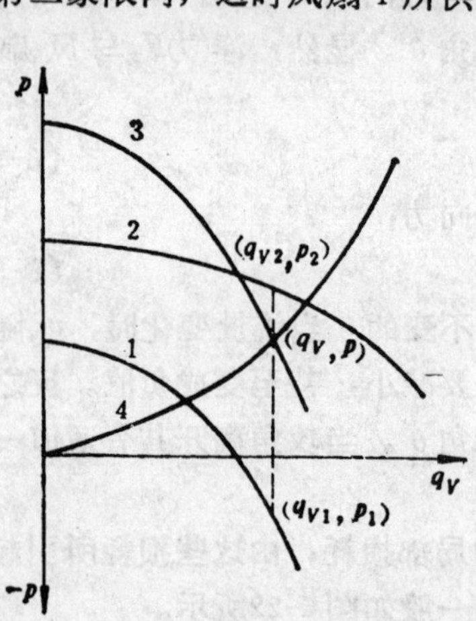


图6-23　风扇的串联运行

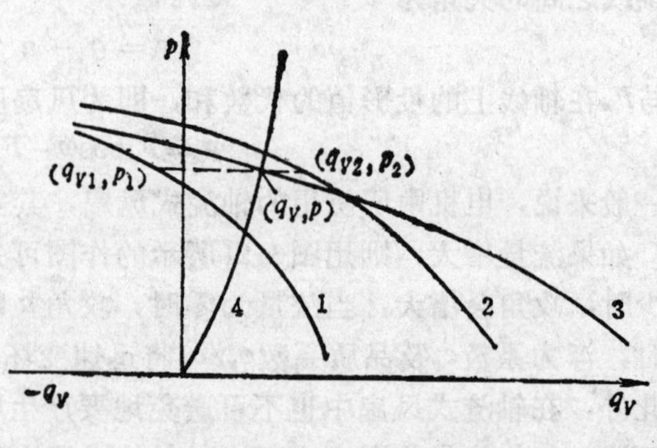


图6-24　风扇的并联运行

联运行的两只风扇所组成的回路内将会形成环流，以致通风系统的流量只由一只风扇供应，另一只风扇不但不参与供应流量反而增加了前一只风扇的负担，因而增加了通风损耗。

因此，在设计通风系统时，如须采用风扇的联合运行，则应注意：如果电机风道的风阻较大，则宜用风扇的串联运行；如果风阻较小，则宜用风扇的并联运行。否则不仅不能增强通风效果，反而会增加通风损耗。

## §6-4 径向通风系统中转子上其他风压元件参数的近似计算法

在采用径向通风系统的电机中，通常借助放置在通风道中的风道片，或安装在转子绕组端部的翼片（感应电机）或绕组端部及其支架本身（直流电机），或安装在凸极同步机转子端部的斗形（或称杓形）翼片来产生风压。计算时，这些通风装置都被当作等效的离心式风扇来考虑。

在工厂中常采用较为简便的近似计算方法，以便较快地判定利用这些风压元件的可能性与合适性，并估计出所设计电机的冷却情况。计算用的具体经验公式见文献〔0-22〕。

### 复习思考题

1．电机中常用的通风冷却系统有哪几种？选择和设计通风系统时应注意哪些问题？

2．流体所具有的压力为什么可以用压头来表示？压力与压头之间的关系如何？它们的单位有何不同？

3．柏努利方程代表的物理意义是什么？为什么在流体的运动过程中，它的静压头与动压头之间可以互相转化？

4．流体在运动过程中为什么会产生流阻或风阻？各类流阻或风阻的大小与哪些因素有关？如果原来用空气冷却的电机，改用氢气冷却，其风阻估计会怎样变化？

5．流阻或风阻的串联及并联应如何计算？与电阻的串并联计算方法相比较，有何异同？

6．试比较离心式风扇和轴流式风扇的工作原理，它们各有什么优缺点？为什么在一般中小型电机中很少采用轴流式风扇？

# 第七章 发热计算

## §7-1 电机允许的温升限度

### 一、概述

电机运行时要产生损耗，这些损耗都转变为热能，使电机各部分的温度升高。电机某部件的温度与周围介质温度之差，就叫做该部件的温升。

电机不是一个均质物体，其中的发热与散热过程比较复杂，但在研究电机的这些过程时，我们往往假定它是一个均质物体，从这里得出一些主要的概念和规律。关于均质物体发热过程的推导，详见本章§7-4，二。

根据对均质物体发热过程的分析，得知其温升随时间的变化是指数曲线关系，如图7-1所示。起始时物体的温度与周围介质的相同，这时物体产生的全部损耗都将用以提高物体的温度，因此起始时物体的温度上升很快。随着物体温度的增加，它与周围介质的温差增大，散发到周围介质中去的热量也逐渐增加。理论上要到时间 $t=\infty$ 时，物体才达到最终稳定温升 $\Delta\tau_\infty$，这时物体所产生的全部热量都散发到周围介质中去，物体本身的温度就不再增加了。实际上当 $t=(3\sim4)T$（式中 $T$ 为发热时间常数，见§7-4）后，温升就基本上稳定了。

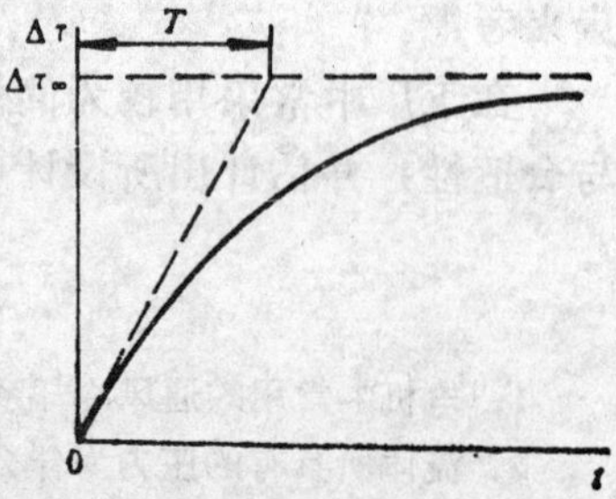

图7-1 均质物体的发热曲线

对于一台电机来说，虽然它不是一个均质物体，但上述发热过程的基本特征对电机也是大体上适用的。为了使电机的温升不超过一定的数值，从以后的分析可知，必须一方面减少电机中产生的损耗；另一方面是增加电机的散热能力。随着电机单机容量的日益增大，改善冷却系统，提高散热能力以限制电机的温升，一直是电机发展中的主要问题之一。

当电机在一定的容量下正常运行时，它的温升也是一定的。因此，只有规定了电机的温升，才使电机的容量具有确切的意义。温升计算的目的一般是核算电机中几个发热部件在额定运行时的温升是否超过允许的极限值（并考虑到必要的裕度）。

### 二、我国采用的电机温升限度

电机在额定状态下长期运行而其温度达到稳定时，电机各部件温升的允许极限值称为温升限度。电机的温升限度在国家标准《电机基本技术要求》中已作了规定，对于用空气冷却的电机，其值如表7-1所示。

就绕组而言，表中给出的温升限度基本上取决于其绝缘结构所允许的最高温度及冷却介质的温度，但也和温度的测量方法、绕组的传热和散热条件以及其中允许产生的热流强度等因素有关，现分别说明如下：

（1）电机绕组绝缘结构所采用的材料，在温度的作用下，其机械、电气、物理等性能都将逐渐变坏，而当温度升高到一定程度时，绝缘材料的特性会发生本质的变化，最后甚至

表 7-1

单位：K

| 项号 | 电机部分 | A级 温度计法 | A级 电阻法 | A级 埋置检温计法 | E级 温度计法 | E级 电阻法 | E级 埋置检温计法 | B级 温度计法 | B级 电阻法 | B级 埋置检温计法 | F级 温度计法 | F级 电阻法 | F级 埋置检温计法 | H级 温度计法 | H级 电阻法 | H级 埋置检温计法 |
|---|---|---|---|---|---|---|---|---|---|---|---|---|---|---|---|---|
| 1 | 额定功率在5000kW（或5000kVA）及以上，或铁心长度为1m以及以上的电机的交流绕组 | — | 60 | 60① | — | 70 | 70① | — | 80 | 80① | — | 100 | 100① | — | 125 | 125① |
| 2 | a）额定功率小于或铁心长度短于第1项的电机的交流绕组<br>b）除第3项及第4项以外的用直流励磁的交流和直流电机的磁场绕组<br>c）有换向器的电枢绕组 | 50① | 60 | 60 | 65① | 75 | 75① | 70① | 80 | 80 | 85① | 100 | 100 | 105① | 125 | 125 |
| 3 | 用直流励磁的汽轮发电机的磁场绕组 | — | — | — | — | — | — | — | 90 | — | — | 110 | — | — | — | — |
| 4 | （1）补偿绕组和多层低电阻磁场绕组 | 60 | 60 | — | 75 | 75 | — | 80 | 80 | — | 100 | 100 | — | 125 | 125 | — |
| | （2）表面裸露或金属表面涂漆的单层绕组② | 65 | 65 | — | 80 | 80 | — | 90 | 90 | — | 110 | 110 | — | 135 | 135 | — |
| 5 | 永久短路的绝缘绕组 | 60 | — | — | 75 | — | — | 80 | — | — | 100 | — | — | 125 | — | — |
| 6 | 永久短路的无绝缘绕组 | 这些部件的温升在任何情况下，不应达到足以使任何邻近的绝缘或其他材料有损坏危险的数值 | | | | | | | | | | | | | | |
| 7 | 不与绕组接触的铁心及其他部件 | | | | | | | | | | | | | | | |
| 8 | 与绕组接触的铁心及其他部件 | 60 | — | — | 75 | — | — | 80 | — | — | 100 | — | — | 125 | — | — |
| 9 | 换向器或集电环④ | 60 | — | — | 70 | — | — | 80 | — | — | 90③ | — | — | 100③ | — | — |

①额定电压超过11000V的全绝缘定子绕组，温升要作修正。

②包括多层绕组，设其下面的各层都与初级冷却介质接触。

③若采用90K或更高的温升时，应注意选择适当材质的电刷。

④换向器或集电环的温升应符合本身所采用的绝缘等级，但如换向器或集电环与绕组靠近，则它们的温升应不超过邻近绕组所采用绝缘等级的允许限度。温升值只限于用膨胀式温度计测定。

失去绝缘的能力。在电工技术中，常将电机及电器中的绝缘结构或绝缘系统按极限温度而分为若干耐热等级（见表7-2）。绝缘结构或系统在相应等级的温度下长期运行，一般不会产生不该有的性能变化。在某一耐热等级的绝缘结构中，不一定全部选用同一耐热等级的绝缘材料，绝缘结构的耐热等级是通过对所用结构的模型进行模拟试验而综合评定的。

表 7-2

| 耐热分级 | A | E | B | F | H |
|---|---|---|---|---|---|
| 极限温度/℃ | 105 | 120 | 130 | 155 | 180 |

（2）绝缘结构在规定的极限温度下工作，能够获得经济的使用寿命。理论推导及实践证明，绝缘结构的使用寿命与温度之间是呈指数关系，因此它对温度十分敏感。若工作温度每超过A级绝缘极限温度8℃，（B级10℃，F级12℃，H级14℃），其使用寿命就要平均缩短一半。对于某些特殊用途的电机，如其使用寿命并不要求很长，这时为了缩小电机的体积，可根据经验或试验数据来提高电机的允许极限温度。

（3）冷却介质的温度虽然随所用的冷却系统和冷却介质的不同而有所不同，但对目前采用的各种冷却系统来说，冷却介质的温度基本上取决于大气温度，并且在数值上和大气温度大体相同。但大气温度随一年内不同时间和地点而变化，根据统计，我国各地年平均温度都在22℃以下，平均最高温度不超过35℃，而绝对最高温度一般在35～40℃之间，只有极少数地区在40～45℃之间。目前世界各国一般都采用大部分地区的大气绝对最高温度作为冷却介质的温度，因此我国的国家标准中规定＋40℃作为冷却介质的温度。表7-1中规定的温升限值即按此规定的。

（4）测量温度的方法不同，会造成测得的温度与被测部件中最热点温度之间的差别也不同，而被测部件中最热点的温度才是判断电机能否长期安全运行的关键。例如在标准中规定E级绝缘的定子绕组，用电阻法测量的温升限度为75℃，这个数值是从E级绝缘结构的最高允许工作温度120℃中，减去周围介质温度40℃及定子绕组平均温度和最热点温度的差别5℃(估计值）后得到的。在某些部件中，由于传热和散热条件较好，例如表面裸露的单层绕组,就不必考虑这个差别。随着耐热等级的不同,差别的数值也不相同，这是因为对于不同耐热等级的部件，所允许的热流强度是不同的。一般说，部件中温度的分布随热流强度的减小而趋于均匀，其平均温度与最热点温度之间的差别也较小。例如对A级和E级绝缘，这个差别估计为5℃，B级绝缘为10℃，H级绝缘为15℃。

（5）表7-1中的温升限度是对海拔不超过1000m,最高环境温度为40℃的地区规定的。在海拔更高的地区,空气比较稀薄,散热条件较差，一台电机在这种情况下运行，其温升要比海拔低的地区高。因此，在国家标准中规定，当电机使用地点的海拔高于试验地点的海拔（但前者不超过4000m)时，其温升限度（指试验值）应按两海拔之差每100m减去表7-1中规定值的1%计。反之，如试验地点高于使用地点（但前者不超过4000m),则温升限度修正值应为加上而不是减去。在上述修正计算中，低于1000m的海拔均算作1000m。

在某些特殊情况下，电机绕组的温升限度往往不完全取决于所用绝缘结构的允许最高温度，还要考虑其他一些因素，例如：

（1）进一步提高电机绕组的温度一般意味着电机损耗的增大和效率的下降，这在经济上不一定合算。

（2）绕组温度的提高（例如高于150℃时），可能引起轴承润滑系统工作的困难等。

（3）对于带换向器的电机，绕组温度的提高（例如高于200℃时）会引起换向的困难（同时还应注意焊接工艺）。对于航空用的电机，这一点更为重要。

（4）绕组温度的提高将引起某些相关零部件材料中的热应力的增大。

（5）其他因素，如对绝缘的介电性能、导体金属材料的机械强度等，都会带来不利影响。

因此，在目前有些电机绕组虽然采用F级或H级的绝缘结构，但其温升限度常常仍按B级的规定值，这不但考虑到上述中某些因素，而且对于增加电机使用时的可靠性较为有利，并可延长电机使用寿命。

## §7-2 传热的基本定律

### 一、概述

电机中热量传播过程的物理情况虽然十分复杂，加上制造工艺上一些不稳定因素的影响，以致很难准确进行电机的发热计算；但电机中由损耗产生的热量，一般总先由发热体内部借传导作用传到发热体表面，然后再通过对流和辐射作用散到周围介质中去。因此从讨论传导、对流和辐射三种传热方式的基本规律中，应能寻求对发热体的某些近似的温升计算方法。

### 二、热传导定律

热传导只发生在空间中温度有高低或差异的温度场中。若将温度场中有相同温度的点联接起来，便得到等温面或等温线。在导热性能均匀的各向同性介质中，由于对称的缘故，各点热量传导的方向总是和该点温度的空间变化率最大的方向一致，亦即与通过该点的等温线的法线方向一致，如图7-2所示。热量总是从高温向低温方向传导。至于热流密度，即单位时间内通过单位等温面的热量，则与各点在等温面的法线方向上的空间温度变化率或即各点的温度梯度成正比：

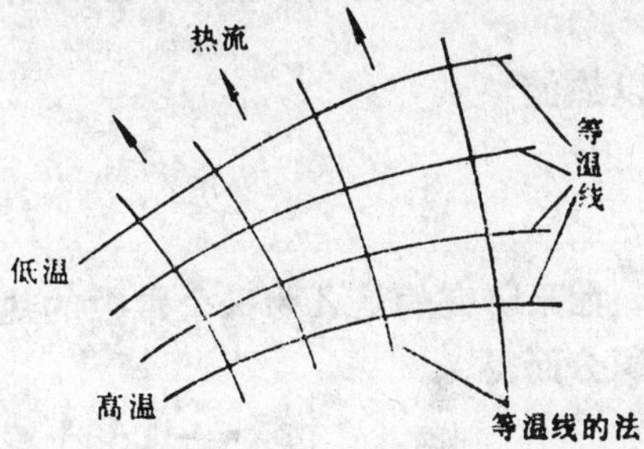


图7-2 温度场

$$q=-\lambda \operatorname{grad}\theta \tag{7-1}$$

式中 $q$——热流密度；

$\lambda$——比例常数，即热导率。电机中常用材料的热导率见表7-3。

由于温度梯度（$\operatorname{grad}\theta$）的正方向应为温度上升方向，而热量的传播方向——热流量的方向为温度下降的方向，故在等式右边加一负号。

式（7-1）是热传导的基本定律。当热流只有一个方向，并把这个方向取为$x$轴时，式（7-1）可写为

$$q=-\lambda\frac{d\theta}{dx} \tag{7-2}$$

根据热流密度定义：

$$q=\frac{\Phi}{A}$$

式中 $\Phi$——单位时间内通过等温面的总热量，即热流量，以下简称热流；

$A$——等温面的面积（即与热流方向垂直的面积）；

表 7-3

| 材料名称 | $\frac{\lambda}{W/m\cdot C}$ | 材料名称 | $\frac{\lambda}{W/m\cdot C}$ |
|---|---|---|---|
| 紫铜 | 380～385 | 浸漆纸 | 0.125～0.167 |
| 黄铜 | 130 | 油 | 0.12～0.17 |
| 铝 | 202～205 | 水 | 0.57～0.628 |
| ①成叠硅钢片： | | 玻璃 | 1.1～1.14 |
| 不涂漆(沿分层方向) | 42.5 | 很薄的静止空气层 | 0.025 |
| 不涂漆(与分层方向垂直) | 0.62 | 很薄的氢气层 | 0.17～0.175 |
| 涂漆(与分层方向垂直) | 0.57 | 珐琅、瓷 | 1.97 |
| 纯云母 | 0.36 | 软橡皮 | 0.186 |
| 云母带 | 0.264 | 青壳纸 | 0.182～0.202 |
| 压缩云母套筒 | 0.12～0.15 | 沥青 | 0.7 |
| 层间有纸的云母 | 0.1～0.12 | 硅橡胶 | 0.3 |
| *B*级绝缘绕组 | 0.12～0.16 | 漆玻璃带 | 0.22 |
| *A*级绝缘绕组 | 0.1～0.15 | 玻璃丝+云母 | 0.16 |
| 黄(黑)漆布 | 0.21～0.24 | 树脂鞘 | 0.22 |
| 石棉 | 0.194～0.2 | 人造树脂鞘 | 0.33 |
| 油浸电工纸板 | 0.25 | 热弹性绝缘 | 0.25 |
| 浸漆电工纸板 | 0.14 | | |

① 成叠硅钢片的横向导热系数不但和硅钢片的含硅量有关，而且还和片间绝缘材料及压紧程度有关。

所以热流

$$\Phi=-\lambda A\frac{d\theta}{dx} \tag{7-3}$$

如果研究的是$A$为一个常数的热传导过程，则可将上式积分而得

$$\Phi x=-\lambda A\theta+C$$

假定为如图 7-3 所示的单方向的平面热传导，且当$x=0$时，$\theta=\theta_1$，则有$C=\lambda A\theta_1$，代入上式得

$$\theta=\theta_1-\frac{\Phi}{\lambda A}x$$

可见，在平面热传导中，温度的分布是一直线。如当$x=\delta$时，$\theta=\theta_2$，则

$$\theta_2=\theta_1-\frac{\Phi}{\lambda A}\delta$$

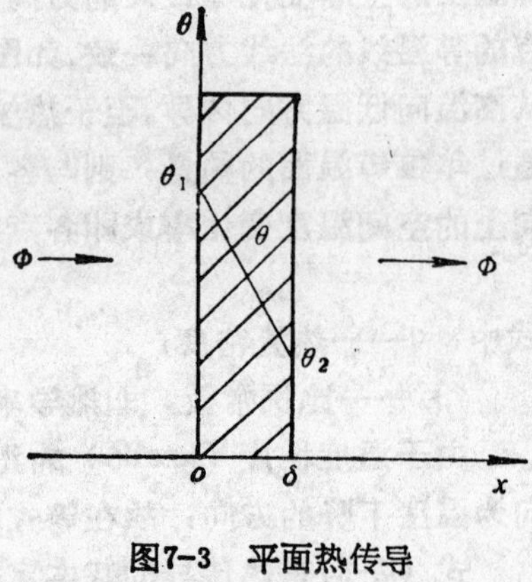

图7-3 平面热传导

温差$\Delta\tau$为

$$\Delta\tau=\theta_1-\theta_2=\Phi\frac{\delta}{\lambda A} \tag{7-4}$$

或写作

$$\Delta\tau=\Phi R_\lambda \tag{7-5}$$

式中 $R_\lambda=\frac{\delta}{\lambda A}$称为热阻。

如果将温差、热流及热阻之间的关系与电路中的电压降、电流和电阻之间的关系互相比较，就可看到：温差$\Delta\tau$相当于电路中的电压降$U$；热流$\Phi$相当于电路中的电流$I$；热阻$R_\lambda$相当于电路中的电阻$R$。因此，我们也可以将温度分布的“场”问题看作“路”问题，而采用与电路相似的热路概念，如图7-4所示，但是电流构成的回路与热流构成的“回路”仍有某些概念性差别。

在热路中求合成热阻的方法也与电路中求合成电阻的方法相同。

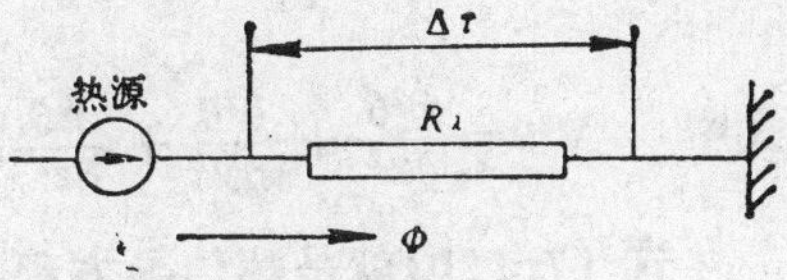


图7-4　热路图

串联时的合成热阻为

$$R_\lambda=\sum_{1}^{n}R_{\lambda n} \tag{7-6}$$

并联时的合成热阻的倒数为

$$\frac{1}{R_\lambda}=\sum_{1}^{n}\frac{1}{R_{\lambda n}} \tag{7-7}$$

关于热路法在电机温升计算中的应用见后面§7-3，二。

**三、热传导方程**

如果要计算的是较为复杂的热传导问题，例如计算绕组导体或铁心沿轴向的温度分布（并由此来确定其中的最高温度）时，则不能采用近似的“路”的概念，而仍需要场方程，即需要建立温度场与热源之间的关系式。这样的关系式称为热传导方程，它是建立在热传导定律和能量守恒原理的基础上的。

设想从有热源温度场的介质中分离出一个体积元$dv$，则根据能量守恒原理：在一定时间内，这个体积元内所产生的热量$\Phi_1$应等于同一时间内从这个体积元表面传导出去的热量$\Phi_2$与留在体积元内的热量$\Phi_3$之和，即

$$\Phi_1=\Phi_2+\Phi_3 \tag{7-8}$$

假定介质在单位时间内，单位体积中所产生的热量为$p$，$p$可以是空间及时间的函数，则在$dt$时间内，介质中所产生的热量为

$$\Phi_1=\mathrm{d}t\iiint_v p\mathrm{d}v \tag{7-9}$$

式中　“$\iiint$”表示应对介质全部体积进行积分。

在同一时间内，被介质所吸收的热量为

$$\Phi_2=\mathrm{d}t\iiint_v c\rho\frac{\partial\theta}{\partial t}\mathrm{d}v \tag{7-10}$$

式中　$c$为比热容。

在同一时间内，从介质的全表面传导出去的热量为（假定各向热导率相等）

$$\Phi_3=-\mathrm{d}t\oint\!\!\!\oint_A\lambda\mathrm{grad}\theta ds=-dt\iiint_v\mathrm{div}(\lambda\mathrm{grad}\theta)\mathrm{d}v \tag{7-11}$$

式中使用了奥氏定理，又因为热量是从高温流向低温，在此情况下$\mathrm{grad}\theta$为负值，为使从介质的全表面传导出去的热量为正值，故在等式右边加一负号。

将$\Phi_1$、$\Phi_2$及$\Phi_3$的表达式代入式（7-8），整理后得

$$\iiint_v\left[p+\mathrm{div}(\lambda\mathrm{grad}\theta)-c\rho\frac{\partial\theta}{\partial t}\right]\mathrm{d}v=0 \tag{7-12a}$$

于是

$$p + \mathrm{div}(\lambda \mathrm{grad}\theta) - c\rho \frac{\partial \theta}{\partial t} = 0$$

或

$$p + \lambda \nabla^2 \theta = c\rho \frac{\partial \theta}{\partial t} \tag{7-12b}$$

式中 $\nabla^2\theta = \frac{\partial^2\theta}{\partial x^2} + \frac{\partial^2\theta}{\partial y^2} + \frac{\partial^2\theta}{\partial z^2}$。

式（7-12b）就是热传导方程，它是用微分方程的形式来表达的各物理量在相邻空间和相邻时间的数值间的关系。此方程必须在给出空间的边界条件和时间的起始条件时，才有定解。

应用热传导方程可以计算导热物体的三度空间的暂态温度分布情况，但在绝大多数情况下，只要求计算电机运行的稳态温度分布或其平均温度的暂态过程，并且一般只需要研究沿一个方向的温度分布。仅在个别情况下才需要计算二度温度分布。下面举出一个例子来说明热传导方程的应用。

图7-5表示一根载流铜棒，长为 $l$，截面为 $A$，通过铜棒的电流为 $I$。假定铜棒上包的绝缘较厚，因此通过绝缘散出去的热量可以忽略不计。铜棒两端的温度维持为 $\theta_0$ 不变，求铜棒中的稳定最高温度和平均温度。

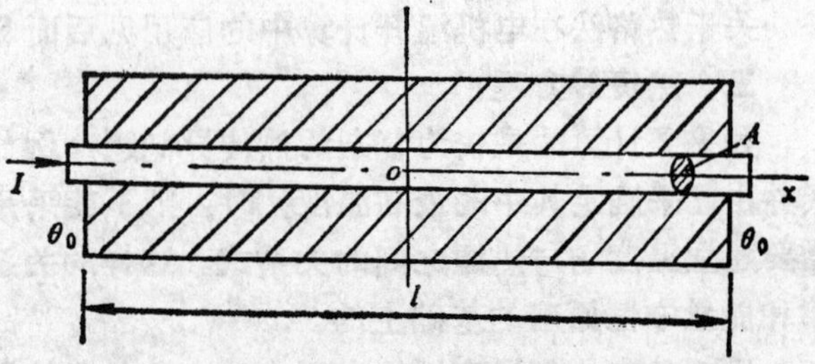

图7-5 绝缘铜棒

铜棒的发热是由于铜中通过电流产生的损耗所造成，热源沿铜棒均匀地分布。由于对称的缘故，显然最高温度将发生在铜棒的中央，热量将向两端流去。这是一个有热源的稳态单向热传导问题。由于只求稳态，故 $\frac{\partial \theta}{\partial t} = 0$。取铜棒的轴线为 $x$ 坐标轴，则式（7-12b）可简化为

$$p + \lambda \frac{\mathrm{d}^2\theta}{\mathrm{d}x^2} = 0 \tag{7-13}$$

取铜棒的中央为坐标原点，则边界条件为：当 $x = \pm \frac{l}{2}$ 时，$\theta = \theta_0$，将式（7-13）积分两次后，得

$$\lambda\theta + \frac{1}{2} p x^2 + C_1 x + C_2 = 0 \tag{7-14}$$

将边界条件代入上式，解得：$C_1 = 0$，$C_2 = -\left(\lambda\theta_0 + \frac{1}{8} p l^2\right)$，以 $C_1$、$C_2$ 代入式(7-14)，整理后得

$$\theta = \theta_0 + \frac{p}{2\lambda}\left[\left(\frac{l}{2}\right)^2 - x^2\right] \tag{7-15}$$

以 $x = 0$ 代入上式即得铜棒的最高温度

$$\theta_{max} = \theta_0 + \frac{1}{8} \frac{p}{\lambda} l^2 \tag{7-16}$$

和平均温度

$$\theta_{av}=\frac{1}{\frac{l}{2}}\int_0^{l/2}\theta dx=\theta_0+\frac{1}{12}\frac{p}{\lambda}l^2 \tag{7-17}$$

温差最大值

$$\theta_{max}-\theta_0=\frac{1}{8}\frac{p}{\lambda}l^2 \tag{7-18}$$

温差平均值

$$\theta_{av}-\theta_0=\frac{1}{12}\frac{p}{\lambda}l^2 \tag{7-19}$$

铜棒中的温度分布如图7-6所示。

由式（7-15）可见，此时温度的分布为一抛物线。当单位体积损耗 $p$ 一定时，铜棒长度 $l$ 越长，热导率 $\lambda$ 越小，则温差值越大。电机的不同发热部件，例如电枢绕组导体沿轴向的温度分布、铁心叠片每叠沿轴向的温度分布及多层励磁绕组（以及变压器中绕组）沿厚度方向的温度分布等，都具有与上述性质相同或类似的温度分布情况；只是，在计算这些部件中的温度分布时，须考虑的因素较多，计算的方法较复杂一些，且有时边界条件也不尽相同。

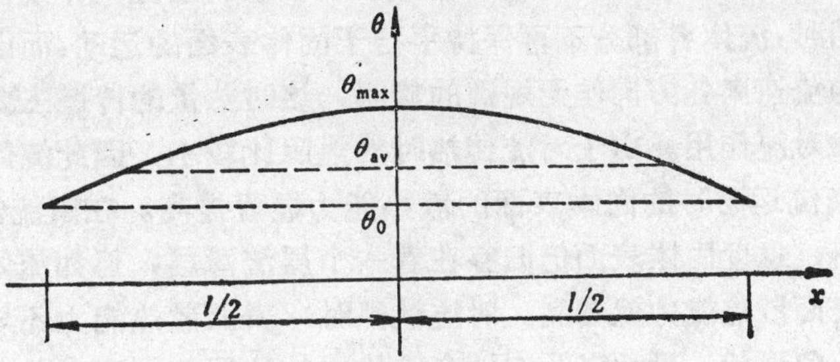


图7-6 铜棒中的温度分布

**四、对流和辐射散热**

一般情况下，热量从发热体表面散发到周围介质中去主要通过两个方式：一是辐射；二是借助于空气或其他冷却介质的对流。在电机中，通常后者占主要地位。

（一）辐射散热

按辐射定律，每秒从每平方米发热体表面辐射出去的热量

$$q=\nu\sigma(T^4-T_0^4) \tag{7-20}$$

式中 $T$——发热体表面的温度；

$T_0$——周围介质的绝对温度；

$\sigma$——纯黑物体的斯忒藩—玻耳兹曼常数，$\sigma=5.7\times10^{-8}\text{w/m}^2\cdot\text{K}$；

$\nu$——因数，其值随发热体表面情况的不同而异，可从表7-4中查得。

表 7-4

| 表面 | 纯黑物体 | 粗铸铁 | 毛面锻铁 | 磨光锻铁 | 毛面黄铜 | 磨光紫铜 |
|---|---|---|---|---|---|---|
| $\nu$ | 1 | 0.97 | 0.95 | 0.29 | 0.2 | 0.17 |

根据式（7-20）及表7-4,可以看出由辐射散走的热量,一方面决定于发热体表面的特性,表面晦暗的物体的辐射能力大于表面有光泽的物体；另一方面决定于发热体表面与其周围介质的温度。

一般，在平静的大气中，由辐射散发的热量约占总散热量的40%。当采用强制对流来冷却电机时，由强制对流散走的热量要比由辐射带走的大得多，故后者常被略去不计。

（二）对流散热

图7-7表示固体表面和流体直接接触时的散热情况。当固体表面的温度与流体的温度不相等时，它们之间产生热交换，热量将由高温物体传向低温物体。这种交换热实际上是传导和对流两种作用，但总称为对流换热。在电机中，铁心、绕组或其他发热部件中产生的热量便是由流过这些部件的某一或某些表面的冷却流体（空气、氢气、水、油等）所带走，因此对流散热形式在电机冷却系统中广泛存在。这种散热形式的散热能力，主要取决于流体在固体表面上的运动状态。当流体作层流运动时，流体仅有平行于固体表面的流动。若将流体分成许多平行于固体表面的流动层，各层之间没有流体的交换；这时在与固体表面垂直的方向，热量的传递主要依靠传导作用。由于流体的热导率较小，所以层流时的固体表面的散热情况很差。当流体作紊流运动时，流体各部分不再保持平行于固体表面的运动，而以平均流速向各方向作无规则的旋涡，这时热量的传递主要依靠对流作用。由于对流传热时的热阻比较小，因此流体作紊流运动时的固体表面的散热能力显著提高。在紊流情况下，靠近固体表面仍旧存在着一个层流薄层，但如流体的流速越大，则这个层流层就越薄，表面散热能力就越高。对流散热时，表面散热能力还与冷却介质的物理性能以及固体表面的几何形状、尺寸以及它处在流体中的位置等因素有关。

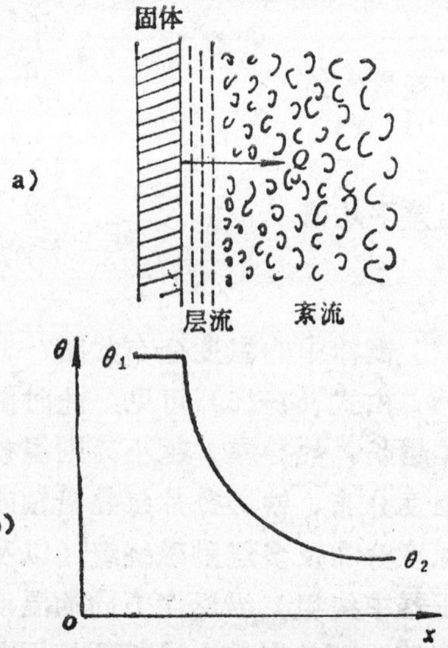

图7-7 固体的表面散热

**五、牛顿散热定律和散热系数**

实际上计算由对流作用带走的热量时，为了方便，都采用牛顿散热定律：

$$q = \alpha(\theta_1 - \theta_2) = \alpha\Delta\tau \tag{7-21}$$

式中 $q$——热流密度；

$\alpha$——散热系数；即当表面与周围介质的温差为1℃时，在单位时间内由单位表面散发到周围介质的热量；

$\theta_1$、$\theta_2$——固体、流体的温度。

利用式（7-21），在$\alpha$为已知的情况下，只要知道$q$，就可求出温差$\Delta\tau$，或者相反。这种计算方法之所以简单，是因为采用了散热系数$\alpha$而把许多计算上的困难回避了。

但是决定表面散热能力的因素很多、很复杂，要十分精确地确定散热系数$\alpha$也是很困难的。一般情况下，$\alpha$值只能用实验来确定，且所得的$\alpha$值，只能用于条件相同或类似的情况，否则计算结果的可靠性或准确性将大大降低。

用空气作为冷却介质时，其物理性能比较稳定。若忽略散热表面几何尺寸等因素的影响，则可近似地认为电机各部件的散热系数仅与空气的流速有关。根据实验，当空气流速在5～25m/s的范围内时，$\alpha$与$v$之间的关系可表示如下：

$$\alpha = \alpha_0(1 + k_a v) \tag{7-22}$$

或较准确地表示为

$$\alpha = \alpha_0(1 + k\sqrt{v}) \tag{7-23}$$

式中 $\alpha_0$——发热表面在平静空气中的散热系数（见表7-5）；

$v$——空气吹拂表面的速度；

表 7-5

| 表面的特性 | $\frac{\alpha_0}{\text{W}/\text{m}^2\cdot℃}$ |
|---|---|
| 涂以油灰和漆的生铁或钢的表面(如电机的机座和轴承外壳) | 14.2 |
| 未涂油灰但已涂漆的生铁或钢的表面 | 16.7 |
| 涂以无光漆或光漆的铜的部件表面 | 13.3 |

$k_0$、$k$——考虑气流吹拂效率的系数。

如果速度 $v$ 用m/s表示，则电机旋转时，转子外表面的$k_0=0.1$s/m，电机定子绕组端部的$k_0=0.05\sim0.07$s/m。系数 $k$ 可按表7-6选用。

表 7-6

| 表面名称 | $\frac{k}{(\text{s}\cdot\text{m}^{-1})^{\frac{1}{2}}}$ | 表面名称 | $\frac{k}{(\text{s}\cdot\text{m}^{-1})^{\frac{1}{2}}}$ |
|---|---|---|---|
| 最完善吹风的表面 | 1.3 | 励磁线圈表面 | 0.8 |
| 电枢端部的表面 | 1.0 | 换向器表面 | 0.6 |
| 电枢有效长度的表面 | 0.8 | 机座外表面(牵引电动机) | 0.5 |

把式 (7-21) 写成

$$\Delta\tau=\frac{q}{\alpha}=\frac{\Phi}{\alpha A}=\Phi R_\alpha \tag{7-24}$$

$$R_\alpha=\frac{1}{\alpha A} \tag{7-25}$$

式中 $R_\alpha$——散热表面到流体的热阻。

热量从电机绕组端部传给冷却空气时，要经过两个热阻，即端部绝缘中的传导热阻$R_\lambda$和绕组表面的散热热阻$R_\alpha$。总热阻$R_\theta=R_\lambda+R_\alpha$，其等效热路图如图7-8所示。

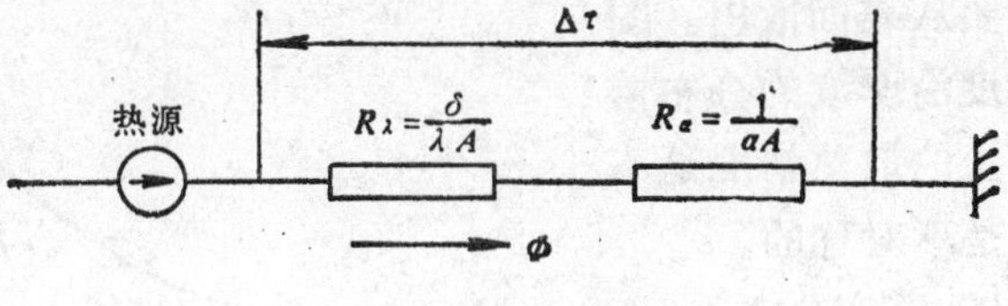


图7-8 等效热路图

## §7-3 电机稳定温升的计算

### 一、电机中的温度分布

在电机的温升计算中，最主要的是计算绕组和铁心的温升。这些部件既是导热介质，其中又有分布热源，它们的温度一般来说在空间上总是按一定的规律呈曲线分布，这样就有了最高温升和平均温升之分。虽然电机各部件的发热限度应以最高温升为准，但在计算时，作为整体来看通常可以只计算发热部件的平均温升；平均温升与最高温升之间是有一定的规律性联系的，因而也可用平均温升来衡量电机的发热情况。下面对电枢绕组、励磁绕组和铁心中几种典型的温度分布情况，作一概述。

（一）采用对称径向通风系统的电机中定子绕组沿轴向的温度分布

采用这种通风系统时，通过各径向通风道的风量大体相同，定子绕组的温度分布如图7-9所示。这时绕组和铁心的最高温度都发生在电机的中部。定子绕组中部由铜（铝）耗转换成的热量，一部分通过铁心和通风道散到空气中去；另一部分则沿绕组向两端传导，并从绕组端部散到空气中去。在有效长度不长的一类电机中，端部的散热对绕组的冷却起着显著的作用。

（二）采用轴向通风系统或混合式通风系统电机中定子绕组沿轴向的温度分布

一般来说，采用所述的这种两端不对称的通风系统时，定子绕组和铁心的温度分布，基本上如图7-10所示。这时发生最高温度的位置，由对称通风系统情况的中部向热风逸出电机的出口方向移动。

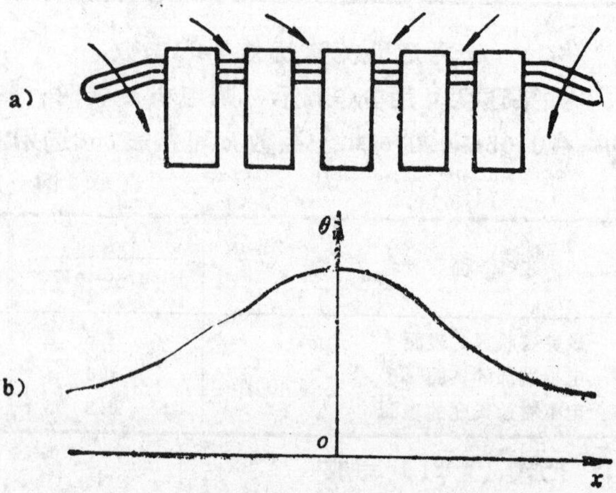


图7-9 采用对称径向通风的电机中定子绕组温度沿轴向的分布
a）定子 b）温度分布

（三）表面冷却的封闭式（交流）电机中定子绕组温度沿轴向的分布

在这类电机中，定子绕组中的损耗主要通过铁心、机座散出去。绕组端部的散热条件较差，因此端部损耗热量的一部分也要传经槽部而通过铁心散出去。这样定子绕组的温度分布就形成了二端高中间低的情况，如图7-11所示。

（四）励磁绕组中的温度分布

在集中的多层励磁绕组中，由于高度比厚度大得多，热量主要从表面散出。图7-12表示这类绕组中温度沿厚度的分布情况。通常绕组内外表面上的散热情况是不一样的，因此温度分布是不对称的。

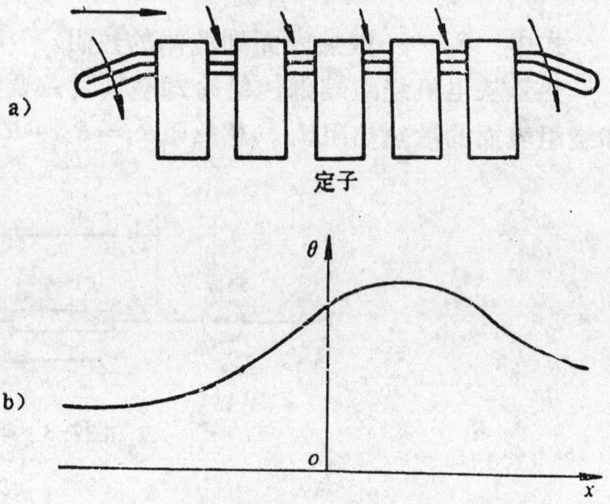


图7-10 采用混合式轴向通风时，定子绕组沿轴向的温度分布
a）定子 b）温度分布

（五）铁心叠片组中的温度分布

由于硅钢片叠片组沿径向及沿轴向的热导率相差很多倍(见表7-3)，可以近似地认为铁心叠片组沿径向的温度分布是均匀的，而沿轴向的温度分布是不均匀的（图7-13）。如果通过其两侧径向通风道的风量不同，则铁心沿轴向的温度分布也将不对称。

**二、用热路法计算电机的平均温升**

计算时假定绕组铜（铝）和铁心硅钢片的热导率为无穷大，即“铜”和“铁”都是等温体，它们的温度等于平均温度。在这个假设下，外冷式电机中的温度降将集中在绕组绝缘和有关散热表面处作为冷却介质的流体层中。因为绝缘和冷却介质本身都没有热源，因此可以利用热路法来计算绝缘内温度降和散热表面处冷却介质层温度降或简称表面温度降，以得到绕组和铁心的平均温升。

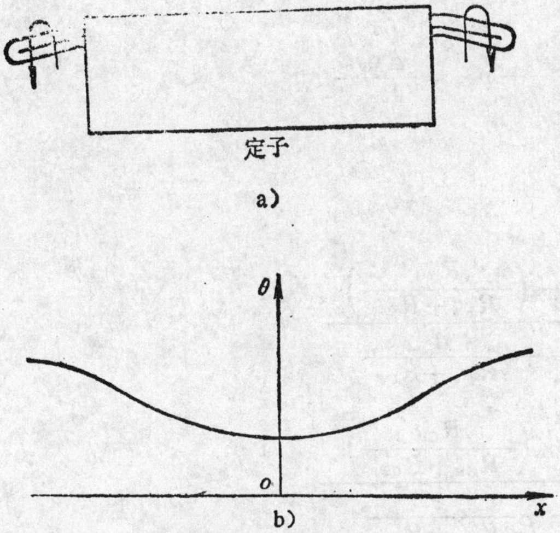


图7-11　表面冷却封闭式电机，定子绕组温度沿轴向的分布情况

a）定子　b）温度分布

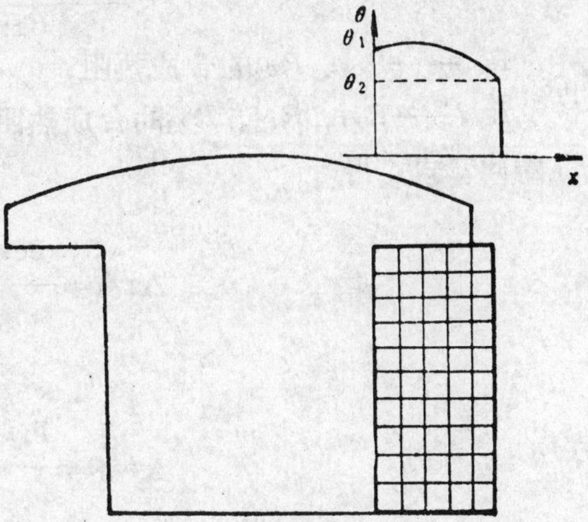


图7-12　多层励磁绕组中的温度分布情况

计算前应先考虑定子和转子之间有无热交换存在。大多数电机中，由于气隙较大或气隙中有轴向气流等原因，使定子和转子之间的热阻比定、转子其他散热途径的热阻大得多，因而定、转子之间的热交换可以略去不计。在这种情况下，定子和转子可以各自组成独立的二热源热路（铜和铁）或一热源热路（铜）。但在封闭式感应电机中，转子损耗的热量的一部分要通过定子铁心及机座散出，这时定、转子间在发热方面相互影响，应当把它们组成为一个统一的热路来计算，这就构成了所谓三热源热路。在电机的温升计算中，应用得最多的是二热源热路法，对此以下将着重加以说明；至于三热源热路法只作简要介绍。

(一) 二热源热路法

现以采用空气冷却径向通风系统的交流电机定子（见图7-14）为例来说明二热源热路法的温升计算。

由定子绕组中铜耗产生的热量可从三条途径散出：1）从绕组端部表面传给空气，其热阻为$R_{C1}$；2）从通风道中的绕组表面传给空气，其热阻为$R_{C2}$；3）先传给铁心，再由铁心传给空气，绕组铜与铁心之间的热阻为$R_{CF}$（这里忽略由槽口通过槽楔散出的很少热量）。而由铁心中损耗产生的热量可从四条途径散出：1）从通风道表面散出，其热阻为$R_{F1}$；2）从铁心内圆表面散出，其热阻为$R_{F2}$；3）从铁心外圆表面散出，其热阻为$R_{F3}$；4）先传给绕组铜，再由铜散出，此热阻取等于前面的$R_{CF}$。

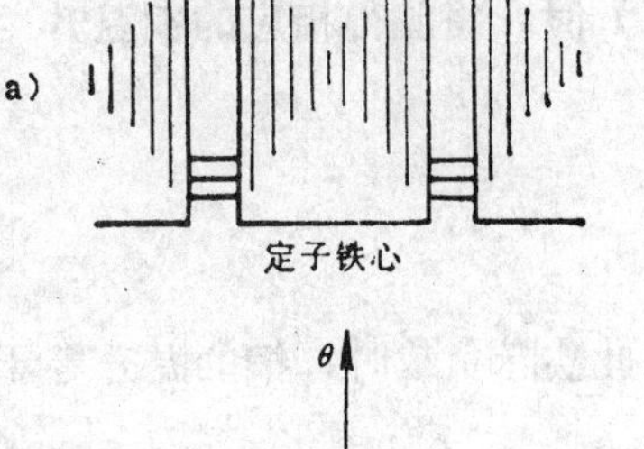


图7-13　铁心叠片组中的轴向温度分布情况

a）铁心叠片组　b）温度分布

假定绕组及铁心四周的冷却空气的温度都相同，则可画出如图7-15所示的二热源热路图，并照“电路”的概念把它简化成图7-16。这是二热源的典型热路图，由图可列出下列方程：

$$\frac{\Delta\tau_{Cu}-\Delta\tau_{Fe}}{R_{CF}}+\frac{\Delta\tau_{Cu}}{R_{Cu}}=p_{Cu} \tag{7-26}$$

$$\frac{\Delta\tau_{Cu}-\Delta\tau_{Fe}}{R_{CF}}+p_{Fe}=\frac{\Delta\tau_{Fe}}{R_{Fe}} \tag{7-27}$$

式中　$R_{Cu}$——$R_{C1}$、$R_{C2}$的合成热阻；

$R_{Fe}$——$R_{F1}$、$R_{F2}$、$R_{F3}$的合成热阻。

解此二式，得

$$\Delta\tau_{Cu}=\frac{p_{Cu}+p_{Fe}\left(\frac{R_{Fe}}{R_{Fe}+R_{CF}}\right)}{\frac{1}{R_{Cu}}+\frac{1}{R_{Fe}+R_{CF}}} \tag{7-28}$$

$$\Delta\tau_{Fe}=\frac{p_{Fe}+p_{Cu}\left(\frac{R_{Cu}}{R_{Cu}+R_{CF}}\right)}{\frac{1}{R_{Fe}}+\frac{1}{R_{Cu}+R_{CF}}} \tag{7-29}$$

由以上二式可见，铜和铁的温升都可视为是两部分温升的叠加，例如铜的温升可写成

$$\Delta\tau_{Cu}=\frac{p_{Cu}}{\frac{1}{R_{Cu}}+\frac{1}{R_{Fe}+R_{CF}}}+\frac{p_{Fe}\cdot\frac{R_{Fe}}{R_{Fe}+R_{CF}}}{\frac{1}{R_{Cu}}+\frac{1}{R_{Fe}+R_{CF}}}$$

上式为用叠加法来测定绕组的平均温升，提供了理论基础。因为当$p_{Fe}=0$（短路试验时接近这种情况）时，将测得此时铜的温升

$$\Delta\tau'_{Cu}=\frac{p_{Cu}}{\frac{1}{R_{Cu}}+\frac{1}{R_{Fe}+R_{CF}}}$$

而当$p_{Cu}=0$（空载试验时接近这种情况）时，将测得相应的铜温升

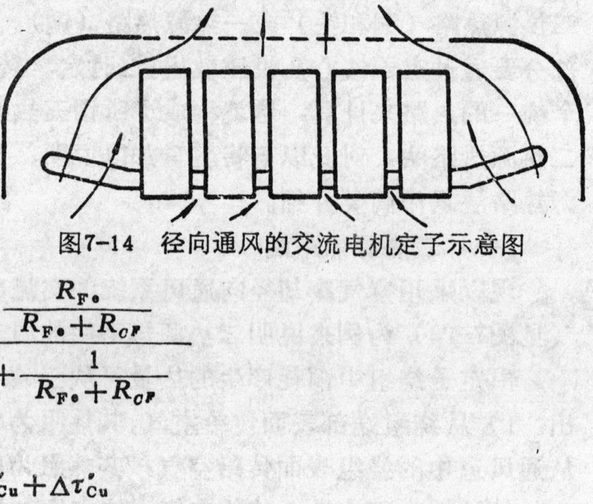

图7-14　径向通风的交流电机定子示意图

$$\Delta\tau''_{Cu}=\frac{p_{Fe}\cdot\frac{R_{Fe}}{R_{Fe}+R_{CF}}}{\frac{1}{R_{Cu}}+\frac{1}{R_{Fe}+R_{CF}}}$$

因此实际负载时，铜的温升等于

$$\Delta\tau_{Cu}=\Delta\tau'_{Cu}+\Delta\tau''_{Cu}$$

实际上铜的温升只能近似地等于$\Delta\tau'_{Cu}+\Delta\tau''_{Cu}$，这是因为做空载试验或短路试验时，都不能使$p_{Cu}$或$p_{Fe}$真正等于零（例如感应电机）。此外，也没有考虑机械损耗对温升的影响，以及两个损耗同时存在与只有一个损耗存在时的散热条件上差异等。

下面对各个热阻的计算加以说明：

1．定子绕组铜和铁心之间的绝缘热阻$R_{CF}$的计算

按式（7-5），此热阻

$$R_{CF}=\frac{\delta_{CF}}{\lambda_{CF}A_{CF}} \tag{7-30}$$

式中　$\delta_{CF}$——铜铁之间的绝缘（包括气隙层）的总厚度；

$\lambda_{CF}$——合成热导率；

$A_{CF}$——绝缘和铁心接触的面积。

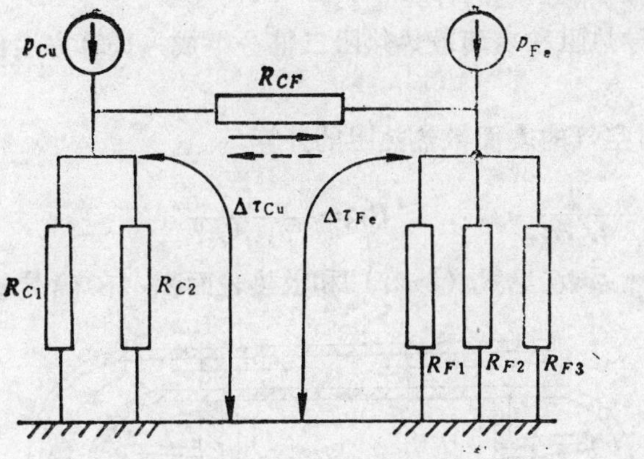


图7-15　二热源热路图

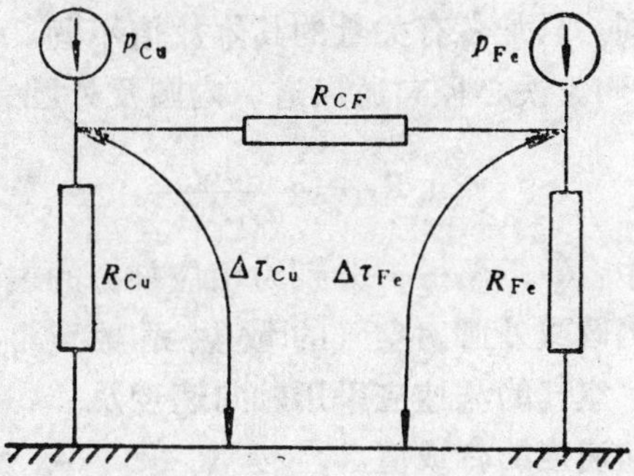


图7-16　简化后的二热源热路图

有些电机的绕组经过真空浸漆或浸胶，可以认为绝缘中不存在气隙层，这时热导率λ可以直接采用所用绝缘的合成热导率，或根据所使用各种材料的热导率及厚度，按热阻串联概念照下式算出其合成热导率：

$$\lambda=\frac{\sum\limits_{1}^{n}\delta_n}{\sum\limits_{1}^{n}\frac{\delta_n}{\lambda_n}}$$

2．绕组端部铜和空气之间的热阻$R_{C1}$的计算

热量从绕组端部传到空气时，须先经过端部绝缘的传导热阻，然后经过端部表面的表面散热热阻。因此，如图7-8，$R_{C1}$是两个热阻之和，即

$$R_{C1}=R'_{C1}+R''_{C1}$$

$$R'_{C1}=\frac{\delta_{C1}}{\lambda_{C1}A_{C1}}$$

$$R''_{C1}=\frac{1}{\alpha_{C1}A_{C1}}$$

式中　$\delta_{C1}$——绕组端部绝缘厚度；

$\lambda_{C1}$——端部绝缘热导率；

$\alpha_{C1}$——端部表面散热系数，见式（7-22）；

$A_{C1}$——散热面积。

绕组端部的散热或导热面积不易确切计算，一般认为端部绝缘的导热面积和端部的表面散热面积相同，因此在上二式中面积都用$A_{C1}$计算。在通风情况良好时，可取

$$A_{C1}=l_E uZ \tag{7-31}$$

式中　$l_E$——端部长；

$u$——导体连同绝缘的表面周长；

$Z$——槽数。

如果端部某些面积被紧固或支撑部件所遮蔽，或如小型电机中其端部实际上构成不通风的圆筒时，应考虑将受遮蔽的面积减去。

3. 径向通风道中的绕组部分和空气之间的热阻$R_{C2}$的计算

这部分热阻与端部热阻相似，也是由传导热阻和表面散热热阻二部分组成，计算方法也相同，只是各有关量的具体数值不同。

4. 铁心径向通风道、内圆及外圆表面对空气的表面散热热阻的计算

$$R_{F1}=\frac{1}{\alpha_{F1}A_{F1}},\qquad R_{F2}=\frac{1}{\alpha_{F2}A_{F2}},\qquad R_{F3}=\frac{1}{\alpha_{F3}A_{F3}}$$

式中 $\alpha_F$、$A_F$——分别为相应部分的表面散热系数〔见式（7-22）〕和散热表面积，在确定铁心内圆或外圆对空气的散热系数时，空气的流速应采用轴向速度及切向速度的合成值。

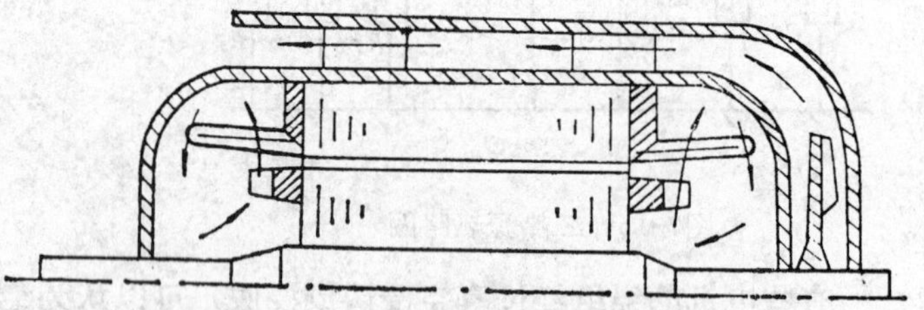

图7-17 封闭式感应电机的通风示意图

（二）三热源热路法

在表面冷却的封闭式感应电机中，定子铁心、定子绕组铜和转子构成了有三个热源的热路。电机正常工作时，转子中主要是铜耗，而整个转子可视为一个有无穷大热导率的等温体。由图7-17可知，转子所产生的热量，其中一部分从转子两端由机内循环空气直接带至机座，该循环空气的温度可看作是均匀的，并等于机座的温度；另一部分从转子圆柱表面通过气隙传到定子铁心，再传给机座。定子方面的铜耗和铁耗，小部分通过端部循环空气传给机座；大部分通过铁心传给机座。同时，铁心和绕组铜之间也通过绝缘传递热量。最后，传到机座的热量绝大部分从机座表面，少量从端盖表面，由冷却空气带走。图7-18为该电机的热路图。

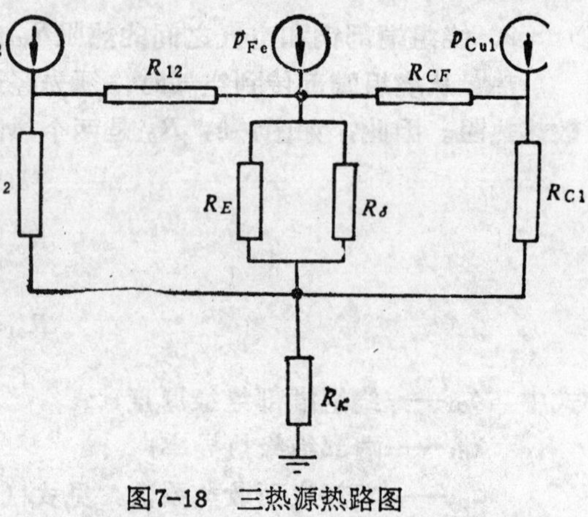


图7-18 三热源热路图

$R_2$—转子端部的表面散热热阻 $R_{12}$—定转子间通过空气隙的热阻 $R_E$—定子铁心端面的散热热阻 $R_\delta$—定子铁心与机座间的装配间隙的传导热阻 $R_K$—机座的表面散热热阻 $R_{CF}$—定子绕组、铁心之间绝缘的传导热阻 $R_{C1}$—定子绕组端部的表面散热热阻

下面说明上述某些热阻的计算：

1. 定转子间气隙热阻$R_{12}$的计算

$$R_{12}=\frac{\delta}{\lambda_a N_u A_{12}}$$

式中 $\delta$——气隙长；

$\lambda_a$——空气的热导率；

$A_{12}$——定子铁心内圆表面积；

$N_u$——在传热学理论中称为努谢尔特准则，可由下列纯经验公式计算：

当$400<\frac{v_a\delta}{\nu}<10000$时，$N_u=0.23\left(\frac{D}{2\delta}\right)^{-0.25}\left(\frac{v_a\delta}{\nu}\right)^{0.5}$；

当$10000<\frac{v_a\delta}{\nu}<50000$时，$N_u=0.036\left(\frac{D}{2\delta}\right)^{-0.25}\left(\frac{v_a\delta}{\nu}\right)^{0.7}$。

其中 $\nu$——运动粘度，在一个大气压，20℃时，空气的$\nu=0.0157\times10^{-3}\mathrm{m^2/s}$；

$v_a$——转子圆周线速度；

$D$——定子铁心内径。

2．定子铁心和机座之间的间隙的传导热阻$R_\delta$的计算

$$R_\delta=\frac{\delta_0}{\lambda_0 A_0}$$

式中　间隙$\delta_0$可取为$0.075\times10^{-3}$m；静止薄空气层的热导率$\lambda_0=0.025$W/m·℃；$A_0$为定子铁心和机座之间的导热面积。

3．机座表面散热热阻$R_K$的计算

$$R_K=\frac{1}{A'_K\alpha'_K+A''_K\alpha''_K}$$

式中　$A'_K$为冷却空气吹得到的表面面积，$A''_K$为冷却空气基本上吹不到的表面面积。前者的散热系数$\alpha'_K=\alpha_0(1+k\sqrt{v})$；$\alpha_0=14.3$w/(m²·℃)，$k=1.3(\text{s/m})^{\frac{1}{2}}$；后者的散热系数$\alpha''_K=14.3$W/(m²·℃)。

在具体进行三热源热路的计算时，还可以在一定的条件下将热路简化，此处不予赘述。

**三、用简化法计算电机的平均温升**

计算电机的温升时，必须知道各散热系数，而散热系数主要和吹过散热表面的空气流速有关，因而必须先作通风计算。由于风量分布和散热系数等都不易精确计算，所以即使经过周密而复杂的理论考虑，温升计算结果也往往与试验数据不一致。因此，工厂中设计电机时，如果进行温升计算，也只采用简化方法。简化法的某些假定，虽然不尽合理，但是这种方法中所采用的散热系数是根据结构相同或相似的电机的温升试验结果确定的，因此计算结果反而常常能够比较接近于实际。

简化法主要用以计算电枢绕组铜和铁心的平均温升。此时假定：（1）全部铁心损耗$p_{Fe}$及有效部分铜耗$p_{Cut}$只通过定子（或转子）圆柱形冷却表面散出；（2）电枢绕组铜的有效部分和端接部分之间，没有热的交换。据此，铁的温升为

$$\Delta\tau_{Fe}=\frac{p_{Fe}+p_{Cut}}{\alpha A} \tag{7-32}$$

式中　$A$——定子（或转子）圆柱形冷却表面面积；

$\alpha$——表面散热系数，根据试验确定。铜铁之间温差

$$\Delta\tau_{CF}=p_{Cut}R_{CF} \tag{7-33}$$

式中　$R_{CF}$——铜铁之间的传导热阻，按式（7-30）计算。

因此，铜的温升

$$\Delta\tau_{Cu}=\Delta\tau_{Fe}+\Delta\tau_{CF} \tag{7-34}$$

有些简化法还要计算绕组端部铜的温升，假定端部铜耗$p_{CuE}$的热量全部经端部散热热阻$R_E$向外散出，端部的温升为

$$\Delta\tau_{CuE}=p_{CuE}R_E \tag{7-35}$$

其中

$$R_E=\frac{1}{\alpha_E A_{C1}}$$

式中　$A_{C1}$——绕组端部散热表面积，可按式（7-31）算出；

$\alpha_E$——等效的端部散热系数，根据试验确定。

整个绕组铜的平均温升为

$$\Delta\tau_{Cu}=\frac{\Delta\tau_{Cut}l_t+\Delta\tau_{CuE}l_E}{l_t+l_E} \tag{7-36}$$

式中　$l_t$、$l_E$——电枢绕组的有效部分、端部长度；

$\Delta\tau_{Cut}$——铜的有效部分温升，即式（7-34）的$\Delta\tau_{Cu}$。

在§2-3中已阐明，电枢单位表面铜（铝）耗，即热流密度与线负荷和电流密度的乘积（通常称为热负荷）成正比〔见式（2-35)〕。为保证电机的温升不超过极限，并留有必要裕度，热负荷值应加适当控制，它的许用值与电机的型式、功率、转速、绝缘等级、冷却方式以及导线材料等因素有关。一般它是需要通过对已生产的电机的情况进行分析和统计后确定的。例如目前对E级绝缘的封闭式小型感应电动机，采用铜线时，热负荷取为(1000～1500)$\times10^8 A^2/m^3$；用铝线时，取为（600～1000）$\times10^8 A^2/m^3$。对B级绝缘的防护式中型感应电动,采用铜线时,取为(1500～2500）$\times10^8 A^2/m^3$；铝线时，取为(1500～2000）$\times10^8 A^2/m^3$等。

**四、利用计算机计算电机内部的温度分布概述**

计算技术的发展为利用电子计算机来计算电机内部的温度分布，提高温升计算的精确度提供了方便。这时等效热路图中的节点数可选得很多。在选定节点，决定边界条件和温度零点以后，可以直接画出等效热路图。算出节点损耗和支路热阻后，利用电路理论可以方便地写出线性代数方程组，再用数值法求解，详见文献〔7-1〕。应当指出，即使利用计算机，计算结果的精确度仍取决于各热导率、散热系数的准确度。

## §7-4　电机不稳定温升的计算

**一、概述**

在设计电机时，有时需要计算电机作短时运行时的温升,例如计算电动机起动时的温升。对于不稳定温升，一般不要求计算其分布状况。因此，通常总是假定铜和铁都是等温发热体。根据铜和铁在发热过程中的温度相互影响程度的不同,计算时或把铜、铁分别看作为一个孤立的等温发热体，或把它们看作是彼此相互影响的等温发热体。前者称为一个等温发热体的、而后者称为二个或几个等温发热体的不稳定温升的计算。例如计算电动机的起动温升时，显然最需要计算的是转子铜（特别是同步电机起动绕组）的温升。一般来说，由于起动时间较短，定子铁心起动过程中的升温比绕组的慢得多，因而可以不考虑铁心的温升对绕组的温升的影响。这样，就可以把绕组当作一个等温发热体来进行计算。但是计算牵引电动机一小时工作制或定额的温升时，就不能不考虑到铜和铁之间在温升方面的相互影响；这时宜将电机看成二个等温发热体来进行计算。

**二、一个等温发热体不稳定温升的计算**

以$p$表示均匀物体中所产生的损耗，或即单位时间内该物体产生的热量；以$c$表示物体的比热容；以$G$表示物体的重量；以$\alpha$表示物体的表面散热系数；以$A$表示表面散热面积；以$\Delta\tau$表示物体表面对于周围介质的温升。根据能量守恒原理：发热体在单位时间内所产生的热量（$p$），应等于同一时间内从该物体散出去的热量($\alpha A\Delta\tau$)，加上被该物体吸收的热量$\left(cG\frac{d(\Delta\tau)}{dt}\right)$，可得

$$cG\frac{d(\Delta\tau)}{dt}+\alpha A\Delta\tau=p \tag{7-37}$$

上式可改写为

$$\frac{d(\Delta\tau)}{dt}+\frac{\Lambda}{C}\Delta\tau=\frac{p}{C}$$

式中 $\Lambda=\frac{1}{R}=\alpha A$——热导；

$C=cG$——热容。

若$\Lambda$、$C$、$p$都是时间的已知函数，则此微分方程的通解为

$$\Delta\tau=e^{-\int\frac{\Lambda}{C}dt}\left[\int\frac{p}{C}e^{-\int\frac{\Lambda}{C}dt}dt+K\right] \tag{7-38}$$

若$\frac{\Lambda}{C}$及$\frac{p}{C}$为常数，且有起始条件：$t=0$，$\Delta\tau=\Delta\tau_0$，则由式（7-38）可得

$$\Delta\tau=\Delta\tau_0+(\Delta\tau_\infty-\Delta\tau_0)\left(1-e^{-\frac{t}{T}}\right) \tag{7-39}$$

式中 $\Delta\tau_0$——发热体初始温升；

$\Delta\tau_\infty=\frac{p}{\Lambda}$——稳态温升，即$t=\infty$时的温升；

$T=\frac{C}{\Lambda}$——发热时的时间常数。

若初始温升为零，我们得到一般的等温发热体的发热方程

$$\Delta\tau=\Delta\tau_\infty\left(1-e^{-\frac{t}{T}}\right) \tag{7-40}$$

若初始温升为$\Delta\tau_0$，而$p=0$，则得冷却方程

$$\Delta\tau=\Delta\tau_0 e^{-\frac{t}{T}} \tag{7-41}$$

式中 $T$——发热体冷却时的时间常数，数值上约为发热时间常数的2～5倍。

上述一个等温发热体在发热和冷却时，温升和时间的指数关系是在一定的假定条件下推出的。电机的实际发热过程与指数曲线之间在电机加载的起始阶段有一定的差别，如图7-19所示，这是因为起始时绕组热量外散较难而使铜的温度升得比铁快所致。但忽略这种差别的近似关系为我们分析和研究电机在不同负载情况下的发热和冷却的过程，提供了方便。

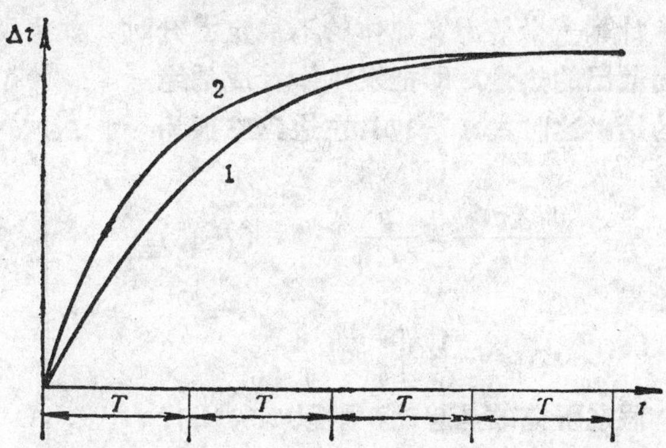

图 7-19
1—指数曲线 2—电机实际的温升曲线

必须注意，时间常数$T$只和物体的热容$C$和散热能力$\Lambda$有关，而与物体中的损耗无关。此外，大容量电机的热容虽大，但其散热能力也相应增加，所以大电机的时间常数不一定比小电机的大，这一点也已为试验所证实。电机的发热时间常数在相当大的范围内变动，一般约为10～150min。

当$T$为常数而$p$为时间的已知函数时，则式（7-38）变成

$$\Delta\tau=e^{-\frac{t}{T}}\left[\int\frac{p}{C}e^{\frac{t}{T}}dt+K\right] \tag{7-42}$$

下面以同步电动机为例来计算其起动笼在起动过程中的温升。由于起动过程中消耗在起动笼中的能量等于转子所获得的机械能量，并根据试验结果，近似地认为这时起动笼内所消耗的功率与时间成线性关系，即

$$p=\frac{2E_k}{t_{st}}\left(1-\frac{t}{t_{st}}\right) \tag{7-43}$$

式中　$t_{st}$——起动时间；

$E_k$——转子达到同步速时所获得的动能，$E_k=J\frac{\Omega_s^2}{2}$（其中$J$为转子的惯性矩，$\Omega_s$为同步角速度）。

由于磁极一般仅有较小的附加铁耗，而其热容又比起动绕组大得多，故可认为起动过程中转子铁的温度不变，且与周围介质的温度相等。起动绕组可看作是一个等温体，其端环的散热能力可以忽略，并认为它所产生的热量全部都传给铁。以式（7-43）代入式（7-42）求解，并认为是冷态起动即$t=0$时，$\Delta\tau=0$。以此求出积分常数，结果得

$$\Delta\tau=\frac{2E_k}{\Lambda t_{st}}\left[\left(1+\frac{T}{t_{st}}\right)\left(1-e^{-\frac{t}{T}}\right)-\frac{t}{t_{st}}\right] \tag{7-44}$$

式中　$T$——时间常数，　$T=\frac{C}{\Lambda}$，$\Lambda=\alpha A$；

$C$——起动绕组的热容；

$\alpha$——铜与铁之间表面散热系数，$\lambda=200W/m^2\cdot℃$

$A$——铜与铁之间的接触面积。

将式（7-44）绘制成曲线，如图7-20所示。从图可见，最高温升出现在起动过程结束之前，这是因为当转子速度上升时，起动笼的损耗因电流不断减小而下降的缘故。

计算一个等温发热体的不稳定温升时，如果所考虑的是很短时间因而可以忽略从等温体表面散出的热量，即把发热体看成是绝热的话，这时式（7-37）左边第二项为零或

$$\frac{d(\Delta\tau)}{dt}=\frac{p}{C} \tag{7-45}$$

由此得

$$\Delta\tau=\frac{1}{C}\int_0^t pdt$$

假定研究的是起动，则以$t=t_{st}$代入上式右边，其中$\int_0^{t_{st}}pdt$便为起动时间内发热体产生的热量，对起动绕组来说，这即为起动时间内由其铜耗转换的热量，且按能量守恒原理它应等于转子在这过程中获得的动能，所以

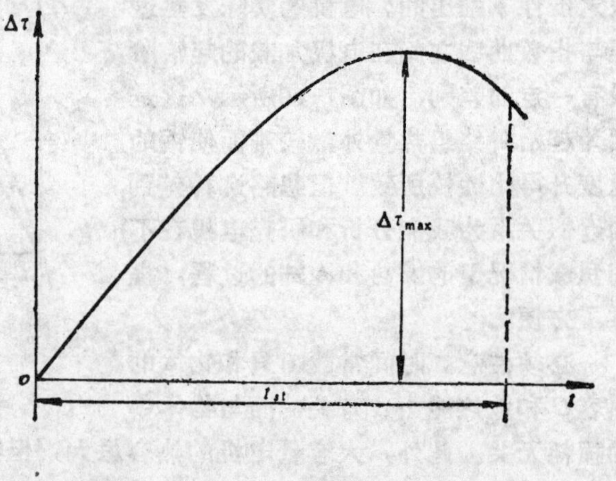

图7-20　同步电动机起动绕组的温升

$$\int_0^{t_{st}} p\mathrm{d}t = \frac{1}{2}J\Omega_s^2$$

因此，起动结束时的起动绕组温升为

$$\Delta\tau = \frac{\frac{1}{2}J\Omega_s^2}{C} \tag{7-46}$$

## 三、二个等温发热体不稳定温升的计算

如果计算电机铜和铁的不稳定温升时，须考虑铜、铁温升之间的相互影响，则热能平衡方程为（式中$C$、$\Lambda$、$p$代号意义与前面相同，下标$CF$表示铜铁间，$\alpha$表示表面散热）：

$$C_{Cu}\frac{\mathrm{d}(\Delta\tau_{Cu})}{\mathrm{d}t} + \Lambda_{Cu\alpha}\Delta\tau_{Cu} + \Lambda_{CF}(\Delta\tau_{Cu} - \Delta\tau_{Fe}) = p_{Cu} \tag{7-47}$$

$$C_{Fe}\frac{\mathrm{d}(\Delta\tau_{Fe})}{\mathrm{d}t} + \Lambda_{Fe\alpha}\Delta\tau_{Fe} + \Lambda_{CF}(\Delta\tau_{Fe} - \Delta\tau_{Cu}) = p_{Fe} \tag{7-48}$$

式中　已将铜线外包绝缘与铜合为一个等温体来考虑。

从式（7-47）解出$\Delta\tau_{Fe}$，代入式（7-48），整理后得

$$\frac{\mathrm{d}^2(\Delta\tau_{Cu})}{\mathrm{d}t^2} + E\frac{\mathrm{d}(\Delta\tau_{Cu})}{\mathrm{d}t} + F\Delta\tau_{Cu} = p \tag{7-49}$$

式中

$$E = \frac{C_{Cu}(\Lambda_{CF} + \Lambda_{Fe\alpha}) + C_{Fe}(\Lambda_{Cu\alpha} + \Lambda_{CF})}{C_{Cu}C_{Fe}}$$

$$F = \frac{(\Lambda_{CF} + \Lambda_{Cu\alpha})(\Lambda_{CF} + \Lambda_{Fe\alpha}) - \Lambda_{CF}^2}{C_{Cu}C_{Fe}}$$

$$p = \frac{(\Lambda_{CF} + \Lambda_{Fe\alpha})p_{Cu} + \Lambda_{CF}p_{Fe}}{C_{Cu}C_{Fe}}$$

根据方程（7-49）的特解可得

$$\Delta\tau_{Cu\infty} = \frac{p}{F} = \frac{p_{Cu} + \frac{\Lambda_{CF}}{\Lambda_{Fe}}p_{Fe}}{\Lambda_{Cu} - \frac{\Lambda_{CF}^2}{\Lambda_{Fe}}}$$

其中　$\Lambda_{Fe} = \Lambda_{Fe\alpha} + \Lambda_{CF}$；$\Lambda_{Cu} = \Lambda_{Cu\alpha} + \Lambda_{CF}$。

式（7-49）的特征方程为

$$D^2 + ED + F = 0$$

解此式，得二根：

$$D = \frac{-E}{2} \pm \frac{1}{2}\sqrt{E^2 - 4F} = -\alpha \pm \beta$$

故方程（7-49）的全解为

$$\begin{aligned}\Delta\tau_{Cu} &= -K_{Cu1}e^{-(\alpha-\beta)t} - K_{Cu2}e^{-(\alpha+\beta)t} + \Delta\tau_{Cu\infty} \\ &= -K_{Cu1}e^{-\frac{t}{T_1}} - K_{Cu2}e^{-\frac{t}{T_2}} + \Delta\tau_{Cu\infty}\end{aligned} \tag{7-50}$$

式中　$\frac{1}{T_1} = \alpha - \beta$；$\frac{1}{T_2} = \alpha + \beta$；$K_{Cu1}$及$K_{Cu2}$为积分常数。

由于$|\alpha| > |\beta|$，且此二值相差不多，所以$T_1 \gg T_2$。从式（7-50）可以看出，当考虑铜

和铁温升的相互影响时，铜（同理可证明铁）的温升曲线不再是一根指数曲线，而是由两根指数曲线之和组成的。这两根指数曲线的时间常数一大一小，相差较大。

用初始条件 $t=0$，$\Delta\tau_{Cu}=\Delta\tau_{Fe}=0$ 及 $\dfrac{d\Delta\tau_{Cu}}{dt}=\dfrac{p_{Cu}}{C_{Cu}}$ 代入式（7-50），可得

$$K_{Cu1}=\frac{T_1\Delta\tau_{Cu\infty}-\dfrac{p_{Cu}}{C_{Cu}}T_1T_2}{T_1-T_2}$$

$$K_{Cu2}=\frac{\dfrac{p_{Cu}}{C_{Cu}}T_1T_2-T_2\Delta\tau_{Cu\infty}}{T_1-T_2}$$

$$K_{Cu1}+K_{Cu2}=\Delta\tau_{Cu\infty}$$

所以

$$\Delta\tau_{Cu}=K_{Cu1}\left(1-e^{-\frac{t}{T_1}}\right)+K_{Cu2}\left(1-e^{-\frac{t}{T_2}}\right) \tag{7-51}$$

同理可求出：

$$\Delta\tau_{Fe}=K_{Fe1}\left(1-e^{-\frac{t}{T_1}}\right)+K_{Fe2}\left(1-e^{-\frac{t}{T_2}}\right) \tag{7-52}$$

式中

$$K_{Fe1}=\frac{T_1\Delta\tau_{Fe\infty}-\dfrac{p_{Fe}}{C_{Fe}}T_1T_2}{T_1-T_2}$$

$$K_{Fe2}=\frac{\dfrac{p_{Fe}}{C_{Fe}}T_1T_2-T_2\Delta\tau_{Fe\infty}}{T_1-T_2}$$

图7-21及图7-22表示铜和铁的温升曲线。

如果只需粗略地估计电机中某一部件的发热过程，可以从该部件的稳定温升出发，选择一个合适的时间常数，得到一根温升指数曲线，而用它来代替本来应由两根指数曲线组成的温升曲线。由此引起的误差只在曲线的开始一段。

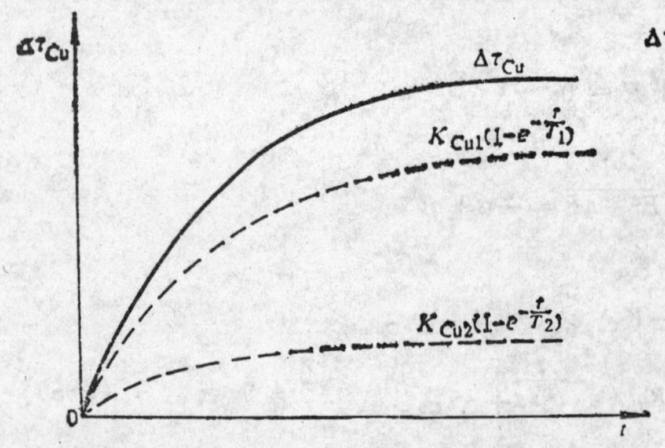


图7-21　铜的温升曲线

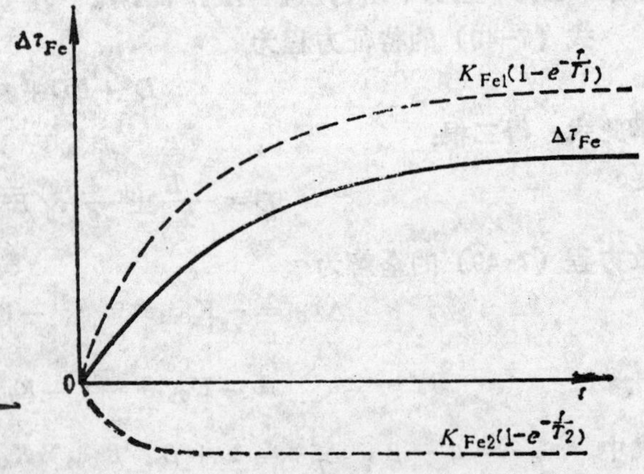


图7-22　铁的温升曲线

例如在估计电枢绕组的发热过程时，可以先给出电枢的等值热路图(图7-16)，然后根据给定的损耗算出绕组的稳定温升$\Delta\tau_{Cu\infty}$，等值时间常数可按下式决定：

$$T_a=\frac{C_{Cu}+C_{Fe}+C_i}{\Lambda_{Cua}+\Lambda_{Fea}} \tag{7-53}$$

式中 $C_{Cu}$、$C_{Fe}$、$C_i$——铜、铁、绝缘的热容；$\Lambda_{Cua}=\frac{1}{R_{Cua}}$；$\Lambda_{Fea}=\frac{1}{R_{Fea}}$。

绕组绝缘的重量可近似地取等于铜重量的10～20%；此外，为考虑到电枢铁心与转轴之间的套筒及其他结构零件对于热容量的影响，可将有效铁的重量增加10～20%。

求得$\Delta\tau_{Cu\infty}$及$T_a$后，由给定的起始条件$\Delta\tau_0$出发，可作出电枢绕组的发热曲线：

$$\Delta\tau_{Cu}=\Delta\tau_0+(\Delta\tau_{Cu\infty}-\Delta\tau_0)\left(1-e^{-\frac{t}{T_a}}\right) \tag{7-54}$$

为了便于进行热计算时查用，现将电机中常用材料的物理性能列于表7-7。

表 7-7

| 材料名称 | 密度 $\frac{\rho}{kg/m^3}\times10^{-3}$ | 比热容 $\frac{c}{J/(kg\cdot℃)}$ | 材料名称 | 密度 $\frac{\rho}{kg/m^3}\times10^{-3}$ | 比热容 $\frac{c}{J/(kg\cdot℃)}$ |
|---|---|---|---|---|---|
| 紫铜 | 8.9 | 390 | 云母(平均值) | 2.9 | 865 |
| 铁和钢 | 7.7 | 480 | 云母板 | 2.4 | 920 |
| 铝(铸的) | 2.56 | 870 | 电工纸板 | 1.15 | 1760 |
| 铝(压延的) | 2.6 | 920 | A级绝缘(平均值) | 1.3 | 1500 |
| 磷铜 | 8.4 | 385 | B级绝缘(平均值) | 2.3 | 1250 |
| 黄铜 | 8.45 | 380 | 木(作为楔子用) | 0.7 | 2500 |
| 铸铁 | 7.2 | 500 | 油 | 0.95 | 1700 |
| 石棉 | 2.1～2.5 | 840～815 | 空气(当0℃及一个标准大气压) | 1.23 | 1000 |

## 复习思考题

1. 电机绝缘结构按其耐热等级分别规定了极限温度，但是在计算电机的发热时，往往只计算各部件的温升而不计算实际温度，试解释其原因。

2. 高原地区空气比较稀薄，但气温较低，试分析这两个因素对电机运行时的实际温度的影响。

3. 表面散热系数的大小与哪些因素有关？为什么当冷却气体是紊流时，表面散热能力可以显著提高？

4. 传导热阻与表面散热热阻与哪些因素有关？要精确计算这些热阻有何困难？热阻的串并联计算方法与电阻的是否相同？为什么？

5. 负载运行时的电机中存在一个很复杂的、有几个热源的温度场，为什么可以用简单的热路法来计算它的温升？计算封闭式感应电机的温升时，为什么要用三热源热路法？

6. 用简化法计算电机的平均温升时，作了哪些假定？为什么用简化法计算也能得到比较准确的结果？

7. 感应电动机(或同步电动机)的转子笼型绕组在起动过程中的温升，主要与哪些因素有关？一台要求起动次数频繁的电动机在设计时应注意哪些问题？

# 第八章　结构设计和机械计算

结构设计和机械计算是电机设计的一个组成部分，它主要在电磁设计完成后进行。其目的是解决机械部分的设计问题，对它的要求是从结构上来保证电机性能、制造时的经济合理和运行可靠等。

从电机的进一步发展来看，除了采用新技术、新材料、新工艺外，很重要的一个方面就是进行结构改进。例如美国西屋公司采用箱型结构（见§8-2）后，仅用30种机座（对应于六个机座号），即可代替过去450种机座，大大提高了标准化和通用化的程度。

本章主要阐述电机的基本结构，结构设计的基本内容、原则和方法，以及电机主要零部件（机座、转轴、换向器及厚壁圆筒）的机械计算。

## §8-1　电机的基本结构型式

### 一、总体结构的分类

影响电机总体结构的因素很多，例如电机的类别、运行条件、原动机或被传动机械的种类及传动方式、电机的容量与转速、冷却方式、防护型式、轴承型式和数目、安装方式等等。在确定电机的总体结构时，必须根据技术条件或技术任务书（建议书）提出的要求，结合具体情况来进行。总体结构应符合国家标准的有关规定。

电机的总体结构可有不同的分类方法，下面简单介绍按通风冷却系统、防护型式和安装结构型式来进行分类。

（一）按通风冷却系统分类

空冷有自冷、自扇冷、他扇冷、管道通风、自由循环通风、封闭循环通风等多种型式；采用其它冷却介质（氢、水等）时，从总体结构上看，通常都是封闭循环系统。

（二）按防护型式分类

按防护型式的不同，可将电机分成许多类型，我国目前比较主要的防护型式有开启、防护、封闭、防爆、防水、水密、潜水、潜油等数种。

开启式电机的结构特点是其带电和转动部分无专门的保护装置。这种结构常用于卧式、低速的中大型直流电机和凸极同步电机，以及低电压大电流直流电机中，一般要求环境比较洁净。图8-1所示为开启式直流电机。

防护式电机的机壳结构对于电机内带电部分和转动部分有必要的机械保护，以防止意外接触，但这种保护并不显著妨碍电机的通风。根据通风口防护结构的不同，它又可细分为网罩式、防滴式和防溅式三种。用铁丝网或多孔金属薄板遮盖通风口，使直径大于15mm的外物不能接触到电机的带电和转动部分的称为网罩式；能防止垂直下落的液体或固体直接进入电机内部的称为防滴式；能防止与垂直线的夹角成100°的范围内任何方向的液体或固体进入电机内部的称为防溅式。防护式结构适用于使用场所对电机无特殊要求的情况。图8-4和8-5所示为自扇冷防滴式感应电机。

封闭式电机的机座和端盖能阻止电机内外空气自由交换，但并不要求完全密封。它可以防护来自任何方向的液体和异物进入电机内部。这种结构适于安装在多尘或露天（但气候不异常）场合的电机中。图8-3所示为封闭自扇冷式感应电机。

防爆式（也称隔爆式）电机的外形与封闭式电机的类似，但其机座和端盖具有较高的机械强度，能承受爆炸性气体在电机内部产生的爆炸力，而且凡沟通电机内外的各金属接缝面均具有足够的长度，以阻止爆炸时电机内部的高温气体迅速传递到电机外部。它的所有螺帽都不允许外露，并设有锁紧装置。这种结构主要应用于煤矿和化工等企业中使用的电机。

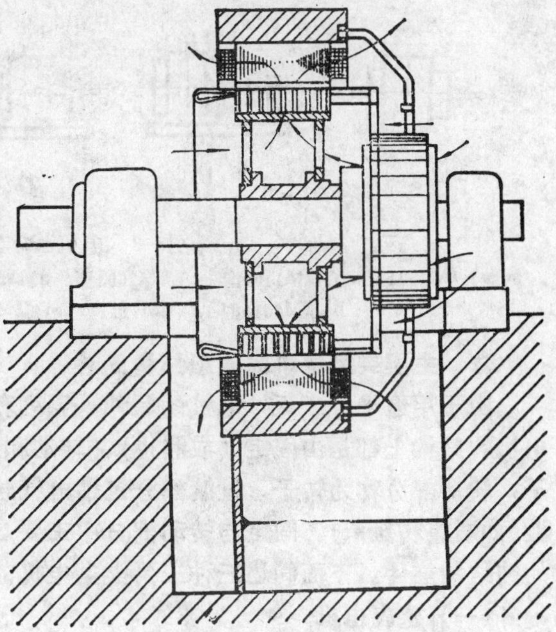

图8-1　开启式直流电机总装图

防水式电机的机壳结构能阻止具有一定压力的水进入电机内部。常用的检查标准是：用直径为25mm的喷嘴，在距电机2m处以压力为4m$H_2O$或距电机3m处以压力为10m$H_2O$的水从各个方向喷射电机，历时15min，水不得进入电机内部。

水密式电机，当其浸没在水中时，机壳结构能阻止水进入电机内部。

潜水（油）式电机在规定的水（油）压下，能长期在水（油）中运行。

（三）按安装结构型式分类

国家标准《GB997—81》规定，对于旋转电机，根据安装结构型式，可分为表8-1所示的九类，每类又分为若干组。各类的典型结构示意图见图8-2。图中：IM1001和IM1101型均有两个端盖式轴承，机座带底脚，其中IM1101型的轴中心高小于机座外圆半径；IM2001型机座带底脚，且一个端盖带大凸缘；IM3001和IM3011型机座均无底脚，传动端的端盖具有大凸缘，前者为卧式，后者为立式；IM4001型机座无底脚，机座在传动端处带有凸缘；IM5002型无机座与底脚，但有两个端盖式轴承，电机必须附装于其他设备上；IM6010型有两个端盖式轴承和一个座式轴承；IM7211型有两个座式轴承；IM8201和IM8421型为具有导轴承和推力轴承的立式电机，前者的推力轴承位于转子下方，后者则位于上方；IM9001型系装入式，具有两个端盖式轴承及圆柱形机座。

**表8-1　电机的基本安装结构型式**

| 顺序号 | 基本安装结构型式 | 分类代号 | 顺序号 | 基本安装结构型式 | 分类代号 |
|---|---|---|---|---|---|
| 1 | 具有端盖式轴承，用底脚安装的电机 | IM1 | 6 | 具有端盖式轴承和座式轴承的电机 | IM6 |
| 2 | 具有端盖式轴承，用底脚和凸缘安装的电机 | IM2 | 7 | 具有座式轴承的电机(无端盖) | IM7 |
| 3 | 具有端盖式轴承，其中一个端盖带凸缘，用凸缘安装的电机 | IM3 | 8 | 除上述1至4以外的立式电机 | IM8 |
| 4 | 具有端盖式轴承，机座带凸缘，用凸缘安装的电机 | IM4 | 9 | 特殊安装型式的电机 | IM9 |
| 5 | 无轴承电机 | IM5 | | | |

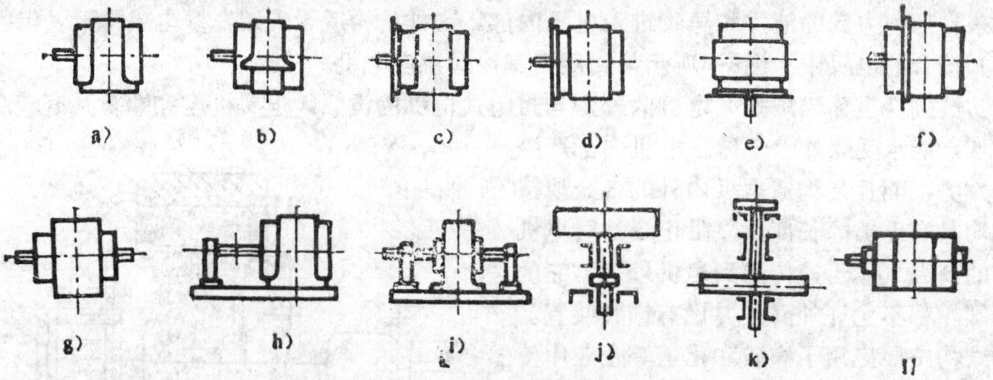

图8-2 电机基本安装结构型式示意图

a) IM1001型 b) IM1101型 c) IM2001型 d) IM3001型 e) IM3011型 f) IM4001型 g) IM5002型 h) IM6010型 i) IM7211型 j) IM8201型 k) IM8421型 l) IM9001型

## 二、主要类型电机的典型结构简述

由于用途十分广泛，电机的品种、系列和规格很多，结构也有多种形式。但无论哪一类电机，结构上都是由固定（或静止）、转动和过渡三大部分所组成。其中固定部分通常称为定子，转动部分称为转子，过渡部分包括电气过渡（如集电环、换向器与电刷机构）和机械过渡(如端盖和轴承)。固定与转动部分中主要是铁心和绕组，其次就是作为机械支撑或固紧用的纯结构部件。下面简述三种主要类型电机的典型结构。

（一）感应电机

1. 封闭式

图8-3为小型封闭自扇冷式笼型转子感应电机的总装图。电机的基本特征是：卧式、机座带底脚、有两个端盖轴承、单轴伸（根据需要也可制成双轴伸）、带内外风扇。

机座为铸铁件，表面带有散热筋，用以扩大散热面积，改善冷却条件。机座顶部有起吊用的吊环螺钉，底部有两个小圆孔（图上未标出），供泄出冷凝水用。从传动端看，机座右侧有一方形出线盒，用来引入电源线。机座内腔呈圆筒形，无纵筋，这样它和定子铁心接触良好，有利于散热。

定子铁心用扣片在其外圆处的鸽尾槽中将其沿轴向固紧，结构简单，且可采用外压装工艺。

铸铝的笼型转子用热套与轴配合（也可将转轴滚花后采用冷压装配），端环和内风扇的叶片形成整体，使工艺简化和可靠性提高。在端环上还铸有若干校平衡时放置平衡块用的小柱。内风扇的作用是使机内热风加速循环，以便更好地与机座和端盖交换热量。外风扇采用径向离心式风扇（图8-3），用铝或塑料制成，风罩用螺钉固定于机座上。

前后端盖相同，轴承为单列向心球轴承。

为了表示出系列电机在定子外径相同、极数不同时，机座可以相同这一情况，图8-3中左右两部分的定子内径与转子外径画成彼此均不相同，左半部分表示该机座号中极数较少的电机，右半部分表示极数较多的电机。

2. 防护式

图8-5为卧式中型自扇冷防护式绕线转子异步电机的总装图。此电机的基本特征是：机

座带底脚、有两个端盖轴承、单轴伸，采用两侧对称的径向通风系统（一般为自通风，根据需要也可制成管道通风），铁心中有通风道。

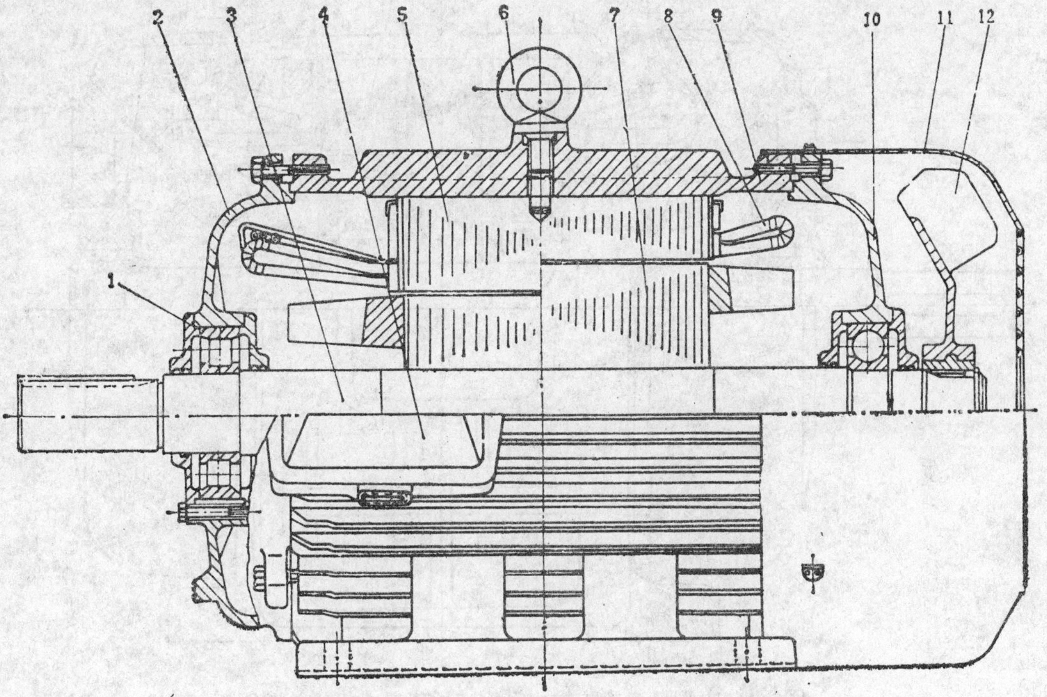


图8-3　小型封闭自扇冷式笼型转子感应电机的总装图

1—轴承　2—后端盖　3—转轴　4—出线盒　5—定子铁心　6—吊攀　7—转子　8—定子绕组　9—机座　10—前端盖　11—风罩　12—风扇

机座系铸铁件，内圆处有纵筋，以便和铁心外圆间形成通风道。从传动端看，出线盒在机座右侧的正中。

定子铁心采用内压装结构，即冲片直接在机座内进行叠压，叠成后，沿轴向用压圈和弧形键固紧。定子线圈端部用间隔垫片绑绳扎紧，或用涤纶护套玻璃丝绳绑扎。转速较高的电机，定子线圈端部还用包以绝缘的端箍加固，以增强承受起动时冲击电流产生的电磁力的能力。

转子铁心直接套于轴上，利用平键和环形键进行周向与轴向固定。轭部具有轴向通风道；当电机容量较大时，转子铁心常装于支架上，铁心和支架的筋、毂之间留有足够的轴向通风道。转子铁心两端各有一个压圈（用弧形键固定于支架上），用来沿轴向把铁心固紧和支承线圈端部，其上并开有放置平衡块的沟槽。转子采用双层波绕组，以半成型的包有绝缘的铜排（称为半组式线圈）穿入半闭口槽，弯形后进行连接；除了斜导体(也称为跳层线圈)所在槽外，一般每槽有两根导体。线圈端部用无纬玻璃丝带或钢丝扎紧。转子绕组的引出线用电缆通过转轴中心孔从非传动端穿出，再接至集电环上。这样可缩短轴承间的距离，减小轴的挠度。在转子半组式线圈端头的连接用并头套上，装有若干风叶，沿圆周等距分布，作为风扇。

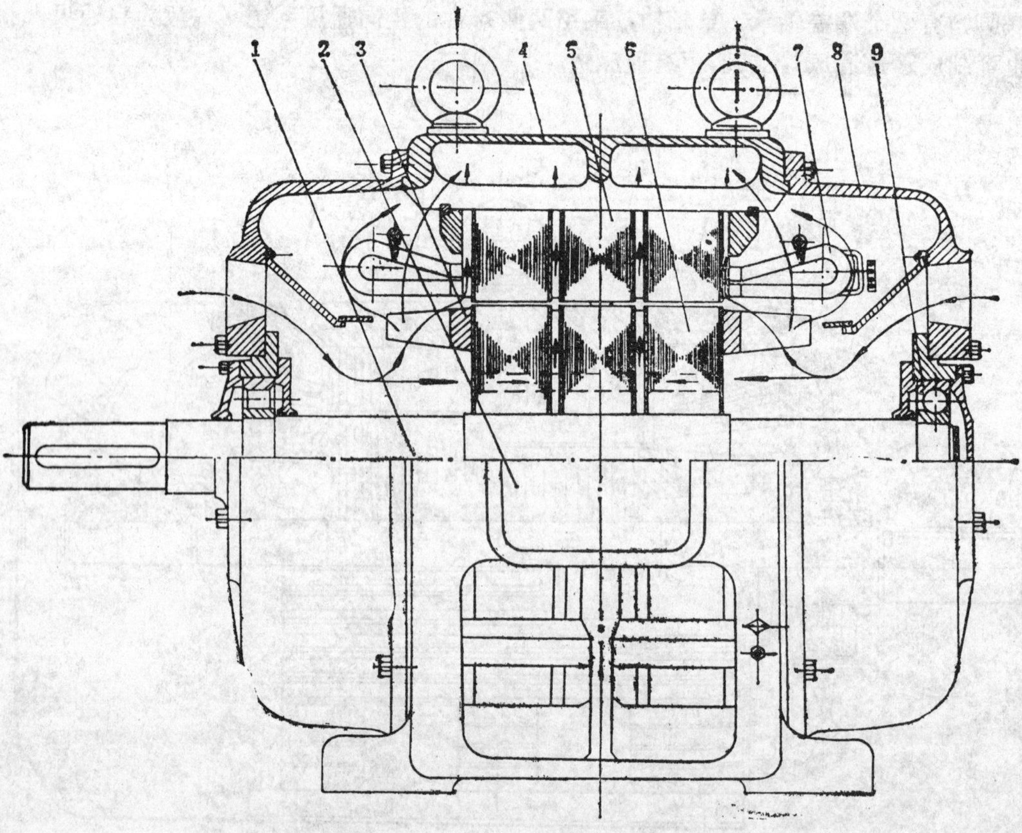


图8-4　中型自扇冷防护式笼型转子感应电机的总装图

1—转轴　2—出线盒　3—转子绕组　4—机座　5—定子铁心　6—转子铁心　7—定子绕组　8—端盖　9—轴承

集电环和电刷装置用防护罩保护。图8-5所示结构具有电刷短路和举刷装置。起动时电刷与集电环接触，以便外接起动电阻；起动完毕后，将手柄扳至运行位置，电刷和集电环分离，同时借短路环将三个集电环短路。有些绕线式电机无举刷装置，这时电刷始终和集电环接触，运行时机械损耗及电刷磨损增大，但电机结构较为简单。

为了防止空气形成局部循环，在端盖内侧装有挡风板。借助于转子绕组两端的风叶和转子铁心径向风道片产生的风压作用，冷却空气自两侧端盖下方的进风孔进入电机后，一部分空气吹过定子绕组端部而进入铁心背部，另一部分则经转子和定子铁心中的径向通风道后进入背部，汇集后由机座下部的出风孔逸出。

由于传动端的载荷较大，故该处采用单列向心短圆柱滚子轴承。非传动端采用单列向心球轴承。滚子轴承还能自动适应因冷热变化造成的转轴伸缩及零部件允许的加工和装配偏差引起的轴向窜动。为便于装拆，并在装拆和检修时保持轴承清洁，两个轴承均采用轴承套。

图8-4为中型自扇冷防护式笼型转子感应电机的总装图。其定子结构与上述绕线转子电机的相同，但转子导条、端环和风叶均用铝铸成，借铝条冷却时的拉紧力使转子冲片被压紧而成为一个整体。

3．箱型结构

这是近年来新发展起来且颇有前途的一种结构型式，目前国外在交、直流电机中均已广泛应用，特别是在中大型感应电机中（单机容量已达20MW左右）。

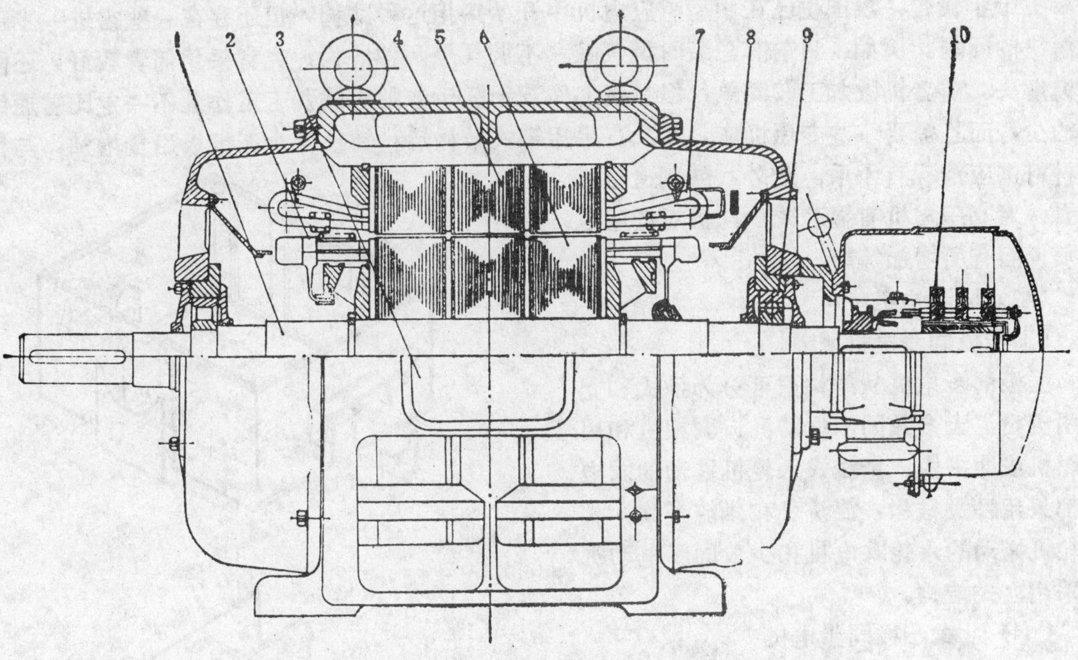


图8-5　中型自扇冷防护式绕线转子感应电机的总装图

1—转轴　2—转子绕组　3—出线盒　4—机座　5—定子铁心　6—转子铁心　7—定子绕组　8—端盖　9—轴承　10—集电环

图8-6和图8-7分别为箱型结构的中型笼型转子感应电机的外形图和拆开后的部件图。箱型电机的主要部件有外罩、底座、定子、转子和轴承等。外罩因不承受任何载荷，故结构轻巧，它可以是整体的，也可由上下两部分组成。通常，对于分半外罩(见图8-6)，同一机座号电机的外罩下半部分都相同，但上半部分则随电机防护型式和冷却方式的不同而不同，见图8-8。底座因要承受整个电机的重量和有关作用力，故要求具有较高的强度。图8-7中，底座和定转子铁心、绕组、轴承等已装在一起。定子系装入式，它是可以与底座及外罩完全分开的独立部件。轴承根据情况可采用滚动轴承或滑动轴承，轴承座在轴中心高处分成上下两半，以便于拆卸。

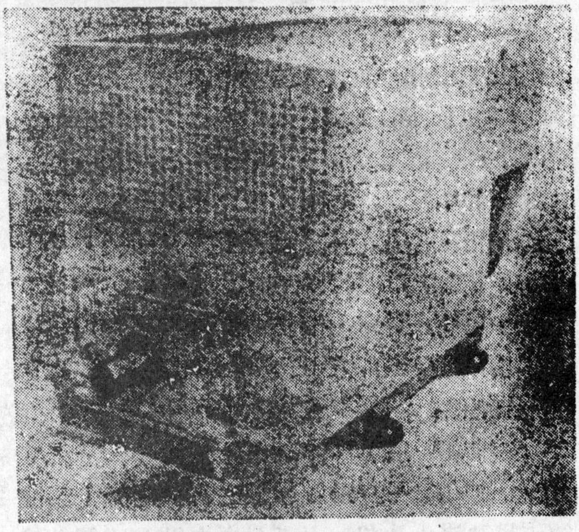

图8-6　箱型结构笼型转子感应电机的外形图

箱型结构的优点主要有：1）零部件的通用性很高（例如底座、铁心、轴承座等均可通用）。2）仅仅采用不同的外罩，就可很方便地派生出防护型式和冷却方式不同的电机，容易实现标准化。3）定子铁心采用外压装，因此可使定子铁心压装、下线、浸渍和底座、外罩的加工同时进行，缩短了生产周期；而且便于采用整体真空、压力浸渍工艺，提高绝缘质量。4）机械加工量少，气隙均匀度高，下线方便，拆卸容易。

七十年代起，我国也已在中型感应电机中开始采用这种结构，但还存在一些需进一步研究解决的问题。例如：目前有总装时调气隙和不调气隙两种结构，究竟采用何者较好，还需研究解决。前者机械加工较简单，但总装工作量大；后者则机械加工工作量不一定比普通结构的少，而且需要一些专用机床。其次，采用箱式结构后，铸铁件少而钢板用量增加，与目前材料供应情况有矛盾。此外，就制造总工时看，对高压电机有显著减少，但对低压电机则反而有所增加等等。

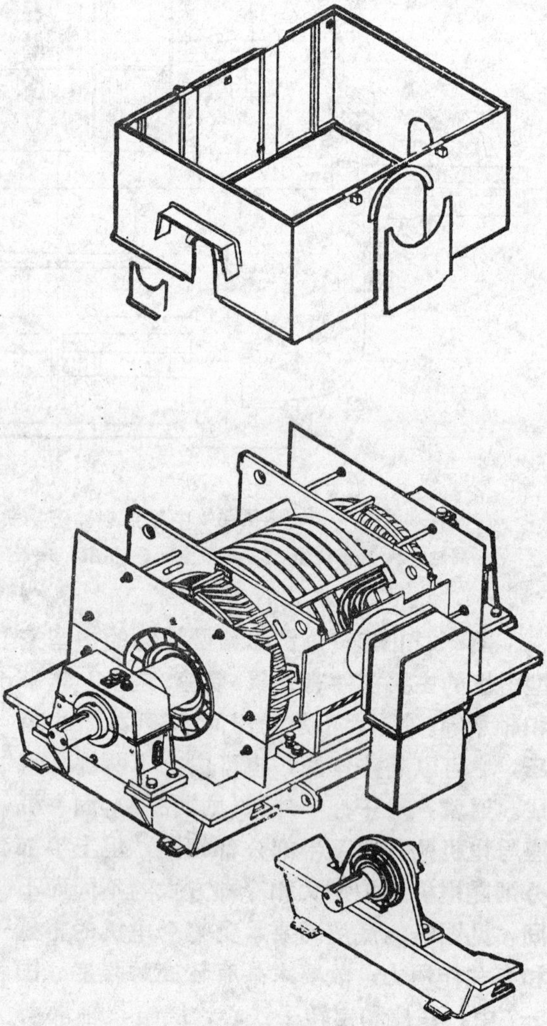

图8-7 箱型结构笼型转子感应电机拆开后的部件图

（二）同步电机

1. 凸极同步电机

凸极同步电机从结构上可分为卧式和立式两大类。大多数同步电动机、调相机和用内燃机或冲击式、贯流式水轮机拖动的发电机都采用卧式结构，混流式和轴流（桨）式水轮机拖动的水轮发电机和少数同步电动机则采用立式结构。

（1）卧式凸极同步电机

图 8-9 为带直流励磁机的卧式小型防护式凸极同步电机的总装图。这种电机的基本特征是：卧式、机座带底脚、有两个端盖式轴承、单轴伸、自扇冷通风系统。

定子结构和感应电机的基本相同。转子由磁极、磁轭、励磁绕组、集电环、风扇和转轴等部件组成，励磁机的电枢和换向器与同步电机转子同轴安装。同步电机的磁极用薄钢板冲制后以铆钉沿轴向铆紧，其两端有钢板制成的L形压板，用来防止励磁绕组在离心力作用下甩出。磁极用螺钉固定于圆筒形的铸钢磁轭上，磁轭则用热套或键固定在轴上。集电环用耐磨黄铜浇铸（也可用青铜、磷青铜或钢制成），两个集电环用玻璃酚醛塑料作绝缘，经热压成为一个整体。

轴伸端采用单列向心短圆柱滚子轴承，非轴伸端为单列向心球轴承。整个电机有两只风扇，分别安装于传动端和励磁机端的轴上。冷却空气由励磁机与前端盖（位于非传动端）上的进风孔进入电机，从后端盖的出风孔逸出。

图8-10和8-11分别为大型开启式低速同步电机和封闭式中高速同步电机的总装图。由于直径较大，两者的定子铁心均用扇形片拼叠而成。绕组一般采用环氧粉云母绝缘（B级）的成型线圈双层叠绕组，槽电流大于1000 A时，改用条式线圈。

图8-10中转子具有叠片磁极，用螺栓固定在铸钢的圆筒形磁轭上，有阻尼绕组。集电环为装配式，重量轻，加工容易，冷却条件好，但容易变形，因此只宜用于直径较大或低速情

况下。风扇为刮板式或斗式，呈构形，一般固定于转子轭的两端，这种风扇通常用于转子圆周速度低于45m/s时。图8-11中因转速高和离心力大，采用了整块磁极，极靴两端装有阻尼端环，与极靴一起起着阻尼或起动绕组的作用。集电环为套筒式，零件少，结构简单，绝缘可靠性高。由于转子圆周速度大于45m/s，采用轴流式风扇。两图中励磁绕组均用裸铜线扁绕而成，匝间一般采用玻璃坯布绝缘，热压成整体，为B级绝缘。

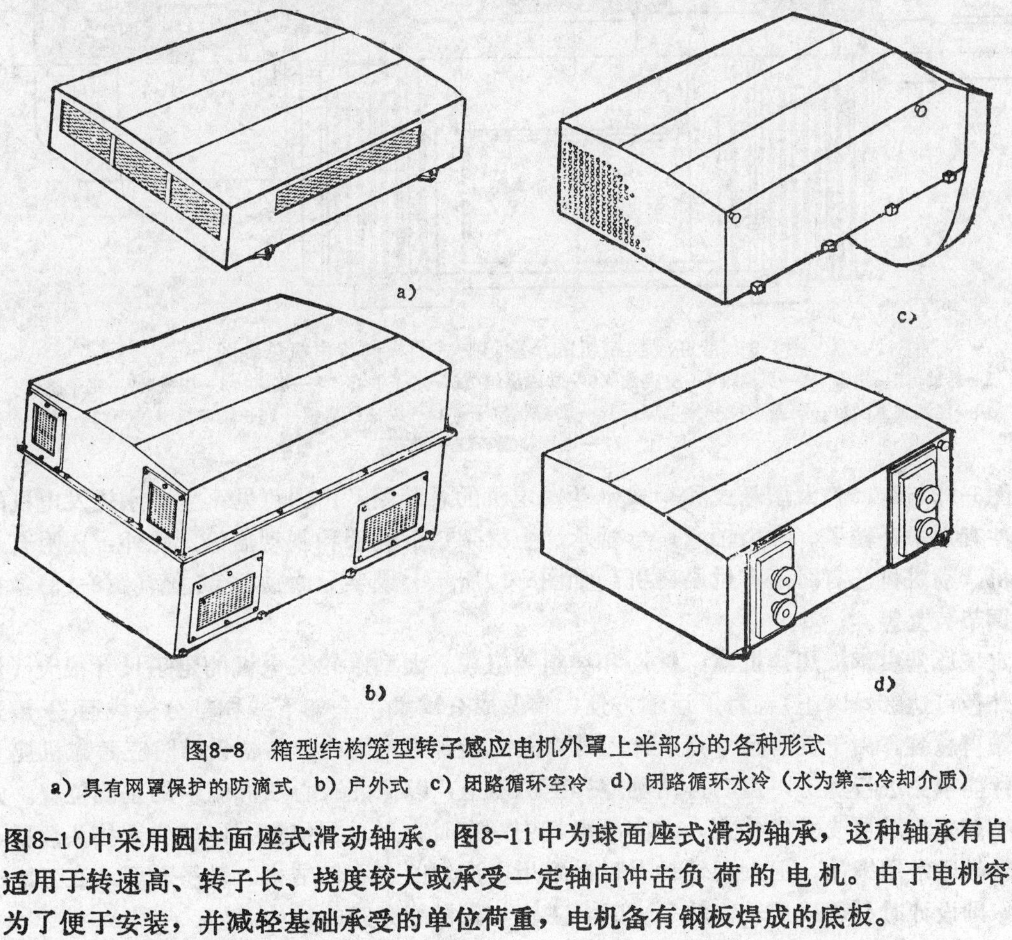

a) b) c) d)

图8-8　箱型结构笼型转子感应电机外罩上半部分的各种形式

a）具有网罩保护的防滴式　b）户外式　c）闭路循环空冷　d）闭路循环水冷（水为第二冷却介质）

图8-10中采用圆柱面座式滑动轴承。图8-11中为球面座式滑动轴承，这种轴承有自位作用，适用于转速高、转子长、挠度较大或承受一定轴向冲击负荷的电机。由于电机容量较大，为了便于安装，并减轻基础承受的单位荷重，电机备有钢板焊成的底板。

（2）立式凸极同步电机

由于立式结构主要用于水轮发电机中，因此下面以水轮发电机为例来说明立式同步电机的基本结构。

根据推力轴承的位置，立式水轮发电机可分为悬式（图8-12）和伞式（8-13）两种基本结构型式。悬式的推力轴承位于电机上机架上部或中部，整个机组的转动部分“悬吊”在推力轴承上；伞式的推力轴承则位于电机下机架上或水轮机的顶盖上。一般说，低速电机多采用伞式，其优点是机组总高度和电站厂房高度均可降低，负重机架的尺寸较小，因而机组总重量较轻。中高速电机多采用悬式，悬式的推力轴承损耗小、维护方便，和伞式相比，在转速较高，铁心直径和长度的比值较小时，悬式结构运行较为稳定。关于这两种结构型式优缺点和选型原则的详细讨论，见〔0-22〕第12章。

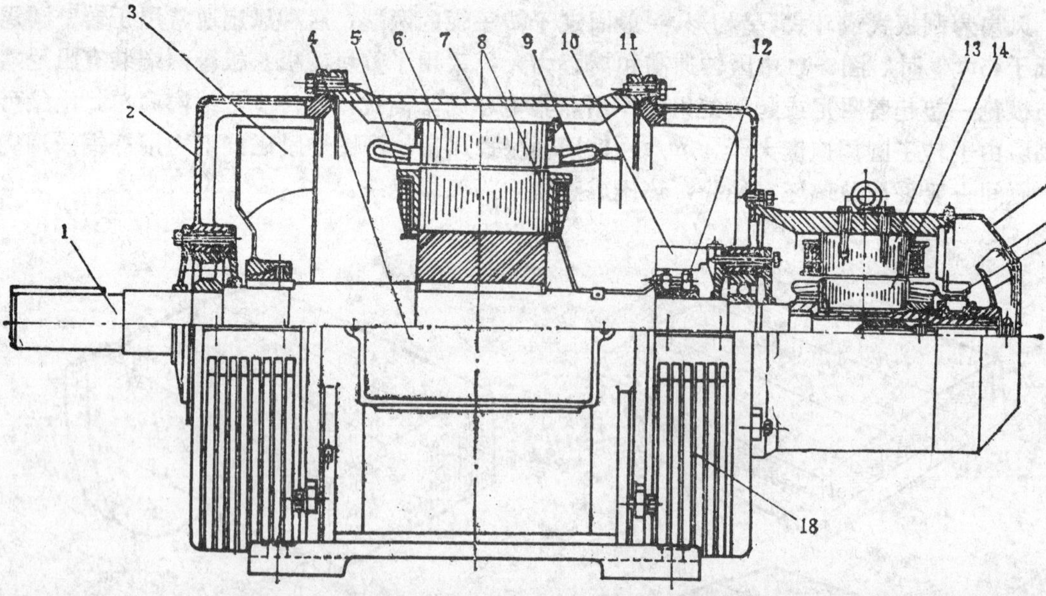


图8-9　带直流励磁机的小型防护式凸极同步电机总装图

1—转轴　2—端盖　3—风扇　4—出线盒　5—励磁绕组　6—定子铁心　7—机座　8—磁极　9—定子绕组　10—电刷装置　11—端盖　12—集电环　13—励磁机定子　14—励磁机电枢　15—励磁机端盖　16—风扇　17—电刷装置　18—网罩

图8-12与8-13为大型悬式和伞式水轮发电机的总装图。由图可见，立式水轮发电机的基本部件有定子、转子、推力轴承、导轴承、上机架、下机架和制动器等。此外，还附有永磁发电机、励磁机（有时还有付励磁机，如图8-12所示）或半导体励磁装置（图8-13)、自动励磁调节装置等。

定子通常由钢板焊接机座、铁心和绕组等组成。大型水轮发电机的定子尺寸很大（例如机座外径可达20m以上)，为了运输方便，常做成分瓣式，全部下线和部分接线后分瓣运送到电站再总装。由于机座尺寸很大，无法在装配后加工，因此，结构设计时应考虑机座上各零部件能事先进行加工，然后再精确地焊至机座上，以保证铁心在机座中的正确位置。定子绕组一般采用双层波式或叠式，水内冷电机中，有时也用单层绕组，以减少水接头数目。

转轴通常用锻件，但大型转轴有时也采用电渣焊的空心轴结构。转子若要求在工地进行装配，则设计时必须采用轴、转子支架、磁轭与磁极能分开的结构。

上、下机架相当于普通卧式电机的端盖，一般做成辐射式，以增强其负重能力。悬式电机的上机架和伞式电机的下机架（当推力轴承位于下机架上时）均为负重机架，因此尤应保证其结构具有足够的强度和刚度。推力轴承是水轮发电机组中最复杂、最重要和加工要求最高的部件之一，它由推力头、镜板、推力轴瓦和支柱等部分组成。推力轴承承受整个机组转动部分的重量和作用于水轮机转子上的水推力，大型水轮发电机中，这一轴向负荷可高达数千吨。导轴承承受径向推力，无论悬式或伞式电机，导轴承可以只有一个，也可以有两个。前者使电机结构较为简单；后者则增加了机组运行时的机械稳定性，因此更宜在转轴较长，或与主发电机同轴还装有气隙较小的辅助发电机（即交流励磁机）的机组中使用。

为了保护推力轴承，在额定功率大于250kVA的立式水轮发电机中，通常均装有制动器。其作用是在发电机停机时，通进压缩空气，顶起制动闸，使和转子支架上的制动板（块）产生接触摩擦，而使机组迅速停转，从而避免推力轴承的镜板在低速下运转时间过长，因油膜太薄而受损。在安装维修时，制动器中可通入高压油，作为顶起转子的油压千斤顶之用。

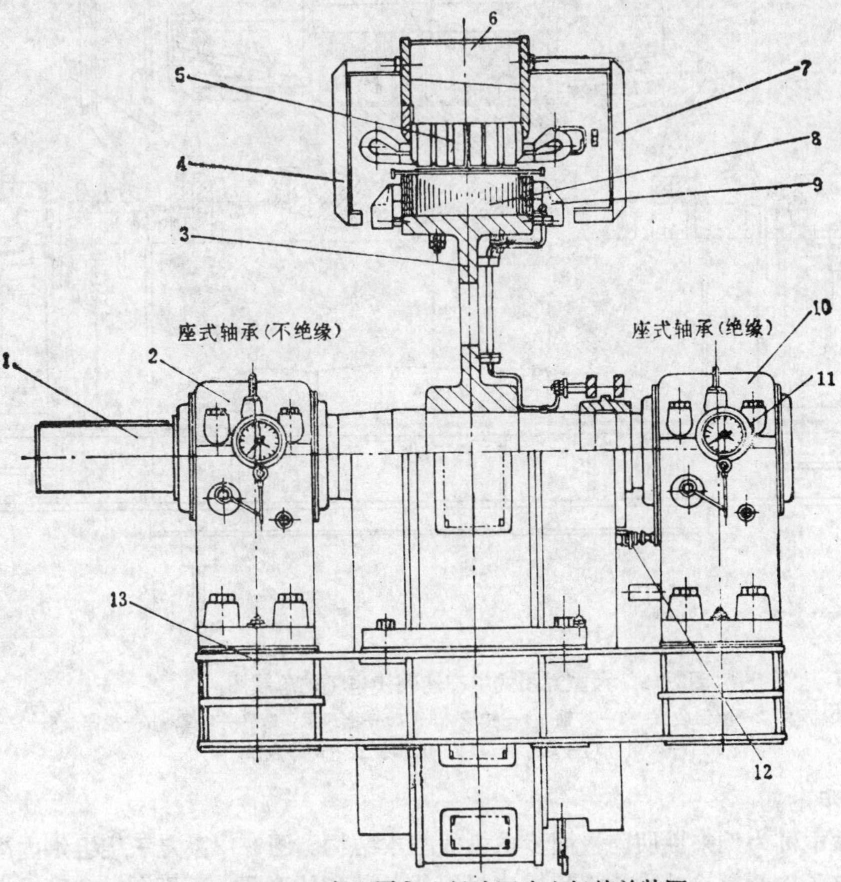


图8-10　大型开启式低速同步电机的总装图

1—转轴　2、10—座式轴承　3—转子支架　4、7—端罩　5—定子　6—机座　8—转子　9—刮板式风扇　11—测温装置　12—电刷装置　13—底板

主发电机顶部装有作为水轮机调速器中电动机电源用的永磁发电机，其定子主绕组向调速器供电，副绕组是转速继电器的信号电源。在机械调速系统中，一般采用三相永磁式同步发电机；在电液调速系统中，采用单相永磁式感应子发电机。1000kVA以下的中小型低速水轮发电机，一般无此种永磁发电机，而采用较简单的由主发电机出线端的电压互感器向调速器的飞摆电动机供电的方式，但这时调速系统的电压讯号将受发电机励磁系统运行情况的影响，且在主机发生三相短路或甩负荷时，调速机构将失去电源，不能正常动作。主发电机顶部通常还装有直流励磁机和副励磁机，作为主发电机的励磁电源。但因直流励磁机维护工作量大，反应速度慢，而且由于换向问题，使高速大容量直流励磁机的制造受到限制，近年来它已逐渐被交流励磁机和半导体励磁装置所代替。

图8-12和8-13所示结构均采用封闭循环式通风系统，主要利用转子本身的风扇作用使空气循环，转子两端可以不另装风扇。空气冷却器装在发电机机座外的机坑中，冷却器中通入冷却循环水，以冷却通风系统中的热空气。

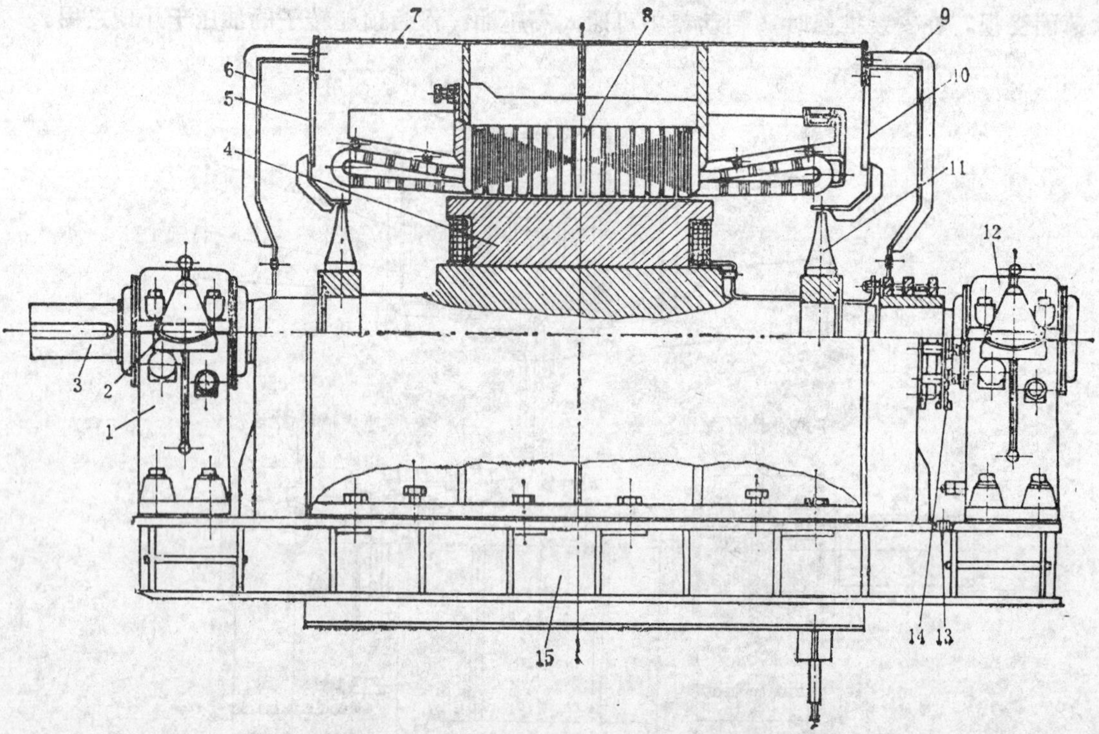


图8-11　大型封闭式中高速同步电机的总装图

1、12—座式轴承　2—测温装置　3—转轴　4—转子　5、10—挡风罩　6、9—端罩　7—机座　8—定子　11—风扇　13—绝缘套　14—电刷装置　15—底板

2. 隐极同步电机

今以汽轮发电机为例来说明隐极同步电机的基本结构。图8-14系定子绕组水内冷、转子绕组氢内冷、定子铁心氢冷的大型汽轮发电机组的总装和外形图，下面介绍此发电机的基本结构。

机座沿轴向分成三段，其两端部分称为端罩，均为钢板焊接结构；机座中段的长度和定子铁心长度相近，两侧各有两个吊攀，供吊装用。为减少运行时定子铁心产生的振动对发电机与基础的影响，铁心和机座间采用了轴向弹簧板隔振结构。端罩呈方形，作用是罩住定子绕组的端部。电机内部充氢，为防止因氢气爆炸危及人员和厂房、设备的安全，机座、端罩连同端盖应能承受$0.7\times10^6$Pa的水压试验，而不产生有害变形，并具有足够的气密性。此外，两个端罩中还装有四个直立的氢气冷却器，通过循环水以冷却电机内部的氢气。

定子铁心由冷轧硅钢片叠成。为防止铁心端部过热，除采用T形非磁性铸钢压圈压紧，以减少漏磁引起的损耗外，还使：1）定子铁心比转子本体稍短，以降低压圈上最热处的温升；2）将两端铁心做成阶梯形，冲片齿部中间开有径向小槽，以降低边端铁心中由漏磁场轴向分量引起的涡流损耗；3）定子绕组端部的各种紧固用构件及与其邻近的其它部件都用非磁性材料制成；4）定子线棒端部具有22.5°（下层）与18.5°（上层）的倾角。同时为提高可靠性，边端铁心冲片采用B级绝缘漆涂刷。

定子绕组为双层叠式，由条形线棒连接而成，线棒内部通水冷却。绕组在槽内采用编织换位，以减少附加损耗。绕组槽部及端部均采用环氧粉云母带连续绝缘。线棒表面采取防晕处理，端部还具有外屏蔽措施，并在端部渐开线间留有适当间隙，以保证发电机正常运行时不产生电晕。由于定子电流较大，为防止由电磁振动产生的绝缘磨损和电腐蚀，对线棒在槽内和端部采取了专门的固定方式。

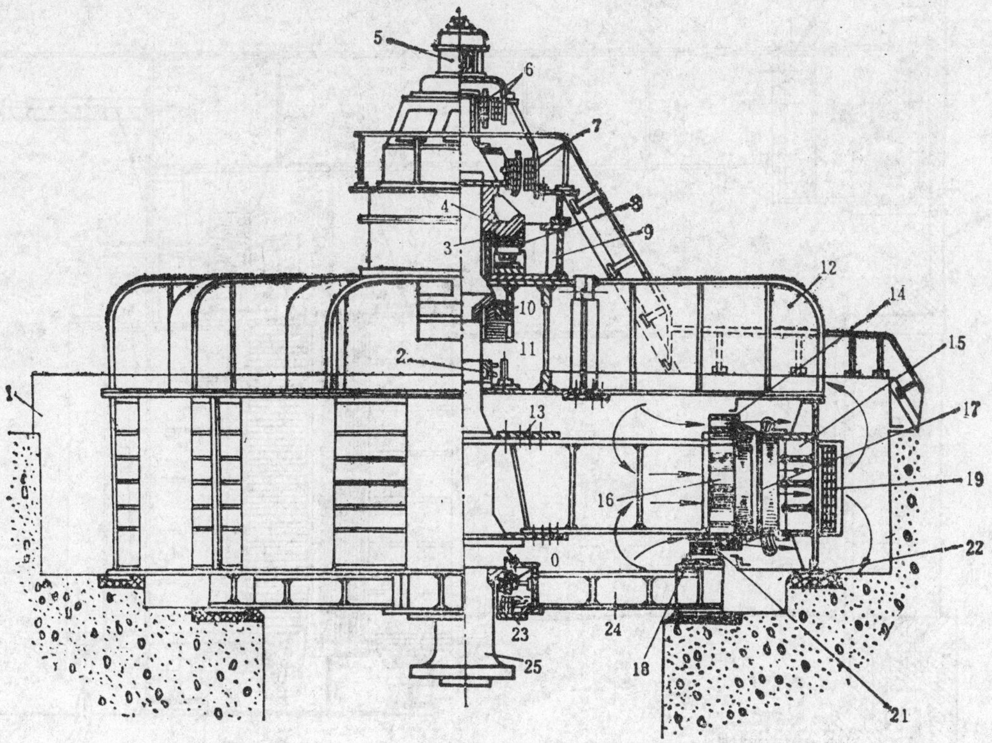


图8-12　悬式水轮发电机总装图

1—外壳　2—集电环　3—镜板　4—推力头　5—永磁发电机　6—副励磁机　7—励磁机　8—推力瓦　9—推力轴承油槽　10—上导轴承　11—上导轴承油槽　12—上机架　13—转子支架　14—风扇叶片　15—机座　16—转子　17—定子　18—制动块　19—空气冷却器　20—下导轴承　21—制动器　22—底板　23—轴承润滑油冷却器　24—下机架　25—转轴

水冷定子绕组的每根线棒为一条水路，由不锈钢制成的进、出水汇流管分别布置于绕组两端，线棒和汇流管间用聚四氟乙烯绝缘引水管联通，运行时汇流管应接地。定子水电联接采用分开结构。电气联接由实心导线用银焊对接；水路联接由每根线棒的空心导线套入过渡接头，后者与绝缘引水管相联。定子引出线由空心铜线组成，通水冷却，在它附近的其它零部件要用非磁性材料制成。

发电机转子和铁心采用多流式通风系统。转子绕组为气隙取气铣孔斜流式氢内冷系统。转子槽楔材料为高强度杜拉铝，其上铣有特殊的进出风孔，通过楔下垫条和铜线的风道相通。转子绕组的对地绝缘采用环氧粉云母聚酰亚胺薄膜和玻璃布复合绝缘压制成的槽衬。转子两端的槽楔（称为端头槽楔）用特种铝青铜制成，在其底部和护环下装有半阻尼绕组（大齿上开槽装设阻尼条或大齿上无阻尼条），以保护护环搭接面，提高承受不平衡负荷的能力，并可减少转子附加损耗。

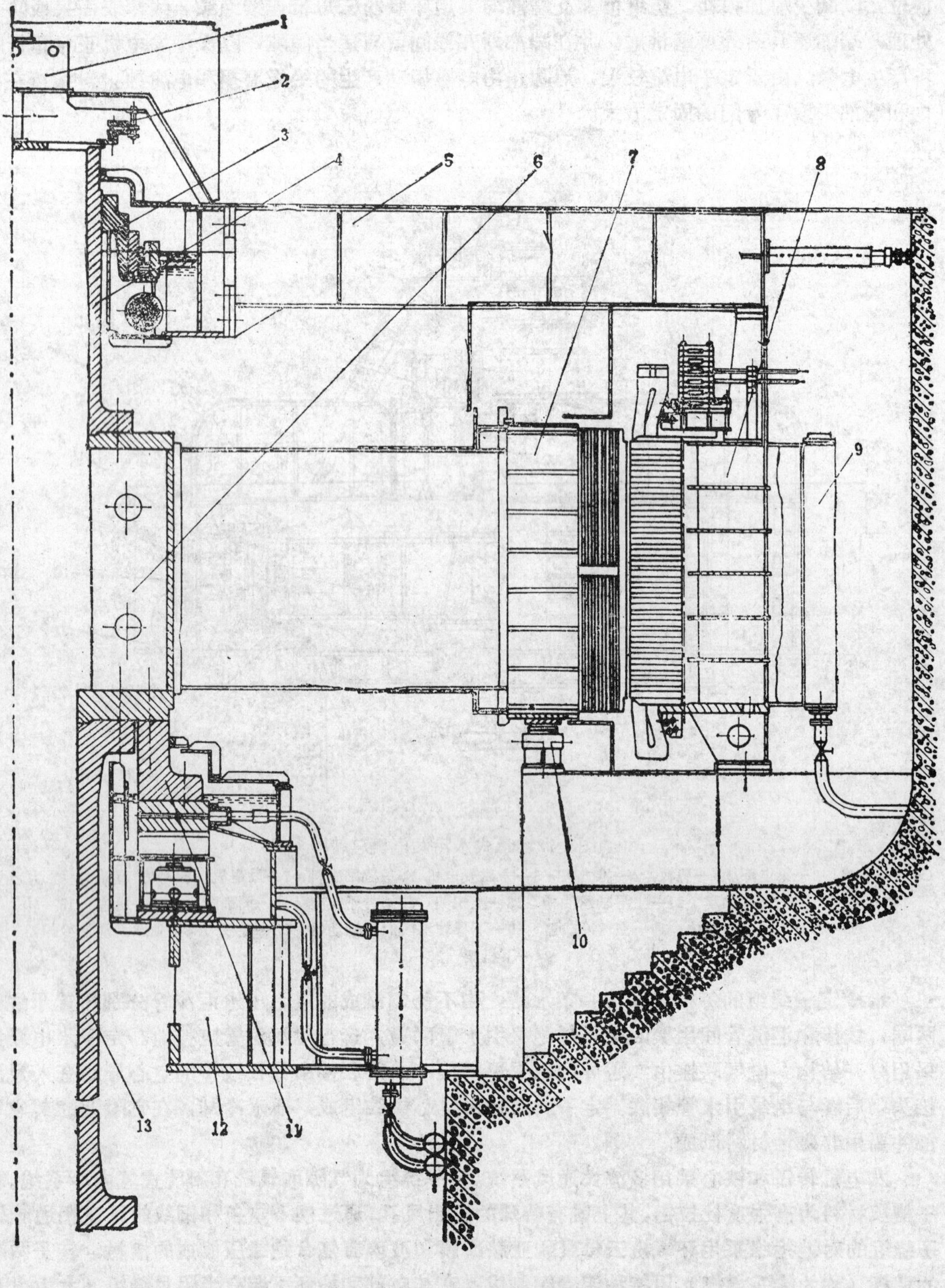


图8-13　伞式水轮发电机总装图

1—永磁发电机　2—集电环　3—上导轴承　4—电机转轴上端　5—上机架　6—转子支架中心体　7—转子　8—定子　9—空气冷却器　10—制动器　11—推力轴承　12—下机架　13—水轮机转轴

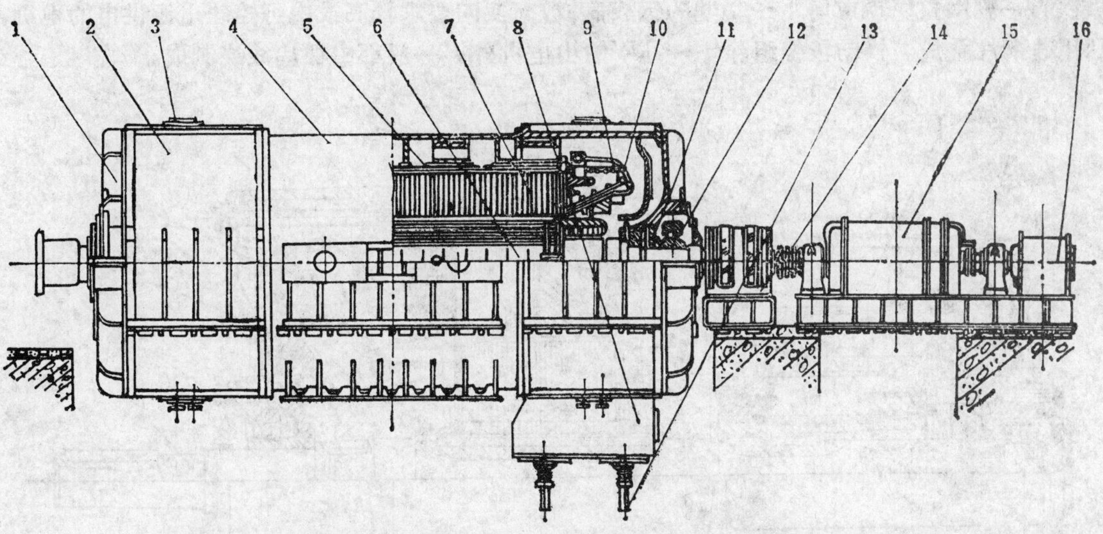


图8-14　定子水内冷、转子氢内冷大型汽轮发电机组的总装和外形图

1—端盖　2—端罩　3—冷却器　4—机座　5—轴向弹簧板　6—转子　7—定子铁心　8—定子出线罩　9—定子引线　10—定子线圈　11—油密封　12—轴承　13—定子引出线　14—电刷装置　15—交流励磁机　16—中频副励磁机

转子本体两端采用悬挂式护环和中心环。护环由高强度非磁性合金钢制成，它与转子本体间除用热套法箍紧外，还另用一只开口环作轴向锁紧。中心环和护环间用热套法装配，中心环和转子绕组端部轴向间则设置弹性支撑结构。风扇为轴流式，叶片用高强度铝模锻而成，安装角可以调节。

转子引出线经本体中心孔接至集电环，导电螺钉采用高强度库巴合金，并设置两道密封。集电环表面开有螺旋沟，以减少电刷磨损，并有利于冷却。为加强集电环的冷却，其中部还铣有轴向月牙槽，槽中开有贯通的斜孔。

为了防止端盖在高氢压下产生过大的轴向变形和提高轴承刚度，端盖采用内圆锥体形状，并加焊若干辐板。滑动轴承的轴瓦采用油膜刚度较好的球面镶块式三油楔瓦，瓦上设有高压油顶起装置。氢气密封采用双流环式密封装置，励磁机端的油密封有对地绝缘。发电机的励磁由同轴的交流励磁机组供给，后者则由一永磁中频副励磁机供给励磁。

（三）直流电机

图8-15为小型卧式直流电机的典型结构，其基本特征是：防护式、机座带底脚、有两个端盖轴承、单轴伸（根据需要也可制成双轴伸）、自扇冷轴向抽风式通风系统（容量较大时也采用外通风）。下面阐述直流电机的一般结构。

由于直流电机的机座一般要求导磁，因此通常采用钢板焊接或铸钢。在换向较困难或由可控硅电源供电的电机中，磁轭也用冲片叠成；有的甚至采用隐极定子结构，即定子铁心由带有齿槽的冲片叠成，励磁绕组和换向极绕组均放在槽中，从而有可能使定子体积缩小。和交流机座相似，直流机座一般也需装设吊环螺钉、底脚和出线盒等。

主磁极由铁心、励磁绕组和一些附件组成。主极铁心一般由厚1～2mm的钢板冲制后叠成，再用螺钉固定于机座上。各励磁绕组在导线截面小于30mm²左右时，用绝缘线绕制，截面较大时用裸扁线绕制成。换向极又称附加极，其数目和主磁极相同或为其二分之一。换向极铁心一般用整块钢或厚1～2mm的钢板制成，对换向要求较高或由可控硅电源供电的电机，则用硅钢片叠成。换向极绕组除1～2kW的小电机外，一般都由裸扁线绕制成。

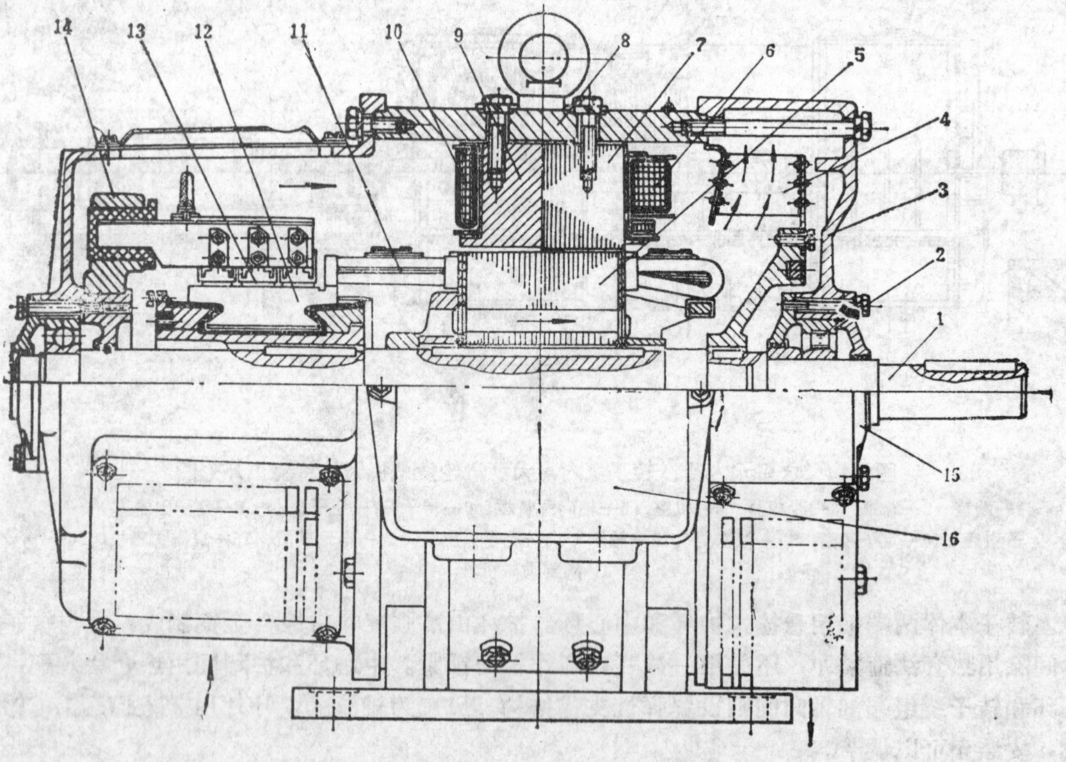


图8-15　小型直流电机的总装图

1—转轴　2—轴承　3—端盖　4—风扇　5—电枢铁心　6—主磁极绕组　7—主磁极铁心　8—机座　9—换向极铁心　10—换向极绕组　11—电枢绕组　12—换向器　13—电刷　14—刷架　15—轴承盖　16—出线盒

电枢铁心由硅钢片叠成，轭部开有轴向通风道，容量较大的铁心沿轴向分段。铁心用键固定于转轴上（小型）或通过支架与转轴作机械联接。电枢绕组用绝缘圆线或扁线绕制而成，其槽部用槽楔固紧，或用与端部相同的扎紧方式；端部支撑在绕组支架上，外表面用无纬玻璃丝带或钢丝扎紧。

换向器是直流电机的关键部件之一，对它的结构有下列基本要求：1）有足够的片间压力，以保证换向器在正常运行时不会发生凸片现象；2）各部件具有足够的强度和刚度，在电机起动、制动或允许的超速运行时，不应产生有害的变形；3）工作表面有较高的耐磨性和耐电弧性；4）电气绝缘强度要高。

目前在直流电机中应用最广泛的是拱型换向器。它由许多换向片和云母片交替叠成圆筒，然后两端加工成鸽尾形并加以紧固而成。根据紧固方法的不同，拱型换向器可分为铆接式、螺帽式、螺栓式与螺杆式等多种型式。中小型直流电机中常用螺帽式结构(见图8-15)。它适用于外径小于250mm和长度不超过300mm的换向器，其紧固系借助两个钢质V形压圈从两端将换向片夹紧，再用一个螺母拧紧在套筒上，在压圈和换向片间垫有用云母制成的V形绝缘圈。铆接式是依靠套筒把压圈铆紧，适用于直径为40～80mm的小换向器。螺栓式和螺杆式系分别采用螺栓或拉紧螺杆来紧固换向器，前者适用于直径大于360mm，长度小于

300mm的换向器，后者通常适用于直径大于360mm，长度大于300mm 的换向器。后两种结构，尤其是螺杆式，不但能较好地补偿换向片受热时的轴向伸长，因而可防止运行时换向器表面的热变形；而且片间云母片厚度不均匀时，也能由于各螺栓（或螺杆）的分别收紧而使换向片较可靠地形成紧密的整体。

由于拱形换向器的结构和工艺均较复杂，因此小型直流电机中已广泛采用塑料换向器。其结构形式很多，但主要有图8-16所示的两种形式。塑料换向器采用酚醛树脂玻璃纤维压塑料经过热压使换向片紧固成一个整体。其优点是：1）结构简单（省去了压圈、套筒、螺母和V形绝缘环等许多零件）；2）对换向片的加工要求较低，因而劳动生产率较高；3）系整体结构，故运行时不易造成因装配不良而引起的换向片凸出；4）耐潮耐震性能较好；5）可节约贵重的云母材料，简化工艺过程，重量轻、尺寸小、成本低。目前我国在B级绝缘直流电机中，外径125mm以下的换向器几乎已全部采用了塑料结构，外径150mm的塑料换向器也已在一般直流电机中使用，并正在研制外径200mm以上的塑料换向器。

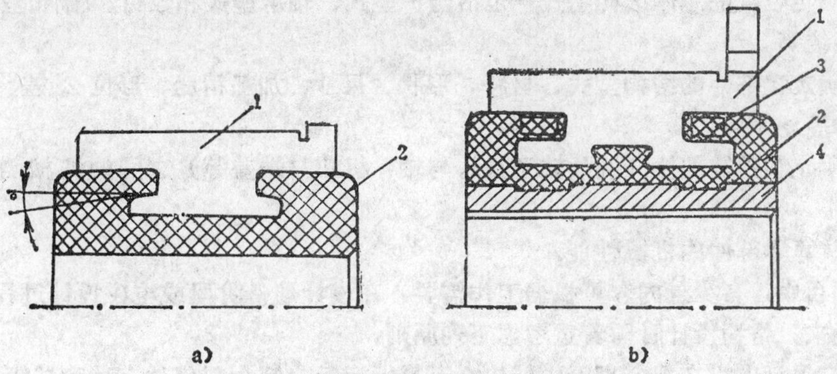


图8-16 塑料换向器
1—换向片 2—塑料 3—加强环 4—金属套筒

当换向器和电枢直径间相差较小，或为了提高电机使用的可靠性时，电枢绕组元件的端头可用锡直接焊在开于换向片一端的小孔或小槽内，也可焊在片端升高部分铣出的沟槽里。但当换向器直径和电枢直径相差较多，或虽不多但从机械方面看来工作条件并不困难时，则采用专门的升高片来进行连接，以节约换向片铜材。升高片一般用薄铜带或薄铜板制成，铆接在换向片端部，升高片很高时应加以适当支撑。

电刷装置由电刷、刷握、刷杆和刷杆座等零件组成。对电刷装置的基本要求是：1）具有足够的刚度，在电机正常运行时不产生有害变形和振动；2）应使电刷在刷握内能上下自由滑动，刷握的弹簧能保证所需的电刷压力；3）刷杆座沿圆周方向的位置调整及更换电刷应较方便；4）电刷在换向器表面的布置应使后者的磨损能较均匀。

在中小型直流电机中，通常采用直刷握（见图8-15）。这种刷握的弹簧按结构又可分为恒压弹簧、圆柱形弹簧和涡形弹簧等数种。其中恒压弹簧刷握可使电刷在其磨损过程中所受压力基本不变；圆柱形弹簧刷握和涡形弹簧刷握不能保持电刷压力不变，因此带有压力可调节机构。大型直流电机中较多地采用斜刷握，它可减小电刷和刷握间的摩擦力，但仅使用同样的一排单斜刷握时，电机转向不宜改变，因而仅适用于不可逆转的电机；对可逆转电机，则在每组电刷中需使用一对斜向不同的双斜刷握。

直流电机的端盖也分为带轴承和不带轴承两种类型，前者主要用于小型及采用滚动轴承的中型电机中，后者主要用于采用座式轴承的中大型电机中。带轴承的端盖（见图8-15）可缩短电机的轴向长度，其结构（卧式电机）除与机座联接用的止口、轴承室以及两者之间的过渡部分外，前端盖上还开有视察换向器和电刷运行情况，并可供维护用的视察窗，后端盖上则开有出风用的窗口。不带轴承的端盖和机座间的联接面不采用止口，但需有一定的定位措施。端盖通常用铸铁制成，要求重量轻时用铝合金铸造，对强度要求较高的端盖，则用铸钢制成。大型直流电机中采用钢板焊接或铸造的端盖。

## §8-2　结构设计的基本内容、原则和方法

### 一、结构设计的基本内容和原则

结构设计的基本内容大致如下：

（1）确定电机的总体结构型式，包括防护型式、轴承型式和数目、轴伸型式、安装方式、通风系统等。

（2）确定零部件的结构型式、材料、形状、尺寸、加工精度、形位公差、表面粗糙度和技术要求等。

（3）确定某些零部件（例如转子铁心与轴，机座与端盖等）之间的机械连接方式、配合种类等。

（4）核算零部件的机械性能。

上述项目中，有少量内容可根据工作需要，在设计准备阶段或电磁设计过程中完成。

一般说来，结构设计时需着重考虑下列原则：

（1）应保证电机在规定期限内能安全可靠地运行。例如零部件在力和转矩的作用下，强度和刚度应满足要求，带电部分和接地部分间应有足够的绝缘距离，轴承应有合理的寿命，转子上的紧固零件需加设锁紧装置（弹簧垫圈、制动垫圈等），以防松动等。

大型汽轮发电机定子端部结构要保证不出现局部过热，大型汽轮和水轮发电机线棒的槽部和端部，应妥善支撑和固定等。

（2）所用的结构型式一般应符合有关国家标准的规定，并满足使用部门及环境保护方面所提出的要求。例如电机的防护型式、轴承型式、中心高、外形尺寸、安装尺寸、轴伸型式和尺寸、出线盒位置、大电机起吊高度等，有些应符合有关国家标准的规定，有些需满足使用部门提出的要求。此外，还应特别注意减小电机的振动和噪声，以免影响电机的正常使用和污染环境。关于电机振动与噪声产生的原因及其预防措施可详见第九章。

（3）要尽量使零部件符合“标准化、系列化、通用化”的要求，尽可能采用标准件和标准规格的材料，注意零部件间的通用。采用特殊规格的材料时要考虑供应条件。

（4）应具有良好的结构工艺性。也即要求结构简单、加工方便、生产周期短、制造成本低。为此，设计时应充分考虑工厂的生产条件（设备、工装、技术水平和工艺传统）及产品批量大小等因素。例如：铸铁机座价格低廉，加工方便，便于组织机械化、自动化生产，因此宜用于批量大的中小型电机中。但铸铁机座重量重，强度差，体积大时浇铸较困难，批量小时成本又较高，因此在批量不大的大容量电机中一般采用钢板焊接机座。此外，加工精度、表面粗糙度和毛坯的加工裕量要规定得适当，加工面应尽可能少，以节省材料和加工工

时，并减少占用精密机床设备的时间。

应该指出，电机结构工艺性的好坏是与当时当地的生产条件密切有关的，随着工厂生产条件和生产批量的变化，以及工艺水平的提高，原先工艺性较好的电机结构，也会变得不够理想而需作相应的改变。

（5）应考虑电机装拆和维修方便，并注意运输条件与使用单位的技术水平。例如需经常装拆和维修的电机，有时宜采用分半式机座；布置机座底脚时，应考虑拧底脚螺栓时扳手能顺利操作。为了便于拆卸端盖，对小型感应电机，在其端盖的固定螺孔处常作成凸耳，在凸耳和机座端面间留出一定间隙；而对容量稍大的电机，则在端盖的对径处设有顶盖用的螺孔。大型水轮发电机为便于运输，其定子常做成分瓣式等等。

（6）应适当注意电机的外形美观。

**二、结构设计的方法**

现以一般交、直流电机为例，来简述结构设计的具体内容和方法。

（一）交流电机的结构设计

在初步确定总体结构后，通常从定子开始进行设计。对于定子铁心，一般应确定其轴向和周向的固紧方式，径向通风道元件的结构（无径向通风道者不进行此项）；采用扇形片时，还需决定扇形片如何划分、鸽尾槽的数目、尺寸和布置。大型电机中，要确定铁心两端阶梯部分的具体结构。对于定子绕组，应先由计算或作图求得端部尺寸，并确定其固定方式。然后着手绘制定子的分装草图。绘图时，先画出定子铁心、压圈和绕组端部，再布置线圈间和极相组间的联接线（这对高压电机比较重要）。若定子铁心轭部的径向尺寸较大（如两极电机），这种联接线可沿径向放在绕组端部和机座之间；若轭部的径向尺寸较小（如多极电机），则应沿轴向放在绕组端部和端盖之间。然后即可大致确定机座的轴向长度。对小型封闭式感应电机的机座，若安装尺寸许可，适当放长机座将有利于散热及保护定子绕组端部不受损伤，而且可减小端盖深度、提高端盖刚度，并可简化端盖形状，对机座本身的稳定性也有好处。这对于采用轴承端盖的大型氢冷汽轮发电机，一般也是适用的。对于冷却器装在电机内部的机座，其轴向长度或横截面形状应作相应考虑。机座横截面的尺寸确定后，要核算其刚度是否满足要求（见§8-3）。然后根据对机座中心高的要求确定底脚位置（无底脚电机不进行此项）。在采用端盖轴承的小型电机中，底脚应低于机座的最低点；对中大型电机，则要求不必抬起机座就能取出转子，以利拆装。

转子结构设计的主要内容是铁心（同步电机包括磁极和磁轭）与转轴的设计计算以及两者之间的组合。转子绕组的尺寸在电磁设计时已经算得，但在此需作些必要的补充计算。对转场式同步电机转子，需确定磁极和磁轭的详细结构、尺寸与固紧方式。对其他转子铁心，除具有轴向风道时要确定相应的结构外，其余均与定子铁心的情况相似。转子铁心（或磁轭）和转轴之间的组合形式有套轴式和支架式两种，究竟选用那一种，主要决定于转子铁心（或磁轭）和转轴径向尺寸间的关系。若为绕线转子感应电机和同步电机，尚需确定集电环的结构型式、尺寸与位置。安排集电环的位置时，应考虑便于检查和更换电刷。对绕线式感应电机，还应考虑安装短路和举刷装置的可能性。转轴铁心档（或中间档）与轴伸档直径的确定见§8-4，其它各档尺寸根据需要确定，但应向两端渐次减小。一般情况下，传动端和非传动端轴承处的轴径分别不超过转子铁心档（或中间档）轴径的0.8和0.7倍。

端盖的结构和尺寸系根据通风系统、绕组对地绝缘距离、轴承套结构（座式轴承不必考虑）及端盖的刚度与强度（包括从工艺上提出的）等方面的要求来确定。滚动轴承的内盖与轴上零件间要有一定的间距，以便拆卸轴承时，有足够的操作空间。

在定子、转子和端盖分装图的基础上，即可作出总装草图，同时布置风扇。此时应校核各零部件间的相对位置、必要的间隙或空间是否适当，安装尺寸和外形尺寸是否符合要求，制造、装配、拆卸和维修是否方便等等。总装草图画完后，即可据此对分装配图作必要修改，并逐步绘出零件图，最后再绘制详细准确的总装配图和校核总装尺寸链。绘制零件图时，应如§1-2所述，需确定零件的尺寸、材料和加工要求等。

（二）直流电机的结构设计

直流电机通常从电枢开始进行设计，其步骤和一般要求与交流电机的大体相似，只是电枢绕组在转子上，磁极在定子上，而且具有换向器，因此稍有不同。

在绘制总装草图时，先画出电枢铁心、压圈（或绕组支架）与电枢绕组的端部，然后画上换向器、电刷及定子各部件。由于电枢绕组端部是通风系统的组成部分，因此端部绑扎应注意勿使端部各相邻导体间的空距过分狭窄。在多数情况下，还应考虑到励磁绕组的轴向尺寸一般较大，为了保证电刷与刷握正常工作，换向器应位于比单纯根据电枢绕组端部所确定的位置更远离电枢铁心一些。这一情况在小功率电机中尤其突出，因为这时换向器直径和电枢直径比较接近，而励磁绕组轴向尺寸则相对较大。

在中大型直流电机中，确定电枢绕组端部伸出尺寸或换向器的位置时，还应考虑补偿绕组的轴向伸出情况。因补偿绕组的端部往往很长，若不把转子的轴向尺寸相应加长，则所确定的换向器位置将不合适。

在选择换向器直径时，一般总是尽可能选得小些。这样比较价廉，电刷的摩擦损耗也较小。但直径小后，在刷宽和片宽的比值一定时，换向片宽度和电刷宽度均将减小。若直径过小，强度将不够。换向器各零件一般都应进行机械计算（见§8-5）。

在采用端盖轴承的情况下，换向器套筒内腔应具有足够大小的空气通道，以利通风。在用座式轴承的大型电机中，为了便于维护电刷装置，应使电机在基础中下沉一些。

在采用座式轴承的电机中，机座对称于电枢铁心长度的中心线。机座截面尺寸的确定主要取决于磁路计算和刚度的要求，通常满足了前者，后者也常满足。对直流电机机座的刚度要求见§8-3。对承担重要任务的大型电机，有时需增加换向器侧前端盖和前轴承间的轴向长度，以便当电枢有故障时，能将机座向换向器方面移开，进行修理。不论采用端盖轴承或座式轴承，选取底脚高度时，均应考虑能装上和取下磁极固定螺钉。若采用分半机座，则在安排其分半位置时，应与磁极固定螺钉的位置同时考虑。为稳固起见，对于采用底脚固定的电机，通过机座质心的垂线，或当采用端盖轴承时，通过整个电机质心的垂线必须在电机底脚的外围线以内。

## §8-3 机座的机械计算

### 一、概述

机座在交流和直流电机中的作用有所不同。交流电机的机座主要作为定子铁心与绕组的机械支撑，并用来固定端盖或端罩，有些情况下还要构成通风系统的风路或风室，甚至支撑冷却器、过滤器与消声器等，但不起导磁作用；直流电机的机座一方面起着与上述类似的某些作用，另一方面，其磁轭又起导磁作用。但不论交流还是直流电机中，机座都还起着防护作用。有些情况下，机座表面还要承担散热任务。

机座除区分为铸造与焊接、立式与卧式、带底脚与不带底脚外，根据结构和外形的不同，还可作如下划分，其中(2)、(3)仅用于直流电机。

(1)整体式机座和分瓣式机座

前者为整圆结构，刚度好、加工方便，一般用于中小型电机及运输条件许可的大型电机中；后者系将整个机座沿圆周分成上下两半（称为分半式）或数瓣，以便于运输、安装及检修，一般用于大型电机或要求安装、检修方便的中小型电机。

(2)整体机架式机座和组合机架式机座

前者的机架焊成一个整体，因而机座加工和磁轭叠片比较简单，一般用于定子外形尺寸要求不严格的大型直流电机中；后者的机架在磁轭叠片后焊成，中间的辐板装在磁轭铁心中，机座外形尺寸小、刚度好，但磁轭叠装工艺要求较高，一般用于定子外形尺寸受限制的大型直流电机中。

(3)整块磁轭式机座和叠片磁轭式机座

前者的磁轭用铸钢或厚钢板制成，并和底脚或机架铸成或焊成一体，主要用于一般中小型直流电机及负荷稳定、换向条件好的大型直流电机中；后者的磁轭由硅钢片或薄钢板叠压固紧后，再固定到机架上，通常用于由可控硅电源供电或负载经常快速变化的直流电机中，如轧钢用主传动电动机及其电源发电机等。

(4)圆形机座和多边形机座

前者外形呈圆形，加工方便，用于一般交直流电机中；后者外形呈规则或不规则多边形。规则多边形的机座能使电机内部空间得到较好的利用，从而减小了机座的高度，但加工工时较多，通常用于起重、船用和牵引直流电机中；不规则多边形的机座刚度较好，但外形尺寸较大，通常用于大型轧钢直流电机和某些交流电机中。

在电机运行过程中，机座主要承受下列载荷：

(1)重力载荷。一般为定子自重，采用端盖轴承的电机中，还要承受转子的重量；而在悬式水轮发电机中，则需承受机组转动部分、上机架等的重量。

(2)径向力。单边磁拉力和铁心热膨胀引起的径向力。

(3)轴向力。在内压装和整圆冲片的情况下，机座的某些部位要承受铁心的轴向回弹力；对于悬式水轮发电机，则要承受轴向水推力。

(4)转矩。包括负载突然变化及发电机突然短路时的暂态电磁转矩。

上述载荷中以(4)为最主要。此外，一般电机的机座在加工、运输、安装时，还将受到夹紧力、切削力、起吊力等的作用；对要求密封的电机（例如氢冷汽轮发电机或防爆电机），其机座还要承受试验压力的作用；在采用端盖轴承和皮带（或齿轮等传动机构）传动时，机座及其底脚还将受到皮带拉力（或齿轮等传动机构的作用力）的作用。因此，在设计机座时，必须使之有足够的强度和刚度。

一般机座的机械计算常包括其刚度、强度及固有振动频率的计算，分半机座需进行合缝板螺栓的强度计算，焊接机座需进行底脚板焊缝应力的计算，其中主要是机座的刚度计算。实践表明，若机座的刚度足够，则其强度也常能满足。因此下面只简要介绍机座的刚度计算，关于其详细的机械计算（包括固有振动频率计算）可参看〔8-6〕。

**二、机座的刚度计算**

由材料力学可知，机座刚度表征机座受作用力时抵抗变形的能力，它的大小与机座尺寸、形状和所用材料有关，可用机座截面的惯性矩来代表。如果不要求详细计算，可凭经验规定此惯性矩不小于某一定值。惯性矩太小，会导致机座变形过大及气隙不均匀度超过允许值，甚至引起电机起动或运行时定、转子碰擦（特别是气隙小的感应电机）；其数值大小若不合适，还可能使机座的固有振动频率靠近振源频率（在我国主要是50Hz和100Hz，后者即所谓双频振动频率），使电机不能安全运行。

图8-17表示机座因重力作用而产生的变形。在转矩$T$和单边磁拉力$F_M$的作用下，以直流机座为例，其受力情况可见图8-18，图中$F_T$为由$T$引起的切向力，$F_F$为底脚支点的反作用力，$F_M$和$F_T$均作用于磁极的极靴表面上，$F_F$与$F_T$相平衡，$F_M$通过磁极传到机座轭部。

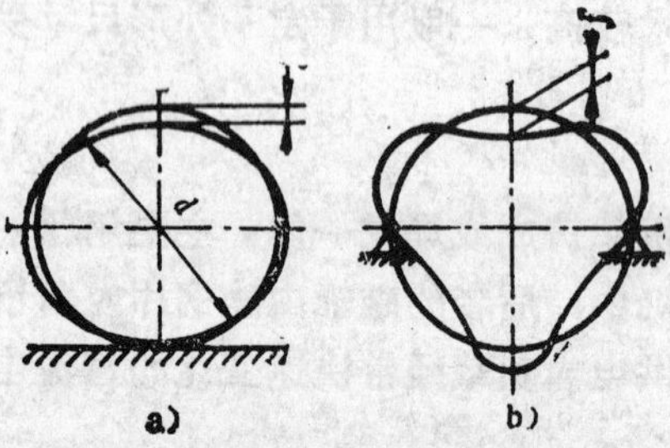


图8-17　机座因重力而产生的变形
a）无底脚情况　b）有底脚情况

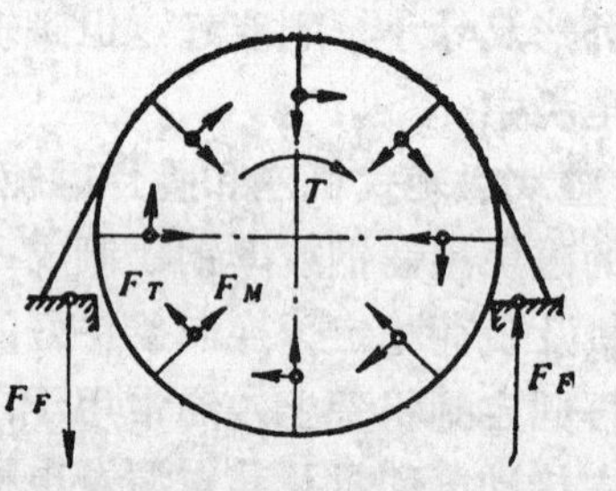


图8-18　直流机座的受力情况

机座机械计算用草图见图8-19。为简便起见，将交流机座和直流机座画在一起，右半部为交流机座，左半部为直流机座。

近似计算时，对钢制机座，要求其横截面的惯性矩$J_x$（单位为$m^4$）满足下列数值关系的不等式：

（1）卧式同步电机和直流电机

$$J_x \geqslant \frac{G_F R_j^2}{2.21} \times 10^{-9} \quad (8\text{-}1)$$

式中　$G_F$——在直流电机中，指定子的重力之和，在同步电机中指机座的重力，单位为N；

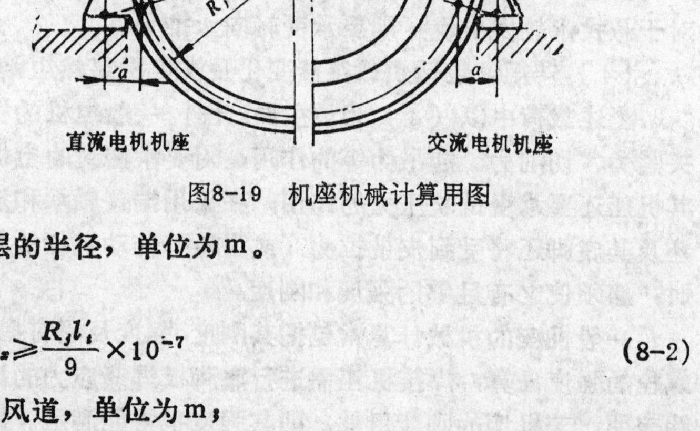


图8-19　机座机械计算用图

$R_j$——磁轭或机座横截面中性层的半径，单位为m。

（2）卧式感应电机

$$J_x \geqslant \frac{R_j l_t'}{9} \times 10^{-7} \qquad (8\text{-}2)$$

式中　$l_t'$——铁心长度，不包括径向通风道，单位为m；

$R_j$——机座中性层的半径，单位为m，参见图8-19。

$R_j$可近似用下式计算：

$$R_j=\frac{D_1}{2}+0.5 \tag{8-3}$$

式中　$D_1$——定子铁心外径。

对于立式电机，允许式（8-1）和式（8-2）中不等号右边乘以0.9。若机座由铸铁制成，则式（8-1）与式（8-2）右边应加大一倍，才足以保持机座挠度在允许限度以内。

$J_x$可按机座的设计尺寸根据力学原理进行计算。

## §8-4　转轴的机械计算

### 一、概述

转轴是电机中最重要的零件之一。由于其损坏大多具有疲劳性质，因此对一般电机转轴材料的要求是：应有足够高的强度，对应力集中敏感性小和加工性能良好。除不重要和受力较小的转轴采用A3、A4或A5号普通碳素钢外，一般均由35、40或45号优质碳素钢制成。直径小于约10cm时，常采用钢元作为毛坯；10cm以上，则采用锻造成的阶梯轴毛坯。大型电机和承受冲击性载荷的电机转轴，因其重要性提高，对材质的要求较高，大多采用合金钢锻件。近年来，电渣焊工艺在电机工业中应用日益广泛，特大直径（甚至直径不很大）的转轴趋向于应用由多节组合而成的焊接空心轴，以减轻重量、节约大型锻件和降低成本。

运行时，转轴所受的应力形式因电机类型和传动机构的不同而异。通常在采用直接传动的立式电机（如水轮发电机）中，转轴承受转子重量（有时还有水推力）引起的拉应力、转矩产生的剪应力和单边磁拉力引起的弯曲应力；在传递转矩的卧式电机中，转轴承受转子重量、单边磁拉力和作用在轴伸上的外力（例如皮带拉力）所引起的弯曲应力以及转矩产生的剪应力。

为保证电机正常运行，在设计电机的转轴时，一般应满足下列基本要求：

（1）要有足够的强度。即在正常负载及规定的特殊情况下(如突然短路等)，转轴任何部分不能产生残余变形或损坏。

（2）要有足够的刚度。即转轴的挠度必须在允许范围内。

（3）临界转速和工作转速或超速转速间应有足够的差值，以免发生共振。

进行机械计算前，应先初步确定转轴的几何尺寸。常用的一个简便方法，就是直接参考已生产电机的转轴尺寸。也可采用电磁设计时的有关尺寸，或根据经验数据和力学公式先确定转轴中部（即铁心档）的直径与轴颈尺寸，再按所设计电机的结构草图来确定轴的长度。

根据对已生产电机所作的统计，对于1MW以下的电机转轴中部直径约为定子内径或电枢外径的$\frac{1}{3}\sim\frac{1}{4}$。感应电机因气隙较小，为了增加轴的刚度，此值一般接近于$\frac{1}{3}$。

在初步设计时，弯矩数值尚不知道，这时可近似地先按抗扭强度的概念，根据转矩$T$来确定转轴在传递转矩部分的最小直径$d_{min}$：

$$d_{min}=\sqrt[3]{\frac{T}{0.2[\tau_t]}}=\sqrt[3]{\frac{K'_p T_N}{0.2[\tau_t]}} \tag{8-4}$$

式中　$K'_p$——疲劳计算用的过载系数，对汽轮发电机，可取$K'_p=1.0$；对一般电机，可取$K'_p=1.4$；对辗轧电机，可取$K'_p=2.5$；对内燃发电机，可取$K'_p=4.0$，或根据扭振计算确定；

$[\tau_t]$——转轴的许用扭应力（见表8-2）；

$T_N$——电机的额定转矩。$T_N=9.57\frac{P_N}{n_N}$，式中$T_N$的单位为N·m。$P_N$为额定功率，单位为W。$n_N$为额定转速，单位为r/min。

**表8-2 转轴的许用扭应力$[\tau_t]$** 单位：$10^6$Pa

| 材料类别 | 普通电机 | 辊轧电机 | |
|---|---|---|---|
| | | 非逆转 | 可逆转 |
| 35钢 | 58.86 | 49.10 | 37.28 |
| 40钢 | 64.75 | 53.96 | 41.20 |
| 45钢 | 70.63 | 58.86 | 44.15 |

在中小容量的立式电机中，转轴铁心档的直径$d_0$通常铁心档的直径$d_0$通常比传动端轴的最小直径大10～15%；在大型立式电机中，则$d_0$一般接近于这一最小直径。轴颈的直径通常在轴中部直径和轴伸直径之间，其具体尺寸应在选用轴承（滚动式）或轴承润滑计算（滑动式）后确定。

## 二、单边磁拉力

产生单边磁拉力的主要原因是转子相对于定子偏心，而这通常可由加工和安装误差、轴承磨损、转子挠度等引起。从图8-20所示的多极直流电机简图可见，当转子具有初始垂向偏心$e_0$时，垂直布置的一对主极下的气隙，上面的增加到$\delta+e_0$，下面的减小到$\delta-e_0$。因此，在每极磁势一定时，上面磁极下的气隙磁密$B_\delta$将减小，而下面磁极下的$B_\delta$将增大。于是，这两个磁极和转子间所产生的磁拉力数值将不等。两者之差就是单边磁拉力，也称为不平衡磁拉力。

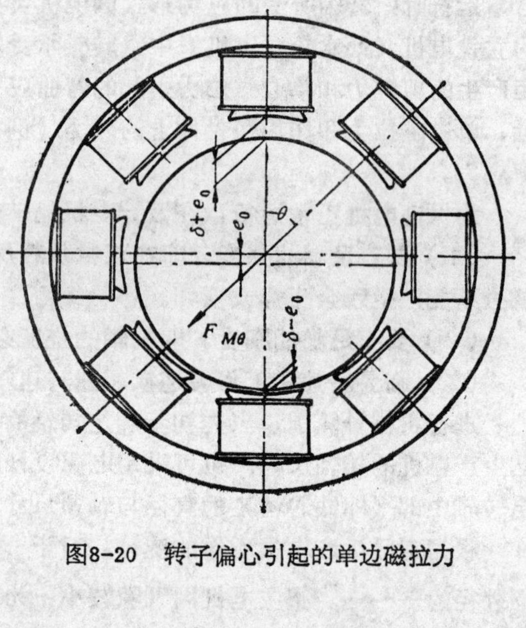

图8-20 转子偏心引起的单边磁拉力

根据电工基础，电磁铁对衔铁的吸力可用下式计算

$$F_L=\frac{B^2}{2\mu_0}A \tag{8-5}$$

式中 $B$——电磁铁与衔铁间气隙中的磁密；

$A$——电磁铁一个极的表面积。

今取位于电机任一直径上的一对极，该对极的轴线和铅垂线成$\theta$角。假定转子仅在垂直方向发生偏心，且偏心在$0\leqslant\theta\leqslant\frac{\pi}{2}$范围内按余弦函数变化，于是这对极下的气隙将由$\delta$分别变为$\delta+e_0\cos\theta$和$\delta-e_0\cos\theta$，气隙磁密由$B_\delta$分别变为$B_{\delta1}$和$B_{\delta2}$。现研究空载情况，并忽略饱和及因气隙变化而引起气隙系数的变化。由于每极磁势相等，因而可得

$$B_{\delta2}(\delta-e_0\cos\theta)=B_{\delta1}(\delta+e_0\cos\theta)=B_\delta\delta \tag{8-6}$$

由式（8-5）可知，这对极所产生的初始单边磁拉力为

$$F_{M\theta}=\left[\frac{B_{\delta 2}^{2}}{2\mu_0}-\frac{B_{\delta 1}^{2}}{2\mu_0}\right]A_p \quad =\frac{A_p}{2\mu_0}(B_{\delta 2}+B_{\delta 1})(B_{\delta 2}-B_{\delta 1}) \tag{8-7}$$

式中 $A_p$——一个极的表面积。

将式（8-6）除以$\delta^2-e_0^2\cos^2\theta$，得

$$\frac{B_{\delta 2}}{\delta+e_0\cos\theta}=\frac{B_{\delta 1}}{\delta-e_0\cos\theta}=\frac{B_\delta\delta}{\delta^2-e_0^2\cos^2\theta}$$

由于$e_0^2\cos^2\theta$与$\delta^2$相比可以忽略，故得

$$\frac{B_{\delta 2}}{\delta+e_0\cos\theta}=\frac{B_{\delta 1}}{\delta-e_0\cos\theta}=\frac{B_\delta}{\delta}$$

于是

$$B_{\delta 2}-B_{\delta 1}=\frac{2B_\delta e_0\cos\theta}{\delta}$$

$$B_{\delta 2}+B_{\delta 1}=2B_\delta$$

代入式（8-7）后可得

$$F_{M\theta}=\frac{A_p}{2\mu_0}\cdot\frac{4B_\delta^2 e_0\cos\theta}{\delta}$$

此磁拉力在铅垂线上的分力（它将和转子重量一起导致转轴向下变形）等于$F_{M\theta}\cos\theta$。若总共有 $p$ 对极，则作用于铅垂方向上的初始单边磁拉力总和可由下式计算

$$F_{M0}=p\left[\frac{1}{\pi}\int_{-\frac{\pi}{2}}^{\frac{\pi}{2}}F_{M\theta}\cos\theta\ d\theta\right]=p\frac{A_p}{2\mu_0}\quad\frac{4B_\delta^2 e_0}{2\delta} \tag{8-8}$$

以$A_p=\alpha_p'\dfrac{\pi D}{2p}l_{ef}$代入上式后可得

$$F_{M0}=\frac{\alpha_p'\pi Dl_{ef}}{\delta}\quad\frac{B_\delta^2}{2\mu_0}e_0 \tag{8-9}$$

实际情况下，笼型转子感应电机的转子笼对于不均匀的气隙磁场会有补偿作用。此外，具有并联支路的绕组，假如各支路集中于定子（或电枢）圆周上的某一区段，则当气隙不均匀时，由于支路间产生的循环电流的作用（若空载时绕组能形成闭路），也将补偿原来的不均匀磁场。在这些情况下，实际产生的单边磁拉力将比由式（8-9）算得之值为小。因此，在进一步考虑了电机类型、磁场分布、饱和、槽、阻尼和绕组结构等的不同影响后，根据文献〔8-1〕，式（8-9）可写成

$$F_{M0}=\frac{\beta\pi Dl_{ef}}{\delta}\quad\frac{B_\delta^2}{2\mu_0}e_0=K_0e_0 \tag{8-10}$$

式中 $\beta$——经验系数，可采用下列数值：感应电机$\beta=0.3$；凸极同步电机和直流电机$\beta=0.5$；汽轮发电机$\beta=0.2$；

$K_0$——磁拉力刚度，系$e_0=1\,\mathrm{m}$时所产生的初始单边磁拉力，其表达式为

$$K_0=\frac{\beta\pi Dl_{ef}}{\delta}\quad\frac{B_\delta^2}{2\mu_0} \tag{8-11}$$

$\delta$——单边平均气隙；

$e_0$——初始偏心，计算时可取作$0.1\delta$。

上述公式系根据多极电机推导而得。对于两极电机，当磁极处于铅垂位置时，若转子相对于定子只产生上下偏心，则可以认为不会引起磁极下气隙磁密数值的不同，因而不产生单边磁拉力。但当磁极处于水平位置时，若转子相对于定子沿铅垂线向下产生偏心(见图8-21)，则每个磁极的上半个极面和下半个极面下的气隙磁密将不相等。这时可认为在直径两端相对的两个半极与转子间会产生单边磁拉力，它们的合力为$F_0$，它将使转子向下偏移。根据〔8-4〕与〔8-7〕的分析，可知两极电机的初始单边磁拉力仍可用式(8-10)计算，但需乘以$\frac{1}{2}$，式(8-10)中汽轮发电机的β取为0.2，也就是这一观点的表现。

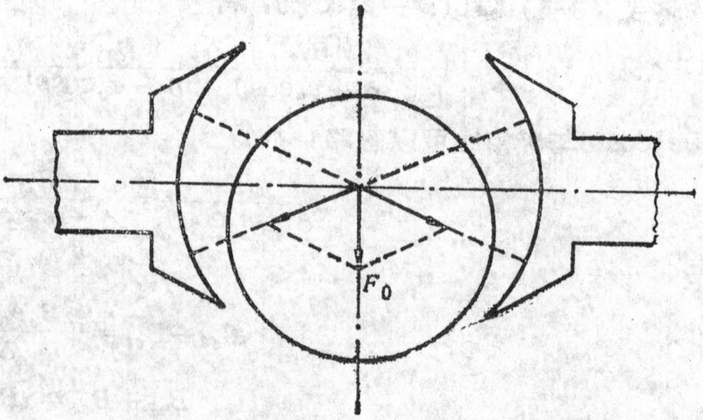


图8-21 两极电机磁极作水平布置时的单边磁拉力

### 三、转轴的挠度计算

电机转子由轴承支撑，轴承间具有一定长度。这样，作用于该段轴长度上的各种力将使转轴产生挠度。它将使气隙不均匀度加大，从而增大单边磁拉力，这又会进一步增加轴的挠度，严重时会导致定、转子相擦。另一方面，由转子重力产生的挠度与转轴的临界转速密切相关，若临界转速太靠近正常的工作转速，电机运行时就会产生剧烈振动，甚至造成断轴事故，因此轴的挠度必须控制在一定范围以内。

转子重力$G$(铁心、绕组、支架及轴承间那段轴的重力之和)对轴而言是一不均匀的分布载荷，但在多数情况下，计算电机轴的挠度时，可近似假定它是集中作用于转子铁心长度中点处的轴上，并为了简单起见，对于装在轴上的某些其他零部件和轴承档以外的其余各段轴的重力不予考虑。若要求精确计算，则应考虑整根轴的重力；而对于有换向器的电机，则除转子重力外，尚需计及换向器与相应那段轴的重力对挠度的影响(详见〔8-6〕)。考虑到实际情况下，转子铁心、支架、转轴之间可能接触不良而形成载荷集中，制造时气隙值也会出现负的偏差，运行中又可能出现冲击现象(尤其是在电动机起动时)等不利因素，上述简化假定，对于无换向器电机是可以允许的。实践也表明，这样得到的计算结果和使用图解法考虑负载实际分布情况所确定的挠度值相当接近，因而能满足工程上对计算准确度的一般要求。

下面应用分析法分别计算轴伸处无作用力及有作用力时，两轴承轴的挠度。

(一) 轴伸处无作用力时，两轴承轴由转子重力$G$在轴中部引起的挠度

图8-22为轴伸处无作用力，在铁心长度中点处的轴上有集中力$G$作用时，两轴承轴的受力与变形情况。其中$a_1a_2$是在轴的挠曲弹性曲线上$m_f$点处的切线，$f_1$与$f_2$是分别由支反力$F_{R1}$、$F_{R2}$引起的、轴端对中部$B$-$B$截面的假想挠度。由几何关系可以证明，$B$-$B$截面处轴的挠度$f$为

$$f=f_1+(f_2-f_1)\frac{b_1}{b_1+b_2}=\frac{f_1b_2+f_2b_1}{l} \tag{8-12}$$

式中，$f_1$与$f_2$可用变形能法确定如下。

图8-23为一端固定的梁。在弯矩$M_b$的作用下，梁将发生弯曲，并使悬空端产生偏转角$\varphi$。由材料力学可知，$\varphi=\frac{M_bl}{EJ}$，其中$E$为梁材料的弹性模量，$J$为截面的惯性矩。弯矩$M_b$

所做的功或梁内所贮存的变形能为

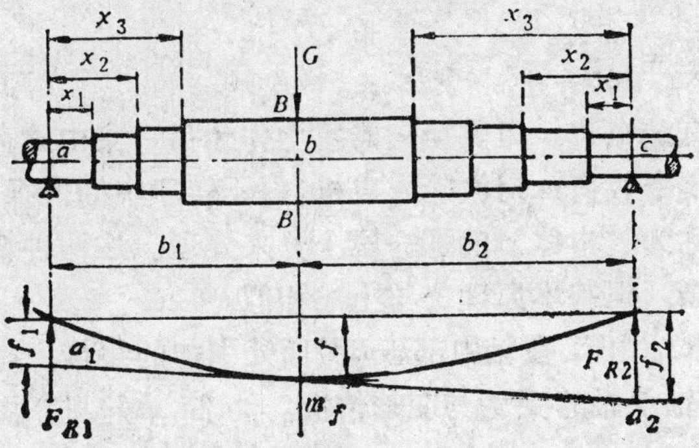

图8-22　轴伸处无作用力时两轴承轴的挠度计算

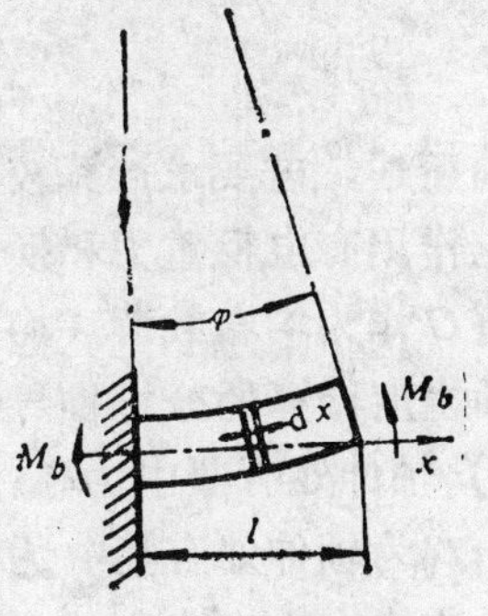

图8-23　一端固定的梁的弯曲

$$w=\frac{1}{2}M_b\varphi=\frac{M_b^2 l}{2EJ}$$

在长度为d$x$的一小段梁内所贮存的变形能为

$$\mathrm{d}w=\frac{M_b^2\mathrm{d}x}{2EJ}$$

将图8-22中以截面$B$-$B$为界的两部分轴与图8-23进行对比后可知，情况是相同的，只是由于图8-22的轴是变截面的，全长上有粗细不同的轴段，各轴段的截面惯性矩也各不相同，因此变形能应分段计算，然后相加。于是$ab$段内所贮的变形能为

$$w_1=\frac{1}{2E}\left(\frac{1}{J_1}\int_0^{x_1}M_{b1}^2\mathrm{d}x+\frac{1}{J_2}\int_{x_1}^{x_2}M_{b1}^2\mathrm{d}x+\cdots\cdots+\frac{1}{J_b}\int_{x_{b-1}}^{b_1}M_{b1}^2\mathrm{d}x\right) \tag{8-13}$$

式中　$M_{b1}$——与左端轴承支反力$F_{R1}$的作用点相距为$x$的截面上的弯矩。

$J_1$、$J_2$、……$J_b$——各相应轴段的截面惯性矩。

根据卡斯奇梁诺定理，可得假想挠度

$$f_1=\frac{\partial w_1}{\partial F_{R1}}=\frac{F_{R1}}{E}\left(\frac{1}{J_1}\int_0^{x_1}x^2\mathrm{d}x+\frac{1}{J_2}\int_{x_1}^{x_2}x^2\mathrm{d}x+\cdots\cdots+\frac{1}{J_b}\int_{x_{b-1}}^{b_1}x^2\mathrm{d}x\right)$$

$$=\frac{F_{R1}}{3E}\left(\frac{x_1^3}{J_1}+\frac{x_2^3-x_1^3}{J_2}+\cdots\cdots+\frac{b_1^3-x_{b-1}^3}{J_b}\right)=\frac{F_{R1}}{3E}A_1 \tag{8-14}$$

式中

$$A_1=\frac{x_1^3}{J_1}+\frac{x_2^3-x_1^3}{J_2}+\cdots\cdots+\frac{b_1^3-x_{b-1}^3}{J_b} \tag{8-15}$$

轴承支反力 $F_{R1}=\frac{G}{l}b_2$代入式(8-14)，可得

$$f_1=\frac{Gb_2}{3El}A_1 \tag{8-16}$$

同理，可得右端轴承处的假想挠度$f_2$为

$$f_2=\frac{Gb_1}{3El}A_2 \tag{8-17}$$

将式（8-16）与（8-17）代入式（8-12）后，得$B$-$B$截面处由重力$G$引起的挠度

$$f_G=\frac{G}{3El^2}(A_1b_2^2+A_2b_1^2) \tag{8-18}$$

若是左右对称的轴，即 $b_1=b_2=\frac{l}{2}$，$A_1=A_2=A$，则挠度$f_G$变为

$$f_G=f_1=\frac{GA}{6E} \tag{8-19}$$

如前所述，若要求计算较精确，则对于直流电机，可将换向器重力作为另一集中载荷，即转轴上作用有电枢重力和换向器重力两个集中载荷；对汽轮发电机，由于转子中间段很长，因此应将$G$作为均布载荷（均匀分布在中间称为"本体"的那一段上）来处理。这两种情况下，转轴挠度计算的分析推导过程都较为复杂，但基本原理仍与上述相似。

（二）轴伸处有集中力$F_{se}$作用时，两轴承轴由$F_{se}$在轴中部$B$-$B$截面处引起的挠度

图8-24为轴伸处有集中力$F_{se}$作用时，两轴承轴的受力与变形情况。为简单起见，图中挠曲弹性曲线上的$m_f$点和该点处的切线，以及轴承支反力作用点处的假想挠度$f_1$与$f_2$均未在图上标明，它们的情况和图8-22中的是相似的。集中力$F_{se}$可以是皮带拉力，也可以是其它传动机构的作用力。

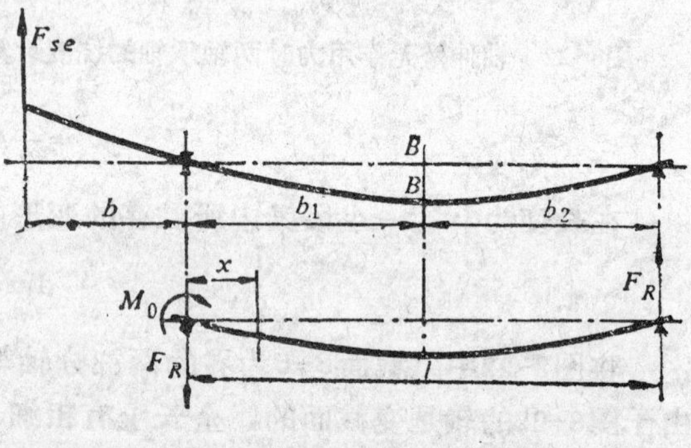

图8-24　轴伸处有集中力作用时两轴承轴的挠度计算

假如用一个$M_0=F_{se}b$的力偶作用在左端轴承处转轴的截面上，来代替集中力$F_{se}$的作用，则显然在两个轴承间轴的挠度不会改变。可以看出，两轴承的支反力大小相同，均为$F_R=\frac{M_0}{l}$，且右端轴承的支反力向上，左端轴承的向下。与前相同，先找出假想挠度$f_1$与$f_2$，其中$f_2$可直接利用式(8-17)，而$f_1$则由卡斯奇梁诺定理如下确定：

$$f_1=-\frac{\partial w_1}{\partial F_R}=-\frac{\partial}{\partial F_R}\left[\frac{1}{2E}\left(\frac{1}{J_1}\int_0^{x_1}M_{b1}^2\mathrm{d}x+\cdots\cdots+\frac{1}{J_b}\int_{x_{b-1}}^{b_1}M_{b1}^2\mathrm{d}x\right)\right]$$

式中，偏导数前的负号表示挠度$f_1$的方向与左端轴承支反力$F_R$的方向相反。

由于与$F_R$的作用点相距为$x$的截面上的弯矩为$M_{b1}=M_0-F_Rx$，因而

$$-\frac{\partial}{\partial F_R}\int M_{b1}^2\mathrm{d}x=-\frac{\partial}{\partial F_R}\int(M_0-F_Rx)^2\mathrm{d}x=2M_0\int x\mathrm{d}x-2F_R\int x^2\mathrm{d}x$$

代入上面$f_1$式中，即得

$$f_1=\frac{1}{E}\left[M_0\left(\frac{1}{J_1}\int_0^{x_1}x\mathrm{d}x+\cdots\cdots+\frac{1}{J_b}\int_{x_{b-1}}^{b_1}x\mathrm{d}x\right)-F_R\left(\frac{1}{J_1}\int_0^{x_1}x^2\mathrm{d}x+\cdots\cdots+\frac{1}{J_b}\int_{x_{b-1}}^{b_1}x^2\mathrm{d}x\right)\right]=\frac{1}{E}\left(\frac{M_0}{2}A_0-\frac{F_R}{3}A_1\right) \tag{8-20}$$

式中

$$A_0=\frac{x_1^2}{J_1}+\frac{x_2^2-x_1^2}{J_2}+\cdots\cdots+\frac{b_1^2-x_{b-1}^2}{J_b} \tag{8-21}$$

$A_1$见式（8-15），将$M_0=F_{se}b$与$F_R=\frac{M_0}{l}=\frac{F_{se}b}{l}$代入式(8-20)，可得

$$f_1=\frac{F_{se}b}{3El}\left(\frac{3}{2}lA_0-A_1\right) \tag{8-22}$$

再以式（8-22）与式（8-17）代入式(8-12)，即得由轴伸处作用力$F_{se}$在$B$-$B$截面引起的挠度

$$f_p=\frac{F_{se}b}{3El^2}\left[\left(\frac{3}{2}lA_0-A_1\right)b_2+A_2b_1\right] \tag{8-23}$$

若轴的左右二部分对称，则 $b_1=b_2=\frac{l}{2}$，$A_1=A_2$，于是

$$f_p=\frac{F_{se}b}{4E}A_0 \tag{8-24}$$

（三）单边磁拉力在轴中部产生的挠度

认为单边磁拉力$F_{M0}$集中作用在重力$G$所作用的同一截面处。在$F_{M0}$的作用下，使转子相对于定子在初始偏心$e_0$的基础上，再增加一个附加偏心，后者又进一步引起附加的单边磁拉力，这样一直进行下去。但这些附加的单边磁拉力和相应的附加挠度是逐步减小的，因此最后将到达稳定状态。稳定时单边磁拉力在轴中部产生的总挠度设为$f_\delta$。于是，轴的总偏心将为$(e_0+f_\delta)$。由式（8-10）可知，这时的单边磁拉力为$K_0(e_0+f_\delta)$，它与轴的弹性力相平衡，即

$$K_0(e_0+f_\delta)=Kf_\delta$$

式中　$K$——轴的弯曲刚度，$K=\frac{G}{f_G}$，$f_G$见式（8-18）或(8-19)。

于是

$$f_\delta=\frac{K_0}{K-K_0}e_0 \tag{8-25}$$

由式（8-25）可知，要使单边磁拉力产生的挠度不致太大，必须减小磁拉力刚度和增强轴的弯曲刚度。这是可以理解的，因前者在同样的起始偏心值时，所产生的单边磁拉力较小；后者则在相同的单边磁拉力作用下，轴所产生的挠度较小。

（四）轴中部的总挠度

由上可知，轴伸处有集中力作用时，在两轴承轴中部处产生的总挠度为

$$f=f_G+f_p+f_\delta \tag{8-26}$$

式中，$f_G$，$f_p$，$f_\delta$分别见式（8-18）或(8-19)，式（8-23）或(8-24)，以及式(8-25)。

若轴伸处无集中力作用，则式（8-26）中的$f_p=0$。实践表明，为了保证电机能安全可靠地运行，总挠度不应超过电机气隙值的10%(感应电机)、8%(同步电机)或6%(直流电机)。

## 四、轴的强度计算

本节主要讨论带有键槽或紧配件的轴的疲劳计算和屈服验算。

前已谈到，电机轴通常受弯矩$M_b$和转矩$T$的联合作用，其中弯矩$M_b$应包括单边磁拉力的作用，疲劳计算用的转矩$T=K_i'T_N$，过载系数$K_i'$的选取和额定转矩$T_N$的计算可见式(8-4)的说明。

根据第三强度理论(最大切应力理论)，在弯曲与扭转联合作用下的合成力矩

$$M_{ef}=\sqrt{M_b^2+T^2}$$

电机轴在正常工作时，随着转子的旋转，转轴所受的交变弯曲应力通常是一种对称循环应力，而扭转应力则是静应力或脉动循环应力。材料承受脉动循环应力时，其疲劳极限比对称循环应力时的疲劳极限高。因此电机轴的疲劳计算中，常将转矩乘上一个校正系数$\alpha$，以考虑弯曲应力和扭转应力的不同变化情况。于是，合成力矩$M_{ef}$成为

$$M_{ef}=\sqrt{M_b^2+(aT)^2} \tag{8-27}$$

式中的系数$a$可取下列数值：对可逆转电机，$a=0.67$；对非逆转电机，$a=0.40$。

按疲劳计算的应力

$$\sigma_{ef}=\frac{M_{ef}}{W} \tag{8-28}$$

式中的$W$为轴的抗弯断面系数，$W$可按下列公式计算

纯圆断面 $$W=\frac{\pi d^3}{32} \tag{8-29}$$

带键断面 $$W\approx\frac{\pi d^3}{32}-\frac{bh_0(d-h_0)^2}{md} \tag{8-30}$$

式中 $d$——轴的直径；

$b$——键槽宽度；

$h_0$——见图8-25；

$m$——系数：单键$m=2$；双键$m=1$。

由式（8-28）算得的应力不得超过表8-3所列数值。

对转轴进行屈服验算的方法如下：

屈服验算用的转矩为

$$T'_L=KT_N \tag{8-31}$$

式中 $K$为瞬时过载倍数。

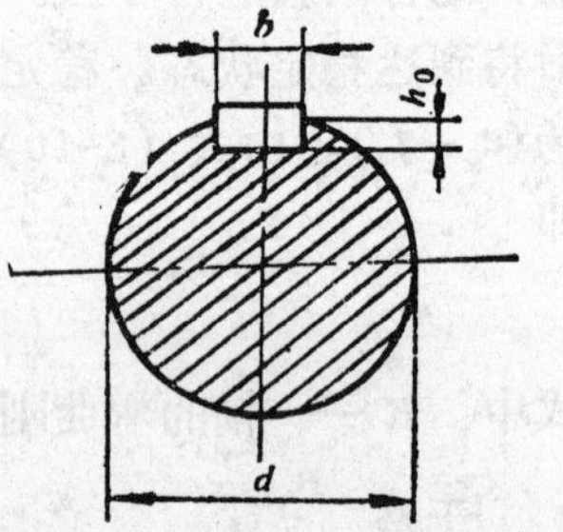


图8-25 带键轴的断面尺寸

表8-3 许用应力 单位：$10^6$Pa

| 材料 | 键槽或不传力的紧配件 | 传力的紧配件 |
|---|---|---|
| 35钢 | 44.15 | 38.26 |
| 汽轮发电机转子合金钢 | 46.11 | 40.22 |
| 45钢 | 49.05 | 43.16 |

合成力矩为

$$M'_{ef}=\sqrt{M_b^2+0.75T_L'^2} \tag{8-32}$$

应力为

$$\sigma'_{ef}=\frac{M'_{ef}}{W} \tag{8-33}$$

安全系数

$$n_s=\frac{\sigma_s}{\sigma'_{ef}}\geqslant 1.6\sim 1.7 \tag{8-34}$$

式中 $\sigma_s$——转轴材料的屈服极限。对35号钢，$\sigma_s=3.14\times10^8$Pa；对45号钢，$\sigma_s=3.53\times10^8$Pa；对汽轮发电机转子合金钢，$\sigma_s\leqslant4.91\times10^8$Pa。

转轴需进行强度计算的部位和受力情况是：对具有联轴器的电机，应计算轴伸（见图8-26中的$A$-$A$截面），此处只受扭矩而不受弯矩的作用；在皮带传动时，一般危险断面在轴伸台肩与轴承台肩处（见图8-26中的$B$-$B$和$C$-$C$截面）；在较长的电机中，危险断面可能在铁心长度的中部（见图8-26中的$D$-$D$截面），该处一般受扭矩和弯矩联合作用。有关计算比较简单，因此，其表达式未予列出。

关于转轴临界转速的计算见第九章§9-6。

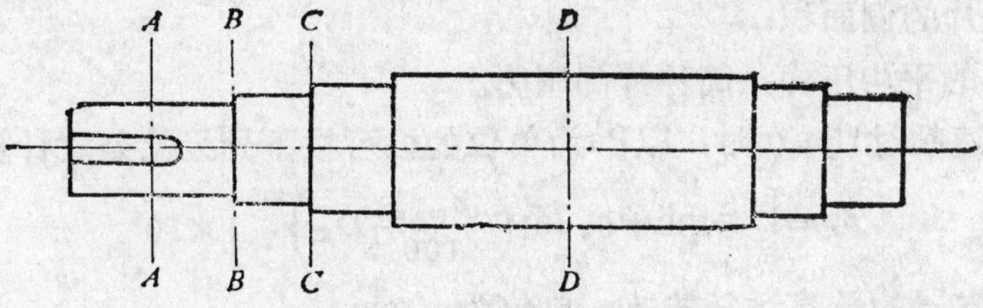


图8-26　轴的危险断面

## §8-5　换向器的机械计算

### 一、概述

为保证换向器在规定的任何运行情况下，都能严格保持圆柱形表面和不发生破坏，除在结构和工艺上采取措施外，在机械计算方面，换向器中各有关零件在换向片的片间压力不低于规定数值以及离心力和温度应力作用下，应具有足够的强度和刚度。

换向器的各种零件是由物理性质不同的材料所制成，其中云母制品的机械性能，特别是其弹性模量，又随制造时所用的工艺参数（温度、压力、时间）而变，一般不很稳定，因此要对换向器进行精确的机械计算是十分困难的。下面介绍的计算方法带有一定的近似性，但仍能满足工程要求。

计算前必须先进行换向器的结构设计：即根据电磁计算得到的换向器直径和长度数据绘制草图，并决定换向片的详细尺寸和其它零件的尺寸，其中有些尺寸（如鸽尾尺寸、圆角半径等）可参考工厂标准选取，其余则可参考相近规格换向器的图纸确定。

换向器的种类很多，结构各异。本节主要研究应用面广，具有一定代表性的拉紧螺杆式拱形换向器的机械计算，计算内容主要包括拉紧螺杆、换向片中部和鸽尾根部、V形绝缘环、压圈和磨损后换向片伸出端等处的应力。此外，还介绍一种塑料换向器的计算方法。

### 二、拱形换向器的机械计算

（一）拱形换向器所受的作用力

运行时作用于拱形换向器上的力主要有拱压力，离心力和温度应力。现对这些作用力分别叙述如下：

（1）拱压力。为了防止运行时换向器松弛或凸片，而在片间保持足够摩擦力所需的拱压力，它作用在换向片的侧面上。

（2）离心力。由各零件产生的离心力，它作用在相应的构件上。

（3）温度应力。由于换向片及其紧固件（例如拉紧螺杆）系由不同材料制成，线膨胀系数各异；运行时它们通常又具有不同的温度，因此膨胀情况就存在差别，从而使它们在轴向和径向受到附加的拉力或压力。

现对这些作用力分别讨论如下。

1．拱压力

换向片每个侧面所受的拱压力$F_K$可用下式计算：

$$F_K = p_K A_K \tag{8-35}$$

式中 $A_K$——换向片的侧面积；

$p_K$——片间的平均压力，简称片间压力。

当换向器的周速超过15m/s时，以Pa为单位的$p_K$可按下列经验公式计算：

$$p_K=\left[\ 5.89+0.491\left(\frac{n_{max}}{100}D_K\right)^{1.5}\right]\times10^6 \tag{8-36}$$

式中 $n_{max}$——换向器的最高运行转速，单位为r/min；

$D_K$——换向器外径，单位为m。

一般情况下，$p_K\approx(5.89\sim7.85)\times10^6\text{Pa}(D_K<0.4\text{m})$

$(0.98\sim1.18)\times10^7\text{Pa}\ (D_K\geqslant0.4\text{m})$

实际运行时，片间压力分布是不均匀的，见图8-27所示。最小片间压力 $p_{min}\approx0.3p_K$。

换向片两个侧面所受的拱压力几何相加后，即得一片换向片所受的径向推力$F_P$。由图8-28可知：

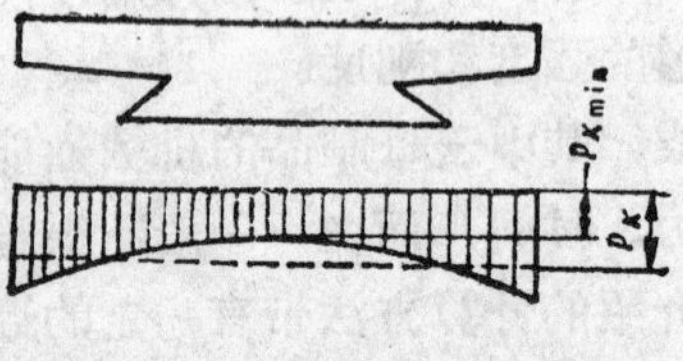


图8-27 片间压力沿换向片轴向长度的分布

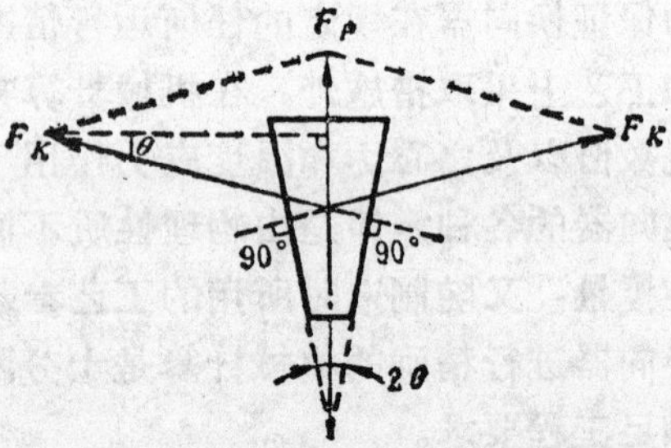


图8-28 换向片径向推力的计算草图

$$F_P=2F_K\sin\theta$$

式中 $\theta=\dfrac{2\pi}{2K}=\dfrac{\pi}{K}$。

当$\theta$很小时， $\sin\theta=\sin\dfrac{\pi}{K}\approx\dfrac{\pi}{K}$，故

$$F_P=2F_K\frac{\pi}{K} \tag{8-37}$$

由于总共有$K$片换向片，因此径向推力的算术和$\Sigma F_P$为

$$\Sigma F_P=KF_P=2\pi F_K=2\pi p_K A_K \tag{8-38}$$

2．离心力

令$m$为换向片与云母片的质量。假定换向器被一个绑环所箍紧（见图8-29所示），今拿去下半个绑环，而以作用在绑环截面上的两个力$F_r$来代替。

在d$\varphi$范围内，换向片与云母片的质量为$\dfrac{m}{2\pi}\text{d}\varphi$，所产生的作用在d$\varphi$范围中绑环上的离心力为

$$\text{d}F_\omega=\frac{m}{2\pi}\Omega^2R_i\text{d}\varphi$$

式中 $\Omega$——机械角速度；

$R_i$——换向器的惯性半径。

由整个换向器的换向片和云母片所产生的离心力的算术和为

$$\Sigma F_\omega=\int_0^{2\pi}\text{d}F_\omega=\int_0^{2\pi}\frac{m}{2\pi}\Omega^2R_i\text{d}\varphi=m\Omega^2R_i \tag{8-39}$$

由材料力学可知，作用于绑环截面上的拉力（忽略绑环自身的离心力）

$$F_r=\frac{\Sigma F_\omega}{2\pi} \tag{8-40}$$

式（8-39）与（8-40）还可用来计算薄壁圆环旋转时，仅由自身质量产生离心力而在环内引起的拉力。这时可认为图8-29中换向器的重量为零，而只考虑绑环自身的质量，因此只需以绑环的相应数据代入计算即可。对于薄壁圆环，其惯性半径可认为等于环的平均半径。

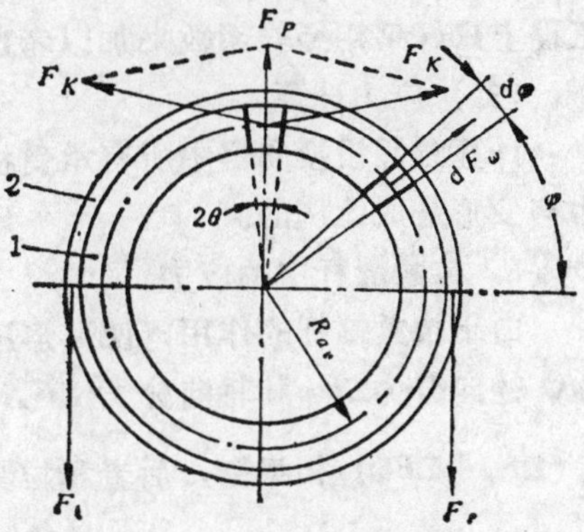


图8-29 作用在换向器及绑环上的力

1—换向器 2—绑环

将 $g=9.81\text{m/s}^2$ 及 $\Omega=\frac{2\pi n_{max}}{60}$ 代入式(8-39)，可得离心力数值方程：

$$\Sigma F_\omega=m\left(\frac{2\pi n_{max}}{60}\right)^2 R_i=54.93m\left(\frac{n_{max}}{1000}\right)^2 D_i\times10^2 \tag{8-41}$$

式中 $D_i$——换向器的惯性半径，单位为m；

$R_i$的单位为m，$n_{max}$的单位为r/min，$m$ 的单位为kg，$F_\omega$的单位为N。

今取换向器的平均密度为$7.85\times10^3\text{kg/m}^3$，于是

$$\Sigma F_\omega=54.93[\pi(D_K-h_K)A_K\times7.85\times10^3]\times(D_K-h_K)\left(\frac{n_{max}}{1000}\right)^2\times10^2$$

$$=1.354\ (D_K-h_K)^2A_K\left(\frac{n_{max}}{1000}\right)^2\times10^8 \tag{8-42}$$

式中 $D_K$——换向器或环的外径，单位为m；

$h_K$——换向器或环的径向高度，单位为m；

$A_K$的单位为m²，$n_{max}$的单位为r/min。

3．温度应力

现以图8-30来简要地说明这一应力产生的情况。图8-30 a 中，用钢制拉紧螺杆和两个钢盘$A$将铜管$B$压紧，并假定螺杆中无初应力。今使铜管温度升高$\Delta\tau_{Cu}$，螺杆温度升高$\Delta\tau_{Fe}$，且$\Delta\tau_{Cu}>\Delta\tau_{Fe}$。由于铜、钢的线膨胀系数各为$1.65\times10^{-5}℃^{-1}$和$1.3\times10^{-5}℃^{-1}$，显然，铜管将比螺杆伸长得多。于是在螺杆中产生拉应力，而在铜管中产生压应力。若钢盘$A$是不能压缩的，则因铜管的伸长被迫等于螺杆的伸长，故铜管纵向所受的压力等于螺杆所受的拉力。若螺杆中已有初应力，温度升高后其总应力将等于初应力和温度应力之和。

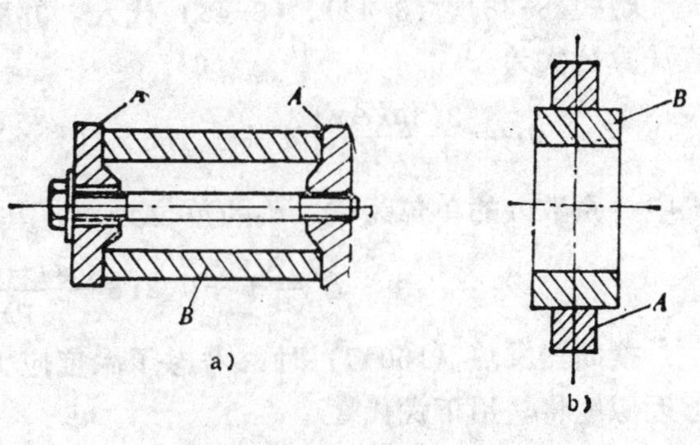


图8-30 温度应力的产生

a）轴向被拉紧的铜管 b）沿圆周箍紧的钢环

图8-30 b 中钢环$A$紧套在铜环$B$外，并假定钢环内无初应力，今使铜环温度升高$\Delta\tau_{Cu}$，钢环温度升高$\Delta\tau_{Fe}$，且$\Delta\tau_{Cu}>\Delta\tau_{Fe}$。显然，此时钢环受到拉应力，铜环受到压应力；而且作

用在钢环截面上的拉力和作用在铜环截面上的压力相等，两个环直径的变化情况也应相同。若两环安装时有初应力，则温度升高后其总应力等于初应力和温度应力之和。

在实际的拱形换向器中，温度应力的情况要复杂得多。因为压圈不仅承受换向片的轴向伸长，而且要承受其径向伸长，因此上述两种温度应力是同时存在的；而且换向器并非铜管，压圈本身又会产生扭转等变形，此外还有云母片。因此要准确计算温度应力也是十分复杂的。工程上只好采用经验系数来加以考虑。

（二）应力计算

计算时假设换向器中所有承受机械应力的零件都是完全弹性的，即它们符合虎克定律，力与变形是成比例的。

1．拉紧螺杆中的应力

由于拉紧螺杆的作用，使V形压圈对换向片鸽尾产生一个压力 $\Sigma F_N$。它可分解为两个分力：径向分力$\Sigma F_R$ 和轴向分力 $\Sigma F_A$，前者与 $\frac{1}{2}(\Sigma F_P+\Sigma F_\omega)$ 相平衡，后者和拉紧螺杆所受的拉力相等，方向相反，见图8-31所示。

由图8-31可得轴向分力

$$\Sigma F_A=\Sigma F_R\tan\alpha_1=\frac{1}{2}(\Sigma F_P+\Sigma F_\omega)\tan\alpha_1 \tag{8-43}$$

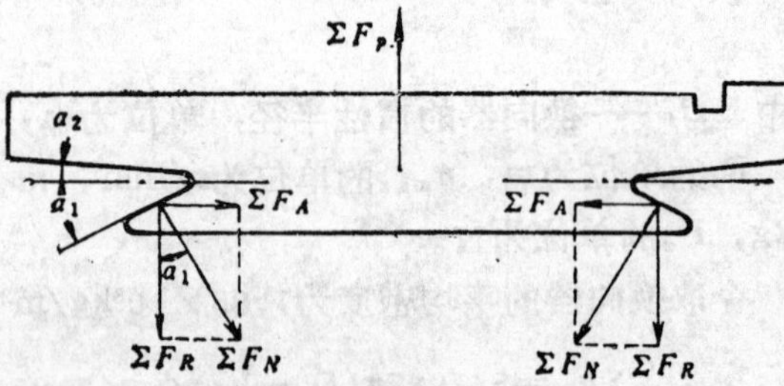


图8-31 换向片上的作用力

对鸽尾的总压力

$$\Sigma F_N=\frac{\Sigma F_R}{\cos\alpha_1}=\frac{1}{2\cos\alpha_1}(\Sigma F_P+\Sigma F_\omega) \tag{8-44}$$

若拉紧螺杆总数为$N_m$，每根螺杆的拉紧情况均相同，螺杆的最小直径为$d_0$，则螺杆最小截面上的拉应力

$$\sigma_{b1}=\frac{\Sigma F_A}{N_m\left(\frac{\pi}{4}d_0^2\right)}$$

将式(8-38)、(8-42)、(8-43) 代入，并取常用的$\alpha_1=30°$，于是以Pa为单位的拉应力数值计算公式为

$$\sigma_{b1}=\frac{2.3p_K A_K}{N_m d_0^2}\left[1+0.216\times10^8\times\frac{(D_K-h_K)^2}{p_K}\left(\frac{n_{max}}{1000}\right)^2\right]=\frac{2.3p_K A_K}{N_m d_0^2}\xi' \tag{8-45}$$

式中 系数$p_K$的单位为Pa，$d_0$的单位为$m$，其他各量的单位见式(8-42)。

$$\xi'=1+0.216\frac{(D_K-h_K)^2}{p_K}\left(\frac{n_{max}}{1000}\right)^2\times10^8 \tag{8-46}$$

换向器发热（150℃）时，考虑了温度应力的影响后，根据试验研究与分析〔0-5〕，可足够近似地将ξ′用下式代替

$$\xi=1.5+0.216\times10^8\frac{(D_K-h_K)^2}{p_K}\left(\frac{n_{max}}{1000}\right)^2 \tag{8-47}$$

于是式 (8-45) 变为

$$\sigma_{b1}=\frac{2.3p_K A_K}{N_m d_0^2}\xi \tag{8-48}$$

在后面的应力计算中，凡公式中具有$\xi$的，即表示已考虑了温度应力的影响。

当螺杆较长和转速较高时，还应计算由螺杆自身离心力所产生的弯曲应力。若核算其中部截面上由这一离心力所产生的弯曲应力$\sigma_{b2}$，则可将螺杆看成是在全长上承受均布载荷的简支梁。于是可推导出$\sigma_{b2}$（单位为Pa）的数值计算公式：

$$\sigma_{b2}=\frac{M_b}{W}=\frac{ql^2}{8}\Big/\frac{\pi d^3}{32}=\frac{4.51dl^2D_0\times10^{13}}{105d^2\times10^4}\left(\frac{n_{\max}}{1000}\right)^2$$

在工厂中，一般采用如下修正后的公式：

$$\sigma_{b2}=\frac{4.51dl^2D_0\times10^{13}}{105d^2\times10^4+\dfrac{\sigma_{b1}l^2\times10^{-4}}{9.81}}\left(\frac{n_{\max}}{1000}\right)^2 \tag{8-49}$$

以上两式中　$\sigma_{b1}$——见式（8-45）或式(8-48)；

$D_0$——螺杆轴线所在圆的直径，单位为m，见图 8-35 b；

$d$——螺杆中部直径，单位为m；

$l$——螺杆的计算长度，单位为m；

$n_{\max}$——换向器的最高运行转速，单位为r/min；

$q$——由螺杆自身离心力产生的均布载荷，单位为N/m，可按以下数值方程计算：

$$q=54.93\frac{\pi d^2}{4}lD_0\times7.8\times10^3\left(\frac{n_{\max}}{1000}\right)^2\times10^2\times\frac{1}{l}=3.37d^2D_0\left(\frac{n_{\max}}{1000}\right)^2\times10^7$$

其中各量的单位同上。

若要核算螺杆攻丝处（即在V形压圈处）截面中的弯曲应力，则可将螺杆看成是两端固定，在全长上承受均布载荷的梁（见图 8-32），此时应力计算公式为

$$\sigma_{b2}=\frac{M_b}{W}=\frac{ql^2}{12}\Big/\frac{\pi d_0'^3}{32}$$

以Pa为单位的应力数值计算公式为

$$\sigma_{b2}=0.284\times10^8D_0l^2\frac{d^2}{d_0'^3}\left(\frac{n_{\max}}{1000}\right)^2 \tag{8-50}$$

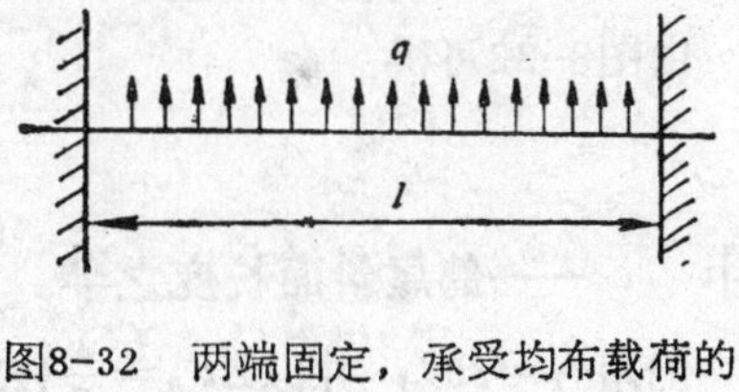


图8-32　两端固定，承受均布载荷的梁

式中　$d_0'$——螺杆攻丝处的最小直径，单位为m。

其他各量的单位见式(8-49)。

于是螺杆中合成应力为

$$\sigma_b=\sigma_{b1}+\sigma_{b2} \tag{8-51}$$

应用上式来计算$\sigma_b$时，$\sigma_{b1}$与$\sigma_{b2}$必须是对同一螺杆截面。

拉紧螺杆的许用应力为

$$[\sigma_b]=(0.7\sim0.75)\sigma_s \tag{8-52}$$

式中　$\sigma_s$——材料的屈服极限；通常$[\sigma_b]=1.77\times10^8$Pa。

2. 换向片鸽尾根部截面中的应力

由图8-33可见，任一换向片鸽尾根部的截面 $X-X'$ 中的应力有：由压圈径向分压力$\dfrac{\Sigma F_R}{K}$引起的弯曲应力和剪应力；由压圈轴向分压力$\dfrac{\Sigma F_A}{K}$引起的压应力。为简单起见，近似地认为

压圈对一片换向片的压力集中作用于$A$点（$A$点位于$XB$的中点）与$A'$点，并假定在$X$-$X'$截面上剪应力均匀分布；同时，为安全起见，近似认为在换向片底部$X'$处的合成应力$\sigma_t$等于上述三个应力的算术和，即

$$\sigma_t=\frac{\Sigma F_R}{K}a\frac{1}{\frac{1}{6}\Delta_K h_{K2}^2}+\frac{\Sigma F_R}{K}\frac{1}{\Delta_K h_{K2}}+\frac{\Sigma F_A}{K}\frac{1}{\Delta_K h_{K2}} \tag{8-53}$$

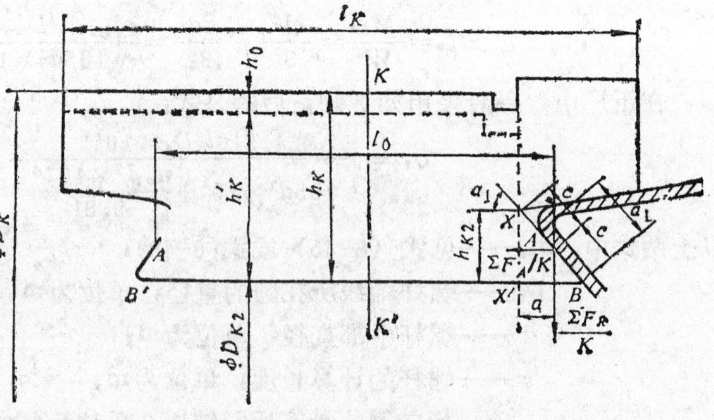


图8-33　换向片机械计算简图

式中　$\frac{1}{6}\Delta_K h_{K2}^2$——换向片抗弯断面系数的近似值；

$\Delta_K$——$X$-$X'$截面处的平均片厚，可用下式计算：

$$\Delta_K=K_{Cu}\frac{\pi(D_{K2}+h_{K2})}{K} \tag{8-54}$$

其中　$K_{Cu}$——换向器铜的填充系数，可用下式计算：

$$K_{Cu}\approx\frac{\pi(D_{K2}+h_K)-K\Delta_m}{\pi(D_{K2}+h_K)}=1-\frac{K\Delta_m}{\pi(D_{K2}+h_K)} \tag{8-55}$$

其中　$\Delta_m$——云母片的厚度。

由图8-33可得

$$a=c\cos\alpha_1,\qquad \frac{h_{K2}}{2c}=\sin\alpha_1$$

式中　$c$——鸽尾斜面长度之半。

仍用$\alpha_1=30°$，并以$\Sigma F_R=\frac{1}{2}(\Sigma F_P+\Sigma F_\omega)$和式（8-43）、式(8-42)、式（8-38）等代入式（8-53）中，考虑温度应力后可得

$$\sigma_t=\frac{6.8p_K A_K c}{K_{Cu}(D_{K2}+h_{K2})h_{K2}^2}\xi \tag{8-56}$$

当换向片材料的抗弯屈服极限$\sigma_s=3.73\times10^8$Pa时，其鸽尾根部的许用应力为$[\sigma_t]=1.57\times10^8$Pa（中大型电机）或$1.77\times10^8$Pa(小型电机)。

3．换向片中部截面中的应力

在计算换向片中部截面$K$-$K'$中的应力时，可认为换向片是以$A$、$A'$为支点的、承受均布载荷的简支梁，并以达到最大许可磨损后的片高$h'_K$来进行计算：$h'_K=h_K-h_0$，$h_0$为换向器允许的径向磨损，具体数值可取：$D_K<40$cm，$h_0=1$cm；$D_K=40\sim80$cm，$h_0=1.25$cm；$D_K>80$cm，$h_0=1.5$cm。也可取$h'_K\approx0.8h_K$。于是，$K$-$K'$截面中的应力为

$$\sigma_m=\frac{M_b}{W}=\frac{ql_0^2}{8}\Bigg/\frac{1}{6}\Delta'_K h'^2_K=\frac{1}{8}\frac{(\Sigma F_P+\Sigma F_\omega)}{K}l_0\frac{1}{\frac{1}{6}\Delta'_K h'^2_K}$$

式中　$l_0$——点$A$、$A'$间的距离，单位为米，见图8-33；

$\Delta'_K$——换向器磨损后的平均片厚度

$$\Delta'_K=\frac{\pi(D_{K2}+h'_K)}{K}K_{Cu}，K_{Cu}见式(8-55)。$$

今取$A_K\approx1.15l_0h'_K$，将有关各式代入$\sigma_m$式，整理化简并考虑温度应力后可得

$$\sigma_m\approx1.75\frac{l_0p_K}{(D_{K2}+h'_K)h'_KK_{Cu}}\xi \tag{8-57}$$

$\sigma_m$一般比$\sigma_t$小得多，因此除很长的换向器外，通常可不必计算。换向片中部截面的许用应力为$[\sigma_m]=1.77\times10^8$Pa（材料的抗弯屈服极限$\sigma_s=3.73\times10^8$Pa时）。

4. 磨损后换向片伸出端的应力

这是指$C$–$C'$截面中的应力，见图8-34所示。由升高片自身质量$m_r$产生的离心力（单位为N）的算术和为

$$\Sigma F_{\omega r}=m_r\Omega^2R_r=m_r\left(\frac{2\pi n_{max}}{60}\right)^2R_r$$

$$=m_r\frac{4\pi^2}{3600}\left(\frac{n_{max}}{1000}\right)^2R_r\times10^6 \tag{8-58}$$

式中　$m_r$——升高片质量，单位为kg；

$R_r$——升高片重心所在处的半径，单位为m。

$n_{max}$的单位为r/min。

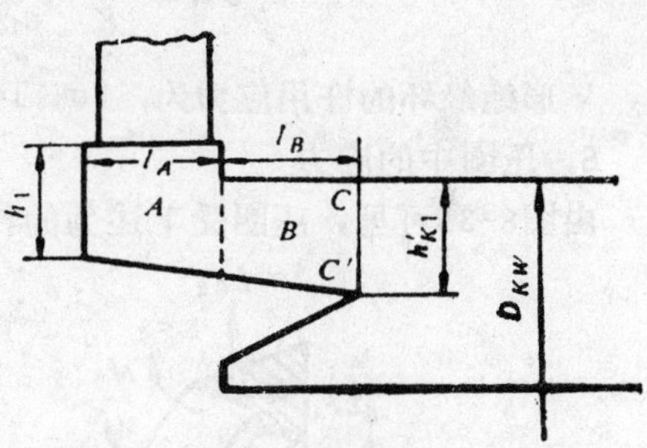


图8-34　换向片伸出端应力计算草图

磨损后换向器沿圆周方向单位长度上，由升高片自身质量产生的离心力（单位为N/m）为

$$q_r=\frac{\Sigma F_{\omega r}}{K_{Cu}\pi D_{KW}}=\frac{4\pi^2\times10^6}{3600\pi}\frac{m_rR_r}{K_{Cu}D_{KW}}\left(\frac{n_{max}}{1000}\right)^2=3490\frac{m_rR_r}{K_{Cu}D_{KW}}\left(\frac{n_{max}}{1000}\right)^2 \tag{8-59}$$

式中　$D_{KW}$——磨损后换向器的外径，单位为m。

其他各量的单位同式(8-58)。

为计算方便，今将换向片伸出端分成“$A$”、“$B$”两部分。“$A$”部分的换向片质量为

$$m_A=l_Ah_1\pi D_{KW}\rho_{Cu}$$

式中　$\rho_{Cu}$——铜的密度，$\rho_{Cu}=8.9\times10^3$kg/m³。

磨损后换向器沿圆周方向单位长度上，由“$A$”部分自身质量所产生的离心力（单位为N/m）为

$$q_A=3490\frac{m_A}{K_{Cu}D_{KW}}\frac{D_{KW}}{2}\left(\frac{n_{max}}{1000}\right)^2=4.88\,l_Ah_1D_{KW}\left(\frac{n_{max}}{1000}\right)^2\times10^7 \tag{8-60}$$

式中　$D_{KW}$、$l_A$、$h_1$的单位均为m；$n_{max}$的单位为r/min。

同理，磨损后换向器沿圆周方向单位长度上，由“$B$”部分自身质量所产生的离心力（单位为N/m）为

$$q_B=4.88l_Bh'_{K1}D_{KW}\left(\frac{n_{max}}{1000}\right)^2\times10^7 \tag{8-61}$$

式中　$l_B$、$h'_{K1}$、$D_{KW}$的单位均为m，$n_{max}$的单位为r/min。

最高转速时，换向片$C$-$C'$截面中由上述三个离心力所引起的弯曲应力为

$$\sigma_e=\frac{M_b}{W}=\frac{(0.5l_A+l_B)(q_r+q_A)+0.5l_Bq_B}{\frac{h_{K1}'^2}{6}}=\frac{6}{h_{K1}'^2}[(0.5l_A+l_B)(q_r+q_A)+0.5l_Bq_B] \tag{8-62}$$

换向片端部的许用应力为$[\sigma_e]=1.18\times10^8$Pa。

附带指出，在高速电机中，换向片中部和伸出端由自身离心力引起的挠度也需进行核算，并要求不超过允许的不圆度规定。

5．V形绝缘环中的应力

V形绝缘环位于换向片鸽尾和钢压圈之间，主要受挤压应力。考虑温度应力后，V形绝缘环中的压应力为

$$\sigma_{ri}=\frac{\Sigma F_N}{K}\ \frac{1}{a_1\Delta_K}=1.15\frac{p_KA_K}{K_{Cu}(D_{K2}+h_{K2})a_1}\xi \tag{8-63}$$

V形绝缘环的许用应力为 $[\sigma_{ri}]=6.87\times10^7$Pa。

6．压圈中的应力

由图8-35可见，压圈受下述力的作用：

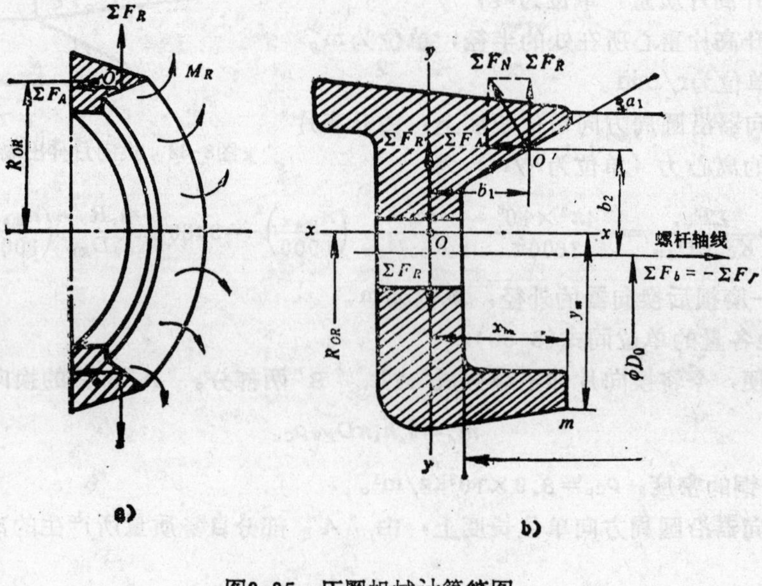


图8-35 压圈机械计算简图
a）压圈示意图 b）压圈截面图

（1）压圈自身的离心力。此力对压圈产生拉伸作用，多数情况下，此力可不考虑。

（2）径向力$\Sigma F_R$。这是换向片对压圈的作用力，由前知，$\Sigma F_R=\frac{1}{2}(\Sigma F_P+\Sigma F_m)$。今将$\Sigma F_R$从通过$O'$点的圆周上平移至通过压圈截面重心$O$的圆周上，这时压圈将受$\Sigma F_R$和一对力矩为$b_1\Sigma F_R$的力偶的作用，前者使压圈拉伸，后者使压圈扭转（故称为翻转力矩）。

（3）轴向力$\Sigma F_A$。$\Sigma F_A$为换向片对压圈的轴向分力。螺杆对压圈的作用力$\Sigma F_b$与轴向力$\Sigma F_A$组成一对力偶($\Sigma F_b=-\Sigma F_A$)，对压圈产生一个翻转力矩$b_2\Sigma F_A$。

参考式(8-39)，可知压圈自身离心力（单位为N）的数值计算公式为

$$F_{\omega R}=109.87(2\pi R_{OR}A_R\times7.8\times10^3)R_{OR}\left(\frac{n_{max}}{1000}\right)^2\times10^2=5.385A_RR_{OR}^2\left(\frac{n_{max}}{1000}\right)^2\times10^8$$

式中 $R_{OR}$——压圈的重心半径，单位为m；

$A_R$——压圈的截面积，单位为m²。

$n_{max}$的单位为r/min。

由于压圈内外径比较接近，故可将其看成薄壁圆环。根据式（8-40）可知，由$F_{\omega R}$与$\Sigma F_R$在压圈中产生的拉伸应力（平均值）为

$$\sigma_{R1}=\frac{1}{2\pi A_R}(F_{\omega R}+\Sigma F_R)=\frac{1}{2\pi A_R}\left[F_{\omega R}+\frac{1}{2}(\Sigma F_P+\Sigma F_\omega)\right] \tag{8-64}$$

在$\sigma_{R1}$的作用下，压圈的直径将增大。令压圈重心半径的增量为$\Delta R_{OR}$，并假定截面积$A_R$不变，也不扭斜，则压圈中所有环形纤维的直径增量均将为$\Delta D_{OR}=2\Delta R_{OR}$，它们的绝对伸长$\pi\Delta D_{OR}$也都相同。任一环形纤维的长度可表示为$2\pi(R_{OR}+y)$，其中$y$为从$x$轴到所观察纤维的距离。由材料力学知道，在弹性极限内，物体的拉应力与其相对伸长成正比，而绝对伸长一定时，相对伸长与物体的长度成反比。因此，环形纤维的拉应力将与纤维长度成反比。于是在半径$R_{OR}\pm y$处纤维的拉应力为

$$\sigma'_{R1}=\sigma_{R1}\frac{2\pi R_{OR}}{2\pi(R_{OR}\pm y)}=\sigma_{R1}\frac{R_{OR}}{R_{OR}\pm y} \tag{8-65}$$

此外，对压圈的翻转力矩为

$$M_R=(b_1\Sigma F_R+b_2\Sigma F_A)=\frac{1}{2}(\Sigma F_P+\Sigma F_\omega)(b_1+b_2\tan\alpha_1) \tag{8-66}$$

此翻转力矩的作用是使压圈的任一截面相对于未变形时的位置(图8-36中画有剖面线者)转过一个不大的角度$\psi$。今在压圈截面上$y$轴右面取一个单元面积$dA$（见图8-37），其坐标为$(x,y)$。在翻转力矩$M_R$的作用下，压圈截面转过一个微小角度$\psi$后，相对于原来的坐标系统，$dA$的坐标变为$(x_1, y_1)$。于是，$dA$所在的环形纤维在变形前后的长度分别为：

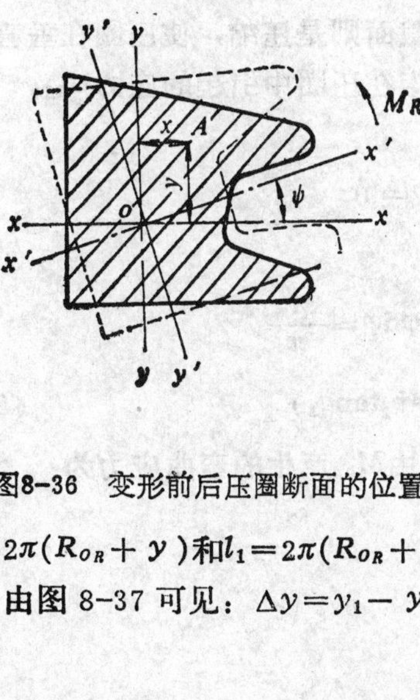

图8-36 变形前后压圈断面的位置

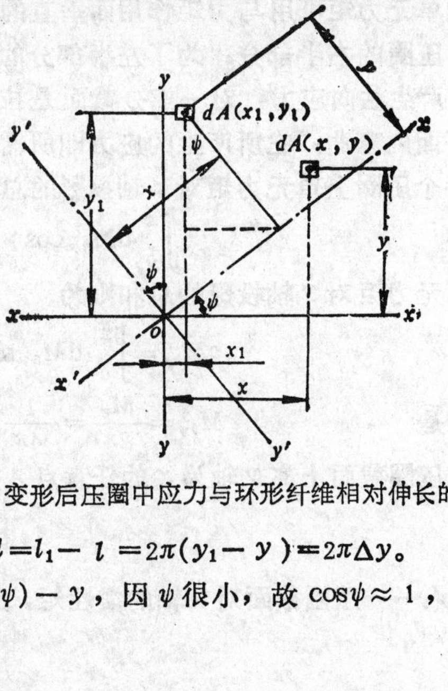

图8-37 变形后压圈中应力与环形纤维相对伸长的计算

$l=2\pi(R_{OR}+y)$和$l_1=2\pi(R_{OR}+y_1)$，绝对伸长$\Delta l=l_1-l=2\pi(y_1-y)=2\pi\Delta y$。

由图 8-37 可见：$\Delta y=y_1-y=(y\cos\psi+x\sin\psi)-y$，因$\psi$很小，故$\cos\psi\approx1$，$\sin\psi\approx$

$\psi$。于是$\Delta y\approx x\psi$，$\Delta l\approx 2\pi x\psi$，相对伸长为

$$e=\frac{\Delta l}{l}\approx\frac{2\pi x\psi}{2\pi(R_{OR}+y)}=\frac{x\psi}{R_{OR}+y} \tag{8-67}$$

此式表明，整个压圈的截面被扭转后，环形纤维的相对伸长和对应的应力均与该纤维离开$y$轴的距离$x$成正比，与纤维所在处的半径（$R_{OR}+y$）成反比。由于在多数情况下，和$R_{OR}$相比，$y$可略去不计。因此相对伸长及由它所引起的拉应力仅与$x$成正比。于是可得以下重要结论：$y$轴右边的所有环形纤维均受到拉应力，其值正比于纤维到$y$轴的距离$x$；$y$轴左边的所有纤维均受到压应力，其值也正比于$x$。而且$y$轴右边的纤维都伸长了，其相对伸长为$e\approx\frac{x\psi}{R_{OR}+y}$；$y$轴左边的纤维都缩短了，其相对缩短为$e\approx-\frac{x\psi}{R_{OR}+y}$。这样，我们将可看出，这种情况

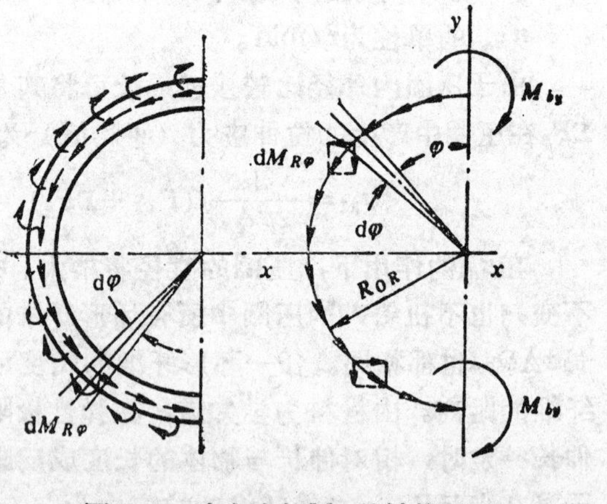


图8-38 决定弯矩$M_{by}$的计算图

和一根截面与压圈截面相同的梁，在垂直于$y$轴的平面内产生单纯弯曲时的情况十分相似。因此问题转化成了梁在弯矩作用下引起的纯弯曲应力的计算，相应的弯矩$M_{by}$可根据图8-38用下法求得

压圈重心所在圆周每单位弧长上的翻转力矩为

$$M_r=\frac{M_R}{2\pi R_{OR}}$$

作用于弧长$R_{OR}d\varphi$上的翻转力矩为

$$dM_{R\varphi}=M_rR_{OR}d\varphi=\frac{M_R}{2\pi}d\varphi$$

此单元力矩可用与力矩作用面垂直的矢量表示，见图8-38。今采用截面法来进行分析。若切去压圈的右半部分，为了左半部分的平衡，在其切开的截面上应作用有弯矩$M_{by}$。它在截面上产生法向应力，对一部分截面是拉伸，对另一部分截面则是压缩，使压圈在垂直于$y$轴的平面内弯曲，它所产生的应力即所需计算的由翻转力矩在压圈中引起的应力$\sigma_{R2}$。

半个压圈上单元力矩对$x$轴投影的总和为

$$\int_0^{\pi}dM_{R\varphi}\cos\varphi=\int_0^{\pi}\frac{M_R}{2\pi}\cos\varphi d\varphi=0$$

单元力矩对$y$轴投影的总和则为

$$2M_{by}=\int_0^{\pi}dM_{R\varphi}\sin\varphi=\frac{M_R}{2\pi}\int_0^{\pi}\sin\varphi d\varphi=\frac{M_R}{\pi}$$

于是

$$M_{by}=\frac{M_R}{2\pi}=\frac{1}{4\pi}(\Sigma F_p+\Sigma F_\infty)(b_1+b_2\tan\alpha_1) \tag{8-68}$$

在压圈截面上离$y$轴为$x$的任意点$A$处（见图8-36），由$M_{by}$产生的弯曲应力为

$$\sigma_{R2}=\frac{M_{by}}{J_y}x$$

式中 $J_y$——压圈截面对$y$轴的惯性矩。

若压圈沿 $y$ 轴方向（即径向）上的尺寸与 $R_{OR}$ 相比不能忽略时，则 $\sigma_{R2}$ 式中应引入校正系数。由式（8-67）可知，整个压圈的截面被扭转后，环形纤维的相对伸长以及对应的应力均与纤维所在处的半径（$R_{OR}+y$）成反比，因此校正后的 $\sigma_{R2}$ 应为

$$\sigma_{R2}=\frac{M_{by}}{J_y}\ \frac{R_{OR}}{R_{OR}\pm y}x \tag{8-69}$$

这也就是压圈中由翻转力矩产生的应力的普遍公式。于是压圈截面上的总应力为

$$\sigma_R=\sigma_{R1}+\sigma_{R2} \tag{8-70}$$

由翻转力矩引起的最大弯曲应力一般发生在离 $y$ 轴最远处，由 $F_{\omega R}$ 与 $\Sigma F_R$ 引起的最大拉应力则发生在压圈的内径处。考虑这两种情况后，压圈中的最大应力应发生在图8-35中的 $m$ 点处。将有关式子代入式(8-70)，取 $\alpha_1=30°$ 和 $x=x_m$，$y=y_m$，并计及温度应力后，可得 $m$ 点处的合成应力为

$$\sigma_{R(m)}=\left[0.29\frac{(\sqrt{3}\ b_1+b_2)}{J_y}x_m+\frac{1}{2S_R}\right]\frac{p_K A_K R_{OR}}{R_{OR}-y_m}\xi \tag{8-71}$$

式（8-71）中并未考虑换向器套筒或支架（当与压圈紧密配合或做成整体时）对增加压圈刚度的作用。若考虑，则压圈中的实际应力将减小。由于作这样考虑后计算困难，通常就不去详细计算，而是以此作为计算裕度。

压圈的许用应力为 $1.96\times10^8$Pa（普通低碳铸钢）。

## §8-6 厚壁圆筒的机械计算原理

旋转电机中很多重要构件，如转子铁心、汽轮发电机的转子本体、护环和中心环等均为厚壁圆筒。厚壁圆筒承受均称载荷时的应力和变形计算是上述构件机械计算的理论基础。今将厚壁圆筒的有关计算方法简介如下。

### 一、静止厚壁圆筒在内外表面承受均称载荷时的应力计算

设有一厚度均匀的圆筒，其内圆和外圆表面分别受到均布压力的作用，如图8-39所示。在其上取出一单元体 $mnn_1m_1$（轴向单位长度），由于圆筒截面及外加载荷的对称性，当圆筒变形时，此单元体的直角仍保持为直角，即在其侧面上不存在剪切应力，且切向拉应力相等。设 $\sigma_r$ 及 $\sigma_r+\frac{d\sigma_r}{dr}dr$ 分别为作用在内圆表面 $mn$ 及外圆表面 $m_1n_1$ 上的径向拉应力；$\sigma_t$ 为作用在侧面 $mm_1$ 及 $nn_1$ 上的切向拉应力。根据此单元体上力的平衡条件，可得

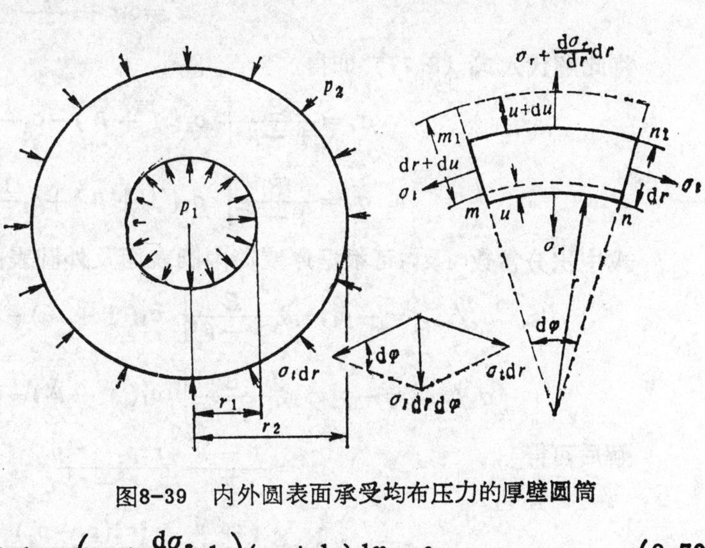

图8-39 内外圆表面承受均布压力的厚壁圆筒

$$\sigma_r r d\varphi+\sigma_t dr d\varphi-\left(\sigma_r+\frac{d\sigma_r}{dr}dr\right)(r+dr)d\varphi=0 \tag{8-72}$$

略去高阶无穷小项后得

$$\sigma_t-\sigma_r-r\frac{d\sigma_r}{dr}=0 \tag{8-73}$$

由虎克定律知，此单元体的径向和切向应变为

$$\left.\begin{aligned}\varepsilon_r&=\frac{1}{E}(\sigma_r-\mu\sigma_t)\\ \varepsilon_t&=\frac{1}{E}(\sigma_t-\mu\sigma_r)\end{aligned}\right\} \tag{8-74}$$

式中 $E$——材料的弹性模量；

$\mu$——波松系数。

圆筒的变形包括它圆周的伸长及断面上各点的径向位移。若以$u$表示该单元体内圆表面$mn$上各点的径向位移，$u+du$表示其外圆表面$m_1n_1$上各点的径向位移，则因单元体的厚度$dr$增加了$du$，故其径向应变为

$$\varepsilon_r=\frac{du}{dr} \tag{8-75}$$

又因圆弧的相对伸长等于其半径的相对伸长，故单元体的切向应变为

$$\varepsilon_t=\frac{u}{r} \tag{8-76}$$

由式(8-74)、式（8-75）及式（8-76）可得

$$\left.\begin{aligned}\sigma_r&=\frac{E}{1-\mu^2}(\varepsilon_r+\mu\varepsilon_t)=\frac{E}{1-\mu^2}\left(\frac{du}{dr}+\mu\frac{u}{r}\right)\\ \sigma_t&=\frac{E}{1-\mu^2}(\varepsilon_t+\mu\varepsilon_r)=\frac{E}{1-\mu^2}\left(\frac{u}{r}+\mu\frac{du}{dr}\right)\end{aligned}\right\} \tag{8-77}$$

将式（8-77）代入式（8-73）得

$$\frac{d^2u}{dr^2}+\frac{1}{r}\frac{du}{dr}-\frac{u}{r^2}=0$$

此微分方程的通解为

$$u=c_1r+\frac{c_2}{r} \tag{8-78}$$

将此解代入式（8-77）即得

$$\left.\begin{aligned}\sigma_r&=\frac{E}{1-\mu^2}\left[c_1(1+\mu)-c_2\frac{1-\mu}{r^2}\right]\\ \sigma_t&=\frac{E}{1-\mu^2}\left[c_1(1+\mu)+c_2\frac{1-\mu}{r^2}\right]\end{aligned}\right\} \tag{8-79}$$

式中积分常数$c_1$及$c_2$可根据厚壁筒内圆表面及外圆表面的边界条件决定：

$$\left.\begin{aligned}\sigma_r/_{r=r_1}&=-p_1,\ 或\frac{E}{1-\mu^2}\left[c_1(1+\mu)-c_2\frac{1-\mu}{r_1^2}\right]=-p_1\\ \sigma_r/_{r=r_2}&=-p_2,\ 或\frac{E}{1-\mu^2}\left[c_1(1+\mu)-c_2\frac{1-\mu}{r_2^2}\right]=-p_2\end{aligned}\right\} \tag{8-80}$$

解后可得

$$\left.\begin{aligned}c_1&=\frac{1-\mu}{E}\ \frac{r_1^2p_1-r_2^2p_2}{r_2^2-r_1^2}\\ c_2&=\frac{1+\mu}{E}\ \frac{r_1^2r_2^2(p_1-p_2)}{r_2^2-r_1^2}\end{aligned}\right\} \tag{8-81}$$

将式（8-81）代入式（8-79）即得厚壁圆筒内各点的$\sigma_r$及$\sigma_t$为

$$\left.\begin{aligned}\sigma_r&=\frac{r_1^2p_1-r_2^2p_2}{r_2^2-r_1^2}-\frac{(p_1-p_2)r_1^2r_2^2}{r^2(r_2^2-r_1^2)}\\ \sigma_t&=\frac{r_1^2p_1-r_2^2p_2}{r_2^2-r_1^2}+\frac{(p_1-p_2)r_1^2r_2^2}{r^2(r_2^2-r_1^2)}\end{aligned}\right\}\tag{8-82}$$

若$p_1=0$，即只有外圆表面受压，则

$$\left.\begin{aligned}\sigma_r&=-\frac{p_2r_2^2}{r_2^2-r_1^2}\left(1-\frac{r_1^2}{r^2}\right)\\ \sigma_t&=-\frac{p_2r_2^2}{r_2^2-r_1^2}\left(1+\frac{r_1^2}{r^2}\right)\end{aligned}\right\}\tag{8-83}$$

由式（8-83）知切向拉应力的最大值产生在厚壁圆筒的内圆表面，即$r=r_1$处，该处

$$\left.\begin{aligned}\sigma_{t\max}&=-\frac{2p_2r_2^2}{r_2^2-r_1^2}\\ \sigma_r&=0\end{aligned}\right\}\tag{8-84}$$

若$p_2$不是压力而是拉力，则内圆表面的最大拉应力为

$$\sigma_{t\max}=\frac{2p_2r_2^2}{r_2^2-r_1^2}\tag{8-85}$$

## 二、旋转厚壁圆筒仅由自身离心力所引起的应力计算

这时在上述单元体的力平衡方程中，尚需考虑其自身重量引起的离心力

$$\rho\mathrm{d}r\cdot r\mathrm{d}\varphi\omega^2r=\rho\omega^2r^2\mathrm{d}r\mathrm{d}\varphi$$

式中 $\rho$——厚壁圆筒的密度；

$\omega$——角速度。

于是力的平衡方程为

$$\sigma_rr\mathrm{d}\varphi+\sigma_t\mathrm{d}r\mathrm{d}\varphi-\left(\sigma_r+\frac{\mathrm{d}\sigma_r}{\mathrm{d}r}\mathrm{d}r\right)(r+\mathrm{d}r)\mathrm{d}\varphi-\rho\omega^2r^2\mathrm{d}r\mathrm{d}\varphi=0\tag{8-86}$$

略去高阶无穷小项后得

$$\sigma_t-\sigma_r-r\frac{\mathrm{d}\sigma_r}{\mathrm{d}r}-\rho\omega^2r^2=0\tag{8-87}$$

将式（8-77）代入式（8-87）得

$$\frac{d^2u}{\mathrm{d}r^2}+\frac{1}{r}\ \frac{\mathrm{d}u}{\mathrm{d}r}-\frac{u}{r^2}+(1-\mu^2)\frac{\rho\omega^2r}{E}=0\tag{8-88}$$

此微分方程的通解和前面的相同，为

$$u'=c_1r+\frac{c_2}{r}$$

其特解为

$$u''=-(1-\mu^2)\frac{\rho\omega^2}{E}\ \frac{r^3}{8}=-N\frac{r^3}{8}$$

式中

$$N=(1-\mu^2)\frac{\rho\omega^2}{E}$$

于是此方程的一般解为

$$u=u'+u''=c_1r+\frac{c_2}{r}-N\frac{r^3}{8}\tag{8-89}$$

代入式（8-77）得

$$\sigma_r=\frac{E}{1-\mu^2}\left[-\frac{3+\mu}{8}Nr^2+(1+\mu)c_1-(1-\mu)c_2\frac{1}{r^2}\right] \tag{8-90}$$

因内圆和外圆表面上无外力作用，故边界条件为

$$\left.\begin{aligned}\sigma_r/_{r=r_1}=0\text{ 或}-\frac{3+\mu}{8}Nr_1^2+(1+\mu)c_1-(1-\mu)c_2\frac{1}{r_1}=0\\ \sigma_r/_{r=r_2}=0\text{ 或}-\frac{3+\mu}{8}Nr_2^2+(1+\mu)c_1-(1-\mu)c_2\frac{1}{r}=0\end{aligned}\right\} \tag{8-91}$$

解式（8-91）得

$$\left.\begin{aligned}c_1&=\frac{3+\mu}{8(1+\mu)}(r_1^2+r_2^2)N\\ c_2&=\frac{3+\mu}{8(1-\mu)}r_1^2r_2^2N\end{aligned}\right\} \tag{8-92}$$

将$c_1$及$c_2$代入式（8-89）得$u$的一般表示式，再将此表示式代入式（8-79）即得

$$\left.\begin{aligned}\sigma_r&=\frac{3+\mu}{8(1-\mu^2)}EN\left(r_1^2+r_2^2-r^2-\frac{r_1^2r_2^2}{r^2}\right)\\ \sigma_t&=\frac{3+\mu}{8(1-\mu^2)}EN\left(r_1^2+r_2^2-\frac{1-3\mu}{3+\mu}r^2+\frac{r_1^2r_2^2}{r^2}\right)\end{aligned}\right\} \tag{8-93}$$

将$N$的表示式代入，并引进下列符号：

$$\frac{r_1}{r_2}=\alpha\,;\quad \frac{r}{r_2}=x\,;\quad \omega r_2=v$$

则式（8-93）即为

$$\left.\begin{aligned}\sigma_r&=\frac{\rho v^2(3+\mu)}{8}\left(1+\alpha^2-x^2-\frac{\alpha^2}{x^2}\right)\\ \sigma_t&=\frac{\rho v^2(3+\mu)}{8}\left(1+\alpha^2-\frac{1+3\mu}{3+\mu}x^2+\frac{\alpha^2}{x^2}\right)\end{aligned}\right\} \tag{8-94}$$

由式（8-94）知，厚壁圆筒由自身离心力所引起的切向拉应力的最大值产生在其内圆表面，即$x=\alpha$处，且

$$\left.\begin{aligned}\sigma_{t\max}&=\frac{\rho v^2(3+\mu)}{4}\left(1+\frac{1-\mu}{3+\mu}\alpha^2\right)\\ \sigma_r&=0\end{aligned}\right\} \tag{8-95}$$

若以波松比$m$代替波松系数$\mu$，因$\mu=\frac{1}{m-1}$，于是式（8-95）化成如下形式：

$$\left.\begin{aligned}\sigma_{t\max}&=\frac{\rho\omega^2r_2^2\left(3+\frac{1}{m-1}\right)}{4}\left(1+\frac{1-\frac{1}{m-1}}{3+\frac{1}{m-1}}\frac{r_1^2}{r_2^2}\right)=\frac{\rho\omega^2}{4}\left(\frac{3m-2}{m-1}r_2^2+\frac{m-2}{m-1}r_1^2\right)\\ \sigma_r&=0\end{aligned}\right\} \tag{8-96}$$

**对于钢：$m=4.3$，$\mu=0.3$。**

**三、厚壁圆筒的柔度**

厚壁圆筒的柔度即当厚壁圆筒内圆或外圆表面承受单位径向力系作用时其内径或外径的

变形大小。

(一) 厚壁圆筒仅内圆表面承受径向力系作用时其内径的柔度

厚壁圆筒仅内圆表面承受径向力系$F$作用时，其内径的增量$\Delta d_1$由式(8-78)知其值应为

$$\Delta d_1 = 2(\Delta r_1) = 2\left(c_1 r_1 + \frac{c_2}{r_1}\right) \tag{8-97}$$

其中积分常数$c_1$及$c_2$可按式（8-81）以$p_1 = \frac{F}{2\pi r_1 b}$及$p_2 = 0$代入即得

$$\left.\begin{aligned} c_1 &= \frac{1-\mu}{E}\ \frac{r_1^2}{r_2^2 - r_1^2}\ \frac{F}{2\pi r_1 b} \\ c_2 &= \frac{1+\mu}{E}\ \frac{r_1^2 r_2^2}{r_2^2 - r_1^2}\ \frac{F}{2\pi r_1 b} \end{aligned}\right\} \tag{8-98}$$

此处$b$为厚壁圆筒的轴向长度。

将式（8-98）代入式（8-97）得

$$\Delta d_1 = 2\frac{F}{2\pi Eb}\left[(1-\mu)\frac{\alpha^2}{1-\alpha^2} + (1+\mu)\frac{1}{1-\alpha^2}\right] = \frac{F}{\pi Eb}\left(\frac{1+\alpha^2}{1-\alpha^2} + \mu\right) \tag{8-99}$$

于是得到当内圆表面承受单位径向力系作用时其内径的增量，也即其内径的柔度为

$$\lambda'' = \Delta d_{1\,(F=1)} = \frac{1}{\pi Eb}\left(\frac{1+\alpha^2}{1-\alpha^2} + \mu\right) \tag{8-100}$$

(二) 厚壁圆筒仅外圆表面承受径向力系作用时其外径的柔度

厚壁圆筒仅外圆表面承受径向力系$F$作用时，其外径的增量$\Delta d_2$同样可由式（8-78）知其值应为

$$\Delta d_2 = 2(\Delta r_2) = 2\left(c_1 r_2 + \frac{c_2}{r_2}\right) \tag{8-101}$$

其中积分常数$c_1$及$c_2$也同样可按式(8-81)求得，但现在应为$p_1 = 0$及$p_2 = \frac{F}{2\pi r_2 b}$，于是

$$\left.\begin{aligned} c_1 &= -\frac{1-\mu}{E}\ \frac{r_2^2}{r_2^2 - r_1^2}\ \frac{F}{2\pi r_2 b} \\ c_2 &= -\frac{1+\mu}{E}\ \frac{r_1^2 r_2^2}{r_2^2 - r_1^2}\ \frac{F}{2\pi r_2 b} \end{aligned}\right\} \tag{8-102}$$

将式（8-102）代入式（8-101）即得

$$\Delta d_2 = -2\frac{F}{2\pi Eb}\left[(1-\mu)\frac{1}{1-\alpha^2} + (1+\mu)\frac{\alpha^2}{1-\alpha^2}\right] = -\frac{F}{\pi Eb}\left(\frac{1+\alpha^2}{1-\alpha^2} - \mu\right) \tag{8-103}$$

于是当外圆表面承受径向作用力为1 N时，其外径的增量，也即其外径的柔度为

$$\lambda' = \Delta d_{2\,(F=1)} = \frac{1}{\pi Eb}\left(\frac{1+\alpha^2}{1-\alpha^2} - \mu\right) \tag{8-104}$$

当厚壁圆筒承受更复杂的径向力系作用时，其柔度可按类似方法计算。

## 四、厚壁圆筒的变形系数

厚壁圆筒的变形系数即当厚壁圆筒的转速为1000r/min时，在自身离心力的作用下其内径或外径的变形大小。

(一) 旋转厚壁圆筒内径的变形系数

旋转厚壁圆筒当转速为1000r/min时，其内圆表面因自身离心力而引起的切向拉应力按式（8-95）为

$$\sigma_{t\max}=\frac{\rho v^2{}_{(1000)}(3+\mu)}{4}\left(1+\frac{1-\mu}{3+\mu}\alpha^2\right) \tag{8-105}$$

式中 $v_{(1000)}$ 为转速等于1000r/min时其外圆的线速度。这时，内圆的切向应变为$\varepsilon_t=\frac{\sigma_{t\max}}{E}$。

由于圆周的应变等于其对应直径的应变，故转速为1000r/min时厚壁圆筒内径的增量，也即其变形系数为

$$K''=\varepsilon_t(2r_1)=\frac{\sigma_{t\max}}{E}\alpha d_2 \tag{8-106}$$

将式（8-105）代入式（8-106）得

$$K''=\frac{\rho v^2{}_{(1000)}}{4E}(3+\mu)\left(1+\frac{1-\mu}{3+\mu}\alpha^2\right)\alpha d_2 \tag{8-107}$$

（二）旋转厚壁圆筒外径的变形系数

转速为1000r/min时，旋转厚壁圆筒的外圆表面因自身离心力所引起的切向拉应力按式（8-94）的第二式为

$$\sigma_{t\min}=\frac{\rho v^2{}_{(1000)}(3+\mu)}{8}\left(1+2\alpha^2-\frac{1+3\mu}{3+\mu}\right) \tag{8-108}$$

这时其外圆的切向应变与外径的变形系数分别为

$$\varepsilon_t=\frac{\sigma_{t\min}}{E}$$

$$K'=\varepsilon_t(2r_2)=\frac{\sigma_{t\min}}{E}d_2 \tag{8-109}$$

将式（8-108）代入式（8-109）得

$$K'=\frac{\rho v^2{}_{(1000)}}{8E}(3+\mu)\left(1+2\alpha^2-\frac{1+3\mu}{3+\mu}\right)d_2 \tag{8-110}$$

当厚壁圆筒外圆表面尚作用有其他分布重量的离心力等更复杂的载荷时，其变形系数也可按类似方法计算。

## 复习思考题

1．影响电机总体结构的因素有哪几种？电机有哪些基本结构型式？

2．箱型结构的优缺点如何？为什么？

3．结构设计的基本内容和原则是什么？结构设计的大致过程和方法怎样？

4．电机的机座在运行和加工、试验、运输、安装时，会受到哪些载荷或作用力？其刚度和强度计算的一般方法怎样？

5．电机的转轴应满足哪些基本要求？运行过程中，它通常受到哪些作用力？

6．单边磁拉力是怎样产生的？它对于转轴有何影响？如何计算单边磁拉力，两极电机和多极电机（指极对数$p>1$的电机）的情况是否相同？

7．在轴伸处有集中力作用时，两轴承轴中部的总挠度是如何计算的？

8．带有键槽或紧配件的轴的疲劳计算和屈服验算是怎样进行的？

9．对换向器有哪些基本要求？运行时它主要承受哪些作用力？拱形换向器的机械计算一般包括哪些内容？它们的计算方法怎样？

10．在中小型直流电机中，为何塑料换向器得到日益广泛的应用？

11．厚壁圆筒承受均称载荷时的应力和变形是怎样计算的？

# 第九章 噪声和振动

噪声是一种不同频率和不同强度无规律地组合在一起的声音。它影响人们生活和工作，还使物理装置和设备疲劳或失效，或干扰其它声信号的感觉和鉴别。当噪声超过一定限度时，还会损害人们的健康，特强的噪声，甚至能使建筑物遭受破坏。目前工业噪声已与污水、废气成为污染环境的三大公害。为了创造合适的工作环境，提高劳动生产率以及保证人们的身心健康，必须采取一定的措施，把噪声减小到允许限度以内。

电机是一种噪声源。它的噪声水平已被列为衡量质量的一项重要指标，成为影响其在市场上竞争的一个重要因素。

噪声具有声音的一切特征。产生声音的根源是物体（包括固体、液体、气体）的振动。因此要研究电机所产生的噪声，必须研究与噪声有关的振动。

电机产生的三类噪声及其主要振动源可归纳如下表：

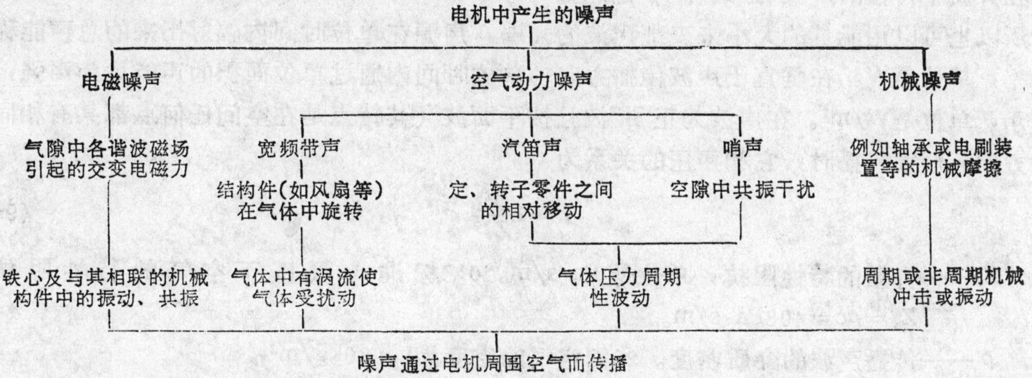


本章将先介绍一些有关噪声及其计算的一般概念，然后着重阐述引起电磁噪声的磁场，和由它所产生的激振力，以及设计电机时应采取的某些预防发生噪声的措施，并举例说明电磁振动振幅和噪声强度的计算。上表中所列后两类噪声也将予以适当讨论。

## §9-1 噪声的一般概念

### 一、噪声的物理量度

(一) 声压级

物体产生机械振动时，振动在弹性介质（包括气体、液体和固体以及等离子体）中以波的方式进行传播，这个弹性波就是声波。声波是疏密波（或纵波），因为它在空气中传播时，随着发声体的振动，使周围空气时而变密，时而变稀，并以波动的形式向远处传播，如图9-1所示。空气变密时，压力（即压强）增高，空气变稀时，压力降低。因此，由于声波的存在使空气压力产生迅速的起伏，气压的起伏部分称为声压。声压越大，声音越强，声压越小，声音越弱。因此可以用声压来衡量声音的强弱。声压以 $p$（有效值）表示，单位为Pa。

正常人耳刚能听到的声音的声压（称闻阈声压）是 $2\times10^{-5}$Pa；能使人耳产生疼痛感觉的声压（称痛阈声压）是20Pa，两者的绝对值相差百万倍，因此用声压的绝对值来表示声音的强弱很不方便。为此，引用一个对基准声压之比的对数量，来表示声音的强弱，这就是声压级。声压级是一个无量纲的量，它的单位是dB（分贝），其定义为

$$L_p=20\lg\frac{p}{p_0} \qquad (9\text{-}1)$$

式中 $L_p$——声压级；

$p$——声压；

$p_0$——基准声压，取等于1000Hz时的闻阈声压，即 $2\times10^{-5}$Pa。

由式（9-1）可见，声压级变化120dB，相当于声压变化 $10^6$ 倍。这样，引用声压级的概念后，就把声压值的百万倍变化范围缩小为0～120dB的声压级变化范围。

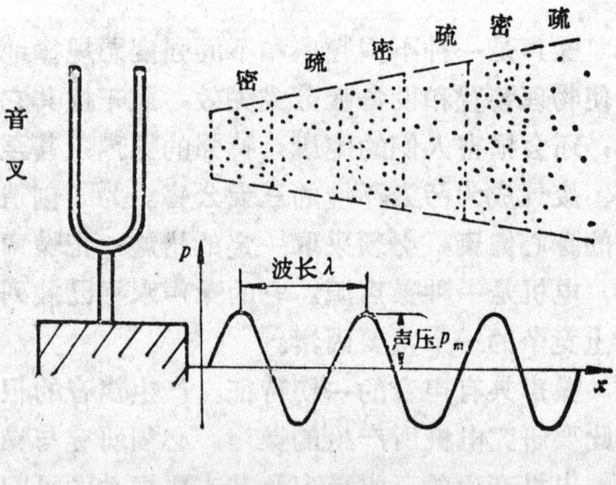


图9-1 振动和声波

（二）声强级和声功率级

在介质中传播的声波是具有一定能量的，所以也可以用能量的大小来表征声波的强弱。声源在单位时间内辐射出来的总声能称为声功率，单位是W。在垂直于声波传播方向、单位时间内通过单位面积的声能称为声强，以 $I$ 表示，单位是W/m²。在声波为正弦波且按平面波（其特点是在空间任何点都具有相同的传播方向）形式传播时，它和声压的关系为

$$I=\frac{p^2}{Z_c} \qquad (9\text{-}2)$$

式中 $Z_c$——介质的特性阻抗，单位是Pa·s/m。20℃标准大气压下空气的特性阻抗；$Z_c=\rho c=408$Pa·s/m。

$\rho$——传播声波的介质密度。20℃空气的密度为1.186kg/m³；

$c$——介质中的声速。20℃标准大气压下空气中的声速为344m/s。

这样上式又可写为

$$I=\frac{p^2}{\rho c}$$

由于声强 $I$ 从闻阈限到痛阈限相差 $10^{12}$ 倍，所以与声压一样，声强和声功率也用声强级和声功率级来表示。它们的单位都是dB，其定义为

声强级 $$L_I=10\lg\frac{I}{I_0} \qquad (9\text{-}3)$$

声功率级 $$L_W=10\lg\frac{W}{W_0} \qquad (9\text{-}4)$$

式中 $I_0$——基准声强。在空气中 $I_0=\frac{p_0^2}{\rho c}=\frac{(2\times10^{-5})^2}{408}\text{W}\cdot\text{m}^{-2}=10^{-12}\text{W}\cdot\text{m}^{-2}$；

$W_0$——基准声功率。一般取闻阈声功率限值为 $10^{-12}$W。

声级（声压级、声功率级、声强级）既然按对数定义，所以它必须按对数法则运算。如声级的求和计算公式为

$$L=10\lg\left(\sum_{i=1}^{n}10^{0.1L_i}\right) \tag{9-5}$$

式中　$L_i$——各个噪声的声级值单位为dB；

$n$——噪声的个数。

声级的平均值计算公式为

$$L_{av}=10\left(\lg\sum_{i=1}^{n}10^{0.1L_i}-\lg n\right) \tag{9-6}$$

(三) 噪声的频谱

正常人能听觉到的声音的频率范围一般为20～20000Hz，这一宽广的声频范围可划分为若干个频段，即通常所说的频程或频带。

在噪声测量中最常用的是倍频程和1/3倍频程。倍频程是指上、下限两个频率值之比为2：1，即$f_上/f_下=2$的频带。为了得到比倍频程更为详细的频谱，可使用1/3倍频程，即把一个倍频程按$2^{\frac{1}{3}}$关系再分为三段频带，或$f_上/f_下=2^{\frac{1}{3}}$。另外，再定义某一频程的中心频率，其值等于该频程的上限频率和下限频率的几何平均值，即

$$f_中=\sqrt{f_上 f_下} \tag{9-7}$$

目前通用的十个倍频程的中心频率为31.5、63、125、250、500、1000、2000、4000、8000、16000Hz。实际上，测量噪声时通常只需要使用中心频率为63～8000Hz的八个倍频程，它们所包括的频率范围如表9-1所示。

**表9-1　噪声频率范围**　　单位：Hz

| 倍频程频率范围 | 倍频程中心频率 | 1/3倍频程中心频率 | | |
|---|---|---|---|---|
| 45～90 | 63 | 50 | 63 | 80 |
| 90～180 | 125 | 100 | 125 | 160 |
| 180～355 | 250 | 200 | 250 | 310 |
| 355～710 | 500 | 400 | 500 | 630 |
| 710～1400 | 1000 | 800 | 1000 | 1250 |
| 1400～2800 | 2000 | 1600 | 2000 | 2500 |
| 2800～5600 | 4000 | 3150 | 4000 | 5000 |
| 5600～11200 | 8000 | 6300 | 8000 | 10000 |

以频率为横坐标，以声压级、声强级、声功率级为纵坐标来绘制噪声测量结果，所得图形可以清楚地反映出噪声的成分和性质，这就叫做频谱分析。图9-2所示为一台感应电动机的实际噪声频谱图。

(四) 响度级

人耳对声音的感受，不仅和声压有关，而且也和频率有关。对声压级相同但频率不同的声音，听起来是不一样响的，频率高的响些。根据人耳的这一特性，用响度级把声压和频率统一起来表示声音响度的高低，其单位是phon（方）。

响度级是这样确定的：取1000Hz的纯音作为基准声音，若出现某一声音听起来与基准纯音一样响时，该声音的响度级（phon）就等于基准纯音的声压级（dB）。利用与基准纯音比较的方法，通过大量试验得出的等响曲线如图9-3所示。由图可看出人耳的可闻声音的整

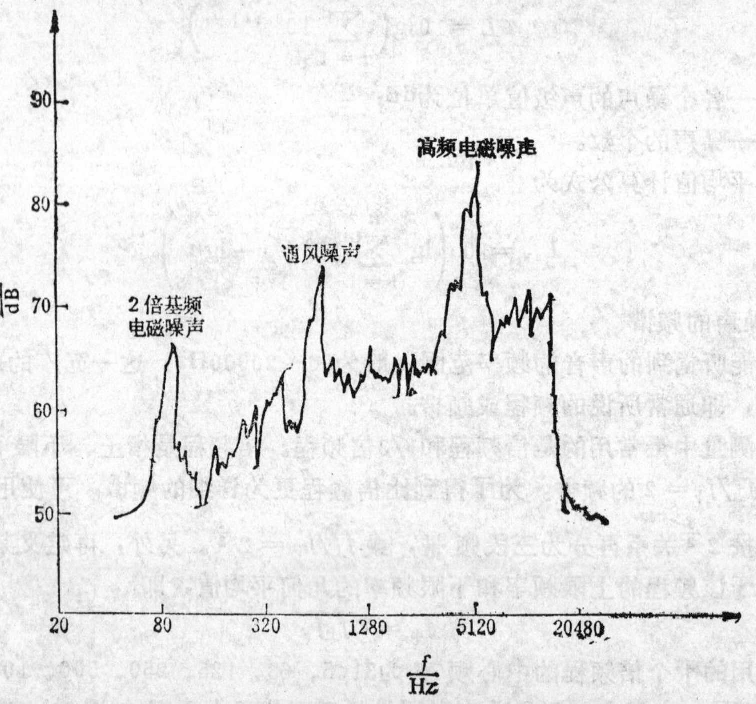


图9-2 感应电动机的实测噪声频谱

个响度级范围。

图中的每一条曲线相当于频率和声压级不同、但响度级相同的声音。最下面的是闻阈限等响度曲线；最上面的是痛阈限等响度曲线。在这两根曲线之间是正常人耳可以听到的全部声响。

从图 9-3 可以看出，人耳对高频声音（特别是2000～5000Hz 的声音）较敏感，而对低频声音较不敏感。例如响度级为60phon时，对于频率1000Hz的声音，其声压级为60dB；频率为3000～4000Hz时，其声压级为52dB；而频率为100Hz时，其声压级为67dB；频率为30Hz时，其声压级为90dB。因此，在同样响度级60phon的曲线上，低频成分的声压级较高，约4000Hz时声压级最低，也就是说，这时人耳最敏感。当频率低和响度级小时，声音的声压

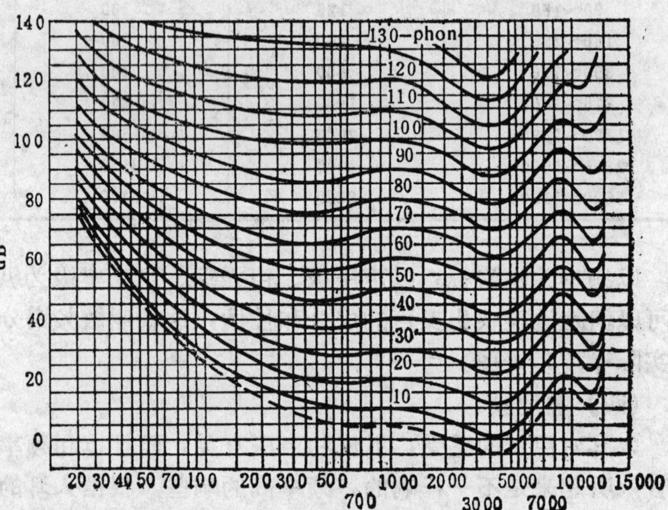


图9-3 等响曲线

级和响度级之间的差别大，即这时人耳较不敏感。例如频率为30Hz而响度级10phon时，由图9-3可知声压级为62dB。

响度级$L_N$是一个相对量，若需要用绝对值表示时，有时也引用响度$N$，其单位为sone（宋）。在响度级为40～90phon的范围内，两者的关系如下式所示：

$$N=2^{\left(\frac{L_N-40}{10}\right)} \tag{9-8}$$

## 二、噪声的测量

常用的噪声测量仪器有声级计、频谱分析仪和自动记录仪等。

声级计是噪声测量中最常用和最简便的测试仪器，它不仅可单独测量声级，还可以接入带通滤波器，对噪声进行频谱分析。

声级计由传声器、放大器、衰减器、频率计权网络和有效值指示表头等组成。声压信号通过传声器转换成电信号送给输入放大器进行初步放大后，通过模拟人耳特性的频率计权网络，再经两级放大，最后由电表直接读出有效值。

声级计中常用的频率计权网络有$A$、$B$、$C$三种。计权网络是参考等响曲线，使测量仪器接受的声音按不同程度滤波。$C$网络是模拟人耳对85phon纯音的响应，在整个可闻频率范围内有近似于平直的特性，能让所有频率的声音几乎以同样的程度通过，所以它代表总声压级。$B$网络是模拟人耳对70phon纯音的响应，当声音通过时，低频成分有一定的衰减。$A$网络是模拟人耳对40phon纯音的响应，当声音通过时，500Hz以下的低频成分有较大的衰减。所以当采用$A$计权网络时，测量仪器对高频敏感，对低频不敏感，与人耳对声音的感觉类似，即此时测得的噪声比较接近人耳对声音的感觉。测量电机噪声时，一般都采用$A$计权网络，所测得的值称为$A$声级，记作dB($A$)。

频谱分析仪由放大器和滤波器组成。当噪声通过一组倍频程带通滤波器时，得到倍频程噪声频谱；若通过一组1/3倍频程带通滤波器时，则得到1/3倍频程噪声频谱。将频谱分析仪和自动记录仪配合使用，可以自动地记录声级和频谱图。

电机噪声的测定方法可按GB2806—81的规定进行。当在半自由场或半混响场㊀中测定声级时，应根据电机的轴中心线高度和电机的轴向长度确定测点的配置；对于较小的电机，将它视为点声源，等声强级面看作为半球面，测点按半球面法配置；对于长电机，将它视为椭球声源，测点按半椭球面法配置；对于大电机，视为面包形声源，测点按等效矩形包络面法配置。然后用声级计测出各测点的$A$计权声压级，再按式（9-9）求出电机噪声的$A$计权声功率级

$$L_W=L_{pav}+10\lg\frac{A}{A_0} \tag{9-9}$$

式中 $L_W$——$A$计权声功率级，单位为dB($A$)；

$L_{pav}$——$A$计权平均声压级，单位为dB($A$)；

$A_0$——基准面积，$A_0=1\ \mathrm{m}^2$；

$A$——采用半球面法、半椭球面法或等效矩形包络面法三种测量方法之一所测得的面积。

---

㊀ 自由场是指声音可向任何方向无反射地自由传播的区域。混响场是指对声源发出的声音能形成多次反射、扩散叠加成均匀声场的区域。半自由场和半混响场是介于自由场和混响场之间的声场。

最后把求出的$L_W$值与国家规定的标准加以比较。

## 三、噪声和振动的标准

我国于1980年1月1日试行《工业企业噪声卫生标准》，其中规定工业企业的生产车间和作业场所的噪声标准为85dB($A$)；若现有工业企业一时达不到此标准时，可适当放宽，但不得超过90dB($A$)。对于每天接触噪声不到8h的工种也可适当放宽，但最高不得超过115dB($A$)。

我国《城市区域环境噪声标准》GB3221—82规定在白天乡村住宅、医疗地区为40～45dB($A$)，城市住宅区为45～50dB($A$)，市中心、工商业居民区为60dB($A$)。晚上以上各区分别减少5 dB($A$)，深夜减少10dB($A$)。

我国GB755-81《电机基本技术要求》规定：电机的噪声限值分为N级（普通级）、R级（一级）、S级（优等级）和E级（低噪声级）等四个等级。R级噪声限值比N级低5 dB，S级比N级低10dB，E级比N级低15dB。表9-2列出了N级的$A$计权声功率级噪声限值。如无其他规定，额定功率为1100kW及以下，转速为3750r/min及以下的单台电机，在空载时的噪声限值应符合N级的要求。对负载噪声超过空载噪声3 dB或另有要求的电机，应在该种电机的标准中另作规定。

**表9-2 N级的$A$计权声功率级的噪声限值** 单位：dB

| 声功率级 \ 类别 / 转速 / 电机功率 | Ⅰ | Ⅱ | Ⅰ | Ⅱ | Ⅰ | Ⅱ | Ⅰ | Ⅱ | Ⅰ | Ⅱ | Ⅰ | Ⅱ |
|---|---|---|---|---|---|---|---|---|---|---|---|---|
| | $n$<960r/min | | 960r/min≤$n$<1320r/min | | 1320r/min≤$n$<1900r/min | | 1900r/min≤$n$<2360r/min | | 2360r/min≤$n$<3150r/min | | 3150r/min≤$n$<3750r/min | |
| $P$≤1.1kW | 71 | 76 | 75 | 78 | 78 | 80 | 80 | 82 | 82 | 84 | 85 | 88 |
| 1.1kW<$P$≤2.2kW | 74 | 79 | 78 | 80 | 81 | 83 | 83 | 86 | 85 | 88 | 89 | 91 |
| 2.2kW<$P$≤5.5kW | 77 | 82 | 81 | 84 | 85 | 87 | 86 | 90 | 89 | 92 | 93 | 95 |
| 5.5kW<$P$≤11kW | 81 | 85 | 85 | 88 | 88 | 91 | 90 | 94 | 93 | 96 | 97 | 99 |
| 11kW<$P$≤22kW | 84 | 88 | 88 | 91 | 91 | 95 | 93 | 98 | 96 | 100 | 99 | 102 |
| 22kW<$P$≤37kW | 87 | 91 | 91 | 94 | 94 | 97 | 96 | 100 | 99 | 103 | 101 | 104 |
| 37kW<$P$≤55kW | 90 | 93 | 94 | 97 | 97 | 99 | 98 | 102 | 101 | 105 | 103 | 106 |
| 55kW<$P$≤110kW | 94 | 96 | 97 | 100 | 100 | 103 | 101 | 105 | 103 | 107 | 104 | 108 |
| 110kW<$P$≤220kW | 97 | 99 | 100 | 103 | 103 | 106 | 103 | 108 | 105 | 109 | 106 | 110 |
| 220kW<$P$≤630kW | 99 | 101 | 102 | 105 | 106 | 108 | 106 | 110 | 107 | 111 | 107 | 112 |
| 630kW<$P$≤1100kW | 101 | 103 | 105 | 108 | 108 | 111 | 108 | 112 | 109 | 112 | 109 | 114 |

注：Ⅰ类：无冷却风扇的开启式电机（IP22、IC00）或无外风扇的封闭式电机（IP44，IC0041）。

Ⅱ类：有冷却风扇的开启式电机（IP22、IC01）或有外风扇的封闭式电机（IP44、IC0141）。

**表9-3 电机的振动限值**

| 安装方式 | 弹性 | | | | | | 刚性 | |
|---|---|---|---|---|---|---|---|---|
| 轴中心线高/mm | 45～132 | | 133～225 | | 226～400 | | 401～630 | |
| 转速/(r·min⁻¹) | 600～1800 | 1801～3600 | 600～1800 | 1801～3600 | 600～1800 | 1801～3600 | 600～1800 | 1801～3600 |
| 振动等级 | 振动速度有效值/(mm·s⁻¹) | | | | | | | |
| N | 1.8 | | 2.8 | | 4.5 | | 2.8 | |
| R | 0.71 | 1.12 | 1.12 | 1.8 | 1.8 | 2.8 | 1.12 | 1.8 |
| S | 0.45 | 0.71 | 0.71 | 1.12 | 1.12 | 1.8 | 0.71 | 1.12 |

电机的振动限值分为N级（普通级）、R级（一级）和S级（优等级）等三个等级。其振动限值如表9-3所示。如无其他规定，电机的轴中心线高度由45mm～630mm、转速由600r/min～3600r/min的单台电机，在空载时的振动限值应符合N级的要求。

## §9-2 感应电动机的电磁振动

电磁噪声来源于电磁振动，电磁振动则由电机气隙磁场作用于电机铁心产生的电磁力（称激振力）所激发，而电机气隙磁场又决定于定、转子绕组磁势和气隙磁导，所以分析电磁噪声首先应从分析定、转子绕组磁势和气隙磁导着手，进而分析所建立的磁场以及产生振动的电磁力。

由感应电动机气隙磁密波的作用，在定子铁心齿上产生的磁力有径向和切向两个分量。径向分量使定子铁心产生的振动变形是电磁噪声的主要来源；切向分量是与电磁转矩相对应的作用力矩，它使齿对其根部弯曲，并产生局部振动变形，这是电磁噪声的一个次要来源。因此，分析感应电动机的电磁振动和噪声，主要是分析电机气隙的径向电磁力波和定子的径向固有振动特性。

### 一、定子绕组和转子绕组的磁势

前面几章中，都把波长等于$2\tau$（$\tau$为电机极距）的磁势主波作为基准波，并按习惯称之为基波。这样在分数槽绕组或笼型绕组磁势中常会出现分数次谐波，不便于计算。为避免这种情况，本章把波长等于电枢周长$2p\tau$的2极波作为基准波。对于此2极基准波而言，前面几章中的基波（它有$p$对极）相当于这里的$\frac{2p\tau}{2\tau}=p$次波，现称它为主波。其他各次谐波的次数也均相应地增加$p$倍，故谐波的次数即等于其极对数。于是，气隙合成磁势可表示如下：

$$f(\theta,\ t)=f_p(\theta,\ t)+\sum_{\nu}f_{\nu}(\theta,\ t)+\sum_{\mu}f_{\mu}(\theta,\ t) \tag{9-10}$$

式中 $f_p(\theta,\ t)$是主波合成磁势，它是机械角位移$\theta$和时间$t$的余弦函数，可表示为

$$f_p(\theta,\ t)=F_p\cos(p\theta-\omega_1 t-\varphi_0) \tag{9-11}$$

其中 $F_p$——主波合成磁势的幅值；

$p$——主波合成磁势的极对数；

$\omega_1$——主波合成磁势的角频率；

$\varphi_0$——主波合成磁势的初相角。

$f_\nu(\theta,\ t)$是定子绕组谐波磁势，可表示为

$$f_\nu(\theta,\ t)=F_\nu\cos(\nu\theta-\omega_1 t-\varphi_\nu) \tag{9-12}$$

式中 $F_\nu$——$\nu$次谐波磁势幅值；

$\varphi_\nu$——$\nu$次谐波磁势初相角。

$f_\mu(\theta,\ t)$是转子绕组谐波磁势，可表示为

$$f_\mu(\theta,\ t)=F_\mu\cos(\mu\theta-\omega_\mu t-\varphi_\mu) \tag{9-13}$$

式中 $F_\mu$——$\mu$次谐波磁势幅值；

$\varphi_\mu$——$\mu$次谐波磁势的初相角；

$\omega_\mu$——$\mu$ 次谐波磁势相对于定子的角频率。

当三相定子绕组每极每相槽数 $q$ 为整数时，定子绕组磁势的谐波次数 $\nu$ 值，即谐波极对数等于

$$\nu=(6k_1+1)p,\ k_1=\pm1,\ \pm2,\ \pm3,\ \cdots \tag{9-14}$$

其中 ‘+’号表示旋转方向和主波相同，‘-’号表示旋转方向和主波相反，以下同此。

由于绕组磁势中的齿谐波不会因采用短距或分布绕组而削弱，它是引起电磁噪声的最主要根源；齿谐波磁势的次数为

$$\nu_t=\left(k_1\frac{Z_1}{p}+1\right)p=k_1Z_1+p,\ k_1=\pm1,\ \pm2,\ \pm3,\ \cdots \tag{9-15}$$

式中 $Z_1$——定子槽数。

$\nu$ 次谐波相对于定子铁心的角频率为

$$\omega_\nu=\omega_1 \tag{9-16}$$

对于笼型转子，由于相数较多，所以无相带谐波磁势，只有齿谐波磁势，该齿谐波的次数等于

$$\mu_t=k_2Z_2+p,\ k_2=\pm1,\ \pm2,\ \pm3,\ \cdots \tag{9-17}$$

式中 $Z_2$——转子槽数。

$\mu_t$次谐波相对于定子铁心的角频率为

$$\omega_{\mu t}=\omega_1\left[1+k_2\frac{Z_2}{p}(1-s)\right] \tag{9-18}$$

式中 $s$——电动机的转差率。

**二、气隙磁导**

若仅定子有齿槽，转子表面光滑，则气隙磁导主要成分可表示为

$$\Lambda(\theta)=\Lambda_0+\Lambda_1\cos Z_1\theta=\Lambda_0\left(1+\frac{\Lambda_1}{\Lambda_0}\cos Z_1\theta\right)$$

式中 $\Lambda_0$——气隙磁导的不变部分；

$\Lambda_1$——转子光滑时定子一阶齿谐波磁导的幅值。

若定子内表面光滑，转子有齿槽，且转子相对于定子以转速 $n$ 旋转，则气隙磁导的主要成分可表示为

$$\begin{aligned}\Lambda(\theta,\ t)&=\Lambda_0+\Lambda_2\cos Z_2(\theta-\Omega_2t)\\&=\Lambda_0\left\{1+\frac{\Lambda_2}{\Lambda_0}\cos Z_2\left[\theta-\frac{\omega_1}{p}(1-s)t\right]\right\}\end{aligned}$$

式中 $\Omega_2=\frac{2\pi n}{60}$——转子机械角速度；其中 $n$ 的单位为r/min，$\Omega_2$的单位为rad/s。

$\Lambda_2$——定子光滑时转子一阶齿谐波磁导的幅值。

实际上，感应电动机的定、转子都有齿和槽，所以其气隙磁导可表示为

$$\begin{aligned}\Lambda(\theta,\ t)&=\Lambda_0\left(1+\frac{\Lambda_1}{\Lambda_0}\cos Z_1\theta\right)\left\{1+\frac{\Lambda_2}{\Lambda_0}\cos Z_2\left[\theta-\frac{\omega_1}{p}(1-s)t\right]\right\}\\&\approx\Lambda_0+\Lambda_1\cos Z_1\theta+\Lambda_2\cos Z_2\left[\theta-\frac{\omega_1}{p}(1-s)t\right]\end{aligned} \tag{9-19}$$

### 三、气隙磁场

当忽略铁心磁阻时，气隙磁密的瞬时值可表示如下式：

$$b(\theta, t)=f(\theta, t)\cdot\Lambda(\theta, t)$$
$$=\left[f_p(\theta,t)+\sum_{\nu}F_{\nu}(\theta, t)+\sum_{\mu}F_{\mu}(\theta, t)\right]\Lambda(\theta, t) \quad (9\text{-}20)$$

为了简化，忽略其中次要成分而得如下五项：

（一）主波磁场

$$b_1=f_p(\theta, t)\Lambda_0=B_1\cos(p\theta-\omega_1 t-\varphi_0) \quad (9\text{-}21)$$

式中 $B_1=\dfrac{F_p}{K_s}\Lambda_0\approx B_\delta$；

$K_s$——考虑铁心磁阻影响的磁路饱和系数。

（二）由定子绕组磁势建立的谐波磁场

$$b_\nu=f_\nu(\theta, t)\Lambda_0=B_\nu\cos(\nu\theta-\omega_1 t-\varphi_\nu) \quad (9\text{-}22)$$

式中 $$B_\nu=F_\nu\Lambda_0=\frac{F_\nu}{F_p}K_sB_\delta=\frac{\dfrac{\sqrt{2}m_1}{\pi}\cdot\dfrac{N_1K_{dp\nu}}{p_\nu}I_1}{\dfrac{\sqrt{2}m_1}{\pi}\cdot\dfrac{N_1K_{dp1}}{p}I_m}K_s\cdot B_\delta$$

$$=\frac{p}{\nu}\cdot\frac{K_{dp\nu}}{K_{dp1}}\cdot\frac{I_1}{I_m}K_sB_\delta \quad (9\text{-}23)$$

其中 $I_m$——励磁电流；

$p_\nu=\nu$，这是因为谐波次数恰等于它的极对数。

当然最应注意的是具有定子齿谐波次数的磁场$B_{\nu t}$，由式（9-15）可知其次数$\nu_t=k_1Z_1+p$

（三）由笼型转子绕组磁势建立的谐波磁场

$$b_\mu=f_\mu(\theta, t)\Lambda_0=B_\mu\cos(\mu\theta-\omega_\mu t-\varphi_\mu) \quad (9\text{-}24)$$

式中 $$B_\mu=F_\mu\Lambda_0=\frac{F_\mu}{F_p}K_sB_\delta=\frac{\dfrac{\sqrt{2}m_2}{\pi}\cdot\dfrac{N_2K_{dp\mu}}{p_\mu}I_2}{\dfrac{\sqrt{2}m_1}{\pi}\cdot\dfrac{N_1K_{dp1}}{p}I_m}K_sB_\delta$$

$$=\frac{p}{\mu}\ \frac{m_2N_2K_{dp\mu}I_2'm_1N_1K_{dp1}}{m_1N_1K_{dp1}I_mm_2N_2K_{dp2}}\ K_sB_\delta=\frac{p}{\mu}\ \frac{I_2'}{I_m}\ K_sB_\delta \quad (9\text{-}25)$$

其中 $k_{dp\mu}=k_{dp2}=1$

（四）定子气隙磁导一阶齿谐波磁场

$$b_{01}^{(1)}=f_p(\theta, t)\Lambda_1\cos Z_1\theta$$
$$=B_{01}^{(1)}\cos[(\pm Z_1+p)\theta-\omega_1 t-\varphi_0]^{㊀} \quad (9\text{-}26)$$

式中 $B_{01}^{(1)}=\dfrac{1}{2}\ \dfrac{F_p}{K_s}\Lambda_1$。

**（五）转子气隙磁导一阶齿谐波磁场**

---

㊀ 为简化书写，节约篇幅，本章多处采用此种表达方式，其中余弦函数表达式中的‘±’，并不表示或取‘+’或取‘－’，而是表示取‘+’和取‘－’的两余弦函数之和，即

$$\cos[(\pm z_1+p)\theta-\omega_1 t-\varphi_0]=\cos[(z_1+p)\theta-\omega_1 t-\varphi_0]+\cos[(-z_1+p)\theta-\omega_1 t-\varphi_0]$$

其物理意义为气隙中有关磁场是两磁场的叠加或可分解为两磁场．由更多磁场叠加时类此．

$$b_{02}^{(1)}=f_p(\theta,\ t)\Lambda_2\cos\left[Z_2\theta-\omega_1\frac{Z_2}{p}(1-s)t\right]=B_{02}^{(1)}\cos[(\pm Z_2+p)\theta-\omega_\mu t-\varphi_0] \quad (9\text{-}27)$$

式中 $B_{02}^{(1)}=\frac{1}{2}\ \frac{F_p}{K_s}\Lambda_2$。

**四、气隙磁场产生的径向力**

气隙中存在的上述一系列定、转子磁场之间的相互作用，可以产生数量很多的电磁力波。根据麦克斯韦定律，在电机气隙中单位面积径向电磁力的瞬时值可表示为

$$p_r=\frac{b^2(\theta,t)}{2\mu_0} \quad (9\text{-}28)$$

式中 $b(\theta,\ t)$——气隙磁密；

$\mu_0$——空气磁导率。

从噪声和振动的观点来看，主要有以下的力波：

（一）主波磁场产生的力波

$$p_r=\frac{b_1^2}{2\mu_0}=\frac{1}{2}\frac{B_1^2}{2\mu_0}\left[1+\cos2(p\theta-\omega_1t-\varphi_0)\right]=p_0+p_1 \quad (9\text{-}29)$$

其中

$$p_0=\frac{B_1^2}{4\mu_0}\approx\frac{B_\delta^2}{4\mu_0} \quad (9\text{-}30)$$

$$p_1\approx\frac{B_\delta^2}{4\mu_0}\cos(2p\theta-2\omega_1t-2\varphi_0) \quad (9\text{-}31)$$

$p_0$是径向力的不变部分，它是在定子圆周上均匀分布的力系，使定子铁心受到压缩应力，因为不论它是N极还是S极，它总是受到来自转子对它的吸力，如图9-4所示。

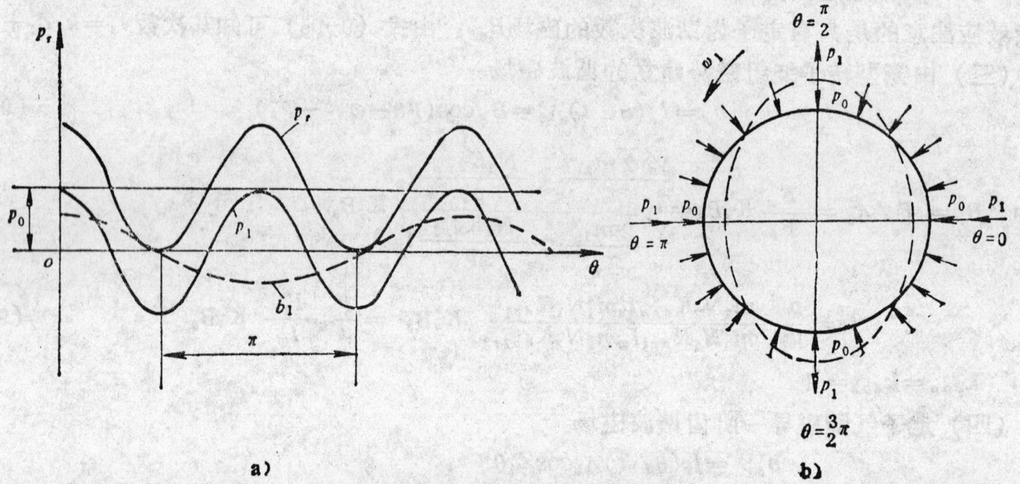


图9-4　2极电机中的力波分布

$p_1$是径向力的交变部分。它的幅值等于径向力的不变部分$p_0$，从表达式可知它是行波，这个力波在空间沿定子铁心圆周以两倍电机极对数均匀分布，即其沿定子铁心整圆的交变次数 $r=2p$，它在时间上又以角速度$=\frac{d(p\theta)}{dt}=\omega_1$沿气隙旋转。在极数$2p=2$的大型电机中，这个激振力波表现得较为明显。力波的分布情况如图9-4所示。

（二）定子绕组和转子绕组谐波磁场产生的力波

由定、转子绕组谐波磁场所产生的径向力为

$$p_{\nu\mu}=\frac{(b_\nu+b_\mu)^2}{2\mu_0}=\frac{b_\nu^2+2b_\nu b_\mu+b_\mu^2}{2\mu_0} \tag{9-32}$$

对于产生电磁噪声来说，式(9-32)中$2b_\nu b_\mu$项较为重要（理由见后），因此如果忽略$b_\nu^2$和$b_\mu^2$两项，并以式(9-22)及(9-24)代入，可得

$$p_{\nu\mu}=\frac{B_\nu B_\mu}{2\mu_0}\cos[(\mu\pm\nu)\theta-(\omega_\mu\pm\omega_1)t-(\varphi_\mu\pm\varphi_\nu)] \tag{9-33}$$

式中　$r=\mu\pm\nu$为此力波的次数。电磁力波引起的振动和噪声一方面与力波的幅值大小有关，另一方面还与力波的次数有关，次数越低（即$r$越小）铁心弯曲变形时相邻两节点（即交变径向力$p_1=0$处的点，如图9-5中的$a$、$b$、$c$、$d$点）间的距离就越大，因此变形就越大，所引起的振动和噪声也越大。通常铁心振动时动态变形的振幅大约与$r^4$成反比。由式(9-33)可见力波次数为$r=\mu-\nu$的那一项较为重要。例如图9-6中示出了某一瞬间定子绕组$\nu=5$次谐波磁场与转子绕组$\mu=7$次谐波磁场及由它们相互作用产生的径向力波与角位移$\theta$的关系曲线，其中力波幅值等于$B_5B_7/2\mu_0$；力波次数$r=\mu\pm\nu=7\pm5=12$或2；力波的角频率$\omega_r=\omega_\mu\pm\omega_1=\omega_7\pm\omega_1$。所以$r=2$的力波所产生的振动和噪声较大。

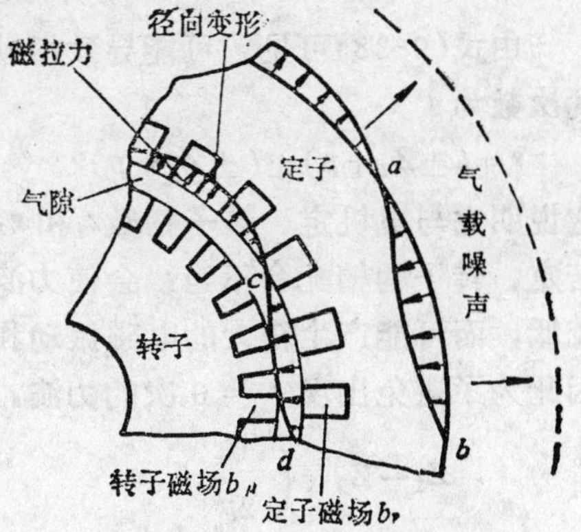


图9-5　电磁力波引起的定子铁心径向变形，振动和噪声

当考虑定转子绕组磁势中的一阶齿谐波磁场时，则

$$p_{\nu\mu t}=\frac{B_{\nu t}B_{\mu t}}{2\mu_0}\cos[(\mu_t\pm\nu_t)\theta-(\omega_{\mu t}\pm\omega_1)t-(\varphi_\mu\pm\varphi_\nu)] \tag{9-34}$$

当$\mu_t$和$\nu_t$同号，且$r=\mu_t-\nu_t$时，$r$为低阶次，这时力波频率为

$$f_r'=\frac{\omega_{\mu t}-\omega_1}{2\pi}=\frac{\omega_1+\frac{Z_2\omega_1}{p}(1-s)-\omega_1}{2\pi}=\frac{Z_2}{p}(1-s)f_1 \tag{9-35}$$

当$\mu_t$和$\nu_t$异号，且$r=\mu_t+\nu_t$时，$r$也为低阶次，这时力波频率为

$$f_r''=\frac{\omega_{\mu t}+\omega_1}{2\pi}=\frac{\omega_1-\frac{Z_2\omega_1}{p}(1-s)+\omega_1}{2\pi}=\left[\frac{Z_2}{p}(1-s)+2\right]f_1 \tag{9-36}$$

一般由于$\frac{Z_2}{p}\gg2$，所以式(9-36)可近似用式(9-35)表示；又考虑到感应电动机的$s$很小，所以式(9-35)和(9-36)可统一用下式表示

$$f_r=f_r'=f_r''=\frac{Z_2}{p}f_1 \tag{9-37}$$

可见最突出的定、转子谐波磁场（即一阶定转子齿谐波磁场）所产生的激振力波的频率决定于转子槽数$Z_2$。而力波的低阶次数$r$则取决于定、转子的槽数差，这一点与三相电机采用整数槽时，为降低电机附加损耗采用近槽配合是相矛盾的，因此在选择电机槽数时要全面考虑。

式(9-32)中被略去的两项$b_\nu^2$和$b_\mu^2$，前者代表定子谐波磁场的作用，它产生双倍电源频率($2f_1$)的交变激振力、振动和噪声，由于频率较低，对A计权总声级影响不大；另外$b_\nu^2$和$b_\mu^2$所产生的力波次数分别为$2\nu$和$2\mu$，均较高，因此它们所引起的振动和噪声一般均较小。

(三) 定子气隙磁导一阶齿谐波和转子气隙磁导一阶齿谐波磁场所产生的力波。

由式(9-26)和(9-27)可知，此力波中比较重要的成分可表示如下：

$$p_{012}=\frac{1}{2}\frac{1}{2\mu_0}B_{01}^{(1)}B_{02}^{(1)}\cos\{[(\pm Z_2+p)\pm(\pm Z_1+p)]\theta-(\omega_\mu\pm\omega_1)t-2\varphi_0\} \tag{9-38}$$

由式(9-38)可见，可能导致振动的力波的次数为

$$r=(\pm Z_2+p)\pm(\pm Z_1+p) \tag{9-39}$$

这说明它与电机定、转子槽数$z_1$和$z_2$有关。若定、转子的槽配合不当，会使力波次数$r$较低，而可能产生较大的电磁振动和噪声。因此为了避免出现$r=0$次的力波，要求

$$Z_1-Z_2\neq\begin{cases}0\\2p\end{cases} \tag{9-40}$$

为了避免出现$r=\pm1$次的力波，要求

$$Z_1-Z_2\neq\begin{cases}\pm1\\2p\pm1\end{cases} \tag{9-41}$$

为了避免出现$r=\pm2$次的力波，要求

$$Z_1-Z_2\neq\begin{cases}\pm2\\2p\pm2\end{cases} \tag{9-42}$$

为了避免出现$r=\pm3$次的力波，要求

$$Z_1-Z_2\neq\begin{cases}\pm3\\2p\pm3\end{cases} \tag{9-43}$$

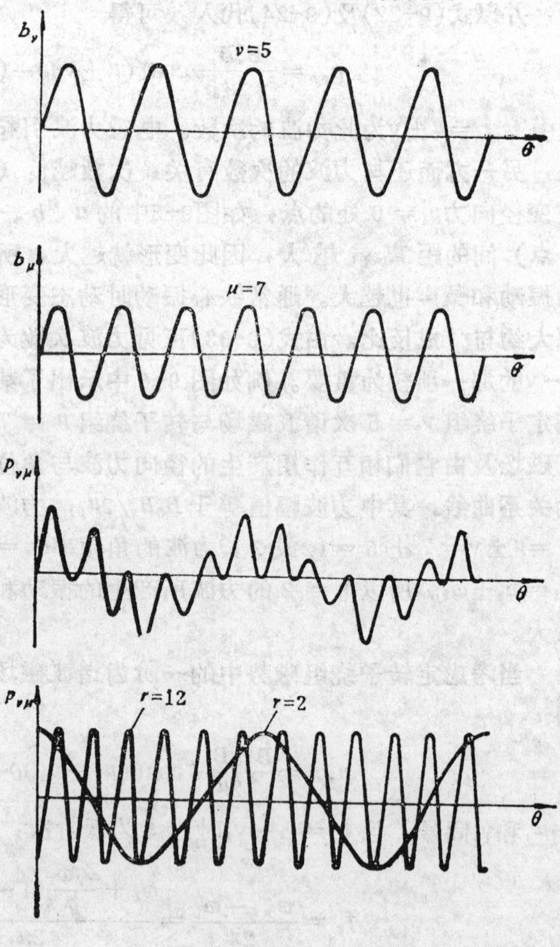


图9-6 谐波磁场产生的力波

余此类推。由于更高次数力波所引起的振动幅值较小，在一般中小型电机中可不考虑。

由式(9-41)和式(9-43)的要求可知，当三相定子采用整数槽绕组时，为降低电机附加损耗而采用近槽配合的转子槽数一般不宜选用奇数。

**五、斜槽对电磁振动的影响**

感应电动机采用斜槽（通常为转子斜一个定子槽距）时，其磁势和磁导齿谐波所产生的径向力比直槽情况下要小得多（原因见§4-8）。斜槽时，径向力为

$$p_{rs}=K_{sk\mu}p_r \tag{9-44}$$

式中 $K_{sk\mu}$——对转子$\mu$次谐波磁场的斜槽系数。

$$K_{sk\mu}=\frac{\sin\mu\left(\frac{b_{sk}}{t_2}\frac{\pi}{z_2}\right)}{\mu\left(\frac{b_{sk}}{t_2}\frac{\pi}{z_2}\right)} \tag{9-45}$$

**六、气隙偏心对电磁振动的影响**

由于制造公差和运行磨损，转子外圆和定子内圆之间会产生偏心。偏心有两种：一种是定、转子的中心偏移，转子旋转时偏心的位置不变，称为静偏心，如图9-7a所示；另一种是转子本身在转轴上装偏了，但转轴与定子内圆是同心的，转子旋转时偏心的位置也在变化，称为动偏心，如图9-7b所示。显然，由于偏心，使定、转子间的气隙不均匀，设按余弦规律，则气隙表达式为

$$\delta(\theta, t)=\delta_0-\delta_e\cos(\theta-\omega_e t) \quad (9\text{-}46)$$

式中 $\delta_0$——均匀气隙的长度；

$\delta_e$——气隙偏心的长度；

$\theta$——机械角位移；

$\omega_e$——转子旋转时，偏心气隙的旋转角速度。

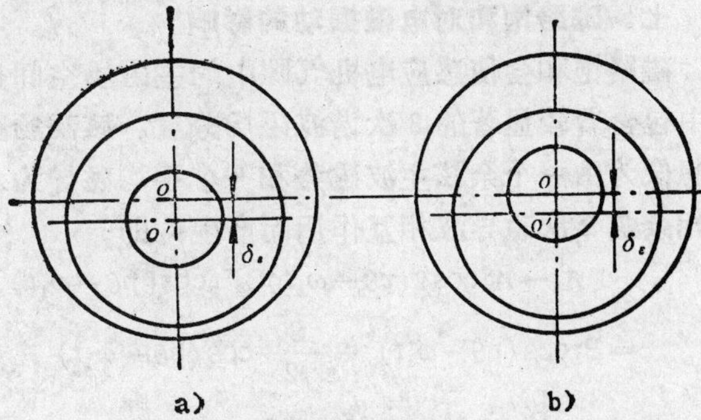

图9-7 气隙偏心

a）静偏心 b）动偏心

若转子为静偏心时，$\omega_e=0$；若转子为动偏心时，$\omega_e$将等于转子旋转的角速度$\Omega_2$，即

$$\omega_e=\Omega_2=\frac{\omega_1}{p}(1-s) \quad (9\text{-}47)$$

考虑气隙偏心后，电机的气隙磁导可近似表示为

$$\Lambda_e(\theta, t)=\Lambda_0[1+\varepsilon'_e\cos(\theta-\omega_e t)] \quad (9\text{-}48)$$

式中 $\varepsilon'_e=\dfrac{\delta_e}{\delta_0}$——相对偏心率。

和式(9-46)相比较，这里$\varepsilon'_e$前用正号，是由于气隙因偏心的减小恰使磁导按正比增加。将磁导表达式(9-48)和磁势表达式(9-10)相乘，可得一系列的谐波磁场，比较重要的有如下几项：

$$b_{1e}=B_1\frac{\varepsilon'_e}{2}\cos[(p\pm1)\theta-(\omega_1\pm\omega_e)t-\varphi_0] \quad (9\text{-}49)$$

$$b_{\nu e}=B_\nu\frac{\varepsilon'_e}{2}\cos[(\nu\pm1)\theta-(\omega_1\pm\omega_e)t-\varphi_\nu] \quad (9\text{-}50)$$

$$b_{\mu e}=B_\mu\frac{\varepsilon'_e}{2}\cos[(\mu\pm1)\theta-(\omega_\mu\pm\omega_e)t-\varphi_\mu] \quad (9\text{-}51)$$

即气隙偏心后，电机气隙中存在有如下极对数的附加磁场，

$$p\pm1,\ \nu\pm1,\ \mu\pm1 \quad (9\text{-}52)$$

前两者的角频率为$\omega_1\pm\omega_e$；后者为$\omega_\mu\pm\omega_e$。而幅值正比于相对偏心率$\varepsilon'$的二分之一。

显然，当其中极对数为$p\pm1$的附加磁场和主波磁场相互作用时，所产生的力波的次数和频率分别为

$$r=p\pm1-p=\pm1 \quad (9\text{-}53)$$

$$f_r=\frac{\omega_1\pm\omega_e-\omega_1}{2\pi}=\pm\frac{\omega_e}{2\pi}=\pm\frac{f_1}{p}(1-s) \quad (9\text{-}54)$$

此次数甚低的力波可能导致电磁振动。

另外，其中极对数为$\mu\pm1$（或$\nu\pm1$）的附加磁场和谐波磁场$\nu$（或$\mu$）相互作用所产生的力波的次数为

$$r=\mu\pm1\pm\nu=r_{\mu\nu}\pm1 \tag{9-55}$$

可见，设计电机时应注意避免出现次数$r_{\mu\nu}=\mu\pm\nu=0$或$\mp2$的力波，以减小电机气隙偏心后会产生的次数为$r=\pm1$的力波引起的电磁振动。

## 七、磁路饱和对电磁振动的影响

磁路饱和会使感应电机气隙中的主磁场空间分布波形出现"平顶"形状，如图9-8所示，其中包含着较显著的3次谐波磁场分量。该磁场分量可想像为由一个余弦主波磁势和一个平均磁导为$\Lambda_0$的反相余弦2次磁导波相互作用而产生，即

$$\begin{aligned}&[\Lambda_0-\Lambda_s\cos2(p\theta-\omega_1t)]F_p\cos(p\theta-\omega_1t)\\&=B_1\cos(p\theta-\omega_1t)-\frac{B_s}{2}\cos(p\theta-\omega_1t)\\&\quad-\frac{B_s}{2}\cos3(p\theta-\omega_1t)\\&=\left(B_1-\frac{B_s}{2}\right)\cos(p\theta-\omega_1t)\\&\quad-\frac{B_s}{2}\cos3(p\theta-\omega_1t)\end{aligned} \tag{9-56}$$

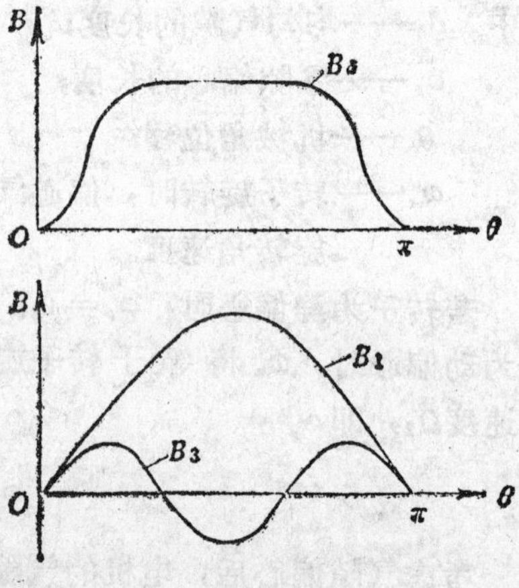

图9-8 平顶磁场波的分解

其中 $\Lambda_0$——平均磁导，即忽略定、转子齿槽影响时的气隙磁导；

$\Lambda_s\cos2(p\theta-\omega_1t)$——虚构的2次磁导波。

$\Lambda_s\cos2(p\theta-\omega_1t)$是行波，它以和主波磁势相同的角频率在空间旋转，前面的负号表示反相，因为只有加上此负号后，才能产生平顶磁场波所需要的3次谐波磁场分量。这样，就可把代表整个磁势的式(9-10)和$\Lambda_0-\Lambda_s\cos2(p\theta-\omega_1t)$相乘，即得因磁路饱和而产生的附加磁场。这些附加磁场中主要项的极对数为

$$p\pm2p,\ \nu\pm2p,\ \mu\pm2p \tag{9-57}$$

它们的角频率分别等于$\omega_1\pm2\omega_1$、$\omega_\mu\pm2\omega_1$。从式(9-56)中可知极对数为$p$的附加磁场其相位与主波磁场相反，将使电机磁化电流增大。

因磁路饱和所产生的附加磁场与前面已述的谐波磁场$\mu$(或$\nu$)相互作用，会产生如下次数的力波：

$$r=\nu\pm2p\pm\mu=r_{\mu\nu}\pm2p \tag{9-58}$$

其中的低次力波可能导致较显著的电磁振动。

## 八、二倍转差频率的电磁振动

（1）绕线转子感应电动机的转子往往因通用冲片而采用分数槽绕组，有时还会出现跳线槽或空槽的情况。因此，在转子绕组的磁势谐波中会产生一系列的次谐波，这种谐波的特点是其极对数可以接近或低于主波极对数，见式(9-68)和(9-69)。笼型转子感应电动机的转子，由于断条或铸铝缺陷，也会使转子磁势不对称，而产生次谐波。

转子次谐波磁场的极对数和定子主波磁场的极对数接近时，它们彼此作用可能产生次数为$r=\pm1$的力波。因为根据式(9-33)，若令$\nu=p$，即考虑绕组磁势的主波，则径向力$p_{p\mu}$为

$$p_{p\mu}=\frac{1}{2\mu_0}B_1B_\mu\cos[(\mu\pm p)\theta-(\omega_\mu\pm\omega_1)t] \tag{9-59}$$

当力波次数$r=\mu\pm p=\pm1$时，就可能引起电磁振动。

例如一台$2p=6$的三相感应电动机，转子既有跳线槽又有空槽，而且相与相之间位移在空间上也不是互差120°电角度的关系，转子次谐波磁场和主波磁场彼此作用将产生的力波次数如表9-4。由表可见，转子谐波次数$\mu=\pm2$和$\pm4$时，与主波磁场相互作用后都产生次数为$r=\pm1$的力波。

**表9-4 转子谐波与主波磁场作用产生的力波次数**

| 转子谐波次数 $\mu$ | | +1 | −1 | +2 | −2 | +3 | −3 | +4 | −4 |
|---|---|---|---|---|---|---|---|---|---|
| 力波次数 | $r=\mu+p$ | 4 | 2 | 5 | 1 | 6 | 0 | 7 | −1 |
| | $r=\mu-p$ | −2 | −4 | −1 | −5 | 0 | −6 | 1 | −7 |

式(9-59)中，角频率$\omega_\mu$为

$$\omega_\mu=\omega_1\left[1+\frac{\mu-p}{p}(1-s)\right]^{\ominus} \tag{9-60}$$

由此，力波$p_{p\mu}$的频率等于

$$f_r=\frac{\omega_\mu\pm\omega_1}{2\pi}=f_1\left[1+\frac{\mu-p}{p}(1-s)\pm1\right] \tag{9-61}$$

这里可对两种可能情况进行分析：

当$\mu-p=\pm1$时，

$$f'_r=f_1\left[1+\frac{\pm1}{p}(1-s)-1\right]=\pm(1-s)\frac{f_1}{p} \tag{9-62}$$

当$\mu+p=\pm1$时，

$$f''_r=f_1\left[1+\frac{\pm1-p-p}{p}(1-s)+1\right]=\pm[1\pm(2p\mp1)s]\frac{f_1}{p} \tag{9-63}$$

具有频率为$f'_r$和$f''_r$、次数为$r=\pm1$的两个力波之间的差拍频率为

$$\begin{aligned}f_{r\Delta}&=f''_r-f'_r=\pm[1\pm(2p\mp1)s]\frac{f_1}{p}-\left[\pm(1-s)\frac{f_1}{p}\right]\\&=[\pm1+2ps\mp s-(\pm1)-(\mp s)]\frac{f_1}{p}=2sf_1\end{aligned} \tag{9-64}$$

即转子次谐波磁场和主波磁场相互作用产生的次数为$r=\pm1$但行进方向相反的两个力波，将引起电机的两倍转差频率的差拍振动。

绕线转子感应电动机如果出现两倍转差频率的差拍振动时，需要重新选择转子槽数，或避免采用跳线槽和空槽。

消除感应电动机笼型转子断条或铸铝缺陷，便可避免由转子方面产生两倍转差频率的差拍振动。

（2）感应电动机由于机械原因（如转子加工偏心，转轴弯曲，转子不平衡和轴承松动

---

⊖ 本章中$\mu$次谐波的极对数为$\mu$，它相对定子的转速为

$$n_\mu=\frac{sn_1}{\frac{\mu}{p}}+n=\frac{psn_1}{\mu}+(1-s)n_1$$

等)，而产生力波次数为 $r=1$ 的振动时，其振频为 $(1-s)\frac{f_1}{p}$〔见式(9-47)〕。所以，由转子次谐波磁场和主波磁场相互作用而产生的次数为 $r=\pm 1$、频率为 $f_r'$ 的力波，与由机械原因产生的次数为 $r=1$ 的力波，同样会引起频率为 $2sf_1$ 的差拍振动。但这种振动可用机械调整的方法，如减小转子偏心，转子校平衡等，使其尽可能减小。

（3）两极感应电动机在空载运行时，由于转子偏心就可能产生次数都是 $r=1$ 的两个力波，因而引起振频为 $2sf_1$ 的差拍振动，其原因如下：

由式(9-49)可知，转子偏心所产生的附加磁场 $b_{1e}$ 的力波，其次数为 $r=p\pm 1$，其角频率为 $\omega_1\pm\omega_e$。$b_{1e}$ 和主波磁场 $b_1$ 相互作用所产生的径向力波为

$$p_{re}=\frac{B_1^2}{2\mu_0}\cdot\frac{\varepsilon'}{2}\cdot\frac{1}{2}\cos[(p\pm 1\pm p)\theta-(\omega_1\pm\omega_e\pm\omega_1)t] \tag{9-65}$$

可见，其中包含次数为 $r=p\pm 1-p=\pm 1$、角频率为 $\omega_r=\pm\omega_e$ 和次数为 $r=2p\pm 1$、角频率为 $\omega_r=2\omega_1\pm\omega_e$ 的各力波。

当电机 $2p=2$ 时，力波次数为 $r=2p-1=1$。其频率由式(9-47)为

$$f_{re}=\frac{2\omega_1-\omega_e}{2\pi}=\frac{\omega_1}{2\pi}\left[2-\frac{1}{p}(1-s)\right]=(1+s)f_1 \tag{9-66}$$

因此，在2极电机中，由于转子偏心所产生的附加磁场 $b_{1e}$ 和主波磁场之间相互作用，会引起次数为 $r=1$，频率为 $(1+s)f_1$ 的力波。它和电机转子转一圈摆一次（即 $r=1$）频率为 $(1-s)f_1$ 的力波之间，将会产生如下差拍频率的振动：

$$f_{r\Delta}=(1+s)f_1-(1-s)f_1=2sf_1 \tag{9-67}$$

用机械调整的方法（即减小偏心）也可以尽可能地减小这种振动。

## §9-3 同步电机的电磁振动

同步电机的电磁振动的分析方法与感应电动机的是类似的。在汽轮发电机中，由于气隙较大以及整块（实心）转子对谐波磁场的阻尼作用，所以产生的高频电磁振动较小；较为重要的是由气隙中主波磁场产生的两倍电网频率的定子铁心振动。因为由式(9-31)可知，产生此振动的力波次数较低，为 $r=2p$（对于2极汽轮发电机，$r=2$），而在这种情况下，定子铁心的刚度又较差。对于水轮发电机来说，一般极数较多，由主波磁场产生的频率为 $2f_1$ 的铁心振动力波次数 $r$ 较高，且在这种情况下其定子铁心刚度较好，所以在正常情况下由此引起的电磁振动是不重要的。但水轮发电机的定子绕组往往采用分数槽绕组，电枢反应磁场中出现的次谐波磁场和主波磁场的相互作用，将会产生由次数 $r<2p$ 的具有两倍电网频率的力波引起的电磁振动。对电磁噪声来说，比较重要的是气隙磁场 $B_v$ 和 $B_\mu$ 之间相互作用所产生的次数低的力波所引起的振动，特别是齿频振动。现分述如下：

### 一、气隙主波磁场产生的电磁振动

前已指出，两极汽轮发电机的铁心受到两倍电网频率 $2f_1$、幅值 $p_{1m}=\frac{B_\delta^2}{4\mu_0}$ 的力波的作用（图9-4）。这种两倍频率的振动是气隙主波磁场产生的，所以是难以避免的。为了防止产生共振，在设计定子结构时，应使定子铁心和机座的固有振动频率远离 $2f_1$（在我国即100Hz）；同时，适当选取轭部尺寸，使定子铁心振动的双倍振幅值不超过一定范围（一般

允许值为25～30μm)；如不能限制定子铁心的振动幅值于所述允许值以内，铁心与机壳之间应采用一定的隔振结构[9-1]。

**二、凸极电机中$q$=分数时，定子次谐波磁场与转子主波磁场相互作用产生的电磁振动**

水轮发电机的定子绕组常采用$q=b+\frac{c}{d}$的分数槽绕组，其电枢反应磁场中，将含有次谐波磁场，这是由于在这种情况下，在$d$个极下才包含$bd+c$个整数槽，因此在双层绕组时，经过$d$个极后，磁势波形才出现重复，即$d$个极才形成一个周期。这样，该磁势波形的傅里叶级数展开式中各次谐波的次数为整数槽时各对应谐波次数的$1/d$倍，所以三相双层分数槽绕组电枢反应磁场中含有的谐波极对数为

$$\nu=\left(\frac{6k}{d}+1\right)p,\quad k=\pm1,\quad \pm2,\ \pm3\cdots, \tag{9-68}$$

三相单层分数槽绕组的情况与双层分数槽绕组的相类似，不同之处是经过$2d$个极后磁势波形才出现重复，所以其傅里叶级数展开式中各次谐波的次数为整数槽时各对应谐波次数的$1/2d$倍，所以三相单层分数槽绕组时电枢反应磁场中含有的谐波极对数为

$$\nu=\left(\frac{3k}{d}+1\right)p,\quad k=\pm1,\ \pm2,\ \pm3,\ \cdots \tag{9-69}$$

以三相双层绕组为例，电枢反应谐波磁场和转子主波磁场彼此作用所产生的力波次数可表示为

$$r=\nu+p=\left(-\frac{6k}{d}+1\right)p+p=\left(-\frac{3k}{d}+1\right)2p \tag{9-70}$$

其中　$k=1,\ 2,\ 3\cdots$。

可见，若$d>3k$，即会出现由次数为$r<2p$的力波引起的电磁振动。因此$d$较大时，应进行定子铁心振动的分析计算。由于水轮发电机机壳对铁心刚度的影响比汽轮发电机来得大，计算时应考虑机壳刚度的作用。这种振动的振频主要为$2f_1=100$Hz。

**三、凸极电机中$q$=整数时，定子和转子高次谐波磁场相互作用而产生的电磁振动**

根据式(4-71)，式(4-32)，式(4-35)可知同步电机电枢反应磁场谐波的幅值为

$$B_\nu=\left(\frac{p}{\nu}\cdot\frac{K_{dp\nu}}{K_{dp1}}\right)X^*_{ad}B_\delta \tag{9-71}$$

谐波磁场的极对数仍按式(9-14)确定。就产生电磁噪声而言，起主要作用的是齿谐波磁场。

确定转子谐波磁场的幅值时，应考虑转子的结构特点。凸极转子没有阻尼笼时，谐波磁场的幅值$B_\mu$与气隙比值$\delta_{max}/\delta$和极弧长度对极距之比$\alpha_p$等有关。为了简化分析，假定$\delta_{max}/\delta=1$，并忽略边缘效应，即认为励磁磁场为直角矩形分布。应用傅里叶级数分解得

$$B_\mu=\frac{4F_B}{\pi\mu}\sin\frac{\mu\alpha_p\pi}{2} \tag{9-72}$$

以主波代入时得

$$B_1=\frac{4F_B}{\pi p}\sin\frac{p\alpha_p\pi}{2} \tag{9-73}$$

故

$$B_\mu=\frac{p}{\mu}\cdot\frac{\sin\left(\mu\frac{\alpha_p\pi}{2}\right)}{\sin\left(p\frac{\alpha_p\pi}{2}\right)}B_1 \tag{9-74}$$

转子谐波磁场的极对数可表示为

$$\mu=(2k_2+1)p,\ k_2=1,\ 2,\ 3,\ \cdots, \tag{9-75}$$

定子和转子谐波磁场相互作用产生的径向力波可由式(9-33)确定，力波次数由式(9-14)和(9-75)可得：

$$r=\mu+\nu=2p[(k_2+3k_1)+1] \tag{9-76}$$

$$r=\mu-\nu=2p(k_2-3k_1) \tag{9-77}$$

由此可见，力波次数 $r$ 可能等于零或等于电机极数的整倍数。

**四、凸极电机空载时的电磁振动**㊀

凸极同步电机空载时，气隙磁场由于定子齿槽效应所引起的一阶磁导齿谐波磁场，由式(9-26)可知为

$$b_{01}^{(1)}=B_{01}^{(1)}\cos[(p\pm Z_1)\theta-\omega_1 t-\varphi_{0r}] \tag{9-78}$$

其极对数$\nu_t=p\pm Z_1$。它和转子凸极磁场中$\mu=(2k_2+1)p$次谐波磁场相互作用时，将产生如下次数的径向力波：

$$r=\mu\pm\nu_t=(2k_2+1)p\pm(p\pm Z_1) \tag{9-79}$$

由式(9-79)可知，$r$的最低值出现在$k_2$和$(k_2+1)$是$z_1/2p$（即每极槽数）的最接近的整数的时候。这是引起凸极同步电机空载电磁振动的根源。

## §9-4 直流电机的电磁振动

直流电机空载时的电磁振动主要是由一阶气隙磁导谐波磁场引起的齿频电磁力所产生的，振动的频率（单位为Hz）为

$$f_z=\frac{Zn}{60} \tag{9-80}$$

式中 $Z$——电枢槽数；

$n$——电枢转速，单位为r/min。

在后面的分析中假定：1）空载时气隙磁场向极尖处迅速减小，并很快的降为零，如图9-9所示；2）主磁极紧固于磁轭，两者构成一个整体；3）忽略齿频电磁力对换向极的作用。

一般直流电机的电枢槽为直槽，这时齿频电磁力对主磁极的作用情况如下：

（1）主磁极下的气隙均匀时，在极靴范围内，气隙磁场考虑电枢齿槽效应时可表示为

$$B_x=B_\delta+B_0\cos\left(\frac{2\pi}{t_a}x-\omega_z t\right) \tag{9-81}$$

式中 $x$——气隙中任一点离磁极轴线的距离（图9-9）；

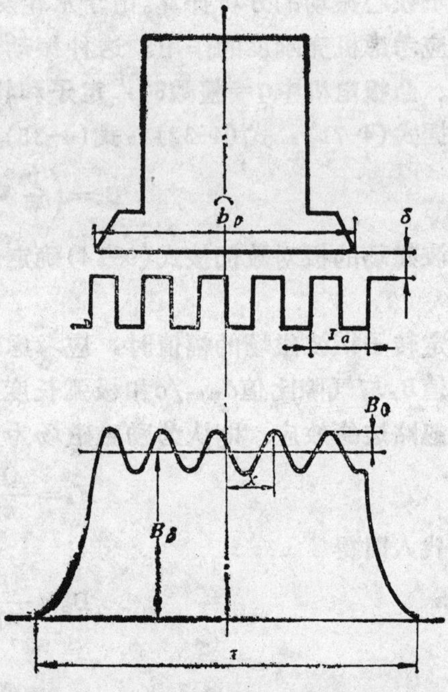


图9-9 直流电机的空载气隙磁场分布

㊀ 关于水轮发电机空载时产生振动的其他原因可参看《电机工程手册》第19篇第6章（机械工业出版社，1979）。

$t_a$——电枢齿距。

若令$\beta_0=\frac{B_0}{B_\delta}$；在极弧范围内的槽数$\alpha=\frac{\widehat{b}_p}{t_a}$。则式(9-81)化为

$$B_x=B_\delta\left[1+\beta_0\cos\left(\frac{2\pi\alpha}{\widehat{b}_p}x-\omega_z t\right)\right] \tag{9-82}$$

由式(9-28)在磁极单位面积上作用的径向力为

$$p_r=\frac{B_x^2}{2\mu_0}=\frac{B_\delta^2}{2\mu_0}+2\beta_0\frac{B_\delta^2}{2\mu_0}\cos\left(\frac{2\pi\alpha}{\widehat{b}_p}x-\omega_z t\right)+\frac{B_\delta^2}{2\mu_0}\beta_0^2\cos^2\left(\frac{2\pi\alpha}{\widehat{b}_p}x-\omega_z t\right) \tag{9-83}$$

忽略含有$\beta_0^2$的第三项，则作用在整个主磁极上的交变径向力为

$$F_{r\sim}=l_p\int_{-\frac{\widehat{b}_p}{2}}^{+\frac{\widehat{b}_p}{2}}\beta_0\frac{B_\delta^2}{\mu_0}\cos\left(\frac{2\pi\alpha}{\widehat{b}_p}x-\omega_z t\right)\mathrm{d}x=\beta_0\frac{B_\delta^2}{\mu_0}l_p\widehat{b}_p\frac{\sin\pi\alpha}{\pi\alpha}\cos\omega_z t \tag{9-84}$$

式中　$l_p$——极靴轴向长度。

因此，作用在主磁极单位面积上的交变径向力幅值为

$$p_{rm}=\beta_0\frac{B_\delta^2}{\mu_0}\frac{\sin\pi\alpha}{\pi\alpha} \tag{9-85}$$

除非左右两半极靴下包含相等个整数槽距，一般情况下，由于电枢在旋转，交变径向力$F_{r\sim}$还会在磁极上产生交变弯曲力矩$M_r$

$$M_r=l_p\int_{-\frac{\widehat{b}_p}{2}}^{+\frac{\widehat{b}_p}{2}}p_r x\,\mathrm{d}x\doteq\frac{B_\delta^2}{2\mu_0}\beta_0\widehat{b}_p^2 l_p\left(\frac{\sin\pi\alpha}{\pi^2\alpha^2}-\frac{\cos\pi\alpha}{\pi\alpha}\right)\sin\omega_z t \tag{9-86}$$

因此，作用在主磁极单位面积上的交变弯曲力矩的幅值为

$$M_{rm}=\frac{B_\delta^2}{2\mu_0}\beta_0\widehat{b}_p\left(\frac{\sin\pi\alpha}{\pi^2\alpha^2}-\frac{\cos\pi\alpha}{\pi\alpha}\right) \tag{9-87}$$

径向力$F_{r\sim}$和弯曲力矩$M_r$产生的激振力波次数$r$与$Z_p=\frac{Z}{2p}$值和$\alpha=\frac{\widehat{b}_p}{t_a}$值之间的配合情况有关。

如当$Z_p=\frac{Z}{2p}=K+\frac{1}{2}$（其中$K$为整数），和$\alpha=\frac{\widehat{b}_p}{t_a}=K'$（其中$K'$也为另一整数），这时，不论电枢旋转到什么位置，各极弧下均包含整数个齿，各极弧下的气隙中磁密$B$基本相同，所以各极受到的径向力$F_{r\sim}$相等。但是由图9-10看出，每极左右两半极弧下各个齿到极中心线的距离不相等，所以每极左右两边所受的力矩不相等，使相邻磁极受到

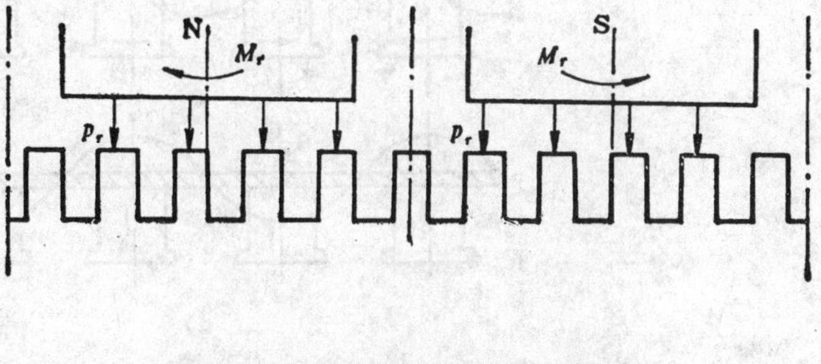

图9-10　齿频力波引起的反相弯曲力矩

反相的力矩，如图9-10所示（这里$Z_p=5.5$，$\alpha=4$）。其他三种情 况也可类似分析，详见表9-5。相应的振动图象见图9-11。

**表 9-5**

| 每极齿数和极弧下齿数 | 激振源 | 相邻磁极的振动相位关系 | 激振力波的次数 |
|---|---|---|---|
| $\frac{Z}{2p}=Z_p=$整数，$\alpha=\frac{\widehat{b_p}}{t_a}=Z'_p=$整数 | $M_r$ | 同相 | $r=2p$见图9-11a |
| $\frac{Z}{2p}=Z_p$，$\alpha=Z'_p+\frac{1}{2}$ | $p_r$ | 同相 | $r=0$见图9-11b |
| $\frac{Z}{2p}=Z_p+\frac{1}{2}$，$\alpha=Z'_p$ | $M_r$ | 反相 | $r=p$见图9-11c |
| $\frac{Z}{2p}=Z_p+\frac{1}{2}$，$\alpha=Z'_p+\frac{1}{2}$ | $p_r$ | 反相 | $r=p$见图9-11d |

从减小电磁振动的角度来说电枢每极槽数$Z_p$应该选得大些，这样，电枢旋转时气隙中每极磁通的脉动将较小。但槽数多使槽绝缘用量增加，电机成本增高。此外，考虑齿频电磁激振力对转子的作用，应避免此力波转速等于轴的临界转速而导致发生共振现象。

（2）主磁极下采用不均匀气隙，即采用削角极靴或偏心的极靴圆弧表面（见第三章），可以削弱引起电磁振动和噪声的交变径向力，但偏心气隙比值$\delta_{max}/\delta$不宜大于3。当采用$\delta_{max}/\delta=2$或3时，能使齿频激振力比采用均匀气隙时大约减小一半。

（3）电枢采用斜槽的影响

和交流电机中的情况一样，直流电机电枢采用斜槽也可以明显地降低电磁振动。斜槽和极下不均匀气隙配合使用是降低直流电机电磁振动和噪声的有效方法。

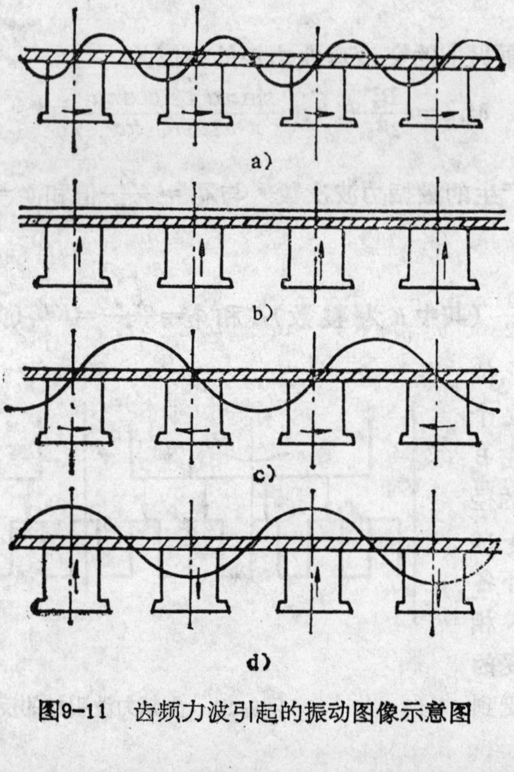


图9-11　齿频力波引起的振动图像示意图

## §9-5　电机定子的固有振动特性

为了降低电机的振动和噪声，除减小电磁激振力的幅值外，还要不使定子和转子的固有振动频率和电磁激振力的频率相等或接近，否则很小的电磁激振力也会因共振而产生较大的振动和噪声。因此，在电机设计阶段，就需要用计算的方法核算电机定、转子的固有振动特性。

### 一、最简单的机械振动特性

图9-12所示的单自由度弹性系统是最简单的机械振动例子，图中质量为$m$的物体，由弹簧支持着，实线位置表示静止平衡状态。若加外力于物体上使弹簧压缩$y_m$距离（当然在弹性限度以内），然后突然取去外力，并忽略阻尼影响，则该弹性系统就将以平衡位置为中心，以$y_m$为振幅不停地振动。根据

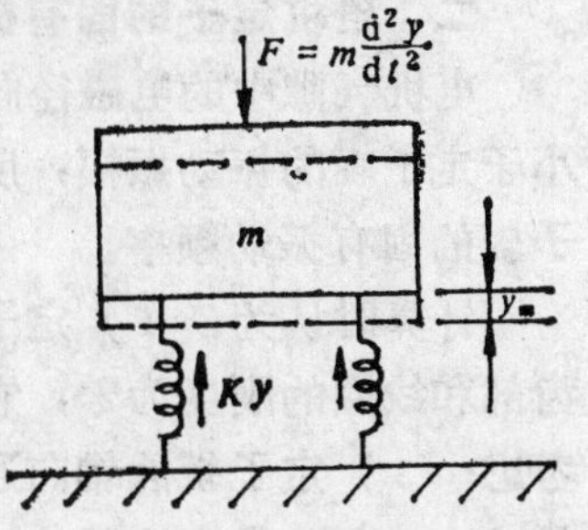


图9-12　单自由度弹性系统

$$F=ma=m\frac{d^2y}{dt^2}\text{（牛顿第二定律）}\qquad(9\text{-}88)$$

$$F=-Ky\text{（虎克定律）}$$

可写出振动时的运动方程为

$$m\frac{d^2y}{dt^2}+Ky=0$$

或

$$\frac{d^2y}{dt^2}+\omega_0^2y=0\qquad(9\text{-}90)$$

解之得

$$y=y_m\cos\omega_0t\qquad(9\text{-}91)$$

式中　$y$——振动的位移；

$K$——弹簧的刚度，即压缩（或拉伸）弹簧单位距离所需的力；

$\omega_0=\sqrt{\frac{K}{m}}$——为该弹性系统的固有振动角频率，它只和系统本身的质量、材料性质、尺寸等有关，而和加于物体上的外力大小无关。

相应的$f_0=\frac{\omega_0}{2\pi}=\frac{1}{2\pi}\sqrt{\frac{K}{m}}$称为该弹性系统的固有振动频率。$\Lambda=\frac{1}{K}$称为弹簧的柔度，即单位压力（或拉力）所产生的压缩变形量（或拉伸变形量）。

如果考虑该弹性系统的阻尼作用，如图9-13所示。由于阻尼力正比于振动速度，所以运动方程为

$$m\frac{d^2y}{dt^2}+c\frac{dy}{dt}+Ky=0\qquad(9\text{-}92)$$

或

$$\frac{d^2y}{dt^2}+2\frac{c}{2m}\frac{dy}{dt}+\frac{K}{m}y=0\qquad(9\text{-}93)$$

其解为

$$y=y_me^{-\alpha t}\cos(\omega_0't)\qquad(9\text{-}94)$$

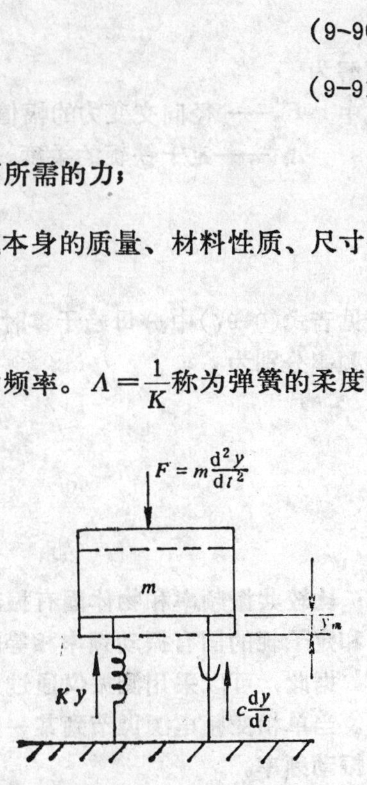


图9-13　单自由度有阻尼的弹性系统

式中　　$c$——振动系统的阻尼系数；

$\alpha=\dfrac{c}{2m}$——衰减系数；

$\omega_0'^2=\omega_0^2-\alpha^2$——有衰减时的固有振动角频率；

$f_0'=\dfrac{\omega_0'}{2\pi}$——有衰减时的固有振动频率。

**二、电机定子的固有振动频率计算**

电机气隙中的电磁径向力虽然直接作用于齿或磁极，但齿和磁极因此产生的振动振幅远小于定子轭的振动振幅，所以对定子来说，主要是分析计算定子轭的固有振动频率。

计算时认为：1）定子轭是一个圆环形的刚体；2）定子齿部和线圈的刚度为零，它们对定子轭的影响用一附加质量来考虑；3）定子轭的轴向通风孔和其他缺口只考虑为单纯的质量减小；4）具有次数为 $r$ 的电磁力波作用在定子轭圆环体上，力波在时间上呈周期性变化，并沿轭的整个圆周对称分布；5）忽略阻尼作用。下面分几种情况加以讨论：

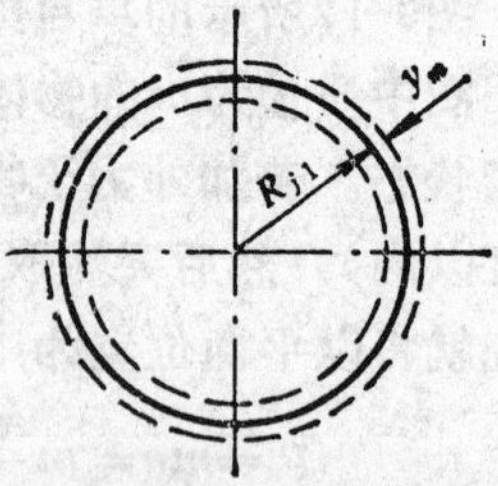

图9-14　$r=0$时定子轭振动

（一）力波次数 $r=0$

此时定子轭圆环的振动型式为一伸一缩的脉动，如图9-14所示。这时若径向交变力按余弦变化，则振动方程为

$$m\frac{d^2y}{dt^2}+\frac{y}{\Lambda_{j1}}=F_m\cos\omega t \tag{9-95}$$

其解为

$$y=y_m\cos\omega t \tag{9-96}$$

式中　$F_m$——径向交变力的幅值；

$\Lambda_{j1}$——定子铁轭的柔度；

$$y_m=\frac{F_m}{\dfrac{1}{\Lambda_{j1}}-m\omega^2} \tag{9-97}$$

可见若式(9-97)中分母趋于零时，振幅$y_m$将趋于∞，发生共振现象。这时共振角频率和共振频率分别为

$$\omega_0=\sqrt{\frac{1}{m\Lambda_{j1}}} \tag{9-98}$$

$$f_0=\frac{1}{2\pi}\sqrt{\frac{1}{m\Lambda_{j1}}} \tag{9-99}$$

比较共振频率和物体固有振动频率的式子，可见两者是相等的。它说明当激振力波的频率和定子轭的固有振动频率相等时，将发生共振现象。

据此，可以采用测振仪通过如图9-15所示方式对已制成的电机实测其定子的固有振动频率。当单相变频电源调节到某一频率时，测振仪显示出振动振幅剧增，该频率即为定子的固有振动频率。

另外，也可用计算的方法求取定子铁轭的固有振动频率。从它的表达式可见这里的关键

是如何求出柔度$\Lambda_{j1}$。为此，截取铁轭半部，如图9-16所示，假设$F_m$为整个磁轭表面上径向力的算术和，则由材料力学可知所受到的拉伸力

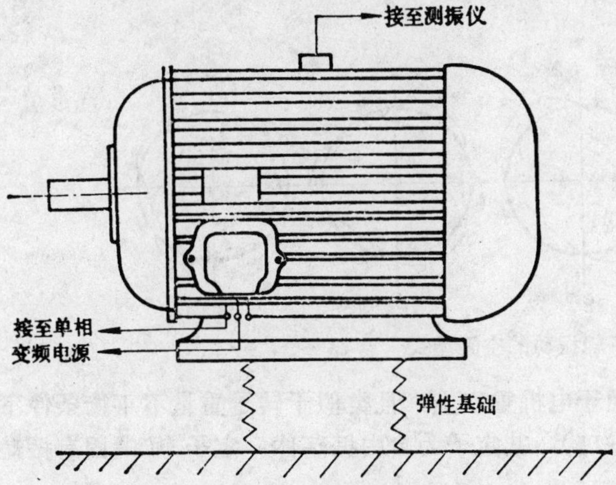


图9-15　定子固有振动特性的测定

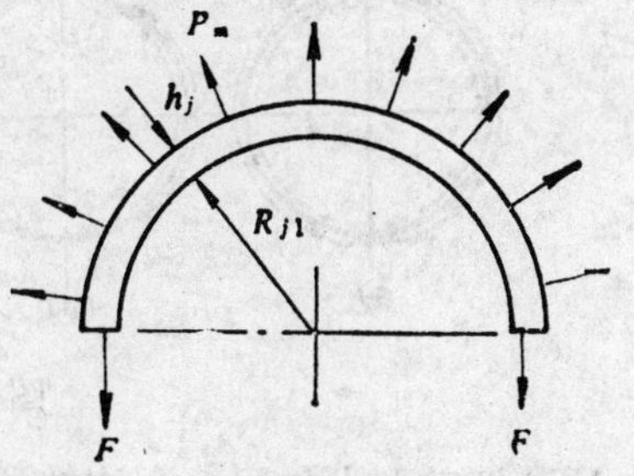


图9-16　铁轭截面受力分析

$$F=\frac{F_m}{2\pi} \tag{9-100}$$

每一截面上的应力

$$\sigma=\frac{\frac{F_m}{2\pi}}{l_j h_j}=\frac{F_m}{2\pi h_j l_j} \tag{9-101}$$

式中　$l_j$——轭的轴向长度；

$h_j$——轭的径向高度。

在径向力的作用下，圆周的单位伸长为

$$\Delta L=\frac{2\pi(R_{j1}+L)-2\pi R_{j1}}{2\pi R_{j1}}=\frac{L}{R_{j1}} \tag{9-102}$$

式中　$R_{j1}$——定子轭的平均半径；

$L$——定子轭半径方向的增加量。

定子轭材料的弹性模量

$$E=\frac{\sigma}{\Delta L}=\frac{F_m R_{j1}}{2\pi h_j l_j L} \tag{9-103}$$

定子的柔度

$$\Lambda_{j1}=\frac{L}{F_m}=\frac{R_{j1}}{2\pi h_j l_j E} \tag{9-104}$$

代入式(9-99)得

$$f_0=\frac{1}{2\pi}\sqrt{\frac{2\pi h_j l_j E}{m_j R_{j1}}} \tag{9-105}$$

令 $m'=\dfrac{m_j}{2\pi R_{j1} l_j}$为定子轭平均半径处单位表面的质量，则

$$f_0=\frac{1}{2\pi}\sqrt{\frac{E h_j}{m' R_{j1}^2}} \tag{9-106}$$

对于叠片轭　$E=1.777\times10^{11}$Pa；对于整块轭　$E=2.06\times10^{11}$Pa。

图9-17所示为一般交、直流电机定子轭振动的空间型式（$r\leqslant4$）。

（二）力波次数 $r=1$（图9-17b）

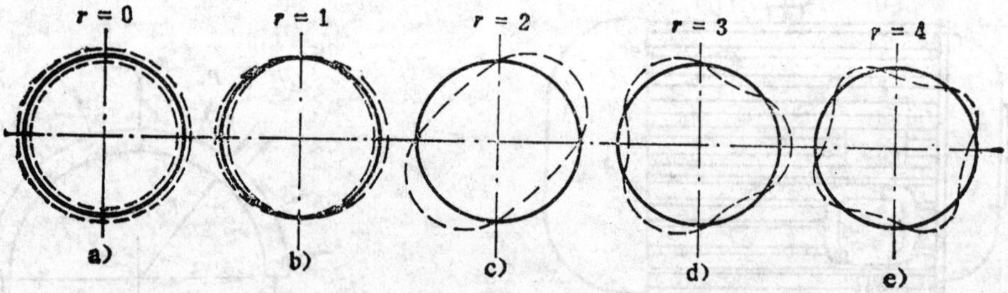


图9-17　定子轭振动的空间型式

这种振动型式如同一个旋转的合力作用于电机重心上，且类似于转子重量不平衡条件下的旋转振动。如电机下面装有减震器（图9-15），其定子为自由振荡体，定子轭的固有振动频率为

$$f_0=\frac{1}{2\pi}\frac{1}{\sqrt{m'\Lambda_D}}\qquad(9\text{-}107)$$

式中　$\Lambda_D$——减震器的柔度。

如电机底脚固定在基础上，可把定子轭作为具有张角为 $\alpha$ 的扇形环体，如图9-18所示。其固有振动频率可按下式计算

$$f_0=\frac{f(\alpha)}{2\pi}\sqrt{\frac{Eh_j^3}{12m'R_{j1}^4}}\qquad(9\text{-}108)$$

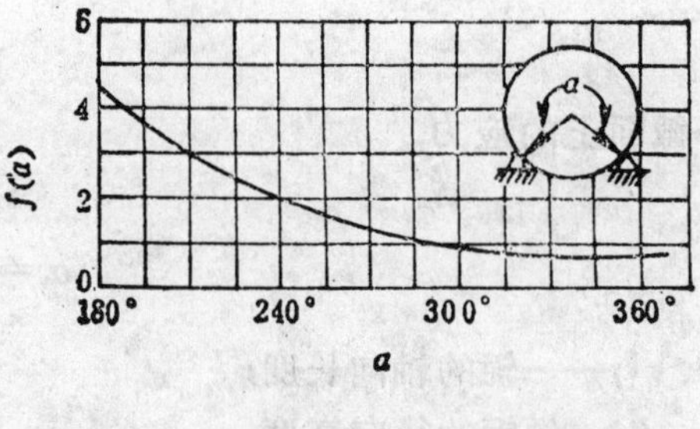


图9-18　f(α)曲线

式中　$f(\alpha)$的值由图9-18中的曲线查得。

（三）力波次数 $r\geqslant2$（图9-17c，d，e）

电机定子轭的振动多数属于这些型式，它们的固有振动频率可按下式计算：

$$f_0=\frac{r(r^2-1)}{2\pi\sqrt{r^2+1}}\sqrt{\frac{Eh_j^3}{12m'R_{j1}^4}}\qquad(9\text{-}109)$$

由上面各式可见，在其他数据不变的条件下，定子轭的平均半径越大，其固有振动频率越低。

## 三、定子轭振动特性的计算

具有质量$m_j$、柔度$\Lambda_{j1}$和阻尼系数$C_m$的机械系统，受到幅值为$F_m$的周期性交变力作用时，其振动过程可用如下的微分方程表示

$$m_j\frac{d^2y}{dt^2}+C_m\frac{dy}{dt}+\frac{y}{\Lambda_{j1}}=F_m\cos\omega t\qquad(9\text{-}110)$$

或

$$\frac{m_j}{2\pi R_{j1}l_j}\frac{d^2y}{dt^2}+\frac{C_m}{2\pi R_{j1}l_j}\frac{dy}{dt}+\frac{y}{2\pi R_{j1}l_j\Lambda_{j1}}=\frac{F_m}{2\pi R_jl_j}\cos\omega t$$

即

$$m'\frac{d^2y}{dt^2}+C_m\frac{dy}{dt}+\frac{y}{\lambda_{j1}}=p_m\cos\omega t\qquad(9\text{-}111)$$

式中　$y$——振动的位移；

$p_m$——作用在单位面积质量$m'$上的激振力幅值；

$c_m$——系统的阻尼系数；

$\lambda_{j1}$——系统的柔度；

$\omega$——激振力的角频率；

$l_j$——定子轭轴向长度。

由式(9-111)可求得振动速度的解为

$$y'=\frac{p_m\cos\omega t}{c_m+j\omega m'-j\frac{1}{\omega\lambda_{j1}}}=\frac{p'_m}{Z_m} \tag{9-112}$$

式中，　$Z_m=c_m+j\left(\omega m'-\frac{1}{\omega\lambda_{j1}}\right)$　(9-113)

$Z_m$为机械系统的复阻抗，单位是N·s/m³。式(9-113)中各参数可由下面各式求得：

1．定子轭的单位表面质量

$$m'=\frac{m_j}{2\pi R_{j1}l_j} \tag{9-114}$$

式中　$m_j$——包括定子绕组和轭在内的总质量或包括磁极在内的机座总质量。

2．定子轭的柔度$\lambda_{j1}$

对于次数 $r=0$ 的振动

$$\lambda_{j1}=\frac{R_{j1}^2}{Eh_j} \tag{9-115}$$

对于次数 $r=1$ 的振动

如电机下面装有减振器，并设减震器柔度为$\lambda_D$，则$\lambda_{j1}=\lambda_D$　(9-116)

如电机底脚固定在基础上　$\lambda_{j1}=\frac{12R_{j1}^4}{f^2(\alpha)Eh_j^3}$　(9-117)

对于 $r\geqslant 2$ 的振动

$$\lambda_{j1}=\frac{12R_{j1}^4}{Eh_j^3}\cdot\frac{r^2+1}{r^2(r^2-1)^2} \tag{9-118}$$

3．若忽略振动阻尼，即$c_m=0$，则

$$Z_m=\omega m'-\frac{1}{\omega\lambda_{j1}} \tag{9-119}$$

4．定子轭的振动速度有效值

$$v=\frac{p_{rav}}{\sqrt{2}Z_m} \tag{9-120}$$

式中　$p_{rav}$——作用在定子轭平均半径圆柱表面上单位径向力的幅值，可由气隙中的单位面积径向力幅值按下式求得：

$$p_{rav}=p_{rm}\frac{R_1}{R_{j1}} \tag{9-121}$$

式中　$R_1$——定子内圆半径。

### 四、电磁噪声的声强计算

既然声音来源于振动，所以物体的振动特性和声响特性之间必然存在着内在联系。在平面声场（如无限大平面振动所产生的均匀声源；很小范围内的近场声波；小管内的声波等）中，发声体周围的空气是与机壳一起振动的，即发声体单位体积总的机械振动能等于周围空气单位体积的振动能。由于空气振动时动能和位能可以互相转化，但总的振动能不变，所以可以认为发声体单位体积总机械振动能等于单位体积空气振动动能的最大值。

单位体积空气振动动能的最大值为

$$e=\frac{1}{2}\rho v_m'^2=\rho v'^2 \tag{9-122}$$

式中 $\rho$——空气密度；

$v_m'$——振动速度最大值；

$v'=\dfrac{v_m'}{\sqrt{2}}$——振动速度有效值。

而声强为在垂直于声波传播方向单位时间内通过单位面积的声能，它等于上述单位体积振动能和声波在空气中传播速度的乘积。即

$$I=\frac{p^2}{\rho c}=e\cdot c=\rho c v'^2 \tag{9-123}$$

所以

$$p=\rho c v' \tag{9-124}$$

将式(9-123)和式(9-124)分别代入式(9-3)和式(9-1)即可算出以声压级和声强级计量的噪声值。

必须强调指出：上述计算只适用于平面声场的情况，即只有在电机机壳尺寸大大超过声波波长 λ，把电机机壳看成为声波的平面辐射器时，计算才是正确的。

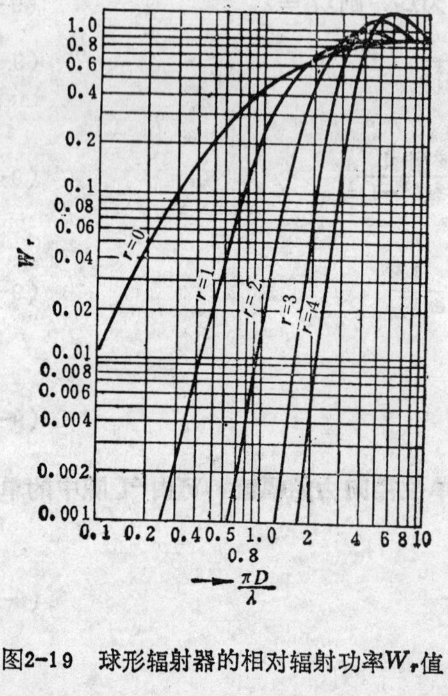


图2-19 球形辐射器的相对辐射功率$W_r$值

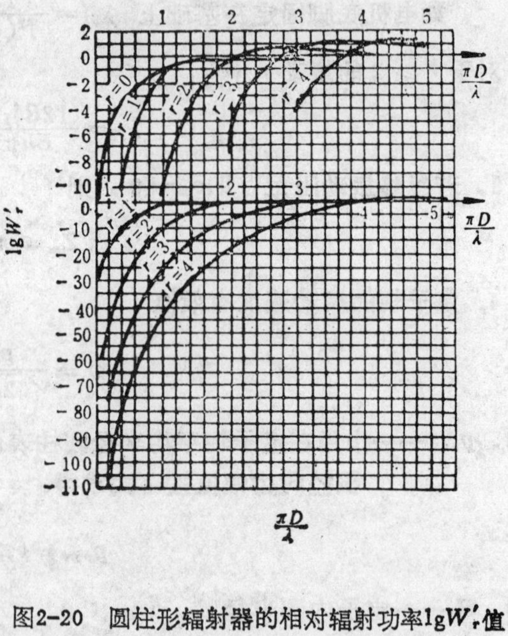


图2-20 圆柱形辐射器的相对辐射功率$\lg W_r'$值

当电机机壳尺寸和声波波长可以比拟或较小时，通常把电机机壳看作为声波的圆柱形辐射器或球形辐射器。这时机壳的声响性质与振动的空间型式和力波次数 $r$ 有关，用相对辐射功率$W_r$来表示，$W_r$是在相同的振动振幅和频率下非平面辐射器与平面辐射器表面声强之比。图9-19和图9-20分别为球形辐射器和圆柱形辐射器的$W_r$在不同 $r$ 值时和 $\pi D/\lambda$ 之间的关系(其中 $D$ 为辐射器直径)。

当$\pi D/\lambda$的值较小时$W_r$按($2r+2$)次幂成正比增加，而当$\pi D/\lambda \gg 1$时，$W_r$的增长接近于1，和 $r$ 值无关，也就是当辐射器的尺寸相对波长很大时，其表面产生的声强与平面辐射器产生的声强相同。

这样，$r$ 阶数的球形和圆柱形辐射器表面的声强有效值分别为

$$I_{球}=W_r I_{平} \tag{9-125}$$

$$I_{圆柱}=W'_r I_{平} \tag{9-126}$$

**五、例题**

一台笼型感应电动机：功率 $P=500$kW，电压 $U=6000$V，频率 $f=50$Hz，极数$2p=4$，定子槽数$Z_1=60$，转子槽数$Z_2=50$，电流$I_1=57.5$A，磁化电流 $I_m=15.3$A，转子电流 $I'_2=51.5$A，气隙磁密$B_\delta=0.8075$T，磁路饱和系数$K_s=1.28$，额定转差率 $s=0.012$，定子绕组节距比 $\beta=\dfrac{11}{15}$，绕组系数$K_{dp1}=0.873$，定子内圆半径$R_1=0.255$m，定子轭的平均半径$R_{j1}=0.383$m，定子轭高度 $h_j=8.5\times10^{-2}$m，定子轭有效长度 $l_j=0.34$m，定子轭平均半径圆周表面上每平方米的质量$m'=1177$kg/m²。试计算这台电机的电磁振动及其声强级。

**解**：1. 由式(9-14)和式(9-17)可得定子和转子绕组磁势在气隙中所建立的磁场的极对数为

$$\nu=(6k_1+1)p=2、-10、+14、-22、+26、-34、+38、-46、+50、(-58)、(+62)、\cdots$$

$$\mu_i=k_2Z_2+p=2、-48、+52、-98、+102、\cdots$$

其中带括号的为齿谐波。

2. 激振力波次数 $r=\nu\pm\mu_i$列于表9-6。由表可看到：齿谐波磁场产生的激振力波次数最低为$-6$和$+10$，它们所产生的振动将不会很大，所以定子和转子的槽配合是良好的。本例主要是计算主波磁场产生的次数为 $r=4$ 的振动和谐波磁场产生的次数为 $r=2$ 的振动（只计算其中磁场幅值最大的一项）。

**表9-6 激振力波次数$r=\nu+\mu_i$**

| $k_2$ | $k_1$ | 0 | −1 | +1 | −2 | +2 | −3 | +3 | −4 | +4 | −5 | +5 |
|---|---|---|---|---|---|---|---|---|---|---|---|---|
| | $\mu_i$ \ $r$ \ $\nu$ | +2 | −10 | +14 | −22 | +26 | −34 | +38 | −46 | +50 | −(58) | +(62) |
| 0 | +2 | (4) | | | | | | | | | | |
| −1 | −48 | | | | | | | | (+2) | +2 | −10 | +14 |
| +1 | +52 | | | | | | | | +6 | −2 | −6 | +10 |
| −2 | −98 | | | | | | | | | | | |
| +2 | +102 | | | | | | | | | | | |

**3. 磁场幅值计算**

主波磁场幅值已知为$B_\delta=0.8075\text{T}$。产生次数为 $r=2$ 的振动的谐波磁场幅值最大的一项其极对数分别为$\nu=-46$，$\mu_i=-48$，由式(9-23)和(9-25)可得

$$B_\nu=\frac{p}{\nu}\ \frac{K_{dp\nu}}{K_{dp1}}K_s\frac{I_1}{I_m}B_\delta=\frac{2}{-46}\ \frac{0.146}{0.873}\times1.28\times\frac{57.5}{15.3}\times0.8075\text{T}$$
$$=-2.82\times10^{-2}\text{T}$$

$$B_\mu=\frac{p}{\mu}\ \frac{I_2'}{I_m}\ K_sB_\delta=\frac{2}{-48}\ \frac{51.5}{15.3}\times1.28\times0.8075\text{T}=-14.5\times10^{-2}\text{T}$$

4．定子轭平均半径圆周表面上单位径向力幅值的计算

主波磁场所产生的径向力的幅值可由式(9-29)及式(9-121)求得为

$$p_{1av}=\frac{1}{2}\ \frac{B_\delta^2}{2\mu_0}\ \frac{R_1}{R_{j1}}=\frac{1}{4}\ \frac{(0.8075)^2}{4\pi\times10^{-7}}\ \frac{0.255}{0.383}\text{Pa}=8.64\times10^4\text{Pa}$$

由极对数为$\nu=-46$和$\mu_i=-48$的两个谐波磁场相互作用产生的径向力的幅值可由式(9-33)和式(9-121)求得为

$$p_{\nu\mu}=\frac{B_\nu B_\mu}{2\mu_0}\ \frac{R_1}{R_{j1}}=\frac{2.82\times10^{-2}\times14.5\times10^{-2}}{2\times4\pi\times10^{-7}}\times\frac{0.255}{0.383}\text{Pa}=1.[illegible]83\times10^3\text{Pa}$$

5．电磁径向力波的角频率计算

由式(9-31)可知，主波磁场产生的径向力波频率

$$f_4=2f_1=100\text{Hz}$$
$$\omega_4=2\pi f_4=628\text{rad/s}$$

由式(9-33)和式(9-18)可知谐波磁场相互作用产生的径向力波的角频率为

$$\omega_2=\omega_1-\omega_{\mu i}=\omega_1\left[-k_2\frac{Z_2}{p}(1-s)\right]$$

$$\omega_2=2\pi\times50\times(+1)\times\frac{50}{2}\times(1-0.012)\text{rad/s}=7760\text{rad/s}$$

$$f_2=\frac{7760}{2\pi}\text{Hz}=1235\text{Hz}$$

6．定子轭机械复阻抗的计算

由式(9-118)和式(9-119)可求得：

当 $r=4$ 时，

$$\lambda_{j1}=\frac{12\times(0.383)^4}{2.06\times10^{11}\times(8.5\times10^{-2})^3}\cdot\frac{4^2+1}{4^2(4^2-1)^2}\text{m}^3/\text{N}=0.963\times10^{-11}\text{m}^3/\text{N}$$

$$Z_{4m}=628\times1177-\frac{1}{628\times0.963\times10^{-11}}\text{N}\cdot\text{s/m}^3=-1.646\times10^8\text{N}\cdot\text{s/m}^3$$

当 $r=2$ 时

$$\lambda_{j1}=\frac{12\times(0.383)^4}{2.06\times10^{11}\times(8.5\times10^{-2})^3}\cdot\frac{2^2+1}{2^2(2^2-1)^2}\text{m}^3/\text{N}\quad=2.83\times10^{-10}\text{m}^3/\text{N}$$

$$Z_{2m}=\left(7760\times1177-\frac{1}{7760\times2.83\times10^{-10}}\right)\text{N}\cdot\text{s/m}^3=8.68\times10^6\text{N}\cdot\text{s/m}^3$$

7．定子轭电磁振动计算

当 $r=4$ 时　速度　$v_4=\dfrac{p_{1av}}{\sqrt{2}Z_{4m}}=\dfrac{8.64\times10^4}{\sqrt{2}(-1.646)\times10^8}\text{m/s}=-3.71\times10^{-4}\text{m/s}$

位移 $y_{4m}=\sqrt{2}\frac{v_4}{\omega_4}=\sqrt{2}\times\frac{3.71\times10^{-4}}{628}\text{m}=0.835\times10^{-6}\text{m}$

当 $r=2$ 时 速度 $v_2=\frac{p_{r\mu}}{\sqrt{2}Z_{2m}}=\frac{1.083\times10^3}{\sqrt{2}\times8.68\times10^6}\text{m/s}=0.882\times10^{-4}\text{m/s}$

位移 $y_{2m}=\sqrt{2}\frac{v_2}{\omega_2}=\sqrt{2}\times\frac{0.92\times10^{-4}}{7760}\text{m}=0.0161\times10^{-6}\text{m}$

8．定子轭电磁噪声声强级计算

当 $r=4$，$f_4=100\text{Hz}$ 时，$\lambda_4=\frac{c}{f_4}=\frac{340}{100}\text{m}=3.4\text{m}$

$$\frac{\pi D}{\lambda_4}=\frac{\pi(2\times R_{j1}+h_j)}{\lambda_4}=\frac{\pi(2\times0.383+0.085)}{3.4}=0.786$$

因$D=0.851\text{m}$，$l_j=0.34\text{m}$，故按球形辐射器考虑。

查图9-19，得$W_r=0.1\times10^{-5}$。

$$I_{平}=\rho cv_4^2=408\times(3.71\times10^{-4})^2\text{N/m}^2=5.616\times10^{-5}\text{W/m}^2$$

$$I_{球}=W_rI_{平}=0.1\times10^{-5}\times5.616\times10^{-5}\text{W/m}^2=0.5616\times10^{-10}\text{W/m}^2$$

$$L_I=10\lg\frac{I_{球}}{I_0}=10\lg\frac{0.5616\times10^{-10}}{10^{-12}}\text{dB}=17.5\text{dB}$$

当$r=2$，$f_2=1235\text{Hz}$ 时，$\lambda_2=\frac{c}{f_2}=\frac{340}{1235}\text{m}=0.275\text{m}$

$$\frac{\pi D}{\lambda_2}=\frac{\pi\times0.851}{0.275}=9.72,\quad W_r=1$$

$$I_{球}=W_rI_{平}=\rho cv_2^2=408\times(0.92\times10^{-4})^2\text{W/m}^2=317.4\times10^{-8}\text{W/m}^2$$

$$L_I=10\lg\frac{I_{球}}{I_0}=10\lg\frac{317.4\times10^{-8}}{10^{-12}}\text{dB}=65\text{dB}$$

计算结果表明：虽然主波磁场产生的力波振幅（$y_{4m}=0.835\times10^{-6}\text{m}$）为谐波磁场产生的力波振幅（$y_{2m}=0.0161\times10^{-6}\text{m}$）的50倍，但由于前者频率低，波长长，$W_r$小得多，所以这台感应电动机由谐波磁场所产生的 $r=2$ 的力波将是引起电磁噪声的主要成分。

## §9-6 电机转子的固有振动特性

电机转子固有振动特性的分析，主要是计算转轴的临界转速。以下分五种情况加以考虑。

### 一、集中载荷的垂直轴

图9-21中，垂直轴的中部套有一质量为$m$的圆盘，$G$为带圆盘转子的重心，$C$为轴的中心。如果轴是直的，则轴中心$C$和旋转中心$O$重合。考虑一般情况下，转子重心对轴中心可能会有一偏心值$e$，则旋转产生的离心力开始为$me\Omega^2$，它将使轴弯曲，产生挠度，当挠度达到某一值$f$，以致使轴产生的弹性力与离心力相等时，转轴达到新的平衡。如果忽略摩擦，则力的平衡方程为

$$m(f+e)\Omega^2=Kf \tag{9-127}$$

式中 $m$——转子质量；

$\Omega$——转子旋转角速度；

$K=\dfrac{G}{f_G}$——轴的弯曲刚度，为转子重力$G$和由其产生的挠度$f_G$之间的比。在弹性限度内$G$与$f_G$成正比，所以$K$为一与$G$无直接关系的常数。

由式(9-127)可得轴的挠度

$$f=\frac{m\Omega^2 e}{K-m\Omega^2} \tag{9-128}$$

由式(9-128)可见，若$\Omega$达到某一数值$\Omega_{cr}$而使上式中分母趋于零时，则挠度$f$将趋于无穷大，或由

$$K-m\Omega_{cr}^2=0$$

可得

$$\Omega_{cr}=\sqrt{\frac{K}{m}} \tag{9-129}$$

与$\Omega_{cr}$相对应的转速称为临界转速$n_{cr}$（单位为r/min），

$$n_{cr}=\frac{60}{2\pi}\Omega_{cr}=\frac{60}{2\pi}\sqrt{\frac{K}{m}}=\frac{60}{2\pi}\sqrt{\frac{G}{mf_G}}=\frac{60}{2\pi}\sqrt{\frac{g}{f_G}}\approx 30\sqrt{\frac{1}{f_G}} \tag{9-130}$$

式中　$f_G=\dfrac{G}{K}$。

由式(9-130)可知，轴的临界转速由转子质量和轴的刚度所决定，它反映了轴的固有振动特性。

挠度和转速的关系如图9-22所示，在临界转速附近轴的挠度趋于无穷大，而且当转速经过临界转速时，挠度的符号发生突变。

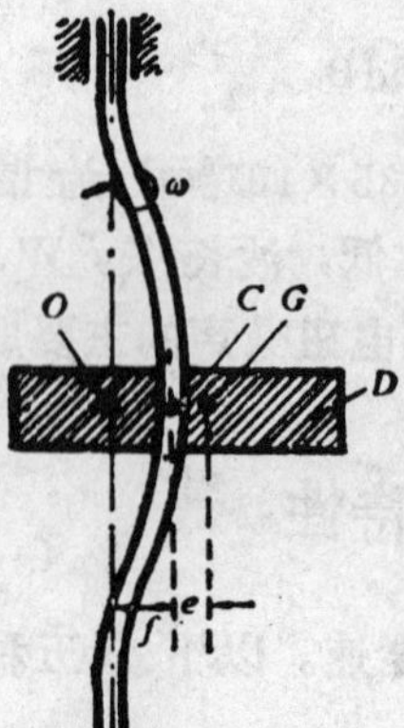


图9-21　带圆盘的垂直轴

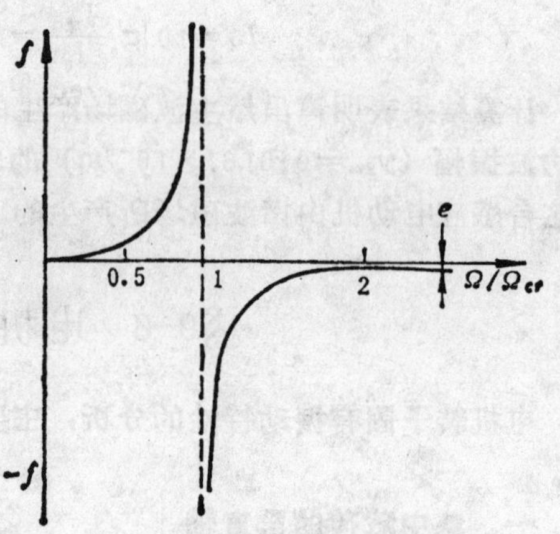


图9-22　挠度与转速的关系

## 二、集中载荷的水平轴

不考虑摩擦的影响时，水平轴基本上和垂直轴一样，它的弯曲刚度和垂直轴的相同，即可列出与式(9-127)类似的力的平衡方程，求得的主临界转速表达式也与垂直轴的相同。但水平轴由于重心偏离轴心的结果，使转子质量$m$除了产生离心力以外，还会引起一个附加转矩$T_{ad}=mge\cos\Omega t$（此转矩在垂直轴时是不存在的）。此转矩在半转里和施于转轴的基本转矩同向，在另半转里则与之反向。因此，将在转轴的恒定角速度$\Omega$上叠加一个交变角速度

$\Omega_{ad}\sin\Omega t$，于是轴的角速度为

$$\Omega' = \Omega + \Omega_{ad}\sin\Omega t \tag{9-131}$$

数学分析表明，这时轴除了主临界转速外，还有一个临界转速，其值等于主临界转速的一半。

以上分析均未考虑摩擦力的影响。图9-23所示为考虑摩擦力影响后 $f$ 和 $\Omega/\Omega_{cr}$ 的关系曲线，图中实线表示摩擦阻尼作用较小时的曲线，虚线表示摩擦阻尼作用较大时的曲线。可见，考虑摩擦力的影响后，在临界转速附近，挠度不会达到无穷大；而且，当转速经过临界转速时，挠度的符号也不突然改变。

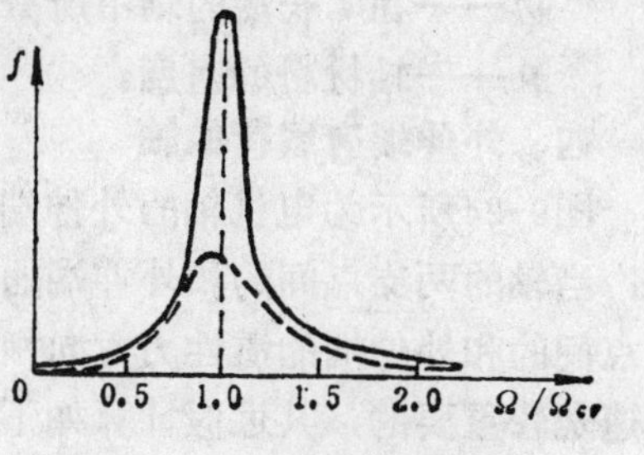

图9-23　考虑摩擦力影响后$f$与$\Omega/\Omega_{cr}$的关系

**三、分布载荷的轴**

1．临界转速的近似计算

轴的第一临界转速（单位为r/min）的近似计算数值方程为

$$n_{cr} = \frac{2.65\times10^7\times d_{ef}^2}{\sqrt{G_2 l^3}} \tag{9-132}$$

式中　$l$——转轴在两个支座间的长度，单位为m；

$G_2$——转子重力，单位为N；

$d_{ef}$——等截面等效轴的直径，单位为m。

对直流电机可用换向器装配段的轴的直径；对感应电机和同步电机（汽轮发电机除外）可用风扇装配段的轴的直径。

如果按式(9-132)计算的临界转速超过轴的工作转速，但超过值小于80%，为安全起见，宜进行临界转速的精确计算。

2．临界转速的精确计算（推导从略）

对于两支点轴的情况，其数值计算公式为

$$n_{cr} = \frac{4.3\times10^7}{l^2}\sqrt{\frac{gJ^*}{q^*}} \tag{9-133}$$

式中，$n_{cr}$的单位为r/min，$l$ 的单位为m，$J^*$的单位为$m^4$，$q^*$的单位为N/m。

式中，$q^*$、$J^*$可按下列公式推导：

$$\xi_i = \frac{l_i}{l}$$

$$\phi(\xi_i) = \xi_i - \frac{\sin 2\pi\xi_i}{2\pi}$$

$$\Delta_i = \phi(\xi_i) - \phi(\xi_{i-1})\text{；}\ J_i = \frac{\pi d_i^4}{64}$$

$$\frac{1}{J^*} = \sum_{i=1}^{m}\frac{\Delta_i}{J_i}$$

$$q_i = \frac{\pi d_i^2}{4}\rho g$$

$$q^* = \sum_{i=1}^{m}\Delta_i q_i$$

式中　$l$——两支座间轴的长度；

$l_i$——第 $i$ 段轴的长度；

$d_i$——第 $i$ 段轴的直径；

$q_i$——第 $i$ 段轴单位长度的重力；

$J_i$——第 $i$ 段轴的惯性矩；

$m$——在 $l$ 长度的轴中所分的段数；

$\rho$——轴材料的密度。

**四、外伸端有载荷的轴**

图9-24所示为电机轴的外伸端有载荷时的受力示意图。在这种情况下轴有两个主临界转速：当轴的两支点间的和外伸端的惯性力方向相反时（图9-24a），临界转速较低；当轴的两支点间的和外伸端的惯性力方向相同时（图9-12b），临界转速较高。对电机来说，低的临界转速是较重要的，其近似计算如下：

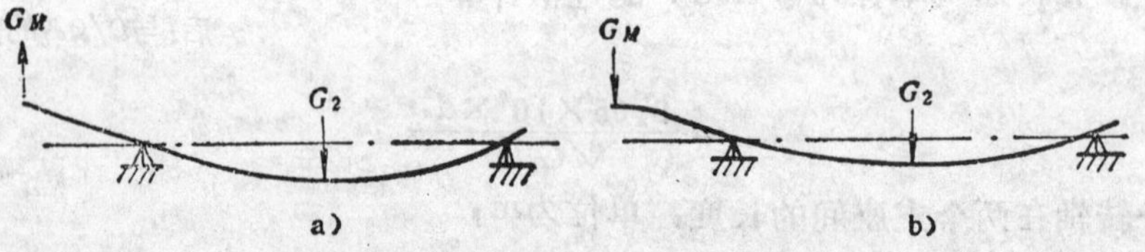


图9-24　带外伸端的轴的受力示意图

1．首先把电机轴作为没有外伸端的等截面轴，在轴的两支座间的载荷为转子重力$G_2$，按精确计算法求出轴的临界转速$n_{cr}$。

2．当考虑轴的外伸端有载荷$G_M$时，令临界转速为$n_{Kcr}$。比值$k_K=n_{Kcr}/n_{cr}$由图9-25查取，且曲线1对应于$G_2/G_M=1$，曲线2对应于$G_2/G_M=2$，如$G_2/G_M$在1～2之间，可用内插法。

实际上影响电机转子临界转速的因素还很多，例如轴承支座的柔度、转子质量的回转效应、单边磁拉力和套在轴上的各种零件与轴的配合等等。关于考虑这些因素后轴的临界转速问题可参阅〔9-1〕。

为了减小电机转子的振动，设计时应使轴的临界转速与电机工作转速之差足够大，最好使其临界转速比额定转速至少高出15%。若第一临界转速低于额定转速40%左右，需计算第二临界转速。

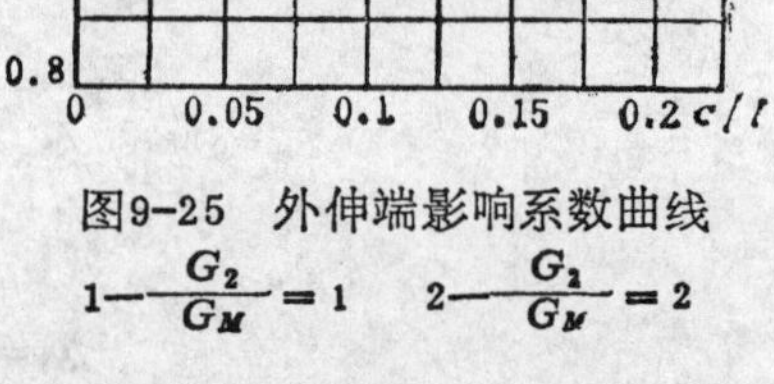


图9-25　外伸端影响系数曲线

$1—\frac{G_2}{G_M}=1$　$2—\frac{G_2}{G_M}=2$

**五、电机轴系的扭振**

电机轴系在扭转方向的振动称为扭振。当施于轴系的转矩突增或突减时，轴系将发生自由扭振，相应的频率称为固有（自由）扭振频率。当轴系承受交变转矩（例如作用于柴油机—发电机的和电动机—活塞式负载等的轴系的转矩）时，轴系将发生强迫扭振。强迫扭振的频率和轴系的固有扭振频率也不能相同或相近，否则会发生扭振共振现象，导致轴系（和其上的其他另部件）的破坏，同时还会产生噪声

另外，电机的电气控制系统日趋现代化，系统的转速自动控制和电流自动控制的响应速

度不断提高，因此，出现了电气控制系统的经常干扰。当控制系统的响应频率和轴系的固有扭振频率接近或成简单倍数时，扭转共振发生的趋势增大。这时在电气控制系统内可设置滤波环节，以改变系统响应频率避免共振就成为必要的了。

为了解释电机中扭振现象的本质，先分析一下最简单的两种自由扭振情况。

（一）具有单转体的轴的扭振

图9-26所示的为一根垂直轴，下端装有一个水平圆盘。如果在圆盘的平面上加一力偶，然后突然除去，轴便会带着圆盘作自由扭振。设圆盘在某一瞬时的角位移为$\varphi$，令逆时针方向为其正方向。

令$C_K$代表轴的扭转刚度，它可用下式计算

$$C_K=\frac{\pi d^4 G}{32l} \tag{9-134}$$

式中 $G$——轴材料的切变模量；

$d$——轴的直径。

圆盘质量的惯性力矩和角加速度的方向相反，为$\left(-J\frac{d^2\varphi}{dt^2}\right)$，其中$J$是圆盘对轴线的转动惯量，如圆盘的直径为$D$，其厚度均匀，质量为$m$，则

$$J=\frac{mD^2}{8} \tag{9-135}$$

这样，可写出扭转的运动方程为

$$J\frac{d^2\varphi}{dt^2}+C_K\varphi=0$$

令
$$\omega_0^2=\frac{C_K}{J} \tag{9-136}$$

则
$$\frac{d^2\varphi}{dt^2}+\omega_0^2\varphi=0 \tag{9-137}$$

因$\omega^2>0$，由微分方程原理可知，角位移$\varphi$的解可写为

$$\varphi=\varphi_m\cos(\omega_0 t-\varphi_0) \tag{9-138}$$

扭振的固有（自由）振动频率为

$$f_{KO}=\frac{\omega_0}{2\pi}=\frac{1}{2\pi}\sqrt{\frac{C_K}{J}} \tag{9-139}$$

（二）具有两个转体的轴的扭振

图9-27所示为一根两端各带一个转动圆盘的轴。实用上如发电机与原动机，电动机与负

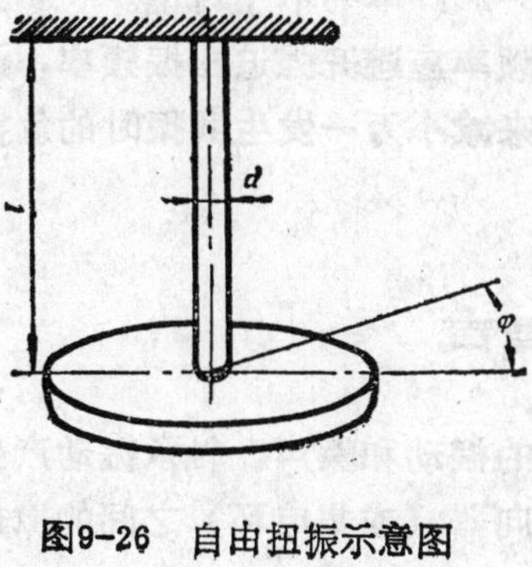


图9-26　自由扭振示意图

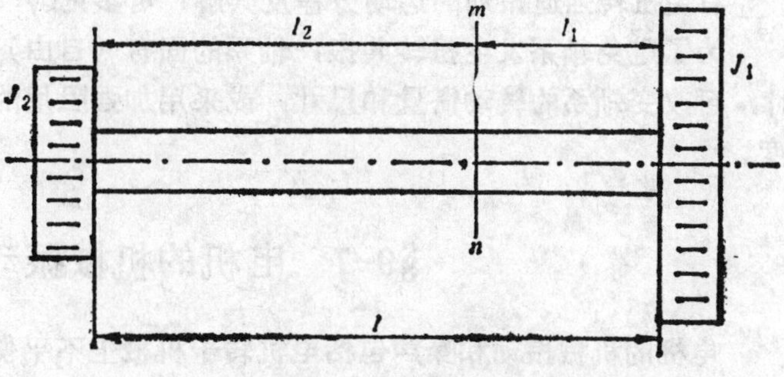


图9-27　两端带转体的轴的扭振

载机械的连接都属于这种情况。忽略轴本身的惯性力，并在轴两端的圆盘上各加一个大小相等、方向相反的扭矩。如让轴自由活动，便会发生扭振。由于两圆盘的扭转方向相反，可以断定轴系中必有一个截面 $m-n$ 是不动的，这个截面称为节截面。这样左右两段轴可以分别看作是一端被固定于节截面的单转体，两者扭振时的振动周期必定相等。由此可得

$$2\pi\sqrt{\frac{J_1}{C_{K1}}}=2\pi\sqrt{\frac{J_2}{C_{K2}}} \tag{9-140}$$

即

$$\frac{J_1}{J_2}=\frac{C_{K1}}{C_{K2}}=\frac{l_2}{l_1} \tag{9-141}$$

式中 $C_{K1}=\dfrac{\pi d^4G}{32l_1}$； $C_{K2}=\dfrac{\pi d^4G}{32l_2}$。

因为 $l_1+l_2=l$，于是

$$l_1=\frac{lJ_2}{J_1+J_2} \tag{9-142}$$

$$l_2=\frac{lJ_1}{J_1+J_2} \tag{9-143}$$

将式(9-142)和(9-143)代入式(9-140)，可得两段轴的振动周期均为

$$T_{K1}=T_{K2}=2\pi\sqrt{\frac{J_1J_2}{(J_1+J_2)C_K}} \tag{9-144}$$

式中 $C_K=\dfrac{\pi d^4G}{32l}$。

所以扭振的固有振动频率为

$$f_{KO}=\frac{1}{2\pi}\sqrt{C_K\left(\frac{1}{J_1}+\frac{1}{J_2}\right)} \tag{9-145}$$

如果一个圆盘的转动惯量比另一个的大很多倍，由式(9-142)或(9-143)可见，这时节截面可以取在转动惯量大的物体那里，而把两转体轴简化为图9-26所示的单转体轴。若要考虑轴的质量作用，可把整个轴的动能加到圆盘的动能中去，或把轴端圆盘的转动惯量增为 $J+j\dfrac{l}{3}$，再按下式求其扭振固有频率，

$$f_{KO}=\frac{1}{2\pi}\sqrt{\frac{C_K}{J+j\dfrac{l}{3}}} \tag{9-146}$$

式中 $j$ ——轴单位长度的转动惯量。

有关扭转强迫振动的运动方程及其解，可参见〔0-9〕和〔8-2〕，本书不予讨论。

为了避免轴系发生扭转共振，轴系的固有（自由）扭振频率应避开强迫扭振频率，必要时，可改变轴系的转动惯量和尺寸，或采用加强阻尼的方法来减小万一发生共振时的危害程度。

## §9-7 电机的机械振动和噪声

电机的机械振动和噪声包括电机转子机械上不平衡产生的振动和噪声、轴承振动产生的噪声、受轴承激振而产生的端盖轴向振动和噪声、电刷和换向器（或集电环）之间的摩擦振

动和噪声等等。现简述如下。

**一、转子机械不平衡产生的振动和噪声**

（1）通常刚性转子的机械不平衡可分为静不平衡、动不平衡和混合不平衡三种，如图9-28所示。由静不平衡导致的离心力$F$在两个支座上产生大小相等、相位相同的振动，即$A_1=A_2$；由动不平衡导致的离心力的力偶$F'-F'$在两个支座上产生大小相等、相位相反的振动，即$A_1=-A_2$；最常遇到的是混合不平衡，它是由残余静不平衡离心力$F$和动不平衡离心力偶$F'-F'$共同作用在两个支座上产生大小不等、相位不同的振动，即$A_1\neq A_2$。以上三种不平衡可以通过校平衡加以消除。

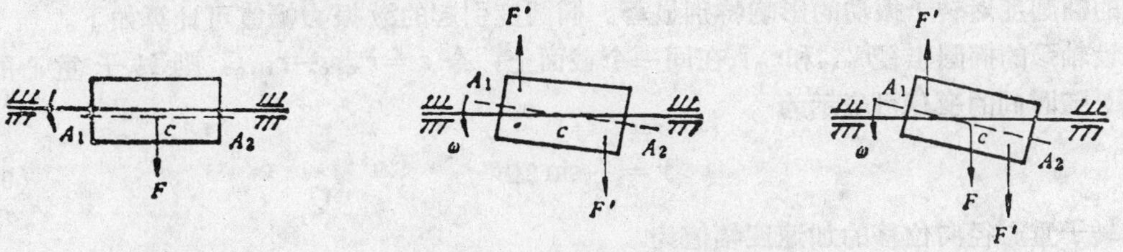


图9-28　不平衡的三种情况

a）静不平衡　b）动不平衡　c）混合不平衡

（2）转子有效部分的不均匀发热和不均匀冷却，会引起转子的热不对称，从而产生轴的热弯曲，大大加剧转子的不平衡。例如汽轮发电机转子由于绕组发生匝间短路故障或槽绝缘厚度不均匀使各槽导体的温度不同；水冷转子绕组中由于冷却水在各个并联支路中的分配不均匀而引起转子的热不对称；在高速电机中还会因转子铁心和轴配合不紧使轴出现不对称发热而产生不稳定振动。因此在设计低噪声电机时，应尽量减少各种引起热不对称的因素，如尽可能采用刚度较大的转轴，铁心和轴的配合采用热套配合等。工作转速高于一阶或二阶临界转速的柔性转子，对热不对称特别敏感，需要在总装配时进行补充平衡。

（3）卧式电机在起动过程中当转子转速达到其临界转速的一半时，也可能发生剧烈振动，这种现象是由于出现所谓次临界转速。转子两个相互垂直的径向上刚度的不同(图9-29)，例如两极汽轮发电机转子在本体上有大齿和线槽，直流电机和交流电机的轴上为了固定铁心、换向器和风扇等所铣的键槽，是发生上述现象的原因。假定此时轴的平均刚度为$C$，转轴以角速度$\Omega$旋转，则轴的刚度与时间的关系可表示为：

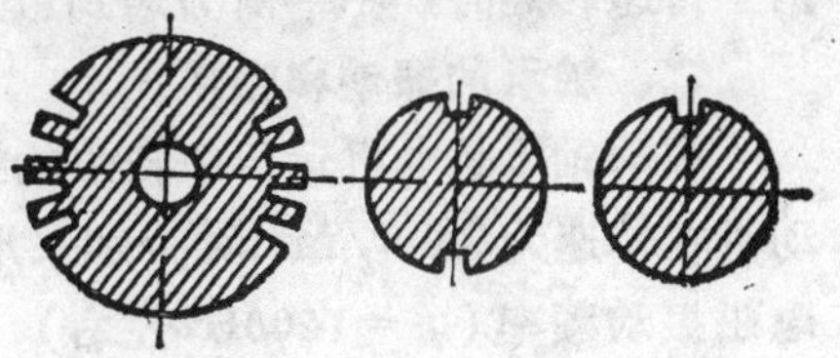

图9-29　径向刚度不同的转轴

$$C_{\circ}=C+\Delta C\sin 2\Omega t \tag{9-147}$$

式中
$$C=\frac{C_d+C_q}{2},\quad \Delta C=\frac{C_d-C_q}{2}$$

$C_d$和$C_q$是转子两个相互垂直方向上的刚度。因此在转子支座上将作用着一个附加的倍频干扰力，它的幅值可表示为

$$F_{2\circ}=\frac{C_d-C_q}{C_d+C_q}G_2 \tag{9-148}$$

式中　$G_2$——转子重力。

由于干扰力的频率所对应的转速为转子转速的两倍，所以转子以临界转速的一半旋转时，干扰力频率正好等于转轴固有振动频率，将引起转轴的剧烈振动。

在要求振动小、噪声低的电机中，当比值$\frac{C_d-C_q}{C_d+C_q}\geqslant 0.03$时，就应设法消除转子沿两个相互垂直方向上刚度的差异。汽轮发电机转子大齿沿轴向在若干位置处铣出月牙槽，一般电机转轴上的键槽位置沿圆周方向彼此错开布置等，都是为此而采取的措施。

（4）轴颈的椭圆度如同轴沿两个相互垂直方向上刚度不同的情况一样，会引起双倍转速频率的振动。在大型高速电机中，如果采用滚动轴承，且轴颈直径在100～120mm以上时，轴颈的椭圆度对转子振动的影响特别显著。椭圆度引起的激振力幅值可计算如下。

设轴颈的椭圆半径$r_{max}$和$r_{min}$在同一个截面上，令$\varepsilon=r_{max}-r_{min}$，则转子重心的径向位移$y$随时间的变化可表示为

$$y=\frac{\varepsilon}{2}\sin 2\Omega t \tag{9-149}$$

转子重心径向位移的加速度幅值为

$$a_m=2\Omega^2\varepsilon \tag{9-150}$$

作用在支座上的激振力幅值为

$$F_{2\omega}=2\Omega^2\varepsilon m \tag{9-151}$$

式中　$m$——转子的质量。

（5）在电机与其他机器联结时，电机转子能否和与它联结的机器转动部分对中，将直接影响到机组的振动情况。所谓对中，就是调整支座和联轴器以保证机组轴线没有错位和倾斜。图9-30a为不正确的对中；图9-30b为正确的对中。采用弹性联轴器可以减小不对中对振动的影响，但是要防止不是所有联轴器的联结销子都均衡地传递转矩，否则在联轴器的左右两半中，每一个都作用一个与联轴器一起转动的径向力；极端情况下，当联轴器只有一个销子传递转矩时，不平衡力达到最大值，因而机组振动也最大。

**二、轴承的振动和噪声**

滚动轴承是电机运行中较强的振动和噪声源之一。图9-31所示是一台功率为45kW的电动机在转速为3000r/min时分别采用滚动轴承与滑动轴承所测得的振动频谱。由图可见，除电磁振动频率（$f=1200$Hz左右）和不平衡力引起的振动频率$f=50$Hz左右）外，滚动轴承的声级均高于滑动轴承的声级。

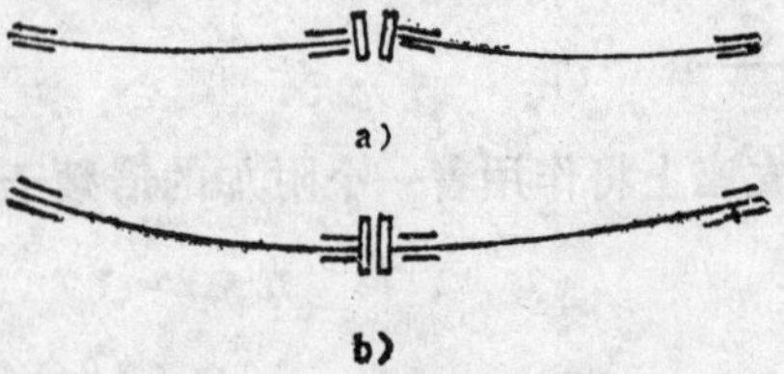


图9-30　轴线的对中

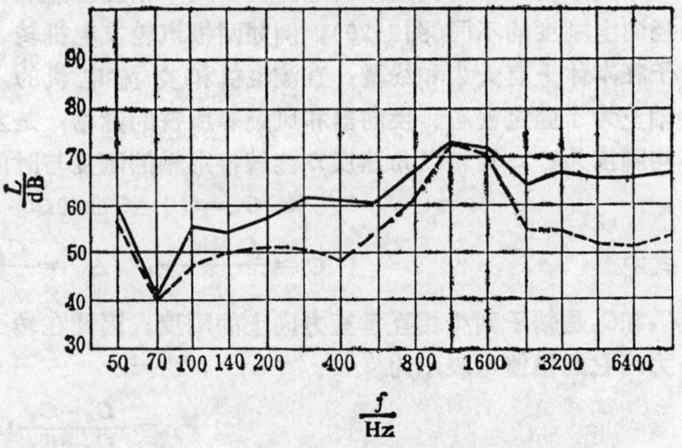


图9-31　轴承振动的频谱

滚动轴承有内、外轴承圈，其间有滚珠或滚柱滚动元件，有些还有保持架、轴向弹簧片等零件。在转动时，滚动元件相对内、外轴承圈和保持架有相对运动，就是这些相对运动的元件间发生不规则撞击，从而发出各种噪声，因此轴承噪声经常分布在一个较宽的频带内。滚动轴承的振动和噪声在很大程度上与上述各零件的结构、加工质量、生产工艺有关。概述如下：

（1）轴承的选择。一般滚子轴承比球轴承有较高的噪声，所以通常应优先选用球轴承。轴承的内径越大，振动和噪声也越大。试验研究表明：直径每增大5mm，振动噪声约增加1～2dB。另外，球（滚珠）直径越大，振动和噪声也越大，如轴承内径相同的300号系列和200号系列轴承，在其他条件相同情况下，200号系列轴承的振动噪声要低3～5dB。

（2）轴承内圈的径向偏摆会引起类似于转子残余不平衡所产生的振动，轴承外圈的径向偏摆则会破坏轴承的同心度。轴承内外圈端面的侧向跳动会导致轴承装入电机后内圈相对于外圈发生歪斜。

（3）套圈的椭圆度会产生双倍转速频率的振动。

（4）滚动体的椭圆度和棱圆度、以及加工精度低是轴承产生振动和噪声的重要因素。滚珠、套圈、与保持架三者对轴承本身噪声所起的作用比例，大致为8.4：3：1，即滚珠最关键，内滚道其次。

（5）保持架和滚珠间的空隙也是重要的振动源，过大的间隙会导致保持架的跳动性振动噪声，过小的间隙会导致滚动体表面出现皱纹，而破坏轴承旋转运动的规律，增大振动和噪声。

（6）滚道表面的波纹度和局部缺陷，以及电机在长途运输中由于运输工具的振动在轴承滚道上形成压痕等都可能使轴承产生振动噪声。

（7）润滑剂的情况对轴承的振动也是有影响的。过稠的润滑剂对滚动体振动的阻尼作用差；过稀的润滑剂可能导致干摩擦。此外，润滑剂过多或过少，以及润滑剂中混进异物都会影响轴承的振动噪声。为了降低噪声，轴承的密封和合理维修是十分重要的。

（8）轴承外圈与端盖或轴承套间所采用的配合会影响振动的传播，较松的推入配合比较有利。配合面处形成的油膜对轴承外圈的振动有阻尼作用；但过松的配合会引起响声。轴承装配的径向间隙一般宜限制在3～9μm的范围内。

### 三、端盖的轴向振动和噪声

端盖的轴向振动主要是由轴承激发的，其次是作用在定子铁心上的电磁振动力波，同时也作用在转子上，它会通过轴承传到端盖上。另一方面，由于端盖是薄壳结构，轴向刚度差，它有很多不同阶次的固有频率，容易引起构件的共振噪声。在端盖与轴承外圈间留有适当的游隙时，通过轴承传向端盖的激振力会有一定的衰

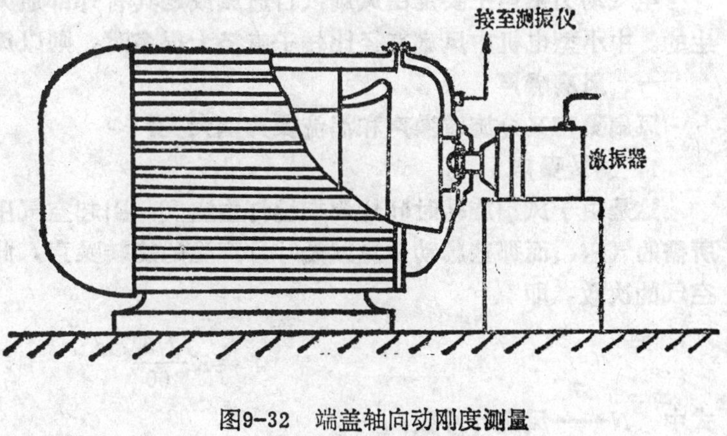

图9-32　端盖轴向动刚度测量

减；当间隙过小时，激振力就变大，而导致端盖产生较大的轴向振动和噪声。端盖的轴向动刚度可通过图9-32所示的方法进行测量。动刚度越小，则越易激发较大的振动和噪声。

**四、电刷装置的振动和噪声**

电刷装置的振动和噪声可分为二类：

1．电刷的振动噪声

它主要是由于换向片间绝缘沟，换向器表面的径向跳动，电刷和刷握间的间隙偏大，电刷压力偏小或压力施加不当使电刷歪斜以及刷握、刷架、刷杆刚度不足等结构和工艺方面的原因所产生。其振动频率常和转速成正比。解决的办法是减小换向器表面的径向跳动量与沟槽宽度；换向器表面绝不能有毛刺、尖角等出现；提高转子动平衡精度；采用合理的轴承径向间隙和适当的电刷与刷握的间隙（一般为0.05～1.0mm）等；电刷伸出刷握部分相当于悬臂，故短些有利。

2．电刷的摩擦噪声

电刷和转动的换向器在滑动接触的同时，还在换向器表面从底层按次序形成氧化亚铜薄膜、石墨薄膜和碳粉自由体。空载时，由于滑动接触面温度较低，上述薄膜不易形成，电刷与换向器之间的干摩擦使噪声增大。负载后，温度高，氧化作用加强，电刷产生的电磨损加剧，碳粉颗粒增多，薄膜容易形成，润滑作用好，摩擦噪声反而降低。根据试验，如轧钢直流电机在空载运行周期占总时间50％以上时，空载情况下的噪声比负载时的要高6～10dB。这种振动与换向器表面由于机械原因引起的振动有所不同，后者可以在低速时检查出来（用手轻触电刷有振动感）。

滑动接触产生的电刷摩擦噪声的频谱一般在1000～8000Hz范围内，且电机转速变化时，它变化不大，这也是它区别于机械原因的特点之一。

电刷摩擦噪声还与电刷极性有关。例如直流发电机的正电刷较负电刷的振动小，因为正电刷能分离出石墨和碳的结晶体，在换向器表面吸收水分形成润滑膜，而负电刷却将其铲除。滑动接触薄膜的形成还与电刷牌号有关，牌号的选择当然首先应保证良好的换向性能，但同时也应考虑到电刷的振动和噪声，一般宜采用换向片较硬，电刷较软的搭配方案。

## §9-8 电机的空气动力噪声

空气动力噪声主要是由风扇（自通风或是具有外部通风设备的）和电机转子旋转时所产生的。中小型电机中风扇直径比转子直径大很多时，则以风扇噪声为主。现概述如下。

**一、风扇噪声**

风扇噪声又分旋转噪声和涡流噪声两大类：

1．旋转噪声

这是由于风扇旋转时叶片周期性打击空气，引起空气压力脉动。其中稳态分量正是通风所需的气压，而那些脉动分量就是叶片产生的旋转噪声，此噪声的频率$f$就是叶片每秒打击空气的次数。即

$$f=K\frac{Nn}{60} \tag{9-152}$$

式中 $N$——风扇叶片数；

$n$——风扇转速，单位为r/min；

$K$——整常数，可取1，2，3…；

$f$的单位为Hz。

当$K=1$时，$f$为基本频率（又叫叶片频率）表现最强。$K$取其他整数时，为谐波成分，在频谱中表现为一些离散频率成分。

2. 涡流噪声

这是由于叶片转动使周围气体产生涡流，由于粘滞力的作用，这些涡流又会分裂成一系列小涡流，这种涡流和涡流的分裂使空气产生扰动，形成稠密和稀疏的过程产生涡流噪声，其频率正比于气流的速度。由于旋转叶片的圆周速度随半径连续变化，在风扇外径处最高，因此涡流噪声的频谱是连续分布的。

当风扇叶片进出口附近有固定的气流阻碍物或当离心风扇的外缘与风罩或端盖内表面之间的径向距离不够大（小于15%风扇外径，见图9-33中的$\delta$）时，离散频率的旋转噪声分量就会很突出（尤其风扇周速很高时），否则就以涡流噪声为主。

但不论是旋转噪声，还是涡流噪声，均随气流体积流量的增加，风扇周速的增加而增大。然而在设计电机时，为了缩小电机尺寸和降低电机重量，总是希望提高材料的利用率，一般常增加风扇的流量，增大风扇的直径，以降低电机的温升，所以减小通风噪声和提高电机材料的利用率是相互制约的。设计时，应在不使温升超过规定的限度，并留有适当裕度的条件下，合理地选择风扇和通风系统中各部分的结构形式，并尽可能缩小风扇直径。这样不仅能减小通风噪声，而且还相应减少通风损耗和提高电机的效率。

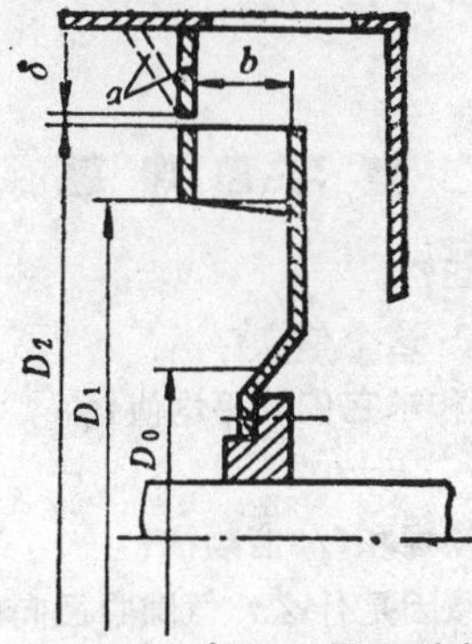


图9-33　离心式风扇结构

从产生噪声大小的角度来考虑，轴流式风扇和后倾风叶离心式风扇要比径向风叶离心式风扇产生的噪声低。轴向通风系统比径向通风系统要好。如结构允许，在转子两端各安装一只小直径（直径为$D$）风扇代替一只大直径（直径为$\sqrt{2}D$）风扇，它们产生的总流量相等，但通风噪声可降低5～7dB。如果在结构上达不到$\delta \geqslant 0.15D_2$，见图9-33，则可采用不等距叶片，或使挡板$a$倾斜（如图9-33中的虚线所示），以降低噪声。

另外，必须避免或尽可能的减少风路中的障碍物。风路改变方向时，应取最大可能的半径。风路截面积的变化必须尽可能做到逐渐改变。垂直于风路方向的支柱若不能去掉，则应做成流线形。要特别注意避免突然排气的情况，因为这样会形成旋涡，导致较大的噪声。为了减少风扇损耗和噪声，应使风扇气流入口处的面积$\pi D_1 b$小于入口处风扇轴向截面积$\frac{\pi}{4}(D_1^2-D_0^2)$，其中$b$、$D_1$、$D_0$见图9-33。

**二、转子旋转所产生的噪声**

大、中型电机转子铁心径向通风道中放置的间隔片和穿越通风道的转子线棒，在电机旋转时，也与离心式风扇叶片一样会产生通风噪声。

感应电动机的定子和转子铁心都有径向通风道且相互对齐时，会形成似汽笛的叫声。因此最好将定子、转子径向通风道的位置相互错开。但在气隙小于1mm时，这会显著影响风量。另外，电机转子绕组的端部也会产生宽频带的旋转噪声。当转子旋转时，其表面齿槽的存在使空气隙中的气流受到周期性振荡而产生噪声，其频率由转子转速和槽数决定。

电磁、结构设计的不断改进，使电机的通风噪声成分相对于电磁噪声和机械噪声成分越来越大，据〔9-3〕统计三者的分配比例变化约如表9-7所示。

表 9-7

| 时间 \ 噪声比例 \ 噪声类别 | 电磁噪声 | 空气动力噪声 | 机械噪声 |
|---|---|---|---|
| 1950年 | 45% | 45% | 10% |
| 1975年 | 20% | 75% | 5% |

要从噪声源去有效地抑制空气动力噪声是较为困难的。目前往往采用隔声和消声的措施来控制通风噪声，例如在中型电机中，可将消声器装在气流通道上，消声器允许气流通过，但将声能变换为热能而加以吸收，或利用声音的反射和干扰而加以吸收。消声器是降低空气动力噪声较为有效的一种器件。

## 复习思考题

1. 电机产生振动和噪声的根源有哪些？
2. 在噪声量度中为什么要提出“dB”这个单位？
3. 如何计算几个dB值的相加、相减和求它们的平均值？
4. 噪声的主观评价是什么？
5. 频谱分析有什么优点？什么是倍频程和1/3倍频程？
6. 电机产生电磁噪声和振动的根本原因是什么？气隙中径向电磁力与哪些因素有关，其中主要成分有哪些？
7. 为了降低电磁振动和噪声，对感应电机的槽配合提出什么要求？
8. 感应电动机为什么会出现两倍转差频率的电磁振动？
9. 大型汽轮发电机为什么需要特别注意具有两倍电网频率的电磁振动？
10. 直流电机的齿频电磁径向力与电枢槽齿的分布有什么关系？
11. 分析电机定子和转子的固有振动特性有什么意义？它们主要和哪些因素有关？
12. 电机中产生机械噪声的主要原因有哪些？
13. 电机的空气动力噪声是怎样产生的？
14. 如何把电磁振动特性和声级联系起来，它们的主要计算公式有哪些？

# 第十章 感应电机的电磁设计

## §10-1 概 述

前面各章叙述了电机设计的基础理论。这一章主要讨论中小型三相感应电动机电磁计算中的几个主要部分，包括：主要尺寸与气隙的确定；定转子绕组与冲片的设计；工作性能的计算；起动性能的计算；以及深槽式感应电机和双笼转子感应电机的设计特点。最后以一个计算实例来说明具体的设计计算过程。

### 一、我国感应电机主要系列

我国目前生产的三相感应电动机约有100个系列，500多个品种，5000多个规格。按电机尺寸分成大、中、小型。

大型：中心高$H>0.63$m，定子铁心外径$D_1>1$m；功率范围在400kW以上，电压为3000V和6000V。

中型：中心高$H=(0.355\sim0.63)$m，定子铁心外径$D_1=(0.5\sim1.0)$m；功率范围为(45～1250)kW，电压有380V、3000V和6000V。

小型：中心高$H=(0.08\sim0.315)$m，定子铁心外径$D_1=(0.12\sim0.5)$m；功率范围为(0.55～132)kW，电压为380V。Y(IP44)系列的中心高$H=(0.08\sim0.28)$m，$D_1=(0.12\sim0.445)$m，共11个机座，功率范围为(0.55～90)kW，电压380V。

现将我国基本系列的主要技术数据范围介绍如下：

| 型 号 | 产品名称 | 功率/kW | 电压/V | 效率$\eta\times100$ | $\cos\varphi$ | $I_{st}/I_N$ | $T_{st}/T_N$ | $T_m/T_N$ | $2p$ |
|---|---|---|---|---|---|---|---|---|---|
| Y(IP44) | 小型三相感应电动机 | 0.55～90 | 380 | 72.5～93.5 | 0.70～0.89 | 5.5～7.0 | 1.7～2.2 | 2～2.2 | 2～8 |
| J2、JO2 | 小型三相感应电动机 | 0.6～125 | 380 | 74～92.5 | 0.68～0.92 | 5.5～7.0 | 1.0～2.2 | 1.8～2.2 | 2～10 |
| JS | 三相笼型转子感应电动机(中型) | 45～300 | 380 | 88～93.5 | 0.78～0.91 | 5.5～6.5 | 0.9 | 1.6 | 4～10 |
| | | 75～1250 | 3000 | 88.5～94.5 | 0.74～0.89 | 5.5～6.5 | 0.9 | 1.6 | 4～12 |
| | | 200～1050 | 6000 | 89～94 | 0.78～0.89 | 5.5～6.5 | 0.9 | 1.6 | 4～12 |
| JR | 三相绕线转子感应电动机(中型) | 45～300 | 380 | 88～93.5 | 0.77～0.90 | | | 1.8 | 4～10 |
| | | 75～1250 | 3000 | 88～94.5 | 0.76～0.90 | | | 1.8 | 4～12 |
| | | 200～1050 | 6000 | 89～93.5 | 0.78～0.90 | | | 1.8 | 4～12 |
| JS2、JSL2 | 三相感应电动机（中型、低压） | 60～320 | 380 | 89.5～93.5 | 0.80～0.91 | 5.5～6.5 | 1.0 | 1.8～2.0 | 2～10 |
| JR2、JRL2 | 三相感应电动机（中型、低压） | 60～320 | 380 | 87.5～93.5 | 0.79～0.91 | | | 1.8～2.0 | 4～10 |

（续）

| 型　号 | 产品名称 | 功率/kW | 电压/V | 效率η×100 | cosφ | $I_{st}/I_N$ | $T_{st}/T_N$ | $T_m/T_N$ | 2p |
|---|---|---|---|---|---|---|---|---|---|
| Y | 三相笼型转子感应电动机（大型） | 400～2500 | 6000 | 90.5～94 | 0.72～0.86 | 6.5 | 0.7 | 1.8 | 6～16 |
| YR | 三相绕线转子感应电动机（大型） | 400～3200 | 6000 | 89.5～94 | 0.68～0.86 | | | 1.8 | 6～24 |
| YK | 大型高速感应电动机 | 1000～3200 | 6000 | 93～95 | 0.84～0.86 | 7.0 | 0.7 | 1.8 | 2 |

上述基本系列中，笼型转子感应电动机除驱动一般机械设备外，主要用于风扇、鼓风机、离心式泵、压缩机和电动机——发电机组等；绕线转子感应电动机则适用于要求起动转矩高而起动电流低、起动频繁或在窄范围内调速的场合。

派生和专用系列产品举例介绍如下：

| 系列型号 | 产　品　名　称 | 主　　要　　用　　途　　及　　说　　明 |
|---|---|---|
| YQ | 高起动转矩感应电动机（小型） | 用于带负载起动、要求较大起动转矩的机械上。如压缩机、粉碎机 |
| YH | 高转差率感应电动机（小型） | 用于惯性矩较大并有冲击负载机械的驱动，如剪床、压力机、锻压机及小型起重机 |
| YD | 变极多速感应电动机 | 为派生系列<br>用于机床、印染机、印刷机等需要变速的设备上 |
| YZ | 起重及冶金用感应电动机 | 为派生系列<br>具有较高的起动转矩及过载能力，适用于冶金和一般起重设备 |
| YQS | 潜水感应电动机 | 为专用系列<br>与潜水泵配套组成潜水电泵，供灌溉提水之用 |
| YLB | 立式深井泵用感应电动机 | 为专用系列<br>与长轴深井泵配套组成深井电泵 |

注：其他派生和专用系列详见〔2-1〕。

## 二、感应电动机的主要性能指标和额定数据

### （一）感应电动机的主要性能指标

电机设计时应满足设计任务书规定的各项技术要求。对一般三相感应电动机下列各项主要性能应达到一定指标：

1．效率η；

2．功率因数cos φ；

3．最大转矩倍数$T_m/T_N$；

4．起动转矩倍数$T_{st}/T_N$；

5．起动电流倍数$I_{st}/I_N$；

6．绕组和铁心温升$\Delta\tau_{Cu}$和$\Delta\tau_{Fe}$；

7．起动过程中的最小转矩$T_{min}$（对笼型转子电动机而言）。

### （二）感应电动机的额定数据与标么值

三相感应电动机的设计任务书中通常给出下列额定数据：

1．额定功率$P_N$　电动机在额定运行时转轴上输出的机械功率；

2。额定电压$U_N$　电动机在额定运行时所接的电源电压；

3。额定频率$f_N$　电动机在额定运行时的电源频率；

4。额定转速$n_N$　电动机在额定运行时的转速，通常给出同步转速。

在电机设计中，广泛采用标么值，标么值是相对量，因此必须选定一个物理量的某一数值作为基准值。在目前工厂通常使用的中小型三相感应电动机电磁计算程序中，选用的基准值是：

1。电压基准值为电动机额定相电压$U_{N\phi}$；

2。功率基准值为电动机的额定功率$P_N$；

3。电流基准值为每相的功电流$I_{KW}$；

4。阻抗基准值为$Z_{KW}=U_{N\phi}/I_{KW}$；

5。转矩基准值为电动机的额定转矩$T_N$。

以上五个基准值中只有两个是选定的，其他三个是通过这五个物理量之间的相互关系来规定的。一般，设计感应电动机时，电动机的额定输出功率$P_N$和额定电压$U_N$都是设计任务书规定了的，因而选用它们作为功率基准值和电压基准值就较为方便，于是其他几项基准值便可求出。

$$I_{KW}=\frac{P_N}{m_1 U_{N\phi}} \tag{10-1}$$

$$Z_{KW}=\frac{U_{N\phi}}{I_{KW}}=\frac{m_1 U_{N\phi}^2}{P_N} \tag{10-2}$$

$$T_N=\frac{P_N}{2\pi n_N/60}=9550\frac{P_N}{n_N} \tag{10-3}$$

必须指出，功电流不同于电动机的额定电流。额定电流对应于输入的额定视在功率；而功电流对应于额定输出功率。设计开始时额定电流还不能确定，功电流却可根据额定功率求出。

标么值用右上角加“*”的相应符号来表示。如$I_m^*$，$I_1^*$，$R_1^*$，$X_{\sigma 2}^*$，$p_{Cu}^*$……等。

## §10-2　主要尺寸与气隙的确定

### 一、主要尺寸和计算功率

定子铁心内径$D_{i1}$及有效长度$l_{ef}$是感应电动机的主要尺寸。

在前面第二章中已经导出决定电机主要尺寸的基本关系式

$$D_{i1}^2 l_{ef}=\frac{6.1}{\alpha_p' K_{Nm} K_{dp1}}\frac{1}{AB_\delta}\frac{P'}{n}=C_A\frac{P'}{n} \tag{10-4}$$

其中感应电动机的计算功率$P'$为

$$P'=m_1 E_1 I_1$$

由于感应电动机额定功率为

$$P_N=m_1 U_{N\phi} I_1 \eta\cos\varphi$$

比较上两式，则有

$$P'=\frac{E_1}{U_{N\phi}}\frac{1}{\eta\cos\varphi}P_N \tag{10-5}$$

其中　$E_1/U_{N\phi}$为感应电动机定子绕组"满载电势"的标么值。由感应电机的基本方程可知

$$\dot{U}_{N\phi}=-\dot{E}_1+\dot{I}_1Z_1=-\dot{E}_1+(\dot{I}_{1P}+\dot{I}_{1Q})(R_1+jX_{\sigma1})$$
$$=-\dot{E}_1+\dot{I}_{1P}R_1+j\dot{I}_{1P}X_{\sigma1}+\dot{I}_{1Q}R_1+j\dot{I}_{1Q}X_{\sigma1}$$

其中　$\dot{I}_{1P}$、$\dot{I}_{1Q}$为定子电流的有功分量和无功分量。

在一般情况下，相量图（见图10-1）所示的$\dot{U}_{N\phi}$与$\dot{E}_1$两相量间夹角$\alpha\approx0$，因此，可以近似地认为定子绕组满载相电势$E_1$和外施相电压$U_{N\phi}$之间存在着下列关系：

$$E_1\approx U_{N\phi}-(I_{1P}R_1+I_{1Q}X_{\sigma1})$$

两边除以$U_{N\phi}$，得

$$K_E=E_1/U_{N\phi}\approx1-\frac{1}{U_{N\phi}}(I_{1P}R_1+I_{1Q}X_{\sigma1})$$
$$=1-(I^*_{1P}R^*_1+I^*_{1Q}X^*_{\sigma1})=1-\varepsilon_L \qquad (10\text{-}6)$$

式中，$\varepsilon_L=(I^*_{1P}R^*_1+I^*_{1Q}X^*_{\sigma1})$，即等于定子绕组的漏阻抗压降标么值，而（$1-\varepsilon_L$）则等于满载电势的标么值，称为电势系数。

将式（10-6）代入式（10-5），则有

$$P'=(1-\varepsilon_L)\frac{1}{\eta\cos\varphi}P_N \qquad (10\text{-}7)$$

式中效率$\eta$和功率因数$\cos\varphi$可取设计任务书中规定的数据。但是在电机设计计算之前，定子绕组的电阻和漏抗均为未知数，因而（$1-\varepsilon_L$）还不能按式（10-6）算出，此时可以假定一个（$1-\varepsilon'_L$）值〔见§3-6式（3-51)〕。它随功率增大或极数减少而略有增大，可用下列经验公式先作估算：

| | | |
|---|---|---|
| 2极小型电机 | $1-\varepsilon'_L=0.92+0.00866\ln P_N$ | (10-8a) |
| 非2极小型电机 | $1-\varepsilon'_L=0.931+0.0108\ln P_N-0.013p$ | (10-8b) |
| 中型电机 | $1-\varepsilon'_L=0.892+0.0109\ln P_N-0.01p$ | (10-8c) |

上列三式中，额定输出功率的单位为kW，$p$为极对数。

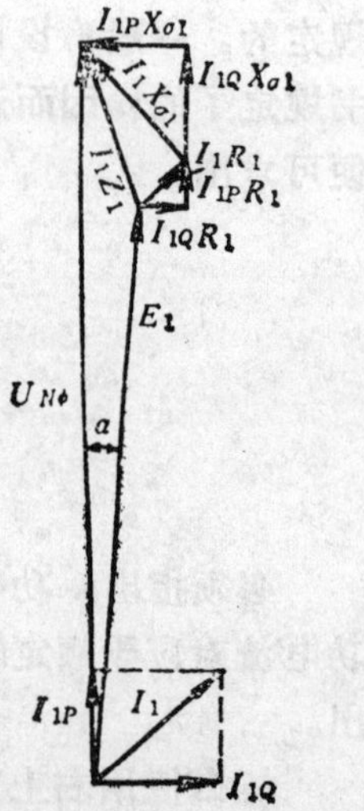


图10-1　感应电动机的相量图

## 二、电磁负荷的选择

式（10-4）中，$P'$可由式（10-7）求出，$\alpha'_p$、$K_{Nm}$、$K_{dp1}$等各量一般只在较小的范围内变化，因此对功率和转速一定的电机，其主要尺寸$D_{i1}$和$l_{ef}$基本上将由电磁负荷$A$和$B_\delta$值的大小来确定。电磁负荷对电机性能和经济性的影响在§2-3中已作了详细分析。

由式（3-57）可知磁化电流$I_m=\dfrac{2pF_0}{0.9m_1N_1K_{dp1}}$，每极磁势$F_0$主要用来克服气隙磁压降$F_\delta$，也即$I_m$主要决定于$B_\delta$，因此磁化电流的标么值$I_m/I_{KW}$正比于$B_\delta/A$，选取较高的$B_\delta$或较低的$A$，则$I^*_m$增大，使$\cos\varphi$降低；漏抗标么值$X^*_\sigma=\dfrac{I_{KW}X_\sigma}{U_{N\phi}}$正比于$A/B_\delta$（见§4-5），选取较高的$B_\delta$或较低的$A$，则$X^*_\sigma$减小，电机的起动转矩、最大转矩和起动电流将增加。

设计感应电动机时，电磁负荷$A$和$B_\delta$值是依据制造和运行经验所积累的数据来选取的。对于中小型感应电动机通常取线负荷$A$在$15\times10^3\sim50\times10^3$A/m、气隙磁密$B_\delta$在0.5～0.8T范围内；大型感应电动机的$A$和$B_\delta$可略高。具体选取时，与所用电工材料的性能、绝缘等级以及极对数、功率、冷却条件、性能要求和运转情况等多种因素有关。图10-2和表10-1分别是根据我国大量生产的中小型感应电动机的$A$和$B_\delta$数值，按不同极数制作的曲线和图表。

## 三、主要尺寸比 λ 的选择

在§2-4中对主要尺寸比λ已作了详细叙述，同时给出了大致的数值范围。表 10-2 列出了我国目前生产的Y(IP—44)、J2、JO2、JS、JR、Y、YR 系列三相感应电动机主要尺寸比 λ 值的范围。

对于中小型感应电动机，定子外径$D_1$也是较重要的尺寸。$D_1$ 的确定要考虑硅钢片的利用。根据我国目前生产的硅钢片规格，规定了标准外径，如表 2-1 所示。当 $D_1$ 大于 0.99m时，必须采用扇形冲片。

对于一定的极数，定子铁心外径 $D_1$ 与内径$D_{i1}$之间存在着一定的比例关系，表10-3 列出了三相感应电动机的 $D_{i1}/D_1$ 值，比值的变动范围一般在±5%左右。

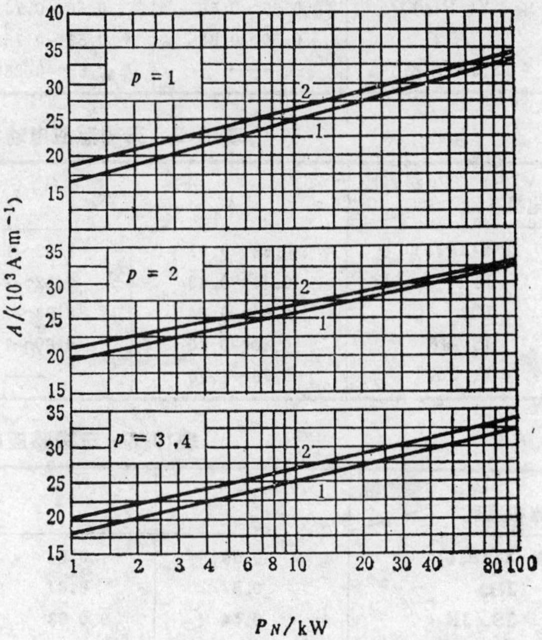

图10-2　线负荷与额定功率之关系

1—JO2系列　2—Y系列

## 四、主要尺寸的确定

根据电机的计算功率$P'$和转速 $n$，在充分考虑采用的材料、结构、工艺等因素后，参考图10-2、表10-1和工厂实际生产经验，选择电磁负荷$A$和 $B_\delta$ 值，从公式（10-4）可算出 $D_{i1}^2 l_{ef}$ 并令它等于$V$（单位为 m³）：

$$D_{i1}^2 l_{ef}=\frac{6.1}{\alpha'_p K_{Nm} K_{dp1}}\ \frac{1}{AB_\delta}\ \frac{P'}{n}=V$$

式中　$K_{Nm}$——气隙磁场波形系数，是有效值与平均值之比。在一般的情况下，气隙磁场的波形决定了电势的波形，因此有时也称电势波形系数。当气隙磁场波形为正弦波时，$K_{Nm}=1.11$；当气隙磁场波形因铁心饱和而呈非正弦时，定子绕组中也感应出非正弦的电势，此时电势有效值正比于$1.11\times\sqrt{1+\left(\frac{K_{dp3}B_3}{K_{dp1}B_1}\right)^2+\left(\frac{K_{dp5}B_5}{K_{dp1}B_1}\right)^2+\cdots\cdots}$（其中$K_{dp1}$、$K_{dp3}$、$K_{dp5}$、……为奇次谐波的绕组系数，$B_1$、$B_3$、$B_5$、……为奇次谐波磁密幅值），而平均值却随饱和而增加得较快，因而波形系数为下降曲线，见图3-5；

$\alpha'_p$——计算极弧系数，是气隙磁密平均值与其最大值之比，$\alpha'_p=\frac{B_{\delta av}}{B_\delta}$。若电机铁心不饱和，气隙磁密分布呈正弦形时，$\alpha'_p=2/\pi=0.637$，考虑到一般电机铁心稍有饱和，设计时$\alpha'_p$可初步取为0.66～0.71；

$K_{dp1}$——定子基波绕组系数，可根据选定的绕组型式、槽数和节距算出；在绕组设计前，对双层短矩绕组，可先假定$K_{dp1}=0.92$，对于单层绕组，可先假定 $K_{dp1}=0.96$。

其次，参考表10-2选择适当的λ值，因$l_{ef}=\lambda\tau$，$\tau=\frac{\pi D_{i1}}{2p}$，则有

$$D_{i1}^2 l_{ef}=D_{i1}^2\lambda\tau=\frac{\lambda\pi}{2p}D_{i1}^3=V$$

表10-1　中小型感应电动机气隙磁密　　单位　T

| 电机系列＼极对数 | 1 | 2 | 3、4 | 备　注 |
|---|---|---|---|---|
| Y(IP44) | 0.55～0.66 | 0.60～0.74 | 0.62～0.79 | 防护式的比封闭式的可增加15%左右 |
| JO2 | 0.50～0.63 | 0.55～0.75 | 0.60～0.70 | |
| JS、JR(中型) | —— | 0.65～0.83 | 0.60～0.79 | |

表10-2　三相感应电动机主要尺寸比λ值的范围

| 电机系列＼极对数 | 1 | 2 | 3 | 4 |
|---|---|---|---|---|
| Y(IP44) | 0.53～0.97 | 1.02～1.90 | 1.26～2.70 | 1.55～2.75 |
| J2 | 0.44～0.63 | 0.82～1.20 | 1.30～1.80 | 1.72～2.40 |
| JO2 | 0.54～0.84 | 0.93～1.70 | 1.40～2.40 | 1.90～3.00 |
| JS、JR | 0.40～0.60 | 0.60～1.20 | 0.8～2.0 | |
| Y、YR | 0.70～1.10 | —— | 0.8～2.1 | |

表10-3　三相感应电动机$D_{i1}/D_1$值

| 电机系列＼极对数 | 1 | 2 | 3 | 4 | 5 |
|---|---|---|---|---|---|
| Y(IP44) | 0.56 | 0.64 | 0.69 | 0.69 | —— |
| JO2 | 0.57 | 0.64 | 0.675 | 0.675 | 0.75 |
| JS、JR | 0.54 | 0 63 | 0.69～0.77 | | |
| Y、YR | 0.50 | —— | 0.68～0.78 | | |

便可求出

$$D_{i1}=\sqrt[3]{\frac{2pV}{\lambda\pi}} \tag{10-9}$$

这是初步计算出的定子铁心内径，参考表10-3的$D_{i1}/D_1$比值算出$D_1$，再按照标准外径调整$D_{i1}$。

最后，根据调整的$D_{i1}$求出$l_{ef}$

$$l_{ef}=\frac{V}{D_{i1}^2}$$

上面是确定电机主要尺寸的一般过程。在生产实际中，对于感应电动机已经积累了丰富的实践经验，设计时往往只需参考已经制成的同类型、相近规格电机的尺寸，针对所设计电机的结构、材料、工艺特点等因素，直接初选其定子铁心外径、内径和长度，进行核算调整，最后加以确定。

## 五、空气隙的确定

通常气隙$\delta$选取得尽可能的小，以降低空载电流，因为感应电动机的功率因数$\cos\varphi$主要决定于空载电流。但是气隙不能过小，否则除影响机械可靠性外，还会使谐波磁场及谐波漏抗增大，导致起动转矩和最大转矩减小，谐波转矩和附加损耗增加，进而造成较高温升和较大噪声。

气隙$\delta$的数值基本上决定于定子内径、轴的直径和轴承间的转子长度。因为机座、端盖、铁心等在加工和装配时都有一定偏差；而轴的直径和轴承间的距离决定了轴的挠度；定转子装配在一起后，定子铁心内圆和转子外圆的不同心度决定了气隙的不均匀度，其值对电机运行性能有很大影响。

气隙的大小要综合上述两个方面，并根据生产经验和所设计电机的特点加以确定。表10-4列出了J2、JO2、JS、JR系列感应电动机的气隙大小。新系列Y(IP44)的气隙范围大致与JO2的相同。

对于功率较小的电机，也可用经验公式来求$\delta$（单位为m）：

$$\delta = 0.3(0.4 + 7\sqrt{D_{i1} l_t}) \times 10^{-3} \tag{10-10 a}$$

式中 $D_{i1}$——定子内径，单位为m；

$l_t$——铁心长度，单位为m。

对于大、中型电机，$2p = 2 \sim 16$，可用下列经验公式求出$\delta$（单位为m）：

$$\delta \approx D_{i1}\left(1 + \frac{9}{2p}\right) \times 10^{-3} \tag{10-10 b}$$

式中 $D_{i1}$单位为m。

**表10-4 J2、JO2、JS、JR系列电机气隙$\delta$** 单位：mm

| 机座号 \ 极数 | 2 | 4 | 6 | 8 | 10 |
|---|---|---|---|---|---|
| J2、JO2系列 | | | | | |
| 1 | 0.3 | 0.25 | | | |
| 2 | 0.4 | 0.25 | 0.25 | | |
| 3 | 0.45 | 0.3 | 0.3 | | |
| 4 | 0.6 | 0.35 | 0.35 | 0.35 | |
| 5 | 0.7 | 0.4 | 0.35 | 0.35 | |
| 6 | 0.8 | 0.45 | 0.4 | 0.4 | |
| 7 | 0.8 | 0.5 | 0.45 | 0.45 | |
| 8 | 1.2 | 0.65 | 0.5 | 0.5 | 0.45 |
| 9 | 1.6 | 0.85 | 0.5 | 0.5 | 0.5 |
| | | | 0.6 | 0.6 | |
| JS、JR系列 | | | | | |
| 11 | | 0.8 | 0.75 | 0.75 | 0.75 |
| 12 | | 0.95 | 0.8 | 0.8 | 0.8 |
| 13 | | 1.05 | 0.95 | 0.95 | 0.8 |

## §10-3 定子绕组与铁心的设计

### 一、定子槽数的选择

在极数、相数既定的情况下，定子的槽数决定于每极每相槽数$q_1$。$q_1$值的大小对电机的参数、附加损耗、温升及绝缘材料消耗量等都有影响。当采用较大的$q_1$值时：

1. 由于定子谐波磁场减小，使附加损耗降低，谐波漏抗减小。

2. 一方面每槽导体数减少，使槽漏抗减小；另一方面槽数多了，槽高与槽宽的比值相应增大，使槽漏抗增大，但这方面影响较小。

3. 槽中线圈边的总散热面积增加，有利于散热。

4. 绝缘材料用量和加工工时增加，槽利用率降低。

因此选择槽数时应对各方面的因素综合考虑。对于一般感应电动机，$q_1$ 可在2～6间选取，而且尽量选取整数，因分数槽绕组容易引起振动和噪声（见第九章）。对极数少、功率大的电机，$q_1$ 可取得大些(功率较大的二极电机$q_1$可达6～9)；对于极数多的电机，则$q_1$需取得小些。

**二、定子绕组型式和节距的选择**

三相感应电动机定子绕组的型式很多，常用的有单层同心式、单层链式、单层交叉式、双层叠绕组等。简单介绍如下：

（一）单层绕组

单层绕组的优点是：（1）槽内无层间绝缘，槽的利用率高；（2）同一槽内的导线都属于同一相，在槽内不会发生相间击穿；（3）线圈总数比双层的少一半，嵌线比较方便。其主要缺点是：（1)在一般情况下不易做成短距，因而其磁势波形较双层绕组的为差；(2）电机导线较粗时，绕组的嵌放和端部的整形都比较困难。因此，一般只用在功率较小的感应电动机中（如JO2系列5号机座和Y系列Y160及以下)。

单层同心式、链式和交叉式绕组仅端接部分形状、线圈节距和线圈之间的连接顺序不相同。这几种绕组各有不同的使用范围和优缺点：(1）同心式绕组的线圈两边可以同时嵌入槽内，嵌线容易，便于实现机械化。一般适用于$q_1=4$、6、8的二极电机中。其缺点是端部用铜较多，一极相组中各线圈尺寸不同，制作稍复杂。（2）单层链式绕组各线圈大小相同，但嵌线较困难，一般用于$q_1=2$的4、6、8极电机中。（3）单层交叉式绕组可以节省端部接线，主要用于$q_1$为奇数的电机中（$q_1$为偶数的电机绕组也能做成交叉式，但比起同心式或链式来并没有优越性，故很少采用)。图10-3是三种单层绕组的展开图。

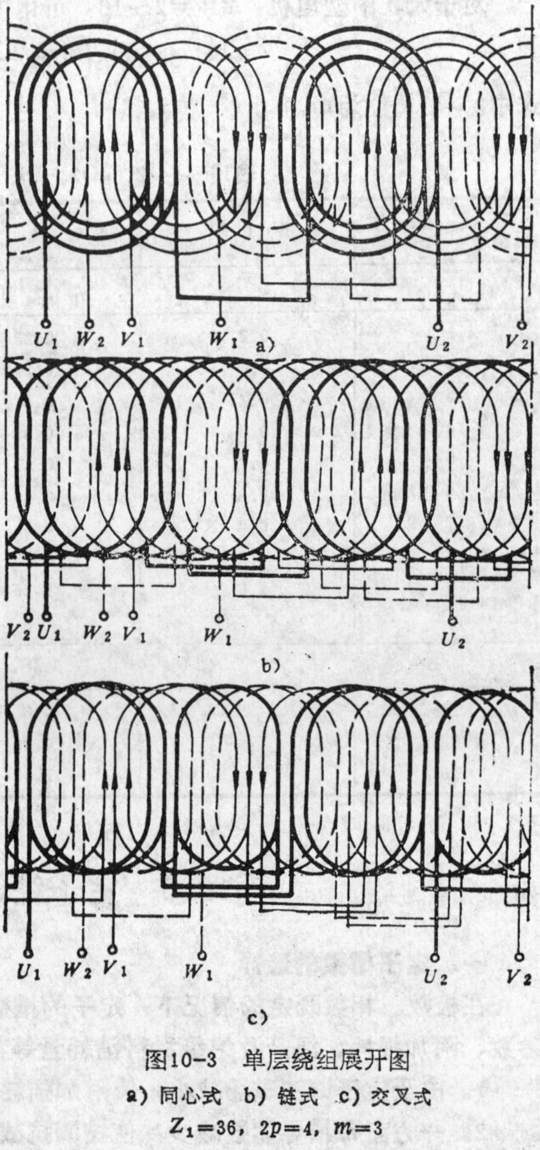


图10-3 单层绕组展开图

a）同心式 b）链式 c）交叉式

$Z_1=36$，$2p=4$，$m=3$

（二）双层叠绕组

双层叠绕组通常用于功率较大的感应电动机，如JO2系列6号机座和Y180及以上的电机。其主要优点是：（1）可以选择有利的节距以改善磁势与电势波形，使电机的电气性能较好；（2）端部排列方便；（3）线圈尺寸相同，便于制造。缺点是多用了绝缘材料，嵌线也较为麻烦。

（三）单双层绕组和星—三角混合绕组

1. 单双层绕组

双层绕组采用短距时，某些槽内上下层的导体属于同一相，而某些槽内上下层导体属于不同相。如果把属于同一相的上下层导体合起来，用单层绕组来代替，而上下层导体属于不同相的仍保持原来的双层绕组，并按同心式绕组端部形状将其端部连接起来，这种绕组就是单双层绕组。举例说明如下：

定子每极每相槽数 $q_1=3$，$p=1$，$y=\frac{8}{9}Z_{p1}$，即节距为1～9的双层绕组，式中 $Z_{p1}$ 为每极槽数。

图10-4 a 是双层绕组的排列示意图。上层边按相带 $A$、$-C$、$B$、$-A$、$C$、$-B$ 进行排列，下层边则由节距 $y=(8/9)Z_{p1}$ 来确定。如槽1、2、3上层边为相带 $A$ 的导体，则构成此线圈的下层边应在槽9、10、11的下层。从图中可以看出，槽1、2、4、5、7、8、10、11、13、14、16、17的上层和下层导体同属一相，因此，可以合在一起成单层。单层占有12个槽，相应有6个线圈；双层只占有6个槽，也有6个线圈。不论槽内是放单层还是双层绕组，每槽总导体数都应相等。图10-4 c 是它的展开图。此例说明单双层绕组相当于一双层绕组。

单双层绕组与单层绕组相比，有双层绕组的特性，即具有较好的气隙磁场波形，较好的

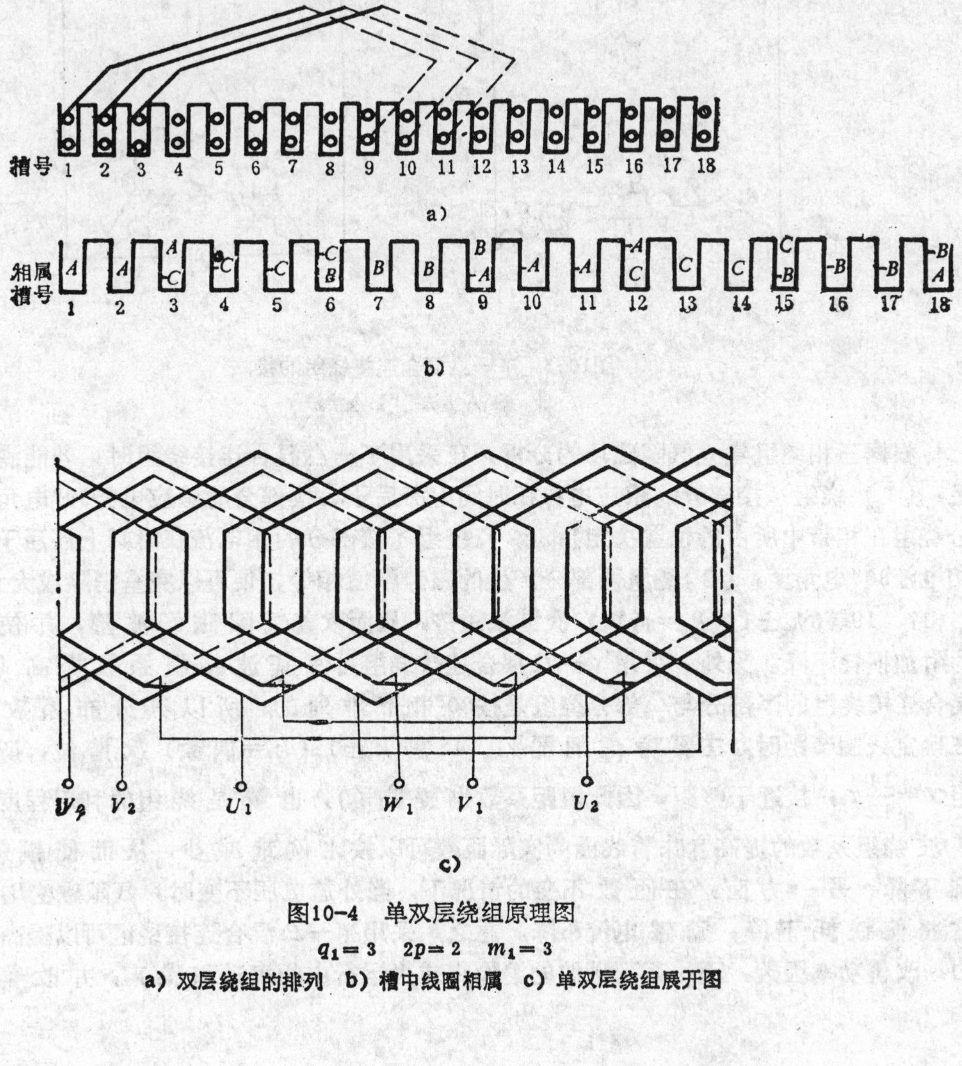


图10-4 单双层绕组原理图

$q_1=3$ $2p=2$ $m_1=3$

a) 双层绕组的排列 b) 槽中线圈相属 c) 单双层绕组展开图

起动性能和较低的附加损耗等一系列优点。从结构上看，单双层绕组比之双层绕组在较短的实际节距下，可以得到较大的有效节距，从而使基波绕组系数提高。当电机的有效匝数相等时，可以减少实际匝数；当有效节距相同时，实际节距可以缩短，从而节省绕组用铜，铜损耗也相应减小，效率相应提高。其缺点是线圈的几何尺寸和节距不等，单层和双层线圈的匝数也不相同，制作稍复杂。

单双层绕组主要用于2、4极电机中。根据一些工厂的经验，在6号以上机座中可用以取代双层绕组；对于5号以下机座，可用以取代单层绕组，其中二极电机用单双层绕组来提高绕组短距系数、削弱5次和7次谐波磁势效果最为显著。

2. Y一△混合连接绕组

Y一△混合连接绕组是把普通的60°相带三相绕组分成两套三相绕组：这两套绕组之间在空间相位上彼此相差30°电角度，其中一套采用△接法，一套采用Y接法。两套绕组中的电流在时间相位上也相差30°。Y一△混合连接绕组的两套绕组之间有两种连接方式：其一为⅄接法，又称Y一△串联绕组；其二为◬接法，又称Y一△并联绕组。如图10-5所示。

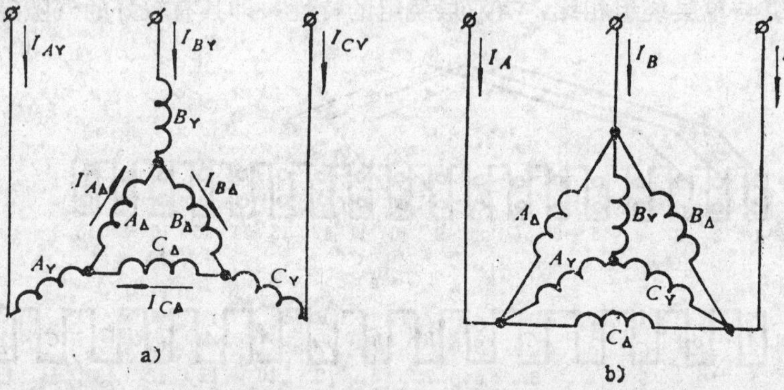

图10-5　Y一△混合连接绕组的接法

a) ⅄接法　b) ◬接法

根据三相绕组建立气隙磁场的分析，在采用Y一△混合连接绕组时，若能满足或基本满足：（1）绕组Y接部分的感应电势在时间上滞后于△接部分的感应电势30°电角度（由两部分绕组在相带中所占的位置决定），（2）绕组Y接部分的相电流在时间上滞后于△接部分的相电流30°电角度，（3）绕组两部分产生的磁势幅值相等，便可以完全消除或大大削弱5、7，17、19等$6k\pm1$（$k$＝奇数）次谐波磁势，从而改善气隙磁场波形，并使谐波引起的附加损耗下降。另外，采用Y一△混合连接绕组可使基波绕组系数提高（因为Y一△混合连接绕组的Y部分与△部分绕组是按30°相带排列的，所以其分布系数提高了；又在确定线圈节距时，主要考虑削弱11、13等$6k\pm1$（$k$＝偶数）次谐波，所以可取节距$y=\frac{11}{12}\tau$，接近于整距，因此短距系数也提高了），也就是绕组的利用程度得到提高。基波绕组系数的提高意味着线圈的实际匝数可以按比例地减少，从而使铜耗下降，漏抗下降。另一方面，在匝数不变的情况下，当外施电压不变时，气隙磁密$B_\delta$可以降低，这将使铁耗下降，励磁电流下降。总之，采用Y一△混合连接绕组可以提高电机的出力，改善功率因数，而一系列谐波的消除将减少运行中的振动和噪声，并改善电机转矩转速曲线下凹的不良现象，使电机性能得到多方面的改善。其主要缺点是：（1）前述三条件不能完全满足时，绕组内部将产生环流，引起额外的损耗，这在△接法时尤为严重；（2）制造工艺上嵌线和接线都比较复杂。

Y—△混合连接绕组所涉及的问题比较多，这里只作了简单的介绍，读者可以参阅有关资料〔10-1〕。

（四）绕组节距的选择

对双层绕组应从电机具有良好的电气性能和节约导线材料两方面来考虑节距的选择。在正常三相感应电机中，通常选 $y=\frac{5}{6}\tau$ 以便削弱磁势的5次和7次谐波分量。对于两极电机，为了便于嵌线和缩短端部长度，除铁心长度很长的以外，一般取 $y=\frac{2}{3}\tau$ 左右。单层绕组则一般都用整距。选定每极每相槽数和节距后，可按下列公式求出基波绕组系数 $K_{dp1}$。

分布系数

$$K_{d1}=\frac{\sin\frac{\alpha}{2}q_1}{q_1\sin\frac{\alpha}{2}} \tag{10-11 a}$$

式中 $\alpha=\frac{2p\pi}{Z_1}$——用电角度表示的槽距角。

短距系数

$$K_{p1}=\sin\frac{\beta\pi}{2} \tag{10-11 b}$$

$$\beta=\frac{y}{Z_{p1}}=\frac{y}{m_1q_1}$$

式中 $y$——以槽数表示的绕组节距；

基波绕组系数

$$K_{dp1}=K_{d1}K_{p1} \tag{10-11 c}$$

单双层绕组和星形—三角形混合连接绕组节距的选择和绕组系数的计算方法可参阅有关资料〔10-2〕〔10-1〕。

**三、每相串联导体数，每槽导体数的计算**

感应电动机的线负荷 $A$ 及定子电流 $I_1$ 的表达式分别为

$$A=\frac{m_1N_{\phi1}I_1}{\pi D_{i1}} \tag{10-12}$$

$$I_1=\frac{I_{KW}}{\eta\cos\varphi} \tag{10-13}$$

式中 $N_{\phi1}$——定子绕组每相串联导体数；

$I_{KW}$——感应电动机的每相功电流；

$\eta$、$\cos\varphi$——设计任务书给定的效率、功率因数；

$A$——初步选定的线负荷。

合并整理上述两式得

$$N_{\phi1}=\frac{\eta\cos\varphi\,\pi D_{i1}A}{m_1I_{KW}} \tag{10-14}$$

在确定电机的定子内径 $D_{i1}$ 后，从上式可以求出定子绕组的每相串联导体数 $N_{\phi1}$。

从式（10-14）可以看出，$N_{\phi1}$ 的大小必然影响电机电磁负荷 $A$ 和 $B_\delta$ 的数值。当电机的主要尺寸确定后，$AB_\delta$ 的乘积就确定了，因此如果 $N_{\phi1}$ 减小，$A$ 值就降低而 $B_\delta$ 值就增大，这一般地使功率因数降低，最大转矩、起动转矩和起动电流倍数都有所增加。因此设计时常常通过改动$N_{\phi 1}$来取得若干不同设计方案进行选优。

如果定子绕组采用的并联支路数为$a_1$，则每槽导体数$N_{s1}$为

$$N_{s1}=\frac{m_1 a_1 N_{\phi 1}}{Z_1} \tag{10-15}$$

对单层绕组，$N_{s1}$应圆整为整数，而每线圈匝数$N_c=N_{s1}$。

对双层绕组，$N_{s1}$应取偶数，此时每个线圈匝数 $N_c=\frac{N_{s1}}{2}$。

最后可算出定子绕组每相串联匝数

$$N_1=\frac{N_{\phi 1}}{2}$$

上面计算出的是初步数据，待磁路、参数、性能计算后，如必要还须进一步调整。

**四、电流密度的选择及线规、并绕根数和并联支路数的确定**

电流密度$J_1$的选择对电机的性能及成本影响极大，所以必须全面考虑电机的具体情况：效率、制造成本、使用寿命、散热条件、绝缘等级、导线材料……等。选用较大的$J_1$值，导体截面减小，可节省材料、降低成本，但同时却导致了损耗增大、效率降低，同时电机的温升增高，寿命和可靠性都降低。

一般对大、中、小型铜线电机，$J_1$可在$4\times10^6$～$6.5\times10^6$A/m²范围内选用。表10-5列出了中小型三相感应电动机一般采用的定子电流密度。

**表10-5　中小型感应电动机定子电流密度$J_1$**　　单位：A/m²

| 系列＼机座号 | 1～5 | 6～9 | 11以上 | 备　注 |
|---|---|---|---|---|
| J2 | — | $(5.0\sim6.5)\times10^6$ | — | E级绝缘，防滴式 |
| JO2 | $(4.5\sim6.5)\times10^6$ | $(4.0\sim6.0)\times10^6$ | — | E级绝缘，封闭式 |
| JS、JR | — | — | $(4.5\sim6.5)\times10^6$ | B级绝缘，防护式 |

工厂中常用控制$A$和$J_1$的乘积（称为热负荷）来控制电机的温升，所以在选择$J_1$时要注意到前面所选用的$A$值。

对大型电机，常参考其极距$\tau$的大小来选择$AJ_1$，因为$\tau$大意味着转子圆周速度较高，通风冷却效果较好，因而可选较大的热负荷$AJ_1$值。例如对B级绝缘的电机

当$\tau=0.2\sim0.4$m时，可选$AJ_1=2000\times10^8\sim2400\times10^8$A²/m³；

当$\tau=0.4\sim0.6$m时，选$AJ_1=2400\times10^8\sim3000\times10^8$A²/m³。

我国目前生产的Y系列小型感应电动机，虽采用B级绝缘，但因留有较大的温升裕度，$AJ_1$值较低，一般不超过$1000\times10^8\sim1400\times10^8$A²/m³，其中电密范围与JO2的大致相同。

$J_1$选定后，便可按下式估算导线截面积

$$A_{c1}=\frac{I_1}{a_1 N_{t1} J_1} \tag{10-16}$$

式中　$I_1$——定子绕组额定相电流，按式（10-13）计算；

$N_{t1}$——导线并绕根数；

$a_1$——定子绕组并联支路数。

当$I_1$较大时，为了避免采用截面太大的导线，一般常把定子每相绕组接成$a_1$路并联，以

使每支路的电流减为$\frac{I_1}{a_1}$，或者采用$N_{t1}$根截面相同的导线并绕(也可采用几根截面差别不大的导线并绕)，使每根导线所通过的电流减为$\frac{I_1}{N_{t1}}$，或者既采用$a_1$路并联，又采用$N_{t1}$根并绕。选择时主要根据工艺条件考虑。一般说来，小型电机的支路数$a_1$应少些，以免极间连线太多，而大、中型电机(特别是低压的)有时为了得到合适的每槽导体数$N_{s1}$，常采用较多的支路数。

双层整数槽绕组所能使用的并联支路数的条件为$2p/a_1$=整数，因此$a_1$最多为$2p$；单层绕组当$q_1$为偶数时，并联支路数最多为$2p$，当$q_1$为奇数时，并联支路数最多为$p$。

考虑到嵌线的方便，采用圆形导线的小型感应电动机，其单根圆导线的线径最好不超过1.68mm。但导线太细时，绕制与嵌线也不方便。在通常的情况下，导线并绕根数可达8根，极数较少的电机可取较大的$N_{t1}$值。

对功率较大的电机，则选用扁导线。这时应注意：（1）导线的宽厚比$b/a$在1.5～4.0范围内，并要与电机的槽口、槽宽和槽高尺寸相适应；（2）每根导线的截面最好小于15mm²，导线截面太大会引起较大的涡流损耗，并且在制造线圈时，较难于胀形及整形。

根据式（10-16）算出导线截面积，查标准线规表，选用截面相近的标准导线，得到圆导线的直径或扁导线的宽和厚。

**五、定子冲片的设计**

（一）槽形

感应电动机的定子槽形最常用的有四种，如图10-6所示。

梨形槽和梯形槽是半闭口槽，槽的底部比顶部宽，使齿壁基本上平行。这两种槽形一般用于功率在100kW以下，电压为500V以下的感应电动机中，因为这些电机通常采用由圆导线绕成的散嵌绕组。采用半闭口槽可以减少铁心表面损耗和齿内脉振损耗，并使有效气隙长度$\delta_{ef}$减小，功率因数得到改善。梨形槽与梯形槽相比，前者的槽面积利用率较高，冲模寿命较长，而且槽绝缘的弯曲程度较小，不易损伤，所以用得较为广泛。

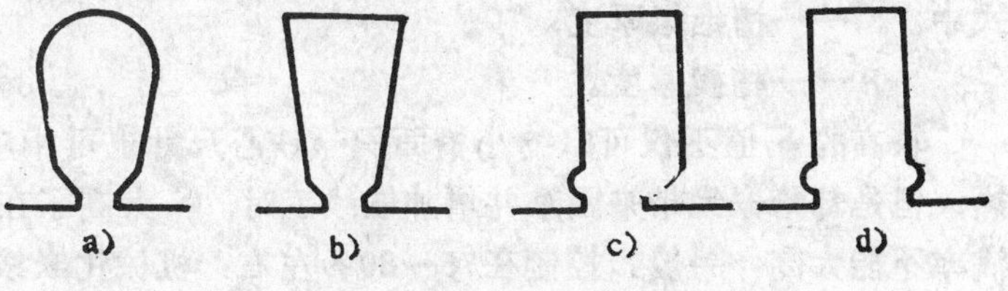


图10-6　感应电机定子常用槽形

a）梨形槽　b）梯形槽　c）半开口槽　d）开口槽

低压中型感应电动机常采用半开口槽，这时绕组应为分开的成型绕组，见图10-7；中型高压（3000V及以上）电机则采用开口槽，这是因为线圈的主绝缘需要在下线以前包扎好并进行浸烘处理。这两种槽形的槽壁都是平行的，因此称平行槽。开口槽增大了气隙磁场中的磁导齿谐波分量，为了避免因此引起较大的空载附加损耗，可采用磁性槽楔，但此时槽漏抗将增大。

（二）槽满率

定子槽必须有足够大的截面积，使每槽所有导体能不太困难地嵌进去。在采用圆导线的半闭口槽中，用槽满率来表示槽内导线的填充程度。槽满率是导线有规则排列所占的面积与槽的有效面积之比，即

$$S_f=\frac{N_{t1}N_{s1}d^2}{A_{ef}}\times 100\% \tag{10-17}$$

式中　$d$ ——绝缘导线的直径；

$A_{ef}$——槽有效面积。

$$A_{ef}=A_s-A_i$$

式中　$A_s$——槽面积，以图10-8的梨形槽为例，

$$A_s=\frac{2r_{21}+b_{11}}{2}(h'_s-h)+\frac{\pi r_{21}^2}{2}$$

$A_i$——槽绝缘所占面积，

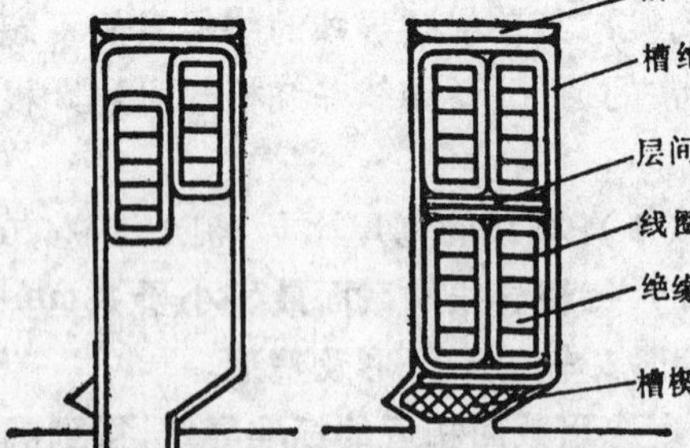


图10-7　半开口槽与其成型绕组

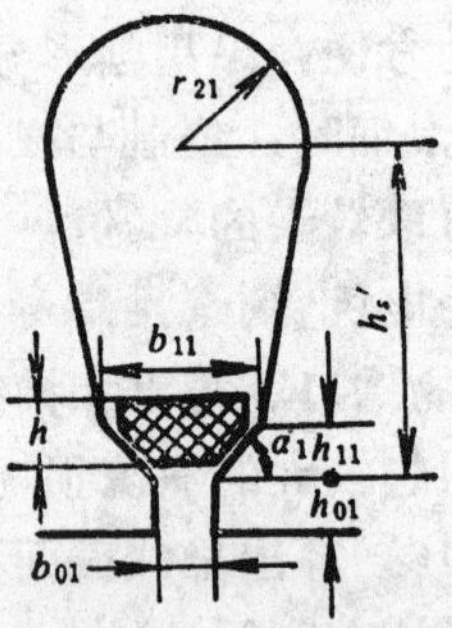


图10-8　梨形槽

对于双层绕组

$$A_i=\Delta_i(2h'_s+\pi r_{21}+2r_{21}+b_{11})$$

对于单层绕组

$$A_i=\Delta_i(2h'_s+\pi r_{21})$$

式中　$\Delta_i$——槽绝缘厚度；

$h$ ——槽楔厚度。

较高的$S_f$值不仅可以缩小槽面积（铁心尺寸也可相应缩小），而且有利于槽内导线的散热；但是却给嵌线带来困难并增加嵌线工时。$S_f$太高了在嵌线时极易引起绝缘损伤。所以槽满率不能太高，一般，控制在75～80%左右，机械化嵌线时$S_f$控制在75%以下。

（三）槽形尺寸的确定

1．半闭口槽

确定槽形尺寸时除考虑上述$S_f$值外，还要求（1）齿部和轭部的磁密要适当；（2）齿部有足够的机械强度、轭部有足够的刚度。此外还应注意槽形尺寸特别是其深宽比对电机参数的影响（见第四章中漏抗的计算）。

确定半闭口槽尺寸的具体方法如下：

由于硅钢片的导磁性能比空气的好得多，因此可以假定一个齿距内的气隙磁通全部进入齿内，便有定子齿宽

$$b_{t1}\approx\frac{t_1B_\delta}{K_{Fe}B_{t1}} \tag{10-18}$$

式中　$t_1$——定子齿距，$t_1=\frac{\pi D_{i1}}{Z_1}$；

$K_{Fe}$——铁心叠压系数，对于厚0.5mm的硅钢片，$K_{Fe}=0.92$(涂漆)，0.95(不涂漆)；

$B_{t1}$——定子齿磁密，一般应在硅钢片磁化曲线的膝部附近，具体数值可参考已制成电机的设计数据，多数在1.40～1.60 T之间。

每极磁通经过齿部后分两路进入轭部，轭部磁通仅为每极磁通的一半，便有定子轭部计算高度

$$h'_{j1}\approx\frac{\tau\alpha'_p B_\delta}{2K_{Fe}B_{j1}} \tag{10-19}$$

式中 $B_{j1}$——定子轭部磁密；因轭部磁路较长，体积较大，因此一般$B_{j1}$取得比$B_{t1}$略低，以保证合理的铁心损耗和空载电流。具体数值可参考已制成电机的设计数据，除有些$2p=2$的电机以外，一般在1.1～1.5T之间。

$\alpha'_p$——计算极弧系数，可取$\alpha'_p=0.68$。

槽口尺寸主要由电气性能、冲模制造、冲压和下线工艺等因素决定。一般取槽口宽$b_{01}=$ 2.5～4.0mm，为了嵌线方便，$b_{01}$应比线径大1.2～1.6mm。在机械化嵌线时，槽口还需适当放宽。槽口高度$h_{01}=0.5$～2.0mm。$\alpha_1$角一般采用30°左右。见图10-8。

根据上述估算和选定的数据，用作图法可以初步确定定子槽形和冲片尺寸，再结合核算槽满率，进行必要的调整。

2. 平行槽

平行槽的槽形尺寸要和扁导线的尺寸及绝缘结构尺寸等结合起来考虑，具体步骤与半闭口槽的基本上相同，只是不须核算槽满率而已。

为使齿部磁密在正常的范围内，定子槽宽$b_{s1}$和齿距有下列关系

$$b_{s1}=(0.45\sim0.62)t_1$$

槽高$h_{s1}$和槽宽$b_{s1}$的比例也要适当，以保证合理的槽漏抗，通常

$$h_{s1}=(3.5\sim5.5)b_{s1}$$

工厂生产实践提供的定子槽宽$b_{s1}$数据（表10-6）可供设计时参考。

表10-6 槽宽$b_{s1}$和极距$\tau$的关系　　单位：cm

| $\tau$ \ 电压 | 500V以下 | 3000V | 6000V |
|---|---|---|---|
| 15 | 0.8～1.0 | 0.95～1.2 | 1.05～1.25 |
| 25 | 0.85～1.1 | 1.0～1.3 | 1.1～1.4 |
| 45 | 1.0～1.4 | 1.15～1.5 | 1.25～1.7 |

对于大型高速电机，$b_{s1}$可达2.0～2.3cm。

最后要校验齿部最小截面处的磁密$B_{t\max}$，其值必须不超过2.0T。

## §10-4 转子绕组与铁心的设计

### 一、笼型转子的设计计算

（一）转子槽数的选择及定转子槽配合问题

笼型转子感应电机在选取转子槽数时，必须与定子槽数有恰当的配合，这就是通常所谓的槽配合。如果配合不当，会使电机性能恶化，例如有可能导致附加损耗、附加转矩、振动与噪声增加，从而使效率降低、温升增高、起动性能变坏、严重时甚至无法起动。

下面就槽配合对附加损耗、附加转矩、振动与噪声的影响及其如何选择等问题作一扼要介绍。

1．槽配合对附加损耗的影响

感应电机的附加损耗主要由气隙谐波磁通引起。这些谐波磁通在定、转子铁心中产生高频铁耗（表面损耗和齿部脉振损耗），在笼型转子中产生高频电流损耗（包括转子笼内的高频电流损耗及斜槽时由导条和铁心所构成的回路中的横向电流损耗）。其中以定、转子齿谐波磁通的作用最为显著。

图10-9表示定、转子槽数相等时，定子齿谐波磁通在转子导条中感生电势的情况。由图可见，相邻导条 $a$ 与 $b$ 中由定子齿谐波磁通感生的电势大小相等，相位相同，因而在它们之间不会产生电流（包括横向电流）。这表明，在等槽配合时，定子齿谐波磁通不会在转子中产生高频电流损耗（包括横向电流损耗）。

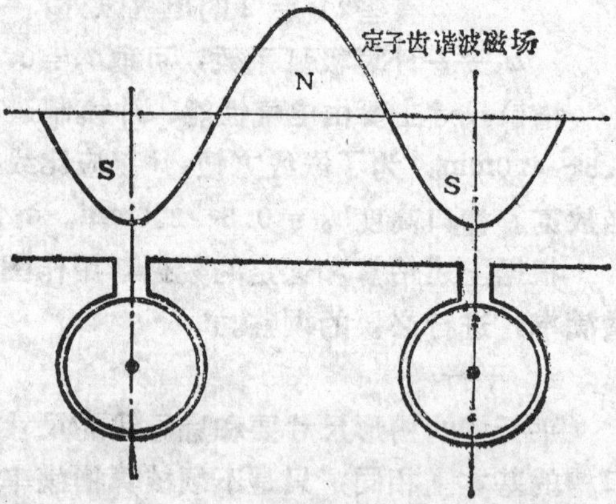

图10-9　定、转子槽数相等时定子齿谐波磁通在转子导条中感生电势的示意图

从图10-9中还可看出，当定、转子槽数很接近时，转子齿顶的宽度将十分接近定子齿谐波的波长，因此转子齿中由定子齿谐波磁通引起的脉振较小，脉振损耗也就较小。同理，定子齿中由转子齿谐波磁通引起的脉振损耗也较小。

由上可知，选择感应电机的槽配合时，从减少附加损耗的角度出发，定、转子槽数应尽量接近。但不能取 $Z_2=Z_1$，因为从下面可知，这会引起同步附加力矩，使电机无法起动。

当定子槽数及定、转子槽数间的差值一定时，转子槽数多于或少于定子槽数对附加损耗的影响与转子型式有关。铜条笼型转子或直槽铸铝转子，定子侧与转子侧的附加损耗在数量级上比较接近。采用多槽转子（即转子槽数多于定子槽数）时，转子中的谐波损耗虽比采用少槽转子时有所增加，但因转子齿谐波的幅值减小，它在定子齿中产生的脉振损耗也随之变小。因此总的附加损耗与采用少槽转子时相差不多。但对于斜槽铸铝转子，由于导条间有横向电流所引起的相应损耗，数值较大，而且随着槽数增加而迅速增大，因此转子侧的附加损耗比定子侧的大得多。资料〔10-5〕介绍了在一台8极电机上试验所得的附加损耗与槽配合的关系曲线，如图10-10所示。由图可见，在定、转子槽数之比 $Z_2/Z_1$ 大于一定数值后，若 $Z_1$ 不变，则随着 $Z_2$ 的增加，附加损耗将迅速增大。因此在斜槽铸铝转子的电机中，一般都采用少槽——近槽配合，即定、转子槽数相近，而转子槽数略少于定子槽数。

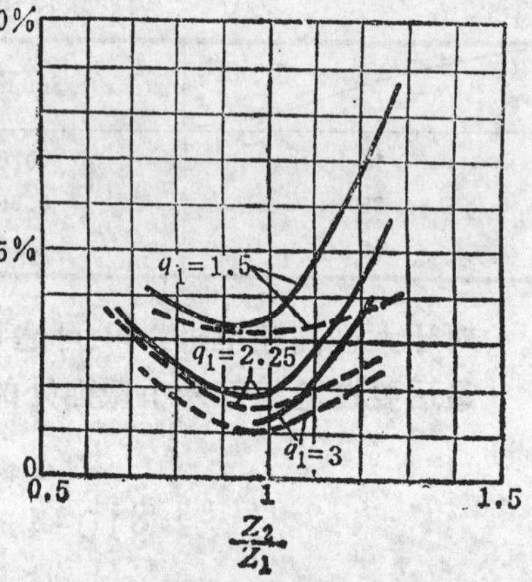

图10-10　一台8极感应电机的附加损耗与槽配合的关系曲线

实线一转子槽斜一个齿距，虚线一直槽转子

经验证明，当定子为开口槽或半开口槽、转子为直槽铸铝转子时，若转子槽数多于定子槽数，会使空载附加损耗增加，因此最好也采用少槽——近槽配合。

2．槽配合对异步附加转矩的影响

三相感应电机定子绕组产生的磁场中有一系列的谐波，它们各有不同的极数，并以不同的转速和转向在旋转。和基波磁场产生异步主转矩的情况类似，定子谐波磁场也能在转子笼中感生电流，产生一个与其次数相同（或即极数相同）、转速和转向相同的谐波磁场，这两个磁场相互作用所产生的转矩称为异步附加转矩，它将使电机的转矩曲线产生凹陷（称为异步谷），如图10-11所示。于是降低了最小转矩的数值，影响电机起动时升速的平稳性，严重时使电机只能在低速下“潜行”而不能达到正常转速。

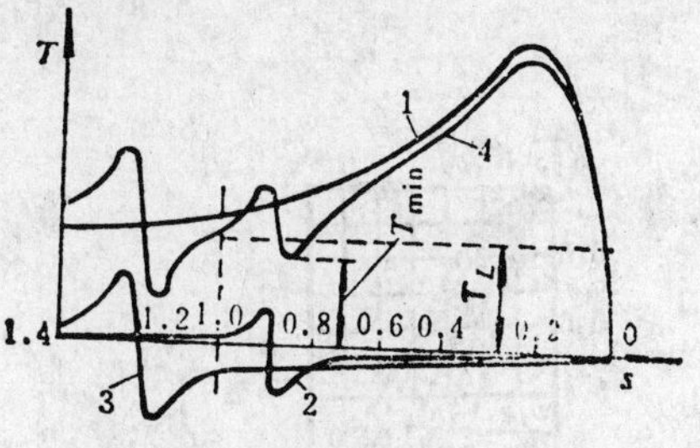


图10-11　异步附加转矩对转矩曲线的影响

1—基波转矩　2—7次谐波转矩　3—5次谐波转矩　4—合成转矩

从上面已知，当定、转子槽数较接近时，定子齿谐波磁通在转子导条中感生的电流较小，因而产生的异步附加转矩也就较小，这一点和槽配合对附加损耗的影响是相似的。因此为了减小齿谐波磁通产生的异步附加转矩，定、转子槽数也应尽量接近。

根据〔4-5〕的推导，可得定子$\nu$次齿谐波磁势产生的异步附加转矩的最大值与基波磁势产生的起动转矩之比为

$$\frac{T_{\nu max}}{T_{st}} \approx \frac{1}{2\nu}\frac{X_m}{R_2'}\left(\frac{K_{2\nu}K_{sk\nu}}{K_{21}K_{sk1}}\right)^2$$

式中　$T_{\nu max}$——$\nu$次齿谐波磁势产生的异步附加转矩的最大值；

$T_{st}$——基波磁势产生的起动转矩；

$X_m$——对于基波磁场的励磁电抗；

$R_2'$——等效电阻，$R_2' = \frac{R_2'}{C_2^2}$，其中$R_2'$为折算到定子侧的转子电阻，$C_2$为校正系数，

$C_2 \approx 1 + \frac{X'_{\sigma 2}}{X_m}$，$X'_{\sigma 2}$为折算到定子侧的转子漏抗；

$K_{21}$，$K_{2\nu}$——分别为对应于基波和$\nu$次谐波的系数，参见公式（5-72）；

$K_{sk1}$，$K_{sk\nu}$——分别为转子绕组对于基波和$\nu$次谐波的斜槽系数。

由上式可见，要使$\frac{T_{\nu max}}{T_{st}}$减小，必须降低$K_{2\nu}$和$K_{sk\nu}$，这可由选择适当的定、转子槽数间的比值和采用斜槽来达到。

图10-12所示为笼型转子的槽作各种扭斜时，乘积$K_{2\nu}^2 K_{sk\nu}^2$和比值$\frac{\nu p}{Z_2}$间的关系曲线。由图可见，当比值$\frac{\nu p}{Z_2} \geqslant 0.8$时，即使槽不扭斜（即$K_{sk\nu} = 1$），也可大大减小$K_{2\nu}^2$。$\frac{\nu p}{Z_2} = 0.8$时，$K_{2\nu}^2 \approx 0.05$。

因为作电动机运行时$\nu = \frac{Z_1}{p} + 1$次的齿谐波危害最大，为了限制齿谐波磁势产生的异步附加转矩，转子槽数应符合下式：

$$\frac{\nu p}{Z_2} = \frac{p\left(\frac{Z_1}{p} + 1\right)}{Z_2} \geqslant 0.8$$

即要求

$$Z_2 \leqslant 1.25(Z_1 + p) \tag{10-20}$$

3．槽配合对同步附加转矩的影响

当$\nu_b$次的定子谐波磁场与另一个由$\nu_a$次定子谐波磁场感应产生的$\mu_a$次转子谐波磁场，极数相同、转速也相同时，这两个谐波磁场间将产生同步附加转矩，使电机的转矩曲线出现突变，见图11-13，它也会降低最小转矩的数值，影响电机的起动性能，严重时电机将无法起动。

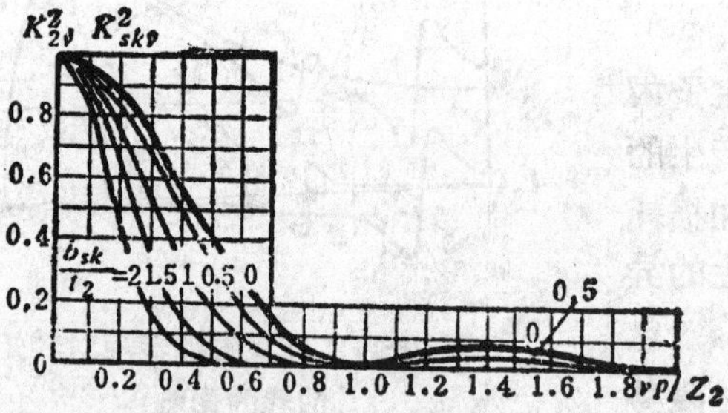


图10-12 笼型转子的槽作各种扭斜时，$K^2_{2\nu}$、$K_{sk\nu}^2$与比值$\nu p/Z_2$间的关系曲线

$b_{sk}$—斜槽的扭斜宽度（见图4-27） $t_2$—转子齿矩

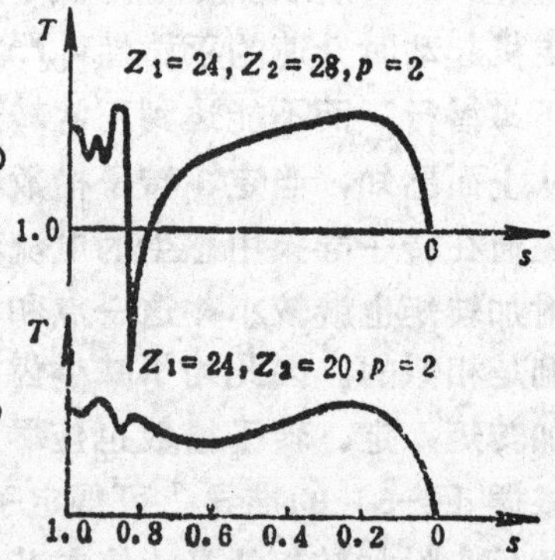


图10-13 同步附加转矩对转矩曲线的影响

本节中，与在第九章中一样，在进行谐波分析时，为了便于计算，把波长等于电枢周长的2极波作为基准波。由式（9-14）可知，定子为三相整数槽绕组时，其谐波磁势的次数为$\nu=p(2m_1k_1+1)$，$k_1$为任何正、负整数或零。这些谐波磁势中，次数为$\nu=k_1Z_1+p$的谐波称为定子齿谐波（$k_1$为任何正、负整数），$k_1=\pm1$称为定子一阶齿谐波，$k_1=\pm2$称为定子二阶齿谐波，依次类推。齿谐波的绕组系数与主波的相同，因此对电机性能的影响也较大。

定子主波和谐波磁场在转子中感生的电流同样会在气隙中产生一系列不同次数的磁势。由定子$\nu$次磁场在转子中感生的一系列磁势谐波的次数为$\mu=k_2Z_2+\nu$（指笼型转子），其中$k_2$为任何正、负整数或零，$k_2=\pm1$为转子一阶齿谐波，$k_2=\pm2$为转子二阶齿谐波，它们对电机性能影响较大。

我们知道，定、转子谐波磁场$\nu_b$与$\mu_a$间要能产生同步附加转矩，除了这两个磁场彼此不是由对方所感生的以外，还必须符合下列两个条件：

（1）$\mu_a=\nu_b$，它表明这两个磁场的极数彼此相等。

（2）$v_{\mu a}=v_{\nu b}$，这$v_{\mu a}$与$v_{\nu b}$分别为$\mu_a$与$\nu_b$次谐波磁场相对于定子的线速度。这一条件意味着这两个磁场同步。

下面先推导$v_{\mu a}$与$v_{\nu b}$的计算公式。

由式（9-12），令$\varphi_\nu=0$，$\theta=\frac{\pi}{p\tau}x_1$，定子$\nu_b$次谐波磁势可用下式表示：

$$f_{\nu b}=F_{\nu b}\cos\left(\nu_b\frac{\pi}{p\tau}x_1-\omega_1 t\right) \quad (10-21)$$

式中 $F_{\nu b}$——$\nu$次谐波磁势的幅值；

$\tau$——主波磁势的极距；

$x_1$——沿气隙圆周展开的$x$轴坐标，以定子一相绕组的中心线处为原点。

为了决定$\nu_b$次谐波对定子的线速度，只需令上式右边括号里的部分等于常数，然后对$t$微分，即可得

$$v_{\nu b}=\frac{dx_1}{dt}=\frac{2p\tau f}{\nu_b}=\frac{pv_1}{\nu_b} \tag{10-22}$$

式中 $v_1$——主波磁势的线速度，$v_1=2\tau f$。

由定子$\nu_a$次谐波磁势所感生的转子$\mu_a$次谐波磁势可用下式表示：

$$f_{\mu a}=F_{\mu a}\cos\left(\mu_a\frac{\pi}{p\tau}x_2-s_{\nu a}\omega_1 t\right) \tag{10-23}$$

式中 $F_{\mu a}$——$\mu_a$次谐波磁势的幅值；

$x_2$——转子上某一点的坐标，以转子一相绕组的中心线处为原点；

$s_{\nu a}$——转子对于定子$\nu_a$次磁势的转差率，可按下式计算：

$$s_{\nu a}=\frac{v_{\nu a}-v_2}{v_{\nu a}} \tag{10-24}$$

式中 $v_2$为转子线速度，$v_2=(1-s)v_1$，$s$为转子对于主波磁势的转差率。将$v_2$代入式(10-24)，可得

$$s_{\nu a}=\frac{v_{\nu a}-(1-s)v_1}{v_{\nu a}}$$

由式（10-22）可知，$v_{\nu a}=\frac{pv_1}{\nu_a}$，代入上式可得

$$s_{\nu a}=1-(1-s)\frac{\nu_a}{p} \tag{10-25}$$

将式（10-25）代入式（10-23），可得

$$f_{\mu a}=F_{\mu a}\cos\left\{\mu_a\frac{\pi}{p\tau}x_2-\left[1-(1-s)\frac{\nu_a}{p}\right]\omega_1 t\right\} \tag{10-26}$$

假定 $t=0$ 时，定、转子坐标的原点处于某一直径上的同一端，则$x_1$与$x_2$间的关系为

$$x_1=x_2+v_2 t$$

于是

$$x_2=x_1-v_2 t=x_1-(1-s)\frac{\tau}{\pi}\omega_1 t \tag{10-27}$$

将式（10-27）代入式（10-26），得

$$f_{\mu a}=F_{\mu a}\cos\left\{\mu_a\frac{\pi}{p\tau}x_1-\left[1+\frac{\mu_a-\nu_a}{p}(1-s)\right]\omega_1 t\right\} \tag{10-28}$$

令上式右边括号中的部分等于常数，然后对 $t$ 微分，可得

$$v_{\mu a}=\frac{p}{\mu_a}\left[1+\frac{\mu_a-\nu_a}{p}(1-s)\right]v_1 \tag{10-29}$$

下面进一步讨论产生同步附加转矩的具体条件。

（1）$\mu_a=+\nu_b$；$v_{\mu a}=v_{\nu b}$

令 $v_{\mu a}=v_{\nu b}$，故由式（10-29）与式（10-22）可得

$$\frac{p}{\mu_a}\left[1+\frac{\mu_a-\nu_a}{p}(1-s)\right]v_1=\frac{p}{\nu_b}v_1$$

将$\mu_a=\nu_b$代入，得

$$\frac{\mu_a-\nu_a}{p}(1-s)=0$$

因$\mu_a\neq\nu_a$，故 $1-s=0$，即 $s=1$。

这表明，当 $\mu_a=+\nu_b$时，在 $s=1$（即转子静止）时，将产生同步附加转矩。

（2）$\mu_a=-\nu_b$；$v_{\mu a}=v_{\nu b}$

根据上列条件及式（10-29）、（10-22），可得

$$\frac{\mu_a-\nu_a}{p}(1-s)=-2$$

即

$$(1-s)=\frac{-2p}{\mu_a-\nu_a} \tag{10-30}$$

对笼型转子感应电机，$\mu_a=k_{2a}Z_2+\nu_a$，故

$$(1-s)=-\frac{2p}{k_{2a}Z_2} \tag{10-31}$$

于是产生同步附加转矩时的转子转速为

$$n=(1-s)n_1=-\frac{2p}{k_{2a}Z_2}\cdot\frac{60f}{p}=-\frac{120f}{k_{2a}Z_2} \tag{10-32}$$

式中　$n_1$——定子主波磁场的转速。

由上可知，若定子谐波$\nu_b$与转子谐波$\mu_a$（系由另一定子谐波$\nu_a$所产生）次数相同，符号相同（即$\mu_a=+\nu_b$），则两者在$s=1$时产生同步附加转矩，使起动转矩出现波动或死点。若$\nu_b$与$\mu_a$次数相同，符号相反（即$\mu_a=-\nu_b$），则由式（10-31）可知，在$s>1$（$k_{2a}>0$时）或$s<1$（$k_{2a}<0$时）的情况下将产生同步附加转矩。

由于定、转子齿谐波的幅值较大，特别是一阶与二阶齿谐波的幅值更为显著，因此在选择槽配合时，应尽量避免使定、转子一阶与二阶齿谐波（其中尤其是一阶齿谐波）间相互作用产生同步附加转矩，而且最好也能避免由转子一阶齿谐波和定子相带谐波相互作用产生同步附加转矩。

用上述分析方法可决定定、转子主要谐波之间产生同步附加转矩的条件，现分列如下：

（1）定、转子一阶齿谐波间相互作用产生同步附加转矩的条件为

$$\left.\begin{aligned}&Z_2=Z_1,\quad s=1\\&Z_2=Z_1+2p,\quad s<1\\&Z_2=Z_1-2p,\quad s>1\end{aligned}\right\} \tag{10-33}$$

（2）定、转子二阶齿谐波间相互作用产生同步附加转矩的条件为

$$\left.\begin{aligned}&Z_2=Z_1,\quad s=1\\&Z_2=Z_1+p,\quad s<1\\&Z_2=Z_1-p,\quad s>1\end{aligned}\right\} \tag{10-34}$$

（3）转子一阶齿谐波与定子相带谐波间相互作用产生同步附加转矩的条件为

$$\left.\begin{aligned}&Z_2=2m_1pk_1\ (k_1>0),\quad s=1\\&Z_2=2m_1pk_1+2p\ (k_1>0),\quad s<1\\&Z_2=2m_1pk_1-2p\ (k_1>0),\quad s>1\end{aligned}\right\} \tag{10-35}$$

4．槽配合对振动和噪声的影响

由第九章式（9-39）～（9-43）可知，当槽配合符合下列条件时，定、转子齿谐波磁场将引起电机振动和噪声：

$$\left.\begin{aligned}&Z_2=Z_1\pm i\\&Z_2=Z_1\pm 2p\pm i\end{aligned}\right\}\quad(i=1,2,3\cdots) \tag{10-36}$$

依据同样原理，可推导得出由定子相带谐波磁场与转子一阶齿谐波引起振动和噪声的条件为

$$\left.\begin{aligned}Z_2&=2pm_1k_1\\Z_2&=2pm_1k_1\pm i\end{aligned}\right\}(k_1>0,\ i=1,2,3\cdots)\tag{10-37}$$

5. 感应电机定、转子槽配合的选择

由以上分析可知，定、转子槽配合对感应电机附加损耗、附加转矩、振动和噪声等影响很大，因此在选择时必须慎重对待。通常在选择槽配合时主要考虑下列原则：

（1）为了减小附加损耗，应采用少槽近槽配合。

（2）为了避免在起动过程中产生较强的异步附加转矩，应使

$$Z_2\leqslant1.25(Z_1+p)$$

（3）为了避免在起动过程中，产生较强的同步附加转矩、振动和噪声，应避免采用表10-7第（4）项所列的槽配合。

**表10-7　产生不良后果的槽配合**

| 不良后果＼产生原因 | 定转子一阶齿谐波 | 转子一阶齿谐波与定子相带谐波 | 定转子二阶齿谐波 |
|---|---|---|---|
| （1） 堵转时产生同步附加转矩 | $Z_2=Z_1$ | $Z_2=2pm_1k$ | — |
| （2） 电动机运转时产生同步附加转矩 | $Z_2=Z_1+2p$ | $Z_2=2pm_1k+2p$ | $Z_2=Z_1+p$ |
| （3） 电磁制动运转时产生同步附加转矩 | $Z_2=Z_1-2p$ | $Z_2=2pm_1k-2p$ | $Z_2=Z_1-p$ |
| （4） 可能产生电磁振动和噪声 | $Z_2=Z_1\pm i$<br>$Z_2=Z_1\pm2p\pm i$ | $Z_2=2pm_1k\pm i$<br>$Z_2=2pm_1k\pm2p\pm i$ | $Z_2=Z_1\pm p\pm i$ |

注：$k$为任意正整数；$i=1,2,3$。

表10-7所示的槽配合虽应尽量避免，但非完全不能采用。例如若电机不用于电磁制动状态，则表中第（3）项的槽配合仍可采用。由于定、转子一阶齿谐波相互作用产生的同步附加转矩及定、转子一阶齿谐波次数相差1时，产生的振动和噪声最为严重，不采取特殊措施往往不能采用，因此应特别注意避免。其余的槽配合，若能在设计和工艺上采取适当措施(例如采用合适节距的双层短距绕组或其他包含较少谐波成分的绕组、转子斜槽、适当增大气隙等)，则实践表明有些仍可采用。特别是产生振动与噪声的原因很多，除与槽配合有关外，尚与定子结构、机座尺寸等有关，故应着重实践验证与参考已有的经验。

文献〔2-1〕推荐的三相笼型转子感应电机的槽配合数值可见表10-8。

文献〔0-4〕推荐的笼型转子感应电机的槽配合数值可见表10-9。

(二) 转子槽形的选择和槽形尺寸的确定

1. 转子槽形

感应电动机笼型转子槽形种类很多。目前对于采用铸铝转子的中小型电动机，一般采用如图10-14所示的各种转子槽形。对于功率较大或转速较高、采用铜条转子的大中型电动机，采用半闭口的平行槽。

## 表10-8　三相笼型转子感应电机推荐的槽配合

| 极　数 | 定子槽数 | 转　子　槽　数 | 极　数 | 定子槽数 | 转　子　槽　数 |
|---|---|---|---|---|---|
| 2 | 18 | 16③ | 6 | 36 | 26　33 |
|  | 24 | 20① |  | 54 | 44　58　64 |
|  | 30 | 22　26① |  | 72 | 56　58　86 |
|  | 36 | 28 | 8 | 48 | 44 |
|  | 42 | 34 |  | 54 | 50　58　64 |
|  | 48 | 40 |  | 72 | 56①58　86 |
| 4 | 24 | 22 | 10 | 60 | 64 |
|  | 36 | 26　28①　32③④　34② |  |  |  |
|  | 48 | 38　44③ |  |  |  |
|  | 60 | 38　47　50 |  | 90 | 72　80③　106　114 |

① 电动机运行时，转子一阶齿谐波和定子相带谐波作用产生同步附加转矩；

② 可能产生电磁振动；

③ 电磁制动运行时，定、转子一阶齿谐波作用产生同步附加转矩，故不宜用于在制动状态运行的电机；

④ 堵转时可能产生振动。

## 表10-9　笼型转子感应电机推荐的槽配合

| 极　数 | 定子槽数 | 转子槽数 直槽 | 转子槽数 斜槽 |
|---|---|---|---|
| 2 | 12 | 9• 15• | — |
|  | 18 | 11• 12• 15• 21• 22• | 14• 19• 22• 28• 31 33 34 35 (18) (30) |
|  | 24 | 15• 16• 17• 32 (16) | 26 |
|  | 30 | 22　38 | (18) 20 21 23 37 39 40 (24) |
|  | 36 | 26 28 44 46 | 25 27 29 43 45 47 |
|  | 42 | 33 34 50 52 | — |
|  | 48 | 38 40 56 58 | 37 39 41 55 57 59 |
| 4 | 12 | 9 | 15• |
|  | 18 | 10• 14• | 18• 22• |
|  | 24 | 15• 16• 17• (32) | 16 (20) 30 33 34 35 36 |
|  | 36 | 26 44 46 | (24) 27 28 30 (32) 45 48 |
|  | 42 | (34) (50) 52 54 | (33) 34 (38) (51) 53 |
|  | 48 | 34 38 56 58 62 64 | (36 39 44)40 57 59 |
|  | 60 | 50 52 68 70 74 | 48 49 51 56 64 69 71 |
|  | 72 | 62 64 80 82 86 | 61 63 68 76 81 83 |
| 6 | 36 | 26 46 (48) | 28• 47 49 50 |
|  | 54 | 44 64 66 68 | 42 43 65 67 |
|  | 72 | 56 58 62 82 84 86 88 | 57 59 60 61 83 85 87 90 |
|  | 90 | 74 76 78 80 100 102 104 | 75 77 79 101 103 105 |
| 8 | 48 | (34) 36 62 64 | 35 61 63 65 |
|  | 72 | 58 86 88 90 | 56 57 59 85 87 89 |
|  | 84 | 66 (68) 70 98 100 102 104 | (68 69 71 97 99 101) |
|  | 96 | 78 82 110 112 114 | 79 80 81 83 109 111 113 |
| 10 | 60 | 44 46 74 76 | 57 69 77 78 79 |
|  | 90 | 68 72 74 76 104 106 108 110 112 114 | 70 71 73 87 93 107 109 |
|  | 120 | 86 88 92 94 96 98 102 104 106 134 136 138 140 142 144 146 | 99 101 103 117 123 137 139 |

（续）

| 极数 | 定子槽数 | 转子槽数 | |
|---|---|---|---|
| | | 直槽 | 斜槽 |
| 12 | 72<br>90<br>108<br>144 | 56 64 80 88<br>68 70 74 88 98 106 110<br>86 88 92 100 116 124 128 130 132<br>124 128 136 152 160 164 166 168 170<br>172 | 69 75 80 89 91 92<br>(71 73) 86 87 93 94 (107) 109<br>84 89 91 104 105 111 112 125 127<br>125 127 141 147 161 163 |
| 14 | 84<br>126 | 74 94 102 104 106<br>106 108 116 136 144 146 148 150 152<br>154 158 | 75 77 79 89 91 93 103<br>107 117 119 121 131 133 135 145 |
| 16 | 96<br>144 | 84 86 106 108 116 118 120<br>122 124 132 134 154 156 164 166 168<br>170 172 | 90 102<br>138 150 |

注：1. 括弧中的槽数不推荐，因可能发生振动；
2. 有•号的槽数应用于小功率电机中。

图10-14 a 、b 是平行齿的槽形，具有这两种转子槽形的电机的电气性能基本相似，但图b 的槽形冲模制造较为容易。图 a 的槽形齿部截面逐渐变化，强度较高，主要用于功率较大的电机；而图 b 的槽主要用于功率较小的电机。图10-14c、d 是平行槽，其集肤效应比平行齿的槽形的显著，对改善起动性能有利，主要用于功率较小的两极电机中。图10-14 e 的槽上半部近于平行槽，下半部为平行齿，称为凸形槽，其突出优点是集肤效应显著，能降低起动电

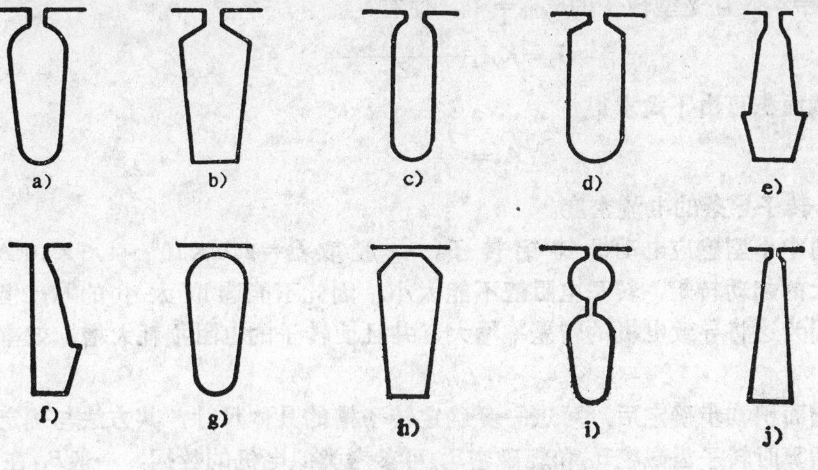

图10-14 感应电动机笼型转子常用槽形

a)、b) 平行齿 c)、d) 平行槽 e) 凸形槽 f) 刀形槽 g)、h) 闭口槽 i) 双笼转子槽 j) 梯形槽

流，改善起动性能；缺点是形状复杂，冲模加工困难。为了便于冲模加工并保留凸形槽优点，有时采用图10-14 f 所示的槽形，称刀形槽。这两种槽形通常用于功率较大的 2 极或 4 极电机。图10-14 g 、h 为闭口槽，其优点是简化冲模制造和减少电机的附加损耗；其缺点是增加了转子的槽漏抗。目前大中型电机一般采用双笼或深槽，图10-14 i 为双笼转子槽形，设计时可以方便地改变上下笼的尺寸和参数，以得到较好的起动和运行特性。深槽的槽形比较简单（图中未画出），它通常用于转子直径较小、制造双笼有一定困难的电机中；但深槽转子

的漏抗较大，使电机的功率因数降低。图 10-14 j 为梯形槽，是一种改良的深槽，目前比较多地用于大中型的 2 极感应电机中。

2．转子槽形尺寸的确定

转子槽形尺寸对于电动机的一系列性能参数如：起动电流、起动转矩、最大转矩、起动过程中的转矩（即 $T-s$ 曲线的形状）、转差率、转子铜耗、功率因数、效率、温升等都有相当大的影响；此外，槽的各部分尺寸对这些技术参数又有程度不同、性质不同的影响。其中起动转矩、起动电流、最大转矩和转差率与转子槽形尺寸的关系最为密切，由于起动电流和最大转矩之间存在一定的比例关系（见 § 10-6），因此笼型转子槽形尺寸的确定除与定子槽形尺寸的确定有一些相似的原则之外，还必须着重考虑起动性能的要求。对于铸铝转子，槽面积和铝条的截面积可认为是相等的。为了确定导条截面积，需要先估算转子导条的电流 $I_2$。

考虑到转子电流 $I_2$ 和定子电流 $I_1$ 两者的相位不同，并根据电流的折算，可写出

$$I_2=K_I I_1\frac{m_1 N_{\phi1}K_{dp1}}{m_2 N_{\phi2}K_{dp2}} \tag{10-38}$$

式中 $N_{\phi2}$——转子每相串联导体数；

$K_{dp2}$——转子基波绕组系数；

$K_I$——考虑定转子电流相位不同而引入的系数，与功率因数 $\cos\varphi$ 有关，见表10-10。

**表10-10　$K_I$ 与 $\cos\varphi$ 的关系**

| $\cos\varphi$ | 0.65 | 0.70 | 0.75 | 0.80 | 0.85 | 0.90 | 0.95 |
|---|---|---|---|---|---|---|---|
| $K_I$ | 0.74 | 0.77 | 0.82 | 0.86 | 0.90 | 0.95 | 0.985 |

因 $m_2 N_{\phi2}=Z_2$，且笼型转子的 $K_{dp2}=1$，便有

$$I_2=K_I I_1\frac{3N_{\phi1}K_{dp1}}{Z_2} \tag{10-39}$$

导条的截面积可由下式求得

$$A_B=\frac{I_2}{J_B} \tag{10-40}$$

式中 $J_B$——转子导条的电流密度。

对于普通中小型感应电动机铸铝转子，一般取 $J_B=2.0\times10^6\sim4.5\times10^6\text{A/m}^2$。为了保证有足够大的起动转矩，转子电阻值不能太小，因此不能选取太小的 $J_B$；但是 $J_B$ 太大了也不行，因为这将导致电机的转差率增大，并且使转子的电阻损耗大增，效率降低，发热严重。

槽形和槽面积初步确定后，可进一步确定转子槽的具体尺寸，其方法与确定定子槽形的方法相似。估算时转子齿磁密 $B_{t2}$ 和轭磁密 $B_{j2}$ 可参考类似电机的数据，一般 $B_{t2}$ 在1.25～1.6T之间；小型电机 $B_{j2}$ 一般较低，约为1.0T，这是因为转子冲片直接套在轴上，除 2 极电机和部分 4 极电机外，轭部导磁截面都比较富裕。

槽口部分尺寸可参考相近规格的电机来决定。

3．端环的设计

按 § 4-1公式（4-11），可得端环电流

$$I_R=I_2\frac{1}{2\sin\dfrac{\pi p}{Z_2}}\approx I_2\frac{Z_2}{2\pi p} \tag{10-41}$$

笼型转子端环所需截面积为

$$A_R=\frac{I_R}{J_R} \quad (10\text{-}42)$$

式中 $J_R$——端环电流密度。为了便于导条中的热量外传，并保证端环有一定的机械强度，常取$J_R=(0.45\sim0.8)J_B$，对于极数多的电机，$J_R$取较小值，以保证端环有足够的截面积。

端环的外径通常比转子外径小（3～8)mm，以便铸铝模定位；端环内径一般略小于转子槽底所在圆的直径；端环厚度可按所需截面积$A_R$并考虑加工工艺要求来决定。

## 二、绕线转子的设计计算

### （一）转子槽数的选择

绕线转子感应电动机的转子绕组通常是对称的三相绕组，线圈的节距接近或等于基波的极距，因此定子谐波磁场一般不会引起较大的附加转矩，并且转子回路中可以串接外加电阻以增加起动转矩，因而它与笼型转子不同，无须把附加转矩对起动的影响作为首先和必须考虑的因素。为了减少噪声和振动，一般应采用整数槽绕组。为了减少附加损耗，$q_2$和$q_1$不宜相差太多，很少选用$q_2=q_1\pm2$。同时，选择转子槽数时，还应考虑转子开路电压的控制数字，故槽数不宜太多。一般建议选$q_2=q_1\pm1$。当采用$q_2=\left(b+\frac{c}{d}\right)$分数槽时，宜选$d=2$的分数槽。

### （二）转子绕组的特点及设计方法

1．对于功率较小的电机，转子绕组一般用圆形导线一根或数根做成单层多匝绕组（如JZR2系列中5号机座以下)，转子槽形则用平行齿的半闭口槽。

当转子绕组开路时，感应电机相当一变压器，因此每相串联导体数

$$N_{\phi2}=\frac{E_{20}}{E_{10}}\ \frac{N_{\phi1}K_{dp1}}{K_{dp2}} \quad (10\text{-}43)$$

式中 $K_{dp2}$——转子基波绕组系数；

$E_{20}$——转子静止时开路相电势；

$E_{10}$——空载时定子相电势；$E_{10}=U_{N\phi}(1-\varepsilon_0)$，$\varepsilon_0$为空载时定子阻抗压降与额定相电压之比，此压降近似等于$I_m x_{\sigma1}$，因此$\varepsilon_0=I_m^*X_{\sigma1}^*$，$1-\varepsilon_0=1-I_m^*X_{\sigma1}^*$等于空载电势标么值，其大小可参考类似电机的$I_m^*$、$X_{\sigma1}^*$计算得到。

2．功率较大的电机（如JZR2系列中6号机座以上）和中型电机（如JR系列)的转子绕组都采用双层整距波绕组，以省去线圈极间连线，并使转子容易达到机械平衡。转子槽形则用半闭口的平行槽。因为希望转子绕组电压不要太高，每个线圈一般做成一匝。这种绕组系由半绕组元件组成，元件采用扁导线弯制，仅一端预先成型；除末端外，导线全长都预先绝缘好，嵌线时由槽的一端穿入，再把这端的端接部分弯成适当的形状，最后用并头套将半绕组元件的“末端”部分联接，再经焊接便成。

转子三相绕组可接成丫或△。在合理的开路电压范围内一般都接成星形。在大型电机中，为了避免集电环上过高的电压，可接成△、双丫或双△。转子绕组每相并联支路数$a_2$一般不大于2，以免极间连线过多。

当转子槽数$Z_2$和支路数$a_2$选定后，可以由下式获得转子绕组每相串联导体数

$$N_{\phi2}=\frac{Z_2N_{s2}}{m_2a_2} \quad (10\text{-}44)$$

式中 $N_{s2}$——转子每槽导体数；

$m_2$——转子绕组相数。

当转子采用$m_2=3$，$N_{s2}=2$时，则上式为

$$N_{\phi2}=\frac{2Z_2}{3a_2}$$

有了$N_{\phi2}$后，可按$E_{20}\approx U_{N\phi}\frac{N_{\phi2}K_{dp2}}{N_{\phi1}K_{dp1}}$核算空载转子相电势或集电环上的开路电压，看是否超过常用的电压范围，参见表10-11。

表10-11　各类绕线型转子感应电动机的转子开路电压范围　　单位：V

| 类　　型 | 电压等级 | 转子开路电压 | 备　　注 |
|---|---|---|---|
| 小型(0.6～125kW) | 380 | 120～300 | 功率小者取较小值 |
| 中型(45～1250kW) | 380,3000 | (120)150～500 | 功率小者取较小值 |
| 大型(400kW以上) | 3000,6000 | (400)500～1000(1200) | 功率小者取较小值 |

三相转子绕组的相电流$I_2$可按式（10-38）估算。

于是导体截面积

$$A_{c2}=\frac{I_2}{a_2J_2} \tag{10-45}$$

式中 $J_2$——转子绕组的电流密度，一般可取$4.5\times10^6$～$6.5\times10^6\text{A/m}^2$。双层单匝波绕组取较小值，通风良好时可取较大值。

由标准线规表选用适当的导线，此时需连同转子槽形尺寸一起考虑，并校验齿根部和轭部的磁通密度。

## §10-5　工作性能的计算

在主要尺寸、气隙以及定转子绕组和铁心设计好以后，就要进行工作性能的计算和起动性能的计算，以便与设计任务书或技术条件中规定的性能指标相比较，在此基础上对前面的设计进行必要的调整。

图10-15 a 是较准确的Γ形等效电路，其中参数$R_1^*$、$R_2^*$、$X_{\sigma1}^*$、$X_{\sigma2}^*$和$X_m^*$可按第四章中有

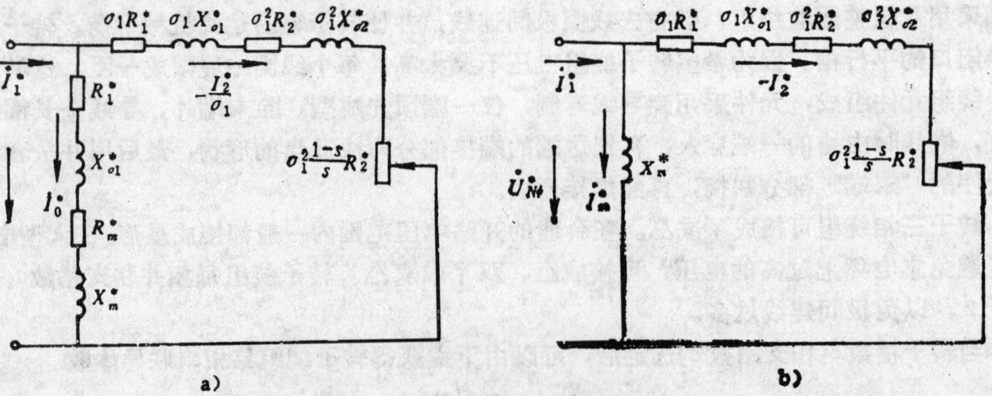


图10-15　感应电机的等效电路

关公式计算得到，所不同的是阻抗基准值按式（10-2）求出；励磁电阻 $R_m^*$是代表定子铁耗的等效电阻；$\frac{1-s}{s}R_2^*$是代表总机械功率的等效电阻；校正系数$\sigma_1=1+\frac{Z_1^*}{Z_m^*}\approx1+\frac{X_{\sigma1}^*}{X_m^*}$。

为了方便分析，将图 10-15 a 进一步简化：在励磁支路中，略去励磁电阻 $R_m^*$和定子漏阻抗 $R_1^*$和$X_{\sigma1}^*$；近似认为$\frac{I_2^*}{\sigma_1}=I_2^*$，便有等效电路如图 10-15 b 。相应的电流相量图也由图10-16 a 简化为图10-16 b 。图10-15 b 和图10-16 b 便是我们进行工作性能计算所用的等效电路和相量图。

通常三相感应电动机工作性能的计算只需计算额定数据，即额定电流、额定功率因数、额定效率、额定转差率和最大转矩倍数。

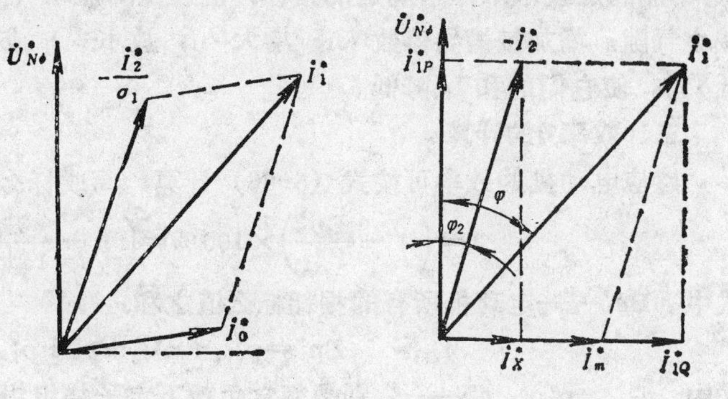

a)　　b)

图10-16　感应电机电流相量图

## 一、定子电流$I_1$的计算

由图10-16 b 可见

$$I_1^*=\sqrt{I_{1P}^{*2}+I_{1Q}^{*2}} \qquad (10\text{-}46)$$

由于作了前面的简化，定转子电流的有功分量相等，定转子电流无功分量的关系如下：

$$I_{1Q}^*=I_X^*+I_m^* \qquad (10\text{-}47)$$

式中　$I_X^*$——额定负载时转子电流无功分量的标么值，又称满载电抗电流标么值；

$I_m^*$——额定负载时磁化电流的标么值，根据磁路计算的结果求出，见式（3-57）。

定子电流有功分量的标么值

$$I_{1P}^*=\frac{I_{1P}}{I_{KW}}\left(\frac{m_1U_{N\phi}}{m_1U_{N\phi}}\right)=\frac{P_1}{P_N}=\frac{1}{\eta} \qquad (10\text{-}48)$$

式中　$\eta$——电动机额定负载时的效率，正是我们在工作性能中要计算的一个性能指标。在开始计算时，可先假定一个效率值$\eta'$。

转子电流无功分量标么值

$$\begin{aligned}I_X^*&=I_2^*\sin\varphi_2=I_2^*\frac{X'^*}{Z'^*}=I_2^{*2}X'^*\\&=(I_{1P}^{*2}+I_X^{*2})X'^*\end{aligned}$$

式中　$X'^*$——图10-15 b 中负载支路的总电抗标么值，$X'^*\approx\sigma_1(X_{\sigma1}^*+X_{\sigma2}^*)=\sigma_1X_\sigma^*$；

$Z'^*$——负载支路的总阻抗标么值，与转子电流标么值$I_2^*$互为倒数。

进一步整理可得

$$I_X^*=\sigma_1X_\sigma^*I_{1P}^{*2}\left[1+\left(\frac{I_X^*}{I_{1P}^*}\right)^2\right] \qquad (10\text{-}49\,a)$$

这是一个二次代数方程，为方便求解，采用近似计算法——迭代法，并忽略高次项，于是

$$\begin{aligned}I_X^*&=\sigma_1X_\sigma^*I_{1P}^{*2}\left\{1+\frac{1}{I_{1P}^{*2}}\left[\sigma_1X_\sigma^*I_{1P}^{*2}\left(1+\frac{I_X^{*2}}{I_{1P}^{*2}}\right)\right]^2\right\}\\&=\sigma_1X_\sigma^*I_{1P}^{*2}\left\{1+(\sigma_1X_\sigma^*I_{1P}^*)^2\left[1+2\left(\frac{I_X^*}{I_{1P}^*}\right)^2+\left(\frac{I_X^*}{I_{1P}^*}\right)^4\right]\right\}\\&\approx\sigma_1X_\sigma^*I_{1P}^{*2}[1+(\sigma_1X_\sigma^*I_{1P}^*)^2]\end{aligned} \qquad (10\text{-}49\,b)$$

这样在假设了电机的效率$\eta'$以后，便可求出$I_1^*$，于是

$$I_1 = I_1^* I_{KW} \tag{10-50}$$

其中 $I_{KW}$见式（10-1）。

**二、功率因数$\cos\varphi$的计算**

$$\cos\varphi = \frac{I_{1P}^*}{I_1^*} = \frac{I_{1P}^*}{\sqrt{I_{1P}^{*2} + I_{1Q}^{*2}}} \tag{10-51}$$

从上式可见，功率因数的高低与定子电流无功分量$I_{1Q}$的大小直接有关。若功率因数太低，不能满足技术条件中规定的指标，应设法降低$I_m$（缩小定转子槽面积，降低各部分磁密；减小气隙；增加每槽导体数$N_{s1}$；增大$D_{i1}$，放长$l_i$）或$I_X$（增大定转子槽宽、减小槽高以降低$X_\sigma$），使它们的和$I_{1Q}$降低。

**三、效率$\eta$的计算**

感应电动机的效率可按式（5-86）计算，写成标么值便是

$$\eta = \left(1 - \frac{\Sigma p^*}{P_{N1}^*}\right) \times 100\% = \left(1 - \frac{\Sigma p^*}{1 + \Sigma p^*}\right) \times 100\% \tag{10-52}$$

式中 $\Sigma p^*$——电动机所有的损耗标么值之和：

$$\Sigma p^* = p_{Cu1}^* + p_{Cu2}^* + p_s^* + p_{fw}^* + p_{Fe}^* 。\tag{10-53}$$

式中 $p_{Cu1}^*$、$p_{Cu2}^*$、$p_s^*$——分别是额定负载下定子绕组铜损耗、转子绕组铜（铝）损耗和附加损耗的标么值；

$p_{fw}^*$——通风和摩擦损耗的标么值；

$p_{Fe}^*$——空载时定子铁损耗的标么值，按理应根据额定负载时定子齿部和轭部的磁密来计算铁损耗，但因实测铁耗是通过空载试验分析计算得出，考虑空载附加损耗和加工等因素的系数$k_1$和$k_2$也由实测铁耗来确定，所以$p_{Fe}$用空载时定子齿部和轭部的磁密来计算。

各项损耗的计算见第五章。

负载时附加损耗计算比较困难，我国有关生产和科研部门对大量不同型号和规格的感应电机进行了负载附加损耗的测定，得到统计的结果，规定在无实测值作参考时，对铜条转子$p_s^* = 0.005$；对铸铝转子，$p_s^* = 0.025$（2极），0.02（4极），0.015（6极），0.01（8极和10极）。

按式（10-52）计算得到的效率$\eta$很可能与计算定子电流有功分量$I_{1P}^*$时假定的$\eta'$不符，若计算出的$\eta$大于$\eta'$，说明原来假设的$\eta'$偏低，在此基础上计算出的$I_{1P}^*$和$I_X^*$都偏大，致使$I_1^*$和$I_2^*$以及与它们直接有关的$p_{Cu1}^*$和$p_{Cu2}^*$都偏高，最后算出的$\eta$则偏低（虽然大于$\eta'$），下一步假设时可取$\eta'' = \eta + \frac{\eta - \eta'}{5}$，显然$\eta''$比$\eta$略大。反之，若计算出的$\eta < \eta'$，第二次假设时则取$\eta''$略小于$\eta$，直到误差小于$\pm 0.5\%$为止。

效率是电机的主要性能指标之一，近几年来世界各国电机行业在设计和制造高效节能感应电动机方面采取的措施除增加有效材料用量和选用优质材料以降低铜（铝）损耗和铁损耗外（有一定限度，因为材料的增加也意味着能源消耗的增加），在分析和降低附加损耗和机械损耗方面进行了不少研究，主要的措施有：选用合适的槽配合，设计新型绕组以降低谐波引起的附加损耗，改进加工工艺，设计高效风扇等。

**四、额定转差率$s_N$的计算**

感应电机的转差率是转子铜（铝）耗与电磁功率之比，写成标么值便有

$$s_N = \frac{p^*_{Cu_2}}{p^*_{em}} = \frac{p^*_{Cu_2}}{1 + p^*_{Cu_2} + p^*_{fw} + p^*_s} \tag{10-54}$$

生产实践中往往在式（10-54）的分母中加上铁心中的附加损耗（空载附加损耗）一项，其大小等于全部铁损耗减去定子齿部和轭部的基本损耗$p^*_{Fe} - (p^*_{Fet} + p^*_{Fej})$，叫做旋转铁耗，是指由于定转子都有齿和槽的存在，当电机旋转时便产生脉振损耗和表面损耗。从§5-3中的分析可见，脉振损耗和表面损耗在定子和转子上都会产生，这里假定输入的有功功率扣除定子铜损耗和基本铁耗以后，其余的全部传递给了转子。

**五、最大转矩倍数**

根据电机学中对感应电机转矩——转差率特性的分析，当$\sigma_1 \approx 1$时，感应电机的最大转矩

$$T_m = \frac{m_1 p U^2_{N\phi}}{4\pi f(R_1 + \sqrt{R_1^2 + X_\sigma^2})}$$

根据额定功率可求出额定转矩

$$T_N = \frac{m_1 p U_{N\phi} I_{KW}}{2\pi f(1 - s_N)}$$

于是最大转矩倍数

$$T^*_m = \frac{T_m}{T_N} = \frac{m_1 p U^2_{N\phi}}{4\pi f(R_1 + \sqrt{R_1^2 + X_\sigma^2})} \frac{2\pi f(1 - s_N)}{m_1 p U_{N\phi} I_{KW}}$$

$$= \frac{1 - s_N}{2(R^*_1 + \sqrt{R^{*2}_1 + X^{*2}_\sigma})} \tag{10-55}$$

就一般中小型感应电机而言，$X^*_\sigma$比$R^*_1$大得多，而（$1 - s_N$）的变化不大，因而影响最大转矩倍数的主要因素是漏抗$X^*_\sigma$，设计中常对电磁负荷$A$和$B_\delta$（$X^*_\sigma$正比于$A/B_\delta$，见第四章）以及槽形作适当的调整以符合设计任务书中提出的最大转矩倍数指标。

需要说明的是，这里计算最大转矩所用的参数是额定运行时感应电机的参数。事实上，对应于最大转矩的转差率不是很大，因而集肤效应对转子参数的影响（见§10-6）可不考虑，但此时的电流却大于额定电流（2.5～4.0）倍，漏磁路饱和对参数$X_{\sigma1}$和$X_{\sigma2}$的影响就不能不考虑了。漏磁路饱和引起定转子漏抗减小，最后使$T^*_{ms}$比不考虑饱和时计算出的$T^*_m$增大（15～25）%，对小电动机的影响有时还要大些。

## §10-6　起动性能的计算

三相感应电动机的起动性能主要是指起动转矩和起动电流对相应额定值的倍数。我国国家标准对各种类型感应电动机的起动性能都有具体规定。绕线转子感应电动机的起动特性随转子回路中串接的外部电阻的大小而不同，本节不予讨论。笼型转子感应电动机的起动特性则由电机的参数决定。因此，本节仅讨论笼型转子感应电动机的起动性能计算。

与正常运行时比较，感应电动机起动时有两个显著特点：一是起动电流很大，这使定转子的漏磁路高度饱和；二是转子电流频率等于电源频率，比正常运行时高很多；使转子导条中的电流产生集肤现象。这两点对电机起动时的参数都有影响，因此我们将首先予以讨论。

**一、感应电机起动时漏磁路饱和效应及其对漏抗的影响**

起动瞬间，电动机处于短路运行状态，转子和定子电流大大增加，一般可达额定值的4～7倍。由于定转子绕组的磁势正比于通过的电流，所以磁势也大为增加，以致漏磁路的铁心

部分出现高度饱和的现象。

漏磁路的饱和主要引起定转子漏抗的减少：电流增加固然引起磁势成正比地增加，但由于饱和，磁通虽增加，却增加得很少，这样单位电流产生的磁链实际上减少了，因此漏电抗随着电流的增加而减小。此外，在起动过程中，定转子电流是变化的，铁心饱和程度也随之而变，因而漏抗也随饱和程度的变化而变化。当漏磁通磁路高度饱和时，铁心磁阻大大增加，此时，漏磁通磁路铁心部分的磁阻相对于漏磁路其他部分（空气隙、槽部）磁阻来说，就不能像正常运行时那样忽略不计了。

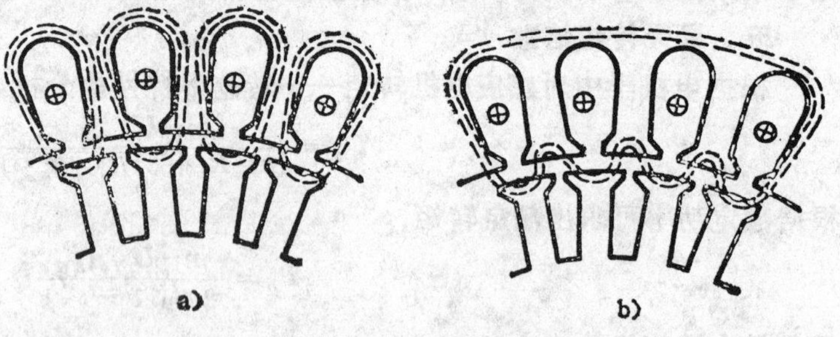

图10-17 漏磁通回路

从图10-17可以看出，因为电机绕组是分布的，由相邻槽内电流建立的齿部漏磁通的方向正好相反，饱和现象并不严重，而齿顶和齿尖部分饱和现象却十分严重；绕组的端部漏磁通通过绕组端部周围的空气，不存在饱和影响；因此，只在槽漏抗、谐波漏抗和斜槽漏抗的计算中要考虑漏磁路饱和的影响。

准确地计算饱和对漏抗的影响是有一定困难的，工厂中目前采用与〔10-6〕提出的相近的计算方法。计算时，先假定一个起动电流值$I'_{st}$，根据这个假定值所达到的饱和程度进行计算。

三相感应电动机起动电流一般为额定电流的4～7倍，便有起动电流假定值

$$I'_{st}=(2.5\sim3.5)T_m^*I_{KW} \tag{10-56}$$

式中 $T_m^*$——最大转矩倍数，见式（10-55），三相感应电动机的最大转矩倍数$T_m^*$约为1.6～2.2。

感应电动机最大转矩近似与漏抗成反比；起动时外施电压主要降落在短路阻抗上，起动电流也约与漏抗成反比。所以可用$T_m^*$来估计起动电流$I_{st}$对功电流$I_{KW}$的倍数。

系数（2.5～3.5）和定子槽形（主要是槽口）有关，槽口大者饱和影响小，故取小值。

对应于起动电流$I'_{st}$的定子每槽磁势幅值为

$$F_{s1}=\sqrt{2}\frac{I'_{st}}{a_1}N_{s1}K_{U1} \tag{10-57}$$

式中 $K_{U1}$——定子绕组槽口部分节距漏抗系数，见§4-4。

转子每槽磁势幅值为

$$F_{s2}=\sqrt{2}I_{2st}N_{s2}=\sqrt{2}I_{2st}$$

式中 $N_{s2}$——转子每槽导体数，笼型转子$N_{s2}=1$。

根据绕组的折算，并忽略磁化电流，近似取起动时转子电流的折算值$I'_{2st}=I'_{st}$，则有

$$F_{s2}=\sqrt{2}I'_{st}\frac{m_1N_{\phi1}K_{dp1}}{Z_2}$$

在定子一个相带范围内，感应产生的转子各导体电流大小、相位不一，因此在计算转子槽磁势幅值的平均值时，要乘以定子的分布系数$K_{d1}$，即

$$F_{s2}=\sqrt{2}I'_{st}\frac{m_1N_{\phi1}K_{dp1}K_{d1}}{Z_2} \tag{10-58}$$

从式（10-57）和式（10-58）可计算出起动时产生漏磁的定转子槽磁势平均值为

$$F_{st}=\frac{1}{2}(F_{s1}+F_{s2})\sqrt{1-\varepsilon_0}$$

$$=I'_{st}\frac{N_{s1}}{a_1}\times 0.707\times\left[K_{U1}+K_{d1}^2K_{p1}\frac{Z_1}{Z_2}\right]\sqrt{1-\varepsilon_0} \qquad (10\text{-}59)$$

上式中$\sqrt{1-\varepsilon_0}$是用来近似地修正前面假定起动时转子电流等于定子电流所带来的误差($\varepsilon_0$见§10-4)，在很多情况下，可以近似地取作1。

设想由此定转子槽磁势平均值所建立的漏磁通经过齿顶铁心和两个气隙〔见图10-17 a〕。忽略漏磁路铁心部分的磁阻，假设定转子槽磁势全部降落在漏磁路的气隙部分，则有虚拟磁密

$$B_L=\frac{\mu_0F_{st}}{2\delta\beta_c} \qquad (10\text{-}60)$$

式中　$\beta_c$——当气隙长度与定转子齿距和之比为0.02时，$\beta_c=1$，当气隙长度与定转子齿距和之比不同时，根据〔10-6〕需用经验公式$\beta_c=0.64+2.5\sqrt{\dfrac{\delta}{t_1+t_2}}$加以修正。

实际上，漏磁磁势不仅降落在漏磁路的气隙部分，也降落在漏磁路的铁心部分，因此实际磁密比虚拟磁密要小。用$K_z$表示气隙磁势与总磁势的比值（也即实际磁密与虚拟磁密的比值），称做起动时漏磁饱和系数。显然$B_L$越大，漏磁路越饱和，气隙磁势所占的比例越小，漏抗减少得越厉害。计算的$K_z$与$B_L$关系见图10-18。因此，谐波漏抗以及斜槽漏抗要减少到原值的$K_z$倍。于是，起动时定转子谐波漏抗

$$X^*_{\delta1(st)}=K_zX^*_{\delta1} \qquad (10\text{-}61)$$

$$X^*_{\delta2(st)}=K_zX^*_{\delta2} \qquad (10\text{-}62)$$

起动时斜槽漏抗

$$X^*_{sk(st)}=K_zX^*_{sk} \qquad (10\text{-}63)$$

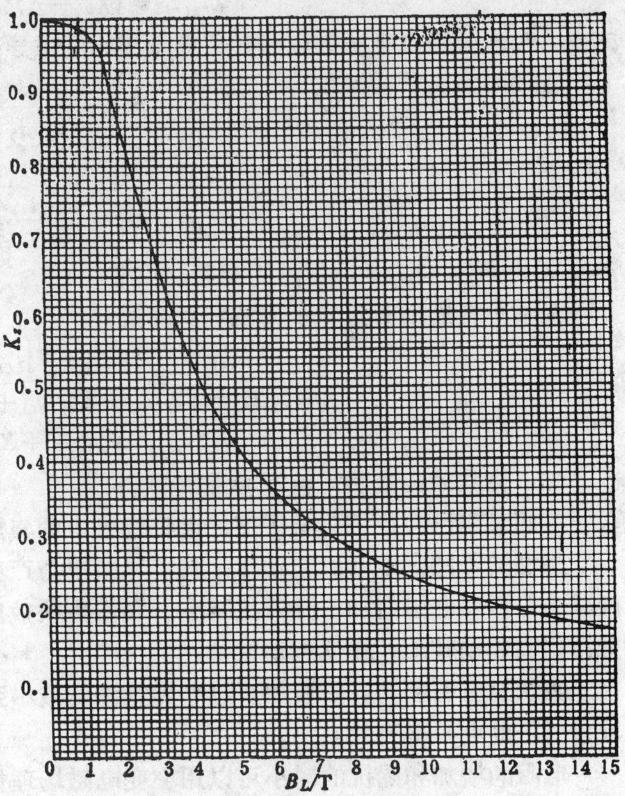

图10-18　$K_z$与$B_L$的关系曲线

对于槽漏抗的减少，通常是等效地看作定转子槽口加宽来计算的，即画出如图10-19所示的槽漏磁通，把因齿顶部分铁心饱和引起的磁阻增加或漏磁通减少等效为槽口的扩大，认为槽口宽度由原来的$b_0$增加到$(b_0+c_s)$，这时齿顶宽度就由原来的$(t-b_0)$减少为$[t-(b_0+c_s)]$，这样，$K_z$也可用来表示饱和情况下齿顶宽度与原齿顶宽度之比，即

$$K_z=\frac{t-(b_0+c_s)}{t-b_0}=1-\frac{c_s}{t-b_0}$$

于是漏磁路饱和引起的定转子齿顶宽度的减少为

$$c_{s1}=(t_1-b_{01})(1-K_z) \qquad (10\text{-}64)$$

$$c_{s2}=(t_2-b_{02})(1-K_z) \tag{10-65}$$

上两式中，$t_1$、$t_2$、$b_{01}$、$b_{02}$分别为定转子齿距和槽口宽度。

由于定转子齿顶宽度减小，起动时槽口部分比漏磁导也将分别减少$\Delta\lambda_U$：

对于如图4-5 a 所示的开口槽

$$\Delta\lambda_U=\frac{h_0}{b_0}-\frac{h_0}{b_0+c_s}=\frac{h_0}{b_0}\left(\frac{c_s}{b_0+c_s}\right) \tag{10-66}$$

同样，对于如图4-5 c 所示的半闭口槽，文献〔10-6〕提出

$$\Delta\lambda_U=\frac{h_0+0.58h_1}{b_0}\left(\frac{c_s}{c_s+1.5b_0}\right) \tag{10-67}$$

其他槽形的$\Delta\lambda_U$计算公式可详见〔0-13〕和附录四。

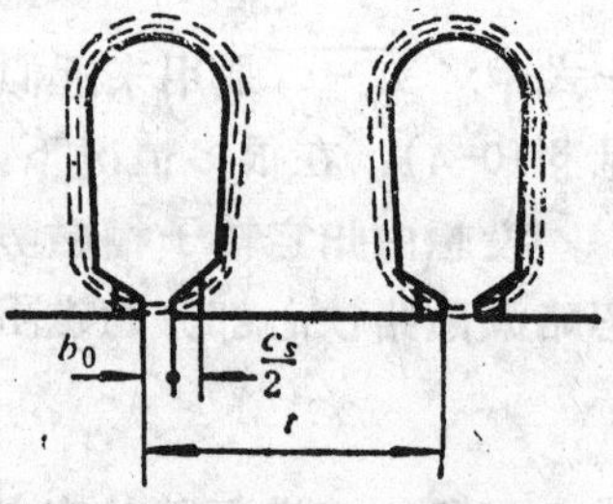

图10-19 齿顶饱和等效为齿顶宽度的减少

于是，起动时定子槽比漏磁导

$$\lambda_{s1(st)}=K_{U1}(\lambda_{U1}-\Delta\lambda_{U1})+K_{L1}\lambda_{L1} \tag{10-68}$$

式中 $K_{U1}$、$K_{L1}$——统称定子绕组节距漏抗系数，见图4-9。

起动时转子槽比漏磁导

$$\lambda_{s2(st)}=(\lambda_{U2}-\Delta\lambda_{U2})+K_x\lambda_{L2} \tag{10-69}$$

式中 $K_x$——考虑集肤效应时转子导条槽比漏磁导减小系数，见下节。

起动时定转子槽漏抗

$$X^*_{s1(st)}=\frac{\lambda_{s1(st)}}{\lambda_{s1}}X^*_{s1} \tag{10-70}$$

$$X^*_{s2(st)}=\frac{\lambda_{s2(st)}}{\lambda_{s2}}X^*_{s2} \tag{10-71}$$

$\lambda_{s1}$、$\lambda_{s2}$、$X^*_{s1}$、$X^*_{s2}$是运行时的参数，见§4-4。

最后可得起动时定转子漏抗和总漏抗

$$X^*_{\sigma1(st)}=X^*_{s1(st)}+X^*_{\delta1(st)}+X^*_{E1} \tag{10-72}$$

$$X^*_{\sigma2(st)}=X^*_{s2(st)}+X^*_{\delta2(st)}+X^*_{E2}+X^*_{sk(st)} \tag{10-73}$$

$$X^*_{\sigma(st)}=X^*_{\sigma1(st)}+X^*_{\sigma2(st)} \tag{10-74}$$

## 二、集肤效应及其对转子参数的影响

第四章里已经详细分析了交流电机绕组中的集肤效应。

笼型转子感应电动机起动时，转子导条里会产生集肤现象，集肤效应使槽内导体有效高度减小，因而电阻增加、槽漏抗减小。利用集肤效应可以改善笼型转子感应电动机的起动性能：提高起动转矩，降低起动电流。

集肤效应引起的电阻增加系数$K_F$和槽漏抗减小系数$K_x$与转子槽形尺寸、转子电流频率及导条材料的电阻率有关。

电阻的增加和漏抗的减小可以用交变电磁场理论进行计算，但比较复杂（§4-6），不便于工程应用。实际上认为集肤效应减小了导条的高度（注意：对电阻和漏抗，导体等效高度是不同的），以此来确定转子电阻和槽漏抗的变化。

由式（4-110）和式（4-123）可得起动时考虑集肤效应的转子导条相对高度

$$\xi=1.987\times10^{-3}h_B\sqrt{\frac{b_B}{b_{s2}}\frac{f}{\rho_B}} \tag{10-75}$$

式中 $h_B$——转子导条实际高度，对铸铝转子，不包括槽口高$h_{02}$，单位为m；

$b_B$——转子导条宽度，单位为m；

$b_{s2}$——转子槽宽，单位为m，对铸铝转子$\frac{b_B}{b_{s2}}=1$，对窄长的铜导条$\frac{b_B}{b_{s2}}=0.9$；

$\rho_B$——导条的电阻率，对A、E、B级绝缘，铝为$0.0434\times10^{-6}\Omega\cdot m$，铜为$0.0217\times10^{-6}\Omega\cdot m$对F、H级绝缘，铝为$0.0491\times10^{-6}\Omega\cdot m$，铜为$0.0245\times10^{-6}\Omega\cdot m$；

$f$——转子电流频率（单位为Hz），起动时$f=sf_1=f_1$。

以梯形槽为例，转子导条实际高度为$h_B$，令$h_{pr}$和$h_{px}$分别表示计算导条电阻和槽漏抗的等效高度，因导条电阻反比于导条的导电面积，槽漏抗正比于槽漏磁导的导磁面积，则有

$$K_F=\frac{R_\sim}{R_0}=\frac{h_B}{h_{pr}} \tag{10-76}$$

$$K_x=\frac{X_\sim}{X_0}=\frac{h_{px}}{h_B} \tag{10-77}$$

式中 $R_\sim$——考虑集肤效应时导条的交流电阻；

$R_0$——导条的直流电阻；

$X_\sim$——考虑集肤效应时的槽漏抗；

$X_0$——不考虑集肤效应时的槽漏抗。

计算出转子导条的相对高度$\xi$以后，由图4-23或图附1-10查出系数$K_F$和$K_x$，代入式（10-76）和式（10-77），便可求得等效高度$h_{pr}$和$h_{px}$。事实上，因不考虑集肤效应的导条电阻和槽漏抗已计算出，于是由系数$K_F$和$K_x$可直接计算出起动时的转子电阻和槽漏抗。

$$R^*_{2(st)}=\left[K_F\left(\frac{l_{t2}}{l_B}\right)+\frac{l_B-l_{t2}}{l_B}\right]R^*_B+R^*_R \tag{10-78}$$

式中 $l_{t2}$——转子铁心长度；

$l_B$——转子导条长度；

$R^*_B$——电流均匀分布时转子导条电阻标么值；

$R^*_R$——转子端环电阻标么值。

若有径向通风道

$$R^{*}_{2(st)}=\left[K_F\left(\frac{l_{t2}-N_vb_v}{l_B}\right)+\frac{l_B-l_{t2}+N_vb_v}{l_B}\right]R^*_B+R^*_R \tag{10-79}$$

式中 $N_v$——转子铁心径向通风道数；

$b_v$——径向通风道宽。

端环和处于通风道中的导条，因周围大部分是空气，不考虑集肤效应。

起动时总电阻

$$R^*_{st}=R^*_1+R^*_{2(st)} \tag{10-80}$$

起动时转子槽比漏磁导见式（10-69）。

为了充分利用集肤效应来改善起动性能，对普通笼型感应电动机的转子槽形采取了许多改进措施，如双笼槽、凸形槽和刀形槽等。对于各种非梯形槽的槽形，也可按上面所述的方法进行计算，其结果与用精确公式计算的结果相比误差不大；对于槽宽有突变的转子槽形，用上法计算有少许误差，其修正系数见〔0-13〕。

关于集肤对各种槽形转子参数的影响及计算方法还可参看〔0-21〕。

**三、起动电流和起动转矩的计算**

前面已经指出，起动时定子电流很大，定子绕组的阻抗压降比运行时的大得多，因此这

时电势$E_1$比较小，磁化电流可以忽略不计。从感应电动机等效电路有

$$I_1=I'_2=I_{st}$$

$$I_{st}=\frac{U_{N\phi}}{\sqrt{(R_1+R'_{2(st)})^2+(X_{\sigma1(st)}+X'_{\sigma2(st)})^2}}=\frac{U_{N\phi}}{\sqrt{R_{st}^2+X_{\sigma(st)}^2}}=\frac{U_{N\phi}}{Z_{st}}$$

式中　$R'_{2(st)}$、$X'_{\sigma2(st)}$ ——起动时转子电阻、电抗的折算值。

用标么值表示时，起动总阻抗为

$$Z^*_{st}=\frac{\sqrt{R_{st}^2+X_{\sigma(st)}^2}}{U_{N\phi}/I_{KW}}=\sqrt{R^{*2}_{st}+X^{*2}_{\sigma(st)}} \tag{10-81}$$

此时，以实际值表示的起动电流

$$I_{st}=\frac{U_{N\phi}}{Z^*_{st}(U_{N\phi}/I_{KW})}=\frac{I_{KW}}{Z^*_{st}} \tag{10-82}$$

于是，起动电流倍数

$$i_{st}=\frac{I_{st}}{I_1} \tag{10-83}$$

若由式（10-82）计算出的$I_{st}>I'_{st}$（假定值），说明最初假设的$I'_{st}$偏小，于是起动时漏磁饱和系数$K_z$偏大，低估了起动时漏磁路饱和的影响，计算出的$X_{\sigma(st)}$偏高，最后计算出的$I_{st}$偏小（虽然大于$I'_{st}$）。再次假设时，应取$I'_{st}$略大于由式（10-82）得到的$I_{st}$，并重新计算，最后计算值与假定值的误差不能超过±3%。

若将起动时的电流和参数代入感应电动机的电磁转矩计算公式，并令转差率$s=1$，即可获得起动转矩的实际值$T_{st}$。

$$T_{st}=\frac{m_1(I'_2)^2R'_{2(st)}/s}{2\pi f\frac{1}{p}}=\frac{m_1pU_{N\phi}^2R'_{2(st)}}{2\pi fZ_{st}^2} \tag{10-84}$$

起动转矩倍数为

$$\begin{aligned}T^*_{st}&=\frac{T_{st}}{T_N}=\frac{m_1pU_{N\phi}^2R'_{2(st)}}{2\pi fZ_{st}^2}\cdot\frac{(1-s_N)2\pi f}{m_1pU_{N\phi}I_{KW}}\\&=\frac{R^*_{2(st)}}{Z^{*2}_{st}}(1-s_N)\end{aligned} \tag{10-85}$$

式中　$s_N$——对应于额定转速的转差率，见式（10-54）。

## §10-7　深槽转子感应电动机的设计特点

从§4-6和§10-6的分析可见，笼型转子感应电动机起动时都有集肤效应存在，只不过深而窄的槽形比之浅而宽的槽形集肤效应更为显著罢了。普通中小型笼型感应电动机（Y、J2、JO2、JS）除少量功率较小的外，转子槽的深宽比为5～8.5，深槽转子槽的深宽比可达10～12或以上，但它们之间并没有严格的分界线。本节主要介绍大中型铜导条深槽转子电动机的设计特点和方法。

### 一、深槽转子感应电动机的设计特点

（1）一般铜导条（导杆）的电流密度$J_B=5.5\times10^6\sim7.5\times10^6\,A/m^2$，在起动条件繁重的情况下（如被驱动机械的转动惯量大，终速很高或起动时间较长），$J_B$最好不超过$(6.5\sim7)\times10^6\,A/m^2$，因为在起动过程中，导杆截面在槽的高度方向上的电流密度分布不均匀，见

图4-16b，处于槽口附近的导杆里的电流密度要超过平均电流密度数倍，因此这部分导杆发热严重，从而产生局部应力，致使导杆变形，有的甚至破坏导杆与短路端环之间的连接。

端环电流密度$J_B$的选取原则与普通铸铝转子的相同。

（2）从分析集肤效应对转子参数的影响可知，要使起动时转子绕组的有效电阻近似增加一倍（略去端环电阻），对铜导条来说，至少应取导条高度$h_B \geqslant 22$mm（$K_F=2$，查图4-23，得$\xi \approx 2$，代入式(10-75)，便可计算出$h_B=\frac{\xi}{1.987}\sqrt{\frac{b_{s2}}{b_B}\frac{\rho_B}{f}}\times 10^3=\frac{2\times 10^3}{1.987}\sqrt{\frac{1}{0.9}\frac{0.0217\times 10^{-6}}{50}}$m $=0.022$m$=22$mm）。为改善起动性能，通常要求起动时转子绕组的电阻增加两倍以上，因而一般取槽高$h_{s2}=(40\sim 60)$mm，其中大型低速电机用较大数值，但应注意不要过分削弱转子轭部；槽宽$b_{s2}$在3～6mm范围内。槽宽和槽高都应比导条相应尺寸大0.5mm。

（3）增加转子槽高可以改善起动性能，但槽漏抗也因此而增加了，这就使正常工作时的功率因数和过载能力都较普通感应电动机的稍低。所以在设计槽深和槽宽时要兼顾起动性能和工作性能，或者说设计任务书的性能指标$T^*_{st}$、$i_{st}$、$T^*_M$、$\cos\varphi$要定得合理。

## 二、深槽转子的设计方法

一般可参考相近规格电动机的转子槽形，根据起动性能指标作些调整，初步确定槽形尺寸，然后进行参数计算，再进行起动性能的验算。

下面介绍根据起动转矩倍数$T^*_{st}$和起动电流倍数$i_{st}$来设计矩形深槽转子槽形的方法。

由式(10-85)、式(10-82)和式(10-83)可得

$$R^*_{2(st)}=T^*_{st}Z^{*2}_{st}\frac{1}{1-s_N}$$
$$=T^*_{st}\left(\frac{\eta\cos\varphi}{i_{st}}\right)^2\frac{1}{1-s_N}$$

又，额定运行时转子铜损耗等于额定转差率与额定电磁功率的乘积，即$p_{Cu2}=s_N P_{em}$，因此

$$R^*_2\approx s_N\eta^2 P^*_{em}$$

于是起动时转子电阻与额定运行时转子电阻之比

$$\frac{R^*_{2(st)}}{R^*_2}=\frac{T^*_{st}\cos^2\varphi}{i^2_{st}s_N}\frac{1}{(1-s_N)P^*_{em}} \tag{10-86}$$

若给定$T^*_{st}$和$i_{st}$，便可求出起动时转子电阻折算值的大小：

$$R'_{2(st)}=R'_2\frac{T^*_{st}\cos^2\varphi}{i^2_{st}s_N}\frac{1}{(1-s_N)P^*_{em}} \tag{10-87}$$

式中 $R'_2$——不考虑集肤效应、折算到定子边的转子电阻；

$s_N$——额定转差率。因设计转子槽形时工作性能还没有计算，额定转差率可由$s_N=\frac{p_{Cu2}}{P_{em}}\approx\frac{K_I I_1 R'_2}{K_E U_{N\phi}}$来估算，其中$K_I$见表10-10，$K_I I_1$是折算到定子边的转子电流；$K_E U_{N\phi}$是满载电势；

$P^*_{em}$——电磁功率标么值，可取1.03～1.05，功率大者取较小值。

从$R'_{2(st)}$和$R'_2$中分别减去端环电阻，若转子导条长度比铁心长度长，或转子铁心有径向通风道，则再扣除相应的导条电阻〔见式(10-79)〕，便可求出考虑集肤效应与不考虑集肤效应时槽部导条电阻之比，也即电阻增加系数$K_F$，再在图4-23中$b_1/b_2=1.0$的曲线上查到对应于$K_F$的导条相对高度$\xi$〔若在$b_1/b_2\neq 1.0$的曲线上查出$\xi$值，就是梯形导条的相对高度〕，便可根据式（10-75）求出导条实际高度$h_B$，导条的宽度$b_B$也随即可定。

具体设计时，在定子绕组和铁心设计好以后，根据式(10-39)、式(10-40)、式(10-41)和式（10-42）便可确定导条和端环的截面积；接着计算出不考虑集肤效应的转子电阻并折算至定子边，见式（4-12）和式(4-13)；再按上述方法就能计算出深槽转子导条的实际高度$h_B$和宽度$b_B$了。

有了导条的尺寸就能设计槽形尺寸，槽口尺寸$b_{02}$和$h_{02}$通常由冲模制造的工艺要求来定。$b_{02}$和$h_{02}$的大小对转子槽漏抗的影响很大，因此也可通过起动时转子参数的计算来确定：$b_{02}$和$h_{02}$两个尺寸中先确定一个，例如$b_{02}$，另一个作为未知数；根据给定的起动电流倍数$i_{st}$求出起动总阻抗$Z_{st}$以及$X_{\sigma(st)}$；再按§10-6计算起动时定转子各部分漏抗，从$X_{\sigma(st)}$中减去$X_{\sigma1(st)}$，再减去$X_{\sigma2(st)}$中的$X_{\delta2(st)}$、$X_{E2}$和$X_{sk(st)}$，余下的就是$X_{s2(st)}$；最后从设计的槽形(槽口部分尺寸未定)计算出$X_{s2(st)}$，便可解出未知数$h_{02}$。

梯形槽和瓶形槽转子的导条及槽形尺寸的设计与矩形深槽转子的相同，详见〔0-21〕；凸形槽和刀形槽用于铸铝转子，设计原理也一样，具体的设计方法和参数的计算见〔0-13〕、〔10-3〕。

## §10-8 双笼转子感应电动机的设计特点

双笼转子有铜导条的和铸铝的两种。铜导条双笼转子上、下笼各有各的端环，常用槽形如图10-20a、b。铸铝双笼转子上、下笼有一个公共的端环，通常在环上铸有风扇叶片，常用槽形如图10-20c、d。

### 一、双笼转子的等效电路和参数

以铸铝双笼转子感应电动机为例，转子侧的等效电路如图10-21a。

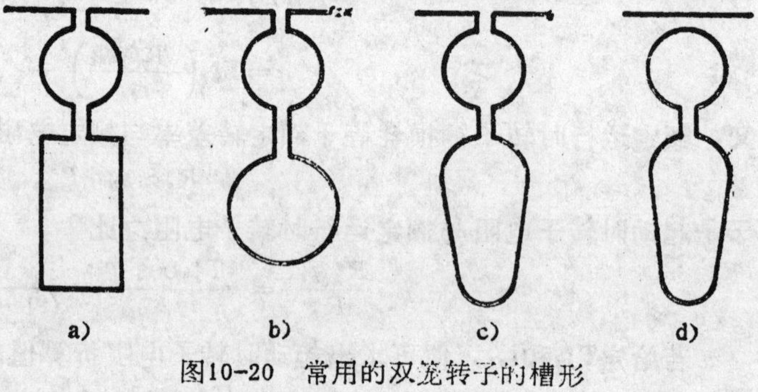

图10-20 常用的双笼转子的槽形

图中$R^*_R$、$R^*_{2U}$和$R^*_{2L}$分别为端环、上笼导条和下笼导条电阻的标么值；$X^*_R$为端环漏抗、转子谐波漏抗和斜槽漏抗标么值之和；$X^*_{2U}$和$X^*_{2L}$分别为上、下笼导条漏抗标么值，包括各自的自感漏抗标么值和上、下笼导条间的互感漏抗标么值$X^*_M$。将$X^*_M$归入公共支路，则有$X'^*_R=X^*_R+X^*_M$，此时$X'^*_{2U}$和$X'^*_{2L}$分别为上、下笼导条的自感漏抗标么值，见图10-21b。由于上笼导条的自感漏抗比导条电阻小得多，将

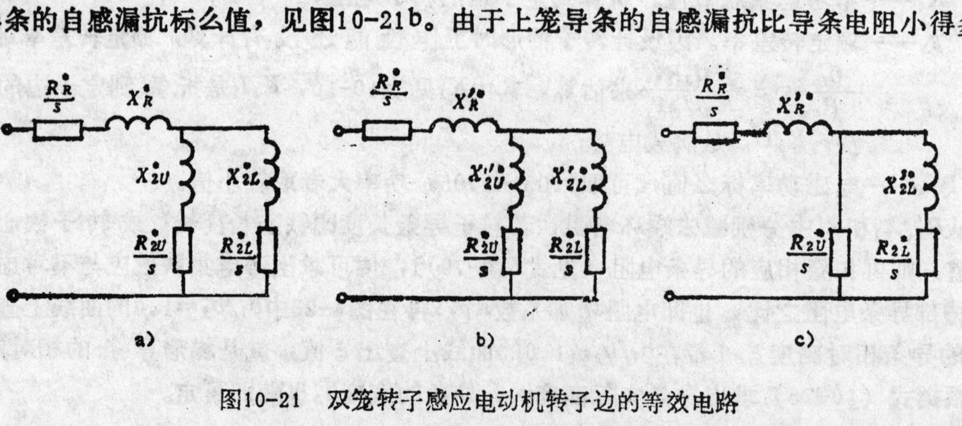

图10-21 双笼转子感应电动机转子边的等效电路

$X'^{*}_{2U}$忽略后等效电路如图10-21c。于是得出转子的总阻抗标么值如下：

$$Z^{*}_{2(s)}=\frac{R^{*}_{R}}{s}+jX'^{*}_{R}+\frac{\frac{R^{*}_{2U}}{s}\left(\frac{R^{*}_{2L}}{s}+jX'^{*}_{2L}\right)}{\frac{R^{*}_{2U}}{s}+\frac{R^{*}_{2L}}{s}+jX'^{*}_{2L}}=\frac{R^{*}_{2(s)}}{s}+jX^{*}_{\sigma 2(s)}$$

其中，$R^{*}_{2(s)}=R^{*}_{R}+\frac{R^{*}_{2U}[R^{*}_{2L}(R^{*}_{2U}+R^{*}_{2L})+(sX'^{*}_{2L})^{2}]}{(R^{*}_{2U}+R^{*}_{2L})^{2}+(sX'^{*}_{2L})^{2}}$为转子总电阻标么值；

$X^{*}_{\sigma 2(s)}=X'^{*}_{R}+\frac{R^{*2}_{2U}X'^{*}_{2L}}{(R^{*}_{2U}+R^{*}_{2L})^{2}+(sX'^{*}_{2L})^{2}}$为转子总电抗标么值。

运转时，转差率 $s\approx 0$，此时

$$R^{*}_{2}=R^{*}_{R}+\frac{R^{*}_{2U}R^{*}_{2L}}{(R^{*}_{2U}+R^{*}_{2L})}=R^{*}_{R}+R^{*}_{B} \tag{10-88}$$

$$X^{*}_{\sigma 2}=X'^{*}_{R}+\left(\frac{R^{*}_{2U}}{R^{*}_{2U}+R^{*}_{2L}}\right)^{2}X'^{*}_{2L}=X'^{*}_{R}+X^{*}_{B} \tag{10-89}$$

式中 $R^{*}_{B}$——双笼转子导条电阻标么值，是上、下笼导条电阻的并联；

$X^{*}_{B}$——忽略$X'^{*}_{2U}$后双笼转子导条的等效漏抗标么值。

起动时，转差率 $s=1$，转子电阻标么值和电抗标么值为：

$$R^{*}_{2(st)}=R^{*}_{R}+\frac{R^{*}_{2U}[R^{*}_{2L}(R^{*}_{2U}+R^{*}_{2L})+X'^{*2}_{2L}]}{(R^{*}_{2U}+R^{*}_{2L})^{2}+X'^{*2}_{2L}} \tag{10-90}$$

$$X^{*}_{\sigma 2(st)}=X'^{*}_{R}+\frac{R^{*2}_{2U}X'^{*}_{2L}}{(R^{*}_{2U}+R^{*}_{2L})^{2}+X'^{*2}_{2L}} \tag{10-91}$$

## 二、铸铝双笼转子的设计特点

### (一) 从性能指标确定槽形参数来设计槽形

双笼转子的设计也必须兼顾起动和运行性能。为满足起动性能指标，对上笼导条电阻$R_{2U}$有一定的要求（起动时转子电流主要流经上笼导条），用$V=\frac{R^{*}_{2U}}{R^{*}_{B}}$来衡量；起动完毕进入正常运行时，为使功率因数不致太低，对导条的等效电抗$X_{B}$有一定要求，用$U=\frac{X^{*}_{B}}{R^{*}_{B}}$来衡量。因电阻$R_{2U}$与导体的截面积（槽面积）成反比；电抗$X_{B}$与槽比漏磁导成正比，也与槽形直接有关，所以$U$、$V$又叫双笼转子的槽形参数，可见这两个参数不是互相独立的。双笼转子的设计就是根据起动和运行性能确定最佳的$U$、$V$组合。为此，先要找出起动时导条电阻增加系数$K'_{F}$和导条漏抗减小系数$K'_{x}$与槽形参数的关系。

因$V=\frac{R^{*}_{2U}}{R^{*}_{B}}$，便有

$$R^{*}_{2U}=VR^{*}_{B} \tag{10-92}$$

$$R^{*}_{2L}=\frac{1}{\frac{1}{R^{*}_{B}}-\frac{1}{R^{*}_{2U}}}=\left(\frac{V}{V-1}\right)R^{*}_{B} \tag{10-93}$$

又因$U=\frac{X^{*}_{B}}{R^{*}_{B}}$，便有

$$X^{*}_{B}=UR^{*}_{B} \tag{10-94}$$

$$X'^{*}_{2L}=\left(\frac{R^{*}_{2U}+R^{*}_{2L}}{R^{*}_{2U}}\right)^{2}UR^{*}_{B}=\left(\frac{V}{V-1}\right)^{2}UR^{*}_{B} \tag{10-95}$$

将式（10-92）、式（10-93）、式（10-94）和式（10-95）代入式(10-90)和式(10-91)得

$$R^*_{2(st)}=R^*_R+\frac{1+V\left(\frac{U}{V-1}\right)^2}{1+\left(\frac{U}{V-1}\right)^2}R^*_B=R^*_R+K'_F R^*_B \tag{10-96}$$

$$X^*_{\sigma 2(st)}=X'^*_R+\frac{1}{1+\left(\frac{U}{V-1}\right)^2}X^*_B=X'^*_R+K'_x X^*_B \tag{10-97}$$

其中 $K'_F=\dfrac{1+V\left(\frac{U}{V-1}\right)^2}{1+\left(\frac{U}{V-1}\right)^2}$ 恒大于1；$K'_x=\dfrac{1}{1+\left(\frac{U}{V-1}\right)^2}$ 恒小于1。相应的函数图形如图10-22。在$K'_F=f(U,V)$曲线峰值连线的右侧$U<V-1$，采用这些槽形参数的双笼转子感应电动机在起动过程中出现最小转矩，故一般不取。

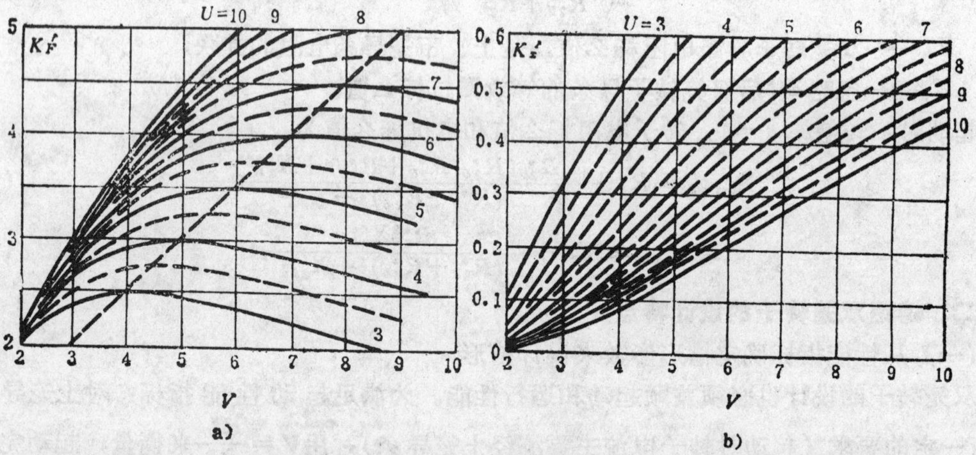


图10-22 双笼转子电阻增加系数$K'_F$和漏抗减少系数$K'_x$与槽形参数$U$、$V$的函数关系

对比式（10-96）和式（10-88）可得

$$\frac{R^*_{2(st)}}{R^*_2}=\frac{R^*_R+K'_F R^*_B}{R^*_R+R^*_B}=\frac{R^*_R/R^*_B+K'_F}{R^*_R/R^*_B+1} \tag{10-98}$$

这样根据给定的性能指标$T^*_{st}$、$i_{st}$和$\cos\varphi$，便可按式（10-86）和式(10-98）求出$K'_F$

$$K'_F=\frac{R^*_{2(st)}}{R^*_2}\left(1+\frac{R^*_R}{R_B}\right)-\frac{R^*_R}{R^*_B}=\frac{T^*_{st}\cos^2\varphi}{i^2_{st}s_N}\left[\frac{1}{(1-s_N)P^*_{em}}\right]\left[1+\frac{R^*_R}{R^*_B}\left(1-\frac{R^*_2}{R^*_{2(st)}}\right)\right] \tag{10-99}$$

式中 $\dfrac{R^*_R}{R^*_B}$——端环电阻和导条电阻之比。

对一般双笼转子感应电动机$\dfrac{R_{2(st)}}{R_2}=3\sim4$，因此$\left(1-\dfrac{R^*_2}{R^*_{2(st)}}\right)=0.66\sim0.75$，$\left[1+\dfrac{R^*_R}{R^*_B}\left(1-\dfrac{R^*_2}{R^*_{2(st)}}\right)\right]\approx\left(1+0.7\dfrac{R^*_R}{R^*_B}\right)$，这样式（10-99）中两个因式之积$\left[\dfrac{1}{(1-s_N)P^*_{em}}\right]\left[1+\dfrac{R^*_R}{R^*_B}\left(1-\dfrac{R^*_2}{R^*_{2(st)}}\right)\right]=1.05\sim1.15$，功率大、转子细长、端环电密低者取较小值。

计算出$K'_F$后，便可从图10-22中查到不同的$U$、$V$组合以及对应的$K'_x$。

具体设计时，当由式（10-40）初步得到导条截面积以后，便可由式（10-92）和式(10-

93）求出上、下笼导条截面积$A_{2U}$和$A_{2L}$

$$A_{2U}=\left(\frac{R_B^*}{R_{2U}^*}\right)A_B=\frac{A_B}{V} \tag{10-100}$$

$$A_{2L}=A_B-A_{2U}=\left(1-\frac{1}{V}\right)A_B \tag{10-101}$$

接着便可设计上、下笼的槽形。此时需兼顾转子铁心齿部和轭部的磁密分布。

为了设计上、下笼间颈部尺寸，可先按式（10-95）求出$X_{2L}'^*$以及相应的槽比漏磁导$\lambda_{2L}'$，再按上、下笼槽形去设计颈部尺寸。此时需考虑加工工艺性。

所选的槽形参数$U$、$V$是否合乎要求，要在运行性能和起动性能验算以后才能最后确定，若不合要求，则需根据性能指标另选$U$、$V$组合。例如功率因数太低，说明原来的$U$、$V$组合中$U$太大了，调整时将$U$适当减小、$V$适当放大。

（二）转子齿部磁路计算

双笼转子齿宽变化很大，计算转子齿磁压降时上笼齿和下笼齿分别计算，转子齿磁压降是两部分磁压降之和。下笼齿磁压降的计算方法与普通笼型转子齿部磁压降的计算方法相同；上笼齿磁压降可按如下方法计算。

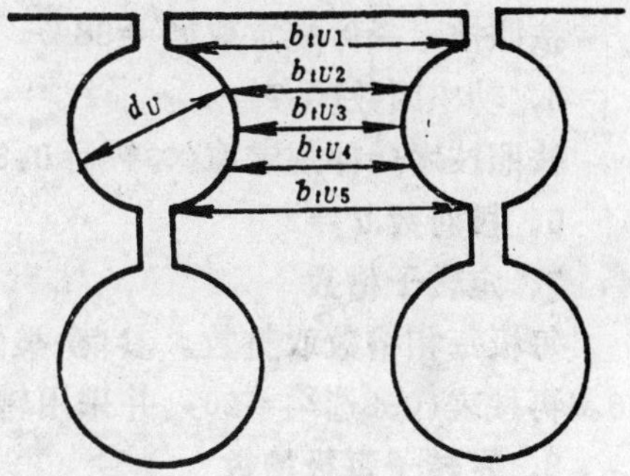

图10-23 双笼转子的上笼齿宽

将上笼直径$d_U$均分为四等分，求得$b_{tU1}$、$b_{tU2}$、$b_{tU3}$、$b_{tU4}$和$b_{tU5}$如图10-23，便可求出相应的截面积，再计算出各截面上的磁通密度，从材料的磁化曲线上查到对应的磁场强度，于是平均磁场强度

$$H_{tU}=\frac{H_{tU1}+4H_{tU2}+2H_{tU3}+4H_{tU4}+H_{tU5}}{12}$$

上笼齿磁压降

$$F_{tU}=H_{tU}d_U$$

**三、铜导条双笼转子的设计特点**

铜导条双笼转子的等效电路与铸铝双笼转子的相同。但因上、下笼有各自的端环，因此在设计计算时：(1)等效电路中$R_{2U}^*$和$R_{2L}^*$应包括各自的端环电阻，并联后的电阻$R_B^*=\frac{R_{2U}^*R_{2L}^*}{R_{2U}^*+R_{2L}^*}=R_2^*$，即双笼转子的总电阻；（2）$X_R'^*$不包括端环的漏抗$X_{E2}^*$，$X_R'^*=X_{\delta 2}^*+X_h^*+X_M^*$；（3）转子上、下笼导条等效漏抗$X_B^*=\left(\frac{R_{2U}^*}{R_{2U}^*+R_{2L}^*}\right)^2X_{2L}'^*$，$X_{2L}'^*$中包括端环漏抗$X_{E2}^*$。

铜导条双笼转子的设计原理与方法与铸铝双笼转子的相同。但为改善起动性能，上、下笼所用导电材料不同，若上笼导条材料（例如黄铜）的电阻率比下笼导条材料（例如紫铜）的电阻率大若干倍（例$\rho_{黄铜}=2.9\rho_{紫铜}$），则由式（10-100）求出的上笼导条截面积$A_{2U}$也应放大相同的倍数。

不忽略上笼导条自感漏抗$X_{2U}'^*$的双笼转子的设计计算见〔0-12〕〔10-4〕。

## 计 算 例 题

本例题基本上依照手算用"中小型三相感应电动机电磁计算程序"（见附录一）包括的项

目逐条进行计算。

已知数据：输出功率 $P_N=11\text{kW}$，电压 $U_N=380\text{V}$(△接)，相数 $m_1=3$，频率 $f=50\text{Hz}$，极对数 $p=2$，B级绝缘，连续运行，封闭型自扇冷式，主要性能指标按技术条件JB3074—82的规定。

**（一）额定数据和主要尺寸**

1．额定功率$P_N=11\text{kW}$

2．额定电压$U_N=U_{N\phi}=380\text{V}$（△接）

3．功电流 $I_{KW}=\dfrac{P_N}{m_1U_{N\phi}}=\dfrac{11\times10^3}{3\times380}\text{A}=9.65\text{A}$

4．效率$\eta'$

按照技术条件规定取$\eta'_{\prime}=88\%$

5．功率因数$\cos\varphi'$

按照技术条件规定取$\cos\varphi'_{\prime}=0.84$

6．极对数 $p=2$

7．定转子槽数

每极每相槽数取整数。参考类似规格电机取$q_1=3$，则$Z_1=2m_1pq_1=2\times3\times2\times3=36$。再按表10-8选$Z_2=26$，并采用转子斜槽。

8．定转子每极槽数

$$Z_{p1}=\frac{Z_1}{2p}=\frac{36}{4}=9;$$

$$Z_{p2}=\frac{Z_2}{2p}=\frac{26}{4}=6\frac{1}{2}。$$

9．确定电机主要尺寸

一般可参考类似电机的主要尺寸来确定$D_{i1}$和$l_{ef}$。现按§10-2中的分析来确定

由经验公式（10-8）可得满载电势标么值

$$K'_E=0.0108\ln P_N-0.013p+0.931=0.0108\ln11-0.013\times2+0.931=0.931$$

由式（10-7）可求出计算功率

$$P'=K'_E\frac{P_N}{\eta'\cos\varphi'_{\prime}}=0.931\times\frac{11\times10^3}{0.88\times0.84}=13.854\times10^3\text{VA}$$

初选$\alpha'_p=0.68$，$K'_{Nm}=1.10$，$K'_{dp1}=0.96$，由图10-2取$A'=26000\text{A/m}$，由表10-1取$B'_\delta=0.67\text{T}$，假定$n'=1450\text{r/min}$，于是由式（10-4)得

$$V=\frac{6.1}{\alpha'_pK'_{Nm}K'_{dp1}}\cdot\frac{1}{A'B'_\delta}\cdot\frac{p'_{\prime}}{n'_{\prime}}$$

$$=\left(\frac{6.1}{0.68\times1.10\times0.96}\right)\times\left(\frac{1}{26000\times0.67}\right)\times\left(\frac{13.854\times10^3}{1450}\right)\text{m}^3$$

$$=0.00466\text{m}^3$$

由表10-2取$\lambda=1.4$，代入式(10-9)，得

$$D'_{i1}=\sqrt[3]{\frac{2p}{\lambda\pi}V}=\sqrt[3]{\frac{4}{1.4\pi}\times0.00466}\text{ m}=0.162\text{m}$$

再由表10-3，按定子内外径比求出定子冲片外径

$$D'_1=D'_{i1}/(D_{i1}/D)=\frac{0.162}{0.64}=0.253\text{m}$$

根据标准直径最后确定$D_1=0.26\text{m}$。于是

$$D_{i1}=D_1\times\left(\frac{D_{i1}}{D_1}\right)=0.26\times0.64\text{m}\approx0.17\text{m}$$

铁心的有效长度

$$l_{ef}=\frac{V}{D_{i1}^2}=\frac{0.00466}{0.17^2}\text{m}=0.161\text{m}$$

取铁心长$l_t=0.155$m。(按生产要求，铁心长通常采用5mm进位)。

10. 气隙的确定

参考类似产品或由经验公式（10-10a)，得

$$\delta=0.3(0.4+7\sqrt{D_{i1}l_t})\times10^{-3}=0.3(0.4+7\sqrt{0.17\times0.155})\times10^{-3}\text{m}\approx0.5\times10^{-3}\text{m}$$

于是铁心有效长度$l_{ef}=l_t+2\delta=(0.155+2\times0.0005)\text{m}=0.156\text{m}$

转子外径$D_2=D_{i1}-2\delta=(0.17-0.001)\text{m}=0.169\text{m}$

转子内径先按转轴直径决定（以后再校验转子轭部磁密)：$D_{i2}=0.06$m。

11. 极距 $\tau=\frac{\pi D_{i1}}{2p}=\frac{\pi\times0.17}{4}\text{m}=0.1335\text{m}$

12. 定子齿距 $t_1=\frac{\pi D_{i1}}{Z_1}=\frac{\pi\times0.17}{36}\text{m}=0.01484\text{m}$

转子齿距$t_2=\frac{\pi D_2}{Z_2}=\frac{\pi\times0.169}{26}\text{m}=0.02042\text{m}$

13. 定子绕组采用单层绕组，交叉式，节距1～9，2～10，11～18

14. 为了削弱齿谐波磁场的影响，转子采用斜槽，一般斜一个定子齿距$t_1$，于是转子斜槽宽$b_{sk}=0.0145$m。

15. 设计定子绕组

按式（10-14)，每相串联导体数

$$N'_{\phi1}=\frac{\eta'\cos\varphi'\pi D_{i1}A'}{m_1I_{KW}}=\frac{0.88\times0.84\times\pi\times0.17\times26000}{3\times9.65}=354$$

取并联支路$a_1=1$，由式（10-15)，可得每槽导体数

$$N'_{s1}=\frac{m_1a_1N'_{\phi1}}{Z_1}=\frac{3\times1\times354}{36}=29.5$$

取$N_{s1}=29$，于是每线圈匝数为29。

16. 每相串联导体数$N_{\phi1}=\frac{N_{s1}Z_1}{m_1a_1}=\frac{29\times36}{3\times1}=348$

每相串联匝数$N_1=\frac{N_{\phi1}}{2}=\frac{348}{2}=174$

17. 绕组线规设计

初选定子电密$J'_1=5.0\text{A/mm}^2$，由式(10-16)，计算导线并绕根数和每根导线截面积的乘积。

$$N_{t1}A'_{c1}=\frac{I'_1}{a_1J'_1}=\frac{13.05}{1\times5.0}\text{mm}^2=2.61\text{mm}^2$$

其中定子电流初步估计值

$$I'_1=\frac{I_{KW}}{\eta'\cos\varphi'}=\frac{9.65}{0.88\times0.84}\text{A}=13.05\text{A}$$

在附录二中选用截面积相近的铜线：高强度漆包线，并绕根数$N_{t1}=2$，线径$d_1=1.3$mm，绝缘后直径$d=1.38$mm，截面积$A'_{c1}=1.327\text{mm}^2$，$N_{t1}A'_{c1}=2.654\text{mm}^2$。

18. 设计定子槽形

因定子绕组为圆导线散嵌，故采用梨形槽，齿部平行。初步取$B'_{t1}=1.4T$，按式(10-18)，估计定子齿宽

$$b_{t1}=\frac{t_1 B'_\delta}{K_{Fe}B'_{t1}}=\frac{0.01484\times0.67}{0.95\times1.4}m=0.00747m$$

初步取$B'_{j1}=1.25T$，按式(10-19)，估计定子轭部计算高度

$$h'_{j1}=\frac{\tau\alpha'_p B'_\delta}{2K_{Fe}B'_{j1}}=\frac{0.1335\times0.68\times0.67}{2\times0.95\times1.25}m=0.0256m$$

按齿宽和定子轭部计算高度的估算值作出定子槽形如图10-24，槽口尺寸参考类似产品决定，取$b_{01}=3.8mm$，$h_{01}=0.8mm$。齿宽计算如下：

$$b_{t1}=\frac{\pi(D_{i1}+2h_{01}+2h_{11}+2h_{21})}{Z_1}-2r_{21}$$
$$=\left[\frac{\pi(0.17+2\times0.0008+2\times0.0152)}{36}-2\times0.0051\right]m=0.00743m$$

$$b_{t1}=\frac{\pi(D_{i1}+2h_{01}+2h_{11})}{Z_1}-b_{11}$$
$$=\left[\frac{\pi(0.17+2\times0.0008+2\times0.0011)}{36}-0.0077\right]m=0.00747m$$

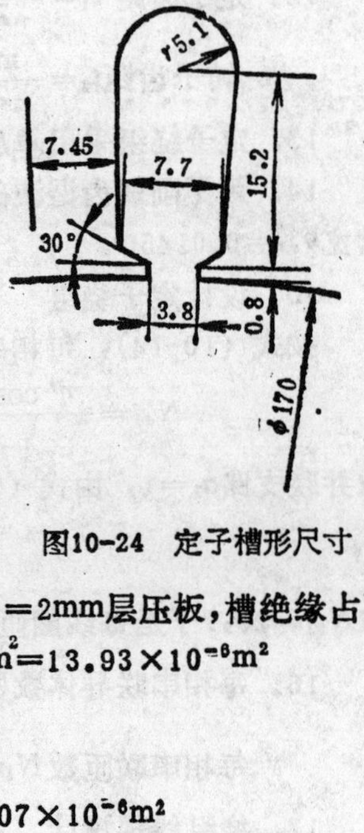

图10-24 定子槽形尺寸

齿部基本平行，齿宽$b_{t1}=0.00745m$（平均值）。

19. 槽满率

槽面积 $$A_s=\frac{2r_{21}+b_{11}}{2}(h'_s-h)+\frac{\pi r_{21}^2}{2},$$
$$=\left[\frac{2\times0.0051+0.0077}{2}\times(0.0152-0.002)+\frac{\pi\times0.0051^2}{2}\right]m^2$$
$$=159\times10^{-6}m^2$$

按附录三，槽绝缘采用DMDM复合绝缘，$\Delta_i=0.3mm$，槽楔为$h=2mm$层压板，槽绝缘占面积$A_i=\Delta_i(2h'_s+\pi r_{21})=0.0003\times(2\times0.0152+\pi\times0.0051)m^2=13.93\times10^{-6}m^2$

槽有效面积

$$A_{ef}=A_s-A_i$$
$$=(159-13.93)\times10^{-6}m^2=145.07\times10^{-6}m^2$$

槽满率

$$s_f=\frac{N_{t1}N_{s1}d^2}{A_{ef}}=\frac{2\times29\times(1.38\times10^{-3})^2}{145.07\times10^{-6}}=0.76\ (\text{符合要求})$$

20. 绕组系数

$$K_{p1}=1$$

$$K_{d1}=\frac{\sin\frac{q\alpha}{2}}{q\sin\frac{\alpha}{2}}=\frac{\sin\frac{3\times20^\circ}{2}}{3\sin\frac{20^\circ}{2}}=0.9598$$

其中 $\alpha = p\frac{2\pi}{Z_1} = \frac{2 \times 360°}{36} = 20°$

$$K_{dp1} = K_{d1}K_{p1} = 1 \times 0.9598 = 0.9598$$

每相有效串联导体数

$$N_{\phi 1}K_{dp1} = 348 \times 0.9598 = 334$$

21. 设计转子槽形与转子绕组

按式（10-39），预计转子导条电流：

$$I'_2 = K_I I'_1 \frac{3N_{\phi 1}K_{dp1}}{Z_2} = 0.89 \times 13.05 \times \frac{3 \times 334}{26}\text{A} = 447\text{A}$$

其中 $K_I$由表10-10查出。

初步取转子导条电密$J'_B = 3.5\text{A/mm}^2$，于是导条截面积

$$A'_B = \frac{I'_2}{J'_B} = \frac{447}{3.5}\text{mm}^2 = 128\text{mm}^2$$

初步取$B'_{t2} = 1.3\text{T}$，估算转子齿宽

$$b'_{t2} = \frac{t_2 B'_\delta}{K_{Fe}B'_{t2}} = \frac{0.0204 \times 0.67}{0.95 \times 1.3}\text{m} = 0.01108\text{m}$$

初步取$B'_{j2} = 1.25\text{T}$，估算转子轭部计算高度

$$h'_{j2} = \frac{\tau \alpha'_p B'_\delta}{2K_{Fe}B'_{j2}} = \frac{0.1335 \times 0.68 \times 0.67}{2 \times 0.95 \times 1.25}\text{m} = 0.0256\text{m}$$

为获得较好的起动性能，采用平行槽，作槽形图如图10-25a所示，取槽口尺寸$b_{02} = 1\text{mm}$，$h_{02} = 0.5\text{mm}$。

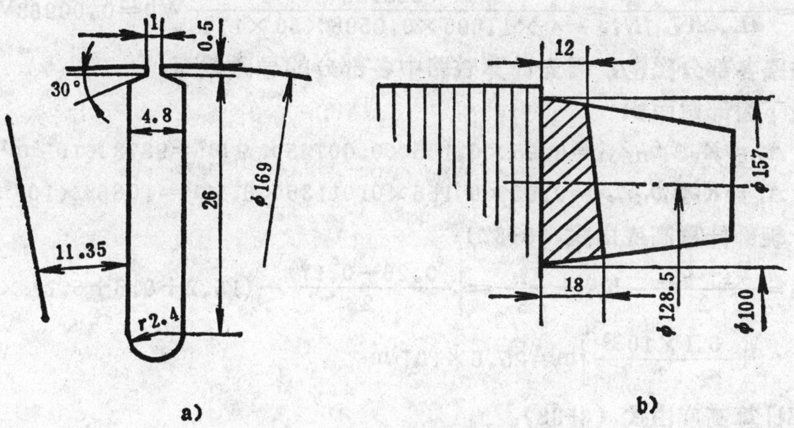


图10-25　转子槽形尺寸及端环尺寸

齿壁不平行的槽形的齿宽（按§3-3）计算如下：

$$b_{t2\frac{1}{3}} = \frac{\pi\left[D_2 - 2 \times \frac{2}{3}(h_{02} + h_{12} + h_{22})\right]}{Z_2} - b_{12}$$

$$= \left[\frac{\pi \times \left(0.169 - \frac{4}{3} \times 0.0265\right)}{26} - 0.0048\right]\text{m} = 0.01135\text{m}$$

导条截面积（转子槽面积）

$$A_B=\left(\frac{b_{02}+b_{12}}{2}\right)h_{12}+b_{12}h_{22}+\frac{\pi r_{22}^2}{2}$$

$$=\left[\left(\frac{0.001+0.0048}{2}\right)\times 0.0011+0.0048\times(0.026-0.0011)\right.$$

$$\left.+\frac{\pi\times 0.0024^2}{2}\right]m^2=131.75\times 10^{-3}m^2$$

按式(11-41)估计端环电流

$$I'_R=I'_2\,\frac{Z_2}{2\pi p}=447\times\frac{26}{2\pi\times 2}A=925A$$

端环所需面积

$$A'_R=\frac{I'_R}{J'_R}=\frac{925}{2.1}mm^2=440mm^2$$

其中端环电密$J'_R=0.6J'_B=2.1A/mm^2$。按照工艺要求由所需面积确定端环内外径及厚度如图10-25b，得端环面积$A_R\approx 400\times 10^{-6}m^2$。

**（二）磁路计算**

22. 计算满载电势

初设$K_E'=(1-\varepsilon'_L)=0.927$，由式(3-51)，得

$$E_1=(1-\varepsilon'_L)U_{N\phi}=0.927\times 380V=352.26V$$

23. 计算每极磁通

初设$K'_s=1.20$，由图3-5查得$K_{Nm}=1.095$，由式(3-9)，得

$$\Phi=\frac{E_1}{4K_{Nm}K_{dp1}fN_1}=\frac{352.26}{4\times 1.095\times 0.9598\times 50\times 174}Wb=0.00963Wb$$

为计算磁路各部分磁密，需先计算磁路中各部分的导磁截面：

24. 每极下齿部截面积

$$A_{t1}=K_{Fe}l_tb_{t1}Z_{p1}=0.95\times 0.155\times 0.00745\times 9\,m^2=9873\times 10^{-6}m^2$$

$$A_{t2}=K_{Fe}l_tb_{t2}Z_{p2}=0.95\times 0.155\times 0.01135\times 6.5m^2=10863\times 10^{-6}m^2$$

25. 定子轭部计算高度由式（3-37）

$$h'_{j1}=\frac{D_1-D_{i1}}{2}-h_{s1}+\frac{r_{21}}{3}=\left[\frac{0.26-0.17}{2}-(15.2+0.8+5.1)\times 10^{-3}\right.$$

$$\left.+\frac{5.1\times 10^{-3}}{3}\right]m=25.6\times 10^{-3}m$$

转子轭部计算高度由式（3-38）

$$h'_{j2}=\frac{D_2-D_{i2}}{2}-h_{s2}+\frac{r_{22}}{3}=\left[\frac{0.169-0.06}{2}-(26+0.5+2.4)\times 10^{-3}\right.$$

$$\left.+\frac{2.4\times 10^{-3}}{3}\right]m=26.4\times 10^{-3}m$$

轭部导磁截面积

$$A_{j1}=K_{Fe}l_th'_{j1}=0.95\times 0.155\times 25.6\times 10^{-3}m^2=3770\times 10^{-6}m^2$$

$$A_{j2}=K_{Fe}l_th'_{j2}=0.95\times 0.155\times 26.4\times 10^{-3}m^2=3887\times 10^{-6}m^2$$

26. 一极下空气隙截面积

$$A_\delta=\tau l_{ef}=0.1335\times 0.156m^2=20826\times 10^{-6}m^2$$

27. 磁路计算所选的是通过磁极中心线的闭合回路（见§3-1），该回路上的气隙磁密是最大值$B_\delta$（见§3-2）。为此，由图3-5，先找出计算极弧系数$\alpha'_p=0.68$，由此求得波幅系数

$$F_s=\frac{B_\delta}{B_{\delta av}}=\frac{1}{\alpha'_p}=\frac{1}{0.68}=1.47$$

按照"程序"，$F_s$可由图附1-1按初设的$K'_s$查取，但须注意，为了实用上的方便，"程序"中$F_s$的定义与这里的略有不同，并且计算每极磁通$\Phi$的公式也作了相应的改变，详见〔3-3〕。

28. 气隙磁密由式(3-7)计算

$$B_\delta=\frac{F_s\Phi}{A_\delta}=\frac{1.47\times0.00963}{20826\times10^{-6}}\text{T}=0.6797\text{T}$$

29. 由式（3-26），对应于气隙磁密最大值处的定子齿部磁密

$$B_{t1}=\frac{B_\delta l_{ef}t_1}{K_{Fe}l'_t b_{t1}}\cdot\frac{Z_{p1}}{Z_{p1}}=\frac{F_s\Phi}{A_{t1}}=\frac{1.47\times0.00963}{9873\times10^{-6}}\text{T}=1.4338\text{T}$$

30. 转子齿部磁密

$$B_{t2}=\frac{F_s\Phi}{A_{t2}}=\frac{1.47\times0.00963}{10863\times10^{-6}}\text{T}=1.3031\text{T}$$

31. 从附录五的D23磁化曲线找出对应上述磁密的磁场强度

$$H_{t1}=14.428\text{A/cm};\ H_{t2}=8.993\text{A/cm}。$$

32. 有效气隙长度

$$\delta_{ef}=K_\delta\delta=1.260\times0.5\times10^{-3}\text{m}=0.63\times10^{-3}\text{m}$$

其中气隙系数按式（3-20）计算

$$K_{\delta1}=\frac{t_1(4.4\delta+0.75b_{01})}{t_1(4.4\delta+0.75b_{01})-b_{01}^2}=\frac{1.484(4.4\times0.05+0.75\times0.38)}{1.484(4.4\times0.05+0.75\times0.38)-0.38^2}$$
$$=1.239$$

$$K_{\delta2}=\frac{t_2(4.4\delta+0.75b_{02})}{t_2(4.4\delta+0.75b_{02})-b_{02}^2}=\frac{2.042(4.4\times0.05+0.75\times0.1)}{2.042(4.4\times0.05+0.75\times0.1)-0.1^2}$$
$$=1.017$$

$$K_\delta=K_{\delta1}K_{\delta2}=1.239\times1.017=1.260$$

33. 齿部磁路计算长度按式（3-28）计算

$$L_{t1}=(h_{11}+h_{21})+\frac{1}{3}r_{21}=\left(15.2+\frac{5.1}{3}\right)\times10^{-3}\text{m}=16.9\times10^{-3}\text{m}$$

$$L_{t2}=(h_{12}+h_{22})+\frac{1}{3}r_{22}=\left(26+\frac{2.4}{3}\right)\times10^{-3}\text{m}=26.8\times10^{-3}\text{m}$$

34. 按式（3-40）计算轭部磁路计算长度

$$L'_{j1}=\frac{\pi(D_1-h'_{j1})}{2p}\times\frac{1}{2}=\frac{\pi(0.26-0.0256)}{2\times2\times2}\text{m}=92\times10^{-3}\text{m}$$

$$L'_{j2}=\frac{\pi(D_{i2}+h'_{j2})}{2p}\times\frac{1}{2}=\frac{\pi(0.06+0.0264)}{2\times2\times2}\text{m}=33.9\times10^{-3}\text{m}$$

35. 按式（3-6）计算气隙磁压降

$$F_\delta=\frac{K_\delta B_\delta\delta}{\mu_0}=0.8\times1.260\times0.5\times10^{-3}\times0.6797\times10^6\text{A}=342.58\text{A}$$

36. 齿部磁压降

$$F_{t1}=H_{t1}L_{t1}=14.428\times10^2\times16.9\times10^{-3}\text{A}=24.38\text{A}$$

$$F_{t2}=H_{t2}L_{t2}=8.993\times10^2\times26.8\times10^{-3}\text{A}=24.10\text{A}$$

37. 饱和系数按式（3-15）计算

$$K_s=\frac{F_\delta+F_{t1}+F_{t2}}{F_\delta}=\frac{342.58+24.38+24.10}{342.58}=1.1415$$

与初设值$K'_s=1.20$相比较，误差$\frac{1.20-1.1415}{1.1415}=5.1\%$太大。

计算出的$K_s=1.1415$，比原假设值$K'_s=1.20$小，说明原假设的$K'_s$偏高，在此基础上计算出的气隙磁密最大值$B_\delta$和齿部磁密$B_{t1}$、$B_{t2}$都偏低，致使计算出的$K_s$低于实际值。再次假设时取$K_s<K''_s<K'_s$。为使计算结果能较快收敛，常按经验公式取$K''_s=K_s-\frac{K_s-K'_s}{3}$。

假设$K''_s=1.1415-\frac{1.1415-1.20}{3}=1.16$，重新计算第23～37项中有关各项：

23. $K''_s=1.16$，由图3-5查得$K_{Nm}=1.097$；$\Phi=0.00961$

27. $\alpha'_p=0.675$，$F_s=1.4815$

28. $B_\delta=0.6836\text{T}$

29. $B_{t1}=1.442\text{T}$

30. $B_{t2}=1.311\text{T}$

31. $H_{t1}=14.94\text{A/cm}$；$H_{t2}=9.23\text{A/cm}$

35. $F_\delta=344.53\text{A}$

36. $F_{t1}=25.25\text{A}$；$F_{t2}=24.74\text{A}$

37. $K_s=1.145$。误差$\frac{1.16-1.145}{1.145}=1.3\%$，仍大。

再假设$K'''_s=1.145-\frac{1.145-1.16}{3}=1.15$重新计算第23～27项中有关各项：

23. $K'''_s=1.15$，由图3-5查得$K_{Nm}=1.0975$；$\Phi=0.00961$

27. $\alpha'_p=0.67$，$F_s=1.4925$

28. $B_\delta=0.6884\text{T}$

29. $B_{t1}=1.453\text{T}$

30. $B_{t2}=1.320\text{T}$

31. $H_{t1}=15.74\text{A/cm}$；$H_{t2}=9.50\text{A/cm}$

35. $F_\delta=346.95\text{A}$

36. $F_{t1}=26.6\text{A}$；$F_{t2}=25.46\text{A}$

37. $K_s=1.150$。误差$\frac{1.15-1.148}{1.148}=0.19\%<1\%$，合格。

38. 定子轭部磁密按式（3-36）计算

$$B_{j1}=\frac{1}{2}\cdot\frac{\phi}{A_{j1}}=\frac{1}{2}\times\frac{0.00961}{3770\times10^{-6}}=1.275\text{T}$$

39. 转子轭部磁密

$$B_{j2}=\frac{1}{2}\cdot\frac{\phi}{A_{j2}}=\frac{1}{2}\times\frac{0.00961}{3887\times10^{-6}}=1.236\text{T}$$

40. 从附录五的D23磁化曲线找出对应上述磁密的磁场强度：$H_{j1}=8.23\text{A/cm}$；$H_{j2}=7.29\text{A/cm}$

41. 按式（3-42）计算轭部磁压降，其中轭部磁位降校正系数见图附1-3b。

$$\frac{h'_{j1}}{\tau}=\frac{0.0256}{0.1335}=0.192，B_{j1}=1.275\text{T}，于是C_{j1}=0.577$$

$$F_{j1}=C_{j1}H_{j1}L'_{j1}=0.577\times8.23\times10^{2}\times92\times10^{-3}\text{A}=43.72\text{A}$$

$$\frac{h'_{j2}}{\tau}=\frac{0.0264}{0.1335}=0.198\quad B_{j2}=1.236\ \text{T},\text{于是}\ C_{j2}=0.445$$

$$F_{j2}=C_{j2}H_{j2}L'_{j2}=0.445\times7.29\times10^{2}\times33.9\times10^{-3}\text{A}=10.88\text{A}$$

42. 每极磁势

$$F_0=F_\delta+F_{t1}+F_{t2}+F_{j1}+F_{j2}=(346.95+26.6+25.46+43.72+10.88)\text{A}=452.81\text{A}$$

43. 按式（3-57）计算满载磁化电流

$$I_m=\frac{2pF_0}{0.9m_1N_1K_{dp1}}=\frac{2\times2\times452.81}{0.9\times3\times174\times0.9598}\text{A}=4.017\text{A}$$

44. 磁化电流标么值

$$I_m^*=\frac{I_m}{I_{KW}}=\frac{4.017}{9.65}=0.416$$

45. 励磁电抗按式（4-149）计算

$$X_{ms}=4f\mu_0\frac{m_1}{\pi}\ \frac{(N_1K_{dp1})^2}{K_s p}l_{ef}\frac{\tau}{\delta_{ef}}$$

$$=\frac{4\times50\times4\pi\times10^{-7}\times3\times(174\times0.9598)^2\times0.156\times0.1335}{\pi\times1.15\times2\times0.63\times10^{-3}}\Omega=96.38\Omega$$

$$X_{ms}^*=X_{ms}\frac{I_{KW}}{U_{N\phi}}=\frac{96.38\times9.65}{380}=2.448$$

工厂设计计算时，往往采用近似的计算方法（$E_1\approx U_{N\phi}$）：

$$X_{ms}^*=X_{ms}\frac{I_{KW}}{U_{N\phi}}=\frac{E_1}{I_m}\cdot\frac{I_{KW}}{U_{N\phi}}\approx\frac{U_{N\phi}}{I_m}\cdot\frac{I_{KW}}{U_{N\phi}}=\frac{I_{KW}}{I_m}=\frac{1}{I_m^*}=\frac{1}{0.416}=2.404$$

可见误差不太大，但却简单得多。

**（三）参数计算**

46. 线圈平均半匝长（见图附1-4）

定子线圈节距$\tau_y=\dfrac{\pi[D_{i1}+2(h_{01}+h_{11})+h_{21}+r_{21}]}{2p}\beta$，

$$=\frac{\pi[0.17+2(0.8+1.1)\times10^{-3}+(15.2-1.1)\times10^{-3}+5.1\times10^{-3}]}{4}$$

$$\times0.852\text{m}=0.1292\text{m}$$

其中节距比$\beta=\dfrac{2\times8+1\times7}{3\times9}=0.852$是平均值。

直线部分长度 $l_B=l_t+2d_1=(0.155+2\times0.015)\text{m}=0.185\text{m}$

其中 $d_1$是线圈直线部分伸出铁心的长度，取10～30mm，机座大、极数少者取较大值。

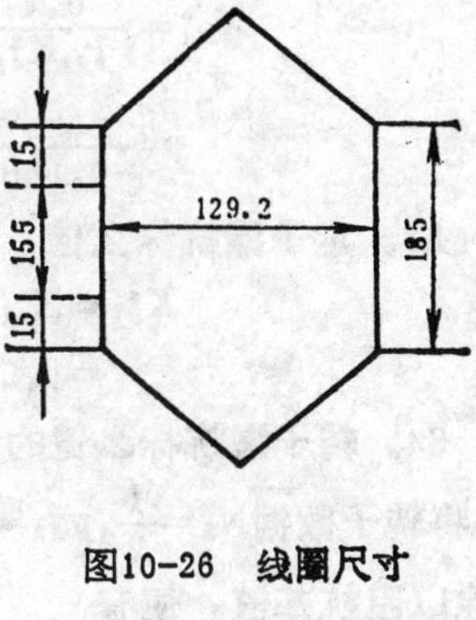

图10-26 线圈尺寸

平均半匝长

$$l_c=l_B+K_c\tau_y=0.185+1.2\times0.1292=0.34\text{m}$$

式中$K_c$是经验系数，2极取1.16，4、6极取1.2，8极取1.25。

47. 端部平均长

$$l_E=2d_1+K_c\tau_y=(2\times0.015+1.2\times0.1292)\text{m}=0.185\text{m}$$

48. 由式（4-38）可知感应电机定子绕组的漏抗为

$$X_{\sigma 1}=4\pi f\mu_0\frac{N_1^2}{pq_1}l_{ef}\Sigma\lambda_1$$

除以阻抗基值 $Z_{KW}=\frac{U_{N\phi}}{I_{KW}}=\frac{m_1U_{N\phi}^2}{P_N}$，便可得定子漏抗标么值

$$X_{\sigma 1}^{*}=C_x\left(\frac{2m_1p}{Z_1K_{dp1}^2}\Sigma\lambda_1\right)$$

式中 $\Sigma\lambda_1=\lambda_{s1}+\lambda_{\delta 1}+\lambda_{E1}$，$C_x$为漏抗系数，等于

$$C_x=\frac{4\pi f\mu_0(N_1K_{dp1})^2l_{ef}P_N}{m_1pU_{N\phi}^2}$$

$$=\frac{4\pi\times 50\times 4\pi\times 10^{-7}\times(174\times 0.9598)^2\times 0.156\times 11\times 10^3}{3\times 2\times 380^2}=0.04362$$

49．按照附录四计算定子槽比漏磁导。因为是单层绕组，整距，节距漏抗系数$K_{U1}=K_{L1}=1.0$。

$$\lambda_{s1}=K_{U1}\lambda_{U1}+K_{L1}\lambda_{L1}=1\times 0.4070+1\times 0.765=1.172$$

其中 $\lambda_{U1}=\frac{h_{01}}{b_{01}}+\frac{2h_{11}}{b_{01}+b_{11}}=\frac{0.8}{3.8}+\frac{2\times 1.1}{3.8+7.7}=0.4070$

$\lambda_{L1}=0.765$，因 $\frac{h_{21}}{2r_{21}}=\frac{15.2-1.1}{2\times 5.1}=1.38$，$\frac{b_{11}}{2r_{21}}=\frac{7.7}{2\times 5.1}=0.755$

50．只在铁心部分有槽漏抗，因而计算槽漏抗时要乘上$\frac{l_t}{l_{ef}}$：

$$X_{s1}^{*}=\frac{2m_1p}{Z_1K_{dp1}^2}\cdot\frac{l_t}{l_{ef}}\lambda_{s1}C_x=\frac{2\times 3\times 2\times 0.155\times 1.172}{36\times 0.9598^2\times 0.156}C_x=0.4214C_x$$

51．考虑到饱和的影响，定子谐波漏抗可按式（4-76）代入式（4-38）计算：

$$X_{\delta 1}^{*}=\frac{2m_1p}{Z_1K_{dp1}^2}\lambda_{\delta 1}C_x=\frac{2m_1p}{Z_1K_{dp1}^2}\cdot\frac{m_1q_1\tau}{\pi^2\delta_{ef}K_s}C_x=\frac{m_1}{\pi^2}\ \frac{\tau}{\delta_{ef}}\ \frac{\Sigma s}{K_{dp1}^2K_s}C_x$$

$$=\frac{3\times 0.1335\times 0.0129}{\pi^2\times 0.63\times 10^{-3}\times 0.9598^2\times 1.15}C_x=0.7775C_x$$

其中 $\Sigma s=0.0129$由图4-10以$q_1=3$，$\beta=1$查出。

52．单层交叉式绕组的端部漏抗与分组的单层同心式绕组的相近，可将式（4-92）代入式（4-38）求出：

$$X_{E1}^{*}=\frac{0.47}{l_{ef}K_{dp1}^2}(l_E-0.64\tau_y)C_x$$

$$=\frac{0.47}{0.156\times 0.9598^2}(0.185-0.64\times 0.1292)C_x=0.3350C_x$$

53．定子漏抗标么值

$$X_{\sigma 1}^{*}=X_{s1}^{*}+X_{\delta 1}^{*}+X_{E1}^{*}=(0.4214+0.7775+0.3350)C_x$$
$$=1.5339C_x=0.06691$$

54．转子漏抗标么值的计算与定子漏抗标么值的计算相似，但要将转子漏抗折算到定子边。将转子数据$N_2=\frac{1}{2}$，$pq_2=\frac{Z_2}{2m_2}=\frac{1}{2}$代入式(4-38)，乘以阻抗折算系数$K=\frac{4m_1(N_1K_{dp1})^2}{Z_2}$和除以阻抗基值，便有

$$X_{\sigma 2}^{*}=\frac{2m_1p}{Z_2}\Sigma\lambda_2C_x$$

55．转子槽比漏磁导的计算见附录四。

$$\lambda_{s2}=\lambda_{U2}+\lambda_{L2}=0.5+2.239=2.739$$

其中 $\lambda_{U2}=\frac{h_{02}}{b_{02}}=\frac{0.5}{1.0}=0.5$

$$\lambda_{L2}=\frac{2h_{12}}{b_{02}+b_{12}}+\lambda_L=\frac{2\times1.1}{1.0+4.8}+1.860=2.239,\ \lambda_L=1.860\text{由}$$

$$\frac{h_{22}}{2r_{22}}=\frac{26-1.1}{2\times2.4}=5.1875,\ \frac{b_{12}}{2r_{22}}=\frac{4.8}{2\times2.4}=1.0\text{查曲线得到。}$$

56．转子槽漏抗标么值

$$X^*_{s2}=\frac{2m_1p}{Z_2}\cdot\frac{l_t}{l_{ef}}\lambda_{s2}C_x=\frac{2\times3\times2\times0.155\times2.739}{26\times0.156}C_x=1.256C_x$$

57．考虑饱和影响的谐波比漏磁导可由式（4-79）求出，于是转子谐波漏抗标么值

$$X^*_{\delta2}=\frac{Z_2}{2p\pi^2}\cdot\frac{\tau}{\delta_{ef}}\cdot\frac{\Sigma R}{K_s}\cdot\frac{2m_1p}{Z_2}C_x=\frac{m_1\tau\Sigma R}{\pi^2\delta_{ef}K_s}C_x$$

$$=\frac{3\times0.1335\times0.0195}{\pi^2\times0.63\times10^{-3}\times1.15}C_x=1.083C_x$$

其中 $\Sigma R=0.0195$由图4-11以$\frac{Z_2}{2p}=\frac{26}{4}=6.5$查出。

58．转子绕组端部比漏磁导按式（4-95）计算，于是转子绕组端部漏抗标么值

$$X^*_{E2}=\left(\frac{0.2523Z_2D_R}{2pl_{ef}\times2p}\right)\left(\frac{2m_1p}{Z_2}\right)C_x=\frac{0.757}{l_{ef}}\cdot\frac{D_R}{2p}C_x$$

$$=\frac{0.757\times0.1285}{0.156\times4}C_x=0.1559C_x$$

59．转子斜槽漏抗按式(4-162）计算

$$X^*_{sk}=0.5\left(\frac{b_{sk}}{t_2}\right)^2X^*_{\delta2}=0.5\times\left(\frac{0.01450}{0.02042}\right)^2\times1.083C_x=0.2730C_x$$

60．转子漏抗标么值

$$X^*_{\sigma2}=X^*_{s2}+X^*_{\delta2}+X^*_{E2}+X^*_{sk}=(1.256+1.083+0.1559+0.2730)C_x$$
$$=2.7679C_x=0.1207$$

61．定转子漏抗标么值之和

$$X^*_\sigma=X^*_{\sigma1}+X^*_{\sigma2}=0.06691+0.1207=0.1876$$

62．定子绕组直流电阻按式(4-5）计算

$$R_1=\rho_w\frac{2N_1l_c}{N_{t1}A'_{c1}a_1}=\frac{0.0217\times10^{-6}\times2\times174\times0.34}{2\times1.327\times10^{-6}\times1}\Omega=0.9674\Omega$$

其中 $\rho_w=0.0217\times10^{-6}\Omega\cdot m$为B级绝缘平均工作温度75℃时铜的电阻率。

63．定子绕组相电阻标么值

$$R^*_1=R_1\frac{I_{KW}}{U_{N\phi}}=\frac{0.9674\times9.65}{380}=0.02457$$

64．有效材料的计算

感应电机的有效材料是指定子绕组导电材料和定转子铁心导磁材料，电机的成本主要由有效材料的用量决定（见§2-1)。定子铜的重量

$$G_{Cu}=Cl_cN_{s1}Z_1A'_{c1}N_{t1}\rho_{Cu}$$
$$=1.05\times0.34\times29\times36\times1.327\times2\times10^{-6}\times8.9\times10^3\text{kg}=8.80\text{kg}$$

其中 $C$是考虑导线绝缘和引线重量的系数，漆包圆铜线$C=1.05$；$\rho_{Cu}=8.9\times10^3\text{kg/m}^3$是

铜的密度。

硅钢片重量 $G_{Fe}=K_{Fe}l_t(D_1+\delta)^2\rho_{Fe}$

$$=0.95\times0.155\times(0.26+0.005)^2\times7.8\times10^3\text{kg}=80.66\text{kg}$$

其中 $\delta=0.005$m是冲剪余量；$\rho_{Fe}=7.8\times10^3\text{kg/m}^3$，是硅钢片密度。

65. 按式（4-12）并折算至定子边便可计算转子电阻的折算值

$$R_2'\approx\rho_w\left(\frac{K_Bl_B}{A_B}+\frac{Z_2D_R}{2\pi p^2A_R}\right)\frac{4m_1(N_1K_{dp1})^2}{Z_2}=R_B'+R_R'$$

其中 $K_B$是考虑铸铝转子因叠片不整齐，造成槽面积减小，导条电阻 增加，通常取$K_B=1.04$。

$$R_B'=\frac{0.0434\times10^{-6}\times1.04\times0.155}{131.75\times10^{-6}}\times\frac{4\times3\times(174\times0.9598)^2}{26}\Omega=0.6835\Omega$$

$$R_B^*=R_B'\frac{I_{KW}}{U_{N\phi}}=\frac{0.6835\times9.65}{380}=0.0174$$

$$R_R'=\frac{0.0434\times10^{-6}\times0.1285\times4\times3\times(174\times0.9598)^2}{2\pi\times2^2\times400\times10^{-6}}\Omega=0.1857\Omega$$

$$R_R^*=R_R'\frac{I_{KW}}{U_{N\phi}}=\frac{0.1857\times9.65}{380}=0.0047$$

其中 $\rho_w=0.0434\times10^{-6}\Omega\cdot\text{m}$是B级绝缘平均工作温度75℃时铝的电阻率。

$$R_2^*=R_B^*+R_R^*=0.0174+0.0047=0.0221$$

66. 定子电流有功分量标么值按式（10-48）计算

$$I_{1P}^*=\frac{1}{\eta'_r}=1.1364$$

67. 转子电流无功分量标么值按式（10-49）计算

$$I_X^*=\sigma_1X_\sigma^*(I_{1P}^*)^2[1+(\sigma_1X_\sigma^*I_{1P}^*)^2]$$

$$=1.0284\times0.1876\times(1.1364)^2[1+(1.0284\times0.1876\times1.1364)^2]=0.2611$$

其中系数$\sigma_1=1+\frac{X_{\sigma1}^*}{X_{ms}^*}=1+\frac{0.06691}{2.404}=1.0284$

68. 定子电流无功分量标么值按式(10-47) 计算

$$I_{1Q}^*=I_m^*+I_X^*=0.416+0.2611=0.6771$$

69. 满载电势标么值按式（10-6）计算

$$K_E=1-\varepsilon_L=1-(I_{1P}^*R_1^*+I_{1Q}^*X_{\sigma1}^*)$$

$$=1-(1.1364\times0.02457+0.6771\times0.06691)=0.927$$

与第22项初设值$K_E'$相符。

70. 由式（3-52）计算空载电势标么值

$$1-\varepsilon_0=1-I_m^*X_{\sigma1}^*=1-0.416\times0.06691=0.972$$

71. 假定饱和系数$K_s$不变，波幅系数$F_s$不变，于是空载时定子齿部磁密及磁场强度

$$B_{t10}=\frac{1-\varepsilon_0}{1-\varepsilon_L}B_{t1}=\frac{0.972}{0.927}\times1.453\text{T}=1.524\text{T};\quad H_{t10}=22.52\text{A/cm}$$

72. 空载时转子齿部磁密及磁场强度

$$B_{t20}=\frac{1-\varepsilon_0}{1-\varepsilon_L}B_{t2}=\frac{0.972}{0.927}\times1.320\text{T}=1.384\text{T};\quad H_{t20}=11.86\text{A/cm}$$

73. 空载时定子轭部磁密及磁场强度

$$B_{j10}=\frac{1-\varepsilon_0}{1-\varepsilon_L}B_{j1}=\frac{0.972}{0.927}\times1.275\text{T}=1.337\text{T};\quad H_{j10}=10\text{A/cm}$$

74. 空载时转子轭部磁密及磁场强度

$$B_{j20}=\frac{1-\varepsilon_0}{1-\varepsilon_L}B_{j2}=\frac{0.972}{0.927}\times1.236\text{T}=1.296\text{T};\quad H_{j20}=8.79\text{A/cm}$$

75. 空载气隙磁密

$$B_{\delta0}=\frac{1-\varepsilon_0}{1-\varepsilon_L}B_\delta=\frac{0.972}{0.927}\times0.6884\text{T}=0.7218\text{T}$$

76. 空载时定子齿部磁压降

$$F_{t10}=H_{t10}L_{t1}=22.52\times10^2\times16.9\times10^{-3}\text{A}=38.06\text{A}$$

77. 空载时转子齿部磁压降

$$F_{t20}=H_{t20}L_{t2}=11.86\times10^2\times26.8\times10^{-3}\text{A}=31.79\text{A}$$

78. 空载时定子轭部磁压降，此时$C_{j1}=0.535$

$$F_{j10}=C_{j1}H_{j10}L'_{j1}=0.535\times10\times10^2\times92\times10^{-3}\text{A}=49.22\text{A}$$

79. 空载时转子轭部磁压降，此时$C_{j2}=0.405$

$$F_{j20}=C_{j2}H_{j20}L'_{j2}=0.405\times8.79\times10^2\times33.9\times10^{-3}\text{A}=12.07\text{A}$$

80. 空载时气隙磁压降

$$F_{\delta0}=\frac{K_\delta\delta B_{\delta0}}{\mu_0}=\frac{1}{1.25\times10^{-6}}0.63\times10^{-3}\times0.7218\text{A}=363.79\text{A}$$

81. 空载时每极磁势

$$\begin{aligned}F_{00}&=F_{\delta0}+F_{t10}+F_{t20}+F_{j10}+F_{j20}\\&=(363.79+38.06+31.79+49.22+12.07)\text{A}=494.93\text{A}\end{aligned}$$

82. 空载磁化电流

$$I_{m0}=\frac{2pF_{00}}{0.9m_1N_1K_{dp1}}=\frac{4\times494.93}{0.9\times3\times174\times0.9598}\text{A}=4.39\text{A}$$

感应电机的空载电流$I_0$可认为近似等于空载磁化电流。

感应电动机从空载到额定负载，感应电势变化不大，不必计算整条空载特性曲线，只要计算额定负载和空载两种状态下的磁化电流就可以了。

（四）工作性能计算

83. 由式(10-46)计算定子电流标么值

$$I_1^*=\sqrt{I_{1P}^{*2}+I_{1Q}^{*2}}=\sqrt{1.1364^2+0.6771^2}=1.323$$

$$I_1=I_1^*I_{KW}=1.323\times9.65\text{A}=12.77\text{A}$$

84. 定子电流密度

$$J_1=\frac{I_1}{aN_{t1}A'_{c1}}=\frac{12.77}{2\times1.327}\text{A/mm}^2=4.81\text{A/mm}^2$$

85. 定子线负荷

$$A_1=\frac{m_1N_{\phi1}I_1}{\pi D_{i1}}=\frac{3\times348\times12.77}{\pi\times0.17}\text{A/m}=24962\text{A/m}$$

86. 转子电流标么值

$$I_2^*=\sqrt{I_{1P}^{*2}+I_X^{*2}}=\sqrt{1.1364^2+0.2611^2}=1.1660$$

导条电流实际值

$$I_2=I_2^*I_{KW}\frac{m_1N_{\phi1}K_{dp1}}{Z_2}=\frac{1.1660\times9.65\times3\times348\times0.9598}{26}\text{A}=433.64\text{A}$$

端环电流实际值

$$I_R=I_2\frac{Z_2}{2\pi p}=\frac{433.64\times 26}{2\pi\times 2}\text{A}=897.22\text{A}$$

87．转子电流密度

导条电密 $J_B=\frac{I_2}{A_B}=\frac{433.64}{131.75}\text{A/mm}^2=3.29\text{A/mm}^2$

端环电密 $J_R=\frac{I_R}{A_R}=\frac{897.22}{400}\text{A/mm}^2=2.24\text{A/mm}^2$

88．定子铜损耗的标幺值

$$p_{Cu1}^*=\frac{p_{Cu1}}{P_N}=\frac{mI_1^2R_1}{m_1I_{KW}^2Z_{KW}}=I_1^{*2}R_1^*=1.323^2\times 0.02457=0.043$$

$$p_{Cu1}=p_{Cu1}^*P_N=0.043\times 11\times 10^3\text{W}=473\text{W}$$

89．转子铝损耗的标幺值

$$p_{Al2}^*=I_2^{*2}R_2^*=1.1660^2\times 0.0221=0.0300$$

$$p_{Al2}=p_{Al2}^*P_N=0.0300\times 11\times 10^3\text{W}=330\text{W}$$

90．负载时的附加损耗按规定 4 极时取$p_s^*=0.02$

$$p_s=p_s^*P_N=0.02\times 11\times 10^3\text{W}=220\text{W}$$

91．机械损耗可参考同类型相近规格电机由空载试验分析计算得出的数据，若无数据可参考时，则按式（5-82）计算：

$$p_{fW}=\left(\frac{3}{p}\right)^2(D_1)^4\times 10^4=\left(\frac{3}{2}\right)^2\times 0.26^4\times 10^4\text{W}=102.8\text{W}$$

$$p_{fW}^*=\frac{p_{fW}}{P_N}=\frac{0.1028}{11}=0.0093$$

92．铁损耗

先计算基本铁耗，再乘以经验系数就得全部铁损耗。

定子轭部铁耗由式（5-15）计算

$$p_{Fej}=k_2p_{hej}G_j=2\times 3.765\times 21.65\text{W}=163\text{W}$$

式中 $k_2$按经验取为2；

轭部重量$G_j=4pA_{j1}L'_{j1}\rho_{Fe}=4\times 2\times 3770\times 10^{-6}\times 92\times 10^{-3}\times 7.8\times 10^3\text{kg}=21.65\text{kg}$

$p_{hej}$是轭部铁损耗系数，根据$B_{j10}=1.337\text{T}$从附录六查得 $p_{hej}=3.765\text{W/kg}$。

定子齿部铁耗由式（5-17）计算

$$p_{Fet}=k_1p_{het}G_t=2.5\times 5.388\times 5.21\text{W}=70.2\text{W}$$

式中 $k_1$对于半闭口槽按经验取为2.5；

齿部重量$G_t=2pA_{t1}L_{t1}\rho_{Fe}=2\times 2\times 9873\times 10^{-6}\times 16.9\times 10^{-3}\times 7.8\times 10^3\text{kg}=5.21\text{kg}$

$p_{het}$是齿部铁损耗系数，根据$B_{t10}=1.524\text{T}$从附录六查得$p_{het}=5.388\text{W/kg}$

于是全部铁损耗 $p_{Fe}=p_{Fej}+p_{Fet}=(163+70.2)\text{W}=233.2\text{W}$

$$p_{Fe}^*=\frac{p_{Fe}}{p_N}=\frac{233.2\times 10^{-3}}{11}=0.022$$

93．由式（10-53)可计算总损耗标么值

$$\begin{aligned}\Sigma p^*&=p_{Cu1}^*+p_{Al2}^*+p_s^*+p_{fW}^*+p_{Fe}^*\\&=0.043+0.030+0.020+0.0093+0.022=0.1243\end{aligned}$$

94. 输入功率标么值

$$P_{N1}^{*}=1+\Sigma p^{*}=1+0.1243=1.1243$$

95. 由式 (10-52)可得

$$\eta=1-\frac{\Sigma p^{*}}{p_{N1}^{*}}=1-\frac{0.1243}{1.1243}=88.94\%$$

$$误差=\frac{88.94-88}{88.94}=1\%>0.5\%$$

效率的假设值太低，由§10-5中分析可知，再次假设$\eta''>\eta$，取$\eta''=89\%$，重新计算第66～95项的有关各项：

66. $\eta''=89\%$，$I_{1P}^{*}=1.1236$

67. $I_{X}^{*}=0.2550$

68. $I_{1Q}^{*}=0.671$

69. $1-\varepsilon_L=0.9275$，误差$=0.05\%$

83. $I_1^{*}=1.309$，$I_1=12.63\text{A}$

84. $J_1=4.76\text{A/mm}^2$

85. $A_1=246.9\text{A/cm}$

86. $I_2^{*}=1.1535$，$I_2=429\text{A}$，$I_R=887.6\text{A}$

87. $J_B=3.26\text{A/mm}^2$，$J_R=2.22\text{A/mm}^2$

88. $p_{Cu1}^{*}=0.042$，$p_{Cu1}=0.463\text{kW}$

89. $p_{Al2}^{*}=0.0294$，$p_{Al2}=0.323\text{kW}$

93. $\Sigma p^{*}=0.1227$

94. $p_{N1}^{*}=1.1227$

85. $\eta=89.07$，误差$=\frac{89.07-89}{89.07}=0.08\%<0.5\%$

96. 功率因数

$$\cos\varphi=\frac{I_{1P}^{*}}{I_1^{*}}=\frac{1.1236}{1.309}=0.858$$

97. 额定转差率由式 (10-54)计算

$$s_N=\frac{p_{Al2}^{*}}{1+p_{Al2}^{*}+p_{Fer}^{*}+p_{s}^{*}+p_{fW}^{*}}=\frac{0.0294}{1+0.0294+0.0112+0.02+0.0093}=2.75\%$$

式中 $$p_{Fer}^{*}=\frac{p_{Fejr}+p_{Fetr}}{P_N}=\frac{\left[\left(1-\frac{1}{2}\right)\times163+\left(1-\frac{1}{2.5}\right)\times70.2\right]\times10^{-3}}{11}=0.0112$$

98. 额定转速

$$n_N=n_1(1-s_N)=\frac{60f}{p}(1-s_N)=\frac{60\times50}{2}(1-0.0275)\text{r/min}=1460\text{r/min}$$

99. 最大转矩倍数按式 (11-55)计算

$$T_m^{*}=\frac{1-s_N}{2\left(R_1^{*}+\sqrt{R_1^{*2}+X_\sigma^{*2}}\right)}=\frac{1-0.0275}{2\left(0.02457+\sqrt{0.02457^2+0.1876^2}\right)}=2.275$$

**（五）起动性能计算**

100. 按照式(10-56)假设起动电流

$$I_{st}'=(2.5\sim3.5)T_m^{*}I_{KW}=3\times2.275\times9.65\text{A}=65.7\text{A}$$

101. 起动时产生漏磁的定转子槽磁势平均值由式(10-59) 计算

$$F_{st}=I_{st}'\frac{N_{s1}}{a_1}0.707\left[K_{U1}+K_{d1}^2K_{p1}\frac{Z_1}{Z_2}\right]\sqrt{1-\varepsilon_0}$$

$$=65.7\times\frac{29}{1}\times0.707\times\left[1+0.9598^2\times1\times\frac{36}{26}\right]\times\sqrt{0.972}\text{A}=3022\text{A}$$

由此磁势产生的虚拟磁密按式(10-60) 计算

$$B_L=\frac{\mu_0F_{st}}{2\delta\beta_c}=\frac{0.4\pi\times3022\times10^{-6}}{2\times0.5\times10^{-3}\times0.9377}\text{T}=4.028\text{T}$$

其中修正系数 $\beta_c=0.64+2.5\sqrt{\frac{\delta}{t_1+t_2}}=0.64+2.5\sqrt{\frac{0.5}{14.84+20.42}}=0.9377$

102. 起动时漏抗饱和系数$K_z$由图10-18查出：

$$K_z=0.51,\ 1-K_z=0.49$$

103. 漏磁路饱和引起的定子齿顶宽度的减小

$$c_{s1}=(t_1-b_{01})(1-K_z)=(14.84-3.8)\times0.49\times10^{-3}\text{m}=5.41\times10^{-3}\text{m}$$

104. 漏磁路饱和引起的转子齿顶宽度的减小

$$c_{s2}=(t_2-b_{02})(1-K_z)=(20.42-1.0)\times0.49\times10^{-3}\text{m}=9.52\times10^{-3}\text{m}$$

105. 起动时转子槽比漏磁导按式 (10-68) 计算

$$\lambda_{s1(st)}=K_{U1}(\lambda_{U1}-\Delta\lambda_{U1})+K_{L1}\lambda_{L1}=(0.4070-0.1865)+0.765=0.9855$$

其中 $\Delta\lambda_{U1}=\frac{h_{01}+0.58h_{11}}{b_{01}}\left(\frac{c_{s1}}{c_{s1}+1.5b_{01}}\right)=\frac{0.8+0.58\times1.13}{3.8}\times\frac{5.41}{5.41+1.5\times3.8}$

$=0.1865$

106. 起动时定子槽漏抗

$$X_{s1(st)}^{*}=\frac{\lambda_{s1(st)}}{\lambda_{s1}}X_{s1}^{*}=\frac{0.9855}{1.172}\times0.4214C_x=0.3543C_x$$

107. 按式 (10-61)计算起动时定子谐波漏抗

$$X_{\delta1(st)}^{*}=K_zX_{\delta1}^{*}=0.51\times0.7775C_x=0.3965C_x$$

108. 起动时定子漏抗

$$X_{\sigma1(st)}^{*}=X_{s1(st)}^{*}+X_{\delta1(st)}^{*}+X_{E1}^{*}=(0.3543+0.3965+0.3350)C_x=0.0474$$

109. 按照式 (10-75)计算考虑集肤效应的转子导条相对高度

$$\xi=1.987\times10^{-3}h_B\sqrt{\frac{b_B}{b_{s2}}\frac{f}{\rho_B}}=1.987\times10^{-3}\times0.0284\sqrt{\frac{50}{0.0434\times10^{-6}}}=1.9154$$

其中 $h_B=(0.026+0.0024)\text{m}=0.0284\text{m}$是导条高度。

110. 集肤效应引起的电阻增加系数$K_r$和漏抗减小系数$K_x$从图4-23查出：

$$K_r=\frac{R_\sim}{R_0}=1.8;\quad K_x=\frac{X_\sim}{X_0}=0.778$$

111. 根据附录四可计算起动时转子槽比漏磁导的减小

$$\Delta\lambda_{U2}=\frac{h_{02}}{b_{02}}\left(\frac{c_{s2}}{c_{s2}+b_{02}}\right)=\frac{0.5}{1.0}\times\frac{9.52}{9.52+1.0}=0.4525$$

于是起动时转子槽比漏磁导

$$\lambda_{s2(st)}=(\lambda_{U2}-\Delta\lambda_{U2})+K_x\lambda_{L2}=(0.5-0.4525)+0.778\times2.239=1.7895$$

112. 起动时转子槽漏抗

$$X_{s2(st)}^{*}=\frac{\lambda_{s2(st)}}{\lambda_{s2}}X_{s2}^{*}=\frac{1.7895}{2.739}\times1.256C_x=0.8206C_x$$

113. 起动时转子谐波漏抗按式(10-62)计算

$$X^*_{\delta 2(st)}=K_zX^*_{\delta 2}=0.51\times1.083C_x=0.5523C_x$$

114. 起动时转子斜槽漏抗按式(10-63)计算

$$X^*_{sk(st)}=K_zX^*_{sk}=0.51\times0.2730C_x=0.1392C_x$$

115. 起动时转子漏抗

$$X^*_{\sigma 2(st)}=X^*_{s2(st)}+X^*_{\delta 2(st)}+X^*_{sk(st)}+X^*_{E2}$$
$$=(0.8206+0.5523+0.1392+0.1559)C_x=1.6680C_x=0.0728$$

116. 起动时总漏抗

$$X^*_{\sigma(st)}=X^*_{\sigma 1(st)}+X^*_{\sigma 2(st)}=0.0474+0.0728=0.1202$$

117. 按式(10-78)计算起动时转子电阻

$$R^*_{2(st)}=K_FR^*_B+R^*_R=1.8\times0.0174+0.0047=0.03602$$

118. 按式 (10-80) 起动时总电阻

$$R^*_{st}=R^*_1+R^*_{2(st)}=0.02457+0.03602=0.0606$$

119. 起动时总阻抗

$$Z^*_{st}=\sqrt{R^{*2}_{st}+X^{*2}_{\sigma(st)}}=\sqrt{0.0606^2+0.1202^2}=0.1346$$

120. 起动电流

$$I_{st}=\frac{I_{KW}}{Z^*_{st}}=\frac{9.65}{0.1346}\text{A}=71.68\text{A}$$

$$误差=\frac{71.6-65.7}{71.6}=8\%，太大。$$

起动电流的假设值$I'_{st}$太小，由§10-5中分析可知，再次假设时取$I''_{st}>I_{st}$，并重新计算从第100项起的有关各项：

100. $I''_{st}=74\text{A}$

101. $F_{st}=3404\text{A}$，$B_L=4.538\text{T}$

102. $K_z=0.46$，$1-K_z=0.54$

103. $c_{s1}=5.96\times10^{-3}m$

104. $c_{s2}=10.5\times10^{-3}m$

105. $\Delta\lambda_{U1}=0.1958$，$\lambda_{s1(st)}=0.9762$

106. $X^*_{s1(st)}=0.3510C_x$

107. $X^*_{\delta 1(st)}=0.3577C_x$

108. $X^*_{\sigma 1(st)}=1.0437C_x=0.0455$

111. $\Delta\lambda_{U2}=0.4565$，$\lambda_{s2(st)}=1.7854$

112. $X^*_{s2(st)}=0.8187C_x$

113. $X^*_{\delta 2(st)}=0.4982C_x$

114. $X^*_{sk(st)}=0.1255C_x$

115. $X^*_{\sigma 2(st)}=1.5983C_x=0.0697$

116. $X^*_{\sigma(st)}=0.1152$

119. $Z^*_{(st)}=0.1302$

120. $I_{st}=74.13\text{A}$，误差$=\dfrac{74.13-74}{74.13}=0.2\%$

121. 起动电流倍数

$$i_{st}=\frac{I_{st}}{I_1}=\frac{74.13}{12.63}=5.87$$

122. 按式(10-85)计算起动转矩倍数

$$T^*_{st}=\frac{R^*_{2(st)}}{Z^{*2}_{st}}(1-s_N)=\frac{0.0360}{0.1302^2}(1-0.0275)=2.07$$

下面将这台电机的主要性能指标与技术条件中的标准作一比较：

| | 标准值 | 计算值 | 偏差 |
|---|---|---|---|
| 1. 效率$\eta$ | 0.88 | 0.8907 | +1.2% |
| 2. 功率因数$\cos\varphi$ | 0.84 | 0.858 | +2.1% |
| 3. 最大转矩倍数$T^*_m$ | 2.2 | 2.275 | +3.4% |
| 4. 起动转矩倍数$T^*_{st}$ | 2.2 | 2.07 | −5.9% |
| 5. 起动电流倍数$i_{st}$ | 7.0 | 5.87 | −16.3% |

可见$\eta$、$\cos\varphi$、$T^*_m$、$i_{st}$这四个性能指标都有裕量，而$T^*_{st}$却低于标准值，但在容差范围内。进一步调整时可采用以下办法：(1)减少每槽导体数，使漏抗减小，起动总阻抗减小，就可达到提高起动转矩的目的；但这样改动的结果将使起动电流有所增加，功率因数略有降低。(2)缩小转子槽面积，使转子电阻增加，也可达到提高起动转矩的目的；但将使效率有些下降。(3)采用较深的槽形或凸形槽等，利用集肤效应使起动时转子电阻增加；这将使功率因数降低。还有其他一些方法，读者可自行验算。

## 复习思考题

1. 在三相感应电动机的设计中，选择电磁负荷时应考虑哪些因素？又$A$与$B_\delta$之间的比例关系对哪些量有影响？

2. 三相感应电机中，气隙$\delta$的大小对电机性能有哪些影响？一台三相笼型转子感应电动机，起动时间过长，不合要求，在不拆换定子绕组的情况下，应采取什么较简便的措施来解决这一问题？这样做对电机其他性能有何影响？

3. 从表10-3看出，在普通中小型三相感应电动机中，极数越多则$D_{i1}/D_1$的比值越大，试说明造成这一趋势的原因。

4. 三相感应电动机采用Y—△混合连接绕组有些什么优点？试详细解释这种绕组能改善气隙磁场波形的原因。

5. 为什么计算三相感应电动机的起动性能时必须考虑集肤和饱和效应？它们分别对哪些参数的哪个部分有影响？

6. 三相感应电动机的电磁计算中应考核哪些性能指标？如计算结果发现效率$\eta$不合要求，应从哪些方面着手调整？

7. 如功率因数$\cos\varphi$不合要求，应从哪些方面着手调整？这些调整措施会不会引起其他后果？

8. 三相感应电机中，影响最大转矩、起动转矩和起动电流的是哪些参数？它们之间关系如何？如果这三项性能指标中有一项或两项不合要求，应如何着手调整？

9. 一台原设计用铜线绕组的三相感应电动机，修理时若改用铝线重绕，为尽可能提高电动机的出力，假定：(1)原来气隙磁密偏低，(2)原来槽满率偏低，重绕时应如何考虑？〔注：铝的电阻率约为铜的1.6倍〕

10. 将一台感应电机的定子绕组匝数增加5%，同时将其铁心长度减少5%，其余尺寸皆不变，试分析其空载电流、基本铁耗、电机参数、性能指标等的变化情况。

# 第十一章　电子计算机在电机设计计算中的应用

## §11-1　概　　述

在电机设计中应用电子计算机是从50年代开始的，至今仍在进行广泛的研究和探索。利用计算机进行电机设计的程序可以分成“设计分析”、“设计综合”和“设计优化”三种类型。“设计分析”程序是按设计人员事先估计好的若干设计参量，依一定程序步骤来计算产品的性能，相当于通常的设计核算。计算机仅用来对设计方案进行计算分析，而对计算结果的评价以及设计方案的调整仍需由设计者决定。但设计分析程序仍是十分重要的，它是设计综合和设计优化的基础。“设计综合”程序是根据已知的性能要求，决定电机各设计参量的程序。它与“设计分析”的区别主要是：它可在规定的产品性能和技术条件下，自动选择适当的技术参数和结构尺寸，从而得出可行的设计方案。不难看出，“设计综合”程序实质上就是自动修改并重复分析设计，最终得到适合给定要求的设计方案的程序。在使用设计分析程序时，设计人员必须花一定时间去分析各个方案的计算结果，然后人为地调整某些设计数据，为下一次计算作准备，经过多次反复后才能得到满意的设计方案。而在设计综合程序中，这些过程都在计算机内自动地进行，因此大大地缩短了设计时间。要得到一个较典型的、通用性较强的设计综合程序并不是轻而易举的，因此从60年代就已开始发展的这类程序，至今仍在不断完善之中。“设计优化”程序是对设计问题提出明确的数学模型，然后依据现代数学的寻优理论并采用优化方法，自动得到较优或最优方案的程序。这是近10年才开始在实际问题中应用且仍在进行多方面探索的一种程序。

目前，生产部门较多使用的是“设计分析”；但它与“设计综合”已经不能截然分开。本章着重介绍这两种程序。

除电磁设计程序以外，电子计算机还广泛应用于电机的稳态和暂态热计算、电机瞬变过程的计算、电机的电磁场计算、临界转速及大型零部件的机械计算。此外，国外已开始利用计算机进行诸如绘制轮廓图或选取标准图样并给出尺寸表等绘图工作，因而有可能实现设计计算，打印输出及绘制图纸等全部自动化的设计过程。

应用电子计算机设计电机大致可分为以下几个步骤：选定目标、数学描述、数值处理、编制程序、整理输入数据、检验程序和输出结果分析。对于优化设计程序，首要的是明确优化目标，其次是选定优化方法。对于综合设计程序则必须确定以哪些参数作为主要变量，其变化范围以及性能的合格标准和容差。无论是哪一种类型的设计程序，计算过程中都不可避免地要出现按凑试法进行迭代运算的情况，如中小型感应电动机电磁设计中的满载电势系数、磁路饱和系数、效率、起动电流等。为了使一个多重循环的程序更为合适、简炼，在编制程序时不仅需要慎重考虑设计的逻辑性，而且应比较准确地确定迭代初值（即假定的初值）、迭代方法（即恰当地确定假定值的再设值）以及迭代的收敛条件（即提出合理的设计精度等）。

本章所述的程序均使用BASIC语言。

## §11-2 曲线和图表的数学处理方法之一——插值法

由手算转变到机算的最突出问题是曲线和图表的处理。在工程设计中经常要根据曲线或图表查定某一设计参量的数值。手算时这一问题可以很方便地用寻找坐标的办法来实现；但目前在计算机上尚无法直接按这样的步骤去工作。所以必须对曲线或图表进行必要的处理，使其逻辑能为机器所接受。有各种处理的方法。本章先介绍插值法。

对于有$y=f(x)$的函数关系的一条曲线，在使用计算机时不可能将无限多组的对应数据都存贮于机内。因此只能将曲线"离散化"，输入有限个对应数据，它们分别和曲线上有限个离散点相对应，相邻两离散点间的数据则依人为选定的函数关系来表示，这就是插值法的实质。当以两点间的直线代替原函数关系时就称为一次插值或线性插值。由于通过平面上三个点可以作一抛物线，因此用原曲线上顺序三个点所作的抛物线来代替原函数关系时就称为二次插值或抛物线插值。为了获得更高精确度，尚有其它插值方法。不仅一元函数，而且多元函数也可以做以上类似处理。下面分别举例说明电机设计中常用的插值法。

### 一、线性插值

给定$n+1$个插值结点$x_0<x_1<\cdots\cdots<x_n$及其对应的函数值$y_0$，$y_1$，$\cdots\cdots y_n$，则计算$x$点处函数值$y(x)$的线性插值公式如下：

$$y(x)=y_i+\frac{x-x_i}{x_{i+1}-x_i}(y_{i+1}-y_i) \tag{11-1}$$

式中

$$i=\begin{cases}0 & x\leqslant x_1\\ j & x_j<x<x_{j+1} \qquad j=1,\ 2,\ \cdots\cdots n-2;\\ n-1 & x\geqslant x_{n-1}\end{cases}$$

式(10-1)的含义是：将整条曲线分段用直线代替。段数分得越多，即插值点数选得越多，精度越高。

### 二、抛物线插值

若已知曲线上顺序的三个点$x_1$，$x_2$和$x_3$及其对应的函数值$y_1$，$y_2$和$y_3$，则计算在区间($x_1$，$x_3$）内$x$点处函数值$y(x)$的抛物线插值公式如下：

$$y(x)=\frac{(x-x_2)(x-x_3)}{(x_1-x_2)(x_1-x_3)}y_1+\frac{(x-x_1)(x-x_3)}{(x_2-x_1)(x_2-x_3)}y_2+\frac{(x-x_1)(x-x_2)}{(x_3-x_1)(x_3-x_2)}y_3 \tag{11-2}$$

式（11-2）不难根据抛物线的性质证明，这里从略。

为了表达清晰和适应一般情况，可用拉格朗日三点插值公式表示：给定$n+1$个插值结点$x_0<x_1<\cdots\cdots\leqslant x_n$及其对应的函数值$y_0$，$y_1$，$\cdots\cdots y_n$则在$x$点处

$$y(x)=\sum_{k=i}^{i+2}\left(\prod_{\substack{j=i\\ j\neq k}}^{i+2}\frac{x-x_j}{x_k-x_j}\right)y_k \tag{11-3}$$

### 三、一元插值

电机设计中有许多曲线和图表，例如磁化曲线、感应电机饱和系数曲线等，都是一元函数关系。手算中可查曲线或图表中的相应值；机算时可用线性或抛物线插值代替查曲线或图

表。其计算框图分别见图11-1和图11-2。

现举从磁化曲线由已知磁密$B$求取磁场强度$H$为例，将磁化曲线的$B$对应于曲线的$x$，单位为T；$H$对应于曲线的$y$，单位为A/cm磁化曲线$B$值较低时接近直线，可取点较稀；而$B$值较高时渐趋饱和，且常用范围在趋于饱和段，该段应取点较密，下面分别列出线性插值及抛物线插值的程序，见表11-1、表11-2。程序中输入数据取自工厂常用于中小型电机中的硅钢片D23的磁化曲线资料。

将$B$=1.35、1.45、1.55T输入线性插值程序，分别得：$H$=10.75、16.35、28.95A/cm；输入抛物线插值程序分别得：$H$=10.28、15.08、26.89A/cm。而工厂有关该硅钢片的实际资料分别为：$H$=10.5、15.5、26.7A/cm。在要求同样精度的条件下，用抛物线插值可输入较少数组，少用计算机的存贮量，从这点上看，它优于线性插值。

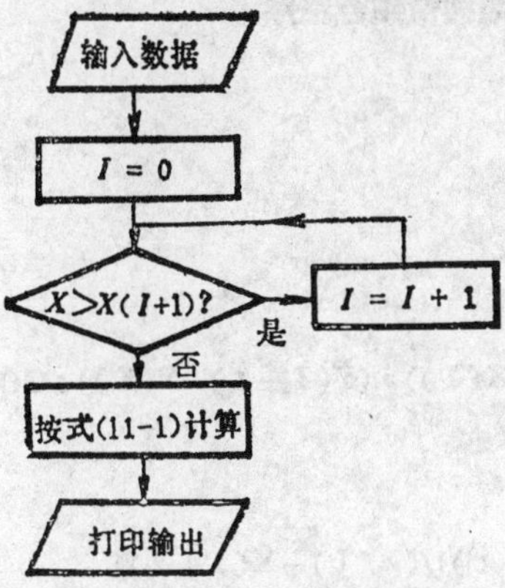


图11-1　线性插值框图

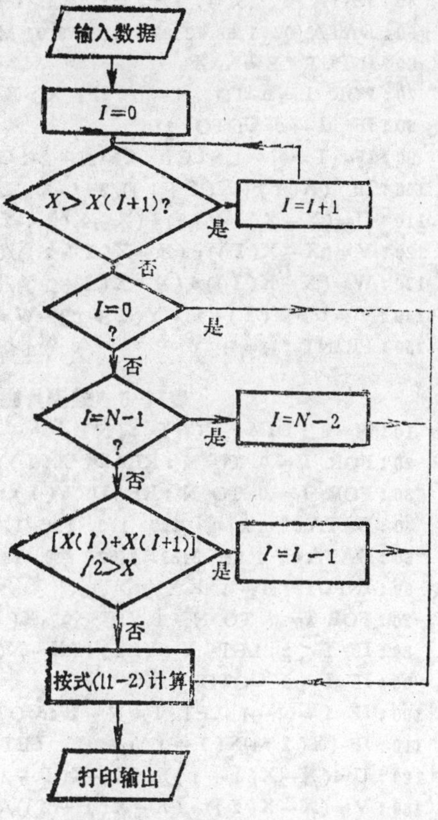


图11-2　抛物线插值框图

也可以将磁化曲线$B$值小的部分用线性插值，因为这段曲线近似是直线；$B$值大的部分用抛物线插值，因为这段曲线已与直线差得很多。如以$B$=1T为界，综合表11-1、表11-2的程序见表11-3。

为了提高精确度，应用时输入数组可比所例举的多10倍以上。

**表11-1　硅钢片磁化曲线线性插值程序**

```
10:N=8:DIM  X(N), Y(N)
20:FOR  I=0  TO  N:READ  X(I):NEXT I
30:FOR  I=0 TO N:READ  Y(I):NEXT I
40:DATA 0, .5, 1, 1.2, 1.3, 1.4, 1.5, 1.6, 1.7
50:DATA 0, 1.58, 3.83, 6.52, 8.9, 12.6, 20.1, 37.8, 72
60:INPUT"B=", X
70:FOR I=0TO N-1:IF  X>X (I+1)  NEXT I
80:Y=Y(I)+(X-X(I))/(X(I+1)-X(I))*(Y(I+1)-Y(I))
```

```
90:PRINT "H=";  Y
```

**表11-2 硅钢片磁化曲线抛物线插值程序**

```
10:N=8:DIM  X(N), Y(N)
20:FOR I=0 TO N:READ  X(I):NEXT I
30:FOR  I=0 TO N:READ Y(I):NEXT I
40:DATA 0, .5, 1, 1.2, 1.3, 1.4, 1.5, 1.6, 1.7
50:DATA 0, 1.58, 3.83, 6.52, 8.9, 12.6, 20.1, 37.8, 72
60:INPUT "B=";  X
70:FOR I=0 TO  N-1:IF  X>X(I+1)  NEXT I
80:IF  I=0 GOTO  110
90:IF  I=N-1  LET  I=N-2:GOTO  110
100:IF  (X(I)+X(I+1))/2  >X  LET  I=I-1
110:U=(X-X(I+1))*(X-X(I+2))/(X(I)-X(I+1))/(X(I)-X(I+2))
120:V=(X-X(I))*(X-X(I+2))/(X(I+1)-X(I))/(X(I+1)-X(I+2))
130:W=(X-X(I))*(X-X(I+1))/(X(I+2)-X(I))/(X(I+2)-X(I+1))
140:Y=U*Y(I)+V*Y(I+1)+W*Y(I+2)
150:PRINT "H=";  Y
```

**表11-3 硅钢片磁化曲线线性与抛物线插值综合程序**

```
10:N=8:DIM  X(N), Y(N)
20:FOR I=0 TO N:READ  X(I):NEXT I
30:FOR I=0 TO N:READ  Y(I):NEXT I
40:DATA 0, .5, 1, 1.2, 1.3, 1.4, 1.5, 1.6, 1.7
50:DATA 0, 1.58, 3.83, 6.52, 8.9, 12.6, 20.1, 37.8, 72
60:INPUT "B=";  X
70:FOR I=0 TO N-1:IF  X>X(I+1) NEXT I
80:IF I<2  LET  Y=Y(I)+(X-X(I))/(X(I+1)-X(I))*(Y(I+1)-Y(I)):GOTO  160
90:IF I=2  GOTO  120
100:IF I=N-1  LET I=N-2:GOTO  120
110:IF (X(I)+X(I+1))/2>X  LET I=I-1
120:U=(X-X(I+1))*(X-X(I+2))/(X(I)-X(I+1))/(X(I)-X(I+2))
130:V=(X-X(I))*(X-X(I+2))/(X(I+1)-X(I))/(X(I+1)-X(I+2))
140:W=(X-X(I))*(X-X(I+1))/(X(I+2)-X(I))/(X(I+2)-X(I+1))
150:Y=U*Y(I)+V*Y(I+1)+W*Y(I+2)
160:PRINT "H=";  Y
```

## 四、二元插值

电机设计中也遇到需要读取由二元函数表示的曲线族，即 $z=f(x, y)$ 的情况。二元函数的插值方法可以理解为两次应用一元插值，这两个一元插值可以是线性的或抛物线的。这与手算时查曲线的规律一样。

插值方法是采用对任何曲线都通用的方法，把它编成一个子程序。表11-4列出二元线性插值的子程序，子程序中表达的各值见图11-3。同样可以列出二元抛物线插值的子程序，只是比较烦琐一些。读者可以自行编制。

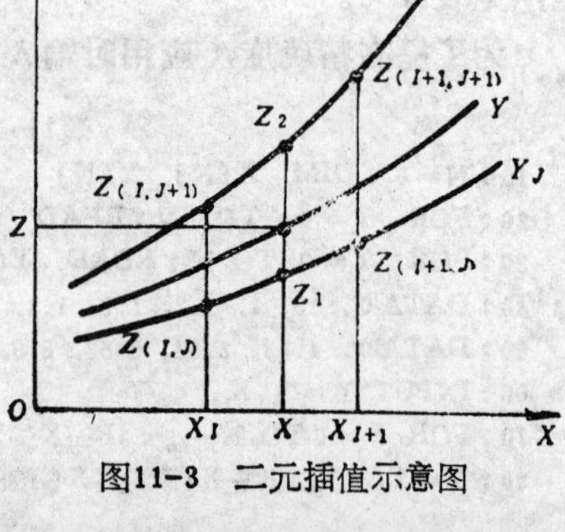

图11-3 二元插值示意图

主程序调用子程序前必须对M、N、X、Y赋值，并将各数值依程序要求的次序赋值。调用子程序后，将子程序中的Z值赋给主程序中的相应量。

以查取图5-11中的$B_1$为例，若$\delta/\tau$值(即X值)已选定在0.015～0.045范围内，以0.005为间距选7个结点；$\delta_{max}/\delta$值（即Y值）已选定在1.0～3.0范围内，以0.5为间距选五个结点。便可求某一$\delta/\tau$及$\delta_{max}/\delta$值的$B_1$值。这样主程序调用子程序时可用表11-4a那样的语句和数据。

**表11-4 二元线性插值子程序**

a) 主程序调用子程序的语句和数据举例

```
210:M=6:N=4
220:DIM X(M), Y(N), Z(M, N)
230:FOR I=0 TO M:READ X(I):NEXT I
240:FOR J=0 TO N:READ Y(J):NEXT J
250:FOR I=0 TO M:FOR J=0 TO N
260:READ Z(I, J):NEXT J:NEXT I
270:INPUT "X="; X, "Y="; Y
280:GOSUB 510
290:PRINT "Z="; INT (Z*100+.5)/100
300:DATA .015, .02, .025, .03, .035, .04, .045
310:DATA 1, 1.5, 2, 2.5, 3
320:DATA .33, .30, .27, .24, .20
330:DATA .36, .33, .30, .27, .23
340:DATA .40, .36, .33, .30, .26
350:DATA .43, .39, .36, .33, .29
360:DATA .45, .42, .38, .35, .31
370:DATA .48, .44, .41, .37, .33
380:DATA .50, .46, .43, .39, .36
```

b) 子程序

```
510:FOR I=0 TO M-1:IF X>X(I+1) NEXT I
520:FOR J=0 TO N-1: IF Y>Y(J+1) NEXT J
530:Z1=Z(I,J)+(X-X(I))/(X(I+1)-X(I))*(Z(I+1,J)-Z(I,J))
540:Z2=Z(I,J+1)+(X-X(I))/(X(I+1)-X(I))*(Z(I+1,J+1)-Z(I,J+1))
550:Z=Z1+(Y-Y(J))/(Y(J+1)-Y(J))*(Z2-Z1)
560:RETURN
```

## §11-3 曲线和图表的数学处理方法之二——公式化

电机设计中要用到很多类型的曲线，如果这些曲线都采用插值法处理，将使计算机程序变得非常庞杂。如果有可能找出函数关系$y=f(x)$来代替原曲线，则既可节省大量存贮单元，使程序变得简洁，又能节省计算时间。这就是曲线的公式化。其处理途径如下。

### 一、恢复使用原始公式

在电机设计所用曲线中，有些是由理论推导公式绘成的，这样在手算时查找方便。但这种将公式改绘曲线的方法，对应用计算机来说，不仅没有带来方便，且降低了精确度。例如图4-10是三相60°相带绕组的谐波漏磁导系数曲线，它来源于如下公式：

对于整数槽（60°相带绕组，$1\geqslant\beta\geqslant2/3$），参阅〔3-3〕

$$\Sigma s=\frac{\pi^2}{54}\cdot\frac{1}{q^2}\left[(5q^2+1)+\frac{E^3}{4q}-\frac{3E^2}{2}-\frac{E}{4q}\right]-K^2_{dp1} \tag{11-4}$$

式中　$q$——每相每极槽数；

$K_{dp1}$——定子基波绕组系数；

$E=3q(1-\beta)$。其中$\beta$为绕组节距比。

对于分数槽$\left(q=\frac{N}{d}\right.$，60°相带绕组$\left.\right)$，

$$\Sigma s=\sum_{\nu\neq 1}\left(\frac{K_{dp\nu}}{\nu}\right)^2 \tag{11-5}$$

其中，当$d$为奇数时，$\nu=\frac{1}{d}\mu$，$\mu=1,\ 5,\ 7,\ \cdots\cdots$，

当$d$为偶数时，$\nu=\frac{2}{d}\mu$，$\mu=1,\ 2,\ 4,\ 5,\ \cdots\cdots$。

对于式(11-5)，最好另外由谐波计算程序计算后将需用数据存入电磁计算程序内，或在电磁计算时遇到分数槽的情况，输入有关数据，进行计算。也可考虑用相应公式模拟曲线。又如图4-9来源于式(4-66)，图4-20a来源于式（4-121)和式(4-122)，图4-20b来源于式（4-131）和式（4-132）等。

将绘成的曲线恢复为原来的理论公式，一般不必再验证其精确度。

## 二、用相应公式模拟曲线

在电机设计所用曲线中，有些不是由理论指导的，如硅钢片磁化曲线；有些虽有来源但计算过份复杂，如图4-21曲线等。机算中有必要把这些曲线公式化。公式化的步骤是首先根据曲线形状确定公式类型；然后用待定系数法在常用范围内由曲线的已知点求公式的系数。下面举例说明几种公式类型。在所举例中没有特殊说明的，横坐标均以$x$表示，纵坐标均以$y$表示。

### （一）直线

令其方程为$y=A+Bx$，其中$A$、$B$为待定系数。现任取直线上$(x_1,\ y_1)$及$(x_2,\ y_2)$两点，代入上式得：

$$y_1=A+Bx_1$$
$$y_2=A+Bx_2$$

解出$A$、$B$值。

**例**：图3-8中，$\alpha'_i$曲线是一条直线，任取两点(0.52，0.6)及（0.76，0.8)。代入方程解得$A=0.167$，$B=0.833$，即可用方程$\alpha'_i=0.167+0.833\left(\frac{b_p}{\tau}\right)$来代替该曲线。

直线方程只要取点准确，计算无误，可不必再找其它$X$值代入方程求$Y$值以验证其精确度。

### （二）抛物线

令其方程为$y=A+Bx+Cx^2$，其中$A$、$B$、$C$为待定系数。可在此曲线上常用范围内取（$x_1$，$y_1$)、（$x_2$，$y_2$）及（$x_3$，$y_3$）三点，代入上式得

$$y_1=A+Bx_1+Cx_1^2$$
$$y_2=A+Bx_2+Cx_2^2$$
$$y_3=A+Bx_3+Cx_3^2$$

解出$A$、$B$、$C$值。

**例**：图3-8，将$K_{nm}$曲线看成抛物线，任取三点（0.5，1.18）、(0.65，1.13）及（0.8，1.04)，代入方程解得$A=1.058$，$B=0.689$、$C=-0.889$。再在曲线上找其它点验证：设取$x=0.7$，按所得方程算得$y=1.05$，此值与曲线上查得值吻合。

（三）双曲线

有渐近线的二次曲线可用双曲线表示。其方程的一般表达为$y=\frac{A}{x^B}$，其中$A$、$B$为待定系数。可在此曲线常用范围内取（$x_1$，$y_1$）及（$x_2$，$y_2$）两点，代入得

$$y_1=\frac{A}{x_1^B}$$

$$y_2=\frac{A}{x_2^B}$$

解出$A$、$B$值为

$$B=\frac{\ln y_1-\ln y_2}{\ln x_2-\ln x_1}$$

$$A=x_1^B y_1\text{或}x_2^B y_2$$

**例**：图11-4所示为工厂实际计算中常用的$k_{ad}=f(\alpha_p)$曲线，从曲线趋势看$x\to\infty$时，$y=1$（从物理意义看$x$最大等于1），故令其方程为$y=1+\frac{A}{x^B}$。并在曲线上任取二点（0.68，1.06）及（0.8，1.03），解得$A=0.0116$、$B=4.265$，即可用方程$y=1+\frac{0.0116}{x^{4.265}}$代替曲线。验证：设取$x=0.77$，可算得$y=1.035$，与曲线上查得值吻合。

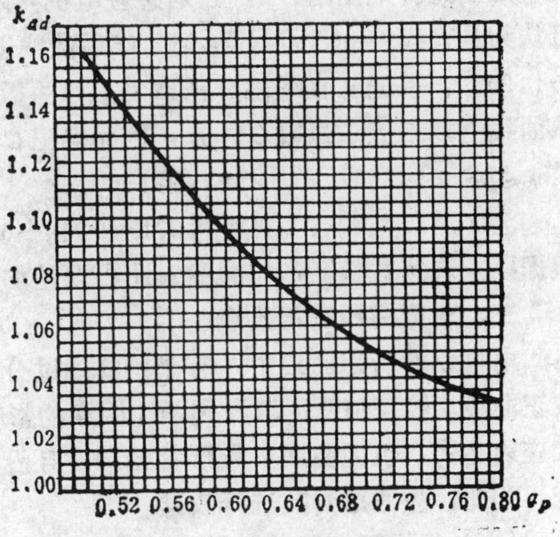


图11-4　直轴电枢反映系数$k_{ad}$

（四）双曲线的变型表达

可将磁化曲线表达为双曲线：$H=\frac{CB}{(D-B)}$，$C$、$D$为待定系数，横坐标为$B$，纵坐标为$H$。任取两点（$B_1$，$H_1$）及($B_2$，$H_2$)，代入得

$$H_1=\frac{CB_1}{(D-B_1)}$$

$$H_2=\frac{CB_2}{(D-B_2)}$$

解出$C$、$D$值为

$$C=H_1H_2(B_2-B_1)/(H_2B_1-H_1B_2)$$

$$D=B_1B_2(H_2-H_1)/(H_2B_1-H_1B_2)$$

**例**：目前中小型电机常用硅钢片D23的磁化性能要求$B_{25}=1.54$，$B_{50}=1.64$，即$H_1=25$A/cm时，$B_1=1.54$T；$H_2=50$A/cm时，$B_2=1.64$T。以此求得

$$C=3.473\qquad D=1.754$$

即

$$H=\frac{3.473B}{(1.754-B)}$$

**验证**：$B=1.3$、1.4、1.5、1.6T时分别算得$H=9.94$、13.7、20.5、36.1A/cm，而查

D23硅钢片磁化曲线得出$H=8.90$，12.6、20.1、37.8A/cm。可见所得表达式与实际曲线间存在误差，且当$B$值与求系数时所用值差得远时误差增大。但在$B=(1.48\sim1.65)$T范围内，误差不大于5%。考虑到生产的各批硅钢片本身的磁化性能往往允许有一定偏差，而中小型电机中$B$值很少用到1.6T以上，以及$B$值小时，$H$值本身就不大，对整个磁路计算影响也不大，故认为所得近似表达式仍有实用意义。

（五）曲线的分段处理

有的曲线从外形就能看出，不可能用一个表达式而需用二个以上性质不同的表达式来代表全部曲线。如图附1-2，它是感应电机磁路计算常用的曲线。从外形分析，当$x<1.25$时可认为是直线$y=A+Bx$；但$x>1.25$后曲线逐渐向上弯曲，可认为是抛物线$y=A+Bx+C(x-1.25)^D$。首先从直线部分任取二点求系数$A$、$B$，例如得出$A=1.971$，$B=-0.4$；再从曲线上取二点求系数$C$、$D$，例如得出$C=0.42$、$D=2$，则曲线的表达式分为两段：

当$x<1.25$时　　$y=1.971-0.4x$

当$x>1.25$时　　$y=1.971-0.4x+0.42(x-1.25)^2$

根据以上表达式验证，与曲线对比，误差均在0.0001以下。

**三、对原曲线进行改造**

电机设计所用曲线中，有个别曲线过分烦琐，如图附1-3的中小型电机定转子轭部磁压降校正曲线。校正值受$h'_j/\tau$及$B_j$两个因素的影响，虽也可以用二元插值或其它数学方法推求其相应表达式，但因曲线本身形状特殊，且没有经过严格的理论或实践证明其具有较高的精确度。为此，应考虑对其进行改造。

（一）根据可靠资料，另找其它曲线或公式取代原曲线

根据文献〔0-21〕，轭部磁路校正曲线不用图附1-3的曲线，而用另一种曲线来表示，如图10-5所示。可把此曲线的常用段，在$B=(1.2\sim1.5)$ T范围内看成直线，表示成$C_j=1.3-\frac{2}{3}B_j$，其中$B_j$为以T为单位的轭部磁密。这两组曲线相比，数值彼此有出入，但很难验证何者较为准确。轭部磁压降校正系数只是磁路计算中的一个次要数据，对整个磁路计算的精确度影响不大，故认为这样的取代还是合理的。但对于主要数据曲线的取代，应作必要的论证。

（二）应用数值解法彻底改变原有计算方法

利用数值解法求解工程技术问题是计算机应用的一个重要方面，有可能彻底改变原有计算方法。如对于轭部磁路计算，若假定不考虑齿槽影响、认为轭部磁密的径向分量为零，即沿轭部高度上的磁场是均匀分布的，并认为沿周向轭部磁密呈正弦分布，则可借助数值积分法准确地进行计算。

图11-5　轭部磁路校正曲线

图11-6是定子轭的一部分，设$A$处为磁极中心，$B$处为极间中心，$\widehat{AB}$所对应的圆心角为$\pi/2$电角度；设$A$处$p\theta=0$，$B$处$p\theta=\pi/2$。$A$处截面的磁位最高，磁密切向分量为零；$B$处截面的磁位为零，磁密切向分量最大，即为$B_j$。现将$\widehat{AB}$所对圆心角$\theta$分成$n$等分，即

把轭部分成$n$个扇形小单元，每单元所对圆心角的机械角记作$\Delta\theta=\pi/2np$。轭部扇形小单元从$A$处依次标记为$i=0，1，2，\cdots n$；第$i$个小单元至$A$处所对圆心角记作$\theta_i=i\cdot\Delta\theta$。根据磁通连续性原理，考虑到轭部的磁通呈正弦分布，则在$\theta_i$不同的轭部截面上，通过单位铁心长度的磁通为

$$\Phi_{j\theta i}=\int_0^{\theta_i}\frac{D_{i1}}{2}B_\delta\cos p\theta\cdot d\theta=\frac{\tau}{\pi}B_\delta\sin p\theta_i\approx B_jh_j\sin p\theta_i$$

根据磁场径向均匀分布的假设，该截面上的磁密处处相同，且为

$$B_{j\theta i}=B_j\sin p\theta_i \tag{11-6}$$

一个扇形小单元上的磁压降若按左右两截面上磁场强度的平均值来求取，则考虑饱和时，磁通由$A$点到$B$点产生的磁压降为

$$F_{AB}=\sum_{i=0}^{n-1}\left(\frac{H_{\theta i}+H_{\theta i+1}}{2}\right)\frac{D_{jav}}{2}\Delta\theta \tag{11-7}$$

式中　$H_{\theta i}$、$H_{\theta i+1}$——第$i$和$i+1$点处的磁场强度，分别由轭部磁密$B_{\theta i}$和$B_{\theta i+1}$按磁化曲线读取；

$D_{jav}$——轭的平均直径。

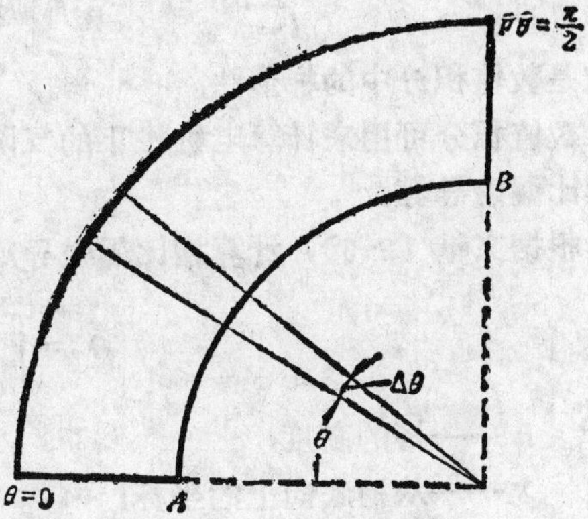

图11-6　定子轭部

上述算法不采用目前设计公式中使用的轭部磁压降校正系数$C_j$的计算概念。但计算步骤较多，只适用于运算速度较快的大型计算机。

## §11-4　机辅设计中常用的数值计算方法

为提高计算精度并充分发挥计算机的计算功能，可利用数值计算方法来改造原有公式。这里只简要地叙述若干基本概念。

### 一、数值积分

工程计算中常常要用到积分运算，但对于复杂的被积函数往往不易用解析方法，这时可以使用计算机进行数值积分来求解。数值积分中最简单的是梯形法。

设已知函数$f(x)$，求在区间〔$a$、$b$〕上的积分。根据定积分的定义

$$\int_a^b f(x)dx=\lim_{\Delta x\to 0}\sum_{k=0}^{n-1}f(x_k)\Delta x$$

只要区间〔$a$，$b$〕内插入的分点足够多，分割的子区间隔足够小，就可以认为定积分近似等于乘积和

$$\int_a^b f(x)dx\approx\sum_{k=0}^{n-1}f(x_k)\Delta x$$

实际计算时，常将区间〔$a$，$b$〕分成几段，分点处的函数值记作$f(x_0)$，$f(x_1)$……

$f(x_{n-1})$，$f(x_n)$。因此，$y=f(x)$曲线下面的面积就近似认为是若干个小梯形面积之和，小梯形是以$f(x_i)$和$f(x_{i+1})$为上下底，以$x_{i+1}-x_i=\dfrac{b-a}{n}$为高构成的，其面积$A_i$为：

$$A_i=\frac{b-a}{2n}[f(x_i)+f(x_{i+1})]$$

于是

$$\int_a^b f(x)\,\mathrm{d}x\approx\sum_{i=0}^{n-1}A_i=\frac{b-a}{n}\left[\frac{1}{2}f(x_0)+f(x_1)+\cdots+f(x_{n-1})+\frac{1}{2}f(x_n)\right] \tag{11-8}$$

这就是数值积分中的梯形法。

数值积分可用来计算电机极下的气隙磁通，直流电机负载运行时的电枢反应去磁磁势以及槽比漏磁导等。

根据文献〔3-3〕，计算槽比漏磁导$\lambda_s$的积分式为

$$\lambda_s=\int_0^h\left(\frac{A_x}{A}\right)^2\frac{\mathrm{d}x}{b_x} \tag{11-9}$$

式中　$h$——槽的高度；

$x$——从槽底向上的坐标；

$A$——槽内（有导线部分）总面积；

$A_x$——$x$高度以下槽内（有导线部分）面积；

$b_x$——在$x$高度处的槽宽。

若已知槽形尺寸，不难计算出$b_x$、$A_x$和$A$值，令$f(x)=\left(\dfrac{A_x}{A}\right)^2\dfrac{1}{b_x}$，$a=0$，$b=h$，便可直接应用式(11-8)，由数值计算求解$\lambda_s$值。对于各种不同形状的槽，可以根据叠加原理将其漏磁导分为若干部分之和，再分别用数值积分法求解。

数值积分只应用于被积函数不能用解析式表达的情况，其精确度取决于分点的多少。当被积函数能用解析式表达时，就没有采用数值积分的必要。

## 二、解非线性联立方程组

在电机设计中有时会遇到需要解非线性联立方程组以求得所需工作点的情况。现举一例说明：

**例**：齿饱和时，计算齿槽并联磁路。

当电机齿中视在磁密较高，例如$B_t'$大于1.8T时，有部分磁通将通过槽，因而齿中的实际磁密$B_t$较$B_t'$为小。确定齿部磁压降时应根据实际齿磁密$B_t$。它按下式求取

$$B_t=B_t'-\mu_0 H_t k_s$$

这样求考虑饱和时的齿磁压降，可归为解下述方程组：

$$\left.\begin{aligned}B_t&=B_t'-\mu_0 k_s H_t\\ H_t&=f(B_t)\end{aligned}\right\} \tag{11-10}$$

其中　$H_t=f(B_t)$为所用硅钢片的磁化曲线。

对于上述非线性联立方程的求解以往常用图解法，即画出上述二条曲线，其交点坐标便是所求的解。第三章介绍了上述问题的具体作图方法，这种方法较烦琐，且精确度甚低。而用计算机处理这类问题则有明显的优点。现介绍用计算机求解上述联立方程的几种典型方法。

为了程序使用的标识符简明，将式（11-10）的符号作如下改变：

$$\left.\begin{aligned} B &= BT - P\cdot H \\ H &= f(B) \end{aligned}\right\} \quad (11\text{-}11)$$

式中　$P=\mu_0 k_s$

（一）迭代法

解决上述问题有一简单的图解法，如图11-7所示。该作图法可理解为求解非线性联立方程组的几何说明。将这种思维逻辑用计算机来实现，即可把过程分解为如图11-7所示的步骤。根据计算值$B'_i$得到点，认为$B'_i$是初始近似解。将近似解代入原方程组的有关方程中，即从磁

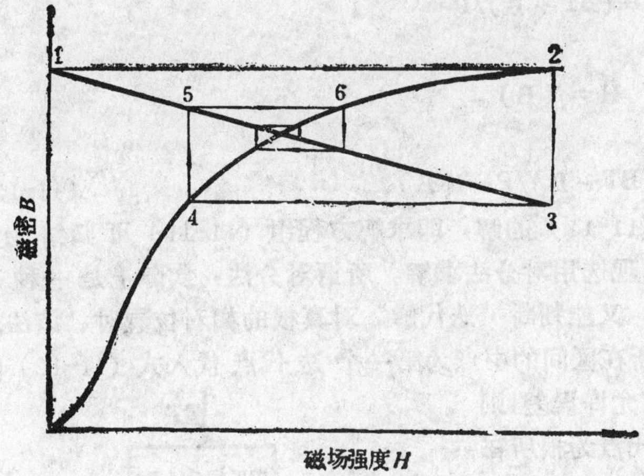


图11-7　迭代法图示

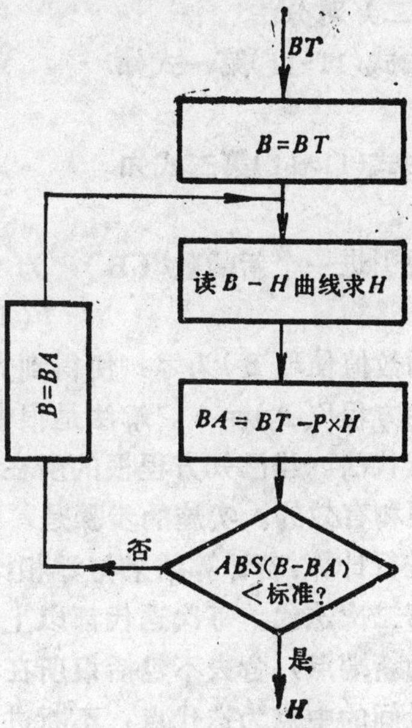


图11-8　迭代法框图

化曲线上点 2 得到相应的磁势$H$，又从直线方程中得到$H$所对应的新计算值，即点 3 所对应的磁密$B^{(1)}_i$。若$B'_i$是真解，显然应与所得$B^{(1)}_i$相符（找到了曲线的交点）；但通常是不会相符的，因此要以$B^{(1)}_i$为新的近似解开始第二次迭代。经第二次迭代可得到第二次的近似解，即点 5 。可见经过迭代其偏差已有改进。充分运用计算机的高速计算性能，就可以不断改进近似解去逼近准确解。考虑到工程计算所允许的误差，可用有限的步骤算出具有指定精确度的近似解。这就是迭代法的实质。

**表11-5　用迭代法计算齿饱和磁路的子程序**

a）主程序调用子程序语句和数据

```
210:INPUT "KS="; KS, "BT="; BT
220:N=11:DIM  B(N), H(N)
230:FOR I=0 TO N:READ B(I):NEXT I
240:FOR  I=0  TO  N:READ  H(I):NEXT I
250:DATA  1.78, 1.79, 1.8, 1.81, 1.82, 1.83, 1.84, 1.85, 1.86, 1.87, 1.88,1.89
260:DATA  110, 116, 122, 128, 134, 140, 146, 152, 158, 165, 172, 180
270:GOSUB  510
```

b）根据齿中视在磁密求取实际磁密及磁场强度

```
510:B=BT
```

```
520:GOSUB 560
530:BA=BT-PI*4E-5*KS*H
540:IF  ABS(B-BA) >.001  LET  B=BA:GOTO  520
550:RETURN
560:FOR I=0 TO N-1:IF  B>B(I+1)  NEXT I
570:H=H(I)+(B-B(I))/(B(I+1)-B(I))*(H(I+1)-H(I))
580:RETURN
```

上述步骤的框图见图11-8。相应的子程序见表11-5。该子程序内尚有一个查磁化曲线的子程序。按前述的D23硅钢片，此曲线在$B$较高时已由弯曲部分转入直线，故用线性插值。

（二）对分法

由式(11-11)第一式知

$$H=(BT-B)/P$$

由式(11-11)第二式知

$$H=f(B)$$

现引进一个新函数$F(B)$，为

$$F(B)=(BT-B)/P-f(B) \tag{11-12}$$

当B的数值使$F(B)$为零，便得到方程（11-11）的解，即求解方程组（11-11）可归结为解非线性方程$F(B)=0$。解法是很多的，现选用对分法求解。所谓对分法，实际上是一种改进的迭代法。当已知方程根的所在区间，又能判断“迭代解”对真根的相对位置时，该法是很方便和有效的。实施的步骤是：以根所在区间的中点为第一个迭代点代入式（11-12）的右端进行计算，若计算结果与零相比超出允许误差，则进行第二次迭代。每次迭代都以上次迭代点为根所在区间的新端点，舍去不包括根所在的那一段区间，再以新区间的中点为迭代点，不断进行迭代，直至区间缩小到规定精确度以内，则认为求解成功。由于每次迭代可将根所在区间缩小一半，故称为“对分法”，它被广泛应用于优选试验中，应用该法的关键是判断真根所在位置，决定区间的取舍，在我们这个具体问题中，结合图11-7很容易判断真根与迭代解的相对位置。

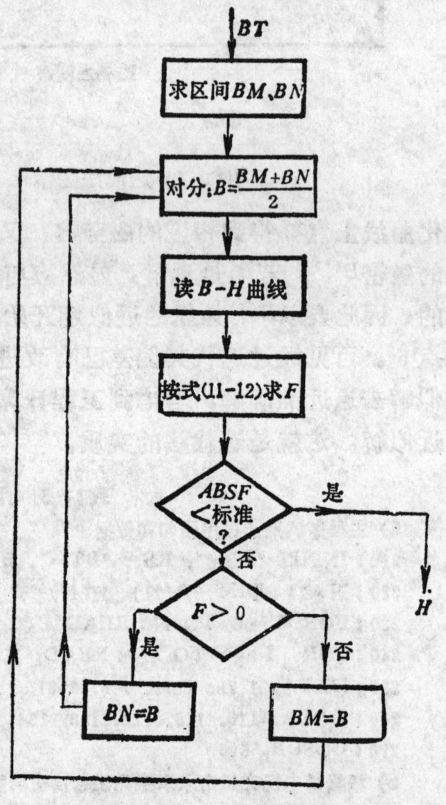


图11-9 对分法框图

按以上思路对本题列出框图（图11-9）及子程序（见表11-6）。主程序调用子程序需要如表11-5a那样的语句及数据。

（三）近似解析解法

前述考虑齿饱和时求齿磁压降可归结为解式（11-11）的方程组，式中$H=f(B)$为所用硅钢片的磁化曲线。由于所研究问题是处在硅钢片高度饱和情况下，磁化曲线可用折线来代替，因此式(11-11)可简化为线性方程组进行求解。图11-10为其示意图，图中以四段直线代替磁化曲线。$B_1$、$B_2$、$B_3$都在高磁

**表11-6　用对分法计算齿饱和磁路的子程序**

```
510：P＝PI＊4E－5＊KS
520：BM＝BT：B＝BM：GOSUB 590
530：BN＝BT－P＊H
540：B＝(BM＋BN)/2：GOSUB 590
550：F＝(BT－B)/P－H
560：IF ABS F＜1 RETURN
570：IF F＞0 LET BN＝B：GOTO 540
580：IF F＜0 LET BM＝B：GOTO 540
590：FOR I＝0 TO N－1：IF B＞B(I＋1) NEXT I
600：H＝H(I)＋(B－B(I))/(B(I＋1)－B(I))＊(H(I＋1)－H(I))
610：RETURN
```

**表11-7　用近似解析法计算齿饱和磁路的子程序**

```
510：P＝PI＊4E－5＊KS
520：B＝(BT＋1144＊P)/(1＋700＊P)
530：IF B＜1.86 LET B＝(BT＋958＊P)/(1＋600＊P)
540：IF B＜1.78 LET B＝(BT＋780＊P)/(1＋500＊P)
550：H＝(BT－B)/P
560：RETURN
```

密情况下：为表达清晰，图未按比例画出。若给出各直线的方程，则不难直接求解。但在编制计算机程序时要考虑到能判断究竟用哪一段折线去求解，因为这时已不象图解法那样直观。

仍以D23硅钢片为例，在高磁密时它的磁化曲线可分为以下几段折线：

$1.89T \geqslant B \geqslant 1.86T$　　$H=700B-1144$　　相当图11-10中的③；

$1.86T \geqslant B \geqslant 1.78T$　　$H=600B-958$　　相当图11-10中的②；

$1.78T \geqslant B \geqslant 1.73T$　　$H=500B-780$　　相当图11-10中的①。

上列各式中$H$的单位均为H/cm，$B$的单位$T$

图11-10中的直线④即可用公式B＝BT－P*H表示。

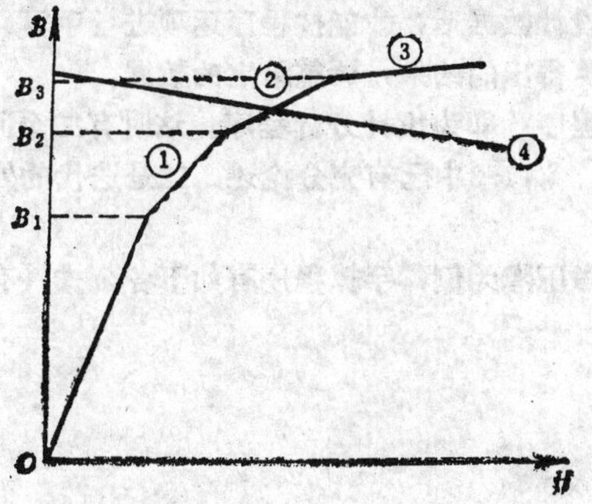


图11-10　近似解析法图示

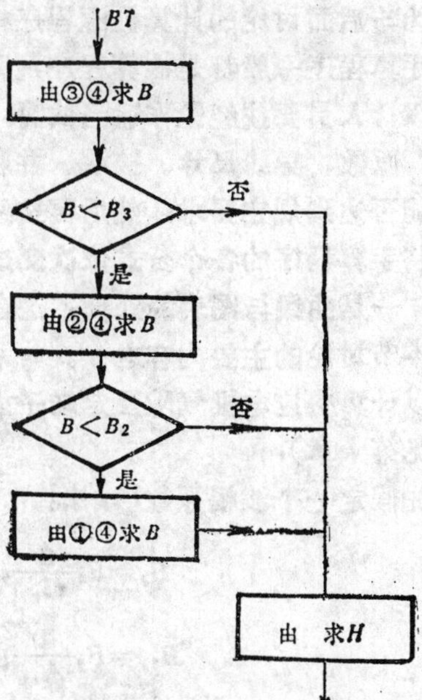


图11-11　近似解析法框图

直线④与③的交点处$B_3$=(BT+1144P)/(1+700P)；如果此值小于1.86，则求直线④与②交点处$B_2$=(BT+958P)/(1+600P)；如果此值小于1.78，则求直线④与①的交点处$B_1$=(BT+780P)/(1+500P)。求得真实交点处的$B$值后，则不难由直线④得H=(BT−B)P。按照以上思路列出框图如图11-11，子程序如表11-7。

（四）曲线公式化解析解

将式（11-11）的第二式在一定区段内公式化成$H=\frac{CB}{(D-B)}$。如对D23硅钢片，令$H=\frac{21.373B}{2.1122-B}$，式中$H$的单位为A/cm，$B$的单位为T。则在$B$=(1.80～1.89)T范围内，$H$的误差不大于1%。将此式与第一式联立求解，可得

$$H=-\frac{D+C\times P-BT}{2\times P}+\sqrt{\left(\frac{D+C\times P-BT}{2\times P}\right)^2+\frac{C\times BT}{P}} \tag{11-13}$$

即可用简单的赋值语句求解出与BT相应的$H$值。本节的（四）与（三）实质上都是解析解，所不同的是这里将磁化曲线由直线形式改成双曲线形式，这样可使有效范围扩大，且可能用一条双曲线代替数条直线，在编制程序及计算时可避免使用子程序及条件语句。

采用哪一种计算方法要根据具体计算条件而定。对齿饱和时磁压降计算问题，因为磁化曲线可以在不甚宽的区域内用双曲线或折线表达，故认为(四)及(三)的方法比前二者优越。

除直流电机外，电机齿磁密大于1.8T的情况并不多，这里用一定篇幅讨论这个问题，目的是使读者了解非线性联立方程的各种解法。

## §11-5 设计分析程序

### 一、手算程序改编成计算程序

为与后面讨论的计算机源程序相区别，把使用计算尺计算时的程序称之为手算程序。现有的手算程序一般都是核算程序，即在给定定转子铁心及绕组数据条件下，核算电机各项性能。设计人员要按经验作适当估算，先给出铁心长度、定转子内外径、槽数、槽尺寸及绕组型式、匝数、导线尺寸、接法、并联路数等设计数据后，才能按程序逐项进行手算，看各项指标能否达到规定要求；然后再按经验由计算得出的结果，调整给定的数据。

将手算程序的各个公式依次变成计算机程序，即为设计分析程序。这时有二个问题需要解决：一是曲线与图表的处理，这在§11-2、§11-3中已有充分论述，二是迭代的处理，这将是本节讨论的主要内容之一。

以计算感应电机气隙及定转子齿磁密及磁压降为例，手算程序有如下各公式（有关符号说明见第十章）：

先假定一个波幅系数$F_s$，则

$$B_\delta=F_s\frac{\Phi}{\tau l_{ef}};$$

$$B_{t1}=F_s\frac{\Phi}{A_{t1}}$$由硅钢片磁化曲线查出相应的$H_{t1}$；

$$B_{t2}=F_s\frac{\Phi}{A_{t2}}$$由硅钢片磁化曲线查出相应的$H_{t2}$；

$$F_\delta = \frac{K_\delta B_\delta \delta}{\mu_0}$$

$$F_{t1} = H_{t1} L_{t1};$$

$$F_{t2} = H_{t2} L_{t2};$$

$$K_s = \frac{F_\delta + F_{t1} + F_{t2}}{F_\delta}$$

由附录图附1-2的曲线从$K_s$得到相应的$F_s$值。如所得$F_s$与假定值相差较大，则重新假定和进行计算，直到假定值与计算值接近到所要求的范围内。

## 二、框图的作用与编制原则

一个电机设计程序不可避免地要包含有多处迭代过程，甚至有时是嵌套、多层嵌套或交叉的。编成计算机程序后，从外形上看是逐条排列着，而实际上并不是简单地从第一条顺次执行到最后一条，这可用框图表达其间的结构层次与逻辑。

### （一）框图的作用

（1）编制框图的过程是按计算机要求表达设计逻辑的过程，由于它的表达方式直观，简明而形象，因而有利于在设计前集中精力处理全局性问题。

（2）框图能清晰地表示源程序的结构、层次及重要的细节。

（3）框图是编制源程序的基础，它比冗长的语言程序更便于交流，同时也利于程序的简化。

（4）通过框图能更好地阅读，调整和修改源程序。

### （二）电机设计框图的编制原则

（1）设计逻辑必须简明，力求结构紧凑、清晰、层次分明，根据电机设计的特点，一般把整个设计分成若干独立单元，使得局部参量的调整不致影响全局。整个设计的框图除一般性部分外，通常可包括定子绕组、转子绕组、磁路、参数、性能等几个部分的程序设计框图。

（2）为减少计算时间和避免应知数据后置，在主要计算内容前可安排一个“常用数据计算框”，此框主要计算那些按已知数据便可确定的参量和系数，如设计分析程序中的磁路各部分尺寸及截面、各绕组的尺寸、电阻、绕组系数、定转子绕组参数间的折算系数、比漏磁导、风摩损耗及粗估的杂散损耗等，这样在迭代时可以避免许多重复计算。

（3）为了避免“交叉循环”，常选择那些既能改善性能，又对其它参量没有影响或影响很小的参量作为调整的参量。当无法避免若干变量综合组合时，应做到循环嵌套层次分明，把调整效果明显、牵涉面广的变量尽量放在内层。例如调整感应电动机起动转矩$T_{st}$，一般只需调整转子方面的数据，改变转子槽形即可改变起动时的转子电阻和电抗，有时甚至只需改变转子端环尺寸。又如当需要调整最大转矩时，仅需改变定子每相串联导线数，当磁密超过限额时，则可再调整铁心长度。

（4）处理好设计中的迭代问题对保证一定的计算精度和缩短计算时间有很重要的意义。因此在编制框图时，对需用迭代方法确定的计算值都要考虑迭代初值，安排判别框，检验计算值与假定值的吻合情况。还应给出合理的迭代收敛精度和确定再设值。这些都将在后面详细讨论。

（5）框图或程序的编制目前趋于“积木化”，以若干基本组成部分构成框图及程序的主体，适当加减或调整某些局部就可构成新的功能。所以在编制框图时，可考虑将多次重复使用的运算编成子程序。这样框图就比较简单、清晰，而程序也相应简明。

**三、迭代的处理**

一个电机设计程序中各个迭代过程的处理方法大致相同，但细节可各异。这是在由框图编制具体程序时必须掌握的。

（一）初设值、允许误差与再设值

初设值根据经验统计资料而定。以常用的笼型感应电动机手算程序中的四个迭代过程为例：

正常电机的波幅系数$F_s$变动范围不大，可直接初设一个平均值，例如$F_{s0}=1.46$。

由式（10-6），电势系数$K_E$即等于（$1-\varepsilon_L$）。它的初设值$K_{E0}=(1-\varepsilon_L')$可按式（10-8）计算。

效率η可采用技术条件要求值$\eta_N$，即初设值$\eta_0=\eta_N$。

同一种的电机，各人编的程序采用数据不一定完全相同。一般情况，初设值偏差大时，增加迭代次数，整个程序的计算影响不大。但也有例外，如对效率低的电机，效率的初设值不易准确，偏差太大时容易引起不收敛。

计算值与假设值的允许误差，根据程序本身计算精度要求及计算工作量而定。由于机算速度远快于手算速度，因此可以提出较高的要求。例如

波幅系数的允许误差绝对值：手算为0.01，机算为0.0005；

电势系数的允许误差绝对值：手算为0.01，机算为0.0005；

效　　率的允许误差绝对值：手算为0.1，机算为0.005；

起动电流的允许误差绝对值：手算为0.02，机算为0.001。

合理提高精度，并不明显影响机算所需时间。

计算值与假设值之间的误差如超过允许范围，则要提出再设值，重新计算这段迭代过程。这时应分析这段迭代过程，确定再设值应在计算值与假设值之间还是之外。如增大假设值，通过整个迭代过程的计算，使计算值减小，则再设值应在计算值与假设值之间；否则再设值应比计算值还要大。例如对波幅系数，增大假设值将使齿更趋饱和而饱和系数$K_s$增大，由图附1－2看出使波幅系数计算值减小；对电势系数，增大假设值将使整个磁路的磁密及磁化电流都增大，因而增大电抗压降使系数计算值减小。但对效率、增大假设值将使电流的有功和无功分量均减小，而使效率计算值增大；对起动电流，增大假设值将使起动电抗因饱和而减小，而使计算值增大。故前二者的再设值应取在计算值与假设值之间，而后二者应取在计算值与假设值之外。

以上只是说明取再设值的方向，至于具体值则要根据这段迭代过程计算的经验选取，如可取

$$F_{s0}'=F_s-(F_s-F_{s0})/3$$

$$K_{E0}'=K_E-(K_E-K_{E0})/8$$

$$\eta_0'=\eta+(\eta-\eta_0)/5$$

$$I_{st0}'=I_{st}+(I_{st}-I_{st0})/8$$

以上符号下标有“0”者为假设值，在上标有“′”者为再设值，无特殊标明者为计算值。

以上讨论了再设值的方向与增减的数值，其中方向按以上公式中括弧前的符号，决定

的。符号错误，则使迭代不收敛，永远找不到小于允许误差的值，计算机将盲目计算下去；至于增减的数值，即按以上公式中的第二项。各个编排的程序可能有些偏差，如偏差太大，将增加迭代次数，但并不明显影响计算时间。

（二）探讨是否有用直接解取代迭代法的可能

如果某个迭代过程可以用求解方程的办法来取代，则将使这段程序简捷，精确度提高。

如效率迭代过程包含如下计算：

假定效率$\eta_0$

有功电流$I^*_{1P}=\dfrac{1}{\eta_0}$〔参阅式(10-48)〕

电抗电流$I^*_X=\sigma_1 X^*_\sigma I^{*2}_{1P}[1+(\sigma_1 X^*_\sigma I^*_{1P})^2]$

〔式中$\sigma_1=1+I^*_m X_1$，$I^*_m$为磁电流，$X^*_1$为定子电抗，$X^*_\sigma$为定转子总电抗。均用标么值表示参阅式(10-49b)。〕

定子电阻损耗　$p^*_{Cu1}=[I^{*2}_{1P}+(I^*_m+I^*_X)^2]R^*_1$

转子电阻损耗　$p^*_{Cu2}=(I^{*2}_{1P}+I^{*2}_X)R^*_2$

效率

$$\eta=1-\frac{p_{Cu1}^*+p_{Cu2}^*+p_{Fe}^*+p_s^*+p_{fw}^*}{1+p_{Cu1}^*+p_{Cu2}^*+p_{Fe}^*+p_s^*+p_{fw}^*}$$

（式中$R^*_1$、$R^*_2$分别为定转子电阻，$p^*_{Fe}$、$p^*_s$、$p^*_{fw}$分别为铁损、杂散损、风摩损，均用标么值表示。）

然后对比计算值与假定值，若不在允差范围内，则再设新值，一直达到允许范围内为止。

因为要计算效率必须先计算定转子电阻损耗，这需要电流的有功与无功分量值，而电流的有功分量是从效率得来的，无功分量是从有功分量，即间接从效率得来的，所以必须先假定一个效率值作为计算的开始，这样就形成了一个迭代过程。

但这个迭代过程可以用直接求解方程的方法取代。

由式（10-49a）得

$$I^{*2}_{1P}=\left(\frac{1}{\sigma_1 X^*_\sigma}-I^*_X\right)I^*_X \tag{11-14}$$

又

$$\begin{aligned}I^*_{1P}&=1+p^*_{Cu1}+p^*_{Cu2}+p^*_{Fe}+p^*_s+p^*_{fw}\\&=1+[I^{*2}_{1P}+(I^*_m+I^*_X)^2]R^*_1+(I^{*2}_{1P}+I^{*2}_X)R^*_2+p^*_{Fe}+p^*_s+p^*_{fw}\end{aligned} \tag{11-15}$$

上二式中除$I^*_{1P}$及$I^*_X$外，其它数均为已知，可联立解出$I^*_{1P}$及$I^*_X$。由式（11-15）得

$$\begin{aligned}I^*_{1P}&=1+I^{*2}_{1P}(R^*_1-R^*_2)+(I^*_m+I^*_X)^2R_1+I^{*2}_X R^*_2+p^*_{Fe}+p^*_s+p^*_{fw}\\&=1+\left(\frac{1}{\sigma_1 X^*_\sigma}-I^*_X\right)I^*_X(R^*_1+R^*_2)+(I^*_m+I^*_X)^2R_1+I^{*2}_X R_2+p^*_{Fe}+p^*_s+p^*_{fw}\\&=\left[\frac{1}{\sigma X^*_\sigma}(R^*_1+R^*_2)+2I^*_m R^*_1\right]I^*_X+(1+p^*_{Fe}+p^*_s+p^*_{fw}+I^{*2}_m R^*_1)\end{aligned}$$

两边平方得

$$\left(\frac{1}{\sigma_1 X^*_\sigma}-I^*_X\right)I^*_X=\left\{\left[\frac{1}{\sigma_1 X^*_\sigma}(R^*_1+R^*_2)+2I^*_m R^*_1\right]I^*_X+(1+p^*_{Fe}+p^*_s+p^*_{fw}+I^{*2}_m R^*_1)\right\}^2 \tag{11-16}$$

令

$$\left.\begin{aligned} A &= \frac{1}{\sigma_1 X_\sigma^*}(R_1^* + R_2^*) + 2I_m^* R_1^* \\ B &= 1 + p_{Fe}^* + p_s^* + p_{fw}^* + I_m^{*2} R_1^* \\ C &= \frac{1}{\sigma_1 X_\sigma^*} \end{aligned}\right\} \qquad (11\text{-}17)$$

则式（11-16）成为

$$(C - I_x^*)I_x^* = (AI_x^* + B)^2 = A^2 I_x^{*2} + 2ABI_x^* + B^2$$

即

$$(1 + A^2)I_x^{*2} - (C - 2AB)I_x^* + B^2 = 0$$

解$I_x^*$，由数值概念知$I_x^* < \frac{1}{\sigma X_\sigma^*} - I_x^*$故根号外取负值，得

$$I_x^* = \left[\frac{C - 2AB}{2} - \sqrt{\frac{C - 2AB}{2} - (1 + A^2)B^2}\right] \quad (1 + A^2) \qquad (11\text{-}18)$$

将$I_x^*$代入式（11-14）可求出$I_{1P}^*$及$\eta = \frac{1}{I_{1P}^*}$。即没有通过求定转子电阻损耗，而是通过式（11-49a）的关系求出各项电流值及效率，再由已知电流求定转子电阻损耗。

以上方法已由计算机运算验证其可靠性，这样就可以将笼型感应电机设计计算用的四个迭代过程减少为三个。

**四、设计分析程序举例**

本章以三相小功率笼型感应电动机为例，说明一个具体的设计分析程序。对此机种国内早有较成熟的属于核算性质的手算程序。结合前节所述，用直接解取代效率迭代后的框图见图11-12。将其转换成用BASIC语言的计算机程序见表11-8。框图旁所注数字为程序的语句号，供读者对比参考。这是一个用在PC-1500袖珍计算机上的实用程序。用存贮单元少的计算机编制中等以上程序时特别要注意尽量节省使用的存贮单元。为此本程序采取以下措施：

（1）标识符的重复使用，当一个标识符在程序中不再使用时，就移给别的量使用，有些标识符在程序中多次重复使用；（2）所有曲线全部按前述方法公式化，不用插值法，并要使公式保证计算精度，这样既节省使用的存贮单元，又加快计算速度。

小功率笼型感应电机定子槽形均为梨形槽，而转子槽形常见有三种形式：梯形槽、刀形槽及凸形槽，电源电压为380V，频率50Hz，绕组型式及绝缘规范按Y系列标准。程序按以上情况编制，如有不符合以上情况者，则要修改程序的相应语句。

程序用READ、DATA方式输入数据，尺寸均以mm为单位，槽各部分尺寸用符号表示，见图11-13。

程序中第40号语句输入数据顺次为：额定功率单位为kW，极对数，转子槽形编号（见图11-13），三相连接方法：Y接时为3、△接时为1，定子绕组并联路数、定子外径、定子内径，气隙长度，转子内径，铁心长度，定子槽数，BK，HK，B，R，H。

第50号语句输入数据顺次为：每槽导线数，第一种导线根数，第二种导线根数，第一种导线直径，第二种导线直径，转子槽数，端环平均直径，端环截面（单位为cm²），风摩损耗（单位为W）。

第90号语句输入数据，对梯形槽顺次为BU，BL，HH；对刀形或凸形槽顺次为BU、BV、BL、HG、HH。如果定子外径大于250mm，按习惯采用双层绕组，则尚需输入线圈节距，即两线圈边所跨槽数。

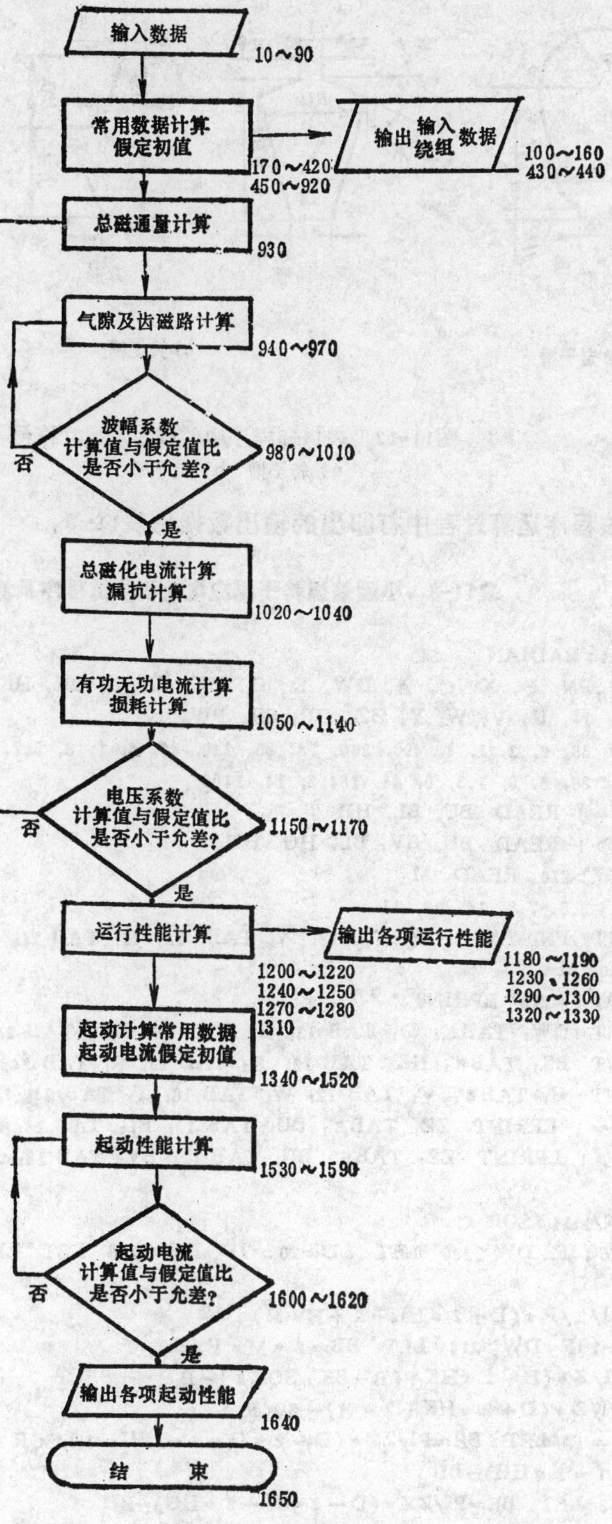


图11-12 笼型感应电机设计分析框图

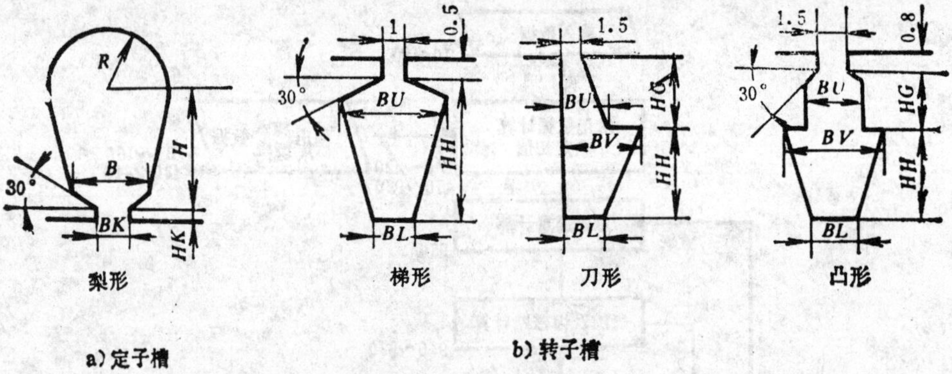


图11-13　表11-8程序中的槽形及尺寸符号
a) 转子槽　b) 定子槽

计算机对该程序运算过程中打印出的输出数据见表11-9。

**表11-8　小型笼型转子感应电动机核算程序及算例**

a) 程序

```
 10: CLEAR: RADIAN
 20: READ PN, P, X, C, A, DW, D, G, DK, L, Z, BK, HK, B, R, H
 30: READ N, U, V, W, Y, ZZ, DR, SR, PW
 40: DATA 55, 2, 3, 1, 4, 400, 260, .8, 85, 240, 48, 4, 1, 8, 5.7, 26.5
 50: DATA 36, 3, 0, 1.3, 0, 44, 184.2, 14, 1100
 60: IF X=1 READ BU, BL, HH
 70: IF X>1 READ BU, BV, BL, HG, HH,
 80: IF DW>270 READ M
 90: DATA 3.5, 7.3, 14, 28, 11
100: LPRINT PN; TAB6; P; TAB12; X; TAB; 18; C; TAB 24; A; :IF DW>270 LPRINT
     TAB 30; M
110: IF DW<=270 LPRINT " "
120: LPRINT DW; TAB6; D; TAB 12; G; TAB 18; DK; TAB 24; L; TAB 30; Z
130: LPRINT BK; TAB6; HK; TAB 12; B; TAB 18; R; TAB 24; H; TAB 30; N
140: LPRINT U; TAB6; V; TAB 12; W; TAB 18; Y; TAB 24; DR; TAB 30; SR
150: IF X=1 LPRINT ZZ; TAB6; BU; TAB 12; BL; TAB 18; HH
160: IF X>1 LPRINT ZZ; TAB6; BU; TAB 12; BV; TAB 18; BL; TAB; 24; HG; TAB 30;
     HH
170: J=PN/1.14*SQR C
180: LD=25: IF DW<390 LET LD=20: IF DW<270 LET LD=15: IF DW<125 LET LD
     =10
190: TY=PI/2/P*(D+2*HK+2+H+R)
200: BB=1: IF DW>270 LET BB=2*M*P/Z
210: BC=PI/Z*(D+2*HK+(B-BK)/SQR3)-B
220: BD=PI/Z*(D+2*HK+2*H)-2*R
230: IF X=1 LET BE=PI/ZZ*(D-2*G-1-(BU-1)/SQR3)-BU: BF=PI/ZZ*(D-2
     *G-1-2*HH)-BL
240: IFX=2 LET BE=PI/ZZ*(D-2*G-2*HG)-BU
250: IF X=3 LET BE=PI/ZZ*(D-2*G-1.6-2*HG)-BU
260: IF X>1 LET BF=PI/ZZ*(D-2*G-2*HG-4/3*HH)-(2*BL+BV)/3
```

```
270: IF DW <=270 GOTO 310
280: M=(B+2*R)/(B+2*R+BC+BD)
290: CS=TY*BB/2/SQR(1-M*M)
300: LS=2*(LD+CS): GOTO 340
310: LS=2*LD+TY
320: IF P=1 LET LS=2*LD+2.9/3*TY
330: IF P>3 LET LS=2*LD+25/24*TY
340: LZ=L+LS: ZF=N*Z/3/A
350: E=.25: IF DW>200 LET E=.3: IF DW>280 LET E=.35
360: KW=.08: IF W<1 LET KW=.06
370: K=(H-2)*(B/2+R)+PI/2*R*R-E*(2*H+B+PI*R)
380: IF DW>270 LET K=K-E*(B+2*R)
390: K=(U*(W+KW)*(W+KW)+V*(Y+KW)*(Y+KW))*N/K*100
400: SC=PI/4*(U*W*W+V*Y*Y)
410: U=ZF*LZ/A/46 E 3/SC: V=U*J/380*SQR C
420: W=9.5E-6*Z*N*LZ*SC
430: LPRINT LD; TAB6; USING "####"; LZ; TAB12; USING "##.###"; U; TAB 18;
     USING "###.#"; K;
440: LPRINT TAB 24; USING "###.#"; K
450: Q=Z/6/P : XB=Z/2/P*(1-BB)
460: IF Q-INT Q LET Q=2*Q: IF Q-INT Q LET Q=2*Q
470: KQ=.5/Q/SIN(PI/6/Q): E=SIN (BB*PI/2): KW=KQ*E
480: Q=Z/6/P : S=PI*PI/54/Q/Q*((5*Q*Q+1)+XB/4/Q*(XB*XB-1)-3*XB*XB
     /2)-KW*KW
490: K=3*ZF*ZF*KW*KW
500: IF X=1 LET SB=(BU*BU-1)/4/SQR 3+(BU+BL)/2*(HH-(BU-1)/2/SQR 3)
510: IF X=2 LET SD=(BV+BL)/2*HH: SB=(BU+1.5)/2*HG+SD
520: IF X=3 LET SD=(BV+BL)/2*HH: SB=(BU*BU-2.25)/4/SQR 3+BU*(HG-(BU-
     1.5)/2/SQR 3)+SD
530: Y=1.19E-7*K*L/SB/ZZ*J*SQR C
540: KK=1.821E-10*K*DR/P/P/SR*J*SQR C
550: K=Y+KK: LE=L+2*G: U=PI*D/Z: W=PI*(D-2*G)/ZZ
560: CX=1+BK*BK/(U*(4.4*G+.75*BK)-BK*BK)
570: E=1+.5*INT (X/2): E=1+E*E/(W*(4.4*G+.75*E)-E*E): GE=CX*E*G
580: CX=4.5533E-10*PN*LE*ZF*ZF*KW*KW*C/P
590: Q=1.5/PI*D/P/GE*CX
600: RS=PI*PI/3*P*P/ZZ/ZZ*(1+ZZ*ZZ/Z/Z/2)
610: KU=(3*BB+1)/4 : KL=(9*BB+7)/16
620: LB=HK/BK+(B-BK)/SQR 3/(B+BK)
630: LC=(H-(B-BK/SQR 3/2)/3/B+.135/SQR(B/2/R)
640: LA=KU*LB+KL*LC
650: XA=6*P*L*LA/LE/KW/KW/Z*CX
660: XC=(1.2*LD+.6*CS*M)/LE*CX
670: IF DW <=270 LET XC=.47*(LS-1.6/3*TY)/LE/KW/KW*CX
680: IF X=1 LET LD=.5+(BU-1)/SQR 3/(BU+1)+(HH-(BU-1)/SQR 3/2)/3/BL/(BU
     +BL)∧(16/15): GOTO 790
690: IF X=3 GOTO 750
700: U=BU/1.5 : T=BL/BV
710: KP=.009+.324*U+.053*(U-1)*(U-1)
720: KR=.5+(U/(1-U))∧2*(1/U-LN(1/U)-1): KS=U/(1-U)*LN(1/U)
730: KT=.009+.324*T+.053*(T-1)*(T-1)
740: LD=(1.5*HG∧3*KP+SD*HG*HG*KR+SD*SD*HG/BU*KS+BV*HH∧3*KT)/SB/
```

```
SB : GOTO 790
750 : U=HG-(BU-1.5)/2/SQR 3 : T=BL/BV
760 : KT=.009+.324*T+.053*(T-1)*(T-1)
770 : LD=.8/1.5+(BU-1.5)/SQR 3/(BU+1.5)
780 : LD=LD+(BU*U∧3/3+SD*U*U+SD*SD*U/BU+BV*HH∧3*KT)/SB/SB
790 : XD=6*P*L*LD/LE/ZZ*CX
800 : XF=.3785/LE*DR/P*CX
810 : SG=PI*D/2/P*LE: SZ=.2375*(BC+BD)*L*Z/P : SY=.95*(DW-D-2*(HK+H)
      -4/3*R)*L
820 : M=1 : IF P=1 LET M=1/3
830 : IF X=1 LET SX=.15833*(BE+2*BF)*L*ZZ/P : SJ=.95*(D-1-2*G-M*DK-
      2*HH)*L
840 : IF X>1 LET SW=.475*BE*L*ZZ/P; SX=.475*BF*L*ZZ/P
850 : IF X>1 LET SJ=.95*(D-2*G-M*DK-2*HG-2*HH)*L; IF X=3 LET SJ=SJ
      -1.52*L
860 : IF DW>280 LET SZ=SZ*92/95 : SY=SY*92/95 : SX=SX*92/95 : SJ=SJ*92/95 : SW=
      SW*92/95
870 : T=PI/4/P*(DW-SY/1.9/L) : IF DW>280 LET T=PI/4/P*(DW-SY/1.84/L)
880 : L=PI/4/P*(M*DK+SJ/1.9/L) : IF DW>280 LET L=PI/4/P*(M*DK+SJ/1.84/L)
890 : LS=2*P*SZ*(H+R/3 ) : LZ=2*P*SY*T
900 : PW=PW/PN/1E3
910 : PS=(3-P/2)/100 : IF P>3 LET PS=.015
920 : DK=.931+.011*LN(PN)-.013*P : IF P=1 LET DK=.92+.00866*LN (PN)
930 : F=DK*38E7/SQRC/111/ZF/KW : M=1.46
940 : BG=M*F/SG : AG=800*BG*GE
950 : BZ=M*F/SZ : AZ=.3472*BZ/(1.754-BZ)*(H+R/3)
960 : IF X=1 LET BX=M*F/SX : AX=.3472*BX/(1.754-BX)*HH
970 : IF X>1 LET BW=M*F/SW : BX=M*F/SX : AX=.3472*(BW/(1.754-BW)*HG+BX/
      (1.754-BX)*HH)
980 : E=1+(AZ+AX)/AG : W=1.971-.4*E
990 : IF E>1.25 LET W=W+.42*(E-1.25)∧2
1000 : IF ABS (W-M) <.0005 GOTO 1020
1010 : M=W-(W-M)/3 : GOTO 940
1020 : BY=F/SY : AY=.3472*BY/(1.754-BY)*T*(1.1-.5*BY)
1030 : BJ=F/SJ : AJ=.3472*BJ/(1.754-BJ)*L*(1.1-.5*BJ)
1040 : JM=1.48*(AG+AZ+AX+AY+AJ)*P/ZF/KW/J
1050 : XB=Q*S/KW/KW/E : XE=Q*RS/E
1060 : XS=XA+XB+XC : XR=XD+XE+XF : XX=XS+XR
1070 : E=1+JM*XS
1080 : BE=(2-E)/DK*BZ : BF=5E-5*(BE-.7)*LS
1090 : BC=(2-E)/DK*BY : BD=5E-5*(BC-.7)*LZ
1100 : PF=(2.5*BF+2*BD)/PN/1E3
1110 : M=1/E/XX : F=M*(V+K)+2*JM*V
1120 : BB=1+PF+PW+PS+JM*JM*V : M=(M-2*F*BB)/2 : F=1+F*F
1130 : JX=(M-SQR(M*M-F*BB*BB))/F : JR=JX+JM
1140 : JP=SQR((1/E/XX-JX)*JX)
1150 : DW=1-JP*V-JR*XS
1160 : IF ABS (DW-DK)<.0005 GOTO 1180
1170 : DK=DW-(DW-DK)/8 : GOTO 930
1180 : LPRINT USING "##.###"; BG; TAB 6; BZ; TAB 12; BY; : IF X=1 LPRINT TAB
       18; BX; TAB 24; BJ
1190 : IF X>1 LPRINT TAB 18; BW; TAB 24; BX; TAB 30; BJ
```

```
1200: PC=(JP*JP+JR*JR)*V: PA=(JP*JP+JX*JX)*K
1210: JC=SQR(JP*JP+JR*JR): JN=SQR(3/C)*JC*J
1220: S=30*ZF*JC*J/PI/D: DW=JC*J/A/SC: DK=S*DW
1230: LPRINT USING "###.##"; JN; TAB6; USING "####"; S; TAB 12; USING "##
      .##"; DW;
1240: DR=3*SQR(JP*JP+JX*JX)*J*ZF*KW/ZZ/SB
1250: SR=DR*SB*ZZ/PI/2/P/SB/100
1260: LPRINT TAB 18; USING "#####"; DK; TAB 24; USING "##.##"; DR; TAB
      30; SR
1270: C=1/JC*JP
1280: S=PA/(1+PA+PF+PS+PW-(BD+BF)/PN/1E3)
1290: LPRINT USING "#####.#"; PC*PN*1E3; TAB6; PA*PN*1E3; TAB 12; USI-
      NG "#####.#"; PF*PN*1E3;
1300: LPRINT TAB 18; PW*PN*1E3; TAB 24; PS*PN*1E3; TAB 30; USING "###.#
      #"; 100/JP
1310: T=(1-S)/2/(V+SQR(V*V+XX*XX))
1320: LPRINT USING "##.###"; XS*100; TAB6; USING "###.###"; XR*100; TAB
      12; XX*100;
1330: LPRINT TAB 18; C*100; TAB 24; S*100; TAB 30; USING "##.###"; T
1340: U=PI*D/Z: W=PI*(D-2*G)/ZZ
1350: M=.707*SQR(2-E)*N/A*(KU+KW*KQ*Z/ZZ)/(.64+2.5*SQR(G/(U+W)))/.16
      /G
1360: Q=(HK+(B-BK)/6)/BK
1370: IF X=1 GOTO 1500
1380: BB=1-.06*(BV/BU-1)+.012*(BV/BU-1)*(BV/BU-1)
1390: B=BB/.0675: A=1.5*B
1400: DR=BL+(BV-BL)*(HG+HH-B)/HH: RS=B-HG
1410: R=V+SB/(SB-SD+(DR+BV)/2*RS)*Y+KK
1420: DR=BL+(BV-BL)*(HG+HH-A)/HH: RS=A-HG: SB=SB-SD+(DR+BV)/2*RS
1430: IF X=3 GOTO 1460
1440: H=DR/BV: KT=.009+.324*H+.053*(H-1)*(H-1): SD=(BV+DR)/2*RS
1450: LE=(1.5*HG∧3*KP+SD*HG*HG*KR+SD*SD*HG/BU*KS+BV*RS∧3*KT)/SB/SB
      : GOTO 1520
1460: A=HG-(BU-1.5)/2/SQR3: H=DR/BV
1470: KT=.009+.324*H+.053*(H-1)*(H-1): SD=(BV+DR)/2*RS
1480: LE=(BU-1.5)/SQR3/(BU+1.5)+(BU*A∧3/3+SD*A*A+SD*SD*A/BU+BV*RS∧3
      *KT)/SB/SB
1490: GOTO 1520
1500: H=.0675*HH: R=V+(1+.4*(H-.5)∧2/SQR(BU/BL)*Y+KK
1510: LE=(LD-.5)*(1-.11*(H-.5)*(H-.5)/(BU/BL)∧.16)
1520: P=2.7*T*J
1530: K=.234/(M*P/1E5)∧.86: IFK<.85 LET K=.85
1540: CS=(U-BK)*(1-K): C=(W-1)*(1-K): IFX>1 LET C=(W-1.5)*(1-K)
1550: L=KU*(LB-Q*(CS/(CS+1.5*BK)))+KL*LC
1560: D=L/LA*XA: H=K*XB: XS=D+H+XC
1570: N=LE+.5/(C+1): IFX>1 LET N=LE+1.5/.8/(C+1.5): IF X=2 LET N=LE
1580: F=N/LD*XD: G=K*XE: XR=F+G+XF: XX=XS+XR
1590: Z=SQR(R*R+XX*XX): B=J/Z
1600: IF ABS((B-P)/B)<.001 GOTO 1630
1610: IF K=.85 GOTO 1630
1620: P=B+(B-P)/8: GOTO 1530
1630: T=(R-V)/Z/Z*(1-S)
```

```
1640: LPRINT  XS*100; TAB 6; XR*100; TAB 12; USING  "###.###"; XX*100; TAB 18;
      USING "##.###"; 1/JC/Z; TAB 24; T
1650: LF  2 : PRINT "END"
```

b) 算例

| | | | | | |
|---|---|---|---|---|---|
| 55 | 2 | 3 | 1 | 4 | 11 |
| 400 | 260 | 0.8 | 85 | 240 | 48 |
| 4 | 1 | 8 | 5.7 | 26.5 | 36 |
| 3 | 0 | 1.3 | 0 | 184.2 | 14 |
| 44 | 3.5 | 7 | 3 | 14 | 28 |
| 25 | 538 | 0.105 | 35.18 | 80.8 | |
| 0.714 | 1.436 | 1.391 | 1.130 | 1.535 | 1.226 |
| 102.79 | 313 | 3.72 | 1169 | 2.65 | 1.25 |
| 1117.6 | 744.0 | 981.8 | 1100.0 | 1100.0 | 91.06 |
| 6.254 | 10.463 | 16.717 | 88.748 | 1.272 | 2.725 |
| 5.040 | 6.642 | 11.682 | 6.381 | 2.272 | |

c) 标识符说明（括弧中数字为程序语句编号）

A 并联路数（20）
计算起动电抗时的等效槽高$h_{px}$(1390)(1460)

AG 气隙所需磁势（940）

AJ 转子轭所需磁势（1030）

AX 转子齿所需磁势（960）

AY 定子轭所需磁势（1020）

AZ 定子齿所需磁势（950）

B 定子槽宽（20）
计算起动电阻时的等效槽高$h_{pr}$（1390）
起动电流值（1590）

BB 线圈节距与极距的比值$\beta$（200）
计算效率时引用的中间系数（1120）
截面宽度突变修正系数$K_a$（1380）

BC 定子齿上部宽度（210）
空载定子齿磁密（1090）

BD 定子齿下部宽度（220）
定子轭铁损耗（1090）

BE 转子齿上部宽度（230）（240）（250）
空载定子齿磁密（1080）

BF 转子齿下部宽度（230）（260）
定子齿铁损耗（1080）

BG 气隙磁密（940）

BJ 转子轭磁密（1030）

BL 转子槽下部宽度（60）（70）

BK 定子槽口宽（20）

BU 转子槽上部宽度（60）（70）

BV 转子槽中部宽度（70）

BW 转子齿上部磁密（970）

BX 转子齿下部磁密（960）（970）

BY 定子轭磁密（1020）

BZ 定子齿磁密（950）

C 接法（20）
功率因数（1270）
齿顶漏磁饱和引起转子齿顶宽度的减少（1540）

CS 线圈端部斜线长度（290）
齿顶漏磁饱和引起定子齿顶宽度的减少（1540）

CX 定子气隙系数（560）
漏抗系数（580）

D 定子内径（20）
起动时定子槽漏抗（1560）

DK 轴径（20）
满载电势系数假设值（920）（1170）
热负荷（1220）

DR 端环平均直径（30）
导条电流密度（1240）
计算起动电阻时引用的中间系数（1400）
计算起动电抗时引用的中间系数（1420）

DW 定子外径（20）
满载电势系数计算值（1150）
定子电流密度（1220）

E 槽绝缘厚度（360）
节距系数（480）
转子槽开口（580）
转子气隙系数（520）
饱和系数（990）
计算满载电流时引用的系数$K_m$（1080）

F 每极磁通（930）
计算效率时引用的中间系数（1110）（1120）
起动时转子槽漏抗（1580）

G 气隙长度（20）
起动时转子谐波及斜槽漏抗（1580）

GE 气隙有效长度（570）

H 定子槽高（20）
计算转子起动电抗时引用的中间系 数（1440）（1460）（1500）

| | |
|---|---|
| | 起动时定子谐波漏抗（1560） |
| HG | 转子槽上部高度（70） |
| HH | 转子槽高（60） |
| | 转子槽下部高度（70） |
| HK | 定子槽口高（20） |
| J | 功电流（170） |
| JC | 定子电流标么值（1210） |
| JM | 磁化电流标么值（1040） |
| JN | 定子线电流实际值（1210） |
| JP | 有功电流标么值（1140） |
| JR | 无功电流标么值（1130） |
| JX | 电抗电流标么值（1130） |
| K | 有效槽面积（370）（380） |
| | 槽满率（390） |
| | 笼型转子电阻折算系数的分子（490） |
| | 转子电阻标么值（550） |
| | 起动时的漏抗饱和系数（1530） |
| KK | 转子端环电阻标么值（540） |
| KL | 槽身节距漏抗系数（610） |
| KP | 凸形槽上部比漏磁导系数$K_r$（710） |
| KQ | 分布系数（470） |
| KR | 凸形槽上部比漏磁导系数 $K_r'$（720） |
| KS | 凸形槽上部比漏磁导系数 $K_r''$（720） |
| KT | 凸形槽下部比漏磁导系数$K_r$（730）（760）（1470） |
| KU | 槽口节距漏抗系数（610） |
| KW | 导线漆膜厚（360） |
| | 绕组系数（470） |
| L | 铁心长度（20） |
| | 转子轭长（880） |
| | 起动时定子槽比漏磁导（1550） |
| LA | 定子槽比漏磁导（640） |
| LB | 定子槽口比漏磁导（620） |
| LC | 定子槽身比漏磁导（630） |
| LD | 端部伸出长度（180） |
| | 转子槽比漏磁导（680）（740）（780） |
| LE | 铁心有效长度（550） |
| | 起动时转子槽比漏磁导（1450）（1480）（1510） |
| LS | 定子齿总体积（890） |
| | 线圈端部长度（300～330） |
| LZ | 线圈半匝长（340） |
| | 定子轭总体积（890） |
| M | 定子线圈端部倾斜角的正弦值（280） |
| | 轴的磁利用率（820） |
| | 波幅系数假设值（930）（1010） |
| | 计算效率时引用的中间系数（1110）（1120） |
| | 虚构磁密（1350） |
| N | 每槽导体数（30） |
| | 起动时转子槽比漏磁导（1570） |
| P | 极对数（20） |
| | 起动电流假设值（1520）（1620） |
| PA | 转子电阻损耗标么值（1200） |
| PC | 定子电阻损耗标么值（1200） |
| PF | 铁损耗标么值（1100） |
| PN | 额定输出功率（20） |
| PS | 杂散损耗标么值（910） |
| PW | 机械损耗（30） |
| | 机械损耗标么值（900） |
| Q | 每极每相槽数（450） |
| | 每极每相槽数用假分数表达的分子（460） |
| | 计算定子谐波漏抗时引用的中间系数（590） |
| | 计算起动性能时引用的中间系数（1360） |
| R | 定子槽底圆半径（20） |
| | 起动总电阻标么值（1410）（1500） |
| RS | 转子谐波及斜槽比漏磁导（600） |
| | 计算转子起动电阻时的等效槽宽（1400）（1420） |
| S | 定子谐波比漏磁导（480） |
| | 线负荷（1220） |
| | 转差率（1280） |
| SB | 转子导条总面积（500）（510）（520） |
| | 起动计算时引用的中间系数（1420） |
| SC | 每支路导线截面（400） |
| SD | 转子导条下部面积（510）（520） |
| | 起动计算时引用的中间系数（1440） |
| SG | 气隙面积（810） |
| SJ | 转子轭面积（830）（850） |
| SR | 端环截面积（30） |
| | 端环电流密度（1250） |
| SW | 转子齿上部面积（840）（860） |
| SX | 转子齿面积（830）（840）（860） |
| SY | 定子轭面积（810）（860） |
| SZ | 定子齿面积（810）（860） |
| T | 转子槽宽比值（700）（750） |
| | 定子轭长（870） |
| | 最大转矩倍数（1310） |
| | 起动转矩倍数（1630） |
| TY | 整距线圈的跨距（190） |
| U | 第一种导线根数（30） |
| | 定子电阻（410） |
| | 定子齿距（550）（1340） |
| | 转子槽宽比值（700）（750） |
| V | 第二种导线根数（30） |
| | 定子电阻标么值（410） |

W 第一种导线直径（30）
定子铜重（420）
转子齿距（550）（1340）
波幅系数计算值（980）（990）

X 转子槽形类别（20）
XA 定子槽漏抗（650）
XB $3q(1-\beta)$（450）
定子谐波漏抗（1050）
XC 定子端部漏抗（660）（670）
XD 转子槽漏抗（790）
XE 转子谐波及斜槽漏抗（1050）
XF 转子端部漏抗（800）
XR 转子漏抗（1060）
起动时转子漏抗（1580）
XS 定子漏抗（1060）
起动时定子漏抗（1560）
XX 总漏抗（1060）
起动时总漏抗（1580）

Y 第二种导线直径（30）
转子导条电阻标么值（530）

Z 定子槽数（30）
起动时总阻抗（1590）
ZF 每相串联导体数（340）
ZZ 转子槽数（30）

**表11-9 表10-8计算程序的输出数据排列** 长度单位为mm

| | | | | | |
|---|---|---|---|---|---|
| 输出功率/kW | 极对数 | 转子槽形 | 三相连接 | 并联路数 | 节 距 |
| 定子外径 | 定子内径 | 气隙长度 | 转子内径 | 铁心长度 | 定子槽数 |
| BK | HK | B | R | H | 每槽导线数 |
| 第一种导线数 | 第二种导线数 | 第一种导线直径 | 第二种导线直径 | 端环平均直径 | 端环截面/cm² |
| 转子槽数 | BU | BV | BL | HG | HH |
| 线圈直线部分伸出铁心长 | 线圈半匝长 | 定子相电阻75℃/Ω | 定子铜重/kg | 槽满率 | |
| 气隙磁密/T | 定子齿磁密/T | 定子轭磁密/T | 转子上部齿磁密/T | 转子下部齿磁密/T | 转子轭磁密/T |
| 额定线电流/A | 线负荷/$(A\cdot cm^{-1})$ | 定子电密/$(A\cdot mm^{-2})$ | 热 负 载 | 转子导条电密/$(A\cdot mm^{-2})$ | 端环电密/$(A\cdot mm^{-2})$ |
| 定子铜耗/W | 转子铝耗/W | 铁耗/W | 风摩耗/W | 杂散耗/W | 效 率 |
| 定子运行电抗（标么值）×100 | 转子运行电抗（标么值）×100 | 总运行电抗（标么值）×100 | 功率因数×100 | 转差率 | 最大转矩倍数 |
| 定子起动电抗（标么值）×100 | 转子起动电抗（标么值）×100 | 总起动电抗（标么值）×100 | 起动电流倍数 | 起动转矩倍数 | |

# §11-6 设计综合程序

## 一、变量的确定

最简单的电机设计程序是设计分析程序，也即核算程序，如图11-12及表11-8所示。将已知量输入，依次按公式计算性能，将所得结果打印输出即可。要想得到不同的方案，必须改变输入数据，而不能随机进行。这种程序没有充分发挥计算机的潜力，目前自动化程序即设计综合程序应用日趋普遍。这种程序可根据给定的性能要求和部分结构参数，自动改变一些设计量的数值，求得若干合格的设计方案。对于这种程序首先要确定变量个数及其变化范围，它们的变化则在运算中由计算机按指令自动进行。这样的变量称为自变量，其余随之变化的量则是因变量。电机各项结构参数和设计参数都可当作自变量，但从经验可知，设计中起决定作用的只是不多的几个主要尺寸和参量。变量的选择通常要考虑到生产实际可能，变动要方便并力求数目少。如一台小功率感应电机的结构参数不少于30个，但不能主次不分地都考虑作为变量。如在铁心直径和长度两个量中，改变直径受到的限制较多，牵动面大，而改变长度就方便得多。又如绕组每相匝数和气隙磁密是两个紧密相关的量，它们都可以作为变量。但如以气隙磁密为变量，会给选择定子绕组匝数和线规带来不便，就不如以定子绕组匝数为变量而核算气隙磁密来得简单。再如，小型电机确定定子槽尺寸时，一般以槽宽及槽高作为变量，使槽满率及齿轭磁密在正常范围内；大功率电机定子多用平行槽，且工厂中常用标准模具，故不把槽宽作为变量，而将槽高甚至槽数作为变量，使齿轭磁密在正常范围内。可见用什么作变量要具体分析，选用不同的变量会有不同的设计逻辑和数学模式。一般可将影响不大或实际受约束较多的参量作为常量，如铁心直径、气隙长度等；而选那些生产上容易变更，且能起主要影响的量作为变量，如铁心长度、定子绕组匝数等。

**二、定子梨形槽尺寸的决定**

小型交流电机定子为梨形槽，其槽尺寸对核算程序是设计人员由经验决定后，输入到程序内的；对自动化程序则要求由计算机决定，即所谓“开槽”。对梨形槽各尺寸符号见图11-14，其中 $B_0$、$H_0$、$\alpha$ 按该系列电机技术设计说明书的规定。即认为定子槽数 $Z$ 及图中尺寸 $D$、$D_i$、$B_0$、$H_0$、$\alpha$ 均为已知，而待求 $B$、$R$、$H$，使满足以下条件：

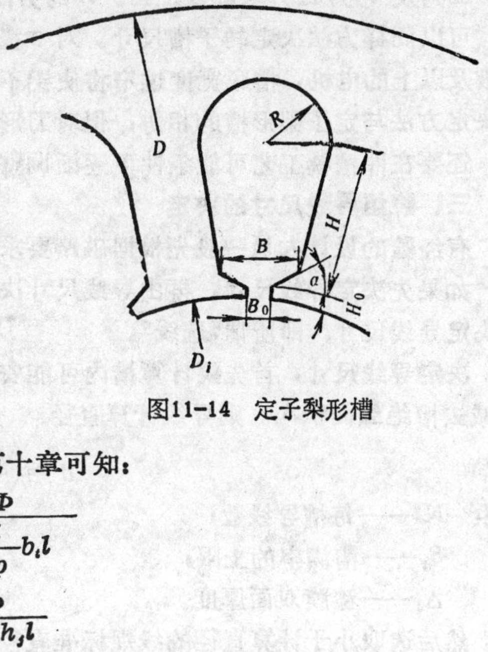

图11-14　定子梨形槽

1．构成平行齿。即使齿宽

$$b_t=\frac{\pi[D_i+2H_0+(B-B_0)\tan\alpha]}{Z}-B$$

$$=\frac{\pi[D_i+2(H+H_0)]}{Z}-2R \tag{11-19}$$

2．齿部轭部磁密匀称，形成合适比值。由第十章可知：

齿磁密
$$B_t=\frac{F_s\Phi}{K_{Fe}\dfrac{Z}{2p}b_tl}$$

轭磁密
$$B_j=\frac{\Phi}{2K_{Fe}h_jl}$$

式中　$h_j=\dfrac{D-D_i}{2}-\left(H+H_0+\dfrac{2}{3}R\right)$。

并令 $F_s=1.46$　$K'_{Fe}=0.95$。

在正常情况下，齿部轭部磁密形成合适比值 $K_1$：

$$K_1=\frac{B_t}{B_j}=\frac{4pF_sh_j}{Zb_t}=\frac{2pF_s(D-D_i-2H_0)-4pF_sH-\dfrac{8}{3}pF_sR}{\pi(D_i+2H_0)+2\pi H-2ZR}$$
$$=(1.05\sim1.1) \tag{11-20}$$

3．齿部与气隙磁密形成合适比值 $K_2$。由第十章可知：

气隙磁密
$$B_\delta=\frac{F_s\Phi}{\left(\dfrac{\pi D_i}{2p}\right)l}$$

则
$$K_2=\frac{B_t}{B_\delta}=\frac{\pi D_i}{K_{Fe}Zb_t}=(2\sim2.5) \tag{11-21}$$

将式(11-19)中以$B$表示的$b_t$值代入式(11-21)并整理得

$$B=\frac{\pi\left[D_i\left(1-\frac{1}{K_{Fe}K_2}\right)+2H_0-B_0\tan\alpha\right]}{Z-\pi\tan\alpha} \tag{11-22}$$

正常设计的$B_t$值变化不大，而$B_\delta$值却有一定的变化范围，$B_\delta$值选小即$K_2$值偏大，则槽宽齿窄，这样的电机过载能力低而功率因数高，反之亦然。

将式（11-19）整理得

$$\left.\begin{aligned}&2ZR-2\pi H=\pi(D_i+2H_0)-Zb_t\\&\text{将式(11-20)整理得}\\&3H+2R=\frac{3}{2}(D-D_i-2H_0)-\frac{3}{4}\cdot\frac{K_1Zb_t}{pF_e}\end{aligned}\right\} \tag{11-23}$$

将式（11-22）代入式（11-19）可得$b_t$，这样由式（11-23）可解得$R$、$H$。以上由式(11-22)及（11-23）求解$B$、$R$、$H$的方法，很容易在计算机上实现。

可以同样方法决定转子槽尺寸。对2极电机，转子槽的高度受转子轭磁密的限制；而对4极及以上的电机，槽底宽度过窄将使铝不能铸满，应使不小于2～3mm。梯形转子槽尺寸的决定方法与定子梨形槽的相仿；但对刀形或凸形转子槽其上部宽度与高度直接影响起动性能，还要在冲槽模工艺可能条件下逐渐调整而定，比较麻烦。

## 三、绕组导线尺寸的决定

有经验的设计人员一般先根据磁路要求决定槽尺寸，再根据槽的有效面积决定导线尺寸。如果先决定导线尺寸，再由导线尺寸决定槽尺寸，则可能不完全满足磁路要求。由计算机决定导线尺寸，即所谓"选线"。

决定导线尺寸，首先要计算槽内可能安排导线的面积即有效面积$A_e$。也就是槽内总面积$A_s$减去槽绝缘面积$A_i$。则导线计算直径

$$d=\sqrt{\frac{A_e\cdot S_f}{N_s}}-\Delta_f$$

式中 $N_s$——每槽导线数；

$S_f$——槽满率的上限；

$\Delta_f$——漆膜双面厚度。

然后选取小于计算直径的线规标准直径。但从嵌线工艺要求，导线直径不应大于某个值。对不同机座号的电机，最大导线直径的限制有差别：如对定子外径$D_a$小于250mm，导线直径$d$不大于1.4mm；$D_a$在250～300mm之间的，$d$不大于1.5mm，$D_a$大于300mm，$d$不大于1.68mm。计算出的导线直径大于此限制值时，则可改成多根并绕。多根并绕的线彼此可允许差一号，如可用直径为1.3mm和1.4mm两根导线并绕。

按以上思想，在主程序内算出带漆膜的导线直径$D$＝SQR（SF＊SE/NS）后，通过表11-10的选线子程序，得出实际应用N1根直径D1及N2根直径D2的导线并绕。D1与D2为裸线直径。此外，只列至二根导线并绕，但不难扩充至三根或更多导线并绕的情况。

**表11-10　选线子程序**(只列至二根并绕)

```
710：IF  D<0.81  LET  N1=1：D1=.71：N2=0：D2=0：RETURN
720：IF  D<0.86  LET  N1=1：D1=0.75：N2=0：D2=0：RETURN
730：IF  D<0.91  LET  N1=1：D1=.8：N2=0：D2=0：RETURN
```

```
740: IF  D<0.96  LET  N1=1: D1=0.85: N2=0: D2=0: RETURN
750: IF  D<1.01  LET  N1=1: D1=.9: N2=0: D2=0: RETURN
760: IF  D<1.07  LET  N1=1: D1=.95: N2=0: D2=0: RETURN
770: IF  D<1.14  LET  N1=1: D1=1.0: N2=0: D2=0: RETURN
780: IF  D<1.2  LET  N1=1: D1=1.06: N2=0: D2=0: RETURN
790: IF  D<1.24  LET  N1=1: D1=1.12: N2=0: D2=0: RETURN
800: IF  D<1.33  LET  N1=1: D1=1.18: N2=0: D2=0: RETURN
810: IF  D<1.38  LET  N1=1: D1=1.25: N2=0: D2=0: RETURN
820: IF  D<1.48  LET  N1=1: D1=1.3: N2=0: D2=0: RETURN
830: IF  D<1.58  LET  N1=1: D1=1.4: N2=0: D2=0: RETURN
840: IF DA<250 AND D<1.68  LET  N1=2: D1=1.06: N2=0: D2=0: RETURN
850: IF  D<1.68  LET  N1=1: D1=1.5: N2=0: D2=0: RETURN
860: IF  DA<300 AND D<1.74  LET  N1=2: D1=1.12: N2=0: D2=0: RETURN
870: IF  D<1.74  LET  N1=1 : D1=1.6: N2=0: D2=0: RETURN
880: IF  D<1.78  LET  N1=1 : D1=1.12: N2=1: D2=1.18: RETURN
890: IF  D<1.83  LET  N1=2: D1=1.18: N2=0: D2=0: RETURN
900: IF  D<1.88  LET  N1=1: D1=1.18: N2=1: D2=1.25: RETURN
910: IF  D<1.92  LET  N1=2: D1=1.25: N2=0: D2=0: RETURN
920: IF  D<1.95  LET  N1=1: D1=1.25: N2=1: D2=1.3: RETURN
930: IF  D<2.02  LET  N1=2: D1=1.3: N2=0: D2=0: RETURN
940: IF  D<2.09  LET  N1=1: D1=1.3: N2=1: D2=1.4: RETURN
950: IF  D<2.16  LET  N1=2: D1=1.4: N2=0: D2=0: RETURN
960: IF  D<2.23  LET  N1=1: D1=1.4: N2=1: D2=1.5: RETURN
970: IF  D<2.31  LET  N1=2: D1=1.5: N2=0: D2=0: RETURN
980: IF  D<2.38  LET  N1=1: D1=1.5: N2=1: D2=1.5: RETURN
990: IF  D<2.45  LET  N1=2: D1=1.5: N2=0: D2=0: RETURN
```

### 四、设计综合程序的基本结构

设电机的定转子内外径、气隙长度、定转子槽数等不变，铁心磁路各部分磁密值分别控制在定值条件下，以定子每相匝数（或每槽导线数）及铁心长度为变量。改变每槽导线数，使气隙磁密在合理范围内变动，由式（11-21）可知$K_2$值将改变，相应的定转子槽形及定子绕组导线尺寸要改变；此外铁心长度从电机结构尺寸允许下的最大值起每次递减5mm直至无法调整，以使电机性能指标仍能符合设计要求。改变每槽导线数有$m$个方案，改变铁心长度有$n$个方案，则同时以这两者为变量时共有$mn$个方案。

以多重循环语句为指令，逐次计算并打印这些方案的性能数据。性能计算部分类似设计分析程序，加上自动“开槽”及“选线”环节，就组成设计综合程序的基本结构。

这样从设计分析程序进展到设计综合程序，可得出一组方案的性能数据。设置的变量及每变量的分段范围都要选择得合理、可行。过多的方案反不便对比及选择。在设计综合程序基础上，如再加进自动寻找及选择方案的措施，即构成设计优化程序，已不在本书讨论范围之内。

## 复习思考题

1. 比较应用电子计算机设计计算电机与手算的异同点。
2. 参考抛物线插值及二元线性插值的子程序，编写二元抛物线插值子程序。
3. 根据§11-3所述D23硅钢片磁化性能表达式，将其分段公式化，以提高精度。
4. 将表11-10的选线子程序扩充到可有三根导线并绕的情况。
5. 根据计算电机平均温升的热路法，编制计算机程序。
6. 参考第十章，将表11-8的程序改为绕线转子感应电机的核算程序。

# 第二篇　变压器设计

## 第十二章　变压器设计概述

### §12-1　变压器设计的任务

变压器作为一种能量转换器，广泛地应用于国民经济各部门、各领域。由于使用了变压器，使得发电机、传输电力的电网以及应用电力的用电设备，都有可能选择最合适的工作电压，安全而经济的运行。

变压器类产品包括变压器、互感器、调压器、电抗器等，品种规格繁多，但基本原理和结构是相似的。

变压器设计包括电磁计算与结构设计。电磁计算的任务在于确定变压器的电磁负荷和主要尺寸，计算性能数据以及重量、外形尺寸等。计算的结果必须满足有关技术标准的规定和使用部门的要求。结构设计的任务是选定各种结构件的型式，核算各部分的强度。特别重要的是保证绕组的绝缘强度和动、热稳定性，以及铁心和油箱的机械强度。同时应使整体结构及其零部件的制造符合节约原材料、加工方便以及便于安装、运输和维护修理等要求。在进行系列产品设计时，还要做到统一技术条件、统一标准件、统一安装尺寸和连接尺寸，以及从整个系列来考虑某些设计。本篇主要论述变压器的电磁计算和温升计算，并稍涉及与结构设计有关的问题。

变压器的产品设计，尤其是系列产品设计，要根据国家的经济技术政策、资源情况以及制造和运行部门的要求，合理的制订变压器的性能数据和相应的结构。例如降低损耗可以提高运行的经济性，但在一定的材料水平下，过份降低损耗，势必导致材料消耗量和制造成本增加。设计者要立足全局，综合考虑各方面因素，力求所设计的产品单位容量的损耗和材料消耗都达到经济合理的指标。在我国较普遍地认为，用"十年变电成本"来估价变压器的总体经济效益是合理的。所谓"十年变电成本"是指变压器的价格与变压器十年运行期内损耗费用之和。也就是说按照"十年变电成本最低"的原则所设计的产品是最佳方案。因此，要做好变压器的产品设计，必须不断完善设计理论、采用最新计算技术进行优化设计，同时应尽可能采用新材料、新工艺和新结构。

### §12-2　变压器的主要技术参数

变压器的技术参数包括：产品型号、额定容量、电压组合、绕组联接组标号、电压分接范围及级数、阻抗电压、空载损耗、负载损耗、空载电流等。这些参数一般都规定在国家标准（GB1094—86）中，特殊情况下可根据制造厂与用户共同制订的技术协议书中的规定和说明执行。下面分别简要的予以说明。

**一、产品型号**

变压器产品型号是由汉语拼音字母及数字组成。字母及排列顺序的含义见表12-1。如型号为OSFPSZ—120000/220的产品，是一台容量为120000kVA高压侧电压为220kV，强迫油循环风冷、有载调压的三相三绕组自耦变压器。

此外，特种变压器的特征型号是：整流变压器Z；电炉变压器H；试验变压器Y；矿用变压器K；船用变压器S；中频变压器R等。

表12-1 电力变压器的分类和型号

| 型号中代表符号排列顺序 | 分类 | 类别 | 代表符号 |
|---|---|---|---|
| 1 | 线圈耦合方式 | 自耦 | O |
| 2 | 相数 | 单相<br>三相 | D<br>S |
| 3 | 冷却方式 | 油浸自冷<br>干式空气自冷<br>干式浇注绝缘<br>油浸风冷<br>油浸水冷<br>强迫油循环风冷<br>强迫油循环水冷 | —<br>G<br>C<br>F<br>S<br>FP<br>SP |
| 4 | 线圈数 | 双线圈<br>三线圈 | —<br>S |
| 5 | 线圈导线材质 | 铜<br>铝 | —<br>L |
| 6 | 调压方式 | 无激磁调压<br>有载调压 | —<br>Z |

**二、额定容量**

我国生产的变压器，额定容量等级基本上是按$\sqrt[10]{10}$的倍数递增的。具体容量等级（单位为kVA）为：

(10)，(20)，30，(40)，50，63，80，100，125，160，200，250，315，400，500，630，800，1000，1250，1600，2000，2500，3150，4000，5000，6300，8000，10000，12500，16000，20000，25000，31500，40000，50000，63000，90000，120000，150000，180000，240000，300000，360000。

通常把容量在630kVA及以下的称为小型变压器，800～6300kVA的称为中型变压器，8000～63000kVA的称为大型变压器，90000kVA及以上的称为特大型变压器。

**三、额定电压组合及绕组联接组标号**

为配合电网电压和用电设备的电压等级，适应各种类型和各种容量变压器的需要，同时又避免制造上过于复杂，规定变压器的电压组合与绕组联接组的标号是必要的。GB1094—86规定的我国电力变压器的电压组合和绕组联接组标号如表12-2，表中$Y$和下标$N$分别表示高压绕组为星形联接和有中性点引出。$y$、下标$n$和$d$分别表示中压或低压绕组为星形接法、有中性点引出和三角形接法。绕组联接组标号由数字0～11表示，代表一次和二次电压之间的相位移。相位移是这样规定的：以正序电压系统施加于高压端子上，各端子依次用字母顺序标出，两个绕组中各相应端子与中性点（或假想的中性点）间的电压用相量表示，这些相量之间的角度差即为相位移。相位移均为逆时针方向旋转。相位移与钟表一样，以钟时序表示，其长针（分针）固定在12点上，并和高压端子与中性点间的电压相量相重合，短针（时针）和相应低压（或中压）端子与中性点（或假想中性点）间的电压相量相重合。

**四、电压分接范围及级数**

通过调压分接开关变换高压或中压绕组的分接，以改变有效匝数，实现分级调压。调压

**表12-2　电力变压器的电压组合、联接组标号和电压分接范围**

| 容量 kVA | 电压组合/kV | | | 联结组标号 | 分接范围 | |
|---|---|---|---|---|---|---|
| | 高压 | 中压 | 低　压 | | 无激磁调压 | 有载调压 |
| 30～500 | 6,10 | | 0.4 | Y，$y_n$0 或Y， | ±5% | |
| 630～1600 | 6,10 | | 0.4 | $z_n$11Y，$y_n$0 | | ±4×2.5% |
| 630～6300 | 6,10 | | 3.15,6.3 | Y,$d$11 | ±5% | |
| 50～1600 | 35 | | 0.4 | Y,$y_n$0 | ±5% | |
| 800～6300 | 35<br>38.5 | | 3.15<br>6.3<br>10.5 | Y,$d$11 | ±5% | |
| 8000～31500 | 35 | | 3.15<br>6.3 | $Y_N$,$d$11 | ±2×2.5% | |
| 2000～12500 | 38.5 | | 10.5 | | | ±3×2.5% |
| 6300～120000 | 110<br>121 | | 6.3,11<br>10.5,13.8 | $Y_N$,$d$11 | ±2×2.5% | ±8×2.5% |
| 6300～31500 | 110(121) | 38.5% | 6.3,10.5 | $Y_N$,$y_n$0,$d$11 | ±2×2.5%(高)<br>±5%(中) | ±8×1.25%(高)<br>±2×2.5%(中) |
| 40000～63000 | 110(121) | 38.5% | 6.3,10.5 | $Y_N$,$y_n$0,$d$11 | ±2×2.5%<br>±5% | ±8×1.25%,±5%<br>±8×1.25% |
| 31500～360000 | 220<br>242 | | 6.3,10.5<br>13.8,38 | $Y_N$,$d$11 | ±2×2.5% | ±8×1.25%<br>容量到180000 |
| 31500～240000 | 220 | 121 | 6.3,10.5,13.8 | $Y_N$,$y_n$0,$d$11 | ±2×2.5% | ±8×1.25% |
| 31500～240000 | 242 | | 10.5,13.8,35 | $Y_N$,$y_n$0,$d$11 | ±2×2.5% | ±8×1.25%(63000～180000) |

范围及级数见表12-2。

## 五、阻抗电压

变压器一侧绕组短路，以额定频率的电压施加于另一侧绕组的端子上，并使其中流过额定电流，此时施加的电压称为变压器或其某一对绕组间的阻抗电压。阻抗电压$u_Z$包括电阻电压$u_R$和电抗电压$u_X$两个分量，与额定电压之比为

$$u_R=\frac{I_{N\phi}R_{12}}{U_{N\phi}}=\frac{p_s}{S_N} \tag{12-1}$$

$$u_X=\frac{I_{N\phi}X_{12}}{U_{N\phi}} \tag{12-2}$$

$$u_Z=\sqrt{u_R+u_X} \tag{12-3}$$

式中　$p_s$——换算到75℃时的负载损耗；

$S_N$——额定容量；

$U_{N\phi}$、$I_{N\phi}$——绕组的额定相电压和相电流；

$R_{12}$、$X_{12}$——一对绕组的短路电阻、电抗。

阻抗电压是变压器的一个重要参数，它与变压器的制造成本和动、热稳定等有密切关系，对电力系统的稳定、变压器并联运行时的负载分配等也有影响。阻抗电压值过大或过小，都将使变压器的成本增加。各种电压等级的电力变压器的阻抗电压值，国家标准中都有规定，在特殊情况下由用户与制造厂商定。

## 六、空载损耗、空载电流和负载损耗

变压器的效率是很高的，在设计时可以认为一次容量等于二次容量。但是在电力系统中变压器的电能损耗绝对值和相对值都相当大，应设法降低。通常采用优质硅钢片和先进的铁心结构与加工工艺以降低铁心损耗，采取有效措施以降低漏磁场引起的各种附加损耗。过份降低电磁负荷以达到减少损耗的方法，在技术与经济上是不可取的。

额定负载损耗$p_s$与空载损耗$p_0$之比决定了导电材料与导磁材料耗用量之比。当不变损耗与可变损耗相等的负载条件下，即负载系数$k_m=\sqrt{p_0/p_{sN}}$时，变压器效率最高，如图12-1。设计时应选择合适的损耗比，负载系数高的以低损耗比设计为宜，反之亦然。对于电力变压器，一般$p_{sN}/p_0\approx3\sim6$。

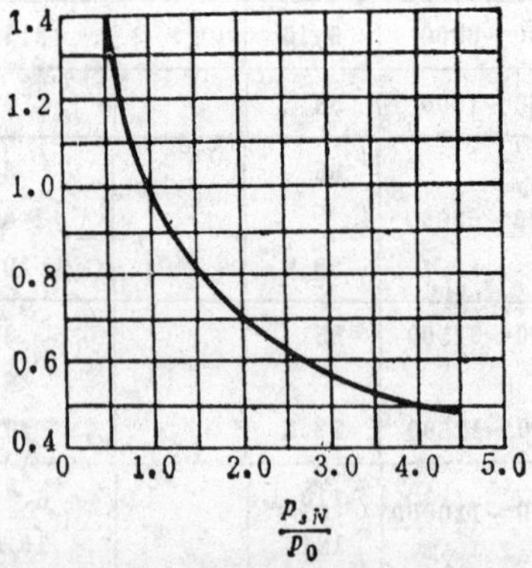


图12-1　最高效率时负载系数与损耗比的关系曲线

空载电流包括有功分量与无功分量。有功分量的大小决定于铁心损耗，而无功分量的大小是由在一次绕组中产生约等于外施电压的感应电势所要求的磁通值决定的。在额定电压下，变压器的空载电流约为额定电流的(3～0.6)%，具体数值见有关标准。

# 第十三章　变压器的电磁设计

## §13-1　变压器铁心直径的确定

**一、变压器的基本尺寸与电磁负荷的关系**

从变压器的基本原理可以直接写出关系式：

$$\left.\begin{aligned}S_N&=mEI\\E&=\sqrt{2}\,\pi fN\Phi_m\\\Phi_m&=\frac{\pi}{4}D^2K_DB_m\\I&=AH/N\end{aligned}\right\}\tag{13-1}$$

式中　$N$——低压或高压绕组每相串联匝数；

$I$——低压或高压绕组相电流；

$K_D$——铁心柱有效截面积与由心柱直径$D$决定的圆面积之比；

$A$——线负荷；

$B_m$——心柱磁通密度最大值；

$m$——相数；

$H$——绕组轴向高度。

求解上述代数方程组，可得

$$D^2H=\frac{4S_N}{m\sqrt{2}\,\pi^2K_DfAB_m}=\frac{S_Z}{K_T}\tag{13-2}$$

式中　$K_T$——变压器的利用系数，等于

$$K_T=\frac{\sqrt{2}}{4}\pi^2K_DfAB_m\tag{13-3}$$

它表示单位有效体积转换功率的数值。很明显，提高变压器的利用系数将受到电磁负荷$A$、$B_m$的限制。

$S_Z=\dfrac{S_N}{m}$——每柱容量。

最普遍的情况下$S_Z$的含义是变压器计算容量$S_N'$除以套有绕组的铁心柱数$m_z$。变压器的计算容量$S_N'$是指折算为双绕组变压器的容量。所以对于双绕组变压器：$S_N'=S_N$；对三绕组变压器：$S_N'=\frac{1}{2}(S_{1N}+S_{2N}+S_{3N})$，其中$S_{1N}$、$S_{2N}$、$S_{3N}$分别表示高压、中压和低压绕组的额定容量；对自耦变压器，其计算容量为普通接法时的计算容量乘以自耦变压器的效益系数$K_e=\dfrac{U_1-U_2}{U_1}=1-\dfrac{1}{K}$，其中$K=\dfrac{N_1}{N_2}\approx\dfrac{U_1}{U_2}$是普通变压器的变比。由此可得出各种类型变压器每柱容量与额定容量的关系如表13-1。

铁心柱截面常为有限级数的阶梯形，其面积永远小于直径$D$所限定的圆面积。同时铁心

的叠片间有绝缘膜或氧化膜，使有效铁心截面进一步减小，采用系数$K_J$和叠压系数$K_{Fe}$来考虑这两个因素，于是铁心有效截面系数

表13-1 每柱容量与额定容量的关系

| 变压器类别 / 相数及心柱数 | 双绕组 | 三绕组 容量比 100/100/100 | 三绕组 容量比 100/100/50 | 双绕组自耦 | 三绕组自耦 容量比 100/100/100·Ks |
|---|---|---|---|---|---|
| 单相两柱($m_z=2$) | $S_N/2$ | $\frac{3}{4}S_N$ | $\frac{5}{8}S_N$ | $\frac{1}{2}S_NK_s$ | $\frac{3}{4}S_NK_s$ |
| 三相三(五)柱($m_z=3$) | $S_N/3$ | $\frac{1}{2}S_N$ | $\frac{5}{12}S_N$ | $\frac{1}{3}S_NK_s$ | $\frac{1}{2}S_NK_s$ |

$$K_D=K_JK_{Fe}$$

叠压系数$K_{Fe}$主要与硅钢片的材质、厚度以及叠片绝缘有关。用于制造变压器铁心的硅钢片厚度一般为0.35～0.2mm，对于厚0.35mm且涂漆绝缘的热轧 硅钢片，$K_{Fe}=0.91\sim0.92$；冷轧硅钢片有漆膜绝缘时$K_{Fe}=0.93\sim0.92$，无漆膜时$K_{Fe}=0.94\sim0.96$。

系数$K_J$的大小与铁心直径大小，采用阶梯的级数及铁心中油道数 有关。级数选用越多，$K_J$值越大，如将每片厚度作为一级，则$K_J\approx1$，如只取一级，即铁心截面的几 何图形为圆的内接正方形，那么$K_J=\frac{2}{\pi}$。所以$K_J$在1～0.64范围内变化。增加级数导致叠片的尺寸 种 类增加，相应的加工与装配工时也将增加。可供选择的铁心级数见表13-2。设置铁心油道是为了防止铁心内外温差或内部温度梯度过大，故大型变压器的铁心中要考虑设置1～2个油道。

表13-2 铁心级数及油道选用参考数据

| 铁心直径/mm | 80～90 | 95～120 | 125～195 | 200～265 | 270～390 | 400～500 | 520～880 |
|---|---|---|---|---|---|---|---|
| 级 数 | 5 | 6 | 7 | 8,9,10 | 11 | 12 | 13～16 |
| 系数$K_J$约值 | 0.897 | 0.916 | 0.93 | 0.935 | 0.945 | 0.938 | 0.92 |
| 油 道 数 | | | 0 | | | 1 | 2 |

线负荷$A$与变压器的容量、绕组型式和冷却方式有关，初步设计时可参考表13-3选用。

铁心柱最大磁密$B_m$的选择，关系到变压器的主要技术经济性能指标。由于铁磁材料的饱和特性，如$B_m$的选取值过高，将导致变压器的空载损耗、空载电流、噪声以及空载合 闸 电 流 过大；但选取值过低，则使变压器的铁心和线圈的材料消耗量增多，导致变压器的重量和制造成本也将相应增加。经验证明：对于油浸式变压器，采用热轧硅钢片时，$B_m$取1.4～1.45T，冷轧硅钢片取1.6～1.73T较为合适(容量大的取高限)。

表13-3 油浸式变压器$A$值选用范围

| 容量$S$/kVA | 线负荷$A$/(A·m$^{-1}$) |
|---|---|
| 100～500 | $(285\sim385)\times10^2$ |
| 630～5000 | $(425\sim620)\times10^2$ |
| 6300～63000 | $(665\sim930)\times10^2$ |

注：表中数据系对铜线绕组而言，铝线绕组应乘以0.7。

式（13-2）不能确定$D$和$H$的具体数值。如引入一关系量

$$\beta=\frac{\pi d_{12}}{H} \tag{13-4}$$

式中 $d_{12}$——一次线圈与二次线圈之间漏磁空道的平均直径。它的大小与铁心直径有关。如令

$$d_{12}=k_d D \tag{13-5}$$

则可得出

$$D=\sqrt[3]{\frac{\beta S_Z}{K_T \pi k_d}} \tag{13-6}$$

统计数据表明，系数$k_d$对于同一系列变压器，其变化范围较小，平均值如表13-4。

$\beta$值表征变压器的宽度尺寸与高度尺寸之比。$\beta$值大表明变压器的宽向尺寸大，$\beta$值小则表明变压器的高度尺寸大。不同$\beta$值的变压器所消耗的导磁材料与导电材料之比是不同的，因而直接影响变压器的成本和空载、短路性能。初步设计时$\beta$值可按表13-5选用。

表13-4　铜线变压器的$k_d$值

| 容量/kVA | 高压侧电压/kV | | |
|---|---|---|---|
| | 6,10 | 35 | 110 |
| 6300以下 | 1.38 | 1.4 | |
| 6300以上 | | 1.37 | 1.37 |

注：铝线变压器应乘以1.1。

表13-5　双绕组铜线变压器采用冷轧硅钢片时，$\beta$值的推荐数据

| 容量/kVA | 高压侧电压/kV | | |
|---|---|---|---|
| | 6,10 | 35 | 110 |
| 30～800 | 2.2～2.4 | 2.2～2.3 | |
| 1000～6300 | 1.9～2.2 | 1.9～2.0 | |
| 8000～10000 | | 1.6～1.8 | 1.6～1.3 |
| 12500～31500 | | 1.4～1.5 | 1.5～1.6 |
| 40000～63000 | | | 1.5～1.6 |

注：1. 铝导线应乘以0.55～0.65。

2. 热轧钢片乘以1.1。

由式（13-6）确定的铁心直径，以mm为单位时，尾数应凑为0或5，并符合变压器铁心直径的标准档次，我国目前生产的电力变压器铁心直径的标准档次为：

80～270mm，每增加5mm为一档；

280～500mm，每增加10mm为一档；

520～880mm，每增加20mm为一档。

**二、满足给定阻抗电压值的变压器铁心直径的确定**[13-2]

由式（13-6）确定的直径只考虑了变压器的容量，而没有联系到具体性能数据，使得在电磁性能计算中，可能因满足不了某个主要技术指标而多次调整基本尺寸。电力变压器最重要的性能数据之一是阻抗电压值，它是设计过程中较难控制的量，因此有必要将阻抗电压值作为一个约束条件来计算铁心直径。

变压器的阻抗电压中电抗电压分量是主要的。容量在6300kVA以上时，初步设计中可忽略电阻电压$u_R$。对于中小型变压器可根据负载损耗的标准值计算出电阻电压，然后求得电抗电压$u_X$。在电机学中已导出变压器短路电抗的计算式为

$$X_{12}=\frac{2\pi^2\mu_0 f N^2 \rho_1 a_p k_q d_{12}}{H} \tag{13-7}$$

式中　$a_p \approx \left(a_0+\frac{a_1+a_2}{3}\right)$，其中

$a_0$——一次和二次线圈之间漏磁空道宽度，其大小由绕组的主绝缘结构决定（参见表13-12）。

$a_1$、$a_2$——分别代表一次和二次线圈的辐向厚度，在没有进行绕组设计之前是未知量，可采

用半经验公式进行估算:

$$\frac{1}{3}(a_1+a_2)=K_b\sqrt[4]{S_Z} \tag{13-8}$$

式中，系数$K_b$可从表13-6中选用。

$\rho_1$——纵向漏磁场洛氏系数。对于同心式线圈。当$\frac{H}{a_1+a_2+a_0}=3\sim10$时，$\rho_1=0.89\sim0.97$。

$K_q$——绕组横向漏磁场引起的附加漏电抗系数。初算时可按表13-7选用。

表13-6 三相双绕组铜线变压器的$K_b$值($\times10^{-3}$)　　单位：$m\cdot(VA)^{-\frac{1}{4}}$

| 容量 kVA | 高压侧电压/kV | | |
|---|---|---|---|
| | 6,10 | 35 | 110 |
| 30～100 | 1.05～0.85 | | |
| 100～630 | 0.85～0.75 | 0.85～0.8 | |
| 800～6300 | 0.71～0.61 | 0.76～0.67 | |
| 8000～31500 | | 0.75～0.7 | |
| 8000～63000 | | | 0.95～0.85 |

注：铝导线乘以1.5。

表13-7 附加漏电抗系数

| 电压/kV | 10/0.4，$Y,y_n0$ | | | | 35/0.4，$Y,y_n0$ | | | 不限 | | |
|---|---|---|---|---|---|---|---|---|---|---|
| 容量 kVA | 315及以下 | 400～500、 | 630～800 | 1000～1250 | 630及以下 | 800～1000 | 1250～1600 | 除表格左方以外的其他变压器 | | |
| 低压绕组型式 | 圆筒式 | | 双螺旋 | | 圆筒式 | 双螺旋 | 四螺旋 | 圆筒式 | 连续式 | 螺旋式 |
| $K_q$ | 1 | 1.04 | 1.08 | 1.12 | 1 | 1.03 | 1.08 | 1.02 | 1.02 | 1.05 |

把式(13-7)代入式(12-2)，得短路电抗电压与额定电压之比

$$u_X=\frac{2\pi^2 I_{N\phi}\mu_0 fN^2\rho_1 a_p K_q d_{12}}{HU_{N\phi}}$$

由式(13-4)，$H=\frac{\pi d_{12}}{\beta}$。把它代入上式得

$$u_X=\frac{2\pi\mu_0 I_{N\phi}N^2 f\beta a_p\rho_1 K_q}{U_{N\phi}} \tag{13-9}$$

联立解式$S_Z=U_{N\phi}I_{N\phi}$，$U_{N\phi}=4.44fNB_m\frac{\pi}{4}D^2K_D$及式(13-9)，可得到

$$D=2.68\sqrt[4]{\frac{S_Z\beta a_p\rho_1 K_q\mu_0}{fu_X B_m^2 K_D^2}} \tag{13-10}$$

**三、用简化经验公式[13-1]估算铁心直径估算铁心直径的经验公式为**

$$D=K_Z\sqrt[4]{S_Z} \tag{13-11}$$

系数$K_Z$对冷轧硅钢片铜线变压器取$(9.6\sim10.6)\times10^{-3}m\cdot(VA)^{-\frac{1}{4}}$，铝线取$(8.9\sim9.9)\times10^{-3}m\cdot(VA)^{-\frac{1}{4}}$；对热轧硅钢片铜线变压器取$(10.8\sim12)\times10^{-3}m\cdot(VA)^{-\frac{1}{4}}$，铝线取$(9.6\sim10.6)\times10^{-3}m\cdot(VA)^{-\frac{1}{4}}$。

# §13-2 变压器主要结构参数最佳值的解析计算

变压器的主要结构参数通常是指铁心直径$D$、绕组匝数$N$和绕组轴向高度$H$。在满足给定的技术条件和性能数据下，这些结构参数的最佳配合，可以使变压器的制造成本和运行费用最小。这些最佳值可以借助于计算机计算选优获得，也可以直接从解析计算获得。后者更为简便，适合于一般变压器的工程计算。

## 一、变压器主要技术数据与结构参数的关系

双绕组变压器主要尺寸如图13-1所示。

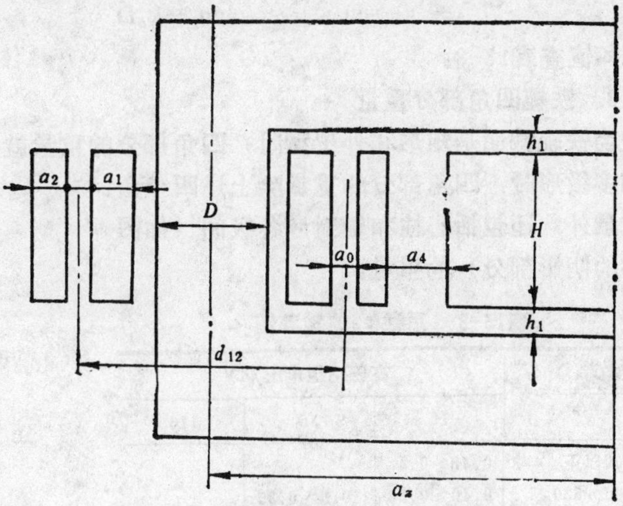


图13-1 三相双绕组变压器的主要结构尺寸

### (一) 线圈导线总重量

$$G_c = \rho_c \pi d_{12} N A_c m_z \times 2$$
$$= \rho_c \pi k_d D N \frac{I}{J} m_z \times 2$$
$$= C_1 DN \quad (13\text{-}12)$$

$$C_1 = \rho_c \pi k_d \frac{I}{J} m_z \times 2 \quad (13\text{-}13)$$

式中 $\rho_c$——导线材料密度；

$J$——电流密度，其取值的高低与变压器的负载损耗、温升及动、热稳定有关。但取值的合理范围较小。对于铜线可取$(3\sim4)\times10^6 A/m^2$，铝线取$(1.6\sim2.1)\times10^6 A/m^2$。

### (二) 铁心重量

铁心总重量包括心柱重量与铁轭重量。为方便计算，把铁轭分成两边柱中心距之间和四角两部分，分别考虑其计算公式。

1. 心柱重量

$$G_Z = \rho_{Fe} \cdot \frac{\pi}{4} D^2 K_{Fe} (H + 2h_1) m_z \quad (13\text{-}14)$$

式中 $h_1$——线圈端部至铁轭距离，见表13-12及图13-13；

$\rho_{Fe}$——硅钢片密度；冷轧的$\rho_{Fe}=7650kg/m^3$；热轧的$\rho_{Fe}=7600kg/m^3$。

2. 铁轭两边柱中心距离之间部分的重量

铁轭的横截面形状常用的有矩形，外T型、内T型和与心柱相同的多级梯型(见图13-2)。这部分铁轭的重量

$$G_{ec} = \rho_{Fe} A_{ec} [2a_Z (m_z - 1)] \quad (13\text{-}15)$$

式中 $A_{ec}$——铁轭有效截面积，对于与心柱截面相同的多级梯形，有$A_{ec} = \frac{\pi}{4} D^2 K_D$；

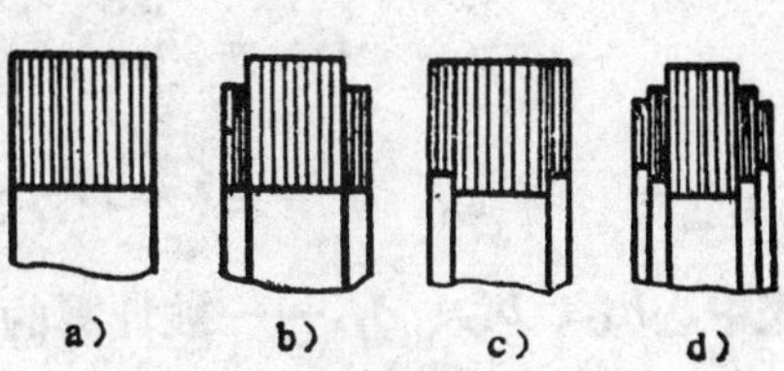


图13-2 变压器铁轭截面

$a_Z$——相邻两心柱之间的中心距，且

$$a_Z = d_{12} + a_0 + 2a_2 + a_4$$
$$= k_d D + a_0' + k_a D + a_4 \quad (13\text{-}16)$$

式中 $a_0$——高、低压线圈之间的主绝缘距离；

$a_4$——高压绕组相间距离，见表13-12及图13-13。

外线圈辐向厚度，在线圈设计之前是未知量，可由经验公式估算：

$$2a_2 = k_a D \quad (13\text{-}17)$$

$k_a$值查表13-8。

3. 铁轭四角部分重量

当铁轭截面是矩形和外T型时，四角部分的重量就是四个角的重量，如铁轭截面是内T型和多级形时，四角部分的重量除上述四个角的重量外，还包括心柱和轭对应各级间（如图13-3的阴影部分）的重量。

表13-8 系数$k_a$的推荐值

| 容量 kVA | 高压绕组电压/kV | | |
|---|---|---|---|
| | 10 | 35 | 110 |
| 100以下 | 0.48～0.4 | | |
| 100～630 | 0.40～0.28 | 0.5～0.35 | |
| 800～6300 | 0.22～0.16 | 0.32～0.18 | |
| 8000～31500 | | 0.2 | 0.23 |
| 8000～63000 | | | 0.23 |

注：对铝线应乘以1.5；对热轧应乘以1.11。

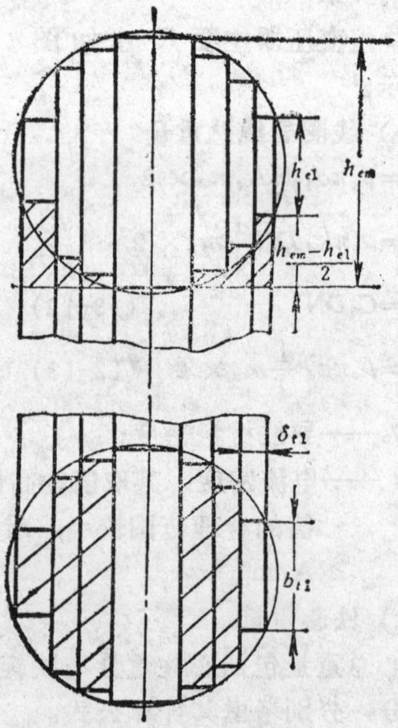


图13-3 铁心侧视及顶视图（部分）

在单相两柱式铁心中，当铁轭截面为多级梯形时，如果将心柱与铁轭各级填补的部分放在四角上，正好填平，使四个角各级在高度上都相等，且等于最大片高$h_{em}$，因此角部重量为

$$G_{eJ} = 2h_{em}\frac{\pi}{4}D^2K_D\rho_{Fe} \approx (1.9\sim1.95)\frac{\pi}{4}D^3K_D\rho_{Fe} \quad (13\text{-}18)$$

对于三相三柱式铁心，四角部分和单相二柱式的相同，但还应考虑中间心柱与铁轭各对应级填平部分的重量，故角部重量的计算式为

$$G_{eJ} = 2h_{em}\frac{\pi}{4}D^2K_D\rho_{Fe} + 4\sum_{x=1}^{m-1}\left(\frac{h_{em}-h_{ex}}{2}\right)b_{tx}\delta_{tx}K_D\rho_{Fe}$$
$$\approx (2\sim2.16)\frac{\pi}{4}D^3K_D\rho_{Fe} \quad (13\text{-}19)$$

式中 $h_{ex}$、$b_{tx}$、$\delta_{tx}$——被计算的某一级的铁轭片高、心柱片宽和心柱级厚（见图13-3）

4. 铁心总重量

$$G_{Fe} = G_Z + G_{ec} + G_{eJ} \quad (13\text{-}20)$$

对于铁轭截面与心柱截面相同的铁心，其总重量为

$$G_{Fe}=\rho_{Fe}\frac{\pi}{4}K_D m_z HD^2+\rho_{Fe}\frac{\pi}{4}K_D 2[m_z h_1+(m_z-1)(a_0+a_4)]\times D^2$$

$$+\rho_{Fe}\frac{\pi}{4}K_D[2(m_z-1)(k_a+k_d)+(2\sim 2.16)]D^3$$

$$=C_2HD^2+C_3D^2+C_4D^3 \quad (13\text{-}21)$$

式中

$$C_2=\rho_{Fe}\frac{\pi}{4}K_D m_z \quad (13\text{-}22)$$

$$C_3=\rho_{Fe}\frac{\pi}{4}K_D\times 2[m_z h_1+(m_z-1)(a_0+a_4)] \quad (13\text{-}23)$$

$$C_4=\rho_{Fe}\frac{\pi}{4}K_D[2(m_z-1)(k_a+k_d)+(2\sim 2.16)] \quad (13\text{-}24)$$

(三) 变压器有效材料重量

$$G=G_c+G_{Fe}=C_1ND+C_2HD^2+C_3D^2+C_4D^3 \quad (13\text{-}25)$$

(四) 线圈电压与结构参数的关系

变压器线圈的相电压

$$U_{N\phi}\approx E=\sqrt{2}\pi f NB_m\frac{\pi}{4}D^2K_D$$

所以有

$$ND^2=\frac{4U_{N\phi}}{\sqrt{2}\pi^2 fB_mK_D}=C_5 \quad (13\text{-}26)$$

(五) 电抗电压与结构参数的关系

由式 (13-9)，可知

$$u_X=\frac{2\pi\mu_0 I_{N\phi}N^2f\beta a_p\rho_1K_q}{U_{N\phi}}=\frac{2\pi^2\mu_0 I_{N\phi}N^2fk_dDa_p\rho_1K_q}{U_{N\phi}H}$$

可得到

$$H=C_6N^2D \quad (13\text{-}27)$$

而

$$C_6=\frac{2\pi^2\mu_0 fI_{N\phi}k_da_p\rho_1K_q}{u_XU_{N\phi}} \quad (13\text{-}28)$$

## 二、变压器主要结构参数最佳值的计算

设计变压器可以从不同的要求出发，例如有效材料消耗最少（或重量最轻）；变压器成本最低；变压器有功损耗最小；十年变电成本最低等。根据实际需要，选择一种目标函数和另外两个约束条件（例如满足给定电压和阻抗电压），按照多元函数求条件极值的方法，即可确定变压器的三个主要结构参数的最佳值，即变压器的心柱直径$D$，线圈高度$H$和匝数$N$。

### (一) 以有效材料消耗最少作为目标函数

变压器有效材料消耗量、线圈电压和阻抗电压与结构参数的解析式如式 (13-25)、式 (13-26)和式 (13-27)，可以写成如下的形式

$$f(N, D, H)=C_1ND+C_2HD^2+C_3D^2+C_4D^3 \quad (13\text{-}29)$$

$$\varphi_1(N, D, H)=ND^2-C_5=0 \quad (13\text{-}30)$$

$$\varphi_2(N, D, H)=\frac{N^2D}{H}-\frac{1}{C_6}=0 \quad (13\text{-}31)$$

按照拉格朗日乘数法，作辅助函数

$$F(D,\ N,\ H)=f(D,\ N,\ H)+\lambda_1\varphi_1(N,\ D,\ H)+\lambda_2\varphi_2(N,\ D,\ H)$$

$$=C_1ND+C_2HD^2+C_3D^2+C_4D^3+\lambda_1(ND^2-C_5)+\lambda_2\left(\frac{N^2D}{H}-\frac{1}{C_6}\right)$$

函数$F(N,\ D,\ H)$具有无条件极值的必要条件：

$$F'_D(N,\ D,\ H)=C_1N+2C_2HD+2C_3D+3C_4D^2+\lambda_1 2ND+\lambda_2\frac{N^2}{H}=0$$

$$F'_N(N,\ D,\ H)=C_1D+\lambda_1D^2+\lambda_2\cdot 2\frac{D}{H}N=0$$

$$F'_H=(N,\ D,\ H)=C_2D^2-\lambda_2N^2D\frac{1}{H^2}=0$$

而联系方程是

$$ND^2-C_5=0$$

$$\frac{N^2D}{H}-\frac{1}{C_6}=0$$

将以上五个代数方程联立求解，定出乘数因子$\lambda_1=\frac{-1}{D}(C_1+2C_2C_5C_6)$和$\lambda_2=\frac{1}{D}(C_2\,C_5^2\,C_6^2)$后，结合联系方程$N=\frac{C_5}{D^2}$和$H=C_6N^2D$代入方程$F'_D(N,\ D,\ H)=0$，可得到目标函数为变压器有效材料消耗量最小时，心柱直径所应满足的方程为

$$D^4+C_7D^3=C_8 \tag{13-32}$$

式中

$$C_7=\frac{2C_3}{3C_4} \tag{13-33}$$

$$C_8=\frac{1}{3C_4}(C_1C_5+C_2C_5^2C_6) \tag{13-34}$$

式(13-32)是一元四次方程，由于其二次和一次项的系数为零，所以用试探法或者编制一个简短程序，很容易求得其近似解。将求得的$D$值代入约束条件方程，即可获得满足给定$U_N$和$u_X$，又获得变压器有效材料消耗最少，即变压器重量最轻的变压器主要结构参数$D$、$H$和$N$的具体数据。

(二) 以变压器成本最低作为目标函数

变压器成本包括有效材料成本(这是主要部分)，绝缘材料、结构材料与变压器油的成本以及制造费用、税率和利润(以及管理、总务和折旧费用)等。要将这些项目都写成变压器主要结构参数的解析式是相当困难的，但是它们都与有效材料成本有关。可以将导线和硅钢片的成本分别乘以系数$K_{mc}$和$K_{mF}$，相加作为变压器成本$M_T$。设导电材料的单价为$C_c$，硅钢片单价为$C_{Fe}$，并令其单价比$\frac{C_c}{C_{Fe}}=\beta_1$，则变压器成本的解析式可表示为

$$M_T=K_{mc}C_cC_1ND+K_{mF}C_{Fe}(C_2HD^2+C_3D^2+C_4D^3)$$

而约束条件即两个联系方程不变，用上述相同的数学处理方法，可以得到变压器成本最低时心柱直径应满足的方程为

$$D^4+C_7D^3=C_9 \tag{13-35}$$

式中

$$C_9=\frac{1}{3C_4}(\beta_1\beta_2C_1C_5+C_2C_5^2C_6) \tag{13-36}$$

$\beta_2=\frac{K_{mo}}{K_{mF}}$，可近似取$\beta_2=\beta_1^{0.7}$。

（三）以有功损耗最低作为目标函数

变压器的空载损耗和负载损耗的计算式分别为

$$p_0=K_{p0}p_{he}G_{Fe}$$
$$p_s=K_{ps}p_cJ^2G_c$$

式中 $K_{p0}$——附加铁耗系数，与材质及加工工艺因素有关；

$K_{ps}$——附加负载损耗系数，包括线圈的涡流、环流损耗及结构件的附加损耗；

$p_{he}$——单位重量铁耗，见附录七；

$p_c$——与导线材料的电阻率、密度和温度有关的常数。工作温度为75℃时，铜导线$p_c=2.4\times10^{-12}\Omega\cdot m^4/kg$；铝导线$p_c=13.22\times10^{-12}\Omega\cdot m^4/kg$。

变压器总损耗解析式

$$p=p_s+p_0=K_{ps}p_cJ^2C_1ND+K_{p0}p_{he}(C_2HD^2+C_3D^2+C_4D^3)$$

如令$\frac{K_{ps}p_cJ^2}{K_{p0}p_{he}}=\alpha$，采用前述相同的条件方程，应用同样的数学处理方法，可得到

$$D^4+C_7D^3=C_{10} \tag{13-37}$$

其中

$$C_{10}=\frac{1}{3C_4}(\alpha C_1C_5+C_2C_5^2C_6) \tag{13-38}$$

（四）以变压器的十年变电成本最低作为目标函数

变压器的十年变电成本计算式为

$$M_{TP}=M_T+(T_yp_0+T_sp_s)C_P\times10^{-2} \tag{13-39}$$

式中 $T_y$——变压器年挂网运行时间，取8600h；

$T_s$——变压器年满载运行时间，10kV级取2500h，35kV级取4000h；

$C_P$——电价。

将式（13-39）转换为结构参数的解析式

$$M_{TP}=10^{-2}[T_yK_{p0}p_{he}(C_2HD^2+C_3D^2+C_4D^3)+T_sK_{ps}p_cJ^2C_1ND]$$
$$\times C_P+K_{mo}G_cC_1DN+K_{mF}C_{Fe}(C_2HD^2+C_3D^2+C_4D^3) \tag{13-40}$$

同样，采用前述相同条件方程和数学处理方法，可得出心柱直径在满足变压器10年变电成本最低的约束方程为

$$D^4+C_{11}D^3=C_{12} \tag{13-41}$$

式中

$$C_{11}=\frac{2(T_yK_{p0}p_{he}C_PC_3\times10^{-2}+C_{Fe}K_{mF}C_3)}{3(T_yK_{p0}p_{he}C_PC_4\times10^{-2}+C_{Fe}K_{mF}C_4)}=C_7 \tag{13-42}$$

$$C_{12}=\frac{T_yK_{p0}p_{he}C_PC_2C_5^2C_6\times10^{-2}+C_{Fe}K_{mF}C_2C_5^2C_6}{3(T_yK_{p0}p_{he}C_PC_4\times10^{-2}+C_{Fe}K_{mF}C_4)}+$$
$$+\frac{T_sK_{ps}p_cJ^2C_PC_1C_5\times10^{-2}+C_cK_{mo}C_1C_5}{3(T_yK_{p0}p_{he}C_PC_4\times10^{-2}+C_{Fe}K_{mF}C_4)} \tag{13-43}$$

以上分析说明了只要根据产品的主要技术性能数据，即额定容量，额定电压、阻抗电压和绝缘结构及其尺寸，选取三个经验系数，就可以算出满足各种特定要求（目标函数）下的变压器主要结构参数。在建立解析式的时候，我们将电磁负荷$J$和$B$定为常量，这一方面是考虑变压器所采用的结构和材质一定的情况下，$J$和$B$的取值范围是较小的，同时也为了简

化解析表达式。在实际设计工作中，可以在一定范围内取不同的 $J$ 和 $B$ 值进行计算作为方案比较。用一个简单的计算程序通过计算机运算，很容易获得接近最佳结构参数的设计方案。

## §13-3　变压器铁心结构型式及其应用范围

变压器铁心型式分为心式与壳式两大类。

### 一、心式铁心

心式铁心包括各心柱在同一垂直平面上的铁心和渐开线式、辐射式、卷绕式等四种型式，它们的特征及应用范围如下。

#### （一）心柱在同一垂直平面上的心式铁心

图13-4中a～f都属于这种型式的铁心，为我国以及欧洲大多数国家所普遍采用。这种铁

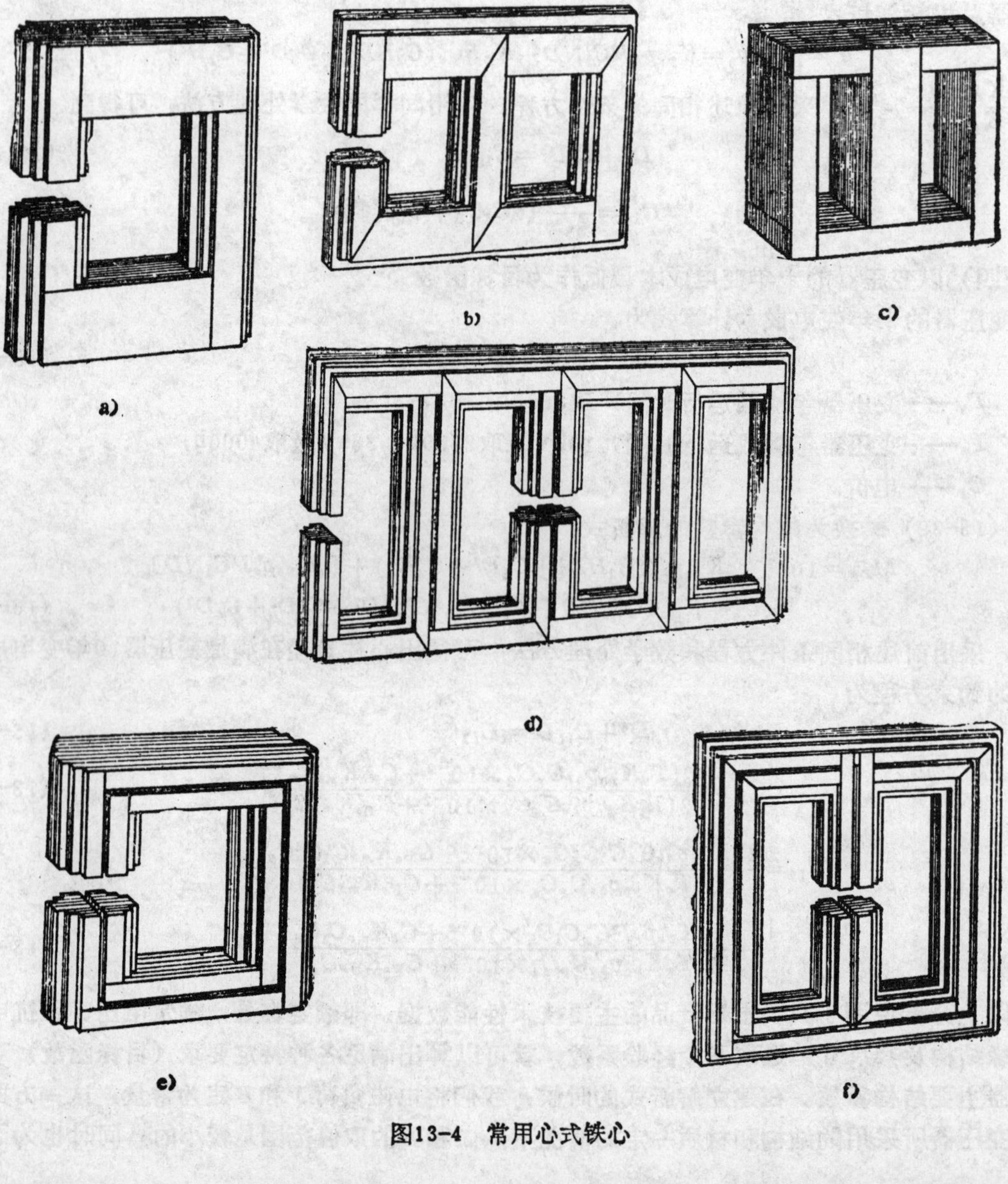


图13-4　常用心式铁心

心通常竖直放置，其横截面积为内接于圆的多级梯形（图13-5）。三相三柱式铁心的每柱套装有绕向相同的相绕组，铁轭磁通等于心柱磁通，所以铁轭的横截面积完全可以与心柱的截面积相同，即级数和各级尺寸都与心柱的一样，这样可以保证磁通在铁心中均匀分布。但有时为了简化制造工艺，把铁轭级数选得少于心柱级数。图13-2表示常用的铁轭截面图，其中图a、b、c三种结构的磁通将出现不同程度的不均匀分布情况，从而引起空载损耗和空载电流的增大。因此要适当加大铁轭截面积（5～10%）。我国现在生产的电力变压器都采用等截面积结构。

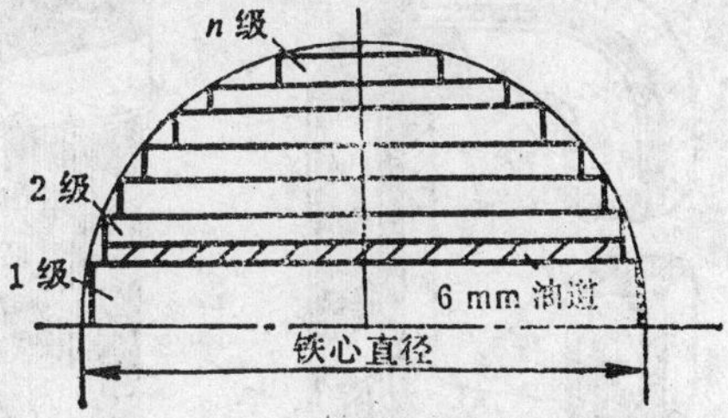


图13-5　心柱截面

容量较大的三相变压器，当采用三柱式铁心时，可能遇到因铁心过高而使变压器运输发生困难。这时可以采用三柱带旁轭的铁心结构（见图13-4d），中间三个心柱套装绕组。图13-6表示这种铁心中的主磁通分布图，箭头代表磁通的假定正方向。因为主磁通不能越出铁心，所以

$$\dot{\Phi}_1+\dot{\Phi}_A+\dot{\Phi}_B+\dot{\Phi}_C+\dot{\Phi}_4=0$$

如果三相磁通是对称的（时间）正弦波，则

$$\dot{\Phi}_A+\dot{\Phi}_B+\dot{\Phi}_C=0$$

于是　$\dot{\Phi}_1=-\dot{\Phi}_4$。即两个旁轭中的磁通在任何瞬间总是大小相等、相位相反。

由图13-6可得出

$$\dot{\Phi}_A=\dot{\Phi}_2-\dot{\Phi}_1$$

$$\dot{\Phi}_B=\dot{\Phi}_3-\dot{\Phi}_2$$

$$\dot{\Phi}_C=-\dot{\Phi}_3-\dot{\Phi}_4=\dot{\Phi}_1-\dot{\Phi}_3$$

就是说，磁通$\dot{\Phi}_A$、$\dot{\Phi}_B$、$\dot{\Phi}_C$和$\dot{\Phi}_1$、$\dot{\Phi}_2$、$\dot{\Phi}_3$之间存在三相制的线量和相量之间的关系，即

$$\Phi_1=\Phi_2=\Phi_3=\Phi_A/\sqrt{3}=\Phi_B/\sqrt{3}=\Phi_C/\sqrt{3}$$

因此，铁轭高度可以降低为三柱式的$1/\sqrt{3}$。此外，这种铁心结构对减少漏磁场引起的钢铁构件附加损耗也有利。

单相二柱式（图13-4a）和三相三柱式铁心适用于各类变压器，结构简单，工艺装备少。当心柱直径很大，叠片宽度超过冶金部门能提供的硅钢片的标称尺寸时，应采用双框式铁心；单相的由截面相等的内外两框组成（见图13-4e），三相的则由截面相等的一个外框和两个内框组成（见图13-4f）。在中间心柱两端，内外框有一半叠片连在一起，框间有10～20mm油道。这类铁心冷却效果好，并在一定程度上改善了空载性能。

(二) 卷铁心

用带料连续卷制成环状或矩形。单相卷铁心如图13-7a所示。这种铁心不需要叠装，空载性能良好。但无法套装成型线圈，而需要利用专用设备将线圈绕在铁心上。只适用于小型变压器和

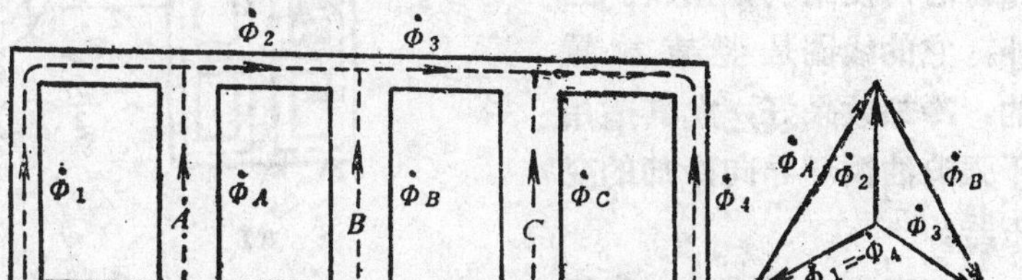


图13-6　带旁轭铁心中的磁通分布图

互感器。有时为了套装线圈，将卷制好的铁心锯成两半，待套装线圈后用树脂胶合。但因此而形成对接的缝隙，使空载电流增大。

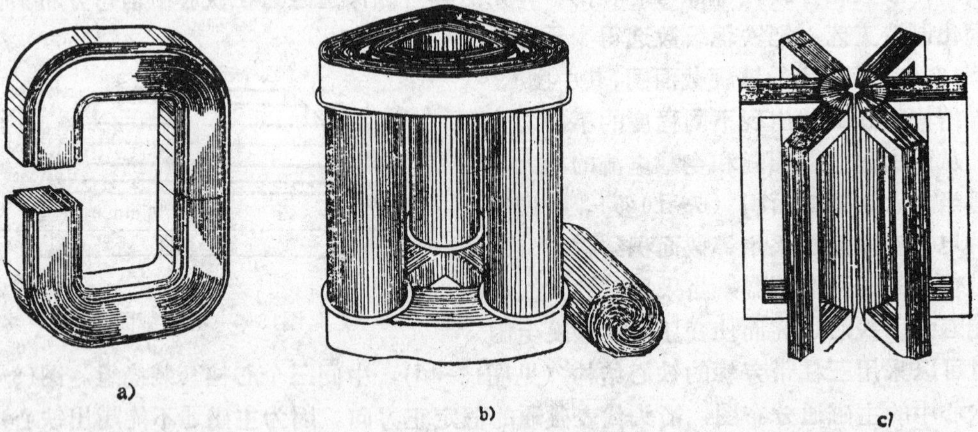

图13-7 其他心式铁心

（三）渐开线式

心柱叠片用成型机压成渐开线型，叠装方便，铁轭用带料卷成三角形(三相)，外型图如图13-7b所示。生产这种铁心的机械化程度很高，适用于成批生产的中小型变压器。铁轭截面积也只占心柱截面积的$1/\sqrt{3}$，而且三相磁路是对称的，可节约硅钢片用量。但由于心柱与铁轭是对接的，故空载电流较大。

（四）辐射式

心柱叠片排列成辐射状，旁轭沿心柱圆周径向对装，实际上这是另一种型式的壳式铁心。辐射式铁心可以用于单相变压器，也可用于三相变压器。单相辐射式铁心如图13-7c。这种结构的优点是在铁心的硅钢片中，实际上不存在由漏磁通引起的损耗。在其他结构型式的铁心中，漏磁通将垂直进入铁心外层的一些钢片中，而辐射式铁心则是顺着硅钢片通过，故涡流损耗显著降低。但这种结构的心柱片宽种类多，制造工时大为增加，空载电流也较大。铁轭高度可以降低许多。单相辐射式铁心常用于特大型变压器和并联电抗器。

**二、壳式铁心**

壳式铁心通常是水平放置的。心柱截面积是矩形，其边长之比一般为1∶2或1∶3。图13-8a表示三相壳式变压器的示意图。由于油箱可以紧靠铁心，使结构很紧凑。另外，它的线圈是竖直放置的，冷却效果好，尤其适用于强迫油循环导向冷却的变压器。

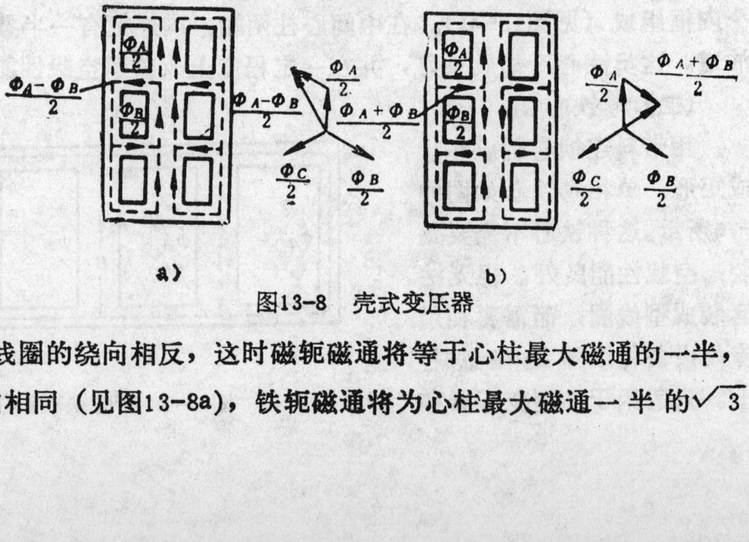

图13-8 壳式变压器

在壳式变压器中，中间心柱线圈的绕向应与两个边柱线圈的绕向相反，这时磁轭磁通将等于心柱最大磁通的一半，见图13-8b；如果各相绕组绕向相同（见图13-8a），铁轭磁通将为心柱最大磁通一半的$\sqrt{3}$

倍。

壳式铁心可应用于各种容量与各种电压等级的变压器中。美国和部分欧洲国家常采用这种结构型式，我国各制造厂一般不采用。

## §13-4 变压器绕组型式及其应用范围

变压器绕组是由按规定联接方法连接起来的、在系统上具有改变电压、电流功能的单匝或几匝线圈的组合。变压器运行时，绕组直接与电网相连，它不但长期在额定电压下工作，而且受到突发短路、雷击、开关操作等暂态过程中产生的过电压、过电流以及相应的电磁力的作用。因此变压器绕组应具有足够的电气强度、机械强度、耐热能力以及良好的散热条件，同时还应具有合理的工艺性与经济性。常用的变压器绕组型式有下述几种。

**一、圆筒式**

圆筒式线圈是同心式绕组中最简单的一种结构型式。易于绕制，层间油道散热效率高，但端部支撑的稳定性较差。

扁线绕的单层、双层（或多至四层）圆筒式线圈（见图13-9a）的匝数不能太多，故一般只适用作三相容量在630kVA、电压在1kV及以下的低压绕组。

圆线绕的多层圆筒式线圈（见图13-9b），常用作三相容量在630kVA、电压为3～35kV的高压绕组。

多层分段圆筒式线圈（见图13-9c）是将多层圆筒式线圈沿轴向分成若干段，线段间放置绝缘纸圈。这种线圈降低了层间电压，因而可以减少层间绝缘的厚度。适用于作电压互感器和高压试验变压器等的高压绕组。

扁线绕的多层屏蔽式线圈，由于具有良好的冲击特性（见§13-6），国外一些厂家常用作大容量变压器、电压在110kV及以上的高压绕组。

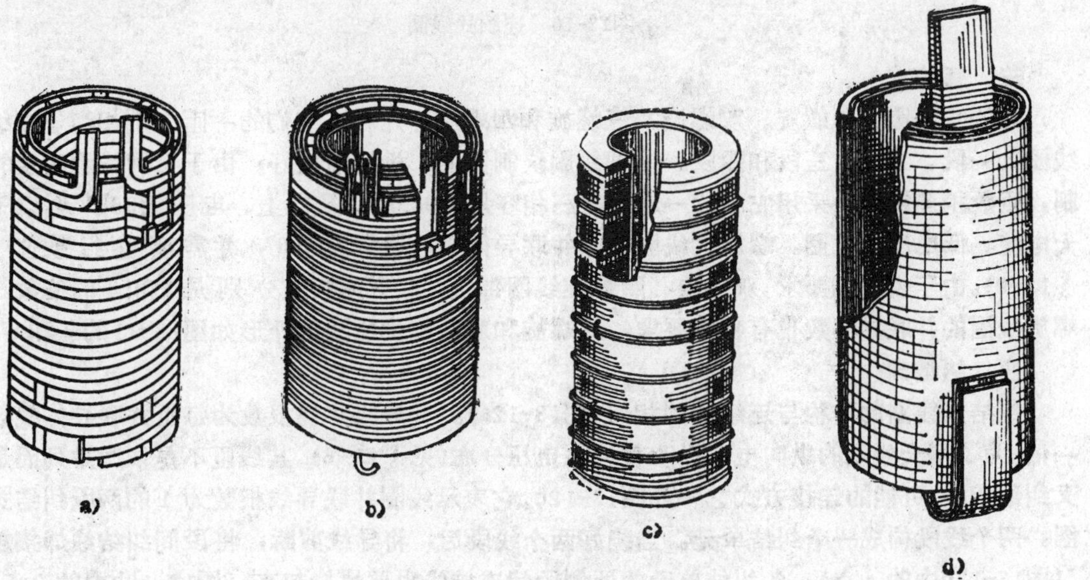


图13-9 圆筒式线圈

铝（铜）箔卷制的圆筒式线圈（图13-9d）与多层圆筒式线圈相似，但每一层为一匝，箔的宽度等于线圈的高度。这种线圈具有良好的空间利用率，可自动卷制，生产效率高。

**二、连续式**

连续式线圈由1～6根扁导线在固定于绝缘筒或置于绕线模的撑条上绕成饼状线段，各段是连续绕制的。外型图如图13-10a，段间连接原理图如图13-10b。为使线圈的引出端头都在线圈的外侧，线圈的线段数要求为偶数。对于全绝缘产品，要使线圈的上下两半完全对称，线端又都在外侧，则线段数要求为4的倍数。线段间用油道或油道、纸圈交错隔开，线圈两端有油道和绝缘端圈。这种线圈能适应很大范围（三相容量在630kVA以上，电压为3～110kV）的容量和电压的需要，而且机械强度好，散热条件也较好，但制造较费工时。

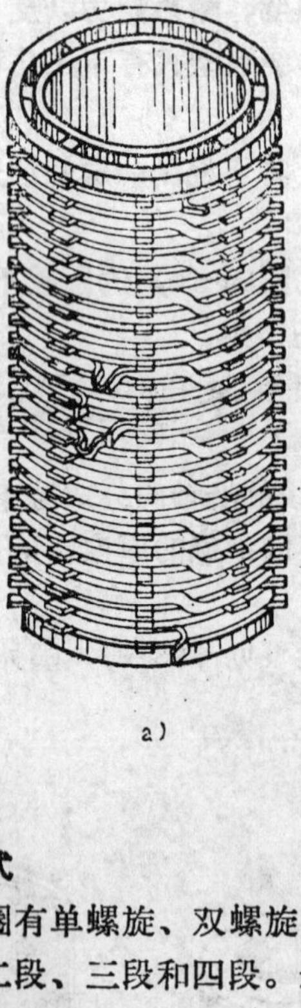

a）

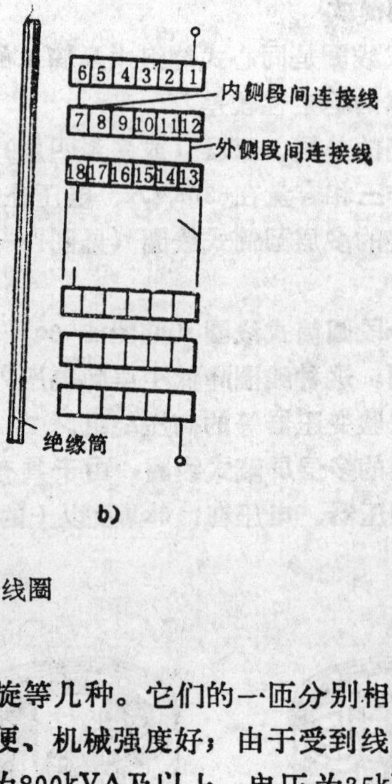


b）

图13-10　连续式线圈

**三、螺旋式**

螺旋式线圈有单螺旋、双螺旋、三螺旋和四螺旋等几种。它们的一匝分别相当于连续式线圈的一段、二段、三段和四段。这种线圈绕制简便、机械强度好；由于受到线圈高度的限制，匝数稍多就无法采用它。故一般用在三相容量为800kVA及以上、电压为35kV及以下的大电流、低电压的线圈。螺旋式线圈每匝并联导体根数通常大于6，并需要进行换位（见§13-9）。由于换位的要求，双螺旋、四螺旋线圈每匝并联导体数应分别是2和4的倍数。三螺旋线圈的并联导体数也有特殊要求。单螺旋和双螺旋式线圈的外形如图13-11的a和b。

**四、纠结式**

纠结式线圈的结构与连续式的相似(图13-12a)。其导线并绕根数为每匝并联导体根数的一倍。为了增大线圈的纵向电容以改善冲击电压分布(见§13-6)，其线匝不是依次排列而是交叉纠结相联。可能的连接方式之一如图13-12b。它表示线圈并联导线根数为1的两段纠结式线圈。两个线段构成一个纠结单元。当绕好两个线段后，将导线剪断，将段间纠结线焊接起来（图13-12b中的$A$点）。各纠结单元的外侧段间连接线也要焊接起来（图13-12b中的$B$点）。所以这种线圈的焊接头较多。110～550kV或更高电压等级的变压器高压或中压线圈可采用

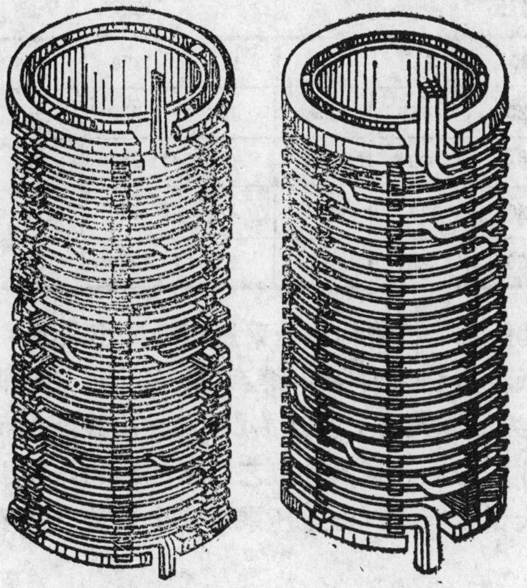

a） b）

图13-11 螺旋式线圈

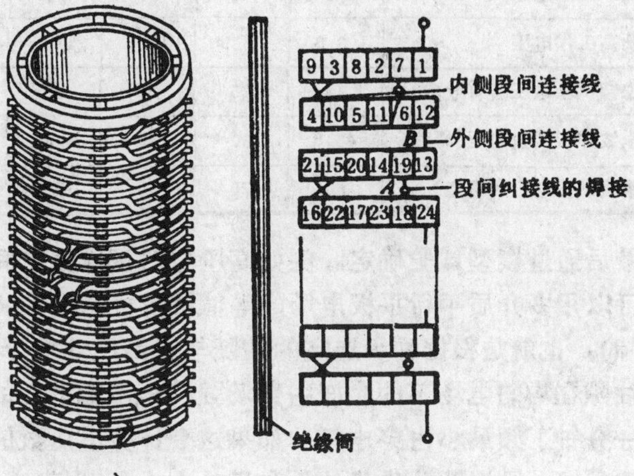


a） b）

图13-12 纠结式线圈

这种线圈型式。

在60～110kV级的变压器中，高压线圈有时采用纠结—连续式线圈，即将连续式线圈的首端或首末端的若干个线段改为纠结线段。这种线圈属于部分补偿的线圈结构，与连续式线圈相比，冲击电压分布要好些。

## §13-5 变压器的主绝缘结构

### 一、变压器的试验电压

变压器的绝缘分内绝缘和外绝缘。外绝缘指油箱外面的套管导电部分之间的空气绝缘、套管导电部分对储油柜、安全气道及其他接地部分的空气绝缘。内绝缘是指油箱内的线圈、引线和分接开关的主绝缘和纵绝缘。所谓主绝缘是指线圈（或引线）对地、对另一相或对同一相的其他线圈（或引线）之间的绝缘；而纵绝缘是指同一线圈上各点之间或其相应引线之间的绝缘。变压器运行时要承受长期工作电压、大气过电压和操作过电压等三种性质不同的电压的作用。对于220kV级及以下的变压器，采用工频试验电压和冲击试验电压（全波和截波）来考核其绝缘强度。一般来说工频耐压试验主要考核主绝缘，冲击耐压试验主要考核纵绝缘。变压器绝缘结构就是依据试验电压确定的。合理的绝缘结构对变压器的技术经济指标和运行可靠性起着重要的作用。

电力变压器试验电压的国家标准如表13-9。

### 二、主绝缘结构及其尺寸的确定原则〔13-3〕

油浸式变压器主绝缘距离是由油隙、绝缘筒、撑条、绝缘端圈、角环等组成的。由于介质和电场分布的不均匀性以及沿面放电的弯曲路径和表面本身的粗糙和污秽等复杂情况，使得难以完全依靠理论计算来确定变压器的绝缘结构及其尺寸。通常是在取得各种情况下的击穿电压或放电电压试验数据的基础上，进行原理分析和计算，得出理论上的最小绝缘距离，

表13-9 电力变压器试验电压 单位：kV

| 额定电压 | 3 | 6 | 10 | 15 | 20 | 35 | 60 | 110 | 220 | 330 |
|---|---|---|---|---|---|---|---|---|---|---|
| 最高工作电压 | 3.5 | 6.9 | 11.5 | 17.5 | 23 | 40.5 | 69 | 126 | 252 | 363 |
| 工频试验电压（有效值） | 18 | 25 | 35 | 45 | 55 | 85 | 140 | 200 | 400 | 510 |
| 全波冲击试验电压(峰值) | 43.5 | 60 | 80 | 108 | 130 | 200 | 330 | 480 | 945 | 1175 |
| 截波试验电压（峰值） | 50 | 70 | 90 | 120 | 150 | 225 | 390 | 550 | 1090 | 1300 |

最后通过模型试验确定。例如高压与低压线圈之间的距离$a_0$，结构上是采用薄纸筒小油隙，可以用多介质平行平板电场的等值油隙办法，即将纸板折合为油隙，得到单一介质（纯油隙），也就是根据初步选定的油隙与纸筒尺寸折算为纯油隙尺寸，再由表13-10查出线圈表面油隙在均匀电场下的允许击穿场强，再考虑电场的非均匀性、撑条和工艺因素的影响，算出一分钟工频最小击穿电压。如果这个计算电压数值大于或等于试验电压乘以安全系数（一般取1.3），则说明此绝缘结构和尺寸大小是可行的。

一分钟工频最小击穿电压计算式

$$U_1=\frac{E}{K_1K_2}\left(\Sigma d_0+\frac{\varepsilon_0}{\varepsilon_p}\Sigma d_p\right) \qquad (13\text{-}44)$$

式中 $E$——允许击穿场强（见表13-10）；

$\Sigma d_0$——油隙尺寸总和；

$\Sigma d_p$——纸板厚度总和；

$\varepsilon_0$和$\varepsilon_p$——变压器油和绝缘纸板的介电常数，分别为2.2和4.5；

$K_1$——考虑段间油隙、撑条、工艺因素等的影响系数，低压线圈取1.25，高压线圈取1.4；

$K_2$——线圈表面电场集中系数，可按下式计算：

$$K_2=\frac{r_2-r_1}{r_1\ln\frac{r_2}{r_1}} \qquad \text{（低压线圈外表面）}$$

$$K_2=\frac{r_2-r_1}{r_2\ln\frac{r_2}{r_1}} \qquad \text{（高压线圈内表面）}$$

表13-10 薄纸筒小油隙式绝缘结构的允许击穿场强

| 击穿场强 kV·cm⁻¹ \ 油隙 mm / 匝绝缘厚度 mm | 3 | 4 | 5 | 6 | 7 | 8 | 9 | 10 | 11 | 12 | 13 | 14 | 15 |
|---|---|---|---|---|---|---|---|---|---|---|---|---|---|
| 0 | 141 | 123 | 113 | 101 | 94 | 88 | 84 | 79 | 75 | 72 | 69 | 67 | 65 |
| 0.45/2 | 147 | 127 | 117 | 107 | 100 | 94 | 89 | 84 | 80 | 76 | 73 | 71 | 69 |
| 0.95/2 | 159 | 140 | 127 | 117 | 109 | 102 | 96 | 90 | 87 | 83 | 79 | 77 | 74 |
| 1.35/2 | 162 | 143 | 131 | 120 | 112 | 105 | 99 | 94 | 89 | 85 | 81 | 79 | 76 |
| ≥1.95/2 | 168 | 150 | 137 | 127 | 118 | 111 | 105 | 99 | 94 | 89 | 85 | 81 | 79 |

其中　$r_1$——低压线圈外半径；

　　　$r_2$——高压线圈内半径。

绝缘结构设计除应保证足够的绝缘强度以外，还要考虑设置必要的油道尺寸以利绝缘油循环而满足散热的要求。长期的试验研究和生产实践，对不同电压等级的电力变压器主绝缘结构（220kV及以下）基本上已做到定型。如35kV及以下电力变压器主绝缘结构及尺寸见图13-13、表13-11及表13-12。

高压线圈对油箱壁的绝缘距离和引线对线圈的绝缘距离见表13-13。

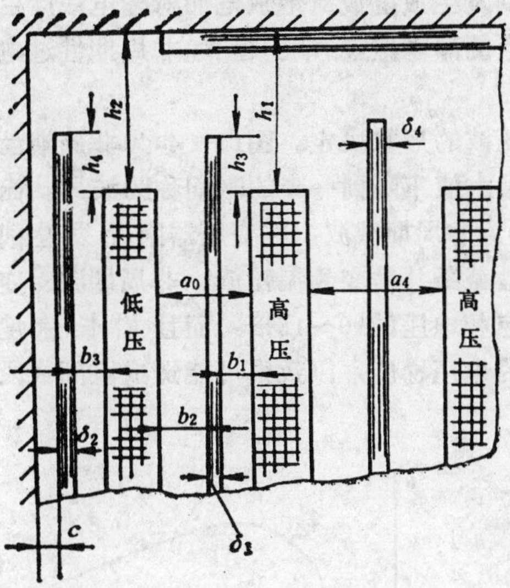


图13-13　35kV及以下主绝缘结构

**表13-11　低压线圈对铁心的主绝缘尺寸**　　单位：mm

| 低压线圈电压 kV | 线圈型式 | 尺寸 $b_3$ | $\delta_2$ | $h_2$ | $h_4$① | 高压线圈电压 kV |
|---|---|---|---|---|---|---|
| 0.4 | 圆筒式 | 1.0 | 1.0 | 15 | — | ≤10 |
| 0.4 | | 1.0 | 1.0 | 25 | — | 15 |
| 0.4 | | 1.0 | 1.0 | 55 | — | 35 |
| 3,6 | | 9 | 3.0 | 25 | 15 | ≤10 |
| 3,6 | | 9 | 3.0 | 30 | 18 | 15 |
| 3,6,10 | | 10 | 3.0 | 55 | 33 | 35 |
| 15 | | 14 | 3.0 | 55 | 33 | 35 |
| 0.4,3,6 | 螺旋式连续式 | 9.5 | 3.5 | 35 | 20 | ≤15 |
| 0.4,3,6,10 | | 10 | 3.5 | 55 | 33 | 35 |
| 15 | | 14 | 3.5 | 55 | 33 | 35 |

①未注明的尺寸按结构要求确定。

**表13-12　高压线圈主绝缘尺寸**　　单位：mm

| 电压/kV | | ≤10 | | 15 | | 35 | | ≤15 | 35 |
|---|---|---|---|---|---|---|---|---|---|
| 线圈型式 | | 圆筒式 | | | | | | 连续式 | |
| 联接法 | | Y③ | △ | Y③ | △ | Y③ | △ | Y或△ | Y或△ |
| 尺寸 | $a_0$ | 9 | | 13 | | 27① | | 16 | 27 |
| | $\delta_1$ | 2.5 | | 3 | | 4 | | 3.5 | 4 |
| | $b_1$ | 0 | | 0 | | 15～13 | | 6 | 15～13 |
| | $b_2$ | 6.5 | | 10 | | 8～10 | | 6.5 | 8～10 |
| | $h_1$ | 20 | | 30 | | 70(65)② | | 35 | 65 |
| | $h_3$ | 8 | | 18 | | 48(43)② | | 20 | 50 |
| | $\delta_3$ | 2 | | 2 | | 2 | | 0 | 3 |
| | $a_4$ | 8 | 12 | 12 | 15 | 20 | 27 | 17 | 27 |
| | $\delta_4$ | 0 | 2 | 0 | 2 | 0 | 3 | 3 | 3 |

① 指低压线圈至高压线圈静电屏的尺寸。

② $h_1=70$mm，$h_3=48$mm时，高压导线为漆包线；$h_1=65$mm　$h_3=43$mm时为纸包线。

③ 中性点在外层引出。

## §13-6 变压器的过电压与纵绝缘结构

### 一、变压器的过电压及其特性

过电压分内部过电压与外部过电压。内部过电压发生在电力系统本身。当变压器或线路在分、合闸时，由于系统中能量发生剧烈变化而产生一种具有周期性波的操作过电压；而当系统发生不对称短路和间歇电弧时将产生故障过电压。外部过电压也称大气过电压，是由于雷电直接落在输电线上、或者由于带电荷的云彼此间发生放电或对地放电而对输电线产生电磁感应、或者是由于带电云层移过输电线上空时产生的静电感应所引起的非周期性过电压波。

过电压过程一般极其短暂，其性质主要由过电压波的形状决定。图13-14a为非周期性全波。电压由零达到最大值的时间称为波头，电压由最大值下降到一半的时间称为波尾。标准非周期全波的波头为1.2μs，波尾为50μs。图13-14b为非周期截波，在变压器附近发生闪络时便会出现这种波。在这种情况下，非周期波过程被截断并转变为振荡波。非周期波对变压器的危害性极大，因为它的幅值常常超过变压器额定相电压的10～15倍，而且增长速度极快，即波头很陡。它会在变压器的绕组中产生很大的电压梯度，以致很可能造成匝间或段间绝缘的击穿事故。

表13-13 绝缘距离 单位：mm

| 电压 kV | 引线对线圈 | | 线圈对油箱壁纯油距离 mm |
|---|---|---|---|
| | 引线每边绝缘厚 mm | 纯油距离 mm | |
| 3,6 | 0 | 12 | 10 |
| 10 | 0 | 23 | 15 |
| 15 | 0 | 30 | 20 |
| 35 | 0<br>3<br>6 | 60<br>35<br>25 | 55 |
| 110 | 3<br>6<br>10 | 125<br>100<br>80 | 135 |

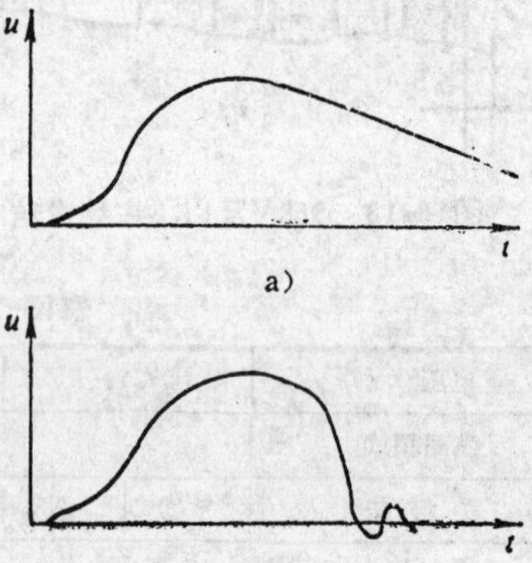


图13-14 过电压波
a) 全波 b) 截波

非周期波在电压增长速度方面与频率足够高的正弦电压是等效的。非周期波的陡度可表示为$\frac{U_{max}}{t_h}$，$t_h$为波头；等效正弦波的陡度为

$$\left.\frac{U_m \sin\omega t}{t}\right|_{t=0}=\left.\frac{\omega U_m \sin\omega t}{\omega t}\right|_{t=0}=\omega U_m$$

即正弦波的陡度与频率成正比。比较上述两个表达式，可得出非周期波的等效频率

$$\omega=2\pi f=\frac{1}{t_h}\text{或者 } f=\frac{1}{2\pi t_h}$$

当波头$t_h=1.2\times10^{-6}$s时

$$f=\frac{1}{2\pi t_h}=\frac{1}{2\pi\times1.2\times10^{-6}}\text{Hz}=132.6\text{kHz}$$

## 二、在过电压作用下，变压器绕组内的电压分布

变压器绕组中波过程的分析，可借助于具有分布参数的变压器等效电路，即考虑绕组元件的电容、电感和电阻。但是这些参数不是恒定不变的。在陡波头的冲击电压作用于变压器绕组初始瞬间，相当于施加一个频率极高的电压。此时感抗$X_L=\omega L$极大，而容抗$X_C=\frac{1}{\omega C}$很小，因此电压沿绕组分布主要决定于绕组的分布电容。随着时间的推移，电压变化速度下降，感抗变小，于是电压分布取决于全部电容、电感和电阻。当电压变化速度继续下降时，容抗进一步增大，直到对过渡过程不产生影响，则电路只有电感和电阻。当非周期电压波达到稳定时，感抗为零，容抗为无限大，电路只有电阻分量，则电压呈线性分布。

### 1．变压器绕组的起始电压分布

当波头很陡的过电压波（为了简化分析，假定为无限长的矩形波）进入变压器绕组瞬间，绕组的等效电路如图13-15。图中绕组的入口电压为冲击电压$U$的2倍，$C_d'$为高压线圈一个线段的总纵向电容，$C_q'$为一个线段的对低压绕组和对地的总电容。故绕组总纵向电容$C_d=\frac{1}{\Sigma\frac{1}{C_d'}}$，总对地电容$C_q=\Sigma C_q'$。设绕组的总长度为1，我们研究距离绕组末端为$X$而长度为$\mathrm{d}x$的线段单元，设其对地电位为$u_x$，$\mathrm{d}x$段的电压为$\mathrm{d}u_x$(图13-16)。由于线圈各部分的对地电容是并联的，所以任一单元线段的对地电容与其长度成正比，即$\mathrm{d}x$段的对地电容为$C_q\mathrm{d}x$。绕组各部分的纵向电容是串联的，任一单元线段的纵向电容与其长度成反比，即$\mathrm{d}x$段的纵向电容为$\frac{C_d}{\mathrm{d}x}$。假定绕组长度方向上相邻两个单元的电量分别为$Q_x$和$Q_x-\mathrm{d}Q_x$，那么电容$C_q\mathrm{d}x$的电量为$\mathrm{d}Q_x$。把电量、电容和电压之间的关系$U=\frac{Q}{C}$，应用到电容$C_q\mathrm{d}x$和$\frac{C_d}{\mathrm{d}x}$上，可得出

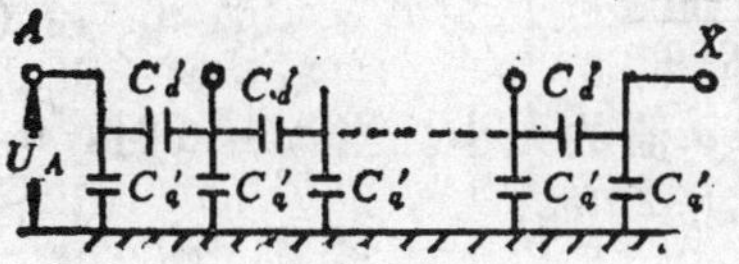

图13-15　变压器绕组的电容电路

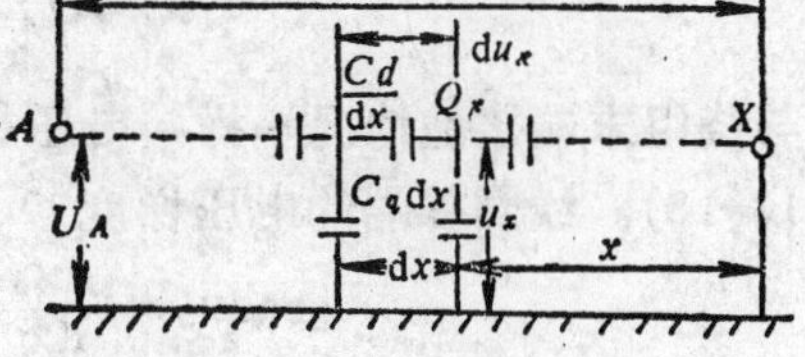

图13-16　绕组的单元电容电路

$$u_x=\frac{1}{C_q}\frac{\mathrm{d}Q_x}{\mathrm{d}x} \tag{13-45}$$

$$\mathrm{d}u_x=\frac{Q_x}{C_d}\mathrm{d}x \tag{13-46}$$

将式（13-46）对$x$微分并与式（13-45）联立求解。可得

$$\frac{\mathrm{d}u_x^2}{\mathrm{d}x^2}-\frac{C_q}{C_d}u_x=0 \tag{13-47}$$

式（13-47)的通解为

$$u_x=A_1e^{\alpha x}+A_2e^{-\alpha x} \tag{13-48}$$

式中　$\alpha=\sqrt{\frac{C_q}{C_d}}$。

积分常数$A_1$和$A_2$可根据边界条件确定。对于高压绕组中点接地情况下，接地的末端，$x=$

0，$u_x=0$；线圈的首端，$x=1$，$u_x=U_A$。将这些值代入式（13-48），可得到 $A_1=-A_2=\frac{U_A}{e^{\alpha}-e^{-\alpha}}=\frac{U_A}{2\text{sh}\alpha}$。所以

$$u_x=U_A\frac{e^{\alpha x}-e^{-\alpha x}}{2\text{sh}\alpha}=U_A\frac{\text{sh}\alpha x}{\text{sh}\alpha} \tag{13-49}$$

由式（13-49)可以看出，起始电压分布与 $\alpha$ 值有关。当 $\alpha=0$ 时，式（13-49)的 $u_x$ 为不定值。分别将分子、分母对 $\alpha$ 求导，即得出

$$u_x=U_A\frac{x\text{ch}\alpha x}{\text{ch}\alpha}\bigg|_{\alpha=0}=U_Ax$$

可见当 $\alpha=0$ 时，起始电压呈线性分布（图13-17）。现代的电力变压器，$\alpha$ 值在5～15之间，起始电压分布与线性分布相差很远。线圈首端的电压梯度比线性分布时要大得多。当 $x=1$ 时，

$$\text{grad}u_x=\frac{\text{d}u_x}{\text{d}x}\bigg|_{x=1}=U_A\frac{\alpha\text{ch}\alpha x}{\text{sh}\alpha}\bigg|_{x=1}=U_A\alpha\text{cth}\alpha$$

当 $\alpha>3$ 时　　$\text{cth}\alpha\approx\text{th}\alpha\approx1$ 所以

$$\text{grad}u_x=\frac{\text{d}u_x}{\text{d}x}\bigg|_{x=1}=U_A\alpha \tag{13-50}$$

说明线圈首端的电压梯度要比线性分布大 $\alpha$ 倍。

对于高压线圈末端绝缘的情况下，边界条件是 $x=0$，$Q_x=0$。由式（13-46）得出 $\frac{\text{d}u_x}{\text{d}x}\bigg|_{x=0}=0$，将式（13-48)微分并令 $x=0$，得出 $A_1=A_2$；而当 $x=1$ 时，$u_x=u_A$，由式（13-48）得出 $u_x=A_1(e^{\alpha}+e^{-\alpha})$，故 $A_1=A_2=\frac{U_A}{e^{\alpha}+e^{-\alpha}}=\frac{U_A}{2\text{ch}\alpha}$。所以绕组末端绝缘时，

$$u_x=U_A\frac{e^{\alpha x}+e^{-\alpha x}}{2\text{ch}\alpha}=U_A\frac{\text{ch}\alpha x}{\text{ch}\alpha} \tag{13-51}$$

与绕组末端接地情况一样，电压起始分布也决定于 $\alpha$ 值的大小。当 $\alpha=0$ 时，$u_x=U_A$；（图13-18)。线圈首端的电压梯度

$$\text{grad}u_x=\frac{\text{d}u_x}{\text{d}x}\bigg|_{x=1}=U_A\frac{\alpha\text{sh}\alpha}{\text{ch}\alpha}=U_A\alpha\text{th}\alpha\approx U_A\alpha \tag{13-52}$$

这说明线圈首端的起始电压分布，在 $\alpha>3$ 时，无论线圈末端为绝缘或接地，对它不产生什么影响，而且都接近于线性分布时的 $\alpha$ 倍。

2．过渡过程和电压的最终分布

在无限长矩形波作用下，绕组末端接地时，电压的最终分布是条直线；而绕组末端绝缘时，在稳定状态下绕组内无电流，各点电位是相同的，故电压的最终分布是一条平行于 $x$ 轴的直线。由起始分布向最终分布过渡期间，要发生振荡过程。这个过程用数学分析是很复杂的，下面只定性的说明过渡状态中的现象。

图13-19表示电压沿末端接地的变压器绕组的起始分布曲线（$t=0$）和最终分布曲线（$t=\infty$）。现在研究线圈中 $a$ 点。在开始瞬间，$a$ 点的电压由 $a_1$ 点的纵坐标确定；而在最终时，$a$ 点的电压由 $a_2$ 点的纵坐标确定。假定线圈没有损耗，在过渡期间，电压由 $a_1$ 点增加到 $a_2$ 点时，过程不会终止，因为绕组具有电磁惯性，电压还要继续沿着纵坐标上升到 $a_3$ 点，而且两段距离 $a_1a_2$ 与 $a_2a_3$ 一定会相等。然后电压将下降，到达稳定值后也不会停下，将如此

等幅的振荡下去。实际上由于电阻的存在，振荡是逐渐衰减的。绕组的其他各点的过渡过程也是这样。过渡期间绕组各点的最大电压曲线——电压包络线如图13-19。电压包络线说明了在过渡期间，绕组某些点的对地电压将高于线端的电压，同时还由于绕组内各点的电压振荡时间上不同相，最大电压梯度不仅会出现在绕组的首端，也可能出现在其他部位。

末端绝缘的绕组，其过渡过程与上述情况完全类似。图13-20中的曲线（$t=0$）表示电压起始分布，水平直线（$t=\infty$）表示电压的最终分布，同时还标出了过渡过程中绕组的最大电压包络线。可以看出，由于对地电压的升高，过渡过程更为严重，线圈末端的电压可达线端电压的二倍。

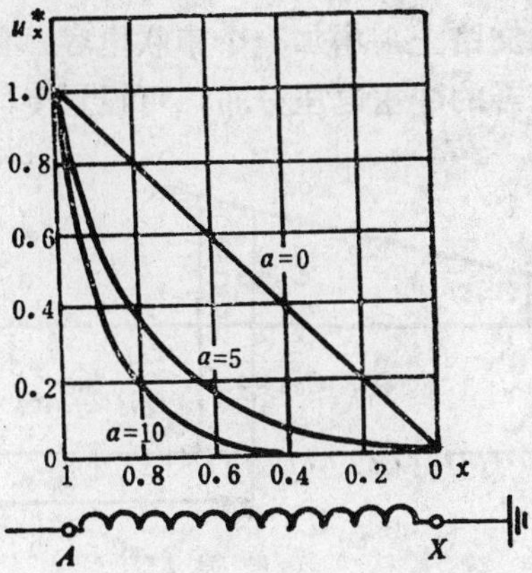


图13-17　末端接地的绕组起始电压分布

$u_x^*=\frac{u_x}{U_A}$

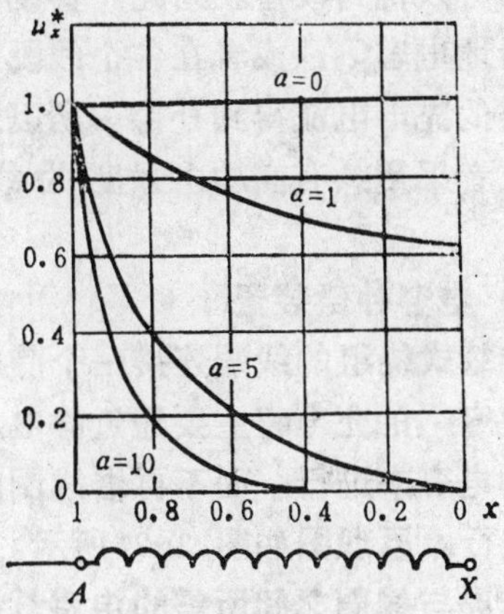


图13-18　末端绝缘的绕组起始电压分布

$u_x^*=\frac{u_x}{U_A}$

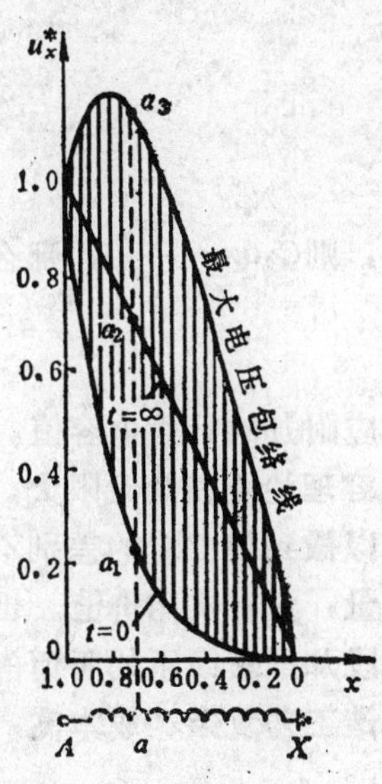


图13-19　中点接地绕组的电压波过程

$u_x^*=\frac{u_x}{U_A}$

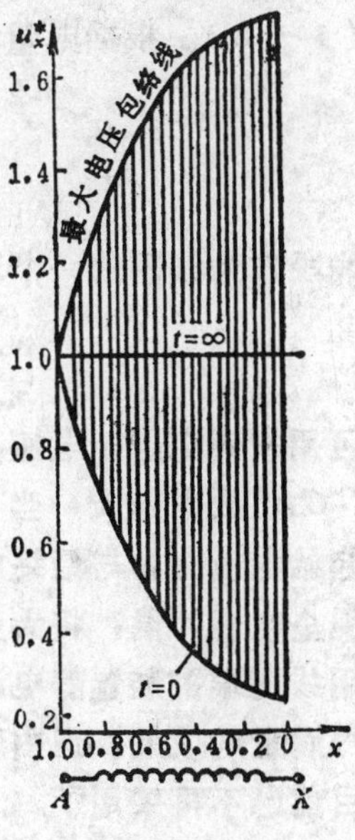


图13-20　中点绝缘绕组的电压波过程

$u_x^*=\frac{u_x}{U_A}$

当进入变压器的波不是无限长的矩形波而是有限长的陡波头的非周期波时，过渡过程的特性是相同的，但过电压值有所下降。

### 三、变压器的过电压保护

变压器在过电压作用下，起始阶段在绕组的线端引起很大的电压梯度，随后将在绕组其他部位引起电压振荡，并使绕组的对地电压大大增高，这对绕组绝缘非常不利。变压器的过电压保护，一方面是采取各种措施降低进入变压器的过电压波的幅值：如在输电线上部设架空地线；采用合理的绝缘配合（在接近变电所的输电线路上装设避雷器）。另一方面是加强变压器本身的电气强度。由前面的分析可以看出，减小$\alpha$值，起始电压分布和整个过渡过程的电压分布可以得到改善。为此，要设法加大纵向电容$C_d$，也就是加大线段的纵向电容$C'_d$；或者减小对地电容$C_q$；或者在各个线段对地电容$C'_q$的支路上，增加一个串联电容，使每线段的对地电容的充电电流得到补偿。所以为了改善变压器的冲击电压分布，可设置专门的电容补偿装置或者采用具有高冲击强度的线圈结构。

（一）电容补偿装置

在连续式绕组的线端连接一个静电屏，使对地电容$C'_q$的充电将主要通过静电屏与线圈之间的电容来进行，而不再借线圈的纵向电容来进行。原理图如图13-21所示。

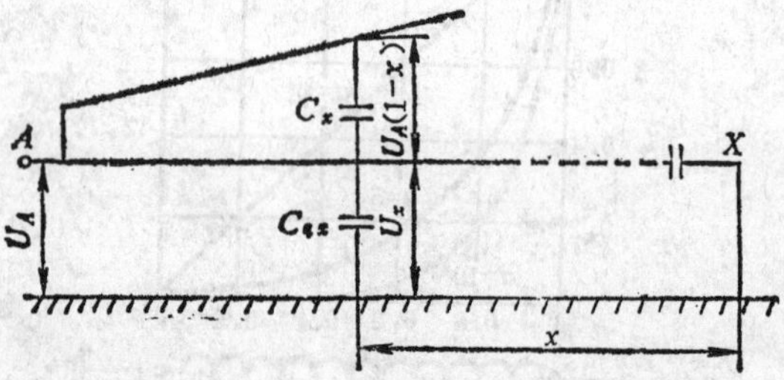


图13-21　确定电容保护装置的电路

静电屏与线圈之间所需的电容量，可以由这些电容$C_x$的电量与对地电容$C_{qx}$的电量相等的原则来确定。例如距离绕组末端为$x$的单元线圈，它的对地电容$C_{qx}=C_q\mathrm{d}x$。在采用静电屏之后，如果起始电压分布为直线，那么$x$点的对地电压将等于$u_x$，而相对于静电屏的电压等于$U_A(1-x)$。根据电量相等条件，于是有

$$u_xC_q\mathrm{d}x=U_A(1-x)C_x$$

因此

$$C_x=C_q\frac{x\mathrm{d}x}{1-x}\tag{13-53}$$

如果取一个线段作为线圈的一个单元，线圈的总段数为$n$，则$C_q\mathrm{d}x=\dfrac{C_q}{n}$，那么

$$C_x=\frac{C_q}{n}\cdot\frac{x}{1-x}\tag{13-54}$$

式（13-54）可用来确定起始电压分布为线性时，$x$处线段应附加的补偿电容值。当$x$点离绕组首端越近，$C_x$值要求越大，当$x=1$时，线端的补偿电容理论上将为无限大。所以实际上不可能达到起始电压分布与最终电压分布完全重合，但可以做到使二者的差别不大。用静电屏装置来实现全电容补偿，将大大增加变压器的尺寸与重量，没有实用价值。但依据这个原理，过去采用线圈端部装置静电环、绕组首末端的部分线段加屏蔽线匝的所谓部分电容补偿装置，曾获得满意的效果。但由于静电环和屏蔽线匝的制造工艺复杂、成本高，所以这种电容补偿装置目前已不再采用了。

（二）具有高冲击强度的线圈

1．多层屏蔽式线圈

这种线圈型式在国外的许多厂家广泛采用。图13-22a表示多层屏蔽式线圈的纵截面图，

图13-22b表示线层的连接图。这种线圈适用于110kV及以上电压等级的变压器。线圈用扁导线或换位导线绕制。靠近低压线圈的那一层末端接地，沿线圈两侧（始、末层）设置电屏。层间为层压绝缘硬纸筒，两端卷边。线圈各层的高度由中性点到线端逐渐减小，目的是为了拉长各层端部之间及端部与铁轭之间的距离，以减小层间油隙宽度，从而减小线圈的平均直径。线层的连接应保证相邻两层的电压不超过一层的电压。由于线圈各层的表面积很大而且层与层间的距离又相当小，所以层间电容(纵向电容)比对地电容要大，使系数 $\alpha$ 值很小，因而起始电压分布接近最终电压分布，基本上属于非谐振线圈。这种型式线圈还具有其他一些优点：由于平均直径相对较小，导电材料消耗和阻抗电压减小；垂直于漏磁场方向的导线根数减少，涡流损耗降低；轴向油道冷却效率高，更适宜于导向冷却。这种线圈的缺点是机械强度较差，制造和修理非常麻烦。

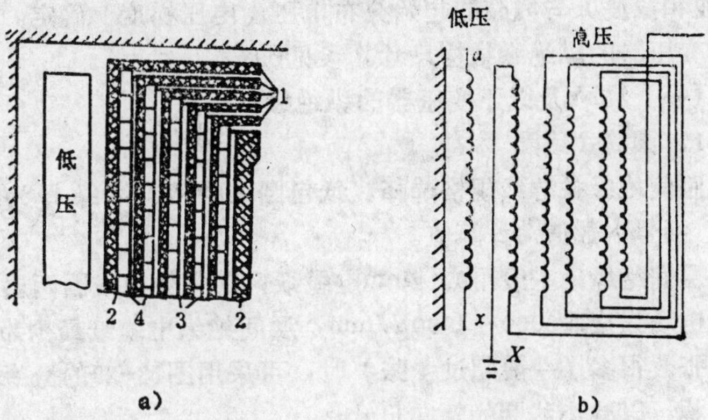


图13-22　多层屏蔽式线圈

a) 纵截面图　b) 线层连接图

1—圈边绝缘筒　2—静电屏　3—撑条　4—高压线圈导线

2．纠结式线圈

图13-10b和图13-12b表示连续式和普通纠结式线圈的线匝和线段排列。如果各线段的匝数 $n$ 和导线的几何尺寸都相同，那么相邻匝间的电容和段间的电容对于两种型式线圈各是相等的。在过电压作用的初始瞬间，电容电流通过这两种型式线圈的情况各不相同。以一个纠结单元（两个线段）为例，连续式线圈的电容电流先通过从第1匝到 $n$ 匝的（$n-1$）个匝间电容，然后由段间联线经第二个线段的（$n-1$）个匝间电容而流入第三个线段，如果忽略相对较小的线段间电容时，连续式两个线段的总纵向电容为 $\frac{C_t}{2(n-1)}$，其中 $C_t$ 为匝间电容。对于普通纠结式线圈，电容电流的路径之一是通过第1线段的第一个匝间电容经段间纠结线（$A$）和第2线段的最后一个匝间电容，这一支路的电容为 $\frac{1}{2}C_t$，另一支路的电容电流通过1，7，2，8，3（4），…6，12等各线匝所构成的匝间电容，其总电容为 $\frac{C_t}{2(n-1)-1} \approx \frac{C_t}{2(n-1)}$。两条支路是并联的，其总电容为 $\frac{1}{2}C_t+\frac{C_t}{2(n-1)}$。因此，普通纠结式线圈与连续式线圈纵向电容之比为

$$\frac{\frac{1}{2}C_t+\frac{C_t}{2(n-1)}}{\frac{C_t}{2(n-1)}}=n$$

可见纠结式线圈的纵向电容比连续式的纵向电容要大 $n$ 倍（$n$ 为每线段匝数）；这样，$\alpha$ 值显著减小，起始电压分布接近最终电压分布，接近于非谐振线圈。它广泛应用于110～500kV

或更高电压等级的变压器中。

**四、变压器的纵绝缘结构**

变压器的纵绝缘，包括线圈的匝间、层间、线段间的绝缘结构与尺寸，由冲击试验电压（全波和截波）与线圈的起始分布电压（电压梯度）确定。下面列出不同电压等级的油浸式电力变压器的纵绝缘结构尺寸。参见〔13-1〕。

（一）35kV及以下变压器的纵绝缘

1．圆筒式线圈

匝间绝缘按导线规格选择。纸包圆线的两边绝缘厚为0.3mm，纸包扁线的为0.45(0.5)mm，括号内数值为计算值。

层间绝缘：一般用0.12mm电缆纸，其张数由线圈两层间最大工作电压选取。油浸电缆纸的电场强度取3000～4000V/mm，层间绝缘电缆纸最少为2张。在层间电压较高而要求电缆纸张数很多（一般超过4张）时，可采用图13-23的分级绝缘结构，以减小线圈的辐向尺寸。

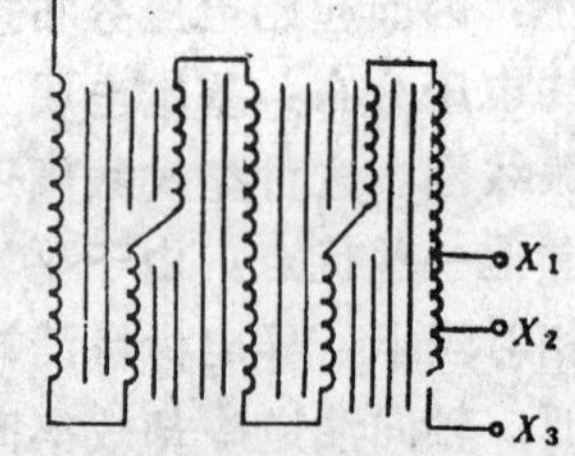


图13-23　层间分级绝缘

层间油道：为使变压器运行时，线圈温升不超过规定值，有时为了增加线圈的散热面积，在层间设置油道。油道的宽度应随线圈的高度增加而增加，否则收不到应有的冷却效果。一般取油道尺寸为线圈高度的1/100，但不小于4mm。油道个数对35kV级容量在100kVA以上时取一个，设置在线圈最热点附近。当线圈内侧直接靠在硬纸筒时（不计散热面），油道设在总层数的$\frac{1}{3}$～$\frac{2}{5}$处（从内层算起）；而当线圈内外两侧都散热时，油道设在总层数的一半处。层间油道是由10～15mm宽的层压纸板撑条构成的，两撑条之间的周向间距为120～150mm（弧长）。油道也可用瓦楞纸板构成。

2．连续式线圈

连续式线圈的匝间绝缘及段间绝缘见表13-14。段间纸圈伸出线圈外径每边至少8mm。三相容量为2500kVA及以下、电压为35kV时，线圈首末端各4段的匝数应为正常段匝数的70%左右。此时，匝间应均匀垫以绝缘纸条，使线段外径与正常段的一致。

**表13-14　连续式线圈的匝间绝缘及段间绝缘**

| 电压等级/kV | ≤15 | ≤15 | 35 | 35 |
|---|---|---|---|---|
| 匝间绝缘/mm | 全部0.45 | 全部0.45 | 全部0.45 | 全部0.45 |
| 首末端段间绝缘/mm | 1,5纸圈和4油道交错排列 | 全部为4油道 | 1,3,5,7段间为2,5纸圈 2,4,6,8段间为6油道 | 6油道6个 |
| 正常部分段间绝缘/mm | 同上 | 同上 | 1,5纸圈和4,5油道交错排列 | 4,5油道 |
| 中断点油道/mm（中部调压） | 8～9 | 8～9 | 9～10 | 9～10 |
| 中断点油道/mm（中性点调压线圈反接） | 12 | 12 | | |

（二）110kV变压器的纵绝缘

对于中性点直接接地、高压绕组接法为$Y_N$、调压范围≤10%、三相容量为10000kVA及以下时，采用端部出线结构（图13-24a）；12500～20000kVA时，采用端部出线结构（图13-24b）；20000kVA以上时，采用中部出线结构（图13-24c）。图中线圈均为纠结—连续式，标号$A$、$B$、$C$各线段为纠结式，其余线段为连续式，匝间绝缘均为1.35mm。调压线段$H$也可采用两段纠结式。

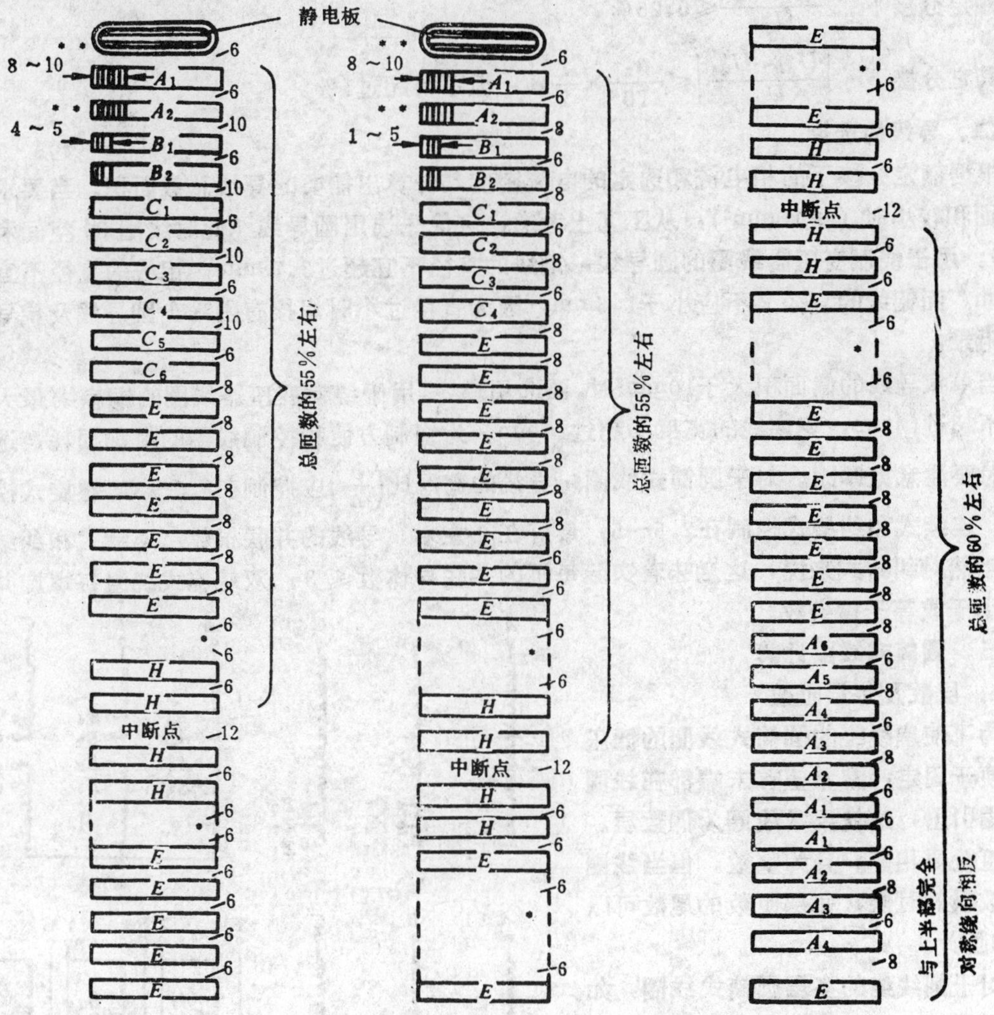


图13-24　110kV变压器纵绝缘结构

## §13-7　线圈的设计计算

### 一、线圈匝数计算

先计算无分接的线圈。因为每匝电压$e_t=\sqrt{2}\pi fB_mA_{Fe}$，铁心有效截面积$A_F$。在铁心直径决定之后为已知量，于是根据初选的$B_m$值，即可算出每匝电压$e_t$，从而可以算出低压绕组匝数$\left(N_2=\dfrac{U_{N\phi2}}{e_t}\right)$。将$N_2$取整后，再反算每匝电压及磁通密度的实际值。

高压和中压绕组都是带有分接的，根据各分接下的相电压算出各相应分接的匝数。

为了使并联运行时变压器的二次线圈之间不产生环流，国家标准GB1094—86对电力变压器的变比误差有严格规定。考虑变压器制造和试验方面的偏差，设计时计算的变压比误差应满足：

额定分接下 $\dfrac{U_\phi-U'_\phi}{U_\phi}\leqslant 0.25\%$，

其它分接下 $\left|\dfrac{U_{\phi i}-U'_{\phi i}}{U_{\phi i}}\right|\leqslant\dfrac{u_z}{10}\times\dfrac{1}{2}\%$，但不得超过1%。

**二、导线的选择**

根据额定分接下的相电流和选定的电流密度，计算出需要的导线总截面积。当要求的导线截面积较小时（≤10mm²），从工艺上考虑，应优先选用圆导线（此时线圈的空间利用率较差）。用于绕制变压器线圈的圆导线，铜线的直径不宜超过3.75mm，铝线的直径不宜超过5.3mm。而铝线的直径又不应小于1.5mm，因为直径过小时焊接有困难。圆导线及扁导线规格见附录。

当单根导线的截面积大于10mm²时，要选用扁线。用于绕制变压器线圈的铜扁线最大宽度一般不超过14mm，铝扁线的宽度不超过16mm。为绕制方便和控制线圈的附加损耗，选用扁导线时要注意宽厚比。对于圆筒式线圈，导线的宽厚比$\left(\dfrac{b}{a}\right)$应控制在1.5～3；螺旋式控制在2～4；连续式和纠结式控制在2.5～5，最好在3左右。导线的并联根数：连续式和纠结式≤6，当然对纠结式来说，这意味着实际每匝的并联导体数≤3；双螺旋式绕组每螺旋并联根数应小于或等于撑条数。

**三、圆筒式线圈计算**

1．层数及每层匝数

为了使扁线绕的圆筒式线圈的低压引线便于固定，常希望首末端都在线圈的上端引出，这就要求线圈为偶数层。每层匝数要相等，且为整数。但当线圈为偶数层的时候，每层匝数的尾数可以为0.5匝。

对于圆线绕的多层圆筒式线圈，如为无励磁调压，线圈的联接法如图13-25a。各分接头从外层线匝引出。多层圆筒式线圈各层匝数应相等，有时为了给绕制留下一定裕度，有一层匝数可少些，但不应少于其它层匝数的一半。

2．轴向及辐向尺寸计算

（1）线圈轴向尺寸

$$H=[b\,n_1(n_2+1)]\delta \qquad (13\text{-}55)$$

式中　$b$——带绝缘导线的直径或宽度；

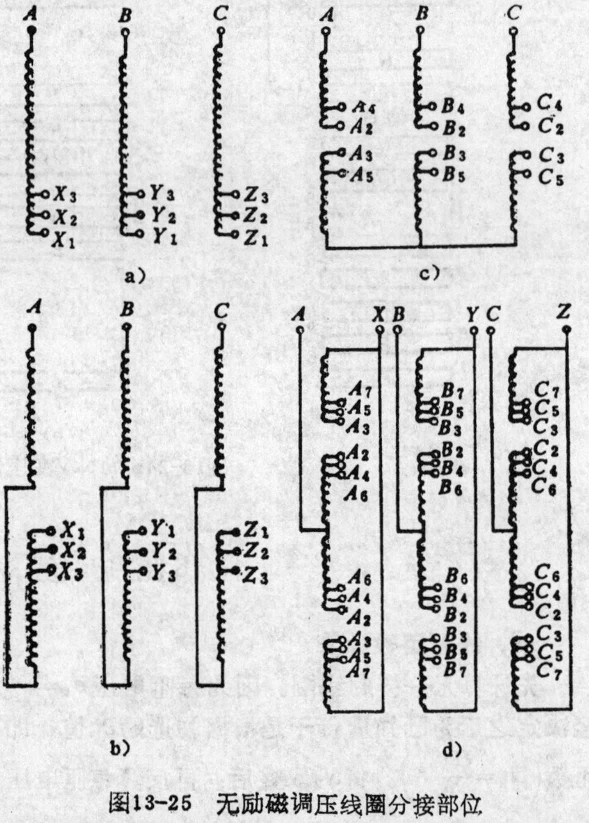


图13-25　无励磁调压线圈分接部位

$n_1$——导线沿轴向的并联根数；

$n_2$——每层匝数；

$\delta$——制造裕度，见表13-15。

当导线沿辐向有二根并联时，需进行一次换位，此时轴向高度应增加一根导线宽度。

（2）铁心窗高

$$H_o = H + 2(h_1 + \delta_3) \tag{13-56}$$

式中$h_1$、$\delta_3$见表13-12。$h_1$包括线圈端绝缘在内。窗高$H_o$的尺寸应凑成尾数为零或5mm。

（3）线圈辐向尺寸

线圈油道两侧的辐向尺寸要分别计算。

$$B = [an'n_o + (n_o - 1)\delta_1]\delta \tag{13-57}$$

式中 $a$——带绝缘导线的直径或厚度；

$n'$——导线沿辐向并联根数；

$n_o$——油道一侧的线圈层数；

$\delta_1$——层绝缘厚度；

$\delta$——裕度，见表13-15。

表13-15 圆筒式线圈制造裕度

| 线型 | 圆 | 线 | | | 扁 | 线 |
|---|---|---|---|---|---|---|
| | 单根漆包 | 单根纸包 | 6层以上 | 35千伏有电屏 | 单根 | 有并绕 |
| 辐向裕度 | 7～8% | 8～9% | 9～10% | 15～18% | 4～7% | 5～8% |
| 轴向裕度 | 1～1.5% | 0.5～1% | 0.5～1% | 0.5～1% | 0～0.5% | 2～2.5% |

## 四、连续式、螺旋式、纠结式线圈计算

### 1. 线段数及每段匝数的安排

对于连续式和纠结式线圈，可按照规定的调压范围及级数计算高压线圈的总匝数及各分接匝数。根据额定分接时每相电流值确定导线截面积并初选导线尺寸之后，即可进行线圈段数及每段匝数的安排。当变压器为无励磁调压时，线圈联接法见图13-25b、c和d。对于电压为15kV及以下，电流为350A及以下时的连续式线圈，采用图13-25b接线方式，调压线段设在线圈中部，在中性点调压；当线圈的电压较高或电流较大时，应采用图13-25c或d的联接法，在线圈中部分相调压。如果变压器要求有载调压，且调压范围大于15%时，一般用一个独立线圈，它的匝数为全部调压匝数，且串联于高压绕组中。

连续（纠结）式线圈总线段数的初选值可参考下列数据：10kV级，40～60；35kV级，56～76；110kV级，60～80（端部出线），2×34～2×44（中部出线）；220kV级，2×36～2×50。分接段段数选取原则是每一分接范围的线段首端和末端均应在线圈的外侧。当分接范围为±5%时，端部出线、10kV及以下或中部出线的取4段，而端部出线、35kV及以上时取8段。分接段的匝数不一定要求相同，即可以允许有两种段号。对于中部出线分接范围为±2×2.5%时，分接段可采用纠结段，每一个分接间的段数为1。至于加强段的段数应按相应的纵绝缘结构要求。

各种段号匝数分配原则是各线段匝数总和应等于按变比计算的匝数，而各分接电压的电压比误差（实际值）应小于规定值；各线段的外径要相同；所有正常段的匝数应尽可能相

等。如果初步安排的各线段总匝数多于要求的匝数，而且多的匝数少于正常段数，可将正常线段的一部分或全部减少一匝（垫以相同厚度的纸板条使外径相同）。假如线段和每段匝数安排后的总匝数少于要求值，则应重选段数。经过一次或多次调整后，使线圈满足绝缘结构要求的段号与段数，电压比误差小于规定值，外径相同，而且代替导线的垫纸条尽可能少，就算完成了连续（纠结）式线圈线段数与匝数的安排。

连续式线圈作中压或低压绕组时，它的位置处于心柱上各线圈的中部或内部，为了避免段间过渡线所增加的一根导线厚度而增大主绝缘距离，一般常采用分数匝绕组。分数匝的分母为撑条数，分子尽可能为撑条数减1。

螺旋式线圈的总段数只与匝数及螺旋数（单、双、四等）有关。

所有中压或低压线圈的油道除按纵绝缘结构所要求的以外，为了调节相对于高压绕组磁势平衡的需要，可以增加油道的调节高度。大型产品取50～150mm，中型产品取25～40mm，以增大对应于高压绕组调压区和中断点部位的低压绕组的油道。

2．辐向尺寸计算

$$B=an_1'n_2'\delta \tag{13-58}$$

式中 $n_1'$——沿辐向的导线并联根数；

$n_2'$——每段匝数；

$\delta$——制造裕度，取1.03～1.05；

$a$——带绝缘导线厚度。

3．轴向尺寸计算

$$H=b\ n+K_p\sum h \tag{13-59}$$

式中 $b$——带绝缘导线宽度；

$\sum h$——油道总高度；

$K_p$——垫块的工艺压缩系数，取0.92～0.94；

$n$——沿轴向导体总根数。

对于连续式（纠结式），$n$＝总段数；对于单螺旋（一次标准换位、二次特殊换位），$n$＝匝数＋4；对于双螺旋，$n=2\times$(匝数＋1)；对于四螺旋，一侧出线，$n=4\times$(匝数＋1)；对于四螺旋，前后两侧出线，$n=4\times$匝数＋2。

低压（中压）线圈的轴向高度，在110kV及以下电压等级中取与高压线圈（包括静电板）等高；在更高电压等级中的低压（中压）线圈轴向高度可以高出高压线圈20～40mm。

4．饼式线圈的铁心窗口高度计算

中大型变压器线圈的轴向固紧装置多采用压板压钉结构，因此变压器铁心的窗口高度除包括高压线圈高度、上铁轭绝缘和下铁轭绝缘的轴向尺寸之外，应增加压板厚度$\delta_t$和压板到上铁轭间的调节空隙$h_0$。压板厚度一般取32～40mm，特大型产品取50mm或更厚；调节间隙大小主要决定于压板压钉结构型式，每心柱采用一块压板时，$h_0$为25～30mm；每心柱用多块压圈和用反压钉结构时，$h_0$应取60mm。

## §13-8 变压器的阻抗电压计算

变压器漏磁场的大小和分布决定或影响变压器漏抗电压、附加损耗和绕组的动、热稳定等重要性能。变压器的漏磁场问题是相当复杂的，用解析法进行定量计算时，都要做某些简化。下面分别讨论简单双绕组、复杂双绕组以及多绕组变压器的电抗电压计算问题。

**一、绕组高度相等，沿轴向安匝均匀分布的同心式双绕组变压器的电抗电压计算**

对于这种最简单的情况，电机学教本中已导出其漏电感及漏电抗的计算式：

$$L_{12}=\frac{2\pi\mu_0 N^2\rho_1}{H_{x1}}\Sigma D$$

$$X_{12}=\frac{4\pi^2\mu_0 N^2 f\rho_1}{H_{x1}}\Sigma D$$

转换为电抗电压

$$u_x=\frac{I_{N\phi}X_{12}}{U_{N\phi}}=\frac{4\pi^2\mu_0 f I_{N\phi}N^2\rho_1}{U_{N\phi}H_{x1}}\Sigma D \tag{13-60}$$

式中 $IN$——线圈在额定容量时的磁势；

$H_{x1}$——计算漏磁感应用高低压绕组轴向平均高度；

$\Sigma D$——等效漏磁面积，对应于图13-26a，

$$\Sigma D=\frac{1}{3}(a_1r_1+a_2r_2)+a_0r_{12} \tag{13-61}$$

对应于图13-26b

$$\Sigma D=\frac{1}{3}(a_{1a}r_{1a}+a_{1b}r_{1b}+a_{2b}r_{2b}+a_{2a}r_{2a})+a_0r_{12}+a_{11}\left(\frac{N_{1a}}{N_{1a}+N_{1b}}\right)^2r_{11}$$
$$+a_{22}\left(\frac{N_{2a}}{N_{2a}+N_{2b}}\right)^2r_{22} \tag{13-62}$$

纵向漏磁场洛氏系数〔13-4〕

$$\rho_1=1-\frac{1}{\pi u}(1-e^{-\pi u}) \tag{13-63}$$

式中 $u=\frac{H_{x1}}{\lambda}$，而 $\lambda=a_1+a_0+a_2$(图13-26a)。当 $\pi u>3$ 时，式（13-63）可简化为

$$\rho_1=1-\frac{1}{\pi u} \tag{13-64}$$

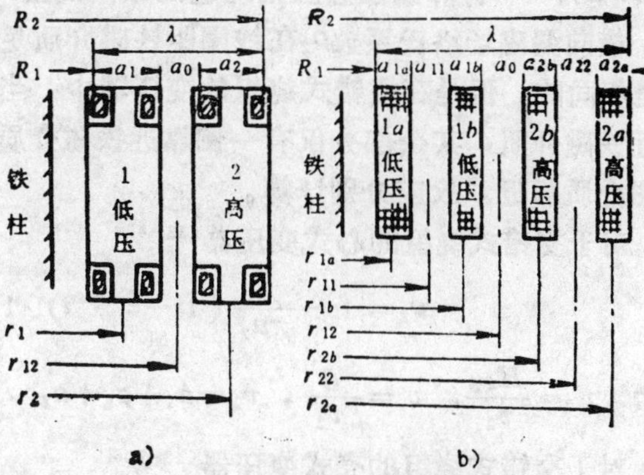


图13-26 双绕组变压器线圈排列
a）线圈内无轴向油道 b）线圈内有轴向油道

对于一般多层圆筒式绕组，设高压与低压绕组共有 $s$ 层，（$s-1$）个轴向油道，则

$$\Sigma D=\sum_{k=1}^{s}\frac{1}{3}a_kr_k[\alpha^2_{(k-1)k}+\alpha_{(k-1)k}\alpha_{k(k+1)}+\alpha^2_{k(k+1)}]$$
$$+\sum_{k=2}^{s}\alpha^2_{(k-1)k}r_{(k-1)k}\delta_{(k-1)k} \tag{13-65}$$

式中 $a_k$，$r_k$——第 $k$ 层线圈的厚和它的平均半径；

$\delta_{(k-1)k}$，$r_{(k-1)k}$——（$k-1$）层与 $k$ 层之间的空道宽和空道的平均半径；

$\alpha$——层间空道的磁势对线圈总磁势之比；

即 $$\alpha_{12}=\frac{(IN)_1}{IN},\alpha_{23}=\frac{(IN)_1+(IN)_2}{IN}\cdots\cdots$$

而$\alpha_{01}=0$。

## 二、交错式绕组的电抗电压计算

交错式绕组主要用于壳式变压器，也用于电炉变压器。高压和低压线圈彼此对称交错排列，形成$n$个径向漏磁组（单元）如图13-27。假定高压或低压绕组一相的总匝数为$N$，分成$n$个单元，每一单元的匝数为$\frac{N}{n}$。于是同一对同心式线圈相类似，可得出与一个单元漏磁场相对应的漏电抗。

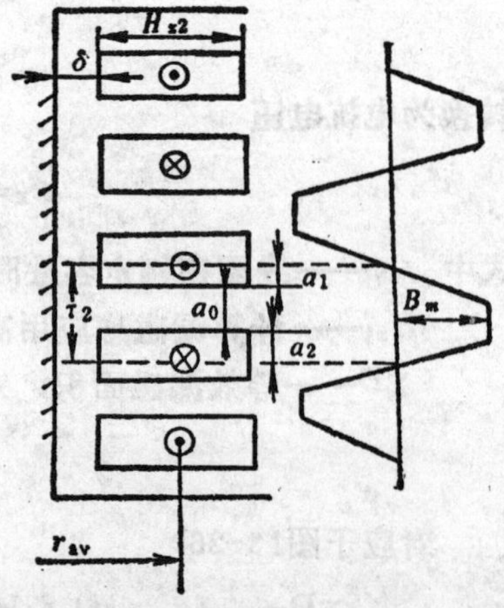


图13-27 对称交错式绕组

$$X_n=\frac{4\pi^2\mu_0 f\left(\frac{N}{n}\right)^2\rho_2}{H_{x2}}\Sigma D$$

由$n$个单元串联联结所组成的交错式绕组的电抗电压将是每单元电抗电压的$n$倍，所以交错式绕组的电抗电压计算式为

$$u_X=\frac{4\pi^2\mu_0 fI_{N\phi}N^2\rho_2}{U_{N\phi}H_{x2}n}\Sigma D \tag{13-66}$$

式中 $\Sigma D=r_{av}\left[a_0+\frac{1}{3}(a_1+a_2)\right]$；

$r_{av}$——绕组的平均半径；

$H_{x2}$——计算漏磁感应用绕组的辐向高度，见图13-27。

横向漏磁场洛氏系数$\rho_2$在线圈距铁磁介质足够远的情况下，它与同心式线圈的洛氏系数$\rho_1$是相同的。但是在交错式绕组的变压器中，当铁心是壳式时，每个线圈的某些部分有两侧靠近铁磁介质，其余部分仅有一侧靠近铁磁介质；但当铁心是心式时，整个线圈只有一侧与铁磁介质靠近。故应分别计算。

对于交错式绕组的心式变压器[13-4]

$$\rho_2=1-\frac{1}{\pi u_2}(1-e^{-\pi u_2})[1-0.5e^{-2\pi v}(1-e^{-\pi u_2})] \tag{13-67}$$

式中 $u_2=\frac{H_{x2}}{\tau_2}$，$v=\frac{\delta}{\tau_2}$，$\tau_2=a_1+a_0+a_2$；$\delta$为绕组距心柱的距离，见图13-27。

对于交错式绕组的壳式变压器[13-5]

$$\rho_2=1-\frac{1}{\pi u_2}(1-e^{-\pi u_2})\left\{1-0.5e^{-2\pi v}(1-e^{-\pi u_2})\times\left[\frac{l_2}{l}+\frac{l_1}{l}(1+e^{-\pi(v'-v)})\right]-\frac{l_1}{l}e^{-\pi(u_2+2v+2v')}\right\} \tag{13-68}$$

式中 $l$——线圈的平均周长；

$l_1$——线圈周长上有两侧面与铁磁介质靠近的部分；

$l_2$——线圈周长上的其余部分；

$$v=\frac{\delta}{\tau_2},\ v'=\frac{\delta'}{\tau_2};$$

$\delta$、$\delta'$——线圈的两侧距铁磁介质的距离。

在大型变压器中，为了增大线圈的冷却表面积，交错式线圈的单元线段可以分成 $s$ 层。高、低压单元线段的层数可以不相同。我们用 $(IN)_1$，$(IN)_2$，$(IN)_3$……表示一个单元各层的磁势，而层间空道的磁势以占一个单元磁势的分数来表示

$$a_{12}=\frac{(IN)_1}{IN/n};\ a_{23}=\frac{(IN)_1+(IN)_2}{IN/n};\ 等等$$

式中 $n$ 为线圈的单元数。$IN$ 为整个线圈的磁势。则按式（13-66）计算电抗电压时，

$$\Sigma D=r\left\{\sum_{k=1}^{s}\frac{a_k}{3}\left[a^2_{(k-1)k}+a_{(k-1)k}a_{k(k+1)}+a^2_{k(k+1)}\right]+\sum_{k=2}^{s}a^2{}_{(k-1)k}\delta_{(k-1)k}\right\}\quad(13-69)$$

### 三、磁势分布不均匀的同心双绕组变压器的电抗电压计算

电力变压器的高压（中压）绕组由于调压分接线段的设置以及高压绕组与低压绕组的纵绝缘结构沿绕组高度上分布的不同，造成一对绕组的安匝沿绕组轴向分布不均匀。因此按式（13-60）计算的结果，会出现较大的误差，应予以修正。

饼式绕组的调压分接区一般设置在绕组的末端或绕组的中部，如图13-25的a和b；或绕组的1/4与3/4部位，如图13-25d。下面以分接区设在绕组中部为例，说明其电抗电压的计算方法。

当调压范围为 $\pm\frac{\beta}{2}\%$ 时，调压区最大高度约占线圈总高度的 $\beta\%$，即 $\beta=\frac{h_0}{H}\times100$，$h_0$ 为调压区最大高度。我们把绕组的磁势分解为两部分：轴向磁势构成纵向漏磁场，径向磁势构成横向漏磁场，如图13-28。为此，将低压绕组与带调压区的实际高压绕组用三个线圈来代替，即一个具有均匀磁势分布的同心式绕组 $A$ 并产生轴向漏磁场，和两个交错式绕组 $B$ 产生两个横向漏磁场组。注意"分解"时仍应保证磁势迭加后就是原来绕组磁势的分布。为了使 $A$ 组线圈的磁势沿轴向均匀分布，要将高压线圈调压区人为地添加补平磁势 $-\frac{IN\beta}{100}$，这样为了保持高压线圈总磁势不变，则在调压区以外上、下两部分的磁势各应减去 $-\frac{IN\beta}{200}$，即上下两部分的磁势应为 $-\frac{IN}{2}+\frac{IN\beta}{200}=-\frac{IN}{2}\left(1-\frac{\beta}{100}\right)$。又要使高、低压线圈沿轴向磁势均匀分布，则低压线圈对应调压区部分的磁势要求为 $+\frac{IN\beta}{100}$，于是低压线圈对应调压区以外上下两部分的磁势必为 $+\frac{IN}{2}-\frac{IN\beta}{200}=\frac{IN}{2}\left(1-\frac{\beta}{100}\right)$。同样为了不改变原来绕组磁势的分布情况，$B$ 组线圈（交错式）对应调压区域的磁势必须是 $+\frac{IN\beta}{100}$。为使 $B$ 组线圈对称平衡，其上下两部分磁势应该是 $-\frac{IN\beta}{200}$，形成两个对称的单元漏磁组。这样处理的结果，使一对磁势分布不均匀的同心式绕组，等效为一对具有相同磁势的同心式绕组和两组对称的交错式绕组。分别计算 $A$ 绕组和 $B$ 绕组的电抗电压，然后代数相加，即可求得磁势分布不均匀的同心式绕组的电抗电压。$A$ 绕组的电抗电压 $u_{x1}$，按式（13

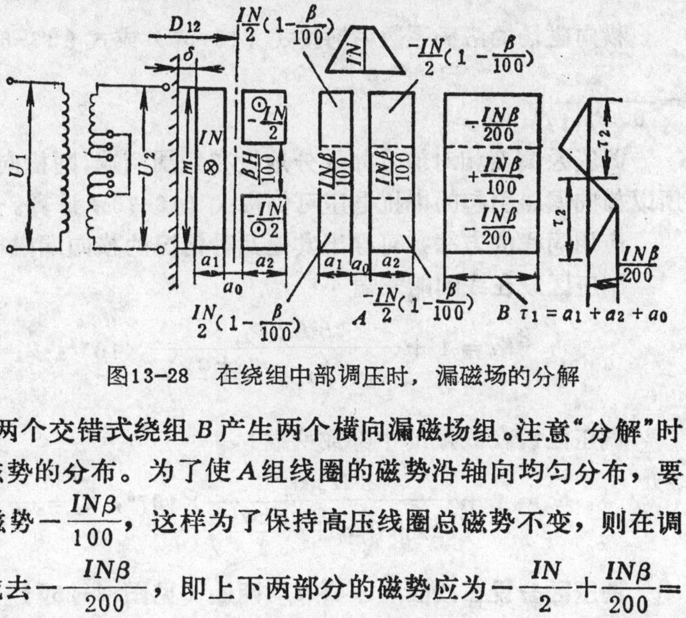

图13-28　在绕组中部调压时，漏磁场的分解

-60)计算；$B$绕组中每个漏磁组的电抗电压按式(13-66)计算，即$u_{x2}=\frac{4\pi^2\mu_0 f(I_{N\phi}N)N}{U_{N\phi}\cdot H_{x2}\cdot n}\rho_2\Sigma D$。注意这里的$H_{x2}=\tau_1=a_1+a_0+a_2$；每个漏磁组的匝数$\frac{N}{n}=\frac{N\beta}{200}$；每个漏磁组的磁势$(IN)=\frac{IN\beta}{200}$；对于线圈组$B$，$\Sigma D_i=\frac{1}{3}r_{12}\frac{H_{x1}}{2}=\frac{1}{6}r_{12}H_{x1}$，将上述各量代入式（13-66），并令$n=2$，可得

$$u_{x2}=\frac{4\pi^2\mu_0 fI_{N\phi}N^2\beta^2\rho_2 r_{12}H_{x1}}{12\tau_1 U_{N\phi}}\times10^{-4} \tag{13-70}$$

中部调压时变压器总电抗电压

$$u_x=u_{x1}+u_{x2}=\frac{4\pi^2\mu_0 fI_{N\phi}N^2\rho_1 r_{12}\left(a_0+\frac{a_1+a_2}{3}\right)}{U_{N\phi}H_{x1}}\left(1+\frac{\beta^2\rho_2 H_{x1}^2\times10^{-4}}{12\rho_1\tau_1\left(a_0+\frac{a_1+a_2}{3}\right)}\right)$$
$$=u_{x1}K_{q2} \tag{13-71}$$

式中　$u_{x1}$——线圈沿轴向磁势分布均匀的电抗电压；

$K_{q2}$——线圈中部有调压区，使磁势分布不均匀而引起电抗电压增大的系数。

横向磁场的洛氏系数$\rho_2$仍按式（13-67）或式（13-68）计算，但注意$u_2=\frac{\tau_1}{0.5H_{x1}}$，$v=\frac{\delta}{0.5H_{x1}}$。

调压区高度相对值$\beta$如等分地设在线圈两端，则横向磁势分布完全与中部调压情况相同，所以横向漏磁引起的电抗电压可仍按式（13-70）计算。

应用同样的方法，可导出其他几种情况的横向漏磁电抗的附加系数：

调压区设在线圈的末端

$$K_q=1+\frac{\beta^2H_{x1}^2\rho_2}{3\rho_1\tau_1\left(a_0+\frac{a_1+a_2}{3}\right)}\times10^{-4},\ u_2=\frac{\tau_1}{H_{x1}},\ v=\frac{\delta}{H_{x1}};$$

调压区设在线圈的中部或两端

$$K_q=1+\frac{\beta^2H_{x1}^2\rho_2}{12\rho_1\tau_1\left(a_0+\frac{a_1+a_2}{3}\right)}\times10^{-4},\ u_2=\frac{\tau_1}{0.5H_{x1}},\ v=\frac{\delta}{0.5H_{x1}};$$

调压区分设在线圈的1/4和3/4两处（见图13-25d）

$$K_q=1+\frac{\beta^2H_{x1}^2\rho_2}{48\rho_1\tau_1\left(a_0'+\frac{a_1+a_2}{3}\right)}\times10^{-4},\ u_2=\frac{\tau_1}{0.25H_{x1}},\ v=\frac{\delta}{0.25H_{x1}}。$$

各种情况下的$K_q$表达式，除分母中的常数项有不同的数值以外，其余各项完全相同，故可写成一般形式：

$$K_q=1+\frac{\beta^2H_{x1}^2\rho_2}{K_c\rho_1\tau_1\left(a_0+\frac{a_1+a_2}{3}\right)}\times10^{-4} \tag{13-72}$$

对应于上述三种情况，$K_c$值分别为3、12和48。

从以上分析可以看出，在调压范围一定时，调压区集中在线圈的末端，横向漏磁场最强。

分接区设在绕组中部，情况要好些；而调压区分设在离线圈两端1/4处，横向漏磁场最小。在分接区已经确定的情况下，为了减小横向漏磁，可以采用增大非调压线圈的对应于调压区的段间油道的方式，来减小线圈间磁势的不平衡度。

**四、一个铁心柱上有两个以上线圈的电抗电压计算**

具有高压、中压和低压线圈的普通三绕组变压器、自耦三绕组变压器和具有一个低压（或高压）、两个高压（或低压）线圈的三绕组变压器，每个铁心柱上有三个独立的线圈，而分裂式变压器每个铁心柱上可能有四个线圈。这些多绕组变压器在各种运行方式下的电抗电压计算，可以借助多绕组变压器的电路理论与双绕组变压器电抗电压的计算方法来完成。下面研究一个心柱上有三个线圈时电抗电压计算的一般原理与方法。

（一）三线圈变压器的电路理论，等效电路及其参数

图13-29为变压器一个心柱上有三个线圈的原理图。图中规定了各电磁量的正方向，而且假定各物理量已经折算到同一线圈。当忽略磁化电流时，电压和磁势平衡方程为

$$\left.\begin{aligned}\dot{U}_1&=-\dot{E}_1+\dot{I}_1R_{123}+j\dot{I}_1X_{123}=-\dot{E}_1+\dot{I}_1Z_{123}\\\dot{U}_2&=\dot{E}_2-\dot{I}_2R_{213}-j\dot{I}_2X_{213}=\dot{E}_1-\dot{I}_2Z_{213}\\\dot{U}_3&=\dot{E}_3-\dot{I}_3R_{312}-j\dot{I}_3X_{312}=\dot{E}_1-\dot{I}_3Z_{312}\\\dot{I}_1&+\dot{I}_2+\dot{I}_3=0\end{aligned}\right\}\qquad(13\text{-}73)$$

式中 $R_{123}$，$R_{213}$，$R_{312}$分别为线圈1、2和3的等效电阻，一般它们不能只看作为某一线圈的欧姆电阻。因为某一线圈的等效电阻不仅反映该一线圈的欧姆损耗，而且包括各线圈中的电流所激励的漏磁场在该线圈和其他线圈以及某些附近金属构件中产生的杂散损耗在内。

$X_{123}$，$X_{213}$，$X_{312}$分别为线圈1、2和3的等效电抗，同样它们各自反映某一线圈的自身漏磁通和其他线圈的互漏磁通的作用。

根据式（13-73）可得出下列方程组和如图13-30的等效电路：

$$\left.\begin{aligned}\dot{U}_1+\dot{U}_2&=\dot{I}_1Z_{123}-\dot{I}_2Z_{213}\\\dot{U}_1+\dot{U}_3&=\dot{I}_1Z_{123}-\dot{I}_3Z_{312}\\\dot{I}_1+\dot{I}_2&+\dot{I}_3=0\end{aligned}\right\}\qquad(13\text{-}74)$$

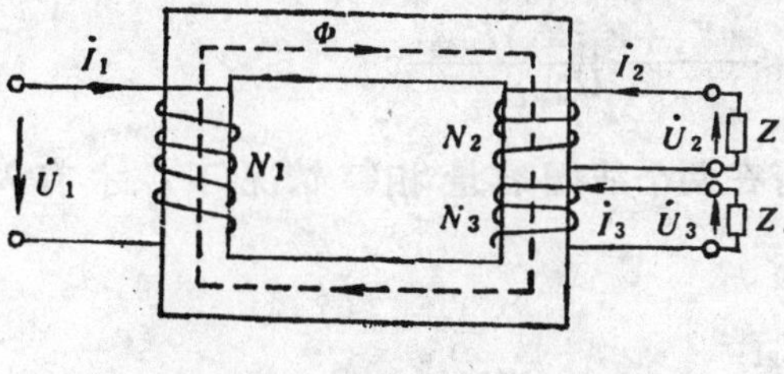


图13-29 三绕组变压器示意图

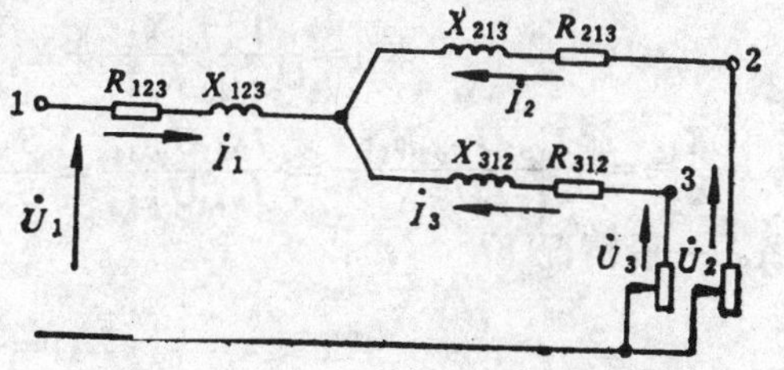


图13-30 三绕组变压器的等效电路

从等效电路可以看出：当一个线圈短路，一个线圈开路，而第三个线圈接电源时，接电源的线圈和短路线圈构成的回路中，存在下列关系式：

$$\left.\begin{aligned}\frac{\dot{U}_1}{\dot{I}_1}&=Z_{123}+Z_{213}=Z_{12}\\\frac{\dot{U}_1}{\dot{I}_1}&=Z_{123}+Z_{312}=Z_{13}\\\frac{\dot{U}_2}{\dot{I}_2}&=Z_{213}+Z_{312}=Z_{23}\end{aligned}\right\}\qquad(13\text{-}75)$$

式中的$Z_{12}$，$Z_{13}$，$Z_{23}$各为线圈1和2，线圈1和3，线圈2和3间的短路阻抗。求解式(12-75)可得出三绕组变压器每个绕组的等效阻抗为

$$\left.\begin{aligned}Z_{123}&=\frac{1}{2}(Z_{12}+Z_{13}-Z_{23})\\Z_{213}&=\frac{1}{2}(Z_{12}+Z_{23}-Z_{13})\\Z_{312}&=\frac{1}{2}(Z_{13}+Z_{23}-Z_{12})\end{aligned}\right\}\tag{13-76}$$

对于每个绕组等效阻抗的实数部分和虚数部分也有相同的关系存在：

$$\left.\begin{aligned}R_{123}&=\frac{1}{2}(R_{12}+R_{13}-R_{23})\\R_{213}&=\frac{1}{2}(R_{12}+R_{23}-R_{13})\\R_{312}&=\frac{1}{2}(R_{13}+R_{23}-R_{12})\end{aligned}\right\}\tag{13-77}$$

$$\left.\begin{aligned}X_{123}&=\frac{1}{2}(X_{12}+X_{13}-X_{23})\\X_{213}&=\frac{1}{2}(X_{12}+X_{23}-X_{13})\\X_{312}&=\frac{1}{2}(X_{13}+X_{23}-X_{12})\end{aligned}\right\}\tag{13-78}$$

式(13-76)、式(13-77)、式(13-78)所列出的阻抗关系，对于绝对单位和相对单位都成立。但是，当三绕组变压器的各绕组容量不相等时，用相对单位表示的等效电路参数应折算到同一容量。因为这些参数的相对值与被测线圈的容量有关。例如线圈3开路时，从线圈1这一侧测得的线圈1和线圈2之间的短路电抗为：

$$X_{12}=\frac{(X_1+k_{12}^2X_2)I_{N\phi1}}{U_{N\phi1}}$$

而从线圈2一侧测得的短路电抗为，

$$X_{21}=\frac{1}{U_{N\phi2}}\left(\frac{X_1}{k_{12}^2}+X_2\right)I_{N\phi2}=\frac{(X_1+k_{12}^2X_2)I_{N\phi2}}{k_{12}^2U_{N\phi2}}$$

所以 $\dfrac{X_{12}}{X_{21}}=\dfrac{I_{N\phi1}U_{N\phi2}k_{12}^2}{I_{N\phi2}U_{N\phi1}}=\dfrac{I_{N\phi1}U_{N\phi1}}{I_{N\phi2}U_{N\phi2}}=\dfrac{S_{N1}}{S_{N2}}$只有在两个线圈容量相等情况下，才有$X_{12}=X_{21}$。一般情况下

$$X_{12}=\frac{S_{N1}}{S_{N2}}X_{21},$$

$$R_{12}=\frac{S_{N1}}{S_{N2}}R_{21}。$$

通常将各参数折算到容量最大的那个绕组，即各绕组都折算到额定容量。

（二）三绕组变压器的电抗电压计算

1．普通三绕组变压器

普通三绕组变压器中任何一对绕组运行而其他一个绕组开路，就是一台普通的双绕组变压器。所以三绕组变压器的任意两个绕组间的阻抗电压$U_{12}$，$U_{13}$，$U_{23}$都可以按双绕组变压器的计算式进行计算，但都应当折算到额定容量，即计算式中的$IN$值应取额定容量一侧绕组的

数值。将计算所得的各对绕组电抗电压代入式（13-78）便求得各绕组的等效电抗。

2．Y（或D）/Z 联接组双绕组变压器

双绕组曲折联接变压器的绕组布置和联接以及电流、电压相量图如图13-31所示。一次线圈（1）作星形（或三角形）联接，两个二次线圈（2）和（3）交叉曲折相接。

由三绕组变压器的基本方程（13-74）和阻抗关系式（13-75）可得到

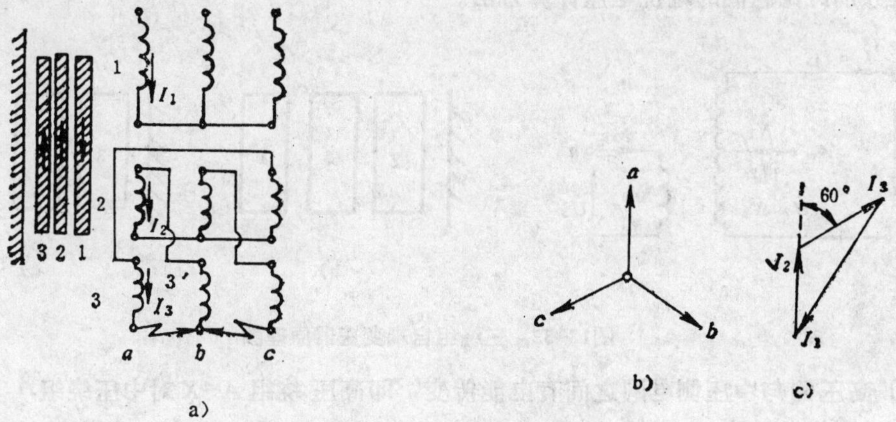


图13-31 变压器YZ联接图

$$\left.\begin{aligned}\dot U_1+\dot U_2&=-\dot I_2Z_{12}-\dot I_3Z_{123}\\ \dot U_1+\dot U_3&=-\dot I_2Z_{123}-\dot I_3Z_{13}\end{aligned}\right\}\tag{13-79}$$

另外从图13-31c中，可得出下列相量关系式

$$\left.\begin{aligned}\dot I_3&=\dot I_2e^{-j60^\circ}=\dot\alpha\dot I_2\\ \dot U_3'&=\dot U_3e^{-j120^\circ}=-\dot\beta\dot U_3\\ \dot U_2+(-\dot U_3')&=\dot U_2+\dot\beta\dot U_3=0\end{aligned}\right\}\tag{13-80}$$

式中 $\dot\alpha=e^{-j60^\circ}$，$\dot\beta=-e^{-j120^\circ}$。

求解方程组（13-79）和式（13-80），可得到

$$\frac{\dot U_1}{-\dot I_2}=\frac{Z_{12}+Z_{123}(\dot\alpha+\dot\beta)+Z_{13}\dot\alpha\dot\beta}{1+\dot\beta}\tag{13-81}$$

故等效阻抗

$$Z_z=\frac{\dot U_1}{\dot I_1}=\frac{\dot U_1}{-\dot I_2-\dot I_3}=\frac{\dot U_1}{-\dot I_2(1+\dot\alpha)}=\frac{Z_{12}+Z_{123}(\dot\alpha+\dot\beta)+Z_{13}\dot\alpha\dot\beta}{(1+\dot\alpha)(1+\dot\beta)}\tag{13-82}$$

由于

$$\dot\alpha+\dot\beta=e^{-j60^\circ}-e^{-j120^\circ}=1$$

$$\dot\alpha\dot\beta=e^{-j60^\circ}\cdot(-e^{-j120^\circ})=1$$

$$(1+\dot\alpha)(1+\dot\beta)=1+\dot\alpha+\dot\beta+\dot\alpha\dot\beta=3$$

所以

$$Z_z=\frac{Z_{12}+Z_{13}+Z_{123}}{3}=\frac{Z_{12}+Z_{13}}{2}-\frac{Z_{23}}{6}\tag{13-83}$$

换成阻抗电压，取其无功分量，便得出曲折联接的双绕组变压器等效电抗电压的计算式为，

$$u_x=0.5(u_{x12}+u_{x13})-0.167u_{x23}\tag{13-84}$$

3．三绕组自耦变压器

三绕组自耦变压器中，高压侧与中压侧为自耦联接，即串联线圈$A-A_m$与公共线圈$A_m-X$串接成高压侧绕组$A-X$，电压为$U_1$；$A_m-X$为中压绕组，电压为$U_2$；第三线圈$a-x$为低压绕组，电压为$U_3$。图13-32a为三绕组自耦变压器绕组联接原理图，b和c分别表示升压自耦和降压自耦的绕组布置方式。三绕组自耦变压器同时联系三个电网，可能的运行方式有三种，下面分别讨论它们的电抗电压计算方法。

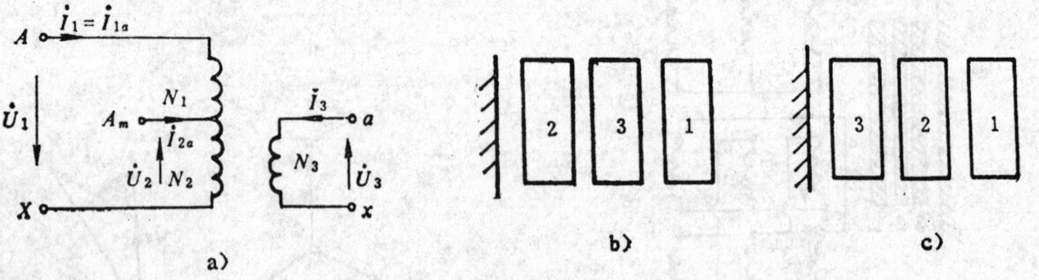


图13-32　三绕组自耦变压器原理图

（1）高压侧与中压侧电网之间有电能传变，即高压绕组$A-X$对中压绕组$A_m-X$自耦连接运行，低压绕组开路。

这种运行方式就是双绕组自耦变压器，其运行原理已在电机学中分析过。它的电压、电流方程如下：

$$\dot{U}_{1a}=\dot{I}_{1a}Z_z-\dot{U}_2(1+K)=\dot{I}_{1a}Z_z-K_a\dot{U}_{2a}=\dot{I}_{1a}Z_z-\dot{U}'_{2a} \tag{13-85}$$

$$\dot{I}_{1a}=\dot{I}_1=\frac{-\dot{I}_2}{K}=\frac{-1}{K}\quad\frac{\dot{I}_{2a}}{1+\frac{1}{K}}=\frac{-\dot{I}_{2a}}{1+K}=-\frac{\dot{I}_{2a}}{K_a}=-\dot{I}'_{2a} \tag{13-86}$$

式中　$K=\frac{N_1}{N_2}$普通变压器的变比；

$K_a=\frac{N_1+N_2}{N_2}=1+K$为自耦变压器的变比；

$Z_z=Z_1+Z'_2$为串联线圈漏阻抗与公共线圈漏阻抗折算值之和。

根据式（13-85）与式（13-86）所画出的等效电路如图13-33。可见双绕组自耦变压器高压与中压绕组之间的短路阻抗值与由串联线圈和公共线圈所构成的普通双绕组变压器的短路阻抗值完全相同。但是它们的阻抗电压百分值彼此却不相等，因为基值并不相同。假如两种变压器的额定电流相同，对于普通变压器，

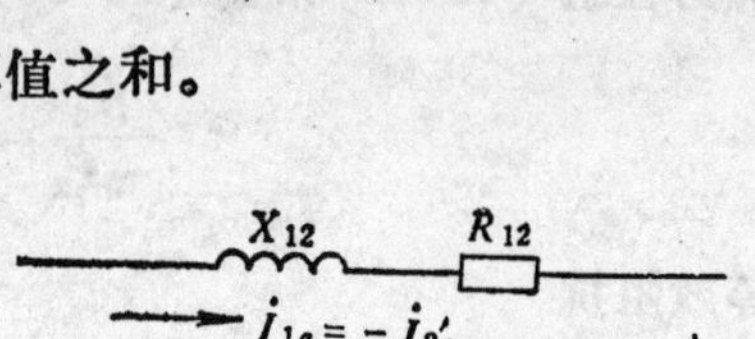


图13-33　双绕组自耦变压器的等效电路

额定电压的基值为$U_1-U_2$，而自耦变压器的额定电压基值为$U_1$，所以双绕组自耦变压器的电抗电压百分值为

$$u_{x12a}=\frac{X_{12}}{\frac{U_{1a}}{I_{1a}}}=\frac{X_{12}I_{1N}}{U_{1N}+U_{2N}}=\frac{X_{12}\frac{I_{1N}}{U_{1N}}}{1+\frac{1}{K}}=\frac{u_{x12}}{1+\frac{1}{K}}=u_{x12}\frac{N_1}{N_1+N_2} \tag{13-87}$$

式中　$u_{x12}$为串联线圈与公共线圈之间的电抗电压，可按一般双绕组变压器电抗电压计算公

式计算，但应以高压侧额定容量（常称为通过容量），即按串联线圈的额定磁势进行计算。

（2）中压侧与低压侧电网之间有电能传变

这种运行情况是指高压绕组 $A$ 端断开，中压绕组与低压绕组运行。这完全是一台普通两绕组变压器，故 $u_{x23}$ 计算仍按式（13-60），但应以低压容量即低压线圈的磁势代入公式计算。

（3）高压侧电网与低压侧电网之间有电能传变

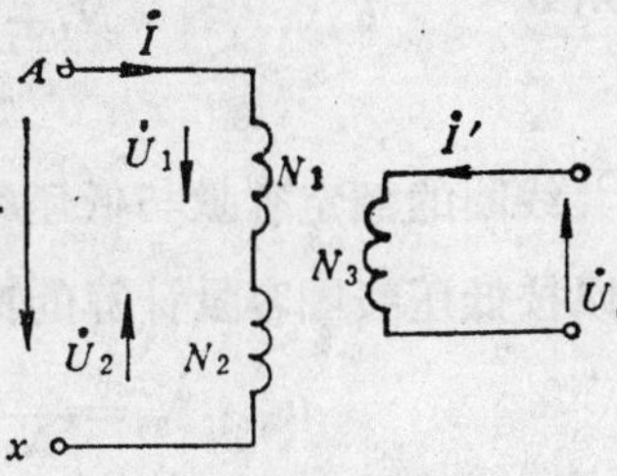


图13-34 三绕组自耦变压器高压对低压运行

此时串联线圈与公共线圈串联而对低压线圈运行，中压端子 $A_m$ 开路。具有 $N_1$ 匝的串联线圈与 $N_2$ 匝的公共线圈串联后接电压 $\dot{U}_1$，低压线圈接负载，如图13-34。一次侧两个串联的线圈流过同一电流 $I$，但折算到高压绕组匝数 $N_1+N_2$ 的串联线圈电流 $I_1$ 和公共线圈电流 $I_2$ 并不相等。根据磁势不变原则，设匝数比 $\frac{N_1}{N_1+N_2}=K_1$，$\frac{N_2}{N_1+N_2}=K_2$，$\frac{N_3}{N_1+N_3}=K_3$，于是

$$\dot{I}=\dot{I}_1\frac{N_1+N_2}{N_1}=\dot{I}_2\frac{N_1+N_2}{N_2}=\frac{\dot{I}_1}{K_1}=\frac{\dot{I}_2}{K_2} \tag{13-88}$$

二次线圈流过的电流假定为 $\dot{I}'$，其折算值 $\dot{I}_3=\dot{I}'\frac{N_3}{N_1+N_3}=K_3I'$ (13-89)

忽略磁化电流时，有

$$\dot{I}(N_1+N_2)+\dot{I}'N_3=0 \tag{13-90}$$

由式（13-88）、式(13-89）和式（13-90）可得到

$$\dot{I}_1=K_1\dot{I},\ \dot{I}_2=K_2\dot{I},\ \dot{I}_3=-\dot{I},$$

假定串联线圈、公共线圈和二次线圈的端电压折算到（$N_1+N_2$）时的数值为 $U_1$、$U_2$ 和 $U_3$，则各线圈端电压的实际值为

$$U_1\frac{N_1}{N_1+N_2}=K_1U_1,\ U_2\frac{N_2}{N_1+N_2}=K_2U_2,\ U_3\frac{N_3}{N_1+N_3}=K_3U_3$$

将各线圈的电流，电压折算值代入式（13-74），可得到

$$\left.\begin{aligned}\dot{U}_1+\dot{U}_2&=K_1\dot{I}Z_{123}-K_2\dot{I}Z_{213}\\ \dot{U}_1+\dot{U}_3&=K_1I_1Z_{123}-\dot{I}Z_{312}\end{aligned}\right\} \tag{13-91}$$

由图13-34，在计算短路阻抗时，可直接写出两个端点电压方程：

$$\left.\begin{aligned}\dot{U}&=K_1\dot{U}_1-K_2\dot{U}_2\\ 0&=K_3\dot{U}_3\end{aligned}\right\} \tag{13-92}$$

解方程组（13-91)和式（13-92），并考虑 $Z_{kmn}=\frac{1}{2}(Z_{km}+Z_{kn}-Z_{mn})$，最后可得到

$$Z_s=\frac{U}{I}=K_1Z_{13}+K_2Z_{23}-K_1K_2Z_{12} \tag{13-93}$$

电抗电压也存在同样的关系

$$u_{x(12-3)}=\frac{N_1}{N_1+N_2}u_{x13}+\frac{N_2}{N_1+N_2}u_{x23}-\frac{N_1N_2}{(N_1+N_2)^2}u_{x12} \tag{13-94}$$

按式（13-94）计算时，各对线圈间的电抗电压都折算到自耦变压器的通过容量。但是低压线圈无自耦联系，只有本身的实际容量。而且各绕组的额定容量也不一定相同。所以在

计算$u_{X13}$、$u_{X23}$时均应以低压额定容量为准，即以低压线圈额定磁势$I_3N_3$代入计算式中。但计算串联线圈对公共线圈的电抗电压$u_{X12}$时是以通过容量计算的，故应除以自耦变压器的效益系数$1-\frac{1}{K_a}=1-\frac{1}{\frac{N_1+N_2}{N_2}}=\frac{N_1}{N_1+N_2}$，这表示把$u_{X12}$归算到额定容量。另外，串联线圈、公共线圈的额定容量与低压线圈的额定容量不一定相同，故还要乘以系数$\frac{低压线圈容量(S_D)}{通过容量(S_T)}$。所以按低压线圈容量计算的高压侧对低压侧运行的电抗电压的计算式为

$$u_{X(12-3)}=\frac{N_1}{N_1+N_2}u_{X13}+\frac{N_2}{N_1+N_2}u_{X23}-\frac{N_2}{N_1+N_2}u_{X12}\frac{S_D}{S_T} \qquad (13-95)$$

值得指出的是式（13-94）同样适用于高压（或低压）绕组由两个线圈组成（串联或并联）的普通双绕组变压器电抗电压的计算。例如图13-32c中的1线圈（$N_1$匝）为高压线圈Ⅰ，3线圈（$N_3$匝）为高压线圈Ⅱ，2线圈为低压绕组（$N_2$匝），构成绕组布置方式为高—低—高的双绕组变压器，其总电抗电压就完全可照式（13-94）计算。

## §13-9 负载损耗的计算

变压器的额定负载损耗是指变压器的一侧（高压或低压）绕组短路，而另一侧绕组有额定电流时，变压器从电网所吸取的有功功率，也就是变压器的短路损耗。它包括负载电流在各线圈和引线的直流电阻上产生的损耗和负载电流引起的漏磁场所产生的各种附加损耗，后者包括各绕组中的涡流损耗、环流损耗以及结构件中的涡流与磁滞损耗。所有这些附加损耗与变压器的线圈与铁心等的结构型式、漏磁场的大小和分布密切相关，而有些附加损耗难以用准确的理论公式进行计算。

**一、绕组的电阻损耗**

绕组的直流电阻损耗计算是大家熟知的。

$$p_r=mI_{N\phi}^2R_{75} \qquad (13-96)$$

式中 $m$——绕组相数；

$I_{N\phi}$——绕组的额定相电流；

$R_{75}$——绕组额定分接下折算到75℃的电阻值，且$R_{75}=\rho_{75}\frac{l}{A_c}$；

$l$——每相绕组串联匝数导线的总长；

$A_c$——相绕组流过相电流的导线截面积；

$\rho_{75}$——75℃时的导线材料的电阻率。对于铜线$\rho_{75}=0.02135\times10^{-6}\Omega\cdot m$；对于铝线$\rho_{75}=0.0357\times10^{-6}\Omega\cdot m$；

有时为了计算方便，将式（13-96）变换一下形式，因为$I_{N\phi}=J_NA_c$，$G_c=\rho_L'lA_c$，所以

$$p_r=\rho_{75}\frac{J_N^2}{\rho_L'}(mA_cl\cdot\rho_L')=p_{75}J_N^2G_c \qquad (13-97)$$

式中 $J_N$——线圈的电流密度；

$G_c$——变压器高压（或中压、低压）绕组的裸导线重量；

$\rho_L'$——裸导线的密度。

$p_{75}=\frac{\rho_{75}}{\rho'}$为常量；对于铜线，密度$\rho'=8900kg/m^3$，故$p_{75}=2.4\times10^{-12}\Omega\cdot m^4/kg$；对于铝线，$\rho'=2.7\times10^3kg/m^3$，$p_{75}=13.22\times10^{-12}\Omega\cdot m^4/kg$。

**二、绕组导体中的涡流损耗**

变压器各绕组的导体处于漏磁场中，将产生涡流损耗。其大小主要决定于导体的几何尺寸和漏磁场的大小与分布。垂直于漏磁场方向的各层导体中的涡流损耗是不相同的。例如对轴向漏磁场而言，靠近漏磁空道二侧的导体中将产生最大的涡流损耗；而离空道远的导体中，涡流损耗变小。有关变压器绕组导体中涡流损耗的理论分析和文献较多，由于其数学推理过程较长，下面只介绍几种常用绕组的涡流损耗系数的工程计算方法。所谓涡流损耗系数是指绕组导体的涡流损耗平均值与绕组电阻损耗之比。

(一) 双绕组变压器由轴向漏磁场在扁线绕制的饼式线圈中引起的涡流损耗

在工频和正常导线尺寸的条件下，可以忽略涡流的去磁反作用。如图13-35所示的双绕组变压器的一个同心式饼式线圈，其涡流损耗的平均值由下式计算（参见〔13-5〕）

$$p_w=\frac{\pi D_{av}mnba^3\omega^2B_{m\sigma}^2}{72\rho_{75}} \tag{13-98}$$

而线圈中额定负载电流产生的电阻损耗，由式（13-97）

$$p_r=\pi D_{av}\rho_{75}J_N^2abnm \tag{13-99}$$

将式（13-98）除以式（13-99），即可得出其比值，即涡流损耗系数

$$K_{w1}=0.548\left(\frac{B_{m\sigma}fa}{J_N\rho_{75}}\right)^2 \tag{13-100}$$

式（13-98）～式（13-100）中的符号见图13-35。

$D_{av}$——线圈的平均直径；
$b$——单根导线的轴向尺寸；
$a$——单根导线的辐向尺寸；
$m$——线饼的辐向导体数；
$n$——线圈轴向饼数；
$f$——交流电流的频率；
$B_{m\sigma}$——漏磁密度的最大值；
$J_N$——线圈的负载电流密度（有效值）。

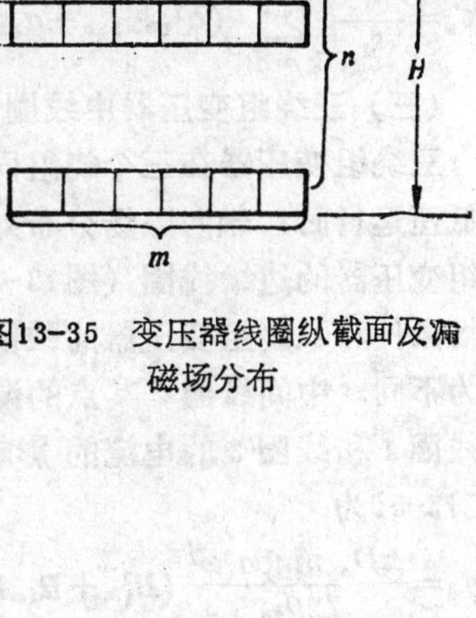

图13-35 变压器线圈纵截面及漏磁场分布

漏磁密度最大值可表示为

$$B_{m\sigma}=\mu_0\frac{\sqrt{2}I_NN}{H}\rho_1 \tag{13-101}$$

式中 $H$——线圈高度；
$\rho_1$——纵向漏磁场洛氏系数；
$N$——线圈匝数，对图13-35而言，$N=mn$；
$I_N=J_Nab=A_cJ_N$，$A_c$为单根导线截面积。

将式(13-101)代入式（13-100），并令$\mu_0=0.4\pi\times10^{-6}H/m$，$\rho_{75}=0.02135\times10^{-6}\Omega\cdot m$，即可得出温度为75℃时，铜线线圈的涡流损耗系数的数值计算公式

$$K_{w1cu}\ominus=3.8\left(\frac{fmnaA_c\rho_1}{H}\right)^2\times10^3 \tag{13-102}$$

式中　$a$、$H$的单位为m，$A_c$的单位为m²，$f$的单位为Hz。

铝线线圈的涡流损耗系数的计算公式

$$K_{w1Al}=1.358\left(\frac{fmnA_ca\rho_1}{H}\right)^2\times10^3 \tag{13-103}$$

由于涡流损耗系数与电阻率的平方成反比〔见式（13-100)〕，所以在温度为85℃时，式(13-102）和式（13-103）右边的常数要变换。对铜线，此常数变为3.56；对铝线，为1.27。

（二）交错式绕组中导线的涡流损耗

交错式线圈的一个单元，它的漏磁场计算图形与一对同心式线圈的漏磁场计算图形是相同的。但是在漏磁密度方向上的导线尺寸和根数正好相反。因此交错式绕组的涡流损耗系数可以按下式计算。

$$K_{w1}=0.548\left(\frac{B'_{m\sigma}fa}{J_N\rho_{75}}\right)^2 \tag{13-104}$$

若将辐向漏磁密度最大值表示为

$$B'_{m\sigma}=\mu_0\frac{\sqrt{2}\,I_NN'_t}{H_{x2}}\rho_2 \tag{13-105}$$

式中　$N'_t$——线圈一个单元的匝数。

$H_{x2}$——交错式线圈计算漏磁感应用辐向高度；

$\rho_2$——辐向漏磁场的洛氏系数；

将式（13-105）代入式（13-104)，就可得出交错式绕组导体的涡流损耗系数为

$$K_{w1}=k_{\theta1}\left(\frac{fN'_taA_c\rho_2}{H_{x2}}\right)^2\times10^3 \tag{13-106}$$

系数$k_{\theta1}$在75℃时，铜线为3.8；铝线为1.358。

如果交错式线圈的单元层间有径向油道，在对称交错式绕组中，各层直径相同，各层导线尺寸及布置也相同，那么由$s_1$层组成的交错式绕组的涡流损耗系数还需乘以修正系数$k_w''$，而$k_w''=\frac{1}{s_1}\sum\limits_{k=1}^{s_1}(\alpha^2_{(k-1)k}+\alpha_{(k-1)k}\ \alpha_{k(k+1)}+\alpha^2_{k(k+1)})$〔参看式（13-69)〕。

（三）三绕组变压器中线圈导体的涡流损耗

三绕组变压器在三个绕组同时工作，例如高压对中压和低压运行时，轴向磁场分布如图13-36。不难看出，三绕组变压器的边缘线圈（图13-36中的1和3）所处的漏磁场条件与双绕组变压器的线圈是相同的，而中间线圈却大为不同。中间线圈2某点的漏磁感应或者涡流电流同时受线圈1和线圈3的电流的影响。其涡流损耗的计算式〔13-5〕为

$$p_w=\frac{\pi D_{av}mnba^3\omega^2}{72\rho_{75}}(B^2_{1m}+B_{1m}B_{3m}\cos\varphi+B^2_{3m}) \tag{13-107}$$

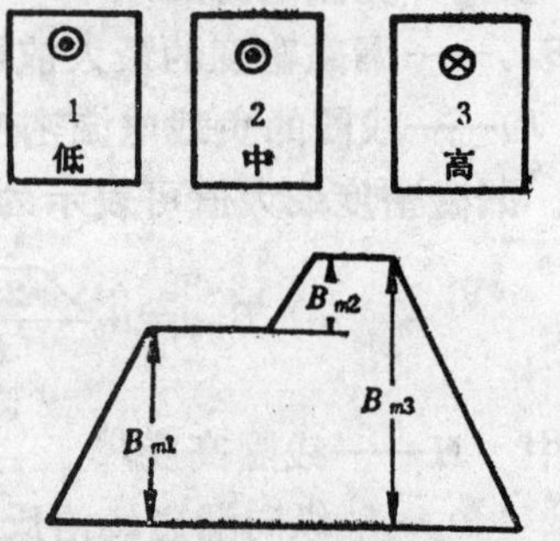

图13-36　三绕组变压器轴向漏磁场分布

---

⊖ $K_{w1cu}$也可由式(4-128)推导得出：$K_{w1cu}=(K'_p-1)$，以$\frac{H}{\rho_1}$代替该式中的$b_s$。并令$\mu_0=0.4\pi\times10^{-6}$H/m，$\rho_{75}=0.02135\times10^{-6}\Omega\cdot$m。

式中 $B_{1m}$、$B_{3m}$——线圈内外边缘的漏磁密度幅值（绝对值）；

$\varphi$——矢量$B_{1m}$和$B_{3m}$之间的相角差；

其余符号同式（13-98）。

式（13-107）实际上是三绕组变压器任意线圈计算涡流损耗的通式。对于边缘线圈来说，其中有一个磁密（$B_{1m}$或$B_{3m}$）等于零，此式就成为双绕组变压器线圈涡流损耗的计算式（13-98）。

将式（13-107）除以式（13-99），即可得出涡流损耗系数的计算式

$$k_{w1}=0.548\left(\frac{fa}{J_N\rho_{75}}\right)^2(B_{1m}^2+B_{1m}B_{3m}\cos\varphi+B_{3m}^2) \tag{13-108}$$

式中

$$B_{1m}=\mu_0\frac{\sqrt{2}I_1N_1}{H}\rho_{12} \tag{13-109}$$

$$B_{3m}=\mu_0\frac{\sqrt{2}I_3N_3}{H}\rho_{23} \tag{13-110}$$

当中间线圈开路，即高压对中压（或低压）运行时，若忽略磁化电流，则$I_1N_1=I_3N_3$，于是有$B_{1m}=B_{3m}$，且由于$\dot{I}_1$与$\dot{I}_3$相位相反，那么$\cos\varphi=1$，故

$$k_{w1}=1.644\left(\frac{faB_{m\sigma}}{J_N\rho_{75}}\right)^2 \tag{13-111}$$

或者对铜线（75℃）时

$$k_{w1}=11.4\left(\frac{fmnaA_c\rho_1}{H}\right)^2\times10^3 \tag{13-112}$$

对铝线（75℃）时

$$k_{w1}=4.07\left(\frac{fmnaA_c\rho_1}{H}\right)^2\times10^3 \tag{13-113}$$

可见在其他条件相同下，不通电的中间线圈的涡流损耗系数是通电的边缘线圈的3倍。

对升压三线圈变压器和具有两部分高压线圈（高—低—高）的双绕组变压器，其线圈涡流损耗系数仍按式（13-100）计算，其中$B_{1m}$和$B_{2m}$按式（13-109）和（13-110）计算。当$I_1N_1\approx I_3N_3$且$\dot{I}_1$与$\dot{I}_3$相位相同时，有

$$B_{2m}=\frac{1}{2}(B_{1m}+B_{3m})$$

### 三、线圈中的环流损耗

当变压器线圈的电流较大时，需要采用多根（相互绝缘的）并联导线。在连续式、纠结式和螺旋式等线圈中，导线的排列方向垂直于轴向漏磁场方向。如不采取特殊措施，则由于各并联导线处于不同大小的漏磁场中，使各导线的漏磁链和感抗不同；同时各并联导线的长度也不一样（靠近里边的短些），使电阻也不相同。这样将使电流在各并联导线间分布不均匀，或者说由于漏磁链和感抗不同，将使线圈的各绝缘导体间出现环流，而使线圈损耗增大。

为了改善各并联导线间（支路）的电流分布，通常采取换位措施，即在线圈的绕制过程中将各导线相互位移。良好的换位应使各并联导线处于完全相同的漏磁位置，称为完全换位。直接采用所谓换位导线也可达到同样的目的。换位的方式，通常有如下五种：

1．标准换位

标准换位是将各导线的相对位置这样交换：上边的导线换位到下边，上边的第二根导线换位到下边的第二根，等等，见图13-37b。

2. 两组特殊换位

将并联的导线等分成两组，把内部一组换位到外部一组，而外部一组换位到内部一组的位置。如图13-37c。

3. 两组标准换位

将并联的导线等分为两组，每组内部进行标准换位。见图13-37d。

4. 四组特殊换位

将并联的导线等分成四组，四组间进行标准换位。如图13-37d。

5. 交叉均匀换位

将并联的导线沿线圈连续而均匀的进行换位。如图13-37e。为了更好的平衡各导线的阻抗，常将线圈中所有导线全换位两次。

换位导线是由多根(奇数)漆包扁线排成两列并联而成。两列间各根扁线按交叉均匀换位方法连续进行换位，其换位节距随导线的宽度不同而不同，一般在75～200mm之间。两列扁线间常衬垫绝缘纸，整个换位导线再加外包绝缘。使用换位导线可以提高线圈的空间利用率；减少导线的涡流损耗（因为单根导线截面积很小）；绕制时不需要当场进行换位使线圈绕制工艺简单，但采用多根换位导线并联时，仍需要进行换位。

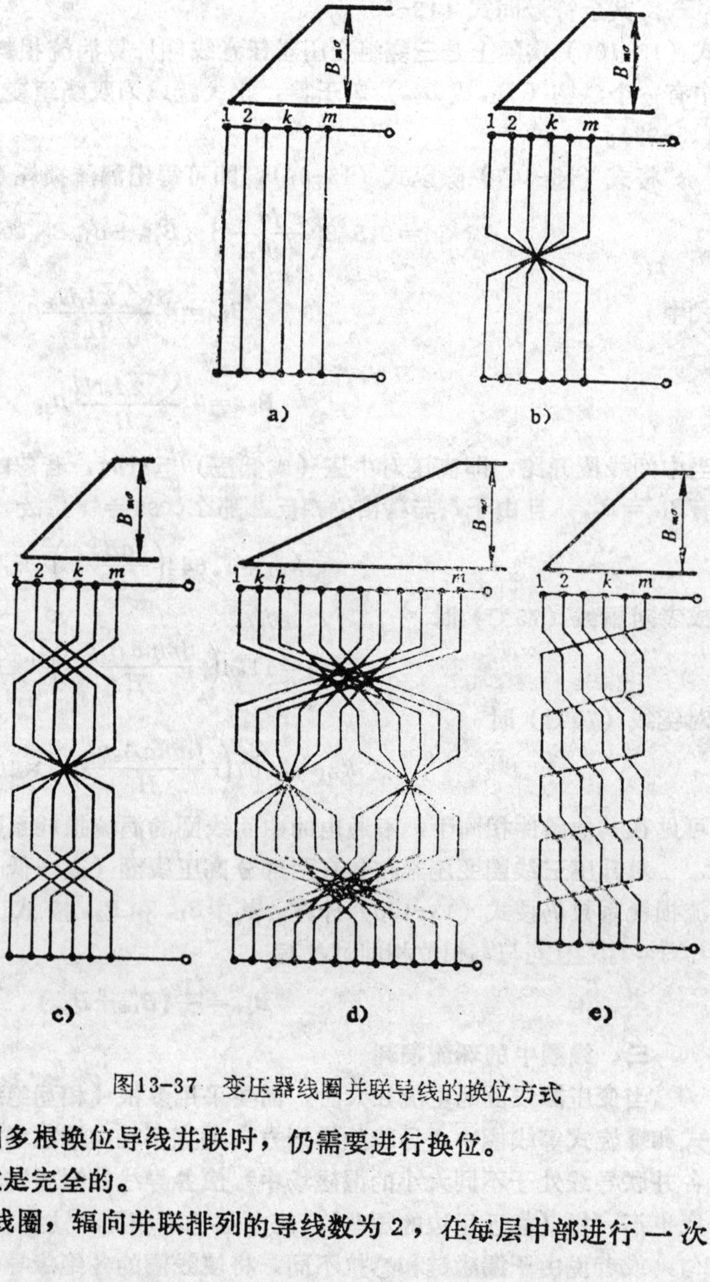


图13-37 变压器线圈并联导线的换位方式

下面几种情况，可以认为换位是完全的。

（1）双层（或四层）圆筒式线圈，辐向并联排列的导线数为2，在每层中部进行一次标准换位。

（2）连续式或纠结式线圈的每个线段间进行一次标准换位且并联导体根数等于2。

（3）单螺旋式线圈并联导线数≤4，在总匝的$\frac{1}{2}$处进行一次标准换位，在总匝数的$\frac{1}{4}$和$\frac{3}{4}$处各进行一次两组特殊换位，图13-37c。

（4）单螺旋线圈并联导线数≤8，在总匝数的$\frac{1}{2}$处进行一次两组标准换位，在总匝数的$\frac{1}{4}$和$\frac{3}{4}$处各进行一次四组特殊换位。图13-37d。

（5）双螺旋或四螺旋线圈，在两个螺旋间进行均匀交叉换位，图13-37e。换位 次数等于并联导体数或者为并联导体数的2倍。

如不满足上述情况，各并联分支之间将流过平衡（循环）电流，产生由不完全换位引起的环流损耗。

变压器设计中选取圆筒式，连续式和纠结式绕组时，一般较容易做到换位完全。但对于单螺旋式往往难以做到。因而需要计算其环流损耗。下面根据文献〔13-5〕的理论分析，写出单螺旋线圈在不同情况下环流损耗系数的计算式。式中符号含意除指明的以外，与式(13-102)的相同。

1. 不换位（图13-37a）

$$K_{w2}=\frac{k_{\theta 2}}{10^{-2}}\left(\frac{fnaA_c\rho_1}{H}\right)^2(16m^4+30m^3-5m^2-30m-11) \quad (13\text{-}114)$$

式中 $k_{\theta 2}$值与换位方式、导线材质及工作温度有关，见表13-16。

由式（13-114）可以看出，只有当$m=1$时，即线圈用单根导线，环流损耗才等于零。

**表13-16 单螺旋线圈不同换位方式的$k_{\theta 2}$值**

| 换 位 方 式 | | 不 换 位 | 一次标准 | 一次标准 两次特殊 | 两组标准 四组特殊 |
|---|---|---|---|---|---|
| 铜线 | 75℃ | 1.89 | 1.89 | 0.118 | $7.41\times10^{-3}$ |
| | 85℃ | 1.8 | 1.8 | 0.113 | $7.08\times10^{-3}$ |
| 铝线 | 75℃ | 0.677 | 0.677 | 0.042 | $2.56\times10^{-3}$ |
| | 85℃ | 0.635 | 0.635 | 0.0394 | $2.48\times10^{-3}$ |

2. 一次标准换位（图13-37b）

$$K_{w2}=\frac{k_{\theta 2}}{10^{-2}}\left(\frac{fnaA_c\rho_1}{H}\right)^2(m^4-5m^2+4) \quad (13\text{-}115)$$

可见当$m=2$，即两根导线并联时，一次标准换位后环流损耗为零。

3. 一次标准换位和二次特殊换位（图13-37c）

$$K_{w2}=\frac{k_{\theta 2}}{10^{-2}}\left(\frac{fnaA_c\rho_1}{H}\right)^2(m^4-20m^2+64) \quad (13\text{-}116)$$

在这种换位方式下，当$m=4$时，$K_{w2}=0$。

4. 两组标准换位和四组特殊换位（图13-37d）

$$K_{w2}=\frac{k_{\theta 2}}{10^{-2}}\left(\frac{fnaA_c\rho_1}{H}\right)^2(m^4-80m^2+1024) \quad (13\text{-}117)$$

在这种换位方式下，$m=8$为完全换位（$K_{w2}=0$）。而当$m>8$时，环流损耗也相当小，约为一次标准换位和两次特殊换位的$\frac{1}{16}$。

式（13-114）～式（13-117）中的系数$k_{\theta 2}$值见表13-16。

**四、结构损耗**

变压器负载运行时，漏磁通在各种钢铁构件中产生的涡流损耗和磁滞损耗之和称为结构损耗，这部分损耗的准确计算是非常困难的。对于电压在110kV及以下，容量在120MVA及

以下的三相变压器，结构损耗$p_{Jg}$（单位为W）可以近似地按下列经验公式计算〔13-1〕

$$p_{Jg}=\frac{K_{Jg}\left(\frac{f}{50}\right)u_x^2\phi_z^2H_{x1}^3\times10^4}{L_{xz}\left[H_{x1}+2(R_p-r_{12})\right]^2} \tag{13-118}$$

式中　$\phi_z$——心柱磁通，单位为Wb；

$L_{xz}$——油箱壁周长，单位为m；

$H_{x1}$——计算漏磁感应用高低压绕组轴向平均高度，单位为m；

$r_{12}$——一对线圈间空道的平均半径，单位为m；

$f$——频率，单位为Hz；

$$R_p=\frac{L_B+B_B-2a_z}{4}，单位为m；$$

$a_z$——铁心柱中心线间的距离，单位为m；

$L_B$——油箱长，等于$L_B=2a_z+D_1+C_L$，单位为m；

$B_B$——油箱宽，等于$B_B=D_1+C_B$，单位为m；

$H_B$——油箱高，等于$H_B=H_C+2H_e+H_J+C_H$，单位为m；

$D_1$——高压绕组外径，单位为m；

$H_C$——铁心窗口高，单位为m；

$H_e$——铁轭高，单位为m；

$H_J$——铁心垫脚及绝缘高，单位为m；

$C_L$、$C_B$、$C_H$、$H_J$经验数据，见表13-17；

$K_{Jg}$——经验系数，见表13-18。

**表13-17　估算油箱的经验数据**　　单位：mm

| 油箱型式 | 电压/kV | 容量/kVA | $C_L$ | $C_B$ | $C_H$ | $H_J$ |
|---|---|---|---|---|---|---|
| 平顶式油箱 | 10 | 630以下 | 60～80 | 60～80 | 175～185 | 13 |
| | | 800～1600 | 80～110 | 150～230 | 220～310 | 19 |
| | 35 | 50～630 | 140～180 | 140～180 | 290～310 | |
| | | 800～6300 | 140～180 | 180～210 | 290～340 | 23 |
| 拱顶式油箱 | 10 | 8000～16000 | 140～150 | 240～260 | 90～120 | |
| | 35 | 8000～31500 | 200～230 | 300～420 | 90～120 | 25 |
| | 110(半绝缘) | 8000以上 | 310～410 | 480～560 | 90～120 | 25 |
| | 110(全绝缘) | 8000以上 | 480～580 | 560～590 | 90～120 | 25 |

对于三绕组变压器，要计算三种运行情况下的负载损耗，所以结构损耗也应分别计算三种电抗电压下的数值。

## 五、减少变压器中附加损耗的途径与措施

漏磁场在变压器中引起的各种附加损耗，降低了变压器的效率，增加了局部过热的危

**表13-18　系数$K_{Jg}$的经验值**

| 油箱种类 | 单相变压器 | | 三相变压器 | |
|---|---|---|---|---|
| | $u_x\leqslant10.5$ | $u_x>10.5$ | $u_x\leqslant10.5$ | $u_x>10.5$ |
| 平壁油箱 | 1 | 0.67 | 2.19 | 1.47 |
| 波纹油箱 | 1.69 | ／ | 3.0 | ／ |

险性。随着变压器容量的增大，漏磁场引起的附加损耗，其绝对值和相对值都增大，故应采取措施降低它的数量。减小漏磁场本身虽然很有效，但受着国家标准规定的阻抗电压的限制，而且漏电抗过小会导致短路电流过大，变压器的动、热稳定性能难以保证。在漏磁数量为一定的条件下，采取下列措施之后，可以减少某些附加损耗。

（1）减少同心式线圈的径向漏磁场，以减少线圈和油箱壁的涡流损耗。这就要求所有线圈的磁势分布应使径向漏磁场最小。应该指出，线圈沿高度方向磁势不平衡度最小，并不能总是获得漏磁损耗最小的结果。因为漏磁感应的分布与磁势分布有时差别很大。应该用计算或对比的方法，确定线圈磁势的最佳分布。

在可能产生较大损耗的地方，采用磁分路使漏磁通绕过这些部位；或者在油箱壁内侧装设由铜板或铝板制成的屏蔽，利用屏蔽内的涡流阻尼作用，以屏蔽企图进入油箱的漏磁通，达到降低损耗的目的。

（2）选用小截面的导线，特别是垂直于漏磁场方向的导线尺寸不能过大，以降低导线的涡流损耗；有多根并联导体的线圈，尽可能满足换位完全的条件进行换位，以降低线圈的环流损耗。如能采用换位导线，则线圈的涡流损耗与环流损耗可以同时做到大幅度降低。

（3）应用某些特殊材料制造零部件。如用玻璃纤维材料制作夹件、压板；用铝合金制作油箱；此外，为了削弱线电流在箱盖上引起的漏磁损耗，可以在箱盖上开孔再安装一个由非导磁材料制成的垫板来固定套管，或在套管开孔之间开槽并填以非导磁材料，以增大漏磁回路的磁阻，减小漏磁通的数量。

## §13-10　变压器的空载损耗及空载电流

### 一、空载损耗

变压器设计中计算空载损耗、空载电流，往往是先从试验求得由某一材料制成的铁心在不同磁密下的单位质量的损耗和激磁容量。在算出铁心心柱和铁轭的重量之后，直接按下式计算：

$$p_0=K_{p0}(p_{hez}G_z+p_{hee}G_e) \tag{13-119}$$

式中　$K_{p0}$——铁心附加损耗系数，由铁心材料和加工工艺确定；通常在1.2～1.1范围内；

$p_{hez}$、$p_{hee}$——对应于心柱和铁轭磁通密度$B_m$、$B_e$的单位铁耗，见附录七；

$G_z$、$G_e$——心柱和轭的质量。

### 二、空载电流

变压器空载运行时，从电网吸取的有功功率是供给铁心的磁滞与涡流损耗以及一次线圈在空载电流下的电阻损耗。因此，空载电流的有功分量与额定电流之比为

$$I^*_{0R}=\frac{I_{0R}}{I_N}=\frac{p_0}{S_N} \tag{13-120}$$

从电网吸取的无功功率是用以在铁心中建立主磁通。主磁通的路径除铁心型式为卷铁心的以外，都包含铁磁体与间隙两部分。同样地用试验方法测量出铁心在不同磁密下单位重量的磁化容量$q_{Fe}$和单位接缝面积的磁化容量$q_{Je}$，见附录七，同理可算得空载电流无功分量与额定电流之比为

$$I_0^{\circ}x = K_{0x}\left(\frac{G_z q_{Fez} + G_e q_{Fee} + n_z A_z q_{Jz} + n_e A_e q_{Je}}{S_N}\right) \tag{13-121}$$

式中　$K_{0x}$为磁化电流附加系数。主要是考虑冷轧硅钢片铁心在心柱与铁轭转角处磁通方向与钢片压延方向不一致而引起的磁化电流增加以及加工工艺过程的影响。对热轧硅钢片取$K_{0x}=1$，冷轧硅钢片取$K_{0x}=1.1\sim1.3$。

$n_z$、$n_e$为心柱与铁轭的接缝数，与铁心叠积方式有关。为了尽量避免磁通转角时垂直于辗压方向，冷轧硅钢片铁心接缝宜采用45°的斜接缝，见图13-38a。热轧硅钢片可以采用直接缝，如图13-38b。但由于斜接缝叠片的剪切工艺装备比较复杂，目前国内允许采用图13-38c的半直半斜的接缝方式。对三相三柱式铁心，采用直接缝时$n_z=3$，$n_e=4$；采用半直半斜接缝时，$n_z=n_e=4$；采用全斜接缝时总接缝面积$\sum_{i=1}^{n} n_i A_i$需根据设计图纸分别计算。空载电流

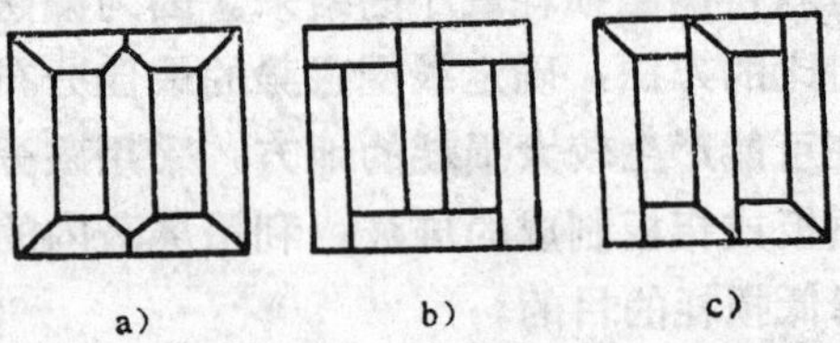


图13-38　三相铁心叠积图

$$i_0^{\circ} = \sqrt{I_{0R}^{2\circ} + I_{0x}^{2\circ}} \tag{13-122}$$

## §13-11　变压器的电磁力

### 一、概述

变压器在运行中线圈内的电流与漏磁场相互作用而产生电磁力，作用于线圈的导线上，而且部分地传到压板、夹件等构件上。在额定电流下，电磁力相当小；但在变压器或电力系统发生突发短路故障时，电磁力将急剧增加，有可能损坏变压器。为了考核变压器的动稳定性，国家标准规定变压器应能承受突发短路试验，即将变压器的一侧绕组直接短路，另一侧绕组突然施加额定频率的额定电压。

磁势均匀分布的同心式双绕组变压器，漏磁场分布如图13-39a。在线圈的中间部分，磁力线与心柱轴线平行，而在线圈端部发生弯曲，即磁场除有轴向磁通分量（B）外，还有径向磁通分量($B_1$)。轴向分量$B$在线圈中部为一常量，而在端部有所减少。这个磁场与线圈电流作用产生径向力$F_{fx}$（图13-39c）。径向分量$B_1$在线圈端部具有最大值，而在线圈中部近似为零（图13-39b）。这个磁场与线圈电流作用产生轴向力$F_{zx1}$。径向力$F_{fx}$拉伸外线圈而压缩内线圈；轴向力$F_{zx1}$作用于线圈上企图使线圈高度减小，同时使线匝朝竖直方向弯曲并压缩段间的垫块。最大弯曲力发生在线圈端部，但最大压缩力则出现在位于线圈高度一半的垫块上。因为这些垫块承受着一半线段上轴向电磁力之和。

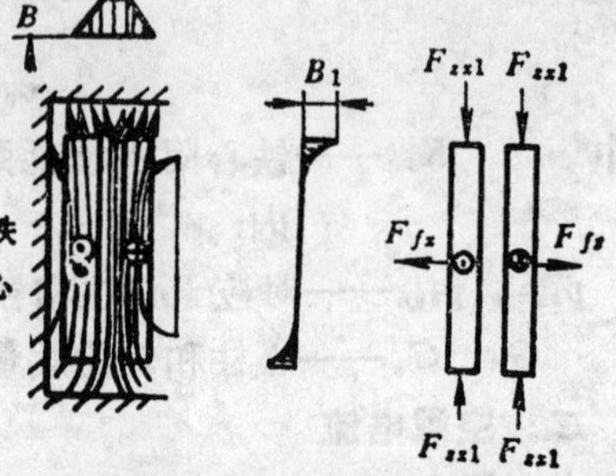


图13-39　磁势分布均匀的同心式线圈的漏磁和电磁力

在高压（或中压）线圈由于有调压分接抽头，在$100\%U_N$和$95\%U_N$下，磁势沿线圈高度

分布不均匀。这时漏磁场除有$B$、$B_1$分量外，还有另一个径向分量$B_2$（图13-40c）。它产生电磁力$F_{zx2}$使一个线圈轴向受到压缩，另一个线圈在轴向受到拉伸作用（图13-40d）。结果使内线圈中间处的垫块承受的压缩力增大，而外线圈的垫块受力减小。

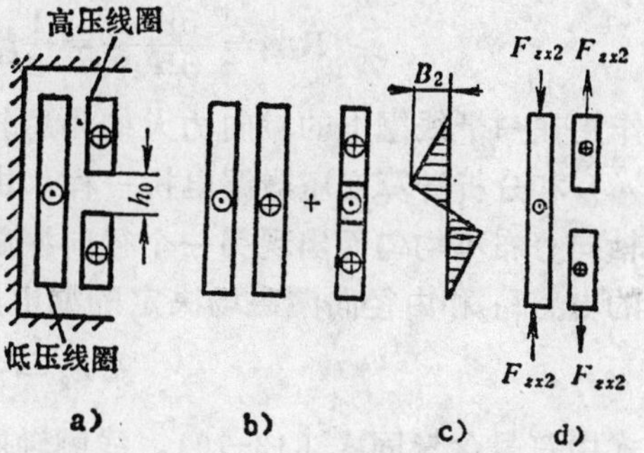


图13-40 磁势分布不均匀的同心式绕组的漏磁和电磁力

## 二、变压器线圈的电磁力计算

1．变压器短路电流计算

为保证变压器的动稳定性，计算电磁力时应考虑变压器可能出现的最大电流值，也就是变压器对称突发短路电流的峰值。考虑电力系统短路容量的变压器突发短路电流的最大峰值计算式是

$$I_{max}=\sqrt{2}\left(1+e^{-\frac{\pi u_R}{u_X}}\right)\frac{I_{N\phi}}{u_Z+u'_Z} \tag{13-123}$$

式中 $u_R$、$u_X$——变压器的短路电压电阻分量，短路电压的电抗分量与额定电压之比；

$I_{N\phi}$——变压器的额定相电流；

$u_Z$——变压器的阻抗电压与额定电压之比；

$u'_Z$——变压器的额定容量$S_N$与电力系统的短路容量$S_{ST}$之比。$S_{ST}$的大小见表13-19。

2．双绕组变压器电磁力的计算

根据毕奥—沙伐尔定律，作用在处于磁场中的电流元的电磁力 $df=BJdV$；而作用在线圈或部分线圈上的力 $f=\int_V BJdV$。因此只要漏磁场分布估算得较精确的话，就可以较准确地算得作用在单独线匝或线段、部分线圈或整个线圈上的电磁力。如果我们只是需要计算线圈的合力，应用求广义力的方法，即虚位移法计算电磁力，则要简便得多。广义力

表13-19 系统短路容量

| 电压/kV | $S_{ST}$/kVA | 电压/kV | $S_{ST}$/kVA |
|---|---|---|---|
| 10 | $1\times10^6$ | 110 | $6\times10^6$ |
| 35 | $1.5\times10^6$ | 220 | $8\times10^6$ |

$$f=-\frac{\partial W_m}{\partial g}\bigg|_{\psi_K=\text{常数}}=+\frac{\partial W_m}{\partial g}\bigg|_{I_K=\text{常数}} \tag{13-124}$$

这说明：在处于磁场中的电流回路系统中，电磁力力求改变系统的给定坐标。如果回路中的电流保持常数，那么作用在坐标$g$方向的力

$$f_g=\frac{\partial W_m}{\partial g}=\frac{1}{2}i^2\frac{\partial L_{12}}{\partial g} \tag{13-125}$$

式中 $W_m$——线圈漏磁场能量；

$L_{12}$——变压器的短路电感。

同心式双绕组变压器的短路电感表达式为

$$L_1=\frac{2\pi\mu_0N^2\rho_1}{H_{x1}}r_{12}\left(a_0+\frac{a_1+a_2}{3}\right)$$

作用在同心式双绕组变压器线圈上的径向力$F_{fx}$力求增大两个线圈之间的距离$a_0$，故

$$F_{fx}=\frac{1}{2}I_{max}^2\frac{\partial L_{12}}{\partial a_0}=\frac{\pi\mu_0(I_{max}N)^2r_{12}\rho_1}{H_{x1}} \tag{13-126}$$

作用在一对线圈上的轴向力$F_{zx1}$是力求压缩线圈的高度。因此，必须取磁场能量对线圈高度$H_{x1}$的导数，即

$$F_{zx1}=\frac{\partial W_m}{\partial H_{x1}}=\frac{1}{2}I_{\max}^2\frac{\partial L_{12}}{\partial H_{x1}}=-F_{fx}\frac{a_0+\frac{1}{3}(a_1+a_2)}{H_{x1}} \tag{13-127}$$

作用在一个线圈上的轴向力大约为总轴向力$F_{zx1}$的一半。

和分析计算变压器漏电抗一样，由于线圈的调压分接匝数被切除，使一对线圈的磁势沿轴向分布不均匀而出现另一个径向漏磁场。因此变压器的短路电感也包括由轴向漏磁场决定的电感$L_{12}$和由径向漏磁场决定的漏电感$L_2$。而

$$L_2=\frac{\mu_0 N^2\beta^2\rho_2 2\pi r_{12}H_{x1}}{K_c\tau_1\times 10^4} \tag{13-128}$$

式中符号含意同式（13-70）。线圈轴向磁势分布不均匀引起的径向漏磁场所产生的轴向力$F_{zx2}$，其方向是力图增大$h_0$（图13-40），即力图使线圈的磁势分布更趋不均匀。所以求取轴向力$F_{zx2}$时，应取磁场能量对不对称值$h_0$的导数。因为$L_{12}$与$h_0$无关，所以

$$F_{zx2}=\frac{\partial W_m}{\partial h_0}=\frac{1}{2}I_{\max}^2\frac{\partial L_2}{\partial h_0} \tag{13-129}$$

将 $\beta=\frac{h_0}{H_{x1}}\times 100$代入式（13-128）并求其对$h_0$的导数后代入式（13-129），则可得

$$F_{zx2}=\frac{\mu_0(I_{\max}N)^2\pi r_{12}}{H_{x1}}\cdot\frac{2h_0\rho_2}{K_c\tau_1}=F_{fx}\frac{2h_0\rho_2}{K_c\tau_1\rho_1} \tag{13-130}$$

式中 $h_0$——调压区最大高度；

$K_c$——不对称系数，见式（13-72）。

应用相同的方法，取交错式线圈一个单元的漏电感$L_c=\frac{\mu_0 N^2\rho_2 2\pi r_{av}}{n^2 H_{x2}}\left(\frac{a_1}{3}+a_0+\frac{a_2}{3}\right)$对高度$H_{x2}$的导数，即可求得对称交错式线圈压缩各个线段的径向力

$$F_{ax}=\frac{1}{2}I_{\max}^2\frac{\partial L_c}{\partial H_{x2}}=-\frac{\mu_0(I_{\max}N)^2\rho_2 2\pi r_{av}}{2n^2 H_{x2}^2}\left(\frac{a_1}{3}+a_0+\frac{a_2}{3}\right) \tag{13-131}$$

式中符号含意见图（13-27）及式（13-66）。

## 三、变压器线圈的机械应力

如前述，双绕组变压器线圈中的径向力是拉伸外线圈而压缩内线圈，轴向力则使线段和线匝在竖直方向弯曲并压缩线段之间的垫块。忽略动态过程时，可按短路电流最大值相对应的电磁力计算线圈的机械应力。

### （一）径向力在外线圈中产生的平均拉伸应力

作用在一个线圈上的总径向力

$F_{fx}=\frac{\pi\mu_0(I_{\max}N)^2 r_{12}\rho_1}{H_{x1}}$。当线圈每匝并联导体数为$N_t$时，作用在线圈导线单元上的平均径向力

$$f_p=\frac{F_{fx}}{NN_t 2\pi r_{av}}=\frac{\mu_0 I_{\max}^2 N\rho_1 r_{12}}{2H_{x1}N_t r_{av}} \tag{13-132}$$

于是作用在与$d\alpha$角相对应的单元长度导线上的径向力（图13-41）$df_p=\frac{2\pi r_{av}f_p d\alpha}{2\pi}=f_p r_{av}d\alpha$

而$df_v=df_p\sin\alpha=f_p r_{av}\sin\alpha d\alpha$故作用在导线横截面的力

$$f_r = \frac{1}{2}\int_0^{\pi} f_p r_{av} \sin\alpha d\alpha = f_p r_{av} \qquad (13-133)$$

在径向力作用下线圈直径上的剖面$AA$出现的力$f_r$应与导线内的应力相平衡，故导线的平均机械应力

$$\sigma_{av} = \frac{f_r}{A'_c} = \frac{\mu_0 I^2_{max} N \rho_1 r_{12}}{2H_{x1} A'_c N_t} \qquad (13-134)$$

式中　$r_{12}$——线圈的平均半径；

$A'_c$——单根导线的截面积。

外线圈紧靠漏磁空道处的漏磁密度为最大值，而最外层边缘处漏磁密度为零，中间呈线性分布。所以靠近漏磁空道处导线的拉伸应力比平均值要大。但应力的分布还取决于导线和绝缘材料的弹性，采用弹性模量高的绝缘材料，可使应力分布均匀些。

（二）径向力在内线圈产生的应力

径向力在内线圈将引起压缩应力和弯曲应力。线圈的每一层可看成是一个环，它承受均匀分布的径向压力，力求使导线缩短。为了提高线圈对径向力的刚度，线圈可绕在由绝缘筒支撑的撑条上，因而又出现局部弯曲（图13-42）。下面叙述的应力计算方法系直接引自〔13-5〕。

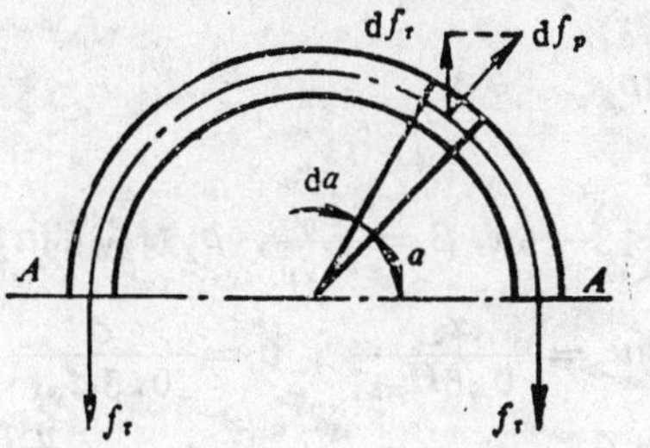


图13-41　确定径向力在外线圈中所引起的应力

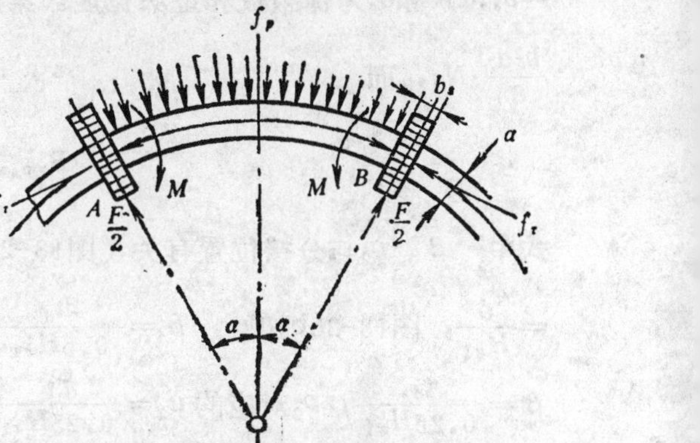


图13-42　作用在内线圈上的力和弯矩

设支点具有相同的宽度$b_s$，环的半径为$r_{av}$，且弹性模量为$E_u$（油浸绝缘纸板的$E_u = 4905\times10^5 \mathrm{N/m^2}$），支点之间的距离认为等于$\frac{1}{n}\times 2\pi r_{av}$（$n$为撑条数），即忽略支点的宽度。环（导线）的厚度为$a$，导线材料的弹性模量为$E$（退火铜线和铝线分别为$8829\times10^7$～$12753\times10^7$与$4905\times10^7$～$7848\times10^7 \mathrm{N/m^2}$）。

支点$A$和$B$上的支承力（图13-42）

$$\frac{F}{2} = f_p\, 2r_{av} \frac{\sin\alpha}{Q} \qquad (13-135)$$

式中

$$Q = 3\left(\frac{2r_{av}}{a}\right)\left(\frac{\alpha}{\sin\alpha} + \cos\alpha - 2\frac{\sin\alpha}{\alpha}\right) + \frac{\alpha}{\sin\alpha} + 4\delta\sin\alpha + \cos\alpha \qquad (13-136)$$

$$\alpha = \frac{2\pi}{n}$$

$$\delta = \frac{Ea}{E_u b_s} \qquad (13-137)$$

弯矩

$$M = \frac{2 f_p r^2_{av}}{Q}\left(\frac{\sin\alpha}{\alpha} - \cos\alpha\right) \qquad (13-138)$$

点$A$和$B$上的压力 $f_r = f_p r_{av}\left(1-\frac{2\cos\alpha}{Q}\right)$ (13-139)

故压缩应力 $\sigma_a = \frac{f_r}{A_o} = \frac{f_p r_{av}}{A_o}\left(1-\frac{2\cos\alpha}{Q}\right)$ (13-140)

以导线断面系数 $W = \frac{ba^2}{6}$除式（13-138），可得弯曲应力$\sigma_b = \frac{12 f_p r_{av}^2}{Qba^2}\left(\frac{\sin\alpha}{\alpha} - \cos\alpha\right)$

(13-141)

式中$b$和$a$为导线的轴向与辐向尺寸。

径向力在内线圈中所引起的合成应力

$$\sigma = \sigma_a + \sigma_b \tag{13-142}$$

（三）轴向力在线圈中产生的弯曲应力

通常是在调压线段全部被切除时出现的径向漏磁场$B_2$最大。它与电流相互作用而在单位长度的线匝上产生轴向力$f_{xx2} = B_{2max} I_{max}$，饼式线圈经过浸漆干燥后与撑条、垫块形成坚固的整体。可以把线圈相邻垫块间的部分看作两端固定带均匀载荷的直梁，梁的长度$l = \frac{2\pi r_{av}}{n} - b_s$，$n$和$b_s$为撑条数和垫块宽度。梁的最大弯矩$M = \frac{f_{xx2} l^2}{12}$，一匝导线的断面系数$W = \frac{b^2 a}{6} \cdot N_t$，而

$$B_{2max} = \frac{\mu_0 I_{max} N \beta \rho_2}{\tau_1} \tag{13-143}$$

式中 $\beta$、$\rho_2$与分接位置有关（图13-25）：对于图13-25a，$\beta = \frac{h_0}{H_{x1}}$，$\rho_2$对应的$u_2 = \frac{\tau_1}{H_{x1}}$，$v = \frac{\delta}{H_{x1}}$；图13-25b和c，$\beta = \frac{h_0}{0.5H_{x1}}$，$\rho_2$对应的$u_2 = \frac{\tau_1}{0.5H_{x1}}$，$v = \frac{\delta}{0.5H_{x1}}$；图13-25d，$\beta = \frac{\tau_1}{0.25H_{x1}}$，$\rho_2$对应的$u_2 = \frac{\tau_1}{0.25H_{x1}}$，$v = \frac{\delta}{0.25H_{x1}}$。最大弯应力$\sigma_{b2} = \frac{\mu_0 I_{max}^2 N \beta \rho_2 l^2}{2\tau_1 b^2 a N_t}$

(13-144)

（四）线圈导线合成应力及其许用值

变压器导线在径向力作用下被拉伸或被压缩（也被弯曲），在轴向力作用下被弯曲。线匝导体的最大合成应力近似的等于径向力与轴向力所引起的所有应力的代数和。

合成应力不应超过允许值。对铜线$\sigma_a + \sigma_b \leqslant 11.8\times10^7 N/m^2$，对铝线$\sigma_a + \sigma_b \leqslant 4.9\times10^7 N/m^2$。

## 复习思考题

1. 变压器负载损耗与空载损耗之比的大小，对变压器的技术经济性能有何影响？对不同电压等级、不同容量的变压器，应怎样选用合理的损耗比？

2. 为什么对于结构和材质一定的变压器，其许用的电磁负荷值变化范围不能够很大？设计中若电磁负荷值取用过大或过小，对变压器的技术经济性能有何影响？

3. 变压器成品试验规定阻抗电压的误差不能超过±10%，而设计计算值的误差一般要求不超过±3%。试问为什么要分别作此规定与要求？

4. 分析比较心式铁心与壳式铁心的优缺点。对于三相壳式变压器，铁心与线圈应怎样配置？

5. 下述四种型式铁心：三相三柱式，三相三柱带旁轭式，三相渐开线式，三相辐射式，各有什么优缺

点？这四种型式铁心的铁轭磁通与心柱磁通的数量关系是什么？

6．提高变压器的耐雷击水平有哪些主要方法？

7．纠结式绕组与多层圆筒屏蔽式绕组为什么具有良好的冲击特性？

8．一对沿轴向磁势分布不均匀的同心式绕组，如何将其磁势空间分布等效为一对具有沿轴向均匀分布的同心式绕组磁势与一对或若干对对称交错式绕组磁势的迭加．这样做是为什么？

9．变压器轴向漏磁场分量与径向漏磁场分量所对应的电抗电压的计算原理与方法怎样？试比较其相同与不相同之处．

10．双绕组变压器的高压绕组分成两部分（1与3），且匝数均为$N_1$，低压绕组配置在两个高压绕组之间，匝数为$N_2$．试证明其电抗电压

$$u_x=\frac{1}{2}u_{x12}+\frac{1}{2}u_{x23}-\frac{1}{4}u_{x13}$$

11．多根导线并联绕制的圆筒式、连续式和螺旋式线圈，要完全消除绕组的环流损耗，那么对各种绕组应采取什么措施和必需满足什么条件．

12．为什么大型变压器结构损耗的相对值和绝对值都很大？有什么危害？可采取一些什么措施来减轻其危害程度？

13．对应变压器漏磁场的各个分量，将会产生哪些电磁力？它们各对线圈与导线的作用方向怎样？将产生哪些应力？

# 第十四章　变压器的冷却方式与温升计算

## §14-1　变压器的冷却方式

到目前为止，电力变压器大多数仍然采用油浸式。油浸式变压器的油箱结构有两种基本型式：平顶油箱和拱顶油箱（图14-1）。拱顶油箱又称钟罩式油箱，其箱沿设在下部，上节箱身做成钟罩形。这种油箱机械强度好；拱顶部分比平顶油箱的箱盖部分轻；而且检修方便，只需要起吊上节油箱而不用起吊器身。故常用于容量为8000kVA及以上的大容量变压器。平顶油箱结构简单，用于容量在6300kVA及以下的中、小型变压器。

变压器运行时，绕组、铁心以及其他结构件中产生的损耗几乎全部转化为热能。为了使这些部分的温升不超过规定值，必须采取有效措施把热量散发到周围介质中去。油浸式变压器的热量是通过油传给油箱和冷却器，再由周围空气或水进行冷却。我们知道：对于同一电压等级的系列产品，损耗的增长与变压器线性尺寸的 3 次方成正比；而散热面的增长却与线性尺寸的 2 次方成正比。所以容量大的变压器，散热装置应随着增加。

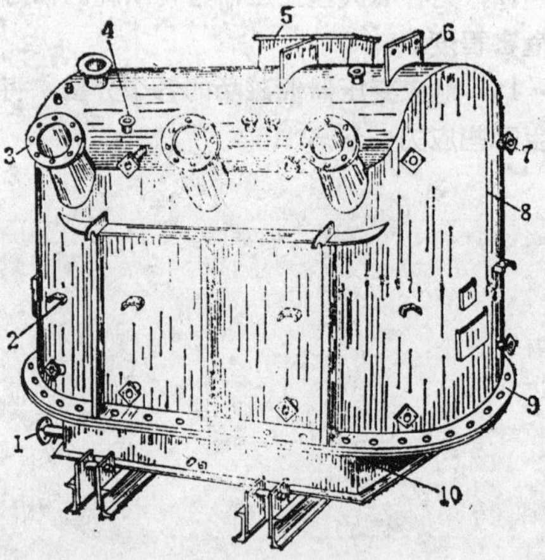

图14-1　拱顶油箱

1—放油阀门座　2—风扇装置支架　3—高压套管升高座　4—分接开关座　5—低压套管升高座　6—储油柜支板　7—散热器联管头　8—上节箱身　9—箱沿　10—下节箱底

容量在30kVA以下的变压器，平壁油箱的散热面积就足以散发变压器所产生的热量。

容量在50～2500kVA的变压器，必需在油箱壁上焊装扁管来增加散热面。扁管的排数不宜超过 3 。否则，辐射散热的效果将明显降低，而且焊装也不方便。这种容量范围的变压器，也可采用加装片式散热器或采用波纹油箱来增大散热面。

容量在2500～6300kVA的变压器，损耗绝对值增大，要求散热面更大些。可采用可拆卸的片式散热器或者扁管散热器。

以上容量范围内都是油浸自冷式。

容量在8000～40000kVA范围内的变压器，为了提高冷却效果，可装设带风扇装置的扁管散热器，即采用油浸风冷的冷却方式。

容量大于50000kVA的变压器，为了进一步提高冷却效果，采用强迫油循环风冷或水冷的冷却方式。在油箱上装设强迫油循环风冷却器或强迫油循环水冷却器。

## §14-2 变压器各部分的温升限值

变压器各部分温升的限值是以变压器具有合理的寿命为依据而制定的。变压器的运行寿命主要取决于绝缘老化。变压器在运行中，长期在热作用下的绝缘材料，其弹性将逐渐丧失而变脆。由于电磁振动使绝缘材料松散脱落，电气强度降低，而不得不退出运行。试验表明：变压器线圈最热点温度大约为95℃情况下，A级绝缘材料的寿命为20～25年。以这个数值作为变压器的运行年限，普遍认为是合理的。因为科学技术的不断进步，25年左右更换新产品，将获得良好的总体经济效益。线圈最热点的温度一般比平均温度高10℃，所以线圈在额定负载下的平均温度定为85℃。这个数值符合我国电力变压器国家标准（GB1094—86)中规定的要求。见表14-1。表中各项温升数值对周围介质温度是这样规定的：年平均空气温度为20℃，最高空气温度为40℃；平均水温为25℃。对于强迫油循环导向冷却的变压器，线圈的平均温升可提高为75℃。由于变压器油在温度为95℃以上时，性能显著恶化，所以规定油面温升不得超过55℃。各部分温升的计算值应比标准规定值低2～3℃为宜。

**表14-1 油浸式变压器温升限值**

| 变压器的部分 | | 温升限值 ℃ | 测量方法 |
|---|---|---|---|
| 线圈 | 自然油循环 | 65 | 电阻法 |
| | 强迫油循环 | | |
| 铁心表面 | | 75 | 温度计法 |
| 与变压器油接触(非导电部分)的结构件表面 | | 80 | |
| 油面 | | 55 | |

## §14-3 变压器各部分稳定温升计算

### 一、绕组对油的平均温升计算

变压器在正常运行条件、带额定负载连续运行时，处于热稳定平衡状态，各部分的温升值就是稳定温升值。其大小只决定于发热和散热情况。线圈对油的平均温升（单位为℃）的数值计算式为

$$\Delta\tau_{Q-y}=kq_Q^n+\Delta\tau_1+\Delta\tau_2 \qquad (14\text{-}1)$$

式中 $k$ 和 $n$——与线圈结构型式与油速有关的常数，由试验确定；

$q_Q$——热流密度，即线圈单位散热表面积散出的热流量，单位为W/m²，本章以下各数值方程中的$q_Q$均用此单位。

$\Delta\tau_1$——考虑层间绝缘厚度（圆筒式线圈）或导线绝缘厚度（饼式线圈）时的温升修正值，单位为℃；

$\Delta\tau_2$——考虑线圈层数（圆筒式）或段间油道（饼式）宽度对温升的修正值，单位为℃。

下面分别说明不同线圈型式、不同冷却方式下线圈对油的平均温升计算方法。

（一）油浸自冷的圆筒式、铝箔筒式、分段式线圈

应用式(14-1)计算线圈对油的温升时，取$k=0.065$，$n=0.8$。热流密度$q_Q=\dfrac{1.032p_Q}{A_Q}$。

$p_Q$为一个线圈在75℃时的总损耗；系数1.032为75℃时的损耗折算到85℃时的系数。$A_Q$为一个线圈的有效散热面积；它等于全部表面积（包括层间油道内的表面积）减去被撑条遮盖部分的面积。若线圈直接绕在硬纸筒上，则这部分表面积认为不散热；若线圈内侧垫厚1mm的纸板时，则计算其一半表面积为散热面积。温升修正值可按以下数值方程计算

$$\Delta\tau_1 = n_c k_4 q_Q \tag{14-2}$$

式中 $n_c$——线圈层数减去油道数；

$k_4$——考虑两层导线之间的绝缘总厚度$\delta_2$而引起的温度降落系数。$\delta_2$等于层间绝缘厚度加匝间绝缘厚度。$k_4$值见表14-2。

表14-2 系数$k_4$值

| $\frac{\delta_2}{m}$ | ⩽0.64 | 0.76 | 0.88 | 1 | 1.12 | 1.24 | 1.4 |
|---|---|---|---|---|---|---|---|
| $k_4$ | 0 | $23\times10^{-2}$ | $46\times10^{-2}$ | $70\times10^{-2}$ | $94\times10^{-2}$ | $119\times10^{-2}$ | $150\times10^{-2}$ |

考虑线圈层数的温升修正值（单位取℃）的数值计算公式为

$$\Delta\tau_2 = \delta_2 k_5 q_Q \tag{14-3}$$

其中 $\delta_2$为层间绝缘厚加匝间绝缘厚，单位为m。当$\delta_2 < 0.64\times10^{-3}$m时取实际值；$\delta_2 \geqslant 0.64\times10^{-3}$m时，取为$0.64\times10^{-3}$m。

$k_5 = 2\times$（线圈总层数$-2\times$散热面个数）

（二）油浸自冷和油浸风冷饼式线圈

线圈对油的温升计算式仍为式（14-1）。

自冷式内线圈：$k=0.41$；$n=0.6$。

自冷式外线圈：$k=0.358$；$n=0.6$。

风冷式内、外线圈：$k=0.159$；$n=0.7$。

考虑导线绝缘厚度的温升修正值（单位为℃）的数值计算公式为

$$\Delta\tau_1 = k_6 q_Q \tag{14-4}$$

系数$k_6$值见表14-3。

表14-3 系数$k_6$值

| $\frac{\text{导线绝缘厚度}}{m}$ | $0.6\times10^{-3}$ | $0.75\times10^{-3}$ | $0.95\times10^{-3}$ | $1.35\times10^{-3}$ | $1.95\times10^{-3}$ |
|---|---|---|---|---|---|
| $k_6\times10^{-3}$ | $0.4\times10^{-3}$ | $0.9\times10^{-3}$ | $1.75\times10^{-3}$ | $2.95\times10^{-3}$ | $4.9\times10^{-3}$ |

线圈之间油道宽度的温升修正值（单位为℃）的数值计算公式为

$$\Delta\tau_2 = \frac{d\theta_D q_Q}{1550} \tag{14-5}$$

式中 $d\theta_D$——经验系数，按图14-2查出。

线段的热流密度

$$q_Q = \frac{I_{N\phi}^2 R_D}{A_D}(1+K_w) \tag{14-6}$$

式中 $R_D$——线段的电阻；

$K_w$——线圈的涡流损耗与环流损耗系数之和，即

$$K_w = K_{w1} + K_{w2};$$

$A_D$——线段的冷却表面，等于

$$A_D = K_{zg} l_D \pi D_{av} \tag{14-6a}$$

式中 $D_{av}$——线段的平均直径；

$K_{zg}$——由于垫块使冷却表面减少而引入的系数，等于

$$K_{zg} = 1 - \frac{(\text{沿圆周垫块数}) \times (\text{垫块宽})}{\pi D_{av}}$$

$l_D$——线段截面的周长。当连续式线段间用油道和纸圈交错隔开，或单螺旋式线圈线匝间两面用宽度不同的油道隔开，其一面油道宽度≤1.5mm时：$l_D$=(绝缘导线厚)×(并联根数)×$N_D$+2×(绝缘导线宽)；当连续式、双饼式、纠结式和单螺旋式线圈的线段两面都用油道隔开，油道宽度大于或等于4mm时：$l_D$=2×(绝缘导线厚)×(并联根数)×$N_D$+(绝缘导线宽)×2。其中$N_D$为线段匝数。

用$I_{N\phi}^2 R_D = J_N^2 A_c^2 \rho_c \frac{\pi D_{av} N_D}{A_c} = I_{N\phi} J_N A_c \pi D_{av} N_D \rho_c$和式（14-6a）代入式（14-6），得

$$q_Q = \frac{\rho_c k_7 I_{N\phi} N_D J_N}{K_{zg} l_D}(1 + K_w) \tag{14-7}$$

式中 $k_7$——考虑导线绝缘厚度对有效散热面的影响系数。当绝缘导线厚≤1.75×（裸导线厚）时，取$k_7$=1；当绝缘导线厚>1.75×(裸导线厚)时，取$k_7$=(绝缘导线厚)/〔1.75×(裸导线厚)〕。

$\rho_c$——导线电阻率。当工作温度为85℃时，对铜线，$\rho_c = 0.0221 \times 10^{-6}\Omega\cdot m$，对铝线$\rho_c = 0.0368 \times 10^{-6}\Omega\cdot m$。

（三）强迫油循环风冷或水冷的连续式、双饼式、纠结式及螺旋式线圈

计算线圈对油的平均温升公式（14-1）中，取$k$=0.113，$n$=0.7。而温升修正值$\Delta\tau_1$和$\Delta\tau_2$均为零。

表面热流密度的计算式基本与上述情况相同，但要增加考虑线段总绝缘厚度对有效散热面的影响系数$k_8$，和考虑油道宽度对热流密度的修正值$d_q$。例如对铜线线圈，有

$$q_Q = \frac{\rho_c k_4 k_8 I_{N\phi} N_D J}{K_{zg} l_D}(1 + K_w) + d_q \tag{14-8}$$

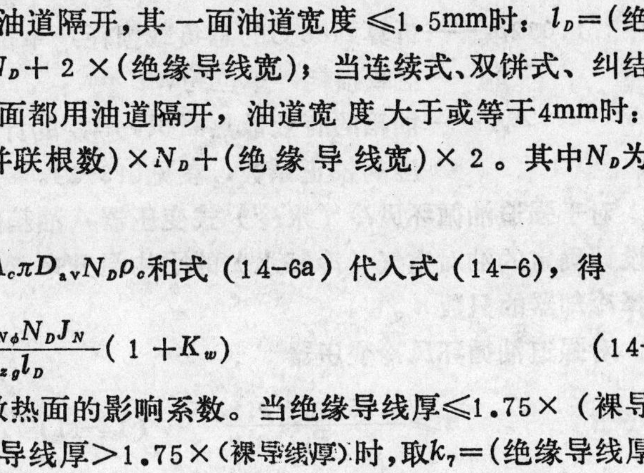


图14-2 温升校正曲线

式中 $k_8 = 1 + k_7(\delta_1 - \delta_2)$。其中$\delta_1$为匝间绝缘和线段两端附加绝缘的总厚度，单位为m，$\delta_2$为经验值，取$0.45 \times 10^{-3}$m；$k_7$为经验系数，取364$m^{-1}$；dq值见图14-3。

## 二、油对空气的平均温升计算

变压器油箱内油对空气或水的温升的数值计算公式为

$$\Delta\tau_{y-k} = k q_x^{0.8} \tag{14-9}$$

式中 $\Delta\tau_{y-k}$——油对空气（水）的温升，单位为℃；

$q_x$——油箱的热流密度，单位W/m²；

$k$——系数，与冷却方式和油箱散热器结构有关；

对平壁油箱、扁管式油箱或扁管散热器式油箱的油浸自冷式变压器，$k$值取0.262；对油浸风冷式变压器，$k$值取0.163。

油箱的热流密度可按以下公式

$$q_x=\frac{1.032p_s+p_0}{A_{yx}} \tag{14-10}$$

式中 $1.032p_s$——折算到85℃的总负载损耗，单位为W；

$p_0$——空载损耗，单位为W；

$A_{yx}$——油箱的有效散热面积，$A_{yx}$的计算可根据油箱及油管的几何面积乘以相应的校正系数，参见〔13-1〕。

对于强迫油循环风冷（水冷）式变压器，油箱的有效散热面通常略去不计，仅根据冷却器设计确定的油对空气（冷却水）的平均温升来选择冷却器的只数$n$。

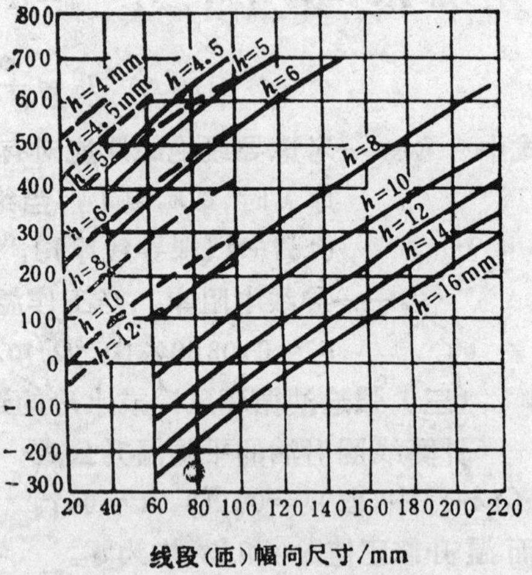


图14-3 热流密度校正曲线

对强迫油循环风冷变压器

$$n\geqslant\frac{1.15(p_0+p_s)}{P_F} \tag{14-11}$$

对强迫油循环水冷变压器

$$n\geqslant\frac{1.15(p_0+p_s)}{K_9P_s} \tag{14-12}$$

式中1.15是考虑变压器损耗计算偏差及负分接调压时损耗增大等因素；如还考虑备用，计算值再加1。式中的$P_s$和$P_F$表示每只水冷却器和风冷却器的额定容量。修正系数$K_9$是考虑冷却水温度的影响，等于

$$K_9=1-0.03(\theta_s+\Delta\tau_{Q-y}-\theta_k)$$

式中 $\theta_s$——冷却水温度，单位为℃；

$\Delta\tau_{Q-y}$——线圈对油的平均温升，单位为℃；

$\theta_k$——经验值，等于50℃。

## 三、线圈对空气的平均温升

$$\Delta\tau_{Q-k}=\Delta\tau_{Q-y}+\Delta\tau_{y-k} \tag{14-13}$$

## 四、油面温升

油箱顶层的油对空气的温升与油对空气的平均温升成正比，但要考虑发热中心与散热中心不同而引起的顶层油温增高，可按下式计算：

$$\Delta\tau_{m-k}=1.2\Delta\tau_{y-k}+\mathrm{d}\tau_m \tag{14-14}$$

式中 $\mathrm{d}\tau_m$——油面温升修正值，按线圈中心到箱底的高度$h_1$与扁管或散热器的中心到箱底的高度$h_2$之比，从图14-4的曲线查得。

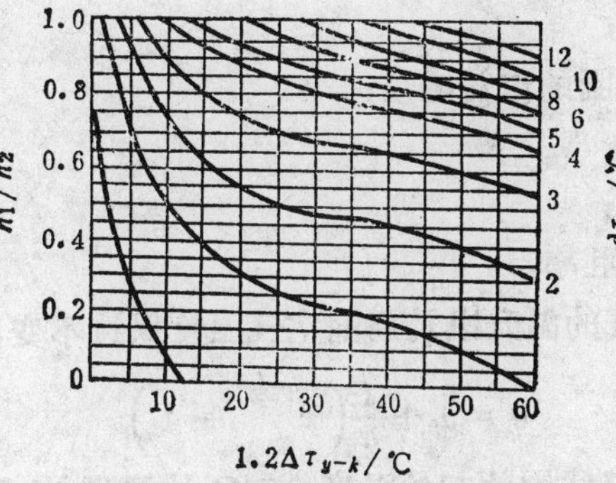


图14-4　油面温升校正曲线

## §14-4　变压器的热稳定计算

变压器在连续满载运行条件下如发生短路，稳定短路电流很大，线圈发热量急剧增加，因而线圈的温度也相应增高。如果在短路后，线圈的温度超过其所用导线材料及其外包绝缘耐热等级所允许的最高温度，变压器将受到损伤。

由于短路的持续时间很短，同时线圈的热时间常数远小于变压器油的热时间常数$\left(约\frac{1}{20}\sim\frac{1}{30}\right)$。因此在讨论线圈的热暂态过程时，可以认为是绝热过程，即在短路期间内线圈产生的热量全部用以加热线圈本身，而油温保持不变。

根据式（14-1）$\Delta\tau_{Q-y}=kq_Q^n$。在恒定电流下，热量正比于线圈的电阻损耗，即

$$p_\tau=p_{\tau0}[1+\alpha(\Delta\tau-\Delta\tau_0)] \tag{14-15}$$

式中　$p_\tau$——在任意瞬间与温升$\Delta\tau$相对应温度下线圈的损耗；

$p_{\tau0}$——在与起始温升$\Delta\tau_0$相对应的温度下线圈的损耗（即大电流冲击瞬间）；

$\alpha$——温度系数。

如果假定式（14-1）中的指数$n=1$，那么线圈的热平衡方程为

$$p_{\tau0}[1+\alpha(\Delta\tau-\Delta\tau_0)]dt=CGd\tau \tag{14-16}$$

求解式（14-16），得到

$$\Delta\tau=Ae^{-\frac{t}{T}}+\left(\Delta\tau_0-\frac{1}{\alpha}\right)$$

积分常数$A$可利用起始条件（$t=0$，$\Delta\tau=\Delta\tau_0$）求得：$A=\frac{1}{\alpha}$，代入上式，可得到

$$\Delta\tau=\Delta\tau_0+\frac{1}{\alpha}\left(e^{-\frac{t}{T}}-1\right) \tag{14-17}$$

式中　$T$——线圈的发热时间常数。

且　$$T=\frac{CG}{\alpha p_{\tau0}},$$

单位重量的损耗　$$p_{\tau0}/G=J^2\rho/\rho',$$

即　$$T=\frac{C\rho'}{\alpha J_K^2\rho}。 \tag{14-18}$$

这里 $C$——材料的热容量；

$J_K$——冲击电流下线圈的电流密度；

$G$——线圈导体重量；

$\rho'$——导线材料密度；

$\rho$——导线材料的电阻率。

在暂态过程中，油对空气的温升以及周围空气温度保持不变，故绕组在短路状态下的温度

$$\theta=\theta_0+\frac{1}{\alpha}\left(e^{-\frac{t}{T}}-1\right) \tag{14-19}$$

式中 $\theta_0$——满载运行时短路线圈的起始温度。对于油浸式变压器$\theta_0$为105℃；水冷却的为95℃；对于干式变压器，B级绝缘的为120℃，H级绝缘的为165℃。

额定热稳定电流下，线圈平均温度$\theta_2$的最高允许值见表14-4。

短路持续时间 $t$ 的规定：当稳定短路电流倍数$K_s=\frac{1}{u_Z}\leqslant 10$时，$t=5$s；$K_s=10\sim14$、$15\sim20$、和20以上时分别为 4 、3 和 2 s 。

**表14-4 额定热稳定电流下，最高允许的线圈平均温度$\theta_2$**

| 冷却方式 | 线圈材料 | 绝缘等级 | 最高允许平均温度 $\theta_2$/℃ |
|---|---|---|---|
| 油浸式 | 铜 | A | 250 |
| | 铝 | | 200 |
| 干式 | 铜 | A、E | 250 |
| | | B、F、H | 350 |
| | 铝 | A、E、B | 200 |

短路时线圈的电流密度$J_K=\frac{K_sI_{N\phi}}{A_o}=K_sJ_N$。由式（14-18)和(14-19）可见：当规定线圈的短路最高允许温度$\theta$和起温度$\theta_0$以及短路持续时间 $t$ 以后，要满足热稳定，线圈的额定电流密度必须小于某一临界值。例如$K_s=\frac{1}{u_z}=\frac{100}{10.5}=9.524$，那么 $t=5$s，对油浸式变压器，铜线圈$\theta\leqslant250$℃，铝线圈$\theta\leqslant200$℃，$\theta_0=105$℃时，由式（14-18)和(14-19)，可算得铜线的额定电流密度必须小于5.93 A/mm²；铝线的额定电流密度必须小于3.85 A/mm²。对于小容量变压器中$u_z=4$的铜线和铝线线圈，$t=2$s，额定电流密度应分别小于3.94A/mm²和2.55A/mm²。

# 计 算 例 题

## 一、产品基本参数及结构特征

型号　$S$-1000/10，额定容量　1000kVA，

电压组合及分接范围（10±5%/0.4）kV，

绕组联接组标号$Y$，$y_n0$，阻抗电压与额定电压之比4.5%，

负载损耗　11600W，空载损耗　1800W，

空载电流　1.4%

铁心材料　0.35mm厚冷轧硅钢片，

导线材料　电工铜

## 二、铁心直径的确定

### （一）根据式（13-6）计算

取$\beta=1.9$，$k_d=1.38$，$K_J=0.935$（9级），

$K_{Fe}=0.94$（涂漆），$A=41000\text{A/m}$，$B_m=1.64\text{T}$，

每柱容量 $$S_z=\frac{S_N}{m}=\frac{1000}{3}\times10^3\text{VA}=333333\text{VA}$$

利用系数 $$K_T=\frac{\sqrt{2}}{4}\pi^2K_JK_{Fe}fAB_m=\frac{\sqrt{2}}{4}\pi^2\times0.935\times0.94\times50\times41000\times1.64\text{VA/m}^3$$

$$=10311926\text{VA/m}^3$$

$$D=\sqrt[3]{\frac{\beta S_z}{\pi k_d K_T}}=\sqrt[3]{\frac{1.9\times333333}{\pi\times1.38\times10311926}}\text{m}=0.242\text{m}$$

**（二）根据式（13-10）计算**

取$K_b=0.675\times10^{-3}$，$a_0=0.016\text{m}$，（表13-12）

$\rho_1=0.96$，$K_q=1.12$，（表13-7）

$$a_p=a_0+K_b\sqrt[4]{S_z}=(1.6\times10^{-2}+0.675\times10^{-3}\sqrt[4]{333333})\text{m}=3.22\times10^{-2}\text{m}$$

已知 $p_s=11600W$，即$u_R=1.16\%$，$u_z=4.5\%$，

故 $$u_X=\sqrt{u_Z^2-u_R^2}=\sqrt{(4.5\%)^2-(1.16\%)^2}=4.35\%$$

$$D=89.75\times10^{-3}\sqrt[4]{\frac{S_z\beta a_p\rho_1K_q}{fu_XB_m^2K_D^2}}$$

$$=89.75\times10^{-3}\sqrt[4]{\frac{333333\times1.9\times3.22\times10^{-2}\times0.96\times1.12}{50\times4.35\times1.64^2\times(0.935\times0.94)^2}}\text{m}=0.237\text{m}$$

**（三）根据式（13-11）计算**

$$D=(9.6\sim10.6)\times10^{-3}\sqrt[4]{S_z}=(9.6\sim10.6)\times10^{-3}\sqrt[4]{333333}\text{m}=0.23\sim0.255\text{m}$$

综合三种计算结果，取$D=240\text{mm}$。铁心有效截面积

$$S_{Fe}=\frac{\pi}{4}D^2K_JK_{Fe}=\frac{\pi}{4}(0.24)^2\times0.935\times0.94\text{m}^2=0.03976\text{m}^2$$

## 三、线圈设计

每匝电压 $$e_t=\sqrt{2}\pi fB_mA_{Fe}$$
$$=\sqrt{2}\pi\times50\times1.64\times0.03976\text{V}=14.485\text{V}$$

低压线圈匝数 $$N_2=\frac{U_{N\phi2}}{e_t}=\frac{400}{\sqrt{3}}\Big/14.485=15.94\text{，取16}$$

实际每匝电压 $$e_t=\frac{U_{N\phi2}}{N_2}=\frac{400}{\sqrt{3}}\Big/16\text{V}=14.4342\text{V}$$

实际心柱磁密 $$B_m=\frac{e_t}{\sqrt{2}\pi fA_{Fe}}=\frac{14.4342}{\sqrt{2}\pi\times50\times0.03976}\text{T}=1.634\text{T}$$

1．线圈电压、电流、匝数及绕组型式选择

| | 高压线圈 | | | 低压线圈 |
|---|---|---|---|---|
| 线电压/相电压 | 10500V/6062V | 10000V/5774V | 9500V/5485V | 400V/230.947V |
| 线电流/相电流 | | 57.7A/57.7A | | 1443.3A/1443.3A |
| 匝数 | 420[20] | 400[20] | 380 | 16 |
| 线圈型式 | | 连续式 | | 双螺旋式 |

2．电压误差校核

$105\%U_N$， $\dfrac{14.4342\times420-6062}{6062}=59\times10^{-6}\ll0.25\%$

$100\%U_N$， $\dfrac{14.4342\times400-5774}{5774}=-56\times10^{-6}\ll0.25\%$

$95\%U_N$， $\dfrac{14.4342\times380-5485}{5485}=-16\times10^{-7}\ll0.25\%$

3．高压线圈计算

线圈总段数取为42，每段10匝，调压线段数取为4；电流密度$J_1$预取为$3.6\times10^6\text{A/m}^2$，则导线截面积约需$\dfrac{57.7}{3.6\times10^6}\text{m}^2=16\times10^{-6}\text{m}^2$，由附录选取扁铜线$\dfrac{2.0\times8.5}{2.5\times9.0}$，两边绝缘总厚为$0.45\times10^{-3}$m（计算值为$0.5\times10^{-3}$m），导线的截面积为$16.64\times10^{-6}\text{m}^2$，故实际电流密度

$$J_1=\frac{57.7}{16.64\times10^{-6}}\text{A/m}^2=3.4675\times10^6\text{A/m}^2$$

根据式（13-55），计算轴向尺寸

$$H_1=bn+K_\phi\Sigma h=[9\times42+0.95\times(40\times4+12)]\times10^{-3}\text{m}=0.54\text{m}$$

其中40个段间油道宽为4mm，中断点油道宽为12mm（见表13-14）。垫块压缩系数为0.95。根据式（13-57），得：

$$B=an_1'n_2'\delta=2.5\times10^{-3}\times1\times10\times1.03\text{m}=26\times10^{-3}\text{m}$$

4．低压线圈计算

铜线宽度预算：

$$\frac{\text{高压线圈轴向尺寸}-\text{调节油道总高}}{(\text{低压匝数}+1)\times\text{螺旋数}}-\text{油道宽}=\left[\frac{540-20}{(16+1)\times2}-4\right]\text{mm}=11.3\text{mm}。$$

预取电流密度$J_2=3.5\times10^6\text{A/m}^2$，则低压绕组每匝约需导线总截面积$\dfrac{1443.3}{3.5\times10^6}\text{m}^2=412.3\times10^{-6}\text{m}^2$。按附录选用$\dfrac{3.15\times11.2}{3.65\times11.7}$规格的铜线，每螺旋6根并联，则实际电流密$J_2=\dfrac{1443.3}{34.73\times10^{-6}\times6\times2}\text{A/m}^2=3.46\times10^6\text{A/m}^2$。

轴向尺寸 $H_2=[11.7(16+1)\times2+(33\times4+18)\times0.95]\times10^{-3}\text{m}=0.54\text{m}$。

双螺旋绕组的33个油道全部取为4mm，总调节油道高度为18mm。

辐向尺寸 $B_2=3.65\times10^{-3}\times6\times1.03\text{m}=22.5\times10^{-3}\text{m}$

铁心窗口高 $H_c=H_1+2h_1=[0.54+2\times0.035]\text{m}=0.61\text{m}$

5．心柱及线圈的径向尺寸，单位为m

| | | | |
|---|---|---|---|
| 铁心半径$D/2$ | 0.120 | $a_0$的平均半径 | 0.1655 |
| 装配间隙$c$ | 0.005 | 高压线圈内半径 | 0.1735 |
| 低压纸筒厚$\delta_2$ | 0.0035 | 高压线圈辐向尺寸$\beta_1$ | 0.026 |
| 低压内侧油道 | 0.0065 | 高压线圈平均半径 | 0.1865 |
| 低压线圈内半径 | 0.135 | 高压线圈外半径 | 0.1995 |
| 低压线圈辐向尺寸$B_2$ | 0.0225 | 高压线圈外直径 | 0.399 |
| 低压线圈平均半径 | 0.014625 | 相间距离$a_4$ | 0.017+0.004 |

低压线圈外半径　0.1575　心柱间中心距$a_x$　0.42

高低压线圈间距离$a_0$　0.016

## 四、短路性能计算

### (一) 电抗电压

1. 轴向漏磁场对应的电抗电压

电抗高度 $H_{x1}=\frac{1}{2}[54+(54-(0.4+1.17)\times 2)]\text{cm}=52.43\text{cm}$

$$\Sigma D_1=\frac{1}{3}(a_1r_1+a_2r_2)+a_0r_{12}$$

$$\Sigma D_1=\left[\frac{1}{3}(2.2\times 14.625+2.55\times 18.65)+1.65\times 16.55\right]\text{cm}^2=53.885\text{cm}^2$$

$\lambda=a_1+a_0+a_2=(2.25+1.6+2.6)\text{cm}=6.45\text{cm}$

$$u=\frac{H_{x1}}{\lambda}=\frac{52.43}{6.45}=8.13$$

$$\rho_1=1-\frac{1}{\pi u}=1-\frac{1}{\pi\times 8.13}=0.96$$

$$u_{X1}=\frac{4\pi^2\mu_0 IN^2 f\rho_1\Sigma D_1}{U_N H_{x1}}=\frac{4\pi^2\times 0.4\pi\times 10^{-6}\times 57.7\times 400^2\times 50\times 0.96\times 53.885\times 10^{-4}}{5774\times 52.43\times 10^{-2}}=0.03912$$

2. 径向漏磁场对应的电抗电压（调压分接区）

$$\beta=\frac{h_0}{H}\times 100=\frac{4\times 0.9+(0.4\times 4+1.2)\times 0.95}{54}\times 100=11.6$$

$$u_2=\frac{\tau_1}{0.5H_{x1}}=\frac{\lambda}{0.5H_{x1}}=\frac{6.45}{0.5\times 52.43}=0.246$$

$$v=\frac{\delta}{0.5H_{x1}}=\frac{1.5}{0.5\times 52.43}=0.05722$$

$$\rho_2=1-\frac{1}{\pi u_2}(1-e^{-\pi u_2})[1-0.5e^{-2\pi v}(1-e^{-\pi u_2})]$$

$$=1-\frac{1}{\pi\times 0.246}(1-e^{-\pi\times 0.246})[1-0.5e^{-2\pi\times 0.05722}(1-e^{-\pi\times 0.246})]$$

$$=0.4345$$

$$u_{X2}=\frac{4\pi\mu_0 fIN^2\beta^2\rho_2 r_{12}H_{x1}}{12\tau_1 U_N}\times 10^{-4}$$

$$=\frac{4\pi^2\times 0.4\pi\times 10^{-6}\times 50\times 57.7\times 400^2\times 11.6^2\times 0.4345\times 0.1655\times 0.5423}{12\times 0.0645\times 5774}\times 10^{-4}$$

$$=0.0026$$

低压绕组为双螺旋，线圈两端相对于高压线圈（连续式）各短缺一螺旋的安匝高度，形成另外两个漏磁场而产生相应的电抗电压。

$$\beta_2=\frac{2\times 1.17+2\times 0.4\times 0.95}{54}\times 100=5.74$$

$$u'_{X2}=2\times\frac{4\pi^2\times 0.4\pi\times 10^{-6}\times 50\times 57.7\times 400^2\times 5.74^2\times 0.4345\times 0.1655\times 0.5423}{12\times 0.0645\times 5774}\times 10^{-4}$$

$$=0.00126$$

3，总电抗电压

$$u_X=u_{X1}+u_{X2}+u'_{X2}=0.03912+0.0026+0.00126=0.043$$

4．电阻电压

$$u_R=\frac{p_s}{S_N}=\frac{11435}{1000\times10^3}=0.011435$$

5．阻抗电压

$$u_Z=\sqrt{u_X^2+u_R^2}=\sqrt{0.043^2+0.011435^2}=0.0445$$

（二）负载损耗

| | 高压线圈 | 低压线圈 |
|---|---|---|
| 平均匝长/m | $2\pi\times0.1865=1.718$ | $2\pi\times0.14625=0.9189$ |
| 每相总长/m | $1.1718\times420+1.35=493.5$ | $0.9189\times16+1.3=16$ |
| 裸线重量/kg | $3\times493.5\times16.64\times10^{-6}\times8900=219.2$ | $3\times16\times416.76\times10^{-6}\times8900=178.04$ |
| 额定分接电阻/Ω | $0.02135\times10^{-6}\times\frac{493.5\times10^6}{1.05\times16.64}=0.603$ | $0.02135\times10^{-6}\times\frac{16\times10^6}{416.76}=8.196\times10^{-4}$ |
| 电阻损耗/W | $3\times57.7^2\times0.603=6022.7$ | $3\times1443.3^2\times8.196\times10^{-4}=5122$ |
| 线圈涡流损耗 | $3.8\times\left(\frac{50\times10\times42\times2\times10^{-3}\times16.6}{0.5243}\times\frac{10^{-6}\times0.96}{1}\right)^2\times10^3=0.62\%$ | $3.8\times\left(\frac{50\times6\times32\times3.15\times10^{-3}\times34.73}{0.5243}\times\frac{10^{-6}\times0.96}{1}\right)^2\times10^3=1.4\%$ |
| 线圈环流损耗 | 0 | 0 |
| 结构损耗/W | 132 | |
| 总负载损耗/W | $6022.7\times1.0062+5122\times1.014+132=11386$ | |

## 五、结构损耗计算

油箱尺寸的经验数据取自表13-17

长 $L_B=(2\times0.42+0.399+0.101)\text{m}=1.34\text{m}$

宽 $B_B=(0.399+0.201)\text{m}=0.6\text{m}$

高 $H_B=(0.61+2\times0.23+0.019+0.301)\text{m}=1.39\text{m}$

油箱平均半径　$R_p=\frac{1}{4}(1.34+0.6-2\times0.42)\text{m}=0.28\text{m}$

油箱壁周长　$L_{xz}=[\pi\times0.6+(1.34-0.6)\times2]\text{m}=3.365\text{m}$

每柱磁通　$\phi_Z=\frac{U}{\sqrt{2}\pi fN}=\frac{230.947}{16\times\sqrt{2}\pi\times50}\text{Wb}=0.065\text{Wb}$

结构损耗　$p_{Jg}=\frac{K_{Jg}\left(\frac{f}{50}\right)u_X^2\Phi_Z^2H_{X1}^3\times10^4}{L_{xz}[H_{x1}+2(R_p-r_{12})]^2}$

$$=\frac{2.19\times1\times4.3^2\times0.065^2\times0.5243^3\times10^4}{3.365[0.5243+2(0.275-0.1655)]^2}\text{W}=132\text{W}$$

## 六、空载性能数据计算

（一）铁心重量

$G_{Fe}=[3\times7650\times396\times10^{-4}\times0.61+7650\times396\times10^{-4}\times2\times0.42\times(3-1)$
$+147]\text{kg}=1210\text{kg}$

（二）空载损耗

$$p_0=1.15\times1210\times1.247\text{W}=1735\text{W}$$

（三）空载电流

有功分量 $I^*_{0R}=\dfrac{p_0}{S_N}=\dfrac{1735}{10^3\times10^3}=0.001735$

无功分量 $I^*_{0X}=K_{0X}\left[\dfrac{G_{Fe}q_{Fe}+n_sS_{Fe}q_J}{S_N}\right]$

$$=1.0\left[\frac{1210\times3.85+396\times3.065}{10^3\times10^3}\right]=0.01316$$

空载电流 $I^*_0=\sqrt{I^{*2}_{0R}+I^{*2}_{0X}}=\sqrt{0.001735^2+0.01316^2}=0.0133$

七、电磁力及导线机械应力计算

（一）短路电流最大峰值

电力系统的阻抗电压 $u'_Z=\dfrac{S_N}{S_{ST}}=\dfrac{1000}{10^6}=0.1\%$

〔10kV电网的$S_{ST}=10^6$kVA〕

由式（13-123），短路电流最大峰值

$$I_{max}=\sqrt{2}\left(1+e^{\frac{-\pi u_R}{u_X}}\right)\frac{I_{N\phi}}{u_Z+u_Z'}$$

$$=\sqrt{2}\left(1+e^{\frac{-\pi\times1.1435}{4.3}}\right)\times\frac{100}{4.38+0.1}$$

$$\times57.7\text{A}=2601.5\text{A}$$

（二）径向力

$$F_{fx}=\frac{\pi\mu_0(I_{max}N)^2r_{12}\rho_1}{H_{x1}}$$

$$=\frac{\pi\times0.4\times10^{-6}\times(2601.5\times400)^2\times0.1665\times0.96}{0.5243}\text{N}=1.3\times10^6\text{N}$$

（三）最大轴向力

$$F_{sx2}=F_{fx}\frac{2h_0\rho_2}{K_c\rho_1\tau_1}=1.3\times10^6\times\frac{2\times0.0624\times0.4345}{12\times0.96\times0.0645}\text{N}=94871\text{N}$$

（四）径向力对高压线圈的平均拉伸应力

$$\sigma_{al}=\frac{\mu_0I^2_{max}N\rho_1r_{12}}{2H_{x1}A_{c1}N_t}$$

$$=\frac{0.4\pi\times10^{-6}\times2601.5^2\times400\times0.96\times0.1655}{2\times0.5243\times16.64\times10^{-6}\times1}\text{N/m}^2=3.1\times10^7\text{N/m}^2$$

（五）径向力对低压线圈的平均压缩应力与平均弯曲应力

由式（13-132），得

$$f_p=\frac{\mu_0I^2_{max}N\rho_1r_{12}}{2H_{x1}N_tr_{av}}$$

$$=\frac{0.4\pi\times10^{-6}\times2601.5^2\times25^2\times16\times0.96\times0.1655\times10^{-7}}{2\times0.5243\times12\times0.14625}\text{N/m}=7342\text{N/m}$$

$$\alpha=\frac{\pi D}{n}\cdot\frac{2\pi}{\pi D}=\frac{2\pi}{n}=\frac{2\pi}{8}=0.785$$

$$\delta=\frac{Ea}{E_w b_s}=\frac{10.8\times10^{10}\times0.0225}{4.9\times10^{8}\times15\times10^{-3}}=330.6$$

$$Q=3\left(\frac{D}{b}\right)\left(\frac{\alpha}{\sin\alpha}+\cos\alpha-\frac{2\sin\alpha}{\alpha}\right)+\frac{\alpha}{\sin\alpha}+4\delta\sin\alpha+\cos\alpha$$

$$=3\left(\frac{0.2925}{0.0225}\right)\left(\frac{0.785}{\sin0.785}+\cos0.785-\frac{2\sin0.785}{0.785}\right)+\frac{0.785}{\sin0.785}$$

$$+4\times330.6\times\sin0.785+\cos0.785=937.18$$

压缩应力

$$\sigma_a=\frac{f_pD}{2A_{c2}}\left(1-\frac{2\cos\alpha}{Q}\right),$$

$$=\frac{7342\times0.2925}{2\times34.73\times10^{-6}}\left(1-\frac{2\cos0.785}{937.18}\right)\mathrm{N/m^2}=3.09\times10^7\mathrm{N/m^2}$$

弯曲应力

$$\sigma_b=\frac{3f_pD^2}{Qba^2}\left(\frac{\sin\alpha}{\alpha}-\cos\alpha\right),\ =\frac{3\times7342\times0.2925^2}{937.18\times11.2\times10^{-3}\times3.15^2\times10^{-6}}$$

$$\times\left(\frac{\sin0.785}{0.785}-\cos0.785\right)\mathrm{N/m^2}=0.35\times10^7\mathrm{N/m^2}$$

（六）径向漏磁场$B_2$引起的轴向力对导线的最大弯曲应力

$$\sigma_{b2}=\frac{\mu_0 I_{max}^2 N\beta\rho_2 l_2^2}{2N_t H_{x2}ab^2}$$

$$\beta=\frac{100}{200}\times\frac{6.26}{54}=0.058,\ \rho_2=0.4345$$

$H_{x2}=\tau_1=0.0645\mathrm{m}$，$l_2=0.106\mathrm{m}$（高压线圈）

高压线圈 $$\sigma_{b2}=\frac{0.4\pi\times10^{-6}\times2601.5^2\times400\times0.058\times0.4345\times0.106^2}{2\times1\times0.0645\times8.5^2\times10^{-6}\times2\times10^{-3}}$$

$$\mathrm{N/m^2}=5.17\times10^7\mathrm{N/m^2}$$

低压线圈 $$\sigma'_{b2}=\frac{0.4\pi\times10^{-6}\times\left(\frac{2601.5}{57.7}\times1443.3\right)^2\times16\times0.058\times0.4345\times0.0848^2}{2\times12\times0.0645\times11.2^2\times10^{-6}\times3.15\times10^{-3}}$$

$$\mathrm{N/m^2}=2.52\times10^7\mathrm{N/m^2}$$

（七）线圈导线最大合成应力

高压线圈$\sigma=\sigma_{a1}+\sigma_{b2}=(3.1\times10^7+5.17\times10^7)\mathrm{N/m^2}=8.27\times10^7\mathrm{N/m^2}<11.8\times10^7\mathrm{N/m^2}$

低压线圈$\sigma=\sigma_a+\sigma'_{b2}=(3.09\times10^7+2.52\times10^7)\mathrm{N/m^2}=5.61\times10^7\mathrm{N/m^2}$

## 八、温升计算（油浸自冷管式油箱）

（一）高压线圈对油的平均温升

$$\Delta\tau_{Q-y}=0.358q_Q^{0.6}+\Delta\tau_1+\Delta\tau_2$$

$$q_Q=\frac{p_ck_\gamma I_{N\phi}N_DJ_1}{K_{zg}l_D}(1+K_w),$$

$$=\frac{0.0221\times10^{-6}\times1\times57.7\times10\times3.47\times10^6}{0.727\times70\times10^{-3}}\times\left(1+\frac{0.62}{100}\right)\mathrm{W/m^2}$$

$$=874.9\mathrm{W/m^2}$$

$$K_{zg}=1-\frac{8\times4}{\pi\times37.3}=0.727$$

$$l_D=2\times(26+9)\times10^{-3}\mathrm{m}=70\times10^{-3}\mathrm{m}$$

$$\Delta\tau_1=k_6q_Q=4\times10^{-4}\times874.9℃=0.35℃$$

$$\Delta\tau_2=\frac{d\theta_D q_Q}{1550}=\frac{-2\times874.9}{1550}℃=-1.1℃$$

$$\Delta\tau_{Q-y}=(0.358\times874.9^{0.8}+0.35-1.1)℃=20℃$$

（二）低压线圈对油的平均温升

$$\Delta\tau_{Q-y}=0.41q_Q^{0.8}+\Delta\tau_1+\Delta\tau_2$$

$$q_Q=\frac{0.0221\times10^{-6}\times1\times1443.3\times\frac{1}{2}\times3.463\times10^6}{0.739\times68.4\times10^{-3}}\times\left(1+\frac{1.4}{100}\right)W/m^2=1108W/m^2$$

$$K_{2g}=\frac{8\times3}{\pi\times29.25}=0.739$$

$$l_D=2\times(22.5+11.7)\times10^{-3}m=68.4\times10^{-3}m$$

$$\Delta\tau_1=4\times10^{-4}\times1108℃=0.44℃$$

$$\Delta\tau_2=-3.2\times1108/1550℃=-2.28℃$$

$$\Delta\tau_{Q-y}=(0.41\times1108^{0.8}+0.44-2.28)℃=25.5℃$$

（三）油对空气的平均温升

根据油箱尺寸，箱壁上设两排油管，每排96根，外层扁管的中心距为1.2m，内层扁管的中心距为1.05m。两列扁管之间中心距为0.035m。

几何面积

油管$A_G=(96\times1.802+96\times1.302)\times0.1256m^2=37.427m^2$

箱盖 $A_g=\left(\frac{\pi}{4}\times0.746^2+0.746\times0.74\right)m^2=0.989m^2$

箱壁$A_b=3.365\times1.39m^2=4.678m^2$

油箱有效散热面

$$A_{yx}=0.75A_g+(A_G+A_b)k_{A1}k_{A2},$$
$$=[0.75\times0.989+(4.678+37.427)\times0.739\times0.96]m^2=30.61m^2$$

油箱热负荷 $q_x=\frac{1.032p_e+p_0}{A_{yx}}=\frac{1.032\times11435+1735}{30.61}=447.9W/m^2$

油对空气的平均温升 $\Delta\tau_{y-k}=0.262\times447.9^{0.8}℃=34.6℃$

油面温升 $\Delta\tau_{M-k}=1.2\Delta\tau_{y-k}+d\tau_M=(1.2\times34.6+5)℃=46.5℃$

发热中心$h_1$与散热中心$h_2$之比为$\frac{554}{690}=0.8$

（四）线圈对空气温升

高压线圈 $\Delta\tau_{g-k}=(20+34.6)℃=54.6℃<63℃$

低压线圈 $\Delta\tau_{g-k}=(25.5+34.6)℃=60.1℃<63℃$

# 附　　录

## 附录一　中小型三相感应电动机电磁计算程序

### 一、单笼转子感应电动机的计算程序

(一) 额定数据及主要尺寸

1. 输出功率$P_N$

2. 外施相电压$U_{N\phi}$，Y接法 $U_{N\phi}=\frac{U_N}{\sqrt{3}}$

　　△接法$U_{N\phi}=U_N$

3. 功电流　$I_{KW}=\frac{P_N}{m_1 U_{N\phi}}$

4. 效率$\eta'$　按照设计任务书的规定。

5. 功率因数$\cos\varphi'$　按照设计任务书的规定。

6. 极对数 $p$

7. 定转子槽数$Z_1$、$Z_2$

8. 定转子每极槽数　$Z_{p1}=\frac{Z_1}{2p}$　　$Z_{p2}=\frac{Z_2}{2p}$

9. 定转子冲片尺寸（见图附1-1）

10. 极距　$\tau=\frac{\pi D_{i1}}{2p}$

11. 定子齿距　$t_1=\frac{\pi D_{i1}}{Z_1}$

12. 转子齿距　$t_2=\frac{\pi D_2}{Z_2}$

13. 节距　$y$——以槽数计

14. 转子斜槽宽　$b_{sk}$(一般取一个定子齿距$t_1$，也可按需要设计)

15. 每槽导体数　双层线圈　$N_{s1}=2\times$每线圈匝数

　　单层线圈　$N_{s1}=$每线圈匝数

16. 每相串联导体数　$N_{\phi1}=\frac{N_{s1}Z_1}{m_1 a_1}$

17. 绕组线规（估算）$N'_{t1}A'_{c1}=\frac{I'_1}{a_1 J'_1}$

$$I'_1(\text{定子电流初步值})=\frac{I_{KW}}{\eta'\cos\varphi'}$$

根据$N'_{t1}A'_{c1}$从附录二中选定线材规格和根数。

18. 槽满率（见图10-8）

（1）槽面积 $A_s=\frac{2r_{21}+b_{11}}{2}(h'_s-h)+\frac{\pi r_{21}^2}{2}$

（2）槽绝缘占面积

双层 $A_i=\Delta_i(2h'_s+\pi r_{21}+2r_{21}+b_{11})$

单层 $A_i=\Delta_i(2h'_s+\pi r_{21})$

（3）槽有效面积 $A_{ef}=A_s-A_i$

（4）槽满率 $S_f=\frac{N_{t1}N_{s1}d^2}{A_{ef}}\times100\%$

19。铁心长$l_t$

铁心有效长 无径向通风道 $l_{ef}=l_t+2\delta$

定转子径向通风道不交错 $l_{ef}=l_t-n_{v1}b'_{v1}$

定转子径向通风道交错 $l_{ef}=l_t-(n_{v1}b'_{v1}+n_{v2}b'_{v2})$

$b'_v$由图附1-12查出。

净铁心长 无径向通风道 $l_{Fe}=k_{Fe}l_t$

有径向通风道 $l_{Fe}=k_{Fe}(l_t-n_vb_v)$

20．绕组系数 $K_{dp1}=K_{d1}K_{p1}$

（1）分布系数 $K_{d1}=\frac{\sin\frac{q_1\alpha}{2}}{q_1\mathrm{Sin}\frac{\alpha}{2}}$

（2）短距系数 $K_{p1}=\sin\frac{\pi}{2}\beta$

21。每相有效串联导体数 $N_{\phi1}K_{dp1}$

（二）磁路计算

22。每极磁通 $\Phi=\frac{E_1}{4K_{Nm}K_{dp1}fN_1}$

其中$E_1=(1-\varepsilon'_L)U_{N\phi}$

23。每极齿部截面积 定子 $A_{t1}=K_{Fe}l_tb_{t1}Z_{p1}$

转子 $A_{t2}=K_{Fe}l_tb_{t2}Z_{p2}$

对于非平行齿，则$b_t$取离最窄$\frac{1}{3}$齿高处的齿宽。

24。轭部截面积 定子 $A_{j1}=K_{Fe}l_th'_{j1}$

定子轭部计算高度 圆底槽 $h'_{j1}=\frac{D_1-D_{i1}}{2}-h_{s1}+\frac{r_{21}}{3}$

平底槽 $h'_{j1}=\frac{D_1-D_{i1}}{2}-h_{s1}$

转子 $A_{j2}=K_{Fe}l_th'_{j2}$

转子轭部计算高度 圆底槽 $h'_{j2}=\frac{D_2-D_{i2}}{2}-h_{s2}+\frac{r_{22}}{3}-\frac{2}{3}d_{v2}$

平底槽 $h'_{j2}=\frac{D_2-D_{i2}}{2}-h_{s2}-\frac{2}{3}d_{v2}$

25。空气隙面积 $A_\delta=\tau l_{ef}$

26. 波幅系数 $F_s=\frac{B_\delta}{B_{\delta av}}$(可先假定饱和系数$K'_s$，再从图附1-2中查出$F_s$)

27. 定子齿磁密 $B_{t1}=\frac{F_s\Phi}{A_{t1}}$

28. 转子齿磁密 $B_{t2}=\frac{F_s\Phi}{A_{t2}}$

29. 定子轭磁密 $B_{j1}=\frac{1}{2}\ \frac{\Phi}{A_{j1}}$

30. 转子轭磁密 $B_{j2}=\frac{1}{2}\ \frac{\Phi}{A_{j2}}$

31. 空气隙磁密 $B_\delta=\frac{F_s\Phi}{A_\delta}$

32. 根据$B_{t1}$、$B_{t2}$、$B_{j1}$、$B_{j2}$，从附录五中查出磁场强度$H_{t1}$、$H_{t2}$、$H_{j1}$、$H_{j2}$

33. 齿部磁路计算长度

定子 圆底槽 $L_{t1}=(h_{11}+h_{21})+\frac{1}{3}r_{21}$

半开口平底槽 $L_{t1}=h_{11}+h_{21}$

开口平底槽 $L_{t1}=h_{s1}$

转子 圆底 槽 $L_{t2}=(h_{12}+h_{22})+\frac{1}{3}r_{22}$

平底槽 $L_{t2}=(h_{12}+h_{22})$

34. 轭部磁路计算长度 定子 $L'_{j1}=\frac{\pi(D_1-h_{j1'})}{2p}\times\frac{1}{2}$

转子 $L'_{j2}=\frac{\pi(D_{i2}+h'_{j2})}{2p}\times\frac{1}{2}$

35. 有效气隙长度 $\delta_{ef}=K_{\delta1}K_{\delta2}\delta$

半闭口槽和半开口槽 $K_\delta=\frac{t(4.4\delta+0.75b_0)}{t(4.4\delta+0.75b_0)-b_0^2}$

开口槽 $K_\delta=\frac{t(5\delta+b_0)}{t(5\delta+b_0)-b_0^2}$

36. 齿部磁压降 定子 $F_{t1}=H_{t1}L_{t1}$

转子 $F_{t2}=H_{t2}L_{t2}$

37. 轭部磁压降 定子 $F_{j1}=C_{j1}H_{j1}L'_{j1}$

转子 $F_{j2}=C_{j2}H_{j2}L'_{j2}$

$C_{j1}$、$C_{j2}$从图附1-3查出。

38. 空气隙磁压降 $F_\delta=\frac{K_\delta\delta B_\delta}{\mu_0}$

39. 饱和系数 $K_s=\frac{F_\delta+F_{t1}+F_{t2}}{F_\delta}$ (此值应与26项中假定值$K'_s$相符，否则重新假定$K'_s$并计算26～39项中有关各量，要求精确到误差不大于±1%)

40. 总磁压降 $F_0=F_\delta+F_{t1}+F_{t2}+F_{j1}+F_{j2}$

41. 满载磁化电流 $I_m=\frac{2pF_0}{0.9m_1N_1K_{dp1}}$

42．满载磁化电流标么值 $I_m^* = \frac{I_m}{I_{KW}}$

43．励磁电抗标么值 $X_m^* = \frac{1}{I_m^*}$

（三）参数计算

44．线圈平均半匝长（见图附1-4）

单层线圈 $l_c = l_B + K_c\tau_y$

双层线圈 $l_c = l_B + 2C_s$

式中 $l_B = l_t + 2d_1$为直线部分长（$d_1 = 0.010 \sim 0.030$m，为线圈直线部分伸出铁心的长度，机座大，极数少者取较大值）；

$K_c$为经验值，2极取1.16；4、6极取1.2；8极取1.25。或按经验取。

$$C_s = \frac{\tau_y}{2\cos\alpha},\ \cos\alpha = \sqrt{1-\sin\alpha^2},\ \sin\alpha = \frac{b_{11}+2r_{21}}{b_{11}+2r_{21}+2b_{t1}}$$

$$\tau_y = \frac{\pi[D_{i1}+2(h_{01}+h_{11})+h_{21}+r_{21}]}{2p}\beta$$ （单层同心式或交叉式线圈$\beta$取平均值）

45．双层线圈端部轴向投影长 $f_d = C_s\sin\alpha$

46．单层线圈端部平均长 $l_B = 2d_1 + K_c\tau_y$

47．漏抗系数 $C_x = \frac{4\pi f\mu_0(N_1K_{dp1})^2 l_{ef}P_N}{m_1pU_{N\phi}^2} = \frac{0.263(N_1K_{dp1})^2 l_{ef}P_N}{pU_{N\phi}^2}\times 10^{-3}$

48．定子槽比漏磁导 $\lambda_{s1} = K_{U1}\lambda_{U1} + K_{L1}\lambda_{L1}$（$K_{U1}$、$K_{L1}$查图4-9，$\lambda_{U1}$、$\lambda_{L1}$从附录四中查出）

49．定子槽漏抗 $X_{s1}^* = \frac{2m_1pl'_{t1}\lambda_{s1}}{Z_1K_{dp1}^2 l_{ef}}C_x$

无径向通风道时 $l'_{t1} = l_{t1}$

有径向通风道时 $l'_{t1} = l_{t1} - n_{v1}b''_{v1}$（$b''_{v1}$是通风道损失宽度，从图附1-9查出）

50．定子谐波漏抗 $X_{\delta 1}^* = \frac{m_1\tau\Sigma s}{\pi^2\delta_{ef}K_{dp1}^2K_s}C_x$（$\Sigma s$从图4-10或附录八中查出）

51．定子端部漏抗

双层叠绕组 $X_{E1}^* = \frac{1.2(d_1+0.5f_d)}{l_{ef}}C_x$

单层同心式 $X_{E1}^* = 0.67\frac{(l_B-0.64\tau_y)}{l_{ef}K_{dp1}^2}C_x$

单层同心式（分组的）、交叉式 $X_{E1}^* = 0.47\frac{(l_B-0.64\tau_y)}{l_{ef}K_{dp1}^2}C_x$

单层链式 $X_{E1}^* = 0.2\frac{l_B}{l_{ef}K_{dp1}^2}C_x$

52．定子漏抗 $X_{\sigma 1}^* = X_{s1}^* + X_{\delta 1}^* + X_{E1}^*$

53．转子槽比漏磁导 $\lambda_{s2} = \lambda_{U2} + \lambda_{L2}$

$\lambda_{U2}$、$\lambda_{L2}$从附录四查出。

54．转子槽漏抗 $X_{s2}^* = \frac{2m_1pl'_{t2}\lambda_{s2}}{Z_2l_{ef}}C_x$

无径向通风道时 $l'_{t2} = l_{t2}$

有径向通风道时 $l'_{t2}=l_{t2}-n_{v2}b'_{v2}$($b'_{v2}$从图附1-9查出)

55．转子谐波漏抗 $X^*_{\delta 2}=\frac{m_1\tau\Sigma R}{\pi^2\delta_{ef}K_s}C_x$ ($\Sigma R$从图4-11或附录九查出)。

56．转子端部漏抗(见图附1-5)

$$X^*_{E2}=\frac{0.757}{l_{ef}}\left(\frac{l_B-l_{t2}}{1.13}+\frac{D_R}{2p}\right)C_x$$

57．转子斜槽漏抗 $X^*_{sk}=0.5\left(\frac{b_{sk}}{t_2}\right)^2X^*_{\delta 2}$

58．转子漏抗 $X^*_{\sigma 2}=X^*_{s2}+X^*_{\delta 2}+X^*_{E2}+X^*_{sk}$

59．总漏抗 $X^*_{\sigma}=X^*_{\sigma 1}+X^*_{\sigma 2}$

60．定子直流电阻 $R_1=\rho\frac{2N_1l_c}{N_{t1}A'_{c1}a}$

$\rho$：对A、E、B级绝缘 铝的$\rho$为$0.0346\times10^{-6}\Omega\cdot m$，铜的$\rho$为$0.0217\times10^{-6}\Omega\cdot m$；

对F、H级绝缘 铝的$\rho$为$0.0392\times10^{-6}\Omega\cdot m$，铜的$\rho$为$0.0245\times10^{-6}\Omega\cdot m$。

61．定子相电阻标么值 $R^*_1=R_1\frac{I_{KW}}{U_{N\phi}}$

62．有效材料

定子导线重量 $G_w=Cl_cN_{s1}Z_1A'_{c1}N_{t1}\rho'$

式中 $C$为考虑导线绝缘和引线重量的系数，漆包圆铝线取为1.1，漆包圆铜线取为1.05；

$\rho'$为导线密度，铝为$2.7\times10^3kg/m^3$，铜为$8.9\times10^3kg/m^3$

硅钢片重量$G_{Fe}=K_{Fe}l_t(D_1+\delta)^2\rho'_F$。

式中 $\delta$为冲剪余量，取$5\times10^{-3}m$。

63．转子电阻

导条电阻折算值 $R'_B=\rho\frac{K_Bl_B}{A_B}\frac{4m_1(N_1K_{dp1})^2}{Z_2}$

式中 $K_B$是叠片不整齐造成导条电阻增加的系数，铸铝转子$K_B=1.04$，铜条转子$K_B=1.0$。

$\rho$为电阻率

对A、E、B级绝缘

紫铜的$\rho$为$0.0217\times10^{-6}\Omega\cdot m$，黄铜的$\rho$为$0.0804\times10^{-6}\Omega\cdot m$，硬紫铜杆为$0.0278\times10^{-6}\Omega\cdot m$，铸铝为$0.0434\times10^{-6}\Omega\cdot m$，硅铝为$(0.062\sim0.0723)\times10^{-6}\Omega\cdot m$

对F、H级绝缘

紫铜的$\rho$为$0.0245\times10^{-6}\Omega\cdot m$，黄铜的$\rho$为$0.0908\times10^{-6}\Omega\cdot m$，硬紫铜杆的$\rho$为$0.0314\times10^{-6}\Omega\cdot m$，铸铝的$\rho$为$0.0491\times10^{-6}\Omega\cdot m$，硅铝的$\rho$为$(0.07\sim0.0816)\times10^{-6}\Omega\cdot m$。

端环电阻折算值 $R'_R=\rho\frac{D_RZ_2}{2\pi p^2A_R}\frac{4m_1(N_1K_{dp1})^2}{Z_2}$

导条电阻标么值 $R^*_B=R'_B\frac{I_{KW}}{U_{N\phi}}$

端环电阻标么值 $R^*_R=R'_R\frac{I_{KW}}{U_{N\phi}}$

转子电阻标么值 $R^*_2=R^*_B+R^*_R$

(四) 工作性能计算

64. 满载时定子电流有功分量标么值　$I_{1P}^{*}=\frac{1}{\eta'}$

65. 满载时转子电流无功分量标么值

$$I_X^{*}=\sigma_1 X_\sigma^{*} I_{1P}^{*2}[1+(\sigma_1 X_\sigma^{*} I_{1P}^{*})^2]$$

$$\sigma_1=1+\frac{X_{\sigma 1}^{*}}{X_{ms}^{*}}$$

66. 满载时定子电流无功分量标么值　$I_{1Q}^{*}=I_m^{*}+I_X^{*}$

67. 满载电势标么值　$K_E=1-\varepsilon_L=1-(I_{1P}^{*}R_1^{*}+I_{1Q}^{*}X_{\sigma 1}^{*})$

此值应与项22假定值相符，否则重新假定$1-\varepsilon_L'$并计算项22～67中有关项，直至误差不大于±0.5%。

68. 空载电势标么值　$1-\varepsilon_0=1-I_m^{*}X_{\sigma 1}^{*}$

69. 空载时定子齿磁密 $B_{t10}=\frac{1-\varepsilon_0}{1-\varepsilon_L}B_{t1}$

70. 空载时转子齿磁密 $B_{t20}=\frac{1-\varepsilon_0}{1-\varepsilon_L}B_{t2}$

71. 空载时定子轭磁密 $B_{j10}=\frac{1-\varepsilon_0}{1-\varepsilon_L}B_{j1}$

72. 空载时转子轭磁密 $B_{j20}=\frac{1-\varepsilon_0}{1-\varepsilon_L}B_{j2}$

73. 空载时气隙磁密　$B_{\delta 0}=\frac{1-\varepsilon_0}{1-\varepsilon_L}B_\delta$

74. 空载定子齿磁压降　$F_{t10}=H_{t10}L_{t1}$

75. 空载转子齿磁压降　$F_{t20}=H_{t20}L_{t2}$

76. 空载定子轭磁压降　$F_{j10}=C_{j1}H_{j10}L_{j1}'$

77. 空载转子轭磁压降　$F_{j20}=C_{j2}H_{j20}L_{j2}'$

78. 空载气隙磁压降　$F_{\delta 0}=\frac{K_\delta \delta B_{\delta 0}}{\mu_0}$

79. 空载总磁压降　$F_{00}=F_{\delta 0}+F_{t10}+F_{t20}+F_{j10}+F_{j20}$

80. 空载磁化电流　$I_{m0}=\frac{2pF_{00}}{0.9m_1N_1K_{dp1}}$

81. 定子电流标么值　$I_1^{*}=\sqrt{I_{1P}^{*2}+I_{1Q}^{*2}}$

定子电流实际值　$I_1=I_1^{*}I_{KW}$

82. 定子电流密度　$J_1=\frac{I_1}{a_1N_{t1}A_{c1}'}$

83. 线负荷　$A_1=\frac{m_1N_{\phi 1}I_1}{\pi D_{i1}}$

84. 转子电流标么值　$I_2^{*}=\sqrt{I_{1P}^{*2}+I_X^{*2}}$

转子电流实际值　$I_2=I_2^{*}I_{KW}\frac{m_1N_{\phi 1}K_{dp1}}{Z_2}$

端环电流实际值　$I_R=I_2\frac{Z_2}{2\pi p}$

85. 转子电流密度　导条电密　$J_B=\frac{I_2}{A_B}$

端环电密　$J_R=\dfrac{I_R}{A_R}$

86．定子电气损耗　$p_{cu1}^{*}=I_1^{*2}R_1^{*}$

$p_{cu1}=p_{cu1}^{*}P_N$

87．转子电气损耗　$p_{Al2}^{*}=I_2^{*2}R_2^{*}$

$p_{Al2}=p_{Al2}^{*}p_N$

88．附加损耗

铸铝转子　$p_s^{*}=0.025$（2极），0.02（4极），0.015（6极），0.01（8极和10极）；

铜条转子　$p_s^{*}=0.005$；

或参考相近规格实测值。

$$p_s=p_s^{*}P_N$$

89．机械损耗　可参考实际试验值或按下列公式计算

二极防护式　$p_{fw}=5.5\left(\dfrac{3}{p}\right)^2(D_2)^3\times10^3$

四极及以上防护式　$p_{fw}=6.5\left(\dfrac{3}{p}\right)^2(D_2)^3\times10^3$

二极封闭型自扇冷式　$p_{fw}=13(1-D_1)\left(\dfrac{3}{p}\right)^2(D_1)^4\times10^3$

四极及以上封闭型自扇冷式　$p_{fw}=\left(\dfrac{3}{p}\right)^2(D_1)^4\times10^4$

机械损耗标么值　$p_{fw}^{*}=\dfrac{p_{fw}}{P_N}$

90．定子铁耗

（1）定子齿重量　$G_t=2pA_{t1}L_{t1}\rho_{F}'$。

（2）定子轭重量　$G_j=4pA_{j1}L_{j1}'\rho_{F}'$。

（3）损耗系数　$p_{het}$根据$B_{t10}$查附录六得到；

$p_{hej}$根据$B_{j10}$查附录六得到。

（4）定子齿损耗　$p_{Fet}=p_{het}G_t$

（5）定子轭损耗　$p_{Fej}=p_{hej}G_j$

（6）定子铁耗　$p_{Fe}=k_1p_{het}+k_2p_{hej}$

铁耗校正系数　$k_1=2.5$（半闭口槽），3.0（开口槽）；

$k_2=2$（半闭口槽），2.5（开口槽）。

铁耗标么值　$p_{Fe}^{*}=\dfrac{p_{Fe}}{P_N}$

91．总损耗标么值　$\Sigma p^{*}=p_{Cu1}^{*}+p_{Al2}^{*}+p_s^{*}+p_{fw}^{*}+p_{Fe}^{*}$

92．输入功率　$P_{N1}^{*}=1+\Sigma p^{*}$

93．效率　$\eta=1-\dfrac{\Sigma p^{*}}{P_{N1}^{*}}$

此值应与项64假定值相符，否则应重新假定$\eta'$并进行项64～93中有关项的计算，直至误差小于±0.5%。

94. 功率因数 $\cos\varphi=\frac{I^*_{1P}}{I^*_1}$

95. 转差率 $s_N=\frac{p^*_{A12}}{1+p^*_{A12}+p^*_{Fer}+p^*_s+p^*_{fw}}$

$$p^*_{Fer}=\frac{p_{Fetr}+p_{Fejr}}{P_N}$$

96. 转速 $n_N=\frac{60f}{p}(1-s_N)$

97. 最大转矩 $T^*_m=\frac{1-s_N}{2(R^*_1+\sqrt{R^{*2}_1+X^{*2}_\sigma})}$

（五）起动性能计算

98. 起动电流假定值 $I'_{st}=(2.5\sim3.5)T^*_mI_{KW}$

99. 起动时定转子槽磁势平均值

$$F_{st}=I'_{st}\frac{N_{s1}}{a_1}0.707\left[K_{U1}+K^2_{d1}K_{p1}\frac{Z_1}{Z_2}\right]\sqrt{1-\varepsilon_0}$$

100. 空气隙中漏磁场的虚拟磁密 $B_L=\frac{\mu_0F_{st}}{2\delta\beta_c}$

$\beta_c=0.64+2.5\sqrt{\frac{\delta}{t_1+t_2}}$，由$B_L$查图10-18得漏抗饱和系数$K_z$。

101. 齿顶漏磁饱和引起的定子齿顶宽度的减少

$$C_{s1}=(t_1-b_{01})(1-K_z)$$

102. 齿顶漏磁饱和引起转子齿顶宽度的减少

$$C_{s2}=(t_2-b_{02})(1-K_z)$$

103. 起动时定子槽比漏磁导 $\lambda_{s1(st)}=K_{U1}(\lambda_{U1}-\Delta\lambda_{U1})+K_{L1}\lambda_{L1}$

（$\Delta\lambda_{U1}$的计算见附录四）

104. 起动时定子槽漏抗 $X^*_{s1(st)}=\frac{\lambda_{s1(st)}}{\lambda_{s1}}X^*_{s1}$

105. 起动时定子谐波漏抗 $X^*_{\delta1(st)}=K_zX^*_{\delta1}$

106. 起动时定子漏抗 $X^*_{\sigma1(st)}=X^*_{s1(st)}+X^*_{\delta1(st)}+X^*_{E1}$

107. 考虑集肤效应，转子导条相对高度，见式（10-75）

$$\xi=1.987\times10^{-3}h_B\sqrt{\frac{b_B}{b_{s2}}\frac{f}{\rho_B}}$$

式中 $h_B$——转子导条高，对铸铝转子不包括槽口高度$h_{20}$；

$\frac{b_B}{b_{s2}}$——导条宽和槽宽之比，对铸铝转子$\frac{b_B}{b_{s2}}=1$；

$\rho_B$——导条电阻率。

对A、E、B级绝缘，铝的$\rho_B$为$0.0434\times10^{-6}\Omega\cdot m$，铜的$\rho_B$为$0.0217\times10^{-6}\Omega\cdot m$；

对F、H级绝缘，铝的$\rho_B$为$0.0491\times10^{-6}\Omega\cdot m$，铜的$\rho_B$为$0.0245\times10^{-6}\Omega\cdot m$。

108. 转子电阻增加系数和电抗减少系数 $K_F$、$K_x$查图附1-10及图4-23。

109. 起动时转子槽比漏磁导 $\lambda_{s2(st)}=(\lambda_{U2}-\Delta\lambda_{U2})+K_x\lambda_{L2}$

($\Delta\lambda_{U2}$的计算见附录四)

当采用凸形槽时，计算见附录四。

110. 起动时转子槽漏抗 $X^*_{s2(st)}=\frac{\lambda_{s2(st)}}{\lambda_{s2}}X^*_{s2}$

111. 起动时转子谐波漏抗 $X^*_{\delta2(st)}=K_zX^*_{\delta2}$

112. 起动时转子斜槽漏抗 $X^*_{sk(st)}=K_zX^*_{sk}$

113. 起动时转子漏抗 $X^*_{\sigma2(st)}=X^*_{s2(st)}+X^*_{\delta2(st)}+X^*_{E2}+X^*_{sk(st)}$

114. 起动时总漏抗 $X^*_{\sigma(st)}=X^*_{\sigma1(st)}+X^*_{\sigma2(st)}$

115. 起动时转子总电阻 $R^*_{2(st)}=\left[K_F\left(\frac{l_{t2}}{l_B}\right)+\left(\frac{l_B-l_{t2}}{l_B}\right)\right]R^*_B+R^*_R$

116. 起动时总电阻 $R^*_{st}=R^*_1+R^*_{2(st)}$

117. 起动时总阻抗 $Z^*_{st}=\sqrt{R^{*2}_{st}+X^{*2}_{\sigma(st)}}$

118. 起动电流 $I_{st}=\frac{I_{KW}}{Z^*_{st}}$

此值应与项98假定值相符，否则重新假设并计算项98～118中有关各项，直至误差小于±3%。

$$i_{st}=\frac{I_{st}}{I_1}$$

119. 起动转矩倍数 $T^*_{st}=\frac{R^*_{2(st)}}{Z^{*2}_{st}}(1-s_N)$

**二、双笼转子感应电动机计算程序**

除下述部分外，其余部分均与单笼转子的相同。

1. 转子齿磁路计算（参考图10-23）

（1）上笼齿截面积，将上笼直径等分为四分，求得五处齿宽为$b_{tU1}$、$b_{tU2}$、$b_{tU3}$、$b_{tU4}$和$b_{tU5}$，再求出相应的截面积$A_{tU1}$、$A_{tU2}$、$A_{tU3}$、$A_{tU4}$和$A_{tU5}$。

（2）上笼齿磁密 $B_{tU1}=F_s\frac{\Phi}{A_{tU1}}$，查出 $H_{tU1}$

$B_{tU2}=F_s\frac{\Phi}{A_{tU2}}$ $H_{tU2}$

$B_{tU3}=F_s\frac{\Phi}{A_{tU3}}$ $H_{tU3}$

$B_{tU4}=F_s\frac{\Phi}{A_{tU4}}$ $H_{tU4}$

$B_{tU5}=F_s\frac{\Phi}{A_{tU5}}$ $H_{tU5}$

（3）平均磁场强度 $H_{tU}=\frac{H_{tU1}+4H_{tU2}+2H_{tU3}+4H_{tU4}+H_{tU5}}{12}$

（4）上笼齿磁压降 $F_{tU}=H_{tU}d_U$

（5）下笼齿磁压降 $F_{tL}$与单笼转子齿磁压降求法相同。

（6）转子齿磁压降　$F_{t2}=F_{tU}+F_{tL}$

2．转子漏抗和电阻的计算（见§10-8）

（1）运行时转子漏抗

a．转子互感和下笼自感比漏磁导$\lambda_M$、$\lambda_{L2}$从附录四查出。

b．互感槽漏抗　$X^{*}_{M}=\dfrac{2m_1pl'_{t2}\lambda_M}{Z_2l_{ef}}C_x$

c．下笼槽漏抗　$X'^{*}_{2L}=\dfrac{2m_1pl'_{t2}\lambda_{L2}}{Z_2l_{ef}}C_x$

d．谐波漏抗、端部漏抗、斜槽漏抗的计算与单笼转子的相同。

e．并联线路的等效漏抗　$X^{*}_{B}=\left(\dfrac{R^{*}_{2U}}{R^{*}_{2U}+R^{*}_{2L}}\right)^2X'^{*}_{2L}$

f．运转时总漏抗

$$X^{*}_{\sigma}=X^{*}_{s1}+X^{*}_{\delta1}+X^{*}_{E1}+X^{*}_{B}+X^{*}_{M}+X^{*}_{E2}+X^{*}_{\delta2}+X^{*}_{sk}$$

（2）运行时电阻

a．转子导条上笼 电阻　$R_{2U}=\rho_{BU}\dfrac{K_Bl_{BU}}{A_{BU}}\,\dfrac{4m_1(N_1K_{dp1})^2}{Z_2}$

$$R^{*}_{2U}=\frac{R_{2U}I_{KW}}{U_{N\phi}}$$

b．转子导条下笼 电阻　$R_{2L}=\rho_{BL}\dfrac{K_Bl_{BL}}{A_{BL}}\,\dfrac{4m_1(N_1K_{dp1})^2}{Z_2}$,

$$R^{*}_{2L}=\frac{R_{2L}I_{KW}}{U_{N\phi}}$$

c．双笼转子导条的等效电阻　$R^{*}_{B}=\dfrac{R^{*}_{2U}R^{*}_{2L}}{R^{*}_{2U}+R^{*}_{2L}}$

d．双笼转子总电阻　$R^{*}_{2}=R^{*}_{R}+R^{*}_{B}$

（3）起动时转子漏抗

a．互感槽 漏 抗　$X^{*}_{M(st)}=\dfrac{\lambda_{M(st)}}{\lambda_M}X^{*}_{M}$

$$\lambda_{M(st)}=\lambda_M-\Delta\lambda_M$$

b．并联线路等效漏抗 $X^{*}_{B(st)}=\dfrac{R^{*2}_{2U}X'^{*}_{2L}}{(R^{*}_{2U}+R^{*}_{2L})^2+(X'^{*}_{2L})^2}$

（4）起动时总漏抗

$$X^{*}_{\sigma(st)}=X^{*}_{s1(st)}+X^{*}_{E1}+X^{*}_{\delta1(st)}+X^{*}_{B(st)}+X^{*}_{M(st)}+X^{*}_{E2}+X^{*}_{\delta2(st)}+X^{*}_{sk(st)}$$

（5）起动时转子电阻　$R^{*}_{2(st)}=R^{*}_{R}+R^{*}_{B(st)}$

$$R^{*}_{B(st)}=\frac{R^{*}_{2U}[R^{*}_{2L}(R^{*}_{2U}+R^{*}_{2L})+(X'^{*}_{2L})^2]}{(R^{*}_{2U}+R^{*}_{2L})^2+(X'^{*}_{2L})^2}$$

## 三、中小型三相感应电动机电磁计算程序的附图

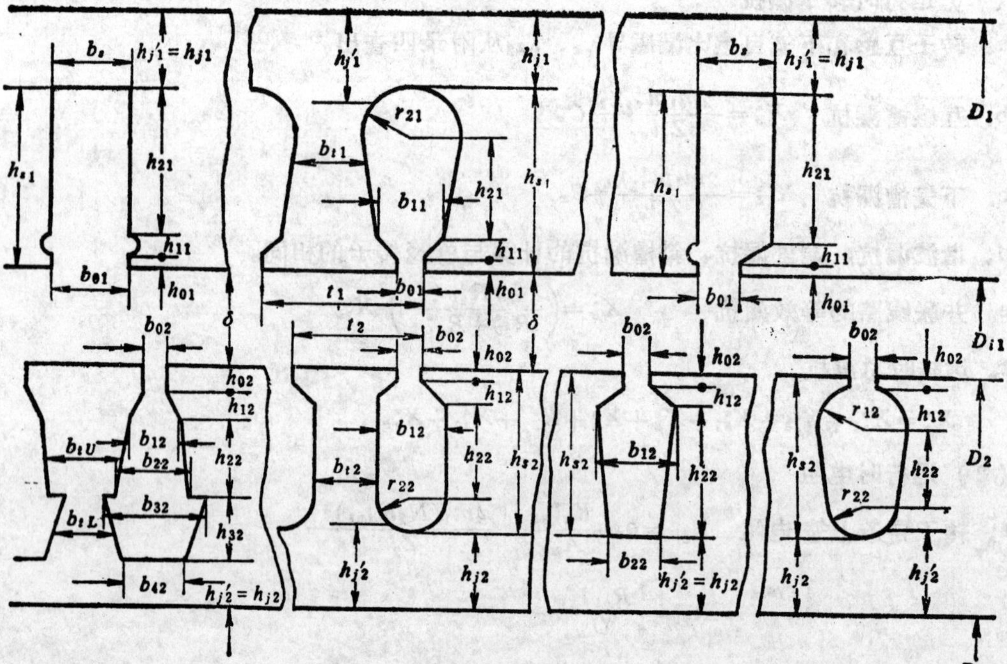


图附1-1　定转子冲片尺寸图

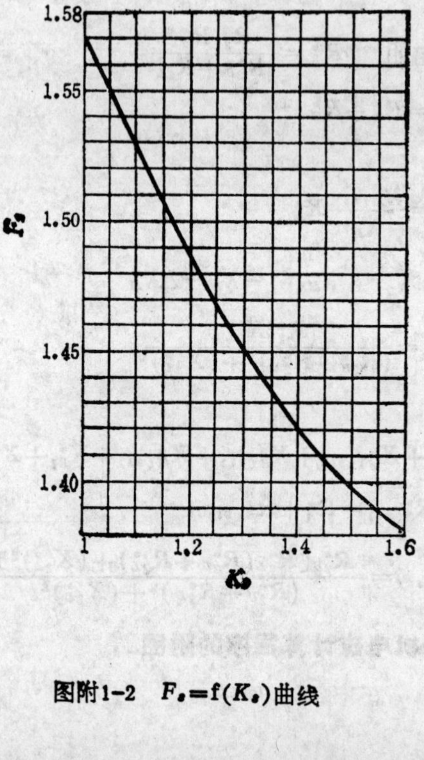


图附1-2　$F_s=f(K_s)$曲线

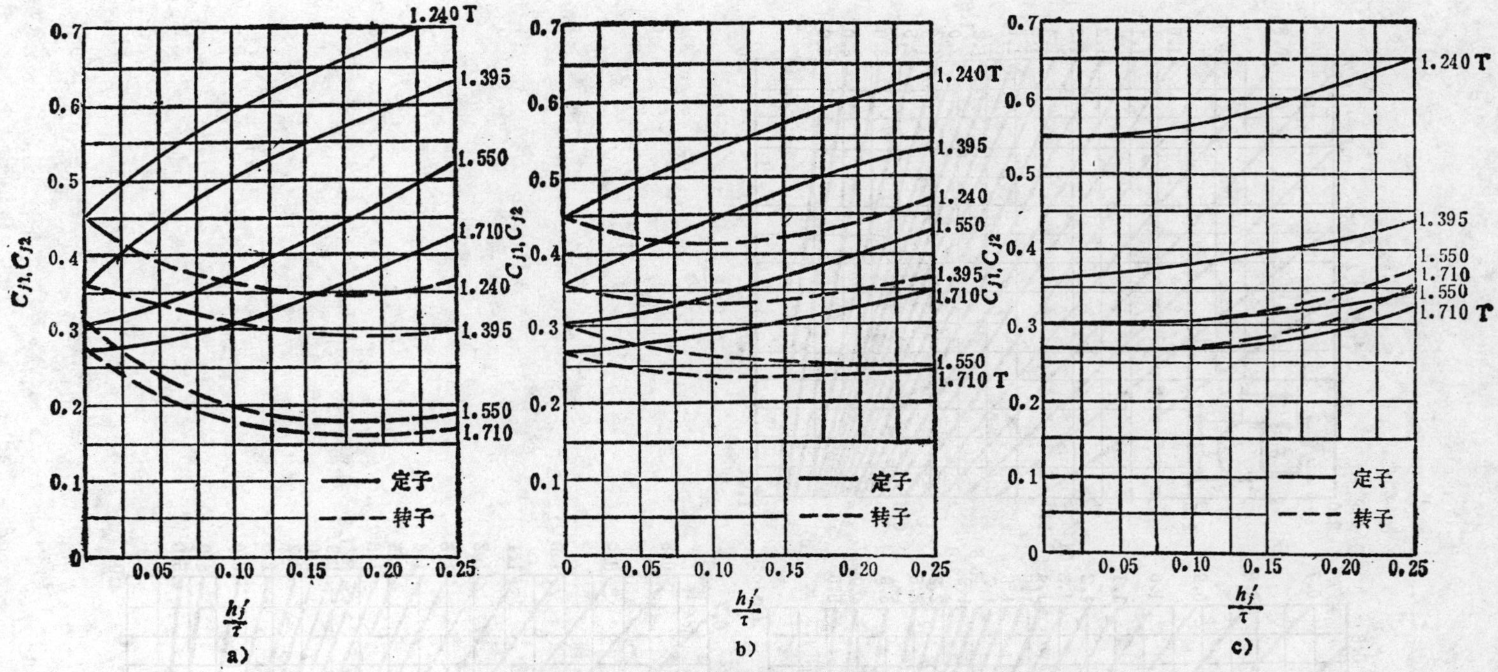


图附1-3 轭部磁压降校正系数

a) 2极 b) 4极 c) 6极及6极以上

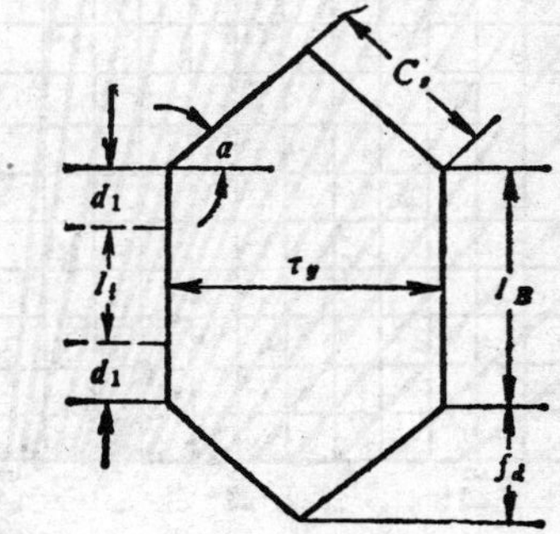


图附1-4 定子线圈尺寸

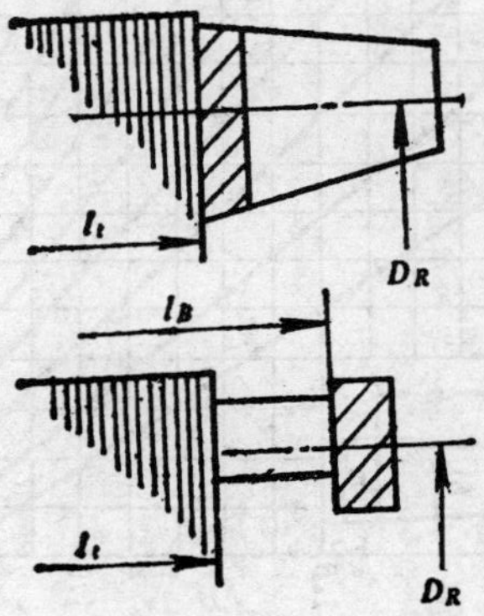


图附1-5 笼型转子端部尺寸

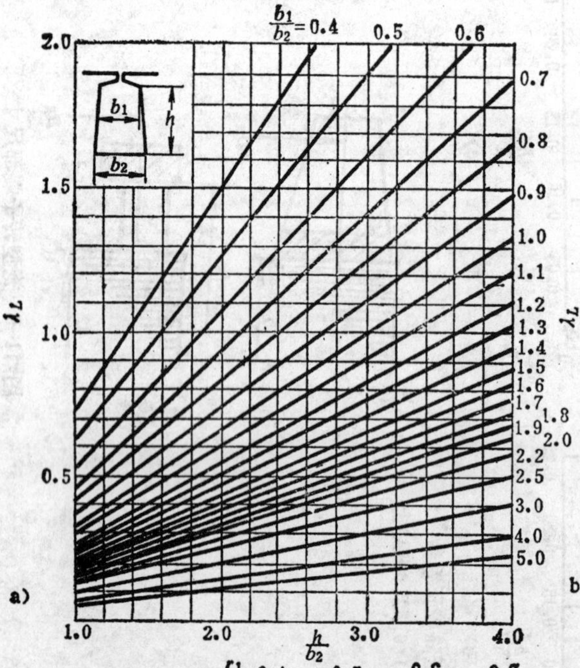


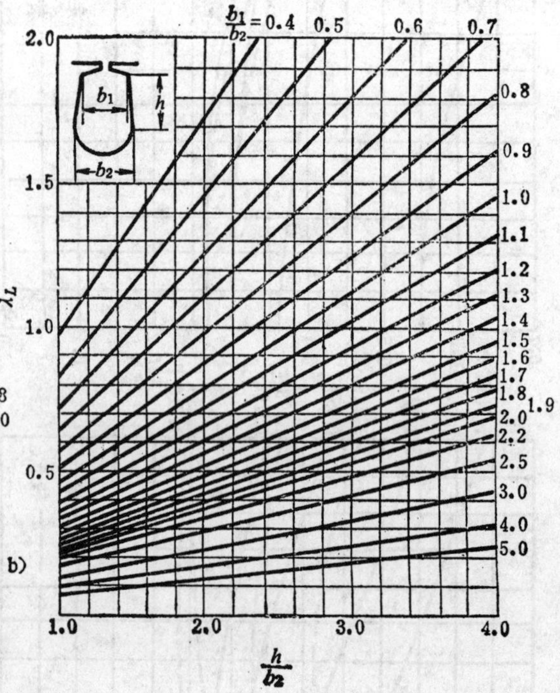


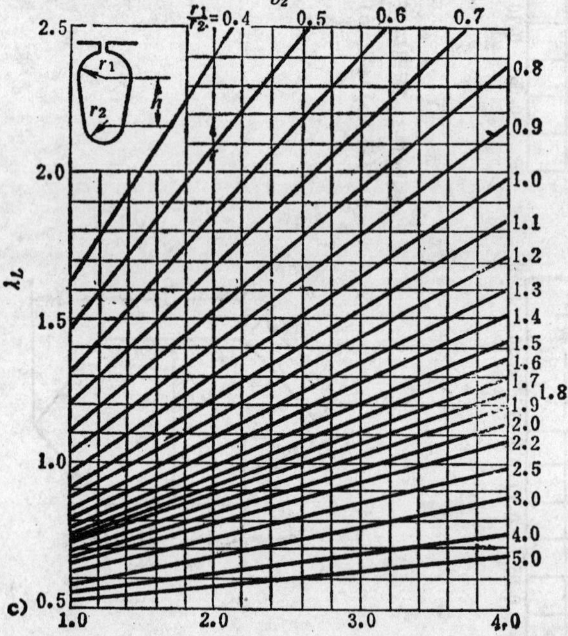


图附1-6 槽下部比漏磁导$\lambda_L$

a) 平底槽 b) 圆底槽 c) 梨形槽

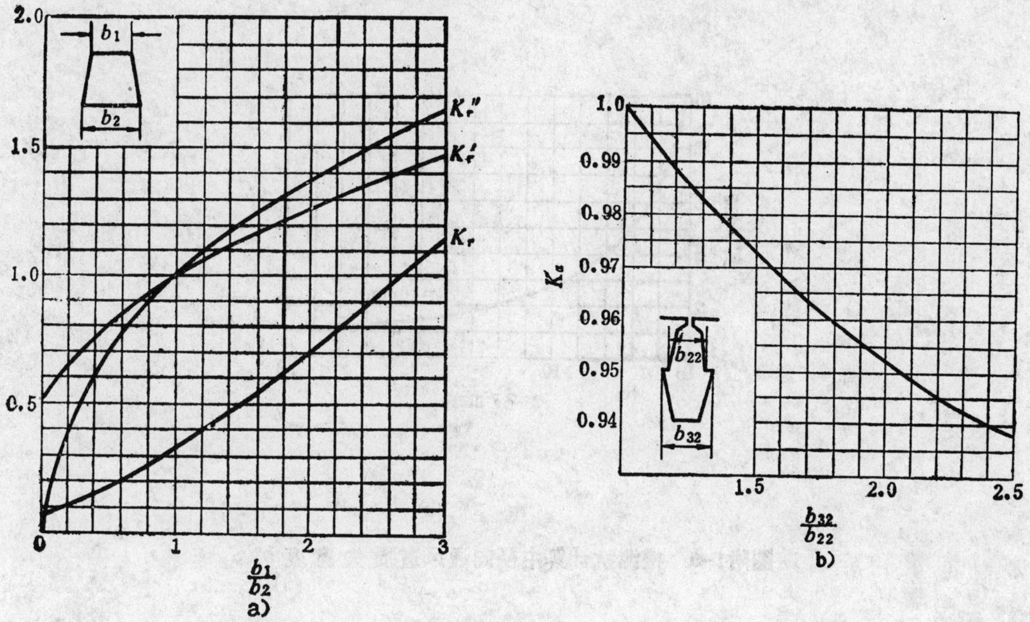


图附　1-7

a）凸形槽下部比漏磁导系数$K_r$、$K_r'$、$K_r''$　b）凸形槽截面宽度突变修正系数$K_a$

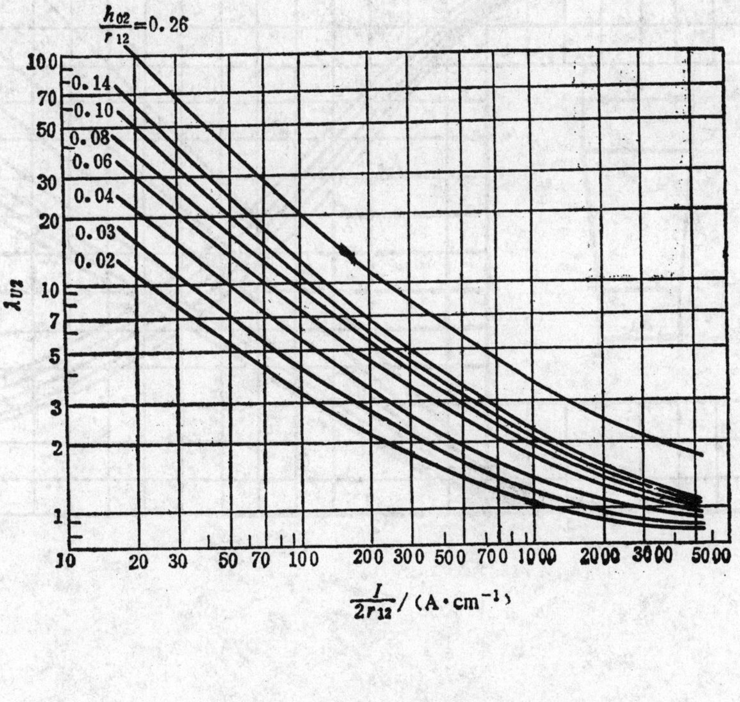


图附1-8　转子闭口槽上部比漏磁导$\lambda_{U2}$

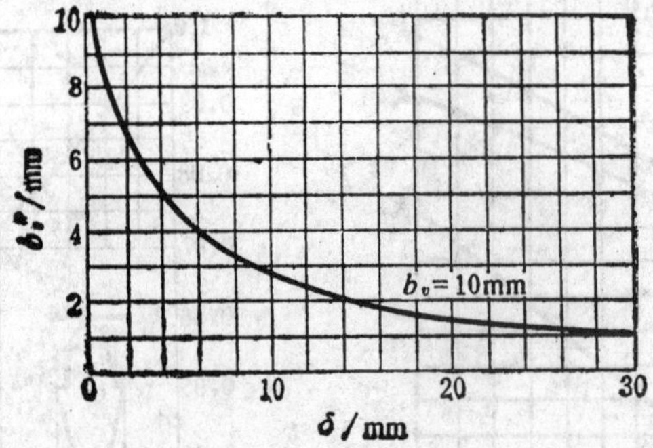


图附1-9　槽漏抗计算中径向通风道损失宽度 $b_v''$

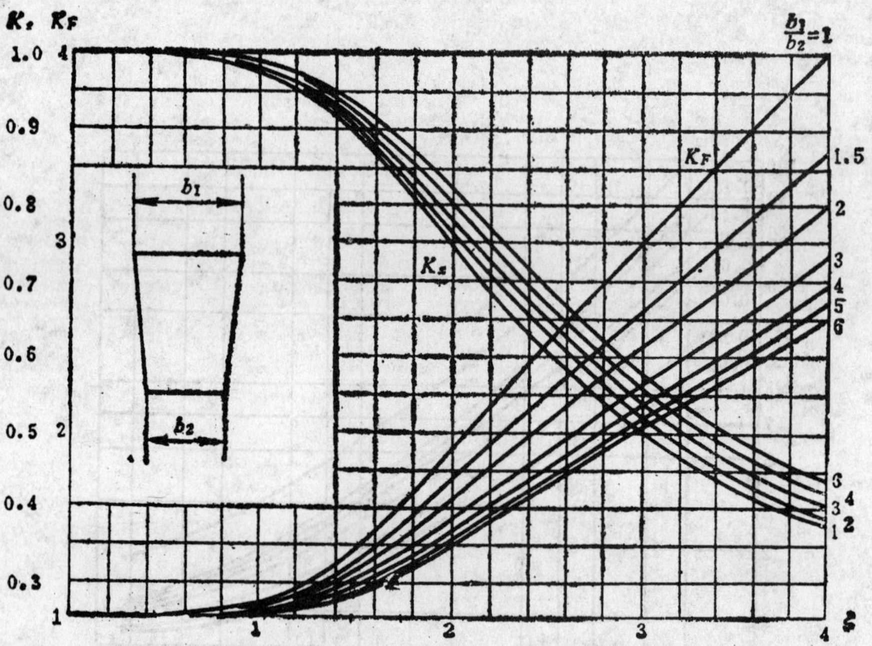


图附1-10　电阻增加系数 $K_F$ 和电抗减少系数 $K_x$

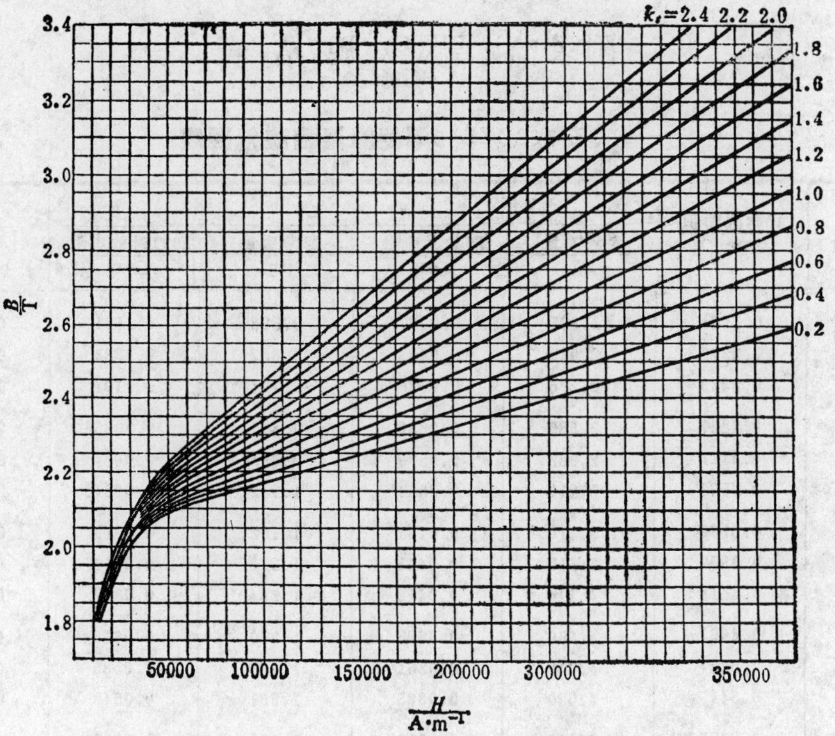


图附1-11 齿部磁通密度$B'_t \geqslant 1.8$T时的校正磁化曲线（$B_{25}=1.54$T）

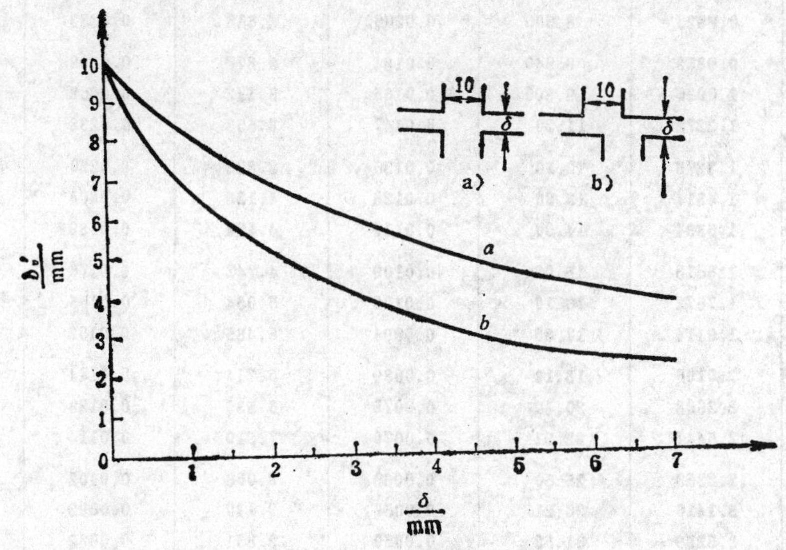


图附1-12 气隙轴向因通风道损失的长度$b'_v$

# 附录二 导线规格表

## 一、QZ-2、QZL-2厚绝缘聚酯漆包圆线

| 铜 铝<br>导体标称直径<br>mm | 标称截面积<br>$mm^2$ | 铜 | | 铝 | | 漆膜厚度<br>mm |
|---|---|---|---|---|---|---|
| | | 参考重量<br>kg | 20℃时电阻<br>Ω·m | 参考重量<br>kg | 20℃时的电阻<br>Ω·m | |
| 0.50 | 0.1964 | 1.865 | 0.0927 | 0.598 | 0.1501 | 0.03～0.06 |
| 0.53 | 0.2206 | 2.040 | 0.0823 | 0.652 | 0.1333 | 0.04～0.07 |
| 0.56 | 0.2463 | 2.275 | 0.0736 | 0.704 | 0.1191 | 0.04～0.07 |
| 0.60 | 0.2827 | 2.589 | 0.0639 | 0.810 | 0.1035 | 0.04～0.07 |
| 0.63 | 0.3117 | 2.822 | 0.0579 | 0.895 | 0.0937 | 0.04～0.07 |
| 0.67 | 0.3526 | 3.219 | 0.0511 | 1.042 | 0.0827 | 0.04～0.08 |
| (0.69) | 0.3739 | 3.410 | 0.0481 | 1.102 | 0.0779 | 0.04～0.08 |
| 0.71 | 0.3959 | 3.616 | 0.0461 | 1.210 | 0.0746 | 0.04～0.08 |
| 0.75 | 0.4418 | 4.114 | 0.0412 | 1.284 | 0.0667 | 0.05～0.09 |
| (0.77) | 0.4657 | 4.250 | 0.0390 | 1.370 | 0.0632 | 0.05～0.09 |
| 0.80 | 0.5227 | 4.610 | 0.0361 | 1.483 | 0.0585 | 0.05～0.09 |
| (0.83) | 0.541 | 4.920 | 0.0335 | 1.591 | 0.0543 | 0.05～0.09 |
| 0.85 | 0.5675 | 5.235 | 0.0319 | 1.690 | 0.0517 | 0.05～0.09 |
| 0.90 | 0.6362 | 5.936 | 0.0284 | 1.859 | 0.0460 | 0.05～0.09 |
| (0.93) | 0.6793 | 6.160 | 0.0266 | 1.980 | 0.0430 | 0.05～0.09 |
| 0.95 | 0.7088 | 6.764 | 0.0255 | 2.100 | 0.0412 | 0.05～0.09 |
| 1.00 | 0.7854 | 7.240 | 0.0229 | 2.314 | 0.0371 | 0.06～0.11 |
| 1.06 | 0.8825 | 8.505 | 0.0206 | 2.616 | 0.0333 | 0.06～0.11 |
| 1.12 | 0.9852 | 8.940 | 0.0184 | 2.877 | 0.0298 | 0.06～0.11 |
| 1.18 | 1.0936 | 9.890 | 0.0165 | 3.142 | 0.0268 | 0.06～0.11 |
| 1.25 | 1.2272 | 11.20 | 0.0147 | 3.553 | 0.0238 | 0.06～0.11 |
| 1.30 | 1.3273 | 12.10 | 0.0136 | 3.833 | 0.0220 | 0.06～0.11 |
| (1.35) | 1.4314 | 13.00 | 0.0128 | 4.123 | 0.0204 | 0.06～0.11 |
| 1.40 | 1.5394 | 14.00 | 0.0117 | 4.424 | 0.0189 | 0.06～0.11 |
| (1.45) | 1.6513 | 15.00 | 0.0109 | 4.742 | 0.0176 | 0.06～0.11 |
| 1.50 | 1.7672 | 16.10 | 0.0102 | 5.064 | 0.0165 | 0.06～0.11 |
| (1.56) | 1.9114 | 17.35 | 0.0094 | 5.465 | 0.0152 | 0.06～0.11 |
| 1.60 | 2.0106 | 18.12 | 0.0089 | 5.714 | 0.0144 | 0.07～0.12 |
| 1.70 | 2.2698 | 20.46 | 0.0079 | 6.535 | 0.0128 | 0.07～0.12 |
| 1.80 | 2.5447 | 22.91 | 0.0070 | 7.310 | 0.0114 | 0.07～0.12 |
| 1.90 | 2.8353 | 25.50 | 0.0063 | 8.006 | 0.0102 | 0.07～0.12 |
| 2.00 | 3.1416 | 28.21 | 0.0057 | 9.140 | 0.0092 | 0.07～0.12 |
| 2.12 | 3.5299 | 31.52 | 0.0050 | 9.851 | 0.0082 | 0.07～0.12 |
| 2.24 | 3.9408 | 36.13 | 0.0045 | 11.27 | 0.0073 | 0.07～0.12 |
| 2.36 | 4.3744 | 41.35 | 0.0041 | 12.39 | 0.0066 | 0.07～0.12 |
| 2.50 | 4.9087 | 44.63 | 0.0036 | 13.68 | 0.0059 | 0.07～0.12 |

## 二、QZ-2、QZL-2厚绝缘聚酯漆包扁线

| a \ b | 1.00 | 1.12 | 1.25 | 1.40 | 1.50 | 1.60 | 1.70 | 1.80 | 1.90 | 2.00 | 2.12 | 2.24 | 2.50 | 2.80 | 3.00 | 3.15 | 3.35 | 3.55 | 4.00 | 4.50 | 5.00 | 5.60 |
|---|---|---|---|---|---|---|---|---|---|---|---|---|---|---|---|---|---|---|---|---|---|---|
| 3.55 | 3.335 | 3.761 | 4.223 | 4.755 | 5.110 | 5.465 | 5.672 | 6.027 | 6.382 | 6.737 | 7.163 | 7.589 | 8.326 | | | | | | | | | |
| 4.00 | 3.785 | 4.265 | 4.785 | 5.385 | 5.785 | 6.185 | 6.437 | 6.837 | 7.237 | 7.637 | 8.117 | 8.597 | 9.451 | 10.65 | | | | | | | | |
| 4.50 | 4.285 | 4.825 | 5.410 | 6.085 | 6.535 | 6.985 | 7.287 | 7.737 | 8.187 | 8.637 | 9.117 | 9.717 | 10.70 | 12.05 | 12.95 | 13.63 | | | | | | |
| 4.75 | 4.535 | 5.105 | 5.723 | 6.435 | | 7.385 | | 8.187 | | 9.137 | | 10.28 | 11.33 | 12.75 | | 14.41 | | | | | | |
| 5.00 | 4.785 | 5.385 | 6.035 | 6.785 | 7.285 | 7.785 | 8.137 | 8.637 | 9.137 | 9.637 | 10.24 | 10.84 | 11.95 | 13.45 | 14.45 | 15.20 | 16.20 | 17.20 | | | | |
| 5.30 | 5.085 | 5.721 | 6.410 | 7.205 | | 8.265 | | 9.177 | | 10.24 | | 11.51 | 12.70 | 14.29 | | 16.15 | | 18.27 | | | | |
| 5.60 | 5.385 | 6.057 | 6.785 | 7.625 | 8.185 | 8.745 | 9.157 | 9.717 | 10.28 | 10.84 | 11.51 | 12.18 | 13.45 | 15.13 | 16.25 | 17.09 | 18.21 | 19.33 | 21.54 | | | |
| 6.00 | 5.785 | 6.505 | 7.285 | 8.185 | | 9.385 | | 10.44 | | 11.64 | | 13.08 | 14.45 | 16.25 | | 18.35 | | 20.75 | 23.14 | | | |
| 6.30 | 6.085 | 6.841 | 7.660 | 8.605 | 9.235 | 9.865 | 10.35 | 10.98 | 11.61 | 12.24 | 12.99 | 13.75 | 15.20 | 17.09 | 18.35 | 19.30 | 20.65 | 21.82 | 24.34 | 27.49 | | |
| 6.70 | 6.485 | 7.289 | 8.160 | 9.165 | | 10.51 | | 11.70 | | 13.04 | | 14.65 | 16.20 | 18.21 | | 20.65 | | 23.24 | 25.94 | 29.29 | | |
| 7.10 | 6.885 | 7.737 | 8.660 | 9.725 | 10.44 | 11.15 | 11.71 | 12.42 | 13.13 | 13.84 | 14.69 | 15.54 | 17.20 | 19.33 | 20.75 | 21.82 | 23.24 | 24.66 | 27.54 | 31.09 | 34.64 | |
| 7.50 | 7.285 | 8.185 | 9.160 | 10.29 | | 11.79 | | 13.14 | | 14.64 | | 16.44 | 18.20 | 20.45 | | 23.08 | | 26.08 | 29.14 | 32.89 | 36.64 | |
| 8.00 | 7.785 | 8.745 | 9.785 | 10.99 | 11.79 | 12.59 | 13.24 | 14.04 | 14.84 | 15.64 | 16.60 | 17.56 | 19.45 | 21.85 | 23.45 | 24.65 | 26.25 | 27.85 | 31.14 | 35.14 | 39.14 | 43.94 |
| 8.50 | | 9.305 | 10.41 | 11.69 | | 13.39 | | 14.94 | | 16.64 | | 18.68 | 20.70 | 23.25 | | 26.23 | | 29.63 | 33.14 | 37.39 | 41.64 | 46.74 |
| 9.00 | | 9.865 | 11.04 | 12.39 | 13.29 | 14.19 | 14.94 | 15.84 | 16.74 | 17.64 | 18.72 | 19.80 | 21.95 | 24.65 | 26.45 | 27.80 | 29.60 | 31.40 | 35.14 | 39.64 | 44.14 | 49.54 |
| 9.50 | | | 11.66 | 13.09 | | 14.99 | | 16.74 | | 18.64 | | 20.92 | 23.20 | 26.05 | | 29.38 | | 33.18 | 37.14 | 41.89 | 46.64 | 52.34 |
| 10.00 | | | 12.29 | 13.79 | 14.79 | 15.79 | 16.64 | 17.64 | 18.64 | 19.64 | 20.84 | 22.04 | 24.45 | 27.45 | 29.45 | 30.95 | 32.95 | 34.95 | 39.14 | 44.14 | 49.14 | 55.14 |
| 10.60 | | | | 14.63 | | 16.75 | | 18.72 | | 20.84 | | 23.38 | 25.95 | 29.13 | | 32.84 | | 37.08 | 41.54 | 46.84 | 52.14 | 58.50 |
| 11.20 | | | | 15.47 | 16.59 | 17.71 | 18.68 | 19.80 | 20.92 | 22.04 | 23.38 | 24.73 | 27.45 | 30.81 | 33.05 | 34.73 | 36.97 | 39.21 | 43.94 | 49.54 | 55.14 | 61.86 |
| 11.80 | | | | | | 18.67 | | 20.88 | | 23.24 | | 26.07 | 28.95 | 32.49 | | 36.62 | | 41.34 | 46.34 | 52.24 | 58.14 | 65.22 |
| 12.50 | | | | | | 19.79 | 20.89 | 22.14 | 23.39 | 24.64 | 26.14 | 27.64 | 30.70 | 34.45 | 36.95 | 38.83 | 41.33 | 43.83 | 49.14 | 55.39 | 61.64 | 69.14 |
| 13.20 | | | | | | | | 23.40 | | 26.04 | | 29.21 | 32.45 | 36.41 | | 41.03 | | 46.31 | 51.94 | 58.54 | 65.14 | 73.06 |
| 14.00 | | | | | | | | 24.84 | 26.24 | 27.64 | 29.32 | 31.00 | 34.45 | 38.65 | 41.45 | 43.55 | 46.35 | 49.15 | 55.14 | 62.14 | 69.14 | 77.54 |
| 15.00 | | | | | | | | | | 29.64 | | 33.24 | 36.95 | 41.45 | | 46.70 | | 52.70 | 59.14 | 66.64 | 74.14 | 83.14 |
| 16.00 | | | | | | | | | | 31.64 | 33.56 | 35.48 | 39.45 | 44.25 | 47.45 | 49.85 | 53.05 | 56.25 | 63.14 | 71.14 | 79.14 | 88.74 |

# 附录三 Y、Y-L系列三相感应电动机绝缘规范(B级绝缘)

**1．适用范围**

一般环境下运行使用的500V及以下小型三相感应电动机，中心高范围为80～280mm。定子槽形为半闭口槽，定子绕组为散嵌下线。

**2．电磁线**

Y系列采用QZ-2型高强度聚酯漆包圆铜线。Y-L系列采用QZL-2型高强度聚酯漆包圆铝线。(GB1193—74)。

**3．槽绝缘**

槽绝缘采用复合绝缘材料

| 电机中心高 mm | 槽绝缘形式及总厚度/mm | | | 槽绝缘均匀伸出铁心二端长度 mm |
|---|---|---|---|---|
| | "DMDM" | "DMD+M" | "DMD" | |
| 80～112 | 0.25 | 0.25 (0.20+0.05) | 0.25 | 6～7 |
| 132～160 | 0.30 | 0.30 (0.25+0.05) | | 7～10 |
| 180～280 | 0.35 | 0.35 (0.30+0.05) | | 12～15 |

注，0.25mmDMD的中间层薄膜厚度为0.07mm.
D——聚酯纤维无纺布　　M——6020聚酯薄膜(JB1256—77)。

**4．相间绝缘**

绕组端部相间垫入与槽绝缘相同的复合绝缘材料（DMDM或DMD)。

**5．层间绝缘**

当采用双层绕组时同槽上、下两层线圈边之间垫入与槽绝缘相同的复合绝缘材料(DMDM或DMD）作为层间绝缘。

**6．槽楔**

槽楔采用冲压成型的“MDB”复合槽楔或3240#环氧酚醛层压玻璃布板(GB1303—77)。中心高80～160mm电动机用厚度为0.5～0.6mm复合槽楔材料；中心高180～280mm电动机用厚度为0.6～0.8mm复合槽楔材料。冲压成型的复合槽楔的长度和相应槽绝缘的相同。层压板槽楔厚度为2mm，长度比相应槽绝缘短4～6mm，槽楔下垫入长度和槽绝缘相同的盖槽绝缘。

# 附录四 各种槽形比漏磁导计算

## 一、定子槽的比漏磁导

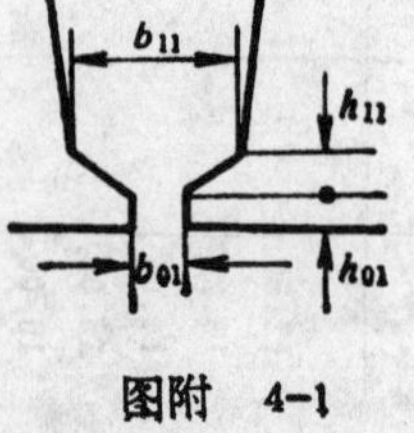


图附 4-1

对图附4-1，

$$\lambda_{U1}=\frac{h_{01}}{b_{01}}+\frac{2h_{11}}{b_{01}+b_{11}}$$

$\lambda_{L1}$ $\begin{cases}\text{平底槽查图附1-6a}\\ \text{圆底槽查图附1-6b}\end{cases}$

$$\Delta\lambda_{U1}=\frac{h_{01}+0.58h_{11}}{b_{01}}\left(\frac{C_{s1}}{C_{s1}+1.5b_{01}}\right)$$

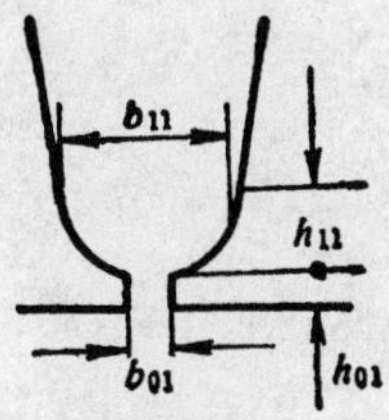


图附 4-2

对图附4-2：$\lambda_{U1}=\dfrac{h_{01}}{b_{01}}+0.785$

$\lambda_{L1}\begin{cases}\text{平底槽查图附1-6a。}\\ \text{圆底槽查图附1-6b。}\end{cases}$

$$\Delta\lambda_{U1}=\frac{h_{01}+0.58h_{11}}{b_{01}}\left(\frac{C_{s1}}{C_{s1}+1.5b_{01}}\right)$$

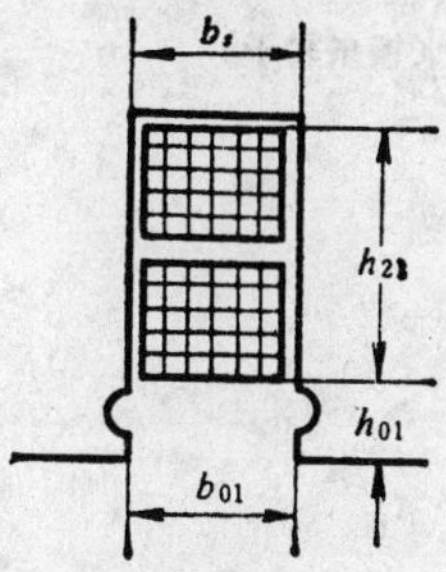


图附 4-3

对图附4-3：$\lambda_{U1}=\dfrac{h_{01}}{b_{01}}$

$$\lambda_{L1}=\frac{h_{21}}{3b_s}$$

$$\Delta\lambda_{U1}=\frac{h_{01}}{b_{01}}\left(\frac{C_{s1}}{C_{s1}+b_{01}}\right)$$

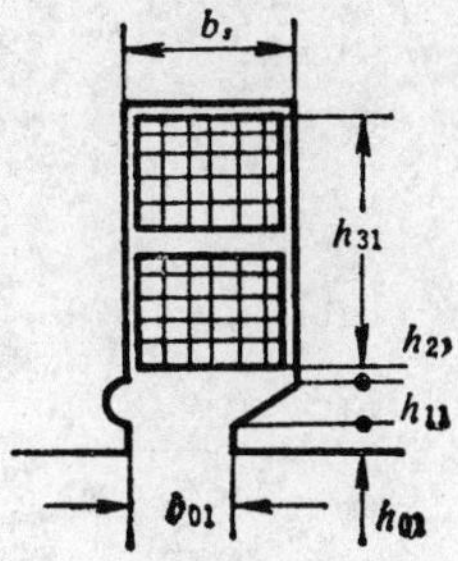


图附 4-4

对图附4-4：$\lambda_{U1}=\dfrac{h_{01}}{b_{01}}+\dfrac{2h_{11}}{b_{01}+b_s}+\dfrac{h_{21}}{b_s}$

$$\lambda_{L1}=\frac{h_{31}}{3b_s}$$

$$\Delta\lambda_{U1}=C_{s1}\left[\frac{h_{01}}{b_{01}(C_{s1}+b_{01})}+\frac{h_{11}}{(b_{01}+b_s)(C_{s1}+b_{01}+b_s)}\right]$$

## 二、转子槽的比漏磁导

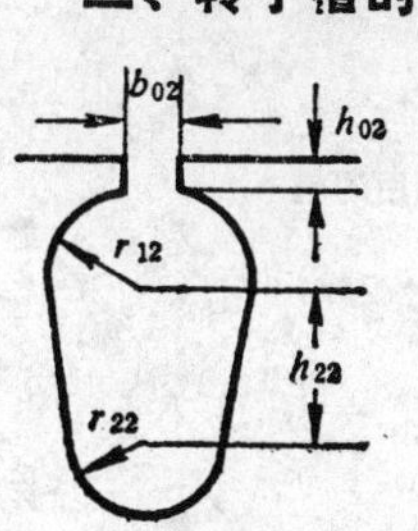


图附 4-5

对图附4-5：$\lambda_{U2}=\dfrac{h_{02}}{b_{02}}$

$\lambda_{L2}$查图附1-6c

$$\Delta\lambda_{U2}=\frac{h_{02}}{b_{02}}\left(\frac{C_{s2}}{C_{s2}+b_{02}}\right)$$

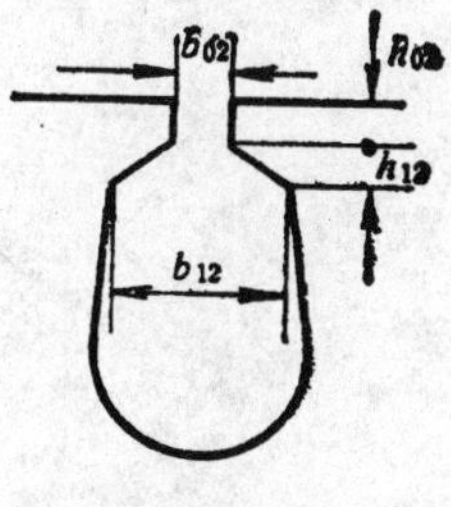


图附 4-6

对图附4-6：$\lambda_{U2}=\dfrac{h_{02}}{b_{02}}$

$$\lambda_{L2}=\frac{2h_{12}}{b_{02}+b_{12}}+\lambda_L$$

$\lambda_L$查 图附1-6b

$$\Delta\lambda_{U2}=\frac{h_{02}}{b_{02}}\left(\frac{C_{s2}}{C_{s2}+b_{02}}\right)$$

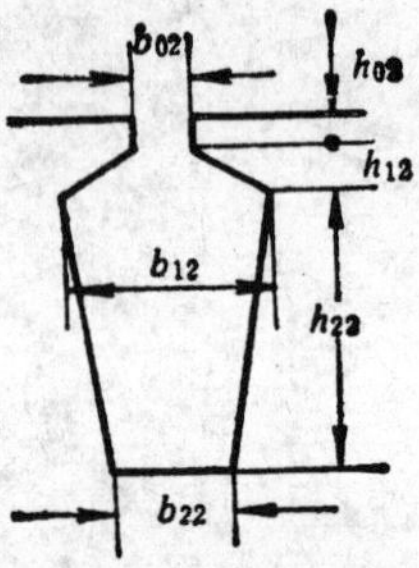

图附　4-7

对图附4-7：

$$\lambda_{U2}=\frac{h_{02}}{b_{02}}$$

$$\lambda_{L2}=\frac{2h_{12}}{b_{02}+b_{12}}+\lambda_L$$

$\lambda_L$查附图1-6a

$$\Delta\lambda_{U2}=\frac{h_{02}}{b_{02}}\left(\frac{C_{s2}}{C_{s2}+b_{02}}\right)（铸铝转子）$$

$$\Delta\lambda_{U2}=\frac{h_{02}+0.58h_{12}}{b_{02}}\left(\frac{C_{s2}}{C_{s2}+1.5b_{02}}\right)（铜条转子）$$

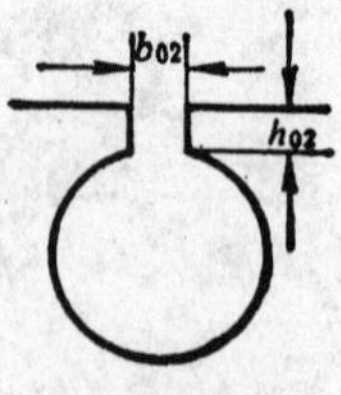

图附　4-8

对图附4-8：

$$\lambda_{U2}=\frac{h_{02}}{b_{02}}$$

$$\lambda_{L2}=0.623$$

$$\Delta\lambda_{U2}=\frac{h_{02}}{b_{02}}\left(\frac{C_{s2}}{C_{s2}+b_{02}}\right)$$

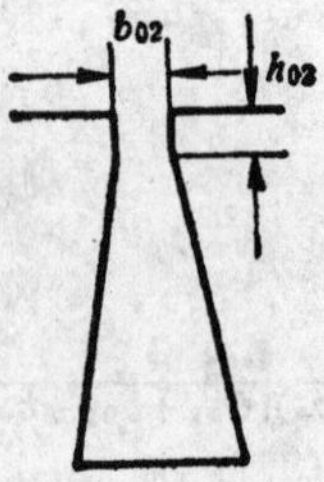

图附　4-9

对图附4-9：

$$\lambda_{U2}=\frac{h_{02}}{b_{02}}$$

$\lambda_{L2}$查图附1-6a

$$\Delta\lambda_{U2}=\frac{h_{02}}{b_{02}}\left(\frac{C_{s2}}{C_{s2}+b_{02}}\right)$$

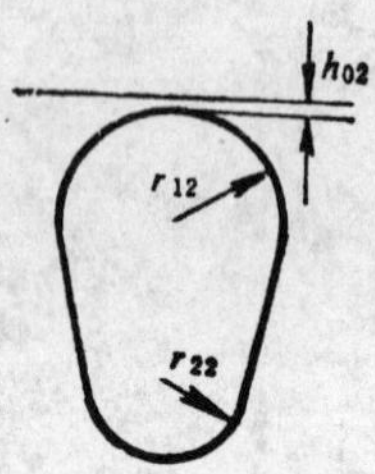

图附　4-10

对图附4-10：

$\lambda_{U2}$查附图1-8。

$\lambda_{L2}$梨形槽时查图附1-6c，其他槽形按选用的槽形查对应的公式和曲线。

$\lambda_{U2(st)}$按$I_{st}$的假定值查图附1-8。

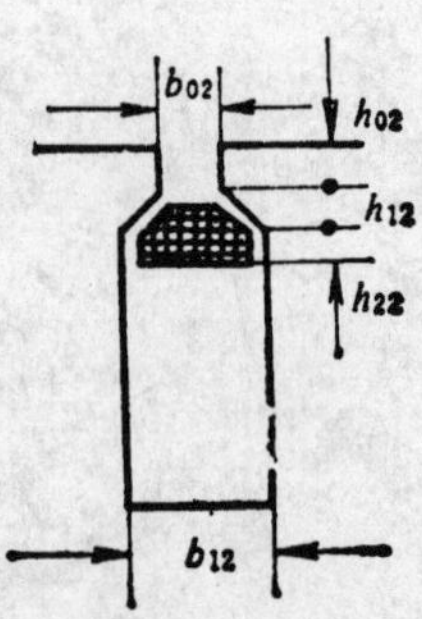

图附　4-11

对图附4-11

$$\lambda_{U2}=\frac{h_{02}}{b_{02}}+\frac{2h_{12}}{b_{02}+b_{12}}\;\frac{h_{22}}{b_{12}}$$

$\lambda_{L2}$查图附1-6a。

对图附4-12 $\lambda_{U2}=\dfrac{h_{02}}{b_{02}}$

$$\Delta\lambda_{U2}=\frac{h_{02}}{b_{02}}\left(\frac{C_{s2}}{C_{s2}+b_{02}}\right)$$

$$\lambda_{L2}=\lambda_{h12}+\lambda_{h22}+\lambda_{h32}$$

$$\lambda_{h12}=\frac{1}{A_B^2}\left(b_{02}h_{12}^3K_{r1}+A_{B23}h_{12}^2K'_{r1}+A_{B23}^2\frac{h_{12}}{b_{12}}K''_{r1}\right)$$

当$A_{B1}\ll(A_{B2}+A_{B3})$时，可用近似 计算$\lambda_{h12}=\dfrac{2h_{12}}{b_{02}+b_{12}}$

$$\lambda_{h22}=\frac{1}{A_B^2}\left(b_{12}h_{22}^3K_{r2}+A_{B3}h_{22}^2K'_{r2}+A_{B3}^2\frac{h_{22}}{b_{22}}K''_{r2}\right)$$

当$A_{B2}\ll(A_{B1}+A_{B3})$时，可用 近似计算 $\lambda_{h22}=\dfrac{2h_{22}}{b_{12}+b_{22}}$

$$\lambda_{h32}=\frac{1}{A_B^2}(b_{32}h_{32}^3K_{r3})$$

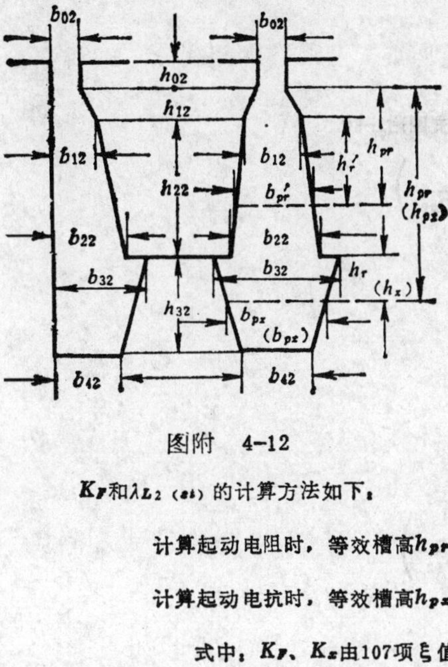


图附 4-12

式中：$A_{B1}=\dfrac{1}{2}(b_{02}+b_{12})h_{12}$

$$A_{B2}=\frac{1}{2}(b_{12}+b_{22})h_{22}$$

$$A_{B3}=\frac{1}{2}(b_{32}+b_{42})h_{32}$$

$$A_{B23}=A_{B2}+A_{B3}$$

$$A_B=A_{B1}+A_{B2}+A_{B3}$$

$K_r$、$K_r'$、$K_r''$查图附1-7a

$K_F$和$\lambda_{L2\,(st)}$的计算方法如下：

计算起动电阻时，等效槽高$h_{pr}=\dfrac{h_{12}+h_{22}+h_{32}}{K_F}K_a$

计算起动电抗时，等效槽高$h_{px}=(h_{12}+h_{22}+h_{32})K_xK_a$

式中：$K_F$、$K_x$由107项ξ值按$\dfrac{b_1}{b_2}=1$查图附1-10或图4-23。

$K_a$为截面宽度突变修正系数，查图附1-7b。

（1）$K_F$的计算

当$h_{pr}>(h_{12}+h_{22})$时：

$$K_F=\frac{A_B}{A_{B1}+A_{B2}+\frac{1}{2}(b_{pr}+b_{32})h_r}$$

式中：$b_{pr}=b_{42}+\dfrac{1}{h_{32}}(b_{32}-b_{42})(h_{12}+h_{22}+h_{32}-h_{pr})$

$$h_r=h_{pr}-(h_{12}+h_{22})$$

当$h_{pr}\leqslant(h_{12}+h_{22})$时：

$$K_F=\frac{A_B}{A_{B1}+\frac{1}{2}(b_{12}+b_{pr}')h_r'}$$

式中：$b'_{pr}=b_{12}+\dfrac{(b_{22}-b_{12})h_r'}{h_{22}}$

$$h_r'=h_{pr}-h_{12}$$

（2）$\lambda_{L2(st)}$的计算

当$h_{px}>(h_{12}+h_{22})$

$$b_{px}=b_{42}+\frac{1}{h_{32}}(b_{32}-b_{42})(h_{12}+h_{22}+h_{32}-h_{px})$$

用$b_{px}$代替$b_{42}$，用$[h_x=h_{px}-(h_{12}+h_{22})]$代替$h_{32}$，按$\lambda_{L2}$的公式重行计算，即得$\lambda_{L2(st)}$。

当$h_{px}\leqslant(h_{12}+h_{22})$

$$b_{px}'=b_{12}+\frac{(b_{22}-b_{12})h_x'}{h_{22}}$$

$$h_x'=h_{px}-h_{12}$$

用$b_{px}'$代替$b_{22}$，$h_x'$代替$h_{22}$，按$\lambda_{L2}$的公式重行计算（注意，此时$h_{32}=0$），即得$\lambda_{L2(st)}$。

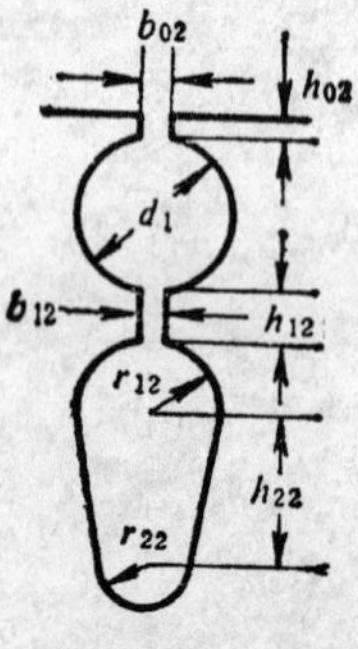


图附　4-13

对图附4-13，

$$\lambda_M=\frac{h_{02}}{b_{02}}+\frac{\pi}{4}$$

$$\lambda_{L2}=\frac{h_{12}}{b_{12}}+\frac{\pi}{4}+\lambda_L$$

式中：$\lambda_L$按单笼转子的$\lambda_{L2}$查图附1-6C

$$\Delta\lambda_M=\frac{h_{02}}{b_{02}}\left(\frac{C_{s2}}{C_{s2}+b_{02}}\right)$$

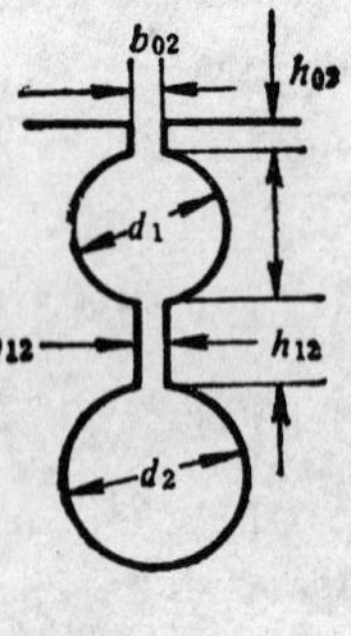


图附　4-14

对图附4-14，

$$\lambda_M=\frac{h_{02}}{b_{02}}+\frac{\pi}{4}$$

$$\lambda_{L2}=\frac{h_{12}}{b_{12}}+1.405$$

$$\Delta\lambda_M=\frac{h_{02}}{b_{02}}\left(\frac{C_{s2}}{C_{s2}+b_{02}}\right)$$

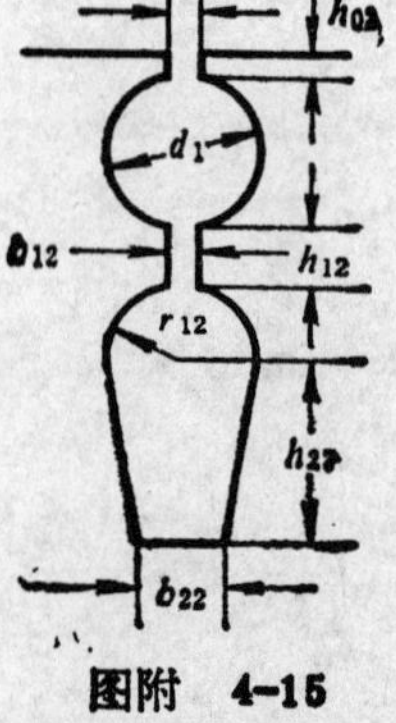


图附　4-15

对图附4-15，

$$\lambda_M=\frac{h_{02}}{b_{02}}+\frac{\pi}{4}$$

$$\lambda_{L2}=\frac{h_{12}}{b_{12}}+\frac{\pi}{4}+\frac{2h_{22}}{3(2r_{12}+b_{22})}$$

$$\Delta\lambda_M=\frac{h_{02}}{b_{02}}\left(\frac{C_{s2}}{C_{s2}+b_{02}}\right)$$

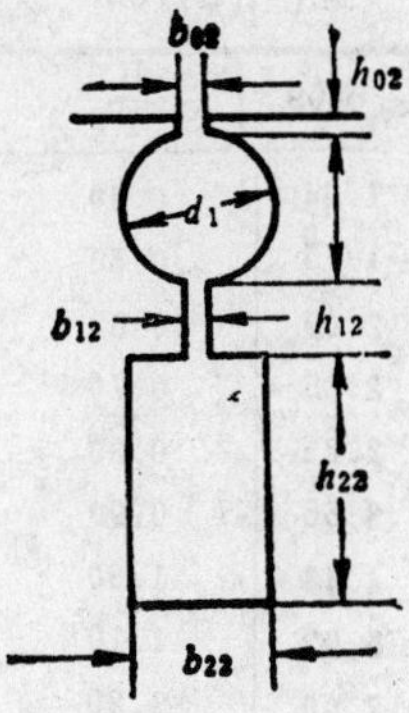

图附 4-16

对图附4-16：

$$\lambda_M=\frac{h_{02}}{b_{02}}+\frac{\pi}{4}$$

$$\lambda_{E2}=\frac{h_{12}}{b_{12}}+\frac{\pi}{4}+\frac{h_{22}}{3b_{22}}$$

$$\Delta\lambda_M=\frac{h_{02}}{b_{02}}\left(\frac{C_{s2}}{C_{s2}+b_{02}}\right)$$

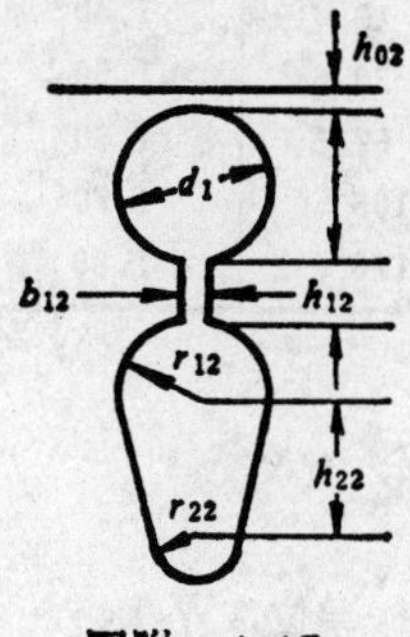

图附 4-17

对图附4-17：

$$\lambda_M=\frac{h_{02}}{0.051}+\frac{\pi}{4}$$

$$\lambda_{E2}=\frac{h_{12}}{b_{12}}+\frac{h_{22}}{3(r_{12}+r_{22})}+1.405$$

$$\Delta\lambda_M=\frac{h_{02}}{0.051}\left(\frac{C_{s2}}{C_{s2}+0.051}\right)$$

# 附录五　电工硅钢薄板(厚0.5mm)的磁化曲线

1．$B_{25}=1.54$T(D23)磁化曲线　　　　单位：A/cm

| B/T | 0.00 | 0.01 | 0.02 | 0.03 | 0.04 | 0.05 | 0.06 | 0.07 | 0.08 | 0.09 | B/T |
|---|---|---|---|---|---|---|---|---|---|---|---|
| 0.40 | 1.38 | 1.40 | 1.42 | 1.44 | 1.46 | 1.48 | 1.50 | 1.52 | 1.54 | 1.56 | 0.40 |
| 0.50 | 1.58 | 1.60 | 1.62 | 1.64 | 1.66 | 1.69 | 1.71 | 1.74 | 1.76 | 1.78 | 0.50 |
| 0.60 | 1.81 | 1.84 | 1.86 | 1.89 | 1.91 | 1.94 | 1.97 | 2.00 | 2.03 | 2.06 | 0.60 |
| 0.70 | 2.10 | 2.13 | 2.16 | 2.20 | 2.24 | 2.28 | 2.32 | 2.36 | 2.40 | 2.45 | 0.70 |
| 0.80 | 2.50 | 2.55 | 2.60 | 2.65 | 2.70 | 2.76 | 2.81 | 2.87 | 2.93 | 2.99 | 0.80 |
| 0.90 | 3.06 | 3.13 | 3.19 | 3.26 | 3.33 | 3.41 | 3.49 | 3.57 | 3.65 | 3.74 | 0.90 |
| 1.00 | 3.83 | 3.92 | 4.01 | 4.11 | 4.22 | 4.33 | 4.44 | 4.56 | 4.67 | 4.80 | 1.09 |
| 1.10 | 4.93 | 5.07 | 5.21 | 5.36 | 5.52 | 5.68 | 5.84 | 6.00 | 6.16 | 6.33 | 1.10 |
| 1.20 | 6.52 | 6.72 | 6.94 | 7.16 | 7.38 | 7.62 | 7.86 | 8.10 | 8.36 | 8.62 | 1.20 |
| 1.30 | 8.90 | 9.20 | 9.50 | 9.80 | 10.1 | 10.5 | 10.9 | 11.3 | 11.7 | 12.1 | 1.30 |
| 1.40 | 12.6 | 13.1 | 13.6 | 14.2 | 14.8 | 15.5 | 16.3 | 17.1 | 18.1 | 19.1 | 1.40 |
| 1.50 | 20.1 | 21.2 | 22.4 | 23.7 | 25.0 | 26.7 | 28.5 | 30.4 | 32.6 | 35.1 | 1.50 |
| 1.60 | 37.8 | 40.7 | 43.7 | 46.8 | 50.0 | 53.4 | 56.8 | 60.4 | 64.0 | 67.8 | 1.60 |
| 1.70 | 72.0 | 76.4 | 80.8 | 85.4 | 90.2 | 95.0 | 100 | 105 | 110 | 116 | 1.70 |
| 1.80 | 122 | 128 | 134 | 140 | 146 | 152 | 158 | 165 | 172 | 180 | 1.80 |

2. $B_2=1.57$T(D24)磁化曲线 单位：A/cm

| B/T | 0.00 | 0.01 | 0.02 | 0.03 | 0.04 | 0.05 | 0.06 | 0.07 | 0.08 | 0.09 | B/T |
|---|---|---|---|---|---|---|---|---|---|---|---|
| 0.40 | 1.37 | 1.38 | 1.40 | 1.42 | 1.44 | 1.46 | 1.48 | 1.50 | 1.52 | 1.54 | 0.40 |
| 0.50 | 1.56 | 1.58 | 1.60 | 1.62 | 1.64 | 1.66 | 1.68 | 1.70 | 1.72 | 1.75 | 0.50 |
| 0.60 | 1.77 | 1.79 | 1.81 | 1.84 | 1.87 | 1.89 | 1.92 | 1.94 | 1.97 | 2.00 | 0.60 |
| 0.70 | 2.03 | 2.06 | 2.09 | 2.12 | 2.16 | 2.20 | 2.23 | 2.27 | 2.31 | 2.35 | 0.70 |
| 0.80 | 2.39 | 2.43 | 2.48 | 2.52 | 2.57 | 2.62 | 2.67 | 2.73 | 2.79 | 2.85 | 0.80 |
| 0.90 | 2.91 | 2.97 | 3.03 | 3.10 | 3.17 | 3.24 | 3.31 | 3.39 | 3.47 | 3.55 | 0.90 |
| 1.00 | 3.63 | 3.71 | 3.79 | 3.88 | 3.97 | 4.06 | 4.16 | 4.26 | 4.37 | 4.48 | 1.00 |
| 1.10 | 4.60 | 4.72 | 4.86 | 5.00 | 5.14 | 5.29 | 5.44 | 5.60 | 5.76 | 5.92 | 1.10 |
| 1.20 | 6.10 | 6.28 | 6.46 | 6.65 | 6.85 | 7.05 | 7.25 | 7.46 | 7.68 | 7.90 | 1.20 |
| 1.30 | 8.14 | 8.40 | 8.68 | 8.96 | 9.26 | 9.58 | 9.86 | 10.2 | 10.6 | 11.0 | 1.30 |
| 1.40 | 11.4 | 11.8 | 12.3 | 12.8 | 13.3 | 13.8 | 14.4 | 15.0 | 15.7 | 16.4 | 1.40 |
| 1.50 | 17.2 | 18.0 | 18.9 | 19.9 | 20.9 | 22.1 | 23.5 | 25.0 | 26.8 | 28.6 | 1.50 |
| 1.60 | 30.7 | 33.0 | 35.6 | 38.2 | 41.1 | 44.0 | 47.0 | 50.0 | 53.5 | 57.5 | 1.60 |
| 1.70 | 61.5 | 66.0 | 70.5 | 75.0 | 79.7 | 84.5 | 89.5 | 94.7 | 100 | 105 | 1.70 |
| 1.80 | 110 | 116 | 122 | 128 | 134 | 141 | 148 | 155 | 162 | 170 | 1.80 |

# 附录六 电工硅钢薄板(厚0.5mm)的损耗曲线

$P_{10/50}=2.1$W/kg(D23、D24)损耗曲线 单位：W/kg

| B/T | 0.00 | 0.01 | 0.02 | 0.03 | 0.04 | 0.05 | 0.06 | 0.07 | 0.08 | 0.09 |
|---|---|---|---|---|---|---|---|---|---|---|
| 0.50 | 0.70 | 0.72 | 0.74 | 0.76 | 0.78 | 0.80 | 0.82 | 0.84 | 0.87 | 0.89 |
| 0.60 | 0.91 | 0.93 | 0.96 | 0.98 | 1.01 | 1.03 | 1.06 | 1.08 | 1.11 | 1.13 |
| 0.70 | 1.16 | 1.19 | 1.22 | 1.25 | 1.28 | 1.31 | 1.34 | 1.37 | 1.40 | 1.43 |
| 0.80 | 1.46 | 1.49 | 1.52 | 1.56 | 1.59 | 1.62 | 1.65 | 1.68 | 1.72 | 1.75 |
| 0.90 | 1.78 | 1.81 | 1.84 | 1.88 | 1.91 | 1.94 | 1.97 | 2.00 | 2.04 | 2.07 |
| 1.00 | 2.10 | 2.14 | 2.19 | 2.23 | 2.28 | 2.32 | 2.36 | 2.40 | 2.45 | 2.49 |
| 1.10 | 2.53 | 2.57 | 2.62 | 2.66 | 2.71 | 2.75 | 2.80 | 2.85 | 2.90 | 2.95 |
| 1.20 | 3.00 | 3.05 | 3.10 | 3.16 | 3.21 | 3.26 | 3.32 | 3.38 | 3.44 | 3.50 |
| 1.30 | 3.56 | 3.62 | 3.67 | 3.73 | 3.78 | 3.84 | 3.91 | 3.98 | 4.06 | 4.13 |
| 1.40 | 4.20 | 4.28 | 4.36 | 4.44 | 4.52 | 4.60 | 4.70 | 4.80 | 4.90 | 5.00 |
| 1.50 | 5.10 | 5.22 | 5.34 | 5.46 | 5.58 | 5.70 | 5.84 | 5.98 | 6.12 | 6.26 |
| 1.60 | 6.40 | 6.53 | 6.66 | 6.80 | 6.93 | 7.06 | 7.18 | 7.28 | 7.41 | 7.52 |
| 1.70 | 7.64 | 7.70 | 7.77 | 7.83 | 7.90 | 7.96 | 8.00 | 8.04 | 8.07 | 8.11 |
| 1.80 | 8.15 | 8.24 | 8.33 | 8.42 | 8.51 | 8.60 | 8.70 | 8.80 | 8.90 | 9.00 |
| 1.90 | 9.10 | 9.20 | 9.30 | 9.40 | 9.50 | 9.60 | 9.74 | 9.88 | 10.00 | 10.20 |

# 附录七 电工硅钢薄板(厚0.35mm)的磁化和损耗曲线

| 牌号及厚度 | D44—0.35mm | | | D340—0.35mm | | Q11—0.35mm | | Q10—0.35mm | | Z10—0.35mm | | 冷轧硅钢片接缝磁化容量 |
|---|---|---|---|---|---|---|---|---|---|---|---|---|
| 磁通密度 B/T | $p_{he}$ W/kg | $q_{Fe}$ VA/kg | $q_J$ VA/cm² | $p_{he}$ W/kg | $q_{Fe}$ VA/kg | $p_{he}$ W/kg | $q_{Fe}$ VA/cm² | $p_{he}$ W/kg | $q_{Fe}$ VA/cm² | $p_{he}$ W/kg | $q_{Fe}$ VA/kg | $q_J$ VA/cm² |
| 1.00 | 0.90 | 4.71 | 0.498 | 0.600 | 1.49 | 0.511 | 0.179 | 0.447 | 0.157 | 0.42 | 0.71 | 0.122 |
| 1.01 | 0.91 | 4.87 | 0.522 | 0.611 | 1.555 | 0.521 | 0.180 | 0.456 | 0.159 | 0.425 | 0.725 | 0.130 |

（续）

| 牌号及厚度 | D44—0.35mm | | | D340—0.35mm | | Q11—0.35mm | | Q10—0.35mm | | Z10—0.35mm | | 冷轧硅钢片接缝磁化容量 |
|---|---|---|---|---|---|---|---|---|---|---|---|---|
| 磁通密度 $\frac{B}{T}$ | $\frac{p_{he}}{W/kg}$ | $\frac{p_{Fe}}{VA/kg}$ | $\frac{q_J}{VA/cm^2}$ | $\frac{p_{Fe}}{W/kg}$ | $\frac{q_{Fe}}{VA/kg}$ | $\frac{p_{he}}{W/kg}$ | $\frac{q_{Fe}}{VA/cm^2}$ | $\frac{p_{he}}{W/kg}$ | $\frac{q_{Fe}}{VA/cm^2}$ | $\frac{p_{he}}{W/kg}$ | $\frac{q_{Fe}}{VA/kg}$ | $\frac{q_J}{VA/cm^2}$ |
| 1.02 | 0.93 | 5.03 | 0.546 | 0.622 | 1.62 | 0.530 | 0.182 | 0.464 | 0.162 | 0.430 | 0.74 | 0.140 |
| 1.03 | 0.95 | 5.19 | 0.571 | 0.633 | 1.685 | 0.540 | 0.184 | 0.473 | 0.164 | 0.44 | 0.755 | 0.150 |
| 1.04 | 0.96 | 5.35 | 0.597 | 0.644 | 1.75 | 0.549 | 0.186 | 0.481 | 0.166 | 0.45 | 0.77 | 0.160 |
| 1.05 | 0.98 | 5.51 | 0.625 | 0.655 | 1.815 | 0.559 | 0.188 | 0.490 | 0.167 | 0.46 | 0.785 | 0.170 |
| 1.06 | 1.00 | 5.71 | 0.657 | 0.666 | 1.88 | 0.568 | 0.190 | 0.499 | 0.168 | 0.47 | 0.800 | 0.180 |
| 1.07 | 1.03 | 5.91 | 0.689 | 0.677 | 1.945 | 0.579 | 0.191 | 0.508 | 0.169 | 0.48 | 0.815 | 0.190 |
| 1.08 | 1.06 | 6.11 | 0.722 | 0.688 | 2.01 | 0.589 | 0.192 | 0.517 | 0.170 | 0.49 | 0.83 | 0.200 |
| 1.09 | 1.09 | 6.31 | 0.756 | 0.699 | 2.075 | 0.599 | 0.193 | 0.526 | 0.171 | 0.50 | 0.845 | 0.210 |
| 1.10 | 1.10 | 6.51 | 0.790 | 0.710 | 2.14 | 0.609 | 0.194 | 0.535 | 0.172 | 0.505 | 0.86 | 0.220 |
| 1.11 | 1.13 | 6.78 | 0.826 | 0.722 | 2.234 | 0.619 | 0.196 | 0.544 | 0.1725 | 0.515 | 0.875 | 0.233 |
| 1.12 | 1.15 | 7.06 | 0.862 | 0.734 | 2.328 | 0.630 | 0.198 | 0.553 | 0.173 | 0.525 | 0.89 | 0.248 |
| 1.13 | 1.18 | 7.37 | 0.899 | 0.746 | 2.422 | 0.640 | 0.203 | 0.562 | 0.177 | 0.535 | 0.91 | 0.266 |
| 1.14 | 1.20 | 7.71 | 0.937 | 0.758 | 2.516 | 0.651 | 0.205 | 0.572 | 0.181 | 0.545 | 0.93 | 0.286 |
| 1.15 | 1.22 | 8.05 | 0.975 | 0.770 | 2.61 | 0.662 | 0.207 | 0.582 | 0.184 | 0.555 | 0.95 | 0.308 |
| 1.16 | 1.25 | 8.41 | 1.02 | 0.782 | 2.704 | 0.673 | 0.208 | 0.591 | 0.186 | 0.565 | 0.97 | 0.335 |
| 1.17 | 1.27 | 8.77 | 1.06 | 0.794 | 2.738 | 0.683 | 0.210 | 0.601 | 0.188 | 0.575 | 0.99 | 0.367 |
| 1.18 | 1.30 | 9.16 | 1.10 | 0.806 | 2.892 | 0.695 | 0.212 | 0.611 | 0.190 | 0.585 | 1.015 | 0.401 |
| 1.19 | 1.32 | 9.58 | 1.14 | 0.818 | 2.986 | 0.706 | 0.215 | 0.621 | 0.191 | 0.595 | 1.03 | 0.434 |
| 1.20 | 1.35 | 10.0 | 1.18 | 0.830 | 3.08 | 0.717 | 0.218 | 0.631 | 0.192 | 0.605 | 1.045 | 0.466 |
| 1.21 | 1.37 | 10.46 | 1.22 | 0.844 | 3.228 | 0.728 | 0.222 | 0.641 | 0.195 | 0.615 | 1.06 | 0.497 |
| 1.22 | 1.39 | 10.92 | 1.27 | 0.858 | 3.376 | 0.740 | 0.226 | 0.652 | 0.197 | 0.625 | 1.08 | 0.528 |
| 1.23 | 1.41 | 11.39 | 1.33 | 0.872 | 3.524 | 0.752 | 0.230 | 0.662 | 0.200 | 0.635 | 1.10 | 0.56 |
| 1.24 | 1.43 | 11.87 | 1.39 | 0.886 | 3.672 | 0.763 | 0.234 | 0.673 | 0.202 | 0.645 | 1.12 | 0.605 |
| 1.25 | 1.45 | 12.35 | 1.45 | 0.900 | 3.82 | 0.775 | 0.237 | 0.683 | 0.206 | 0.655 | 1.14 | 0.639 |
| 1.26 | 1.48 | 12.91 | 1.51 | 0.914 | 3.968 | 0.788 | 0.241 | 0.694 | 0.210 | 0.665 | 1.16 | 0.671 |
| 1.27 | 1.51 | 13.47 | 1.57 | 0.928 | 4.116 | 0.800 | 0.244 | 0.706 | 0.214 | 0.68 | 1.18 | 0.720 |
| 1.28 | 1.54 | 14.10 | 1.63 | 0.942 | 4.264 | 0.812 | 0.246 | 0.717 | 0.218 | 0.69 | 1.20 | 0.767 |
| 1.29 | 1.57 | 14.80 | 1.69 | 0.956 | 4.412 | 0.825 | 0.251 | 0.728 | 0.222 | 0.70 | 1.22 | 0.80 |
| 1.30 | 1.60 | 15.5 | 1.75 | 0.970 | 4.56 | 0.838 | 0.256 | 0.739 | 0.226 | 0.71 | 1.25 | 0.853 |
| 1.31 | 1.63 | 16.3 | 1.81 | 0.986 | 4.786 | 0.850 | 0.261 | 0.751 | 0.230 | 0.72 | 1.27 | 0.902 |
| 1.32 | 1.65 | 17.1 | 1.87 | 1.002 | 5.012 | 0.864 | 0.266 | 0.763 | 0.234 | 0.735 | 1.29 | 0.938 |
| 1.33 | 1.68 | 18.0 | 1.93 | 1.018 | 5.238 | 0.877 | 0.271 | 0.775 | 0.238 | 0.745 | 1.31 | 0.99 |
| 1.34 | 1.70 | 19.0 | 1.99 | 1.034 | 5.464 | 0.890 | 0.276 | 0.787 | 0.242 | 0.76 | 1.34 | 1.04 |
| 1.35 | 1.72 | 20.0 | 2.06 | 1.050 | 5.69 | 0.904 | 0.281 | 0.799 | 0.246 | 0.77 | 1.37 | 1.095 |
| 1.36 | 1.75 | 21.2 | 2.14 | 1.066 | 5.916 | 0.918 | 0.285 | 0.811 | 0.250 | 0.785 | 1.40 | 1.15 |
| 1.37 | 1.78 | 22.4 | 2.22 | 1.082 | 6.142 | 0.932 | 0.291 | 0.824 | 0.256 | 0.80 | 1.43 | 1.20 |
| 1.38 | 1.82 | 23.6 | 2.30 | 1.098 | 6.368 | 0.945 | 0.298 | 0.836 | 0.261 | 0.81 | 1.46 | 1.255 |
| 1.39 | 1.86 | 24.8 | 2.38 | 1.114 | 6.594 | 0.960 | 0.304 | 0.849 | 0.267 | 0.82 | 1.49 | 1.31 |
| 1.40 | 1.90 | 26.0 | 2.46 | 1.130 | 6.82 | 0.974 | 0.310 | 0.862 | 0.275 | 0.835 | 1.52 | 1.37 |
| 1.41 | 1.92 | 27.4 | 2.55 | 1.147 | 7.158 | 0.988 | 0.318 | 0.875 | 0.284 | 0.85 | 1.55 | 1.41 |
| 1.42 | 1.95 | 28.8 | 2.65 | 1.164 | 7.496 | 1.003 | 0.326 | 0.889 | 0.292 | 0.865 | 1.58 | 1.48 |
| 1.43 | 1.98 | 30.3 | 2.75 | 1.181 | 7.834 | 1.019 | 0.334 | 0.903 | 0.301 | 0.88 | 1.62 | 1.54 |
| 1.44 | 2.00 | 31.9 | 2.85 | 1.198 | 8.172 | 1.035 | 0.342 | 0.917 | 0.310 | 0.89 | 1.66 | 1.60 |
| 1.45 | 2.02 | 33.5 | 2.95 | 1.215 | 8.51 | 1.049 | 0.353 | 0.931 | 0.319 | 0.91 | 1.70 | 1.66 |
| 1.46 | 2.06 | 35.3 | 3.05 | 1.232 | 8.848 | 1.065 | 0.363 | 0.944 | 0.328 | 0.92 | 1.75 | 1.72 |

（续）

| 牌号及厚度 | D44—0.35mm | | | D340—0.35mm | | Q11—0.35mm | | Q10—0.35mm | | Z10—0.35mm | | 冷轧硅钢片接缝磁化容量 |
|---|---|---|---|---|---|---|---|---|---|---|---|---|
| 磁通密度 $\frac{B}{T}$ | $p_{he}$ W/kg | $q_{Fe}$ VA/kg | $q_J$ VA/cm² | $p_{he}$ W/kg | $q_{Fe}$ VA/kg | $p_{he}$ W/kg | $q_{Fe}$ VA/cm² | $p_{he}$ W/kg | $q_{Fe}$ VA/cm² | $p_{he}$ W/kg | $q_{Fe}$ VA/kg | $q_J$ VA/cm² |
| 1.47 | 2.10 | 37.1 | 3.15 | 1.249 | 9.186 | 1.082 | 0.374 | 0.959 | 0.337 | 0.94 | 1.80 | 1.795 |
| 1.48 | 2.14 | 39.0 | 3.25 | 1.266 | 9.524 | 1.098 | 0.384 | 0.974 | 0.346 | 0.95 | 1.85 | 1.87 |
| 1.49 | 2.18 | 41.2 | 3.35 | 1.283 | 9.862 | 1.115 | 0.399 | 0.989 | 0.358 | 0.97 | 1.90 | 1.94 |
| 1.50 | 2.20 | 43.6 | 3.45 | 1.300 | 10.2 | 1.132 | 0.415 | 1.004 | 0.370 | 0.99 | 1.95 | 1.98 |
| 1.51 | | | | 1.325 | 10.74 | 1.149 | 0.430 | 1.020 | 0.382 | 1.00 | 2.00 | 2.046 |
| 1.52 | | | | 1.350 | 11.28 | 1.167 | 0.445 | 1.035 | 0.394 | 1.02 | 2.10 | 2.13 |
| 1.53 | | | | 1.375 | 11.82 | 1.185 | 0.466 | 1.051 | 0.412 | 1.04 | 2.16 | 2.19 |
| 1.54 | | | | 1.400 | 12.36 | 1.204 | 0.486 | 1.068 | 0.430 | 1.06 | 2.24 | 2.26 |
| 1.55 | | | | 1.425 | 12.9 | 1.232 | 0.506 | 1.085 | 0.448 | 1.08 | 2.32 | 2.34 |
| 1.56 | | | | 1.450 | 13.44 | 1.241 | 0.528 | 1.103 | 0.467 | 1.10 | 2.42 | 2.42 |
| 1.57 | | | | 1.475 | 13.98 | 1.262 | 0.556 | 1.120 | 0.490 | 1.12 | 2.54 | 2.5 |
| 1.58 | | | | 1.500 | 14.52 | 1.282 | 0.584 | 1.138 | 0.513 | 1.14 | 2.70 | 2.58 |
| 1.59 | | | | 1.525 | 15.06 | 1.303 | 0.612 | 1.157 | 0.536 | 1.16 | 2.85 | 2.65 |
| 1.60 | | | | 1.550 | 15.6 | 1.325 | 0.640 | 1.176 | 0.560 | 1.17 | 3.00 | 2.74 |
| 1.61 | | | | 1.585 | 16.41 | 1.347 | 0.680 | 1.195 | 0.596 | 1.19 | 3.25 | 2.83 |
| 1.62 | | | | 1.620 | 17.22 | 1.369 | 0.720 | 1.216 | 0.632 | 1.21 | 3.45 | 2.92 |
| 1.63 | | | | 1.655 | 18.03 | 1.393 | 0.760 | 1.236 | 0.668 | 1.23 | 3.70 | 3.01 |
| 1.64 | | | | 1.690 | 18.84 | 1.418 | 0.800 | 1.258 | 0.704 | 1.25 | 4.00 | 3.1 |
| 1.65 | | | | 1.725 | 19.56 | 1.444 | 0.880 | 1.280 | 0.768 | 1.27 | 4.32 | 3.19 |
| 1.66 | | | | 1.760 | 20.46 | 1.470 | 0.960 | 1.303 | 0.832 | 1.29 | 4.70 | 3.28 |
| 1.67 | | | | 1.795 | 21.27 | 1.498 | 1.040 | 1.327 | 0.896 | 1.31 | 5.00 | 3.39 |
| 1.68 | | | | 1.830 | 22.08 | 1.528 | 1.120 | 1.353 | 0.960 | 1.33 | 5.50 | 3.49 |
| 1.69 | | | | 1.865 | 22.89 | 1.559 | 1.216 | 1.377 | 1.052 | 1.36 | 6.00 | 3.6 |
| 1.70 | | | | 1.900 | 23.7 | 1.592 | 1.312 | 1.406 | 1.144 | 1.39 | 6.60 | 3.72 |
| 1.71 | | | | 1.948 | 25.94 | 1.624 | 1.408 | 1.434 | 1.236 | 1.42 | 7.20 | 3.83 |
| 1.72 | | | | 1.996 | 28.18 | 1.659 | 1.504 | 1.463 | 1.328 | 1.45 | 8.00 | 3.97 |
| 1.73 | | | | 2.044 | 30.42 | 1.694 | 1.708 | 1.494 | 1.356 | 1.48 | 8.70 | 4.09 |
| 1.74 | | | | 2.092 | 32.66 | 1.733 | 1.912 | 1.525 | 1.384 | 1.50 | 9.50 | 4.23 |
| 1.75 | | | | 2.140 | 34.9 | 1.771 | 2.116 | 1.559 | 1.412 | 1.53 | 10.5 | 4.37 |
| 1.76 | | | | 2.188 | 37.14 | 1.812 | 2.320 | 1.593 | 1.440 | 1.57 | 11.7 | |
| 1.77 | | | | 2.236 | 39.38 | 1.853 | 2.64 | 1.628 | 1.580 | 1.60 | 12.8 | |

注：$p_{he}$——单位质量铁耗　$q_{Fe}$——铁心磁化容量　$q_J$——接缝磁化容量。

# 附录八　三相60°相带谐波比漏磁导系数$\sum s$

| | | | | | | |
|---|---|---|---|---|---|---|
| $q=2$ | $\beta$ | 1 | 5/6 | 4/6 | | |
| | $\sum s$ | 0.0265 | 0.0205 | 0.0199 | | |
| $q=3$ | $\beta$ | 1 | 8/9 | 7/9 | 6/9 | |
| | $\sum s$ | 0.0129 | 0.0103 | 0.0090 | 0.0097 | |
| $q=4$ | $\beta$ | 1 | 11/12 | 10/12 | 9/12 | 8/12 |
| | $\sum s$ | 0.0082 | 0.0066 | 0.0055 | 0.0054 | 0.0061 |

（续）

| | | | | | | | |
|---|---|---|---|---|---|---|---|
| $q=5$ | $\beta$ | 1 | 14/15 | 13/15 | 12/15 | 11/15 | 10/15 |
| | $\Sigma s$ | 0.0059 | 0.0050 | 0.0038 | 0.0034 | 0.0038 | 0.0044 |
| $q=6$ | $\beta$ | 1 | 17/18 | 15/18 | 13/18 | 12/18 | 11/18 |
| | $\Sigma s$ | 0.0047 | 0.0038 | 0.0025 | 0.0029 | 0.0035 | 0.0035 |
| $q=8$ | $\beta$ | 1 | 22/24 | 20/24 | 18/24 | 16/24 | 15/24 |
| | $\Sigma s$ | 0.0035 | 0.0023 | 0.0016 | 0.0018 | 0.0027 | 0.00265 |

## 附录九　笼型转子谐波比漏磁导系数$\Sigma R$

| | | | | | | | |
|---|---|---|---|---|---|---|---|
| $Z_2/2p$ | 3 | 4 | 5 | 6 | 7 | 8 | 9 | 10 |
| $\Sigma R$ | 0.097 | 0.053 | 0.034 | 0.023 | 0.017 | 0.013 | 0.010 | 0.0083 |
| $Z_2/2p$ | 12 | 15 | 20 | 25 | 30 | 40 | 50 | $\infty$ |
| $\Sigma R$ | 0.0057 | 0.0036 | 0.0021 | 0.0013 | 0.0009 | 0.0005 | 0.0003 | 0 |

## 参考文献


〔0-1〕R. Richter,《Elektrische Maschinen》Band Ⅰ～Ⅳ, Berlin, Springer-Verlag, 1924～1936.

〔0-2〕W. Schuisky,《Berechnung elektrischer Maschinen》, Vienna, Springer-Verlag, 1960.

〔0-3〕K. Vogt u. a.,《Elektrische Maschinen(Berechnung rotierender elektrischer Maschinen)》, VEB Verlag Technik, Berlin, 1973.

〔0-4〕В. В. Домбровский, Г. М. Хуторецкий:《Основы проектирования электрических машин переменного тока》, Изд-во. Энергия, 1974.

〔0-5〕Я. С. Гурин, М. Н. Курочкин:《Проектирование машин постоянного тока》, Госэнергоиздат, 1961.

〔0-6〕程福秀主译:《电机设计与计算》，龙门联合书局，1953.

〔0-7〕郑光华、汪槱生译:《电机设计》，中国科学图书仪器公司，1952.

〔0-8〕程福秀主编:《电机设计》(内部资料)，1965.

〔0-9〕上海电机厂译:《电机设计》，机械工业出版社，1956.

〔0-10〕上海工大、上海直流电机厂:《直流电机设计》(内部资料)，1979.

〔0-11〕沈阳机电学院:《三相异步电动机原理、设计与试验》，科学出版社，1977.

〔0-12〕湘潭电机厂:《交流电机设计手册》，湖南人民出版社，1977.

〔0-13〕上海电器科学研究所:《中小型三相异步电动机电磁计算程序》(内部资料)，1971.

〔0-14〕上海电器科学研究所:《中小型凸极同步发电机电磁计算程序》(内部资料)，1973.

〔0-15〕大电机研究所:《直流电机电磁计算程序》(内部资料)，1965.

〔0-16〕大电机研究所:《大型三相异步电动机电磁计算公式》(内部资料)，1965.

〔0-17〕大电机研究所:《凸极同步电机电磁计算公式》(内部资料)，1965.

〔0-18〕大电机研究所:《汽轮发电机电磁计算公式》(内部资料)，1965.

〔0-19〕左俊业等译,《水轮发电机设计》第一册，机械工业出版社，1972.

〔0-20〕陈中基译：《汽轮发电机设计问题》，机械工业出版社，1957。
〔0-21〕西安交大编：《电机设计》下册，机械工业出版社，1965。
〔0-22〕陈世坤主编：《电机设计》，机械工业出版社，1982。
〔1-1〕一机部情报所：《国外机械工业基本情况》参考资料（大电机、水轮机），1975。
〔1-2〕一机部情报所：《国外机械工业基本情况》参考资料（中小型电机），1975。
〔1-3〕中小型电机国内外基本情况编写组，《中小型电机国内外基本情况》，1974。
〔1-4〕一机部机械院机电所：《国内外电机工业基本情况》，1974。
〔1-5〕中型交流电机行业技术改造调查组，《关于中型交流电机行业技术改造的调查报告》，1977。
〔1-6〕中型交流电机行业技术改造调查组，《中型交流电机行业概况及技术改造意见——八厂调查报告》，1977。
〔1-7〕大电机研究所：《国外大电机》，1976～1979。
〔1-8〕上海电机厂：《上海电机厂科技情报（直流电机专辑）》，1978。
〔1-9〕上海电机厂：《国外中大型同步电动机制造趋势》，1978。
〔1-10〕上海电机厂：《异步电动机近年来发展趋势》，1978。
〔1-11〕大电机研究所：《我国汽轮发电机技术发展综述》，1977。
〔1-12〕上满电器科学研究所：《中小型电机标准汇编》，技术标准出版社，1971。
〔1-13〕上海电器科学研究所：《国外中型高压异步电动机发展概况》，1977。
〔2-1〕上海电器科学研究所主编：《电机工程手册》第20篇，异步电机，机械工业出版社，1979。
〔2-2〕上海直流电机厂主编：《电机工程手册》第21篇，直流电机，机械工业出版社，1979。
〔2-3〕上海电器科学研究所："优先数和优先数系"，《中小型电机技术情报》，1975年第5期。
〔3-1〕西安交大：《异步电机设计》（内部资料），1974。
〔3-2〕西安交大：《直流电机设计》（内部资料），1974。
〔3-3〕秦和："关于单鼠笼异步电动机计算程序的若干说明和讨论"《中小型电机技术情报》1976年第4期。
〔3-4〕柯同："小型凸极同步发电机的电磁设计与计算"，《中小型电机技术情报》，1977年第6期。
〔3-5〕M. G. Say，《The performance and Design of Alternating Current Machines》，1952。
〔3-6〕上科所电机室："世界主要国家冷轧电机钢片磁性能比较"，《中小型电机技术情报》，1977年第6期。
〔3-7〕胡之光：《电机电磁场分析与计算》，机械工业出版社，1989。
〔4-1〕M. E. Talaat，"A New Approach to the Calculation of Synchronous Machine reactances–Part Ⅰ"，《A. I. E. E. Tr. 》，1956。
〔4-2〕P. L. Alger，"The calculation of the Armature Reactance of Synchronous Machines"，《A. I. E. E. Tr. 》April，1928。
〔4-3〕A. B. Иванов-Смоленский：《Электрический Машин》，Энертия，1980。
〔4-4〕Я. Б. Данилевич 等：《Параметры электрических машин переменного тока》，Издателвство Наука，1965。
〔4-5〕熊大慰译：《电机学（特殊部分）》，高等教育出版社，1957。
〔5-1〕B. J. Chalmers，《Eleotromagnetic problems of A. C. Machines》，1965。
〔5-2〕Я. Б. Данилевич，Э. Г. Кашарский：《Добавочные потери в электрических машинах》，Госэнергоиздат，1963。
〔5-3〕Odok，"Stray-load Losses and Stray Torques in Induction Machines"，《A. I. E. E. Tr.》，1958。
〔5-4〕秦和："关于小型三相鼠笼型异步电动机附加损耗与转矩曲线的计算"，《中小型电机技术情

报》，1977年第2期。

〔7-1〕 李德基、徐征雄："利用电子计算机计算发电机定子槽部温度场"《北京电机工程学会学报》，1981年第2期。

〔8-1〕 刘彦清等译：《电机结构》，机械工业出版社，1976.

〔8-2〕 A. E. Алексеев：《Конструкция электрических машин》，ГЭИ，1958.

〔8-3〕 В.В.Шлыгин：《Прочностные и размерные расчеты электрических машин》，ГЭИ，1963.

〔8-4〕 Н. В. Виноградов等：《Проектирование электрических машин》，ГЭИ，1956.

〔8-5〕 Б. Н. Красовский著，关力更译：《电机强度问题》机械工业出版社，1959.

〔8-6〕 大电机研究所编：《大型电机机械计算公式》，电指（DZ）21～24-63，技术标准出版社，1965.

〔8-7〕 W. Schuisky：《Induktions Maschinen》，Wien，Springer，1957.

〔8-8〕 А. Я. Фиш等：《Коллекторы электрических машин на пластмассе》，ГЭИ，1963.

〔8-9〕 大电机研究所：《电机译丛》，1965年第5期。

〔8-10〕 大电机研究所主编：《电机工程手册》，第19篇，同步电机，机械工业出版社，1979.

〔8-11〕 Parsons Peebles公司产品样本，1975.

〔9-1〕 И. Г. Шубов：《Шум и вибрация электрических машин》，Энергия，1974.

〔9-2〕 方丹群：《噪声的危害及防治》，中国建筑工业出版社，1975.

〔9-3〕 B. Ploner, Baden："Aerodynamic Noise in Mediumsize Asynchronous Motors"，《B. B. Review》，1976，No. 8.

〔9-4〕 上海电器科学研究所：《中小型电机噪声译文集》，1977.

〔9-5〕 上海电器科学研究所：《电机噪声、振动测试讲义》，1983.

〔9-6〕 上海电机厂：《上海电机厂科技情报》，1978年第2期。

〔9-7〕 大电机研究所：《大电机技术》，1979年第1期。

〔9-8〕 P. M. 莫尔斯著，南京大学《振动与声》翻译组译：《振动与声》，科学出版社，1973.

〔9-9〕 俞鑫昌："电机噪声"，《中小型电机技术情报》，1981，1982.

〔10-1〕 张城生："三相绕组的三角-星串、并联接法"，《中小型电机技术情报》1979年第5期。

〔10-2〕 马德鑫：单双层绕组的组成及其计算方法"，《中小型电机技术情报》，1979年第4期。

〔10-3〕 合肥电机厂："鼠笼型异步电动机多级转子槽形设计新方法"，《中小型电机技术情报》，1975年第4期。

〔10-4〕 凌松年："异步电动机双鼠笼转子槽形设计"，《中小型电机技术情报》，1978年第4期。

〔10-5〕 Ю. В. Гаинцев："Влияние числа пазов ротора и статора на характеристики асинхронных двигателей"，《Электротехника》，1972，No. 8.

〔10-6〕 H. M. Norman，"Induction Motor Locked Saturation Curves"，《Electrical Engineering》，1934.

〔13-1〕 沈阳变压器研究所主编：《电机工程手册》第25篇，变压器、互感器、调压器与电抗器，机械工业出版社，1977.

〔13-2〕 П. М. Тихомиров：《РАСЧЕТ ТРАНСФОРМАТОРОВ》，Госэнергоиздат，1962.

〔13-3〕 沈阳变压器研究所：《中小型变压器电磁计算及结构设计原则》，内部资料，1982.

〔13-4〕 Г. Н. Петров：《ТРАНСФОРМАТОРЫ》，1934.

〔13-5〕 С. Б. 瓦修京斯基著：《变压器的理论与计算》，机械工业出版社，1983.

〔13-6〕 沈阳变压器研究所：《变压器结构设计手册》，1970年。